ENGENHARIA E MEIO AMBIENTE
ASPECTOS CONCEITUAIS E PRÁTICOS

O GEN | Grupo Editorial Nacional – maior plataforma editorial brasileira no segmento científico, técnico e profissional – publica conteúdos nas áreas de ciências exatas, humanas, jurídicas, da saúde e sociais aplicadas, além de prover serviços direcionados à educação continuada e à preparação para concursos.

As editoras que integram o GEN, das mais respeitadas no mercado editorial, construíram catálogos inigualáveis, com obras decisivas para a formação acadêmica e o aperfeiçoamento de várias gerações de profissionais e estudantes, tendo se tornado sinônimo de qualidade e seriedade.

A missão do GEN e dos núcleos de conteúdo que o compõem é prover a melhor informação científica e distribuí-la de maneira flexível e conveniente, a preços justos, gerando benefícios e servindo a autores, docentes, livreiros, funcionários, colaboradores e acionistas.

Nosso comportamento ético incondicional e nossa responsabilidade social e ambiental são reforçados pela natureza educacional de nossa atividade e dão sustentabilidade ao crescimento contínuo e à rentabilidade do grupo.

ENGENHARIA E MEIO AMBIENTE
ASPECTOS CONCEITUAIS E PRÁTICOS

ORGANIZADORES/AUTORES

Ana Silvia Pereira Santos

Alfredo Akira Ohnuma Jr.

AUTORES

Aline Sarmento Procópio

Ana Ghislane Van Elk

André Luis de Sá Salomão

André Marcato

Camille Ferreira Mannarino

Daniele Maia Bila

Edmilson Dias de Freitas

Eduardo Martins

Eduardo Pacheco Jordão

Elisabeth Ritter

Frank Pavan

Iene Christie Figueiredo

João Alberto Ferreira

João Alberto Passos Filho

Lia Teixeira

Luciene Pimentel da Silva

Marcelo Miguez

Márcia Marques

Maria Cláudia Barbosa

Michelle Matos de Souza

Monica Pertel

Osvaldo Rezende

Renata de Oliveria Pereira

Rodrigo Amado Garcia Silva

Rosa Maria Formiga Johnsson

Sérgio Machado

Sue Ellen Costa Bottrel

Tatiana Oliveira Costa

- Direitos exclusivos para a língua portuguesa
Copyright © 2021 by
LTC | Livros Técnicos e Científicos Editora Ltda.
Uma editora integrante do GEN | Grupo Editorial Nacional
Travessa do Ouvidor, 11
Rio de Janeiro – RJ – 20040-040
www.grupogen.com.br

- Capa: Design Monnerat
- Imagem de capa: © Edimar Lisbôa de Souza Lima
- Editoração eletrônica: Arte & Ideia
- Ficha catalográfica

CIP-BRASIL. CATALOGAÇÃO NA PUBLICAÇÃO
SINDICATO NACIONAL DOS EDITORES DE LIVROS, RJ

E48

Engenharia e meio ambiente – aspectos conceituais e práticos / Aline Sarmento Procópio ... [et al.] ; organização Ana Silvia Pereira Santos, Alfredo Akira Ohnuma Júnior. – 1. ed. – Rio de Janeiro : LTC, 2021.
   ; 28 cm.

   Inclui índice
   ISBN 978-85-216-3627-4

   1. Engenharia ambiental. 2. Proteção ambiental. 3. Gestão ambiental. I. Procópio, Aline Sarmento. II. Santos, Ana Silvia Pereira. III. Júnior, Alfredo Akira Ohnuma.

20-63076	CDD: 577.272
	CDU: 502.1

Meri Gleice Rodrigues de Souza – Bibliotecária CRB-7/6439

Prefácio

Após a queda do Império Romano, a migração das populações para áreas rurais e a consequente estagnação do desenvolvimento das cidades caracterizaram a Idade Média. A retomada comercial e o renascimento urbano marcaram a transição para a Idade Moderna, e encontraram na Revolução Industrial os elementos que até hoje perduram como causas fundamentais para o comprometimento do ambiente e dos recursos naturais.

Os processos produtivos e as cidades dependem de água, energia e insumos, cujas demandas podem exceder, local e temporalmente, o equilíbrio do potencial de oferta dos recursos naturais. Por outro lado, são também as indústrias e as cidades os espaços onde prepondera a geração da poluição ambiental.

Até meados do século XX, a Engenharia dedicava-se, principalmente, à operação e manutenção das plantas industriais, de acordo com as demandas de água, energia e insumos praticadas na época e os custos de produção até então estabelecidos. Por sua vez, as cidades já demonstravam incapacidade de prover a adequada infraestrutura urbana para atendimento ao incremento dos fluxos migratórios e ao exponencial crescimento da população. Neste contexto urbano, observava-se, ainda, a aplicação segmentada da Engenharia, focada na garantia da oferta de determinado serviço público e coletivo, mas isenta, em geral, de uma visão mais abrangente do espaço físico-territorial.

Somente a partir da década de 1970 é que se inicia o processo de conhecimento e conscientização da questão ambiental, e, consequentemente, de desenvolvimento dos sistemas públicos de gestão e de controle de atividades poluidoras. Assim, em um primeiro momento, em atendimento aos requisitos legais, as indústrias passaram a contemplar, em seus processos de produção, ações e atividades voltadas para o controle da poluição, principalmente do tipo *end of pipe*.

Em um segundo momento, a partir das primeiras indicações de estresse e estagnação da oferta de água, energia e insumos, é que a indústria passou a se dedicar à compreensão dos processos de produção mais eficientes ambientalmente e, em última análise, capazes de exercer menor demanda sobre os recursos naturais e de gerar menores quantidades de efluentes líquidos, emissões atmosféricas e de resíduos sólidos. As mesmas preocupações recaíram sobre a administração pública das cidades, impondo o exercício da predição e prevenção quanto à ocorrência de danos ambientais sobre o espaço físico-territorial.

Notava-se, então, que a incorporação da questão ambiental aos processos de produção industrial e de administração pública passava a exigir o domínio sobre instrumentos de gestão e uso de tecnologia, cujos fundamentos teóricos e conceituais, e práticas aplicadas, muito extrapolavam o que a tradicional engenharia de operação e manutenção das plantas industriais e a engenharia urbana segmentada eram capazes de oferecer.

Complementarmente, observava-se a partir do início dos anos 1980, com a divulgação do conceito de *Desenvolvimento Sustentável* por meio do *Relatório Brundtland*, intitulado *Nosso Futuro Comum*, a gradual construção do conceito de *Sustentabilidade*, preconizado como um sistema integrado, ecologicamente correto, economicamente viável, socialmente justo e culturalmente diverso.

Assim é que a sustentabilidade do setor produtivo e das cidades passou a requerer o emprego de procedimentos e de tecnologia específicos, cujo amplo e consistente domínio dos marcos teóricos e conceituais e da aplicação prática é de competência do que hoje se denomina Engenharia Ambiental.

Ao praticar o conceito de *Sustentabilidade* nas mais diferentes frentes do desenvolvimento humano, a sociedade contemporânea passou a demandar o exercício da Engenharia de forma não particionada e segmentada, mas integrada, abrangente e sólida, e que somente a formação em Engenharia Ambiental é capaz de propiciar. Neste contexto, pode-se entender que as demais habilitações em Engenharia somente responderiam por parcelas do que abarca a Engenharia Ambiental contemporânea.

Como exemplo, qual habilitação oferece oportunidade do entendimento conjunto sobre ciências da geologia, da atmosfera e dos recursos hídricos? E sobre o que contêm as emissões provenientes dos setores industrial, de geração de energia e urbano, e como mensurar seus efeitos sobre os ambientes terrestres, atmosféricos e hídricos? E sobre quais instrumentos de gestão e tecnologia são disponíveis para predição, prevenção e remediação de poluição? Neste amplo mas particular contexto é que se insere o engenheiro ambiental.

Possível argumentar que os sistemas de licenciamento, certificação e contabilidade ambiental encontrem afinidade com a formação em Engenharia de Produção; que os problemas ambientais causados por atividades *offshore* possam também ser de competência da Engenharia Naval, e por conseguinte o lixo eletrônico, da Engenharia Eletrônica; os rejeitos minerais, da Engenharia Metalúrgica; os impactos da indústria petroquímica, da Engenharia de Petróleo; os impactos dos aproveitamentos dos recursos hídricos, da Engenharia Civil.

Da mesma forma, seria possível questionar o que caberia ao engenheiro ambiental fazer diante de um parque de geração de energia eólica, basicamente constituído por estruturas em aço de enorme dimensão e por equipamentos mecânicos e eletromecânicos, e interligado a um sistema de transmissão de energia elétrica. Por outro lado, permaneceria a indagação: qual habilitação em Engenharia seria a mais apropriada a esse tipo de empreendimento? A Engenharia Civil, em razão da estrutura em aço; Mecânica, em razão dos mecanismos do cata-vento; Elétrica, em razão da interligação ao sistema transmissor? O mesmo dilema recairia sobre o caso da energia solar e seus painéis fotovoltaicos, mais afeita à Engenharia Elétrica, bem como sobre o aproveitamento energético de resíduos, cujos processos bioquímicos ou térmicos são típicos da Engenharia Química.

A mesma inquietude sobre a função do engenheiro ambiental no âmbito da sustentabilidade das atividades produtivas recairia sobre o caso dos modais de transporte de baixa emissão de carbono, cuja tecnologia mais depende de aportes da Engenharia Mecânica, Elétrica e de Materiais, bem como sobre o tema das construções sustentáveis, de fato mais afim aos campos da Arquitetura e da Engenharia Civil.

O ajuste e o refinamento do uso de modelos matemáticos computacionais dedicados à simulação de efeitos da poluição sobre os ambientes terrestre, atmosférico e hídrico serão mais eficientes quanto mais sólido e mais bem estruturado for o conhecimento do problema. Da mesma forma, será mais produtiva a aplicação de modelos de georreferenciamento de informações socioeconômicas e ambientais e de avaliação do ciclo de vida de processos e produtos.

Dedicada à garantia da qualidade ambiental dos recursos naturais, e aos temas correlatos aos sistemas urbanos de abastecimento de água, esgotamento sanitário, drenagem pluvial urbana e resíduos sólidos, a Engenharia Sanitária é considerada precursora e com maior afinidade com a Engenharia Ambiental do que as demais habilitações. Entretanto, percebe-se que sua dimensão é menor do que a que atualmente configura, de forma muito mais ampla e diversa, a Engenharia Ambiental.

Entende-se que a natureza dos temas que caracterizam a gestão e o controle ambiental do espaço físico e territorial invariavelmente requeira o enfoque multidisciplinar especializado e, portanto, também depende de engenheiros de outras habilitações, oceanógrafos, biólogos, químicos, economistas, sociólogos, antropólogos, bacharéis em Direito, dentre outras profissões. Entretanto, a visão mais ampla e integrada dos problemas ambientais e o conhecimento sobre a aplicação comum ou específica de instrumentos preditivos e preventivos e de tecnologia de controle e remediação da poluição são somente consolidados a partir da formação em Engenharia Ambiental. Cabe a este profissional melhor compreender o problema, com a abrangência e solidez necessárias, de forma a conduzir a melhor comunicação entre as partes e o entendimento comum do pensamento multidisciplinar que requer todo o processo de licenciamento ambiental dos empreendimentos.

Por fim, como em qualquer habilitação, o engenheiro ambiental, com domínio sobre a tecnologia da computação e a engenharia de sistemas, invoca para si a competência contemporânea que caracteriza a ciência dos dados. O cientista de dados ambientais com formação em Engenharia Ambiental será o engenheiro ambiental que o mundo moderno irá requerer.

Há 15 anos, com base em projeto acadêmico do Departamento de Recursos Hídricos e Meio Ambiente da Escola Politécnica, a UFRJ passou a ofertar o curso de graduação em Engenharia Ambiental. Esta primeira geração de engenheiros ambientais vem contribuindo para o desenvolvimento nacional, utilizando instrumentos e empregando tecnologia para a eficientização do uso dos recursos naturais, para a prevenção e minimização de eventuais impactos ambientais, e para o controle e a remediação da poluição do ar, do solo e da água deles decorrentes. O ambiente do Brasil agradece.

A história então contada vai ao encontro do que esta oportuna e importante publicação propõe, ao incorporar e debater temas diversificados sobre a questão, incluindo: a evolução histórica das crises ambientais; fundamentos da ecologia; a intrínseca relação entre saúde e meio ambiente; os instrumentos do processo de licenciamento ambiental; impactos ambientais de fontes de energia; recursos hídricos e poluição das águas; geotecnia ambiental; poluição atmosférica e mudanças climáticas; e as técnicas para concepção e projeto de sistemas de saneamento ambiental urbano, especificamente: abastecimento de água, esgotamento sanitário, drenagem pluvial urbana e resíduos sólidos.

Fruto de um intenso e dedicado trabalho de colegas especialistas, a publicação será de enorme valia não somente para a formação dos engenheiros ambientais, como também para outras áreas de conhecimento cujo conjunto perfaz a multidisciplinaridade da Engenharia Ambiental. O ambiente do Brasil novamente agradece.

Isaac Volschan Jr.
Professor Titular
Departamento de Recursos Hídricos e
Meio Ambiente
Universidade Federal do Rio de Janeiro

Apresentação

Em 1976, a Resolução nº 48 do Conselho Federal de Educação estabeleceu o currículo dos cursos de Engenharia no Brasil. Neste contexto, espera-se que o engenheiro seja dotado de competências, habilidades e conhecimentos aplicados na identificação e resolução de problemas, além de estar apto a desenvolver novas tecnologias, de modo a atender às demandas da sociedade quanto aos aspectos políticos, econômicos, culturais e ambientais.

Desde então, o papel do engenheiro constitui-se, portanto, em um perfil bastante heterogêneo, sobretudo pela necessidade de incluir habilidades socioambientais na formação dos estudantes. Atualmente, a Resolução CNE/CES nº 2, de 24 de abril de 2019, institui as diretrizes curriculares nacionais do curso de graduação em Engenharia e mantém a proposta inicial em seu artigo 4º, que diz respeito aos conhecimentos requeridos ao exercício na formação do engenheiro para: "avaliar o impacto das atividades de Engenharia na sociedade e no meio ambiente".

Assim, há como obrigatoriedade em todos os cursos de Engenharia no Brasil o cumprimento de competências e habilidades gerais destinadas às avaliações de impactos socioambientais ocasionados pelas obras de engenharia, levantados durante a fase de projeto e abordados tanto durante a execução, como na operação dos projetos executados.

Esta obra, de maneira prática e geral, além de considerar a atuação do profissional no planejamento, na gestão ambiental e na discussão de tecnologias de saneamento ambiental, pretende contribuir, também, para a formação socioambiental dos estudantes de engenharia.

Com o objetivo de contemplar de forma ampla a maioria dos cursos de Engenharia no Brasil, para a elaboração desta obra foram avaliadas as ementas dessas disciplinas com abordagem ambiental, oferecidas em diversas Instituições de Ensino Superior (IES) de todas as regiões do país. Assim, o estudante e o professor dispõem de um sumário abrangendo todas as matrizes ambientais compreendidas em conhecimentos matemáticos, científicos, tecnológicos e instrumentais da engenharia.

Os Capítulos 1 e 2 introduzem a Engenharia Ambiental e Sanitária na atualidade, além de apresentarem as crises ambientais e fundamentos da ecologia. O Capítulo 3 é tratado de maneira exclusiva, tamanha importância da matriz energética no Brasil e no mundo. O Capítulo 4 sobre Gestão Ambiental Aplicada aborda a avaliação de impactos ambientais, definida por aspectos legais, *sub judice* do licenciamento ambiental. De maneira a incluir a matriz hídrica no contexto ambiental, os Capítulos 5 e 6 discutem os aspectos da poluição da água e da gestão dos recursos hídricos. Os estudos de concepção e de projeto de sistemas de saneamento ambiental são tratados nos Capítulos 7, 8, 9 e 10, respectivamente: Sistemas de Abastecimento de Água, Sistemas de Esgotamento Sanitário, Gestão de Águas Pluviais Urbanas e Gestão de Resíduos Sólidos. Em relação aos impactos associados ao solo, além da questão dos resíduos sólidos, a Geotecnia Ambiental apresenta no Capítulo 11 a conceituação de diferentes tipos de solos, quanto ao fluxo e permeabilidade de áreas sujeitas à contaminação, para sua remediação e recuperação. Os Capítulos 12 e 13 discutem a Poluição Atmosférica, sob a ótica do transporte de poluentes a partir do monitoramento ambiental e os impactos globais das mudanças climáticas. Por fim, o Capítulo 14 encerra esta obra na apresentação de epidemias, formas de transmissão de doenças e sua relação com a saúde pública.

Elaborados por especialistas renomados, cada um em sua área de conhecimento, os capítulos apresentados primam por referências bibliográficas recentes e específicas capazes de tornar o material atualizado e desejado tanto por alunos de graduação como de pós-graduação, *stricto sensu* e *lato sensu*.

O livro traz questões relevantes e atuais na discussão socioambiental, com conceitos práticos e associados às atividades dos engenheiros de forma geral, em especial o sanitarista e o ambiental. Assim, pode ser considerada uma obra direcionada aos cursos de Engenharia como um todo, além de disciplinas isoladas de cada tema abordado, para a graduação e pós-graduação em outras áreas do conhecimento da Engenharia.

Desejamos a todos os leitores e interessados no assunto um ótimo aprofundamento nas questões ambientais de forma a exercer a Engenharia na busca de soluções que visem uma formação generalista, humanista, crítica e reflexiva, sobretudo em respeito e comprometimento à sociedade e à preservação ambiental.

Ana Silvia Santos
Alfredo Akira Ohnuma Jr.

Sobre os Autores

Ana Silvia Pereira Santos

Graduada em Engenheira Civil pela Universidade Federal de Minas Gerais (UFMG, 2002), mestrado (2005) e doutorado (2010) em Engenharia Civil – Tecnologia de Saneamento Ambiental e Recursos Hídricos pela Universidade Federal do Rio de Janeiro (COPPE/UFRJ). É Professora Adjunta no Departamento de Engenharia Sanitária e do Meio Ambiente da Universidade do Estado do Rio de Janeiro (UERJ). Atua em projetos de Engenharia aplicados ao saneamento ambiental, esgotamento sanitário, tratamento de águas residuárias, controle de poluição das águas e reúso de efluentes.

Alfredo Akira Ohnuma Jr.

Graduado em Engenharia Civil pela Universidade Federal de São Carlos (UFSCar, 2000), mestrado (2005) e doutorado em Ciências da Engenharia Ambiental (USP/EESC, 2008). É Professor Adjunto no Departamento de Engenharia Sanitária e do Meio Ambiente da Universidade do Estado do Rio de Janeiro (UERJ). Atua nas áreas de hidrologia e recursos hídricos, sistemas de águas pluviais, água de chuva, drenagem urbana, eventos extremos de precipitação, instalações hidráulicas prediais, recuperação ambiental de bacias hidrográficas, monitoramento hidrológico, modelos hidrológicos.

Aline Sarmento Procópio

Graduada em Engenharia Civil pela Universidade Federal de Juiz de Fora (UFJF, 1996), mestrado em Ciências Atmosféricas (UFRJ, 2000) e doutorado em Meteorologia (USP, 2005). É Professora Associada no Departamento de Engenharia Sanitária e Ambiental da UFJF. Atua em projetos de monitoramento da poluição atmosférica, sensoriamento remoto de poluentes atmosféricos e mudanças climáticas.

Ana Ghislane Henriques Pereira van Elk

Graduada (1986) em Engenharia Civil e mestrado em Geotecnia pela Universidade Federal de Campina Grande (UFCG, 1995), doutorado em Geotecnia Ambiental pela Universidad de Oviedo, Espanha (2001). É Professora Adjunta do Departamento de Engenharia Sanitária e do Meio Ambiente da Universidade do Estado do Rio de Janeiro (UERJ). Atua nas áreas de gestão, tratamento e disposição final de resíduos sólidos urbanos, planos municipais de gestão integrada, compressibilidade de resíduos, projetos MDL em aterros sanitários e aproveitamento energético de resíduos.

André Luís Marques Marcato

Graduado pela Universidade Federal de Juiz de Fora (UFJF, 1995), mestrado (PUC-Rio, 1998) e doutorado em Engenharia Elétrica (PUC-Rio, 2002) e pós-doutorado no Imperial College London e na Faculdade de Engenharia da Universidade do Porto, Portugal (FEUP, 2012). É Professor Titular na UFJF e atua nas áreas de teoria de controle e otimização com aplicações em planejamento energético e robótica. Coordena projetos de P&D no setor elétrico brasileiro.

André Luís de Sá Salomão

Graduado em Ciências Biológicas da Saúde pela Universidade Federal do Estado do Rio de Janeiro (UNIRIO, 2006), mestrado em Engenharia Ambiental (UERJ, 2010) e PhD em *Environmental Science* (Cotutela UERJ e Linnaeus University, Suécia, 2014). É Professor Adjunto no Departamento de Engenharia Sanitária e do Meio Ambiente da Universidade do Estado do Rio de Janeiro (UERJ). Atua nas áreas de epidemiologia ambiental; avaliação de risco ecológico; biotecnologias no tratamento descentralizado de esgotos domésticos (*wetlands*); ecotoxicologia aquática; micropoluentes e desreguladores endócrinos.

Camille Ferreira Mannarino

Graduada em Engenharia Civil, com ênfase em Sanitária pela Universidade do Estado do Rio de Janeiro (UERJ, 2001), mestrado em Engenharia Ambiental (UERJ, 2003), doutorado em Saúde Pública e Meio Ambiente (Fiocruz, 2010) e pós-doutorado na École Polytechnique Fédérale de Lausanne, Suíça (2014). É Pesquisadora em saúde pública na Fiocruz. Atua nas áreas de gestão de resíduos sólidos, incineração de resíduos, tratamento de lixiviados, impactos de resíduos sólidos à saúde, ecotoxicologia.

Daniele Maia Bila

Graduada em Engenheira Química (UFRJ, 1998), mestrado (2000) e doutorado (2005) em Engenharia Química (COPPE/UFRJ) e pós-doutorado em Engenharia Química (COPPE/UFRJ, 2005-2006). É Professora Associada no Departamento de Engenharia Sanitária e do Meio Ambiente da Universidade do Estado do Rio de Janeiro (UERJ). Tem experiência na área de Engenharia Química, com ênfase em Engenharia Ambiental, atuando nos temas: tratamento e caracterização de lixiviados de resíduos sólidos urbanos, tratamento de efluentes e água, processos oxidativos avançados e ozonização, reúso de efluentes, problemática dos micropoluentes como desreguladores endócrinos (EDC), fármacos e produtos pessoais, toxicidade e atividade estrogênica.

Edmilson Dias de Freitas

Graduado em Física pela Universidade Federal do Paraná (UFPR, 1996), mestrado (1998) e doutorado em Meteorologia (USP, 2003). É Professor Titular no Instituto de Astronomia, Geofísica e Ciências Atmosféricas da Universidade de São Paulo (USP). Atua nas áreas de geociências, com ênfase em meteorologia aplicada,

desenvolvimento de modelos atmosféricos de previsão de tempo e aplicação em estudos de qualidade do ar ou impactos ambientais.

Eduardo Monteiro Martins

Graduado em Química pela Universidade Federal do Rio de Janeiro (UFRJ, 1998), mestrado (2001), doutorado em Físico-Química (UFRJ, 2005) e pós-doutorado na University of California, Irvine (2017). É Professor Associado no Departamento de Engenharia Sanitária e do Meio Ambiente da Universidade do Estado do Rio de Janeiro (UERJ). Atua nas áreas de poluição atmosférica urbana, gestão da qualidade do ar, processos cinéticos de formação de ozônio troposférico, emissões de gases para atmosfera a partir de solos e emissões de gases de efeito estufa em aterros sanitários.

Eduardo Pacheco Jordão

Graduado em Engenharia Civil e Saneamento pela Universidade Federal do Rio de Janeiro (UFRJ, 1962), mestrado na University of Wisconsin-Madison, Estados Unidos (1965) e doutorado na USP (1998). Aposentado, atua hoje como consultor de empresas públicas e privadas, tendo sido Professor Associado na POLI/UFRJ, Pesquisador Visitante Emérito na UFRJ, Professor Visitante na Università di Brescia (Itália). Atua nas áreas de engenharia sanitária; tratamento de esgotos, e planejamento de sistemas de esgotamento sanitário. É autor do livro *Tratamento de esgotos domésticos* (ABES, oito edições, 14 mil cópias) e *Tratamento de esgotos sanitários em empreendimentos habitacionais* (CEF).

Elisabeth Ritter

Graduada em Engenharia Civil pela Universidade Federal do Rio Grande do Sul (UFRGS, 1977), mestrado em Engenharia Civil – Geotecnia (PUC-Rio, 1988) e doutorado em Engenharia Civil – Geotecnia Ambiental (COPPE/UFRJ, 1998). É Professora Titular na Universidade do Estado do Rio de Janeiro (UERJ). Atua nas áreas de geotecnia ambiental, disposição final de resíduos sólidos e gestão de resíduos sólidos, transporte de contaminantes nos solos e medidas mitigadoras para migração de contaminantes de lixiviados e gases em solos, e remediação de áreas contaminadas por petróleo bruto.

Frank Pavan de Souza

Graduado em Direito pelo Centro Universitário do Espírito Santo (Unesc-ES, 2000) e Engenharia Ambiental (Universo, 2018). Mestrado em Engenharia Ambiental (IFF, 2009), doutorado em Engenharia Civil (UFRJ, 2015) e PhD em Meio Ambiente (UFSC, 2018). É Professor nos Isecensa e na Universidade Cândido Mendes. Atua nas áreas de gestão ambiental; licenciamento ambiental; gestão de recursos hídricos; perícia ambiental.

Iene Christie Figueiredo

Graduada em Engenharia Civil pela Universidade Federal do Espírito Santo (UFES, 1997), mestrado em Engenharia Ambiental (UFES, 2000) e doutorado em Engenharia Civil – Tecnologia de Saneamento Ambiental (COPPE/UFRJ, 2009). É Professora Adjunta na POLI/UFRJ. Atua nas áreas de engenharia sanitária e ambiental, com ênfase em processos de tratamento de água e de esgoto; poluição e qualidade das águas; e gestão dos serviços de saneamento.

João Alberto Ferreira

Graduado em Engenharia (1970), mestrado em Engenharia Ambiental (Manhattan College – New York, 1981) e doutorado em Saúde Pública (ENSP/Fiocruz, 1997). É Professor Associado aposentado da Universidade do Estado do Rio de Janeiro (UERJ). Foi engenheiro da Companhia Municipal de Limpeza Urbana no Rio de Janeiro (1975 a 1996) e integra o corpo permanente de professores dos Programas de Mestrado e Doutorado em Engenharia Ambiental da UERJ.

João Alberto Passos Filho

Graduado (1995) e mestrado (2000) em Engenharia Elétrica pela Universidade Federal de Juiz de Fora (UFJF), e doutorado (2006) em Engenharia Elétrica (COPPE/UFRJ). Atualmente é Professor Associado no Departamento de Energia Elétrica da UFJF. Atua nas áreas de engenharia elétrica, com ênfase em desenvolvimento de modelos computacionais, análise de redes em regime permanente, segurança de tensão e otimização de sistemas elétricos de potência.

Josimar Ribeiro de Almeida

Bacharel em Ciências Biológicas pela Universidade Federal do Rio de Janeiro (UFRJ, 1976), mestrado em Ciências Biológicas (UFRJ, 1979), doutorado em Ciências Biológicas (UFPR, 1983), pós-doutorado em Saúde Pública (Fiocruz, 1985), Engenharia Ambiental (UFRJ, 1998) e Tecnologia Ambiental (USP, 2002). Professor do Peamb-UERJ e PEA-UFRJ. Atua nas áreas de análise de riscos e impactos ambientais, gestão ambiental estratégica, modelagem de bioindicadores ambientais.

Lia Cardoso Rocha Saraiva Teixeira

Graduada em Ciências Biológicas pela Universidade Federal de Minas Gerais (UFMG, 2004), mestrado em Ciências Biológicas – Microbiologia (UFMG, 2007) e doutorado em Ciências – Microbiologia (UFRJ, 2011). É Professora Adjunta no Departamento de Engenharia Sanitária e do Meio Ambiente da Universidade do Estado do Rio de janeiro (UERJ, 2016). Atua nas áreas de microbiologia ambiental, com ênfase em diversidade microbiana, diversidade microbiana molecular e microbiologia aplicada ao tratamento de esgoto e digestão anaeróbia.

Luciene Pimentel da Silva

Graduada em Engenharia Civil pela Universidade Veiga de Almeida (UVA, 1985), mestrado em Engenharia de Recursos Hídricos (UFRJ, 1990) e PhD em Engenharia Civil (Newcastle University, Reino Unido, 1997). Pós-doutorado Sênior no Programa de Pós-graduação em Gestão Urbana da Pontifícia Universidade Católica (PUC-PR, 2019). Atua nas áreas de pesquisa de processos e modelagem hidrológica, planejamento urbano e planejamento integrado dos recursos hídricos; aspectos sociotécnicos no planejamento integrado dos recursos hídricos.

Marcelo Gomes Miguez

Graduado em Engenharia Civil pela Universidade Federal do Rio de Janeiro (UFRJ, 1990), mestrado (1994) e doutorado (2001) em Ciências em Engenharia Civil (UFRJ) na área de Recursos Hídricos. É Professor Associado na UFRJ.
Atua nas áreas de hidrologia urbana, concepção de projetos integrados de sistemas de drenagem urbana sustentável, hidráulica fluvial, modelagem hidráulica computacional e simulação de ondas de ruptura de barragem.

Marcia Marques Gomes

Bacharel em Biologia (UFRJ, 1976), mestrado em Biologia (UFRJ, 1980) e PhD em Engenharia Química (Royal Institute of Technology, Suécia, 2000). Pós-doutorado em Tecnologias Ambientais pela Kalmar/Linnaeus University, Suécia (2006-2007). É Professora Titular em Engenharia Ambiental na Universidade do Estado do Rio de Janeiro (UERJ) e atua nas áreas de engenharia ambiental, com ênfase em processos sortivos e processos oxidativos avançados com síntese de novos compósitos fotocatalisadores à base de nanomateriais aplicados à purificação de água e ao tratamento de águas residuárias para remoção de micropoluentes; ensaios ecotoxicológicos e avaliação de risco ecológico.

Maria Claudia Barbosa

Graduação (1979) e mestrado (1982) em Engenharia Civil pela Pontifícia Universidade Católica (PUC-Rio) e doutorado em Engenharia Civil (UFRJ, 1994). É Professora Associada de pós-graduação em Engenharia na COPPE/UFRJ. Tem experiência nas áreas de engenharia civil/geotecnia, com ênfase em geotecnia ambiental, tecnologias de disposição de resíduos, migração de contaminantes e gases em solos, controle de poluição e remediação de solos contaminados, aproveitamento de resíduos em obras geotécnicas.

Michelle Matos de Souza

Graduada em Engenheira Civil pela Universidade Federal de Minas Gerais (UFMG, 2003), mestrado em Engenharia Civil – Geotecnia (PUC-Rio, 2005) e doutorado em Engenharia Civil (COPPE/UFRJ, 2015). É Pesquisadora e gerente do Departamento Ambiental da Empresa EnviroProtect (Melbourne, Austrália). Atua nas áreas de geotecnia ambiental em projetos aplicados a investigações, monitoramentos e remediações ambientais da água subterrânea e do solo.

Monica Pertel

Graduada em Biologia pela Universidade Federal do Espírito Santo (UFES, 2007) e em Engenharia Ambiental pela Universidade Salgado de Oliveira (Universo, 2018), mestrado em Engenharia Ambiental (UFES, 2009) e doutorado em Engenharia Civil – Tecnologia de Saneamento Ambiental e Recursos Hídricos (COPPE/UFRJ, 2014). É Professora Adjunta do Departamento de Recursos Hídricos e Meio Ambiente da UFRJ. Atua na área de engenharia em gestão ambiental, políticas públicas municipais de saneamento e avaliação de impactos ambientais.

Osvaldo Moura Rezende

Graduado em Engenharia Civil pela Universidade Federal do Rio de Janeiro (POLI/UFRJ, 2007), mestrado (2010) e doutorado (2018) em Ciências em Engenharia Civil, área de Recursos Hídricos e Saneamento (COPPE/UFRJ). É Pesquisador do LHC/COPPE/UFRJ em pós-doutorado no PEA POLI/UFRJ. Atua nas áreas de gerenciamento de risco de inundações, saneamento e recursos hídricos, modelagem matemática computacional, simulação de cheias em bacias urbanas e rurais. Sócio-fundador da Aquafluxus Consultoria. Coautor do livro *Drenagem urbana*: do projeto tradicional à sustentabilidade (2015).

Renata de Oliveira Pereira

Graduada em Engenharia Ambiental pela Universidade Federal de Viçosa (UFV, 2005), mestrado em Engenharia Civil – Saneamento (UFV, 2007) e doutorado em Engenharia Hidráulica e Saneamento (USP, 2011). É Professora da Universidade Federal de Juiz de Fora (UFJF). Tem experiência nas áreas de engenharia sanitária, tratamento de água, tratamento de águas residuárias, oxidação, desinfecção, micropoluentes e desreguladores endócrinos.

Rodrigo Amado Garcia Silva

Graduado em Engenharia Ambiental pela Universidade Federal do Rio de Janeiro (UFRJ, 2014), mestrado (2016) e doutorado em Engenharia Oceânica (COPPE/UFRJ, 2019). Atualmente é Engenheiro Pesquisador na AECO/COPPE/UFRJ. Atua nas áreas de engenharia costeira, saneamento ambiental e modelagem numérica aplicada a hidrodinâmica ambiental e processos sedimentológicos.

Rosa Maria Formiga Johnsson

Graduada em Engenharia Civil pela Universidade Federal de Goiás (UFG, 1987), mestrado (1992) e doutorado (1998) em Ciências e Técnicas Ambientais pela Université de Paris-Est Créteil, França. É Professora Adjunta do Departamento de Engenharia Sanitária e do Meio Ambiente da Universidade do Estado do Rio de Janeiro (UERJ). Foi Diretora de Gestão das Águas e do Território do INEA-RJ (2009-2015). Atua nas áreas de política e governança das águas; segurança hídrica; gestão adaptativa de secas; vulnerabilidade e adaptação às mudanças do clima; e proteção de mananciais.

Sergio Machado Corrêa

Graduado em Química pela Universidade do Estado do Rio de Janeiro (UERJ, 1991),

mestrado em Físico-Química (UFRJ, 1995) e doutorado em Físico-Químico (UFRJ, 2003). É Professor Titular da UERJ. Trabalha nas áreas de química da atmosfera, com enfoque em compostos orgânicos voláteis, semivoláteis e gases de efeito estufa, envolvendo monitoramento de áreas confinadas, fontes fixas, móveis, atmosfera urbana e áreas remotas, câmara de reação, modelagem e simulação.

Sue Ellen Costa Bottrel

Graduada em Química pela Universidade Federal de Minas Gerais (UFMG, 2007), mestrado (2012) e doutorado (2016) em Saneamento, Meio Ambiente e Recursos Hídricos (UFMG). É Professora Adjunta no Departamento de Engenharia Sanitária e Ambiental da UFJF. Atua nas áreas de tratamento de efluentes industriais, processos oxidativos avançados, microcontaminantes ambientais e química analítica (cromatografia).

Tatiana Oliveira Costa

Graduada em Geologia pela Universidade Federal do Rio de Janeiro (UFRJ, 2000), mestrado (2010) em Engenharia Ambiental (IFRJ) e doutoranda (2019) em Engenharia Metalúrgica e Materiais (POLI-USP). É Professora do Instituto Federal do Espírito Santo (IFES). Atua nas áreas de mineralogia, química ambiental, desenvolvimento e caracterização de materiais adsorventes e sistema de gestão integrada.

Material Suplementar

Este livro conta com o seguinte material suplementar:

- Ilustrações da obra em formato de apresentação (restrito a docentes cadastrados).

O acesso ao material suplementar é gratuito. Basta que o leitor se cadastre e faça seu *login* em nosso *site* (www.grupogen.com.br), clicando em GEN-IO, no menu superior do lado direito.

O acesso ao material suplementar online fica disponível até seis meses após a edição do livro ser retirada do mercado.

Caso haja alguma mudança no sistema ou dificuldade de acesso, entre em contato conosco (gendigital@grupogen.com.br).

GEN-IO (GEN | Informação Online) é o ambiente virtual de aprendizagem do GEN | Grupo Editorial Nacional

Sumário

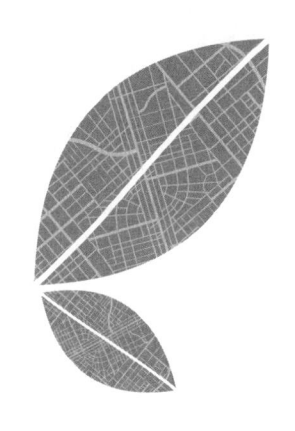

Crise e Problemas Ambientais

Ana Silvia Pereira Santos
Aline Sarmento Procópio
Josimar Ribeiro de Almeida

Desde quando as atividades produtivas do homem adquiriram uma forma organizada, historicamente o crescimento da atividade econômica sempre esteve associado ao aumento no uso dos recursos (conhecidos como ciclos longos). Tal condição ocorreu tanto para a sociedade agrícola quanto para a sociedade industrial. No entanto, a sociedade industrial (desde 1770) acelerou esse processo e instaurou um modelo mais complexo, no plano tecnológico e organizacional, especialmente alicerçado no uso intensivo de recursos materiais (tais como carvão, ferro, petróleo etc.). O crescimento econômico foi sempre acompanhado por aumento equivalente ou maior de consumo dos recursos materiais e energéticos. A consecução inevitável é a crise ambiental, que trouxe consigo problemas ambientais graves, como a poluição da água, do solo e do ar.

Nos dias atuais, o homem e a natureza sofrem com tamanho desgaste que a Engenharia Ambiental e Sanitária tenta resolver. Mais recentemente, com o conceito de desenvolvimento sustentável, os atores litigantes ganharam espaço para a negociação e a busca de conciliação, com as políticas ambientais públicas e privadas adquirindo um enfoque integrador. O mote de conciliação passou a ser o desenvolvimento sustentável dos recursos acoplado a instrumentos econômicos e sociais. A gestão ambiental passou a integrar a dinâmica da problemática do meio ambiente local com a do meio ambiente global.

1.1 A história da crise ambiental

A sociedade humana moderna atravessou, historicamente, cinco longos ciclos. O primeiro (1770-1840) compreendeu a Revolução Industrial, descrito como o ciclo da primeira mecanização, tendo como setores principais a indústria têxtil, químico-têxtil, mecânico-têxtil, fundições, cerâmica e canalizações. Os fatores setoriais mais relevantes nesse período foram algodão e ferro e os setores indutores de mudança, motores a vapor e máquinas.

O segundo ciclo longo (1840-1890), denominado Período Vitoriano, é descrito como o ciclo das forças motrizes e das ferrovias. Neste caso, os setores principais foram máquinas a vapor e ferrovias. O carvão e o transporte foram os fatores setoriais-chave e os setores indutores de mudança foram aço, eletricidade, gás, corantes sintéticos e engenharia pesada. Ao final desse período, se inicia a Grande Depressão, que teve seu auge no terceiro ciclo longo.

O terceiro ciclo longo (1890-1940), conhecido como Belle Époque, Grande Depressão, é descrito como o ciclo da indústria pesada. Os setores principais foram engenharia elétrica, eletrotécnica, telégrafo, armamentos pesados, indústria naval em ferro e corantes químicos. O fator setorial chave foi o aço, enquanto os setores indutores de mudança foram automóveis, aviões, telecomunicação, rádio, alumínio, bens de consumo duráveis, petróleo e plásticos.

O quarto ciclo longo (1940-2000), a Era de Crescimento e pleno emprego keynesiano − crise do ajuste estrutural, é descrito como o ciclo fordista e da produção em massa. Os setores principais foram automóveis, caminhões, tratores, tanques de guerra, armamentos, aviões, bens de consumo duráveis, ciclos produtivos sintéticos, petroquímica e autoestradas. Os fatores setoriais chave desse período estão assentados na geração de energia, particularmente a partir do petróleo, e os setores indutores de mudança foram computadores, televisão, radares, máquinas com controle numérico, produtos farmacêuticos, armas nucleares e mísseis.

O quinto ciclo longo (2000 até dias atuais) é descrito como o Ciclo das Tecnologias informáticas e telemáticas, com o uso de novos materiais e da biotecnologia. Os setores principais são computadores, bens de capital, eletrônica, telecomunicações, fibra ótica, robótica, sistemas flexíveis de produção, cerâmicas, bancos de dados e serviços de informação. Os fatores setoriais chave são o *chip* (microeletrônica) e a rede. Os setores indutores de mudança são biotecnologia, atividades espaciais, química fina, internet ubiquista e novos modelos de economia.

Na Fig. 1.1, é possível observar um diagrama com os principais fatores relacionados com cada um dos cinco ciclos longos descritos anteriormente.

Importante destacar que, na transmutação do quarto para o quinto ciclo, inicia-se uma redução da importância dos fatores materiais e dos semitrabalhados, concomitantemente com o incremento dos fatores imateriais, configurando-se a sociedade pós-industrial. Esse processo baseou-se em mudanças tecnológicas e organizacionais que envolveram adoção crescente de tecnologias da informação, novos materiais e produtos com melhoria de desempenho, produção *just in time*, entre outras técnicas multiúso.

A era da desmaterialização (quinto ciclo) caracteriza-se pelas grandes mudanças tecnológicas e manifesta-se pela cisão entre o crescimento do Produto Interno Bruto (PIB) e o consumo de recursos materiais por unidade de produto. O modo industrial de produção (taylorístico) cede lugar ao modo científico, no qual predominam o conhecimento e a automação. A mudança está baseada na microeletrônica, na informática e na biotecnologia, que resultam em novos materiais e que possibilitam uma produção de bens com maior conteúdo de informação/conhecimento e menor uso de recursos materiais. Como resultante na economia, menciona-se a prevalência do setor terciário em relação ao industrial na composição do PIB.

Sachs (1996, *apud* ALMEIDA *et al.*, 2006) afirma que a consciência de estarmos em uma mesma "nave espacial" (o planeta Terra) que possibilitou nossa existência faz com que seja imperativo, para a própria sobrevivência da humanidade, modificar nosso relacionamento com a biosfera. Propõe que a natureza deixe de ser vista como mero recurso, mas encarada como um conjunto de seres vivos do qual fazemos parte. O problema ambiental, embora possa apresentar diferenças regionais, é antes de tudo planetário, global.

A globalização econômica é fator importante na crise ambiental. A produção, a circulação e o

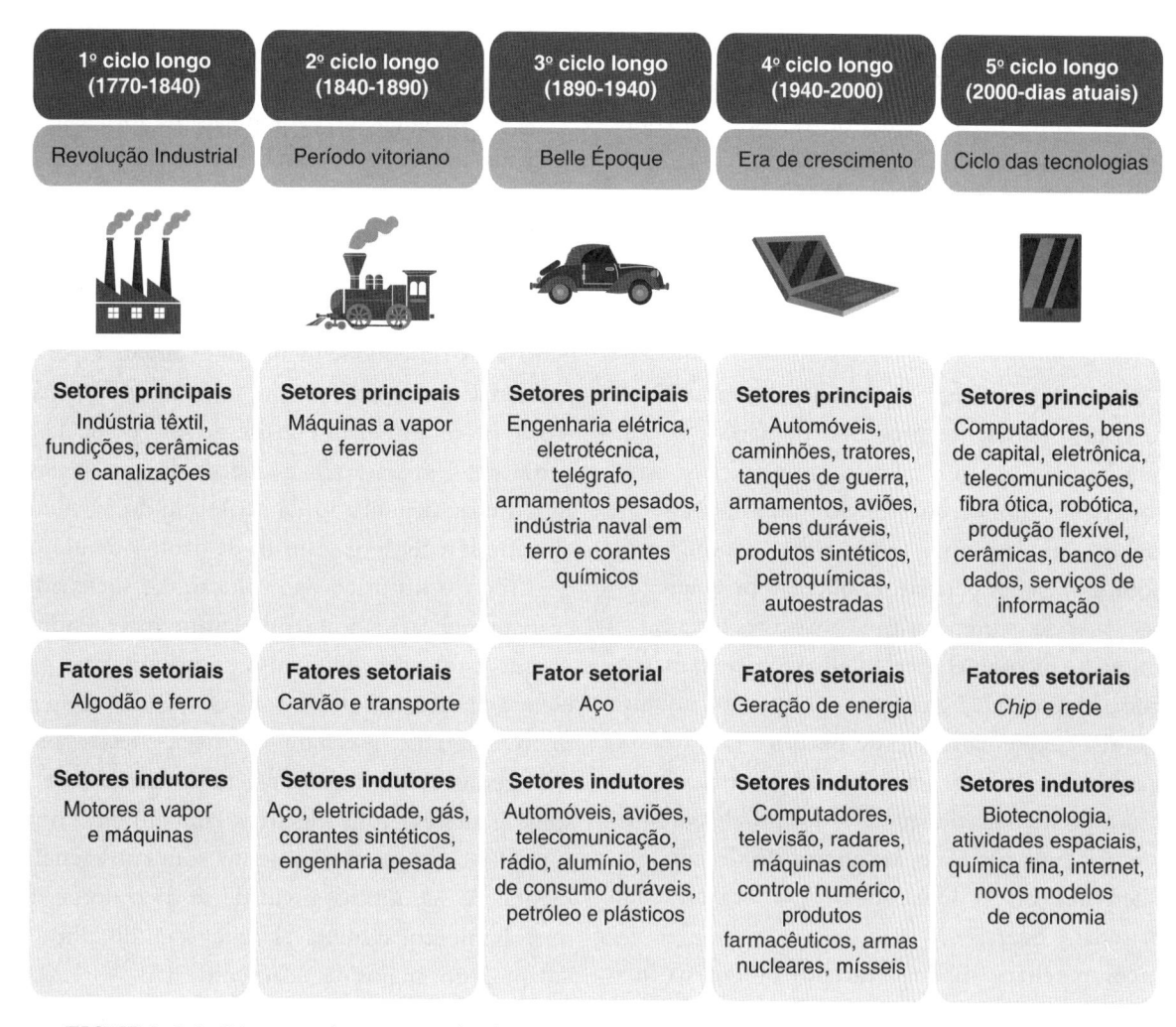

FIGURA 1.1 Diagrama dos cinco ciclos longos decorrentes do desenvolvimento da sociedade humana.

desenvolvimento econômico e tecnológico provocam uma retroalimentação de consumo que, por sua vez, aumenta a demanda pela disponibilidade de produtos no mercado, ofertando facilidades no cotidiano das pessoas. Nos sistemas econômicos e sociais, são valorizados benefícios de curto prazo, enfatizando-se a criação de postos de trabalho, aumento de renda *per capita* e consequente aumento de riqueza da geração presente. Em meio a esse processo está a problemática ambiental. Os efeitos ambientais decorrentes comprometem o atual sistema de suporte ambiental e, consequentemente, afetarão o bem-estar das gerações futuras (ALMEIDA *et al.*, 2007).

A questão ambiental, ou crise ambiental, é mais do que um problema da natureza. Representa um problema da sociedade e trata-se da consequência do modelo econômico voltado para produzir mercadorias que atendem a uma sociedade de consumo e alienação. Para assegurar a permanência do modo de produção capitalista, utiliza-se e modifica-se a natureza para atender a acumulação de capital de uma minoria. Esse processo histórico é responsável por desigualdade econômica e social, e suas consequências não se limitam a espécies em extinção, aquecimento global, fome, falta de moradia e outras necessidades básicas à sobrevivência. São problemas que, por serem problemas da sociedade, reverberam no ambiente, tornando-se uma crise ambiental.

Segundo Foladori (2001, *apud* ALMEIDA *et al.*, 2006), "os problemas ambientais da sociedade humana surgem como resultado da sua organização econômica e social". A depredação da natureza é consequência de um conflito interno da sociedade, do modo de produção e da cultura industrial/capitalista. Para Brügger

(1994, *apud* ALMEIDA *et al.*, 2008), "a questão ambiental não é apenas a história da degradação da natureza, mas também da exploração do homem (que também é natureza) pelo homem".

Conforme Almeida *et al.* (2007), a Comissão Lancet sobre Governança Global para a Saúde do planeta categoriza três desafios a serem enfrentados diante da crise ambiental:

1. Cultura da confiança no Produto Interno Bruto como medida do progresso humano e social, que pode levar a um fracasso em explicar e lidar com danos futuros, em face dos ganhos atuais. Os efeitos são desproporcionais sobre contingentes pobres e nações periféricas, que não possuem capacidade de se preparar para catástrofes futuras.
2. Lacunas, incompletudes e falhas de pesquisas e informações fidedignas para o equacionamento da crise ambiental. Além de histórica carência de transdisciplinaridade, falta de vontade e/ou incapacidade de equacionamento dos problemas ambientais, por parte de tomadores de decisão em diferentes níveis hierárquicos das organizações privadas e estatais.
3. Incompetências das mais variadas ordens, na implementação de governança, desde retardamento do reconhecimento do problema, falhas de respostas às ameaças (especialmente, quando confrontados com incertezas), defasagens entre agir e seus efeitos, falta de recursos (material, técnico, gerencial) até desconsideração da questão ambiental como prioritária.

1.2 Problemas ambientais atuais

O desenvolvimento tecnológico alcançado após a Revolução Industrial trouxe, indiscutivelmente, inúmeros benefícios para a sociedade, dentre eles, o aumento da expectativa de vida, o que contribuiu para o rápido crescimento populacional. A população mundial atingiu seu primeiro bilhão de habitantes em torno de 1800 (SNIDER; BRIMLOW, 2013), aumentando rapidamente para 2,6 bilhões, 5,0 bilhões e 6,0 bilhões de pessoas, em 1950, 1987 e 1999, respectivamente (UNITED NATIONS, 2018). Em 2017, esse número

atingiu 7,5 bilhões, com a projeção de alcançar 9,8 bilhões em 2050 (UNITED NATIONS, 2017).

Para sustentar toda a população e fornecer bens e serviços, os recursos naturais vêm sendo utilizados de forma intensiva e acelerada. Práticas não sustentáveis de exploração e uso desses recursos geram uma grande quantidade de resíduos sólidos e efluentes líquidos e gasosos, que são dispostos e lançados no solo, na água e no ar. Consequentemente, um amplo espectro de problemas ambientais surgiu, tais como: degradação e erosão do solo, mudança de uso do solo, perda de biodiversidade, degradação da qualidade da água, escassez de água fresca, degradação da qualidade do ar, mudanças climáticas, redução da camada de ozônio, dentre outros.

Todo o histórico da evolução das sociedades e a consequente crise ambiental levam ao entendimento de que este desenvolvimento contribuiu para os problemas ambientais atuais com os quais o homem e o meio ambiente precisam conviver. Neste contexto, a Engenharia tem um papel fundamental não só na solução destes problemas, mas também em continuar o processo de desenvolvimento com consciência ambiental. A esta última atividade se dá o nome de desenvolvimento sustentável, que será discutido mais adiante, com maior detalhamento.

Já em relação aos problemas ambientais atuais, destaca-se a poluição das três matrizes ambientais, conhecidas como poluição hídrica, poluição do solo e poluição do ar. De acordo com a Lei Federal nº 6.938/1981, que institui a Política Nacional do Meio Ambiente, poluição é resultado de atividades que, direta ou indiretamente, prejudiquem a saúde, a segurança e o bem-estar da população; que criem condições adversas às atividades sociais e econômicas; que afetem desfavoravelmente a biota; que afetem as condições estéticas ou sanitárias do meio ambiente; e que lancem matérias ou energias em desacordo com os padrões ambientais estabelecidos, causando a degradação da qualidade ambiental (BRASIL, 1981).

1.2.1 Poluição hídrica

A qualidade das águas encontradas na natureza é decorrente do uso e da ocupação do solo das bacias hidrográficas nas quais estes corpos hídricos estão presentes. O solo pode ser ocupado por atividades agrossilvipastoris, por urbanização, por industrialização ou mesmo por matas e florestas. Cada tipo de ocupação leva a diferentes atividades que geram resíduos e que, consequentemente, serão incorporados aos corpos hídricos. Essa incorporação se dá por meio do escoamento superficial poluindo os corpos hídricos superficiais, ou da infiltração poluindo as águas subterrâneas. As formas de uso e ocupação do solo, bem como suas consequências causadas ao meio ambiente, podem ser observadas no diagrama apresentado na Fig. 1.2.

Observa-se, assim, que a ocupação rural, com atividades de criação de animais e plantio de diferentes tipos de culturas, pode levar para os recursos hídricos os fertilizantes e agrotóxicos usados no cultivo, além das excretas de animais, restos de alimentos e resíduos da produção em geral. No caso da ocupação urbana, são inevitáveis o lançamento de esgotos, mesmo que tratados, e o descarte de resíduos sólidos urbanos, também conhecidos como "lixo". Neste caso, é importante destacar a impermeabilização do solo, com concreto e asfalto, que dificulta a infiltração das águas pluviais no solo, gerando grandes volumes de escoamento superficial e, consequentemente, as enchentes. Em se tratando da ocupação por industrialização, destaca-se a geração de efluentes industriais, os resíduos sólidos industriais e os vazamentos de materiais estocados, podendo estes ser de elevada periculosidade. Por fim, mesmo em áreas naturais, ocupadas por matas e florestas, as águas apresentam qualidade consequente desta ocupação. As próprias sucessões ecológicas (definidas no Cap. 2) naturalmente levam resíduos aos corpos hídricos.

Assim, embora a qualidade dos corpos hídricos seja função do uso e ocupação do solo da bacia hidrográfica, a qualidade desejada é função do uso pretendido para esta água. Percebe-se, dessa forma, a necessidade de uma adequada gestão dos recursos hídricos, para que as águas demandada e ofertada apresentem qualidade compatível com os usos e o desenvolvimento da região. A gestão de recursos hídricos, discutida amplamente no Cap. 6, apresenta diferentes ferramentas e instrumentos para minimizar os impactos de conflito pelo uso e garantir a qualidade desejada.

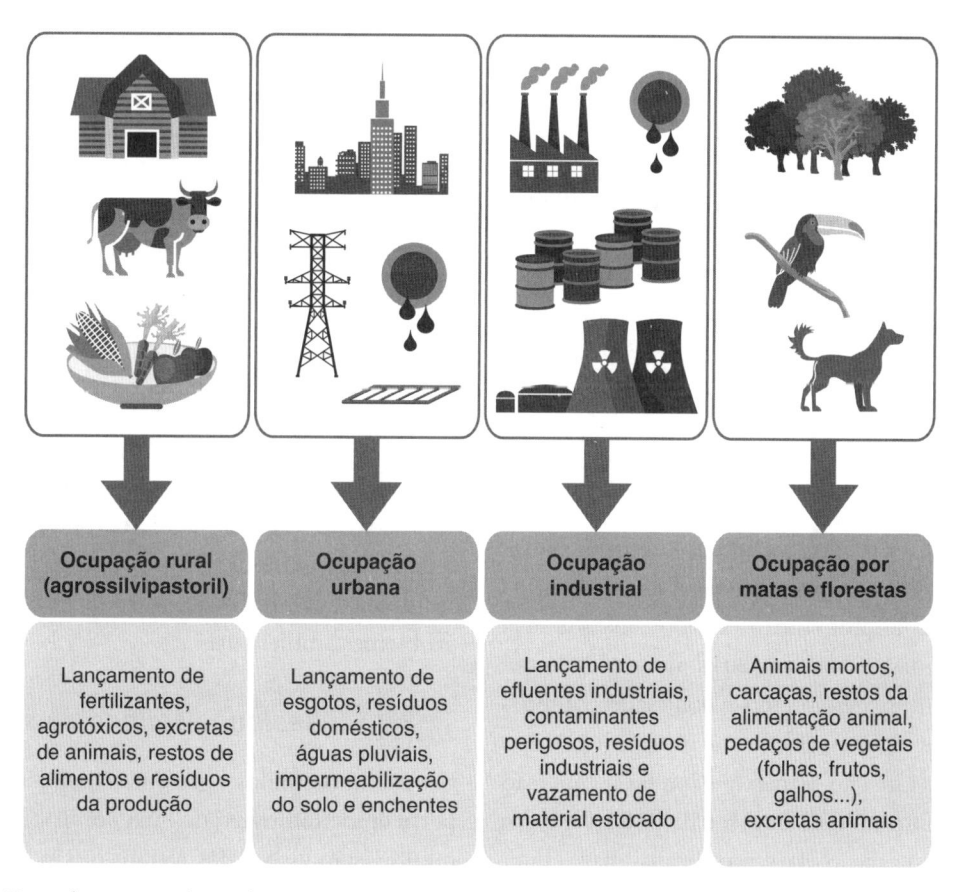

FIGURA 1.2 Desenho esquemático dos tipos de uso e ocupação do solo das bacias hidrográficas e as consequências para os corpos hídricos.

Em relação aos usos, Von Sperling (2005) inclui, na definição de poluição hídrica, o prejuízo aos usos pretendidos para determinada porção hídrica. Dessa forma, inicialmente é importante destacar os usos pretendidos para água, de acordo com a Resolução do Conselho Nacional do Meio Ambiente, Conama, nº 357/2005 (CONAMA, 2005):

- preservação do equilíbrio natural das comunidades aquáticas;
- preservação e proteção de comunidades e ambientes aquáticos;
- abastecimento para consumo humano;
- recreação por contato primário ou por contato secundário;
- aquicultura, atividade de pesca e pesca amadora;
- irrigação;
- dessedentação de animais;
- navegação;
- harmonia paisagística.

Usos nobres, como o abastecimento humano de água, demandam maior qualidade do que usos menos nobres, como a navegação, por exemplo. Assim, a poluição hídrica deve ser controlada e adequadamente gerenciada de forma a manter o equilíbrio entre qualidade desejada e qualidade ofertada, já que as atividades relacionadas com o desenvolvimento da sociedade geram, inevitavelmente, poluição hídrica. Importante destacar que essa poluição deve então ser minimizada de acordo com os aspectos legais vigentes e em função dos usos pretendidos, de acordo com um adequado planejamento.

É sabido que, em razão do elevado volume de esgoto doméstico gerado em todo o mundo, esse se configura como o principal poluidor de corpos hídricos. No Brasil, de acordo com o Atlas Esgotos: Despoluição de Bacias Hidrográficas, editado pela Agência Nacional de Águas (ANA) em 2017, mais de 110 mil km de trechos de rio estão com a qualidade comprometida em razão do excesso de carga orgânica, sendo que em 83.450 km não é mais permitida a captação para abastecimento público em face da poluição, e em 27.040 km a captação pode ser realizada, mas requer tratamento avançado para abastecimento doméstico (ANA, 2017).

Mais esclarecimentos em relação à poluição hídrica serão apresentados no Cap. 5, bem como os esgotos serão abordados de forma mais específica e aprofundada no Cap. 8.

1.2.2 Poluição do solo

Assim como as águas, o solo também sofre processo de poluição em razão da forma como se dá a sua ocupação. Em linhas gerais, nos centros urbanos o solo é poluído pelas atividades humanas desenvolvidas no cotidiano das cidades. Nas áreas industriais, os resíduos gerados são decorrentes de processos industriais e, às vezes, podem apresentar características de resíduos perigosos. Em áreas rurais, a poluição do solo se dá em resultado das atividades agrossilvipastoris e sua consequente geração de resíduos para produção. Por fim, áreas naturais também apresentam solos com características distintas conforme o período de formação desse solo, do tipo de vegetação e fauna predominantes, além das sucessões ecológicas.

Dessa forma, todas as atividades que geram resíduos sólidos em diferentes tipos de ocupação devem prever o seu tratamento e a sua disposição final adequada com o objetivo de causar o menor impacto possível no solo. Um entendimento mais amplo sobre o solo, suas características, sua poluição e formas de controle da sua poluição serão abordados no Cap. 11.

Os resíduos sólidos produzidos principalmente nos centros urbanos, também conhecidos popularmente como "lixo", apresentam grande relevância no aspecto de poluição do solo, uma vez que são gerados em grandes quantidades pela sociedade e, em muitos casos, não são tratados e dispostos de maneira adequada. Uma vez que a gestão de resíduos sólidos será abordada no Cap. 10, aqui será apresentada somente uma relação entre os resíduos sólidos e a saúde, o meio ambiente e a sociedade, no contexto da crise e dos problemas ambientais.

1.2.2.1 *Resíduos sólidos × saúde*

Os resíduos sólidos apresentam relação direta com o perfil epidemiológico de uma população, já que comumente estão associados à transmissão de doenças. Em geral, os vetores de doenças vivem em aglomerados de lixo, buscando abrigo nessas unidades, além de serem também atraídos por eles, já que estes representam fontes de alimento. Os restos de comidas, embalagens sujas de matéria orgânica, fezes de animais e restos vegetais e animais, em geral, além de porções de água parada em objetos presentes no lixo, levam à colonização de organismos e microrganismos. Estes podem ser agentes responsáveis por diversas enfermidades que acometem o homem e outros animais, desde o início da civilização. São exemplos dessas enfermidades: a leptospirose transmitida por ratos; hepatite infecciosa transmitida por contato com agulhas infectadas e depositadas no lixo; febre amarela e doenças mais recentes como dengue e chikungunya transmitidas pelo *Aedes aegypti* que deposita seus ovos em porções de água parada; diversos tipos de gastroenterites, que causam diarreia e vômito, ocupando leitos de hospitais e levando muitos pacientes a óbito, principalmente crianças e idosos; dentre outras.

A história da humanidade foi marcada por episódios de epidemias, sendo a peste negra a mais conhecida delas. A doença que acometeu a Europa e a Ásia no século XIV e dizimou a população local nesse período era transmitida aos seres humanos por pulgas e ratos. Naquela época, acreditava-se que as doenças eram punições para crimes e pecados individuais e ainda não se conhecia a Teoria do Germe da Doença, que somente em 1876 foi postulada pelo médico alemão Heinrich Hermann Robert Koch em função da observação da relação entre a deterioração de alimentos e microrganismos e o posterior estabelecimento dessa mesma relação entre as doenças e os microrganismos (TORTORA; FUNKE; CASE, 2012).

De fato, as comunidades ao longo do processo de civilização foram aprendendo sobre a origem das doenças e passaram a se relacionar melhor com os resíduos gerados. Entretanto, ainda há muito que se fazer nesse sentido. Um dos grandes desafios da Engenharia Ambiental e Sanitária nos dias atuais, em razão do crescimento acelerado da população e, em decorrência, maior geração de resíduos sólidos, é o tratamento e a disposição final adequada destes resíduos.

O Cap. 14 aborda questões de epidemiologia clássica com foco na Epidemiologia Ambiental, levando a uma discussão mais ampla em relação ao monitoramento da saúde ambiental, agentes, hospedeiros e parasitas responsáveis por agravos à saúde.

1.2.2.2 *Resíduos sólidos × meio ambiente*

Os resíduos sólidos dispostos de maneira inadequada e mal acondicionados trazem diversos transtornos e agravos ao meio ambiente, que levam, consequentemente, à degradação da saúde da população. Na Antiguidade, na época do domínio do Império Romano, a Cloaca Máxima era destinada a receber os dejetos gerados na cidade mais populosa do período: Roma. Apesar de, atualmente, ser conhecida como um dos mais antigos sistemas de esgotos do mundo, sabe-se que naquele período não se distinguia lixo de águas servidas. Segundo Eigenheer (2009), esta distinção ocorreu somente na segunda metade do século XIX, quando as águas servidas passaram a ser coletadas separadamente por sistemas de esgotamento sanitário.

Na Fig. 1.3, é possível observar uma fotografia da Cloaca Máxima, construída no século III a.C. e ainda preservada na cidade de Roma, na Itália. Ela fazia parte

FIGURA 1.3 Fotografia de trecho preservado da Cloaca Máxima em Roma, na Itália, na Ponte Palatino. Fonte: Institute for the Study of the Ancient World from New York, United States of America - The Mouth of the Cloaca Maxima (I), CC BY 2.0, https://commons.wikimedia.org/w/index.php?curid=52695989.

de um conjunto de canais que levava os dejetos gerados na cidade, principalmente pela chuva, para o rio Tibre (EIGENHEER, 2009).

A partir do declínio do Império Romano, passando pela Idade Média e até os dias atuais, muito se evoluiu no entendimento da geração, do acondicionamento, da coleta e do transporte, além do tratamento e do destino final adequado dos resíduos. Entretanto, o fato é que nas cidades ainda se convive com o lixo depositado a céu aberto, causando diversos transtornos de poluição, inundação e transmissão de doenças. Em áreas urbanizadas, é possível observar, com certa facilidade, lixo nas ruas de maneira mal acondicionada, conforme exemplos apresentados na Fig. 1.4.

Atualmente, diversas são as tecnologias para tratamento e disposição final de resíduos, que ainda assim causam impactos ambientais. Entretanto, a disposição inadequada leva a problemas de espalhamento de materiais particulados pelo vento, liberação de gases e odores decorrentes da decomposição da matéria orgânica, geração de líquidos lixiviados (conhecidos popularmente como chorume), podendo infiltrar no solo e alcançar as águas subterrâneas, além da degradação superficial do solo e problemas estéticos e de bem-estar social.

1.2.2.3 Resíduos sólidos × sociedade

A questão dos resíduos sólidos tem impacto relevante na sociedade. Além da poluição, com graves consequências para a saúde da população, há impactos como o agravamento das enchentes, a degradação visual e estética causando desconforto à população, a desvalorização de áreas do entorno e do próprio local de

FIGURA 1.4 Lixo mal acondicionado nas ruas de centros urbanizados.

disposição final, o desabamento de encostas com depósito irregular de lixo, dentre outros.

Os resíduos mal acondicionados e lançados de maneira inadequada nos cursos d'água, nos lotes vagos e nos logradouros públicos podem ser carreados para os sistemas de drenagem, obstruindo dispositivos de escoamento, elevando o nível de água, causando enchentes e outros danos à sociedade. No caso das áreas do entorno de disposição inadequada de resíduos, há uma inevitável desvalorização dos imóveis, em razão da proliferação de animais, como ratos, baratas e urubus, além do mau cheiro e do trânsito de caminhões de lixo.

A degradação visual e estética causada pelo acúmulo de lixo em áreas inadequadas leva ao desconforto do bem-estar social da população, mesmo que não venha a causar doenças diretamente. Esses ambientes podem ser vistos em periferias de grandes centros urbanos e, principalmente, em regiões de aglomerados subnormais. Segundo o censo do Instituto Brasileiro de Geografia e Estatística (IBGE) de 2010, os aglomerados subnormais são conhecidos como favelas, invasões, grotas, baixadas, comunidades, vilas, ressacas, mocambos ou palafitas e já abrigam 6 % da população brasileira. Além disso, essas regiões normalmente ficam em morros e encostas que podem sofrer desabamentos em razão de instabilidades do terreno ocasionadas pelo próprio depósito de resíduos.

Por fim, é importante destacar que a disposição inadequada de resíduos, em lixões clandestinos e/ou pontos de despejo, causa o empobrecimento do solo e impacta negativamente a fauna e a flora de ecossistemas locais. Esses impactos negativos podem causar efeitos nas sucessões ecológicas, trazendo graves desequilíbrios ecológicos.

1.2.3 Poluição do ar

A Resolução Conama nº 491/2018 (CONAMA, 2018) define poluente atmosférico como qualquer forma de matéria ou energia com intensidade, concentração, tempo ou características que possam tornar o ar impróprio, nocivo ou ofensivo à saúde, inconveniente ao bem-estar público e prejudicial aos materiais, à fauna e à flora. Dentre as atividades antrópicas, as principais fontes de emissão de poluentes para a atmosfera são: os processos industriais, a combustão, a geração de energia, os veículos automotores, a incineração de resíduos sólidos e a queima de biomassa.

Uma vez que a composição química dos poluentes atmosféricos é extremamente variada, tornando inviável o controle e o monitoramento de todos eles, foram estabelecidos, mediante legislação específica, os limites máximos de poluentes que podem ser emitidos por cada tipo de fonte e as concentrações máximas de determinados poluentes na atmosfera. A escolha destes poluentes não é realizada de forma aleatória, mas com base em critérios técnico-científicos, principalmente em função de sua frequência de ocorrência e de seus efeitos adversos à saúde humana (DOMINICI et al., 2010). No Brasil, os poluentes prioritários que devem ser monitorados são partículas inaláveis (fração fina e fração grossa), dióxido de enxofre, dióxido de nitrogênio, ozônio e monóxido de carbono (CONAMA, 2018). A qualidade do ar difere bastante de um local para outro e ao longo do tempo, pois é influenciada por diversos fatores (SEINFELD; PANDIS, 2006), principalmente: pelo potencial de geração de poluentes (que depende da taxa de industrialização e do desenvolvimento socioeconômico de dado local) e pela dispersão dos poluentes na atmosfera (que varia de acordo com as condições topográficas e meteorológicas, rugosidade da superfície e taxa de remoção e/ou deposição dos poluentes). Esses assuntos serão abordados com maior detalhamento no Cap. 12.

Estudos epidemiológicos (GOUVEIA et al., 2003; SALDIVA et al., 1994; SALDIVA et al., 1995; CANÇADO et al., 2006) têm demonstrado associações entre a exposição aos poluentes atmosféricos e os efeitos na saúde humana (asma, bronquite, doenças pulmonares obstrutivas crônicas, câncer de pulmão, problemas cardiovasculares, dentre outros), acarretando o aumento de hospitalizações, morbidade e mortalidade. Os grupos populacionais mais vulneráveis a esses efeitos são as crianças, os idosos e os portadores de doenças respiratórias e cardiovasculares. Em adição aos agravos causados à saúde da população, há um impacto negativo no orçamento do Ministério da Saúde no Brasil, decorrente dos altos custos gastos com medicamentos, atendimentos e internações hospitalares, evidenciando a necessidade de adoção de estratégias públicas para implementar ações que visem à melhoria da qualidade do ar dos centros urbanos (MIRAGLIA; GOUVEIA, 2014).

A poluição do ar pode não só afetar os materiais (corrosão, abrasão, deposição e ataque químico), mas também alterar as características físico-químicas da atmosfera (*smog* industrial, *smog* fotoquímico, chuva ácida, redução da camada de ozônio e mudanças climáticas). O tempo de permanência do poluente na atmosfera determina se o problema atingirá uma escala local (urbana), regional ou global, pois essa variável interfere na escala espacial em que ele é transportado na atmosfera (SEINFELD; PANDIS, 2006).

1.2.3.1 *Impactos locais:* smog *industrial* e smog *fotoquímico*

Os impactos locais envolvem os poluentes que permanecem por um curto tempo na atmosfera, sendo transportados em uma escala espacial de 10^2 a 10^3 m (SEINFELD; PANDIS, 2006). Como as fontes de poluição estão próximas dos locais impactados, a gestão da qualidade do ar é mais simples de ser implementada, visto que se enquadra em ações a serem tomadas em uma esfera municipal.

O termo, em inglês, *smog* vem da junção das palavras *smoke* (fumaça) e *fog* (nevoeiro), por ter sido notado pela primeira vez na Inglaterra no ano de 1952, em um dos piores episódios críticos de poluição do ar já ocorrido no mundo (DAVIS *et al.*, 2002). O *smog* causa o aumento da turbidez atmosférica devido à presença de determinados poluentes, diminuindo a visibilidade, assemelhando-se a uma névoa sobre determinado local.

Smog *industrial*

O *smog* industrial ocorre quando as condições meteorológicas são desfavoráveis para a dispersão de poluentes, com picos de concentração ocorrendo principalmente no inverno, quando há maior ocorrência de inversões térmicas. Como o próprio termo indica, esse *smog* predomina em regiões industrializadas e/ou com usinas termelétricas, com intenso uso de carvão mineral ou óleo combustível, gerando uma névoa de coloração cinza (Fig. 1.5). Os principais poluentes constituintes do *smog* industrial são o material particulado e o dióxido de enxofre, provenientes da queima desses combustíveis.

FIGURA 1.5 *Smog* industrial na cidade de São Paulo, Brasil. Fonte: © Fernando Estudio Maia | 123rf.com.

Smog *fotoquímico*

Este tipo de *smog* ocorre em dias claros, sem nuvens, predominantemente em horários de maior incidência de luz solar, uma vez que a radiação é fundamental para ativar as reações fotoquímicas envolvidas nesse fenômeno. Assim como o *smog* industrial, o fotoquímico também é mais frequente quando a atmosfera não está com condições favoráveis à dispersão dos poluentes. Este *smog* apresenta coloração marrom-avermelhada (Fig. 1.6) e é constituído por diversos compostos oxidantes (majoritariamente, o ozônio) e aldeídos, resultantes de uma complexa série de reações fotoquímicas envolvendo óxidos de nitrogênio e compostos orgânicos voláteis presentes na atmosfera (ROCHA; ROSA; CARDOSO, 2009). As principais fontes antrópicas dos gases precursores do *smog* são os veículos automotores e as termelétricas a gás natural.

1.2.3.2 *Impactos regionais: chuva ácida*

Os impactos regionais estão associados a poluentes que podem se dispersar a uma distância de 10^3 a 10^5 m em relação à fonte emissora (SEINFELD; PANDIS, 2006). A solução para os problemas causados por esses poluentes é mais difícil de ser encontrada, pois a poluição pode extrapolar fronteiras estaduais e nacionais, envolvendo diferentes esferas da gestão ambiental pública.

A chuva ácida, ou deposição ácida, refere-se à presença de constituintes ácidos na precipitação (chuva, neve, granizo ou nevoeiro) ou em materiais particulados e vapores ácidos que se depositam na superfície. Pode-se pensar que a precipitação tivesse um pH igual a 7 (neutro) em regiões sem a presença de poluentes atmosféricos, porém, a água da chuva possui acidez natural, apresentando um pH de aproximadamente 5,6. Isso ocorre em razão do equilíbrio da água pura com o dióxido de carbono presente na atmosfera, que resulta em ácido carbônico. Uma precipitação com pH entre 5 e 5,6 pode ter sido influenciada pelas atividades antrópicas, mas apenas quando o pH é inferior a 5 caracteriza-se a chuva ácida (SEINFELD; PANDIS, 2006).

Os efeitos da chuva ácida são diversos: acidificação de águas superficiais e solos, com impactos significativos para a fauna, flora e agricultura; degradação da

FIGURA 1.6 *Smog* fotoquímico na cidade de Los Angeles, Estados Unidos. Fonte: © Chon Kit Leong | 123rf.com.

vegetação e florestas; acidificação da água em reservatórios de abastecimento e de hidrelétricas; e degradação de materiais (construções, estruturas e monumentos).

Os principais gases precursores da chuva ácida são o dióxido de enxofre (SO_2) e os óxidos de nitrogênio (NO_X), emitidos, principalmente, pela queima de combustíveis fósseis em usinas termelétricas e indústrias, fazendo do controle desses gases na fonte um fator determinante para minimizar os impactos. Na atmosfera, SO_2 e NO_X reagem e formam ácido sulfúrico e ácido nítrico, respectivamente, predominantes na chuva ácida.

Logo, regiões nas quais a matriz energética é baseada no uso intenso de combustíveis fósseis são as que mais vão lidar com os impactos da chuva ácida. Um estudo realizado a partir de modelos atmosféricos globais (RODHE *et al.*, 2002) determinou a distribuição espacial do pH na precipitação; os valores mais baixos de pH, principalmente em consequência das altas concentrações de ácido sulfúrico, foram encontrados no leste dos Estados Unidos, na Europa e na China.

Outro estudo posterior, baseado em modelos matemáticos e observações em diversos pontos do planeta, disponibilizou vasta informação sobre a composição da precipitação em todos os continentes (VET *et al.*, 2014). Em locais com escassez de dados, notadamente em países do Hemisfério Sul, os modelos estimaram a distribuição espacial das variáveis avaliadas. Os valores mais altos de concentração de enxofre na deposição úmida foram encontrados, principalmente, no nordeste dos Estados Unidos, Europa Ocidental e leste da Ásia; relativamente aos outros continentes, com exceção da Oceania, a América do Sul apresentou valores baixos de enxofre. Em relação à concentração de nitrogênio na precipitação, valores mais altos foram notados no leste dos Estados Unidos, sul da Europa, nordeste da Índia, sudeste da Ásia e norte da Oceania; os menores valores ficaram no oeste dos Estados Unidos, norte da Europa e Federação Russa.

O Brasil não possui uma rede de monitoramento da química da precipitação, mas há estudos realizados nas Regiões Sul, Sudeste e Norte do País (FORNARO, 2006). Os valores médios de pH encontrados não foram muito baixos, variando de 4,5 a 5,5, indicando precipitações ácidas a levemente ácidas. Apesar de as Regiões Sul e Sudeste serem mais industrializadas, a Região

Amazônica foi a que apresentou os menores valores de pH no Brasil, em virtude da presença de ácidos orgânicos naturais na atmosfera, emitidos por processos de biossíntese por bactérias, fungos, insetos e plantas.

1.2.3.3 Impactos globais: redução da camada de ozônio e mudanças climáticas

Os poluentes que fazem parte dos impactos globais têm alto tempo de residência na atmosfera, podendo ser transportados a longas distâncias. Assim, poluentes emitidos em determinado país têm o potencial de afetar toda atmosfera terrestre. Essa é uma questão bem mais complexa de ser resolvida, uma vez que demanda esforços conjuntos de todos os países, principalmente dos maiores emissores globais de poluição atmosférica.

A comunidade científica global recebeu com apreensão, em 1985, a notícia de que, durante a primavera polar Antártica, estava sendo observada anualmente na região, desde 1979, uma massiva redução na concentração de ozônio estratosférico (SEINFELD; PANDIS, 2006). As causas, até então, eram desconhecidas. Este e outros assuntos relacionados são apresentados no Cap. 13, como os processos e poluentes envolvidos na redução deste gás e os impactos à saúde humana.

O final do século XX foi marcado por uma intensa discussão sobre as mudanças climáticas, que se estendem até os dias atuais. O aquecimento da atmosfera terrestre, causado pelo aumento na emissão de gases de efeito estufa, provoca diversas alterações nas propriedades da atmosfera, dos oceanos e da criosfera. Também no Cap. 13 são abordadas as causas naturais e antrópicas, as evidências e os cenários políticos nacional e global das mudanças climáticas, dentre outros assuntos sobre esta questão.

1.3 Conceito de desenvolvimento sustentável

Os eventos que marcaram a evolução da política ambiental no mundo foram desencadeados no início dos anos 1970, com a promulgação da Política Ambiental dos Estados Unidos. Representam passos importantes nessa caminhada a Conferência das Nações Unidas em Estocolmo, em 1972, e a publicação do Relatório "Nosso Futuro Comum" da Comissão Mundial sobre

Meio Ambiente e Desenvolvimento, em 1987. Coroando essa etapa, realiza-se em 1992, no Rio de Janeiro, a Conferência das Nações Unidas.

Naturalmente, além dos eventos marcos, outros foram importantes nos rumos do estabelecimento e consolidação da evolução da Política Ambiental Mundial, com destaque para o Relatório do MIT, em 1972, intitulado "Os Limites do Crescimento". Contemporaneamente, os dois choques do petróleo (1973 e 1979) evidenciaram a vulnerabilidade dos países perante a escassez de recursos naturais. Esse período foi caracterizado por uma grande mobilização da sociedade civil em torno da problemática ambiental. Ressalte-se a valiosa contribuição acadêmica com publicações consistentes questionadoras do modelo de desenvolvimento executado pela grande maioria de nações.

Esse conjunto de eventos que foram marcos na conformação da Política Ambiental Mundial acabou por se configurar como concepções, modalidades e instrumentos de política ambiental em diversos países. Em razão das peculiaridades ideológicas, políticas, econômicas e sociais de cada nação, essa transformação evolucionária de política ambiental foi heterogênea entre os diferentes estados-nações. O aspecto mais importante é que, ainda com disparidades no tempo e espaço entre as nações, é possível identificar um fio indutor que vem sendo guia das políticas ambientais na grande maioria dos países.

A ótica inicial na década de 1970 era baseada em um processo de estruturação institucional e de formulação de políticas ambientais, essencialmente corretivas, assentadas de forma predominante em mecanismos de controle da poluição. No entanto, na década de 1980, as políticas ambientais nacionais redirecionaram-se para um foco preventivo, principalmente nas nações ocidentais, onde foi incorporado um instrumento de prevenção e de auxílio à tomada de decisão. Trata-se da Avaliação de Impacto Ambiental, praticada com a elaboração do Estudo de Impacto Ambiental (EIA) e do Relatório de Impacto Ambiental (RIMA). Mas a gestão ambiental iniciada ainda era essencialmente centralizada em instrumentos de comando e controle. Assim, este foi um período marcado por fortes conflitos, desde interesses públicos *versus* privados até os de competência do próprio Estado. Consolidavam-se a Política e a Gestão Ambiental em um clima de conflitos entre Estado e sociedade civil. A concepção da Gestão Ambiental, baseada na aplicação de ferramentas capazes de contribuir para o desenvolvimento sustentável, será apresentada e discutida no Cap. 4.

Em 1987, o Relatório das Nações Unidas "Nosso Futuro Comum" buscou promover uma conciliação entre essas partes conflituosas. O conceito de desenvolvimento sustentável nasce como fulcro de atendimento aos anseios do Estado, iniciativa privada e sociedade civil. O referido documento serviu como guia, nas décadas de 1990 e 2000, no sentido de orientar o desenvolvimento das políticas ambientais em diversos países. O papel catalisador na disseminação do conceito de desenvolvimento sustentável, fundado pelo Relatório das Nações Unidas, foi exercido pela Conferência das Nações Unidas no Rio de Janeiro (Eco-92).

Nesse período, observou-se o avanço de atitudes proativas das empresas, culminando com o desenvolvimento de instrumentos da Gestão Ambiental Privada (ou Empresarial) por intermédio das normas ISO 14000, destacando-se: Sistema de Gestão Ambiental, Auditoria Ambiental, Avaliação de Desempenho Ambiental, Ciclo de Vida, Rotulagem e Aspectos Ambientais. O legado da ISO juntamente com o programa de Atuação Responsável (da Indústria Química) representa um marco de iniciativa de Gestão Ambiental voluntária. É importante assinalar que o trato com os conceitos de Gestão Ambiental e Desenvolvimento Sustentável desencadeados influenciaram os rumos da Política Ambiental no setor público. Houve a busca por novos instrumentos de Gestão Ambiental, tanto a partir da implementação de instrumentos de comando e controle menos punitivos, quanto pela introdução de instrumentos econômicos incentivadores. Foram promulgados, também, instrumentos de mercado na preservação do meio ambiente, como regulamentos inovadores da Comunidade Europeia por meio do selo ambiental (Eco-label) e do sistema de gestão ambiental e auditoria ambiental (Eco-audit).

O conceito de desenvolvimento sustentável permitiu uma nova fase de amortecimento dos conflitos entre os atores litigantes. Neste caso, a negociação e a busca de conciliação entre as partes ganhou espaço. As Políticas Ambientais públicas e privadas passaram a adquirir um enfoque integrador: o desenvolvimento sustentável dos recursos com os instrumentos econômicos e sociais. A

Gestão Ambiental integra a dinâmica da problemática ambiental local com a global. A formação de parcerias e a instituição de instrumentos compartilhados de gestão fomentam o Planejamento e Gestão Cooperativos na Agenda do Planejamento e Gestão Ambiental.

No Brasil, essa evolução ocorreu de forma relativamente consoante com o cenário do mundo ocidental. Obviamente, especificidades econômicas, políticas e culturais deram alguns contornos por vezes de defasagem e, em outros, de fases sobrepostas. A própria situação do quadro nacional, com o desenvolvimento desigual nos aspectos políticos, econômicos, sociais, culturais e industriais, deu forma a um mosaico com estruturas pré-industriais, industriais e pós-industriais que imprimiram uma evolução de configuração diferenciada.

No âmbito legal, destacam-se o Código das Águas (1934), Lei de Proteção das Florestas (1965), Lei de Proteção da Fauna (1967) e, especialmente, a Lei nº 6.938, que instituiu a Política e o Sistema Nacional do Meio Ambiente (1981). A Constituição (1988) e a Lei nº 9.605 de Crimes Ambientais (1997) consolidaram a política ambiental brasileira.

O conceito de Desenvolvimento Sustentável espraia-se nos instrumentos da Legislação Ambiental brasileira, destacando-se: os padrões de qualidade ambiental, o Zoneamento Ecológico-Econômico, a Avaliação de Impactos Ambientais, o licenciamento de atividade potencialmente poluidora, o Sistema Nacional de Informação sobre Meio Ambiente (SINIMA) e o Sistema Nacional de Unidades de Conservação (SNUC).

EXERCÍCIOS DE FIXAÇÃO

1. Por que o crescimento econômico foi sempre acompanhado por aumento equivalente ou maior de consumo de recursos materiais e energéticos e trouxe como consecução a crise ambiental?

2. Quais são os ciclos longos pelos quais passou a história da sociedade humana, e que relação os setores indutores de mudanças de cada ciclo tem com a crise ambiental?

3. Como se dá a poluição hídrica em função do tipo de uso e ocupação do solo da bacia hidrográfica?

4. Descreva a relação dos resíduos sólidos com a saúde, com o meio ambiente e com a sociedade.

5. Por que os efeitos da poluição atmosférica são percebidos em escalas espaciais diferentes? Explique.

6. Quais as diferenças e semelhanças entre o *smog* industrial e o *smog* fotoquímico?

7. Descreva o fenômeno da chuva ácida, suas causas e efeitos adversos.

8. Quais são os eventos que marcaram a evolução da Política Ambiental em escala mundial?

9. Qual é o papel do Relatório das Nações Unidas, denominado "Nosso Futuro Comum", para promover uma conciliação entre Economia e Ecologia?

10. Qual é a efetiva contribuição do conceito de desenvolvimento sustentável para o mundo e para o Brasil?

DESAFIO

Discuta as soluções gerais apresentadas diante dos problemas ambientais: desmatamento, extinção de espécies, degradação do solo, superpopulação, poluição hídrica, poluição do solo e poluição do ar.

a. Desmatamento

Problema ambiental: aproximadamente 30 % da área terrestre do planeta é coberta por florestas com alta diversidade de espécies. Além de reserva da biodiversidade, as florestas naturais, entre inúmeros outros serviços ambientais, são reservatórios de carbono. Há 11 mil anos, antes

DESAFIO

do início da agricultura, as florestas tropicais cobriam 15 % do planeta. Atualmente, cobrem 6 % e estão sendo destruídas ao ritmo de 7,3 milhões de hectares por ano. Espaço aberto para criação de gado e monoculturas agrícolas.

Soluções e desafios: fazer recuperação das áreas degradadas com flora nativa e conservação dos fragmentos florestais remanescentes. No entanto, de modo geral, os países tropicais, que estão em desenvolvimento, apresentam crescimento populacional, nepotismo generalizado e corrupção quando se trata do uso da terra. Então, o enfrentamento desse cenário exige um governo forte com um Estado de Direito consistente.

b. Extinção de espécies

Problema ambiental: a caça de animais terrestres visa à obtenção de carne, marfim e produção de supostos produtos medicinais. A pesca em escala industrial, com embarcações tecnologicamente equipadas com dispositivos de localização, cerco e captura, está dizimando enormes estoques populacionais de animais marinhos e dulcícolas. A extinção, tanto continental quanto aquática, assume valores alarmantes. A lista vermelha da União Internacional para Conservação da Natureza (IUCN) de espécies ameaçadas está em contínuo crescimento. Além da pressão predatória (caça e pesca), inclui-se a perda ou degradação de *habitats* como fator de extinção das espécies.

Soluções e desafios: a proteção e recuperação de *habitats*, o combate à caça e pesca ilegais, e ainda o enfrentamento do comércio de vida selvagem, são fundamentais para proteger a biodiversidade e a extinção de espécies. Transformar populações locais de caçadores/pescadores em combatentes parceiros da vida selvagem representa uma das formas de gestão do problema.

c. Degradação do solo

Problema ambiental: os agentes de degradação do solo formam uma longa lista. Destacam-se: erosão, pastejamento, monoculturas, compactação, irrigação, lançamento de poluentes, desmatamento, extinção de espécies, edificações e conversões.

Soluções e desafios: as técnicas de restauração e conservação do solo também formam uma longa lista, tais como: plantio direto, rotação de culturas e terraceamento. Importante considerar que a segurança alimentar depende da conservação dos solos, assim como da manutenção da cobertura vegetal nativa e consequente controle de extinção de espécies.

d. Superpopulação

Problema ambiental: no começo do século XX, a população mundial tinha um contingente de 1,6 bilhão de pessoas. Atualmente, são 7,5 bilhões. Procedimentos de estimativa indicam que a população humana

DESAFIO

crescerá para 10 bilhões até 2050. Isso significa que o crescimento populacional e a ascensão social pressionarão maior utilização de recursos naturais, causando desmatamento, extinção de espécies e degradação do solo.

Soluções e desafios: sistemas de assistência que possam tirar mulheres da pobreza extrema, associados ao empoderamento feminino, evidenciam que mulheres podem controlar sua própria reprodução. Com acesso à educação e serviços sociais básicos, o número médio de nascimentos reduz significativamente.

e. Poluição ambiental

Problema ambiental: o crescimento populacional e o consequente aumento na demanda de bens e serviços levam ao aumento da geração de resíduos, aumentando, consequentemente, a pressão ambiental. Conforme mencionado no texto, isso acarreta diversos problemas ambientais atuais, destacando-se a poluição hídrica, a poluição do solo e a poluição do ar, degradando a qualidade de vida da população.

Soluções e desafios:

Poluição hídrica: planejamento do uso e ocupação do solo, bem como dos usos pretendidos para a água, em uma gestão eficiente e adequada dos serviços de esgotamento sanitário e abastecimento de água com o objetivo de melhoria contínua da qualidade de vida da população. Atenção para o reúso de águas servidas para prevenção de eventos severos de escassez hídrica.

Poluição do solo: elaboração de planejamento para a gestão adequada de resíduos sólidos, com foco nos problemas relacionados com a saúde, o meio ambiente e a sociedade. A gestão adequada deve ser para todos os setores, desde as áreas urbanas até as áreas industriais e rurais.

Poluição do ar: gestão de fontes *móveis* (elaboração de Inventário de Emissões de Fontes Móveis, elaboração dos Planos de Controle de Poluição Veicular – PCPV, acompanhamento e avaliação do Programa de Controle de Poluição do Ar por Veículos Automotores – Proconve e do Programa de Controle da Poluição do Ar por Motociclos e Veículos Similares – Promot); gestão de fontes *fixas* (elaboração de Inventário de Emissões Atmosféricas de Fontes Estacionárias, estabelecimento de Programas de Compensação de Emissões); gestão de fontes *agrossilvipastoris* (monitoramento e combate às queimadas e incêndios florestais).

BIBLIOGRAFIA

AGÊNCIA NACIONAL DE ÁGUAS. **Atlas esgotos**: despoluição de bacias hidrográficas. Brasília, DF: ANA, 2017.

ALMEIDA, J. R. *et al.* **Ciências ambientais**. Rio de Janeiro: Thex, 2008.

ALMEIDA, J. R. *et al.* **Gestão ambiental para o desenvolvimento sustentável**. Rio de Janeiro: Thex, 2006.

ALMEIDA, J. R. *et al.* **Política e planejamento ambiental**. Rio de Janeiro: Thex, 2007.

BRASIL. Conselho Nacional do Meio Ambiente. **Resolução nº 491**, de 19 de novembro de 2018. Dispõe sobre padrões de qualidade do ar. Brasília, DF: Conama, 2018.

_____. **Resolução nº 357**, de 17 de março de 2005. Dispõe sobre a classificação de corpos de água e diretrizes ambientais para o seu enquadramento, bem como estabelece as condições e padrões de lançamento de efluentes, e dá outras providências. Brasília, DF: Conama, 2005.

BRASIL. **Lei nº 6.938**, de 31 de agosto de 1981. Dispõe sobre a Política Nacional do Meio Ambiente, seus fins e mecanismos de formulação e aplicação, e dá outras providências. **Diário Oficial [da] República Federativa do Brasil]**, Brasília, DF, Seção I, 2 set. 1981, p. 16509.

CANÇADO, J. E. D. *et al.* Repercussões clínicas da exposição à poluição atmosférica. **Jornal Brasileiro de Pneumologia**, 32(1): S5-S11, 2006.

DAVIS, D. L.; BELL, M. L.; FLETCHER, T. A look back at the London smog of 1952 and the half century since. **Environmental Health Perspectives**, 110(12): A734-A735, 2002.

DOMINICI, F. *et al.* Protecting human health from air pollution: shifting from a single-pollutant to a multipollutant approach. **Epidemiology**, 21(2), 187-194, 2010.

EIGENHEER, E. M. **Lixo**. A limpeza urbana através dos tempos. Porto Alegre: Pallotti, 2009.

FORNARO, A. Águas de chuva: conceitos e breve histórico. Há chuva ácida no Brasil? **Revista USP**, São Paulo, n. 70, p. 78-87, 2006.

GOUVEIA, N. *et al.* Poluição do ar e efeitos na saúde nas populações de duas grandes metrópoles brasileiras. **Epidemiologia e Serviços de Saúde**, 12(1), 29-40, 2003.

INSTITUTO BRASILEIRO DE GEOGRAFIA E ESTATÍSTICA. **Censo 2010.** Rio de Janeiro: IBGE, 2010. Disponível em: https://censo2010.ibge.gov.br/materiais/guia-do-censo/conceituacao.html. Acesso em: set. 2018.

MIRAGLIA, S. G. E. K; GOUVEIA, N. Custos da poluição atmosférica nas regiões metropolitanas brasileiras. **Ciência & Saúde Coletiva**, 19(10), 4141-4147, 2014.

ROCHA, J. C.; ROSA, A. H.; CARDOSO, A. A. **Introdução à química ambiental**. 2. ed. Porto Alegre: Bookman, 2009.

RODHE, H.; DENTENER, F.; SCHULZ, M. The global distribution of acidifying wet deposition. **Environmental Science & Technology**, 36(20), 4382-4388, 2002.

SALDIVA, P. H. *et al.* Association between air pollution and mortality due to respiratory diseases in children in Sao Paulo, Brazil: a preliminary report. **Archives of Environmental Research**, 65(2), 218-225, 1994.

SALDIVA, P. H. *et al.* Air pollution and mortality in elderly people: a time-series study in São Paulo, Brazil. **Archives of Environmental Health**, 50(2), 159-163, 1995.

SEINFELD, J. H.; PANDIS, S. N. **Atmospheric chemistry and physics**: from air pollution to climate change. 2. ed. New Jersey: Wiley, 2006.

SNIDER, S. B.; BRIMLOW, J. N. An introduction to population growth. **Nature Education Knowledge**, 4(4):3, 2013.

TORTORA G. J.; FUNKE, B. R.; CASE, C. L. **Microbiologia**. 10. ed. Porto Alegre: Artmed, 2012.

UNITED NATIONS. **World population prospects**: the 2017 revision, key findings and advance tables. Working Paper no. ESA/P/WP/248. Department of Economic and Social Affairs, Population Division, 2017.

UNITED NATIONS. **Global issues**: population. Disponível em: http://www.un.org/en/sections/issues-depth/population/index.html. Acesso em: 5 jul. 2018.

VET, R. *et al.* A global assessment of precipitation chemistry and deposition of sulfur, nitrogen, sea salt, base cations, organic acids, acidity and pH, and phosphorus. **Atmospheric Environment**, v. 93, p. 3-100, 2014.

VON SPERLING, M. **Introdução à qualidade das águas e ao tratamento de esgoto.** Belo Horizonte: Ed. UFMG, 2005.

2

Fundamentos da Ecologia

André Salomão
Lia Teixeira

O estudo da ecologia permite compreender as relações entre os seres vivos e o meio ambiente onde vivem. Os conceitos básicos da ecologia são fundamentais para a compreensão dos processos bióticos e abióticos que regem os ecossistemas e a vida no planeta Terra, bem como os impactos causados pela atividade humana no meio ambiente. Neste capítulo, abordaremos temas em ecologia necessários para uma fundamentação teórica robusta, essencial para a natureza multidisciplinar da Engenharia Ambiental e Sanitária.

2.1 Conceitos de ecologia

A palavra ecologia vem do grego *oikos*, que significa casa ou lugar onde vive, e *logos*, estudo. A ecologia é um ramo vasto da biologia. Seu estudo exige conhecimentos interdisciplinares que envolvem a biologia em geral, além de física, química, geografia, geologia, entre outras ciências ambientais. A ecologia engloba múltiplas áreas de estudo (ecologia terrestre, ecologia aquática, ecologia marinha, biogeografia da distribuição de animais e vegetais, ecologia populacional, ecologia genética, ecologia comportamental, ecoclimatologia, ecologia fisiológica, entre outras) em diferentes matrizes ambientais (solo, água e ar) e com milhares de espécies (dos Domínios *Archaea*, *Bacteria* e *Eukarya*) já descritas e milhares de outras ainda por descrever e estudar.

Pode-se definir a ecologia como o estudo científico dos padrões de interação e interdependência entre organismos e entre estes e o meio ambiente onde vivem (abiótico e biótico). Estes padrões irão determinar a distribuição e abundância dos organismos, em um determinado espaço (local ou região) e tempo (ou período). Essa definição implica subdivisões ou áreas específicas de estudo, como **ecobiose** (estudo das relações organismo × meio ambiente); **cenobiose** (estudo das relações entre seres da mesma espécie, ou intraespecíficas); e **aloiobiose** (estudo das relações entre seres de espécies diferentes, ou interespecíficas).

O estudo da ecologia, segundo Odum e Barrett (2007), pode ser dividido em autoecologia e sinecologia. A primeira é o estudo clássico da ecologia, que se realiza a partir de um organismo ou de uma espécie, e de sua interação com o meio ambiente. Este estudo efetiva-se de forma indutiva e experimental. Pode ser realizado em laboratório ou em campo. Em geral, é acompanhado por estudos de morfologia, fisiologia, genética, comportamento e interação ou adaptação às mudanças do meio ambiente. Por se limitar a uma única espécie, não considera interações interespecíficas, todavia, estabelece limites de tolerância e condições mais favoráveis à sua sobrevivência, distribuição e abundância. A sinecologia, por sua vez, caracteriza-se por ser um estudo mais conceitual e dedutivo. Ela analisa as interações entre as populações de diferentes espécies (comunidades) e as interações destas com o meio ambiente, na formação dos ecossistemas. Este estudo visa gerar conhecimentos sobre a composição específica, abundância, frequência, distribuição espacial, nicho ecológico[1] das populações envolvidas em determinado local. Deste estudo resulta, portanto, uma visão mais geral dos fluxos de energia e da ciclagem dos nutrientes que compõem o respectivo ecossistema.

O grau de complexidade de um estudo ecológico das interações dos organismos entre si (fatores bióticos) e com meio ambiente (fatores abióticos – físicos e químicos) varia em função da escala, nível, ou foco de abrangência do estudo. Assim, costuma envolver diferentes níveis de organização (Fig. 2.1): um único organismo; um grupo de organismos da mesma espécie, ou seja, uma população; um grupo de populações de espécies diferentes de um local, ou seja, uma comunidade; as comunidades à medida que estas interagem com o meio ambiente como um sistema ecológico, ou seja, um ecossistema; ou até, em uma visão mais global, conjunto dos ecossistemas da Terra, a biosfera. Neste último caso, o estudo de um nível de organização pode contribuir para a explicação de padrões de interação em nível mais complexo.

O ambiente de um organismo é o conjunto de fatores e fenômenos externos físicos e químicos (luz do Sol, umidade do ar, temperatura do ar e da água etc.) que influenciam a estabilidade, distribuição e abundância dos indivíduos de sua espécie. A diversidade de ambientes resulta da variação dos fatores abióticos de um local para outro, a qual estabelece ambientes mais favoráveis ou desfavoráveis a cada espécie de organismos e, portanto, o número de espécies, ou a diversidade de espécies local.

Em vista disso, segundo Begon *et al.* (2007), as pesquisas nesta área buscarão responder às seguintes perguntas: como os organismos são afetados pelo ambiente? E como podem eles transformar seu ambiente? As respostas a essas perguntas indicam que o equilíbrio e a harmonia dos sistemas ecológicos ou ecossistemas provêm da dinâmica das interações e interdependência entre organismos e meio ambiente (ecobiose), representadas pelo fluxo de energia e o ciclo dos nutrientes. Assim, nenhum organismo em sua singularidade é autossuficiente por longo período, à medida que interage com o meio

---

[1] Pode ser definido como a função de um organismo na cadeia alimentar, além das condições em que uma espécie vive, se reproduz e interage com o seu *habitat*, incluindo os fatores bióticos e abióticos.

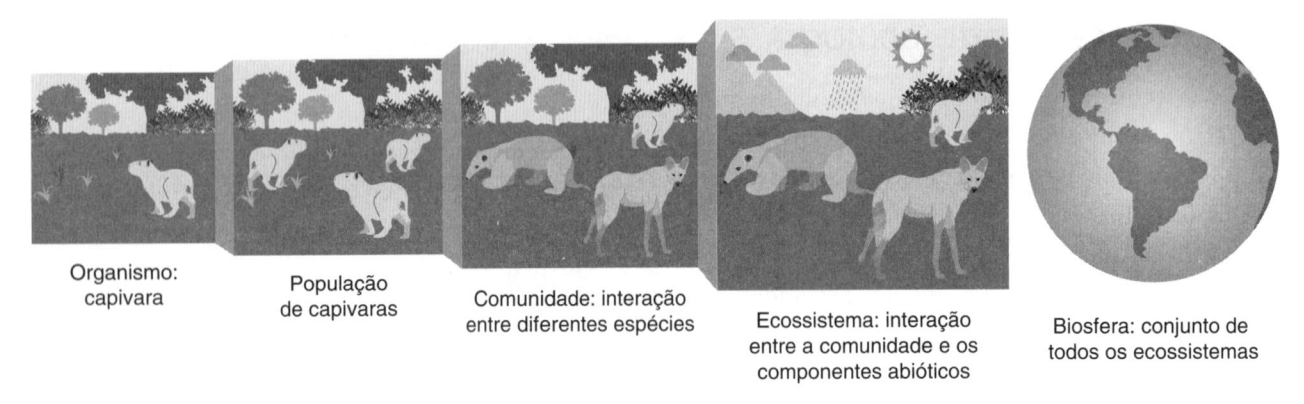

Organismo: capivara

População de capivaras

Comunidade: interação entre diferentes espécies

Ecossistema: interação entre a comunidade e os componentes abióticos

Biosfera: conjunto de todos os ecossistemas

FIGURA 2.1 Hierarquia dos sistemas ecológicos.

em que vive e com outros organismos de sua população ou comunidade. Da mesma forma, pode-se afirmar que uma comunidade não sobrevive sem interagir com o meio ambiente (interdependência), promovendo o fluxo de energia e a ciclagem dos nutrientes. Eis por que, para considerar uma espécie de uma comunidade, é necessário inseri-la na cadeia ou teia alimentar, seja como produtora, consumidora ou decompositora. Mais adiante, neste capítulo, serão explicadas e detalhadas as inter-relações nas cadeias e teias alimentares e os fluxos de energia e ciclagem de nutrientes entre os organismos produtores, consumidores e decompositores.

Uma tarefa relevante da ecologia é o estudo dos constantes impactos ambientais e mudanças causadas pela ação e presença dos seres humanos, seja nos meios naturais (expansão de fronteiras agrícolas), seja nos centros urbanos (expansão do perímetro urbano). O rápido aumento da população e a formação de grandes centros urbanos, com altas densidades populacionais e crescente demanda de recursos naturais, têm culminado em acelerada degradação ambiental. Essa degradação é questão prioritária deste momento da humanidade, visto que os seres humanos, como quaisquer seres vivos, dependem do meio ambiente para obter alimentos, água e recursos necessários à sua sobrevivência.

Alguns fenômenos climáticos e desastres naturais das últimas décadas são, em parte, consequência de nossos atos e formas de interação com o meio ambiente. O que fica evidente ao se pensar na desregulação dos ciclos biogeoquímicos (melhor explicado a seguir) e na degradação dos corpos hídricos, contaminação dos solos e poluição atmosférica. Nossa influência e im-

pacto sobre o meio ambiente já são tão generalizados que se torna difícil encontrar algum ambiente ainda não afetado pela atividade humana (GOUDIE, 2013).

Por consequência, são hoje fundamentais as pesquisas ecológicas sobre os impactos humanos nos ecossistemas do planeta. Essas pesquisas possibilitam identificar possíveis futuros cenários ambientais e, consequentemente, políticas de preservação ambiental e sustentabilidade econômica, fundamentais para garantir a saúde da população mundial e dos demais seres que desempenhem papel importante no equilíbrio e homeostase da biosfera terrestre.

2.2 Dinâmica das populações

Dinâmica de populações, ou ecologia de populações, é uma área da ecologia que, a partir de modelos matemáticos ou estatísticos, estuda os padrões de variação do número de organismos ou indivíduos de uma mesma espécie em determinada população. Tais modelos, a partir da generalização e representatividade dos dados disponíveis, têm por função explicar os padrões de natalidade e mortalidade, crescimento e densidade das populações, em determinado tempo e espaço (distribuição espacial), valendo-se do menor número de variáveis possíveis (fatores bióticos e abióticos, dependentes e independentes). Note-se que a dinâmica de populações não estuda somente animais e vegetais, mas também a espécie humana, já que o crescimento acelerado nas últimas décadas da população mundial põe em cheque a capacidade de sustentabilidade dos recursos (água, alimento e energia) do planeta.

Uma população natural é formada pelo conjunto de organismos de uma mesma espécie que ocupam determinada área, em um período de tempo. Tais organismos possuem ciclos próprios de vida ou atributos biológicos (nascimento, crescimento, reprodução e morte). Assim, o tamanho ou equilíbrio natural de uma população é avaliado por seus atributos de grupo (taxa de natalidade, mortalidade, emigração e imigração) e densidade populacional média (ODUM; BARRETT, 2007). O crescimento de uma população não é ilimitado. Seu tamanho varia dentro de um equilíbrio sustentável. Tal limite é estabelecido por fatores como ambiente (capacidade de sustentação do meio ambiente); condições abióticas (umidade, salinidade, pH, temperatura, oxigenação); condições bióticas de seleção natural (características genéticas, adaptação, sobrevivência e persistência); e distribuição etária e interações intra e interespecíficas (competição, predação, canibalismo, parasitismo, entre outras).

Para um estudo da dinâmica das populações naturais, são necessários o entendimento e a compreensão dos seguintes termos ecológicos:

Taxa de natalidade: representa o número total de organismos nascidos em determinado período ou intervalo de tempo em uma população, podendo apresentar valores positivos ou nulos.

Taxa de mortalidade: representa o número total de organismos mortos em determinado período em uma população, podendo apresentar valores positivos ou nulos. Esta taxa considera todas as mortes, seja por conta de má formação, não adaptação e morte natural, seja por efeitos de relações intra e interespecíficas, como competição, predação, entre outras.

Curva de sobrevivência: é a representação gráfica dos efeitos da mortalidade sobre determinada geração de organismos (organismos de uma mesma espécie nascidos numa mesma época), no decorrer do tempo, tendo por objetivo indicar o número de sobreviventes dessa geração. Alguns fatores podem influenciar a curva de sobrevivência de cada espécie, sendo os principais: (i) idade (morte natural por velhice); (ii) relações intra e interespecíficas e da seleção natural (independentemente da idade, mortalidade distribuída por to-

das as idades); (iii) baixo cuidado parental da prole, que implica mortalidade maior nos estágios iniciais da vida.

Distribuição etária de uma população: nesta distribuição, representada graficamente por um histograma dividido por um eixo vertical, em população de machos (lado esquerdo) e de fêmeas (lado direito), cada faixa de idade é representada por barras horizontais sobrepostas (Fig. 2.2). Ela assume normalmente a forma de uma pirâmide. Os gráficos relativos aos estudos de população são geralmente divididos em três porções: inferior, com a presença de organismos mais jovens ou imaturos sexualmente; média, que trata de organismos maduros sexualmente (idade reprodutiva); e superior, onde estão alocados os organismos mais velhos ou em fase pós-reprodutiva. A partir da avaliação das taxas de natalidade e mortalidade, podem ser feitas projeções etárias (expectativa de vida) e a avaliação da evolução de uma população, como, por exemplo, a condição reprodutiva e o balanço de organismos jovens e adultos. Quanto mais alta for a pirâmide, maior será a expectativa de vida de uma população. A expansão de uma população é caracterizada por uma base mais larga da pirâmide. A estacionariedade é representada pela distribuição mais uniforme entre as faixas de idade. O declínio é observado quando existe uma grande proporção de indivíduos na parte superior da pirâmide ou um estreitamento da base.

Padrão de movimentação ou dispersão: movimento típico de determinados organismos ou sementes para fora (emigração) ou para dentro (imigração) de uma população ou de sua área de permanência. Outro tipo de movimentação é a migração, na qual organismos se movimentam por diferentes áreas em determinados períodos (rota de migração), porém retornam a seu local de origem. A movimentação ou dispersão é importante na colonização de novas áreas e na variabilidade genética (reprodução envolvendo organismos da mesma espécie, mas de populações diferentes). Este padrão suplementa as taxas de natalidade e mortalidade nos cálculos de crescimento e densidade populacional, podendo influenciar o equilíbrio de uma população.

Relação de interdependência ou interações ecológicas: a dinâmica das interações e a interdependência entre os organismos de uma mesma espécie (intraespecí-

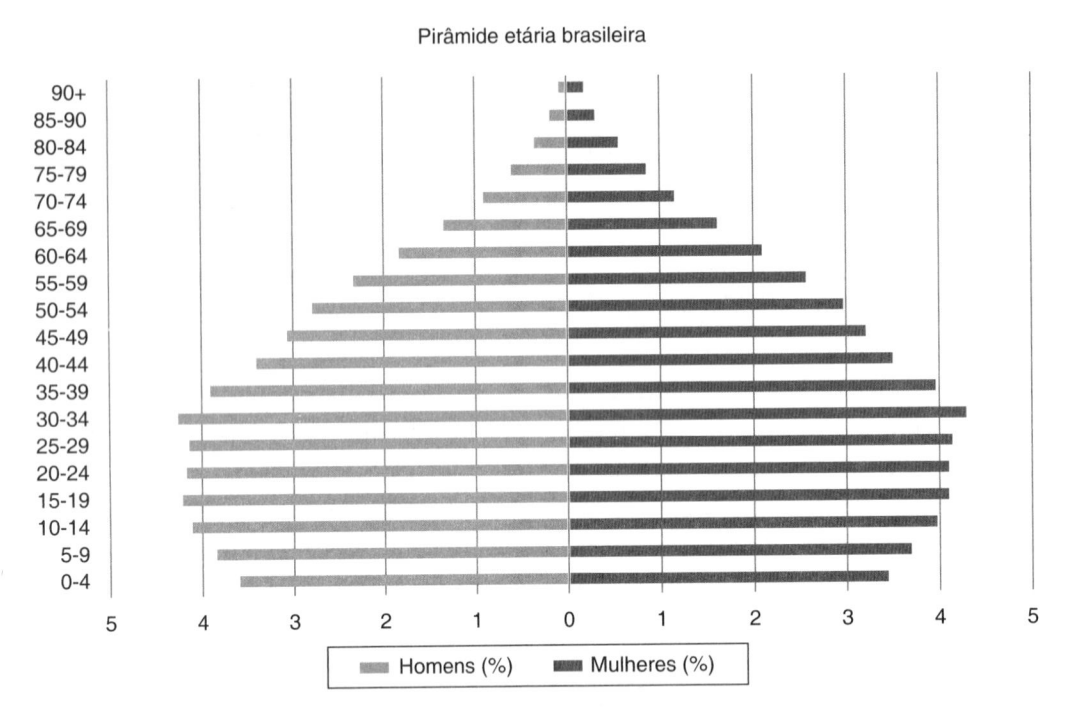

Pirâmide etária brasileira

FIGURA 2.2 Pirâmide etária brasileira em 2016. Fonte: IBGE.

ficas) ou de espécies diferentes (interespecíficas) ocorrem quando tais organismos ocupam uma mesma área (por exemplo: uma abelha como polinizador e uma laranjeira com flor contendo néctar) e se diferenciam pelos tipos de dependência que mantêm entre si. Essa dependência pode ser mutuamente benéfica (harmônica ou positiva), causar prejuízo para uma das partes (desarmônica ou negativa), ou ser neutra, quando nenhuma das partes é afetada por se associar à outra. As interações harmônicas ou positivas podem ser em forma de colônia, sociedade, comensalismo, inquilinismo ou epifitismo, mutualismo ou simbiose, protocooperação e foresia:

- Colônias: associações entre indivíduos da mesma espécie, ligadas anatomicamente entre si, que apresentam um elevado grau de mútua dependência, não ocorrendo separações. Nas colônias, pode ou não ocorrer divisão de trabalho. Isto irá depender do formato dos organismos, pelo qual os indivíduos podem, ou não, exercer todas as funções vitais (isoformas *versus* heteroformas). Exemplo: isoformas – colônias de corais; heteroformas – celenterado da espécie *Physalia physalis*, conhecido como caravela.
- Sociedades: associações hierárquicas entre indivíduos da mesma espécie, não ligados anatomica-

mente, organizados de um modo cooperativo, com divisão de funções que garantem a eficiência do conjunto e a sobrevivência da espécie. Exemplo: abelhas e formigas.

- Comensalismo: associação entre indivíduos de espécies diferentes, em que um se alimenta dos restos alimentares do outro, sem que haja prejuízo para ambos. Exemplo: rêmora e o tubarão, em que a rêmora costuma se fixar próximo à boca do tubarão e se alimenta dos restos alimentares de suas presas.
- Inquilinismo ou epifitismo: interação pela qual uma espécie se beneficia de outra mediante obtenção de abrigo ou suporte na superfície, sem lhe causar prejuízo. Esta forma de interação distingue-se do comensalismo, pois não tem relação direta com a alimentação. Exemplo: fixação de orquídeas e bromélias em troncos das árvores.
- Mutualismo ou simbiose: associação entre indivíduos de espécies diferentes, na qual ambos se beneficiam, cada um necessitando do outro para sobreviver. Exemplo: associações entre cupins e protozoários capazes de digerir a celulose em seu intestino.
- Protocooperação: associação entre dois indivíduos de espécies diferentes, em que ambos se beneficiam, não sendo esta associação obrigatória para

a sobrevivência de ambos. Exemplo: o pássaro anu alimenta-se dos carrapatos existentes no couro dos bovinos.

• Foresia: transporte de um organismo por outro de outra espécie, sem lhe acarretar prejuízo. Exemplo: transporte de sementes do capim-carrapicho nos pelos de animais ou nas roupas que esbarrem nelas.

As interações desarmônicas ou negativas podem ser em forma de competição, canibalismo, amensalismo, esclavagismo, parasitismo e predação:

• Competição: pode ocorrer entre organismos da mesma espécie ou entre espécies diferentes, em face da escassez ou quantidade limitada de recursos (alimento e água) ou por questões outras, como territorialidade, luminosidade e fêmeas do bando. A competição seleciona as espécies e as formas de vida mais adaptadas ao meio ambiente, eliminando as menos adaptadas (seleção natural). Exemplo: leões e hienas competem por presas já abatidas; sapos machos, por fêmeas; e plantas (de mesma espécie ou não), por melhores condições de luminosidade.

• Canibalismo: forma de predação, em que organismos se alimentam de outros da mesma espécie. Exemplo: rã-touro e o peixe tilápia-do-nilo.

• Amensalismo: caracteriza-se pela produção e liberação de substâncias por uma espécie que impedem ou dificultam o crescimento e o desenvolvimento de outras espécies em uma mesma área. Exemplo: o antibiótico produzido por fungos, como, por exemplo, a penicilina, que impede a proliferação de bactérias; e o eucalipto, que inibe a germinação de outras plantas ao redor, evitando espécies competidoras.

• Esclavagismo: relação ecológica em que uma espécie se beneficia da atividade ou do produto de outra espécie. Exemplo: relação entre a formiga e o pulgão, em que a primeira apodera-se do açúcar que os pulgões sugam e excretam dos vasos liberianos das plantas.

• Parasitismo: associação entre espécies diferentes, em que o parasita sobrevive e se reproduz no interior ou na superfície de um organismo hospedeiro, causando-lhe prejuízo e, frequentemente, a morte. Pode ocorrer em espécies de animais ou vegetais. Exemplo: piolhos, pulgas, carrapatos e lombrigas.

• Predação: interação entre espécies diferentes, em que apenas uma espécie é beneficiada. Neste caso, o predador pode atacar e devorar sua presa, cuja morte pode ocorrer antes, durante ou após a ingestão. Este tipo de interação pode repercutir no controle populacional ou na seleção de espécies. Exemplo: leão caçando e se alimentando de zebras; boi comendo capim (herbivoria).

Crescimento populacional: a taxa de crescimento populacional permite avaliar o aumento, a estabilidade ou o declínio de uma população. Ela avalia o aumento ou redução do número total de indivíduos em determinado período. Este cálculo, no entanto, não é tão simples assim, e deve considerar dois fatores primordiais: (i) o potencial biótico de cada espécie, ou seja, a capacidade de reprodução de cada espécie em condições favoráveis; e (ii) a resistência ambiental, ou seja, a limitação de alimento, água, território (espaço físico), questões climáticas, nicho ecológico, relações de interdependência intra e interespecíficas, e as taxas de natalidade e mortalidade, além da seleção natural das espécies mais adaptadas ao meio. A resistência ambiental está relacionada com a densidade populacional, em que, à medida que aumenta a densidade de uma população, aumenta também a resistência do meio. Isto ocorre até que se atinja o equilíbrio entre as taxas de natalidade e de mortalidade, ou seja, entre o potencial biótico e a resistência ambiental (Fig. 2.3).

O padrão de crescimento populacional varia em relação às peculiaridades das espécies. No entanto, segue, basicamente, duas formas de crescimento: em **J** ou em **S** (ou *sigmoide*) (Fig. 2.4). A forma **J** é caracterizada por um rápido crescimento exponencial (até que se atinja o ápice) da população, seguido de uma queda brusca do crescimento, em razão da resistência ambiental (escassez de recursos naturais ou espaço físico). Esta forma é característica das populações de algas. Na forma **S**, o crescimento populacional dá-se em quatro fases: (i) fase *Lag* de crescimento lento ou fase de estabelecimento e adaptação da espécie ao ambiente; (ii) fase *Log* de aumento logarítmico ou de crescimento exponencial; (iii) fase de desaceleração do crescimento, limitado pela resistência ambiental; e (iv) fase estacionária ou de estabilização, equilíbrio entre as taxas de natalidade e mortalidade, quando é atingida a capacidade de sustentação da população no meio. Na fase estacionária, pequenas oscilações de crescimento

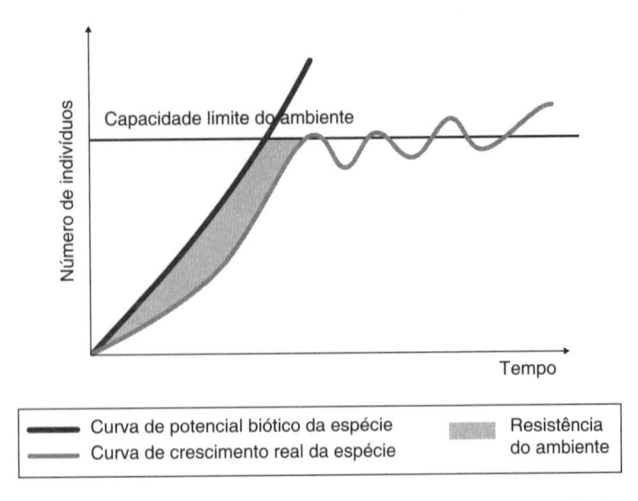

FIGURA 2.3 Curva de crescimento de uma população biológica.

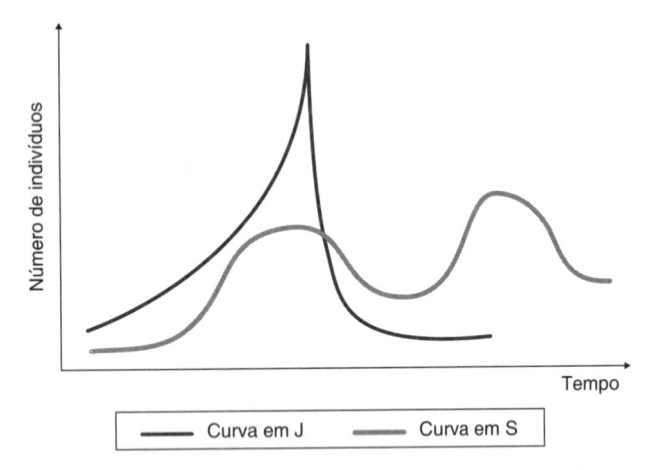

FIGURA 2.4 Padrão de crescimento populacional: em **J** ou em **S** (ou sigmoide).

da média populacional podem ocorrer, porém a espécie permanece em um estado de equilíbrio natural. A forma **S** é a mais comum entre as espécies em seu ambiente natural, em condições normais ou ideais. Nos seres humanos a forma **J** de crescimento é diferente das outras espécies, pois os avanços tecnológicos da medicina, farmacologia e agricultura podem interferir na seleção natural e na resistência ambiental (produção e disponibilidade de alimentos e água).

Densidade populacional: expressa-se pelo número de organismos ou biomassa de uma população por unidade de área (organismos/m², km², hectares) ou volume do meio (organismos/m³ de água, solo, sedimento ou ar atmosférico) que possa ser realmente coloni-

zado por determinada população, em certo período ou espaço de tempo. Alguns atributos de uma população podem interferir diretamente na densidade populacional de uma espécie, tendendo a aumentá-la, como as taxas de natalidade e imigração, ou a reduzi-la, como as taxas de mortalidade e emigração. Uma população pode ser considerada equilibrada ou com densidade populacional sem grandes variações quando as taxas de natalidade e imigração são equivalentes às taxas de mortalidade e emigração.

Contudo, em estudos de dinâmicas populacionais devem ser levadas em consideração as questões referentes à comunidade biológica local, em que essa pode ser definida como o bioma formado por estruturas organizadas de populações de espécies diferentes, que interagem de forma interdependente. Em uma comunidade, a dinâmica populacional de algumas espécies poderá exercer maior ou menor influência, a depender de seu tamanho populacional, posição na cadeia ou teia trófica e das relações intra e interespecíficas, sobre as outras espécies. Outro aspecto importante que deve ser considerado em estudos de dinâmica populacional é a diversidade de espécies dentro de uma comunidade. Esse fator é relevante e deve ser verificado, pois reflete a maturidade e o equilíbrio de um ecossistema, ou a influência das condições ambientais favoráveis ou desfavoráveis, novas, cíclicas ou temporárias (por exemplo: mudanças climáticas, desastres naturais ou influência antrópica). A diversidade das comunidades tem relação direta com o número de organismos por espécie. Em um ambiente circunscrito (ou limitado), quanto maior a diversidade, menor o número de organismos por espécie, e vice-versa.

2.3 Cadeia e teias alimentares

O termo cadeia alimentar (ou cadeia trófica) designa a sequência linear (unidirecional e não ramificada) de alimentação que se processa entre os organismos de diferentes espécies em uma comunidade (Fig. 2.5). As cadeias alimentares apresentam-se em todos os ambientes onde há vida, pois qualquer organismo depende da transferência de matéria (nutrientes) e energia para sobreviver, as quais são, com frequência, processadas por outros organismos. Com isso, dois tipos de organismos

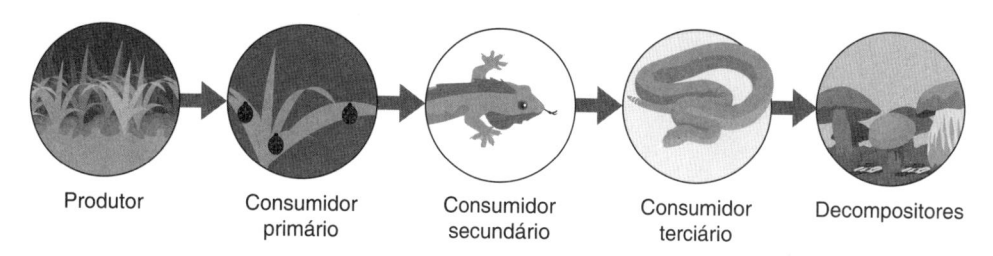

Produtor   Consumidor primário   Consumidor secundário   Consumidor terciário   Decompositores

FIGURA 2.5 Cadeia alimentar de organismos produtores, consumidores e decompositores.

devem obrigatoriamente estar presentes em uma cadeia alimentar, para que haja a ciclagem de matéria e energia: **autotróficos** e **heterotróficos**. Organismos autotróficos são aqueles que, a partir da fotossíntese ou da quimiossíntese, transformam substâncias minerais ou inorgânicas em moléculas orgânicas (ou matéria orgânica), ou seja, são capazes de produzir seu próprio alimento (por exemplo: plantas, algas e algumas bactérias). Os organismos heterotróficos não são capazes de produzir seu próprio alimento e necessitam alimentar-se de substâncias orgânicas produzidas por outros organismos (por exemplo: herbívoros, carnívoros, onívoros, fungos e algumas bactérias).

Os organismos enquanto componentes de uma cadeia alimentar classificam-se em níveis tróficos, que englobam organismos autotróficos, denominados **produtores**, e organismos heterotróficos, denominados **consumidores** e **decompositores**. Cada etapa da cadeia alimentar ou cada nível trófico é ocupado por organismos de hábitos alimentares semelhantes, ou seja, de mesmo nicho ecológico. A despeito disso, uma espécie pode ocupar mais de um nível trófico, dependendo de sua fonte de alimentação (por exemplo: os onívoros podem se alimentar de plantas ou de outros organismos).

O primeiro nível trófico é formado por organismos **produtores** (autotróficos), que, por serem capazes de produzir seu próprio alimento, se situam obrigatoriamente no início de qualquer cadeia alimentar. Os demais níveis tróficos são formados por organismos heterotróficos, como os consumidores (primários, secundários, terciários, quaternários) e os decompositores. Assim, o segundo nível trófico é formado por **consumidores primários**, como os herbívoros e também os onívoros (capivara, vaca, gafanhoto, rato e gambá), que se alimentam de organismos produtores. O terceiro nível trófico, assim como os níveis que

se seguem, é formado por organismos carnívoros. Os organismos desse terceiro nível, que se alimentam de herbívoros, são os **consumidores secundários** (sapos, lagartos e peixes). Os organismos do quarto nível trófico, que se alimentam dos consumidores secundários, são os **consumidores terciários** (cobra, coruja e peixes maiores), e assim por diante até os predadores de topo de cadeia (homem, leões e tubarões).

O último nível trófico – ou o final da cadeia alimentar de ambientes aquáticos e terrestres, em geral – é formado por organismos **decompositores** ou saprófitos, como fungos e algumas bactérias. Esses organismos são responsáveis por degradar a matéria orgânica (compostos complexos) que formam produtores e consumidores em moléculas simples. Com isso, alguns produtos das decomposições são usados por eles como alimento, sendo o restante liberado para o meio ambiente, podendo ser novamente utilizado por produtores, fechando o ciclo dos nutrientes. Diferentemente do fluxo de energia alimentar, os nutrientes circulam nas cadeias tróficas de forma circular e, ao atingirem o final da cadeia trófica ou os decompositores, são novamente disponibilizados para os produtores na forma de compostos simples.

Em um ecossistema natural, é comum que diversas cadeias alimentares se sobreponham parcialmente, se cruzem, se interliguem ou até que se conectem, dando origem às redes ou **teias alimentares**. Nestas, os organismos podem simultaneamente pertencer a diferentes níveis tróficos e ocupar papéis diversos nas cadeias alimentares (Fig. 2.6). Ou seja, em um ecossistema, os organismos não estão presentes apenas em uma cadeia alimentar, e sua alimentação pode englobar diferentes organismos de diferentes níveis tróficos. A análise complexa das diferentes interações alimentares de uma teia alimentar, com um maior número de espécies de organismos como opção de alimento de cada organis-

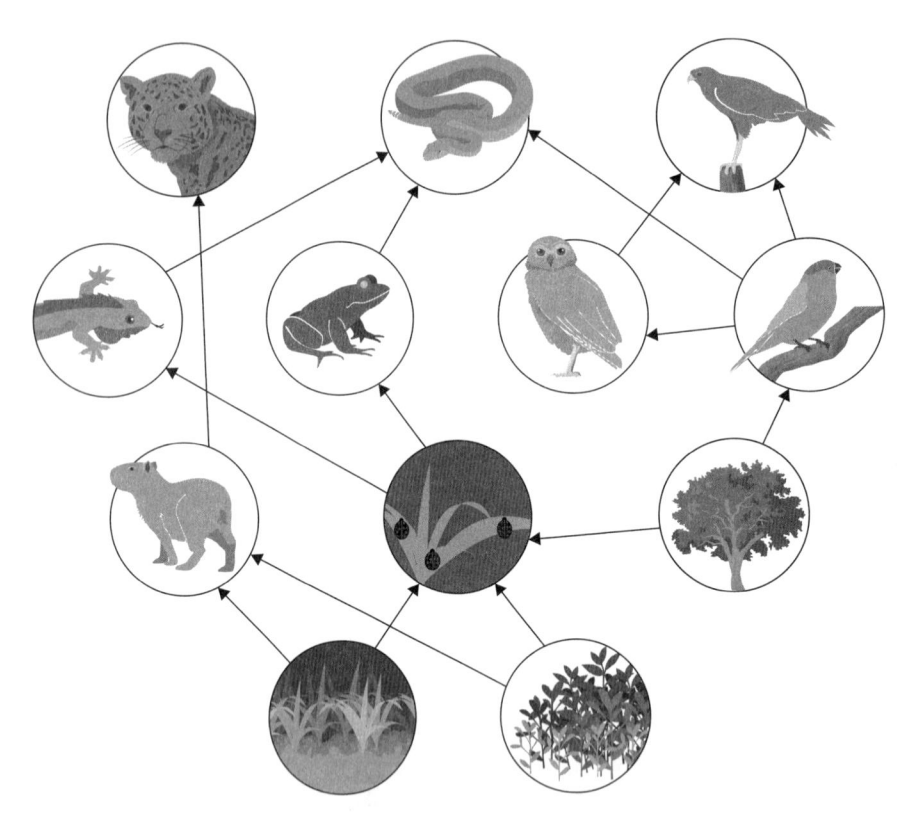

FIGURA 2.6 Teia alimentar de organismos com diferentes papéis e níveis tróficos dentro das cadeias alimentares interconectadas.

mo, pode reproduzir com um grau maior de realismo o equilíbrio natural entre produtores, consumidores e decompositores de um ecossistema maduro ou estável.

Os ecossistemas são mantidos pelos fluxos de energia e ciclos de nutrientes. Todos os organismos necessitam de fontes de energia para garantir suas funções vitais. Os organismos fotoautotróficos, no caso, valem-se da energia solar, por meio da fotossíntese, para sintetizar compostos orgânicos e armazenar energia na forma de energia química (ligações químicas). Os organismos heterotróficos obtêm sua energia a partir da ingestão dos compostos orgânicos (biomassa) produzidos pelos autotróficos, ou pela predação de outros organismos heterotróficos, que não são capazes de converter energia solar em energia para sua manutenção.

Uma vez ingeridos, os compostos orgânicos são degradados e a energia disponibilizada pela respiração celular dos organismos é utilizada na manutenção de suas atividades vitais. Portanto, podemos dizer que as cadeias ou teias alimentares atuam como linhas de transmissão de energias de fluxo unidirecional, que conduzem energia dos produtores aos consumidores e decompositores.

Em razão dos gastos energéticos das funções vitais de cada organismo, como calor, por exemplo, somente uma parte da energia que cada organismo ingere passa para o nível trófico seguinte (calcula-se em torno de 10 %). Logo, quanto mais curta for a cadeia alimentar ou quanto mais próximo do organismo produtor estiver o organismo consumidor, maior será a energia disponível. Essa relação de transferência é determinante para limitar o tamanho das cadeias tróficas, fazendo com que estas não sejam extensas ou com número elevado de níveis tróficos, os quais geralmente não passam de quatro.

Outra forma de analisar as cadeias alimentares de um ecossistema é a partir das pirâmides ecológicas, nas quais cada nível trófico é representado por barras sobrepostas. Essas pirâmides podem ser de três tipos: de número de organismos por nível trófico; de biomassa dos organismos (por exemplo: kg, t ou g/m²) por nível trófico; e de energia acumulada em cada nível trófico (kcal) por unidade de tempo (ano), área (m²) ou volume (m³) (Fig. 2.7).

Outros estudos comumente realizados em cadeias ou teias alimentares são os de acúmulo ou transferência de metais pesados e substâncias tóxicas não biodegra-

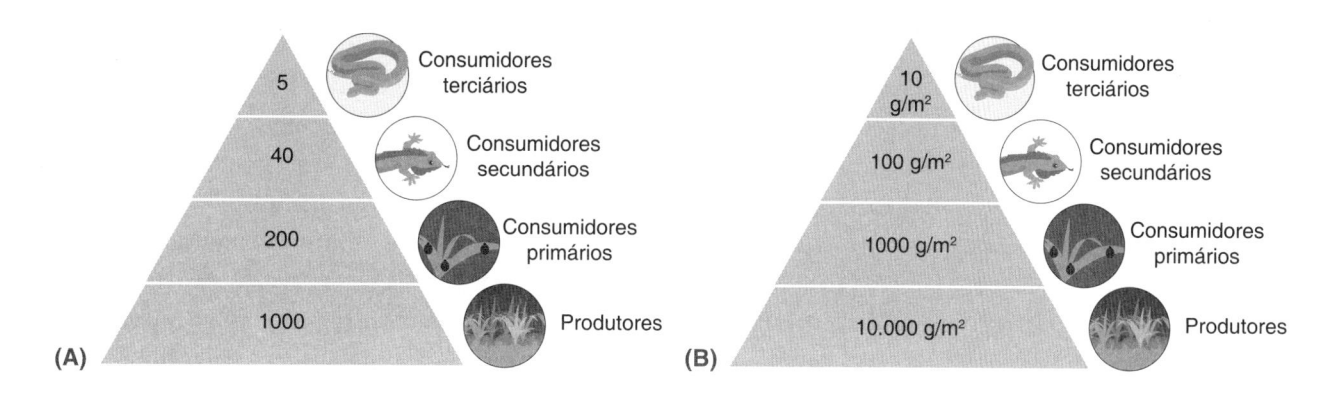

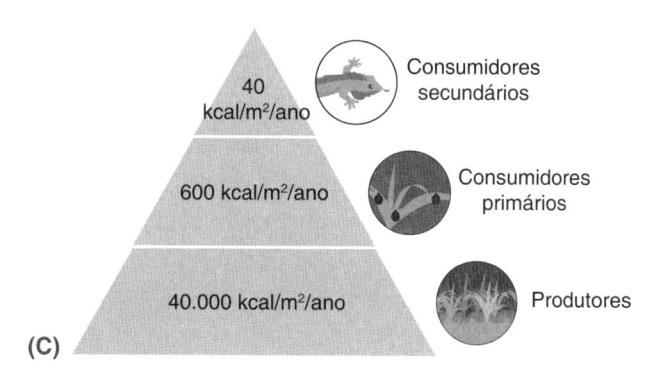

FIGURA 2.7 Pirâmides ecológicas: (A) número de organismos, (B) biomassa, (C) fluxo de energia.

dáveis, como pesticidas, defensivos agrícolas e alguns fármacos. Esses estudos avaliam a bioacumulação ou magnificação trófica de contaminantes nos diferentes níveis tróficos. Quanto maior o nível trófico, maior a concentração de contaminantes nos respectivos organismos. Isso ocorre pela maior ingestão de organismos de um nível inferior pelos de um nível superior. Os seres humanos podem ser afetados por este processo, quando se tornam predadores do topo de uma cadeia alimentar cujos organismos são expostos a substâncias bioacumuladoras. Os efeitos destes compostos ainda são alvos de estudos. O que se sabe hoje, porém, é que estes compostos podem causar efeitos adversos como desregulação endócrina (sistema hormonal), doenças ou danos nos sistemas reprodutivos, nervosos e musculares e alguns tipos de câncer.

2.4 Sucessão ecológica

Nos ecossistemas ainda não maduros ou não estáveis, as comunidades tendem a sofrer constantes modificações até que se estabeleça o equilíbrio entre os fatores bióticos e abióticos, incluindo os fluxos de energia e a ciclagem de nutrientes. Durante esse processo, muitas espécies podem se estabelecer em uma área ou até ser substituídas por outras. Esta sequência de mudanças de um estado menos complexo para um mais complexo (teias alimentares e novos nichos ecológicos) em um ecossistema é chamada de **sucessão ecológica**.

Segundo Odum e Barrett (2007), o desenvolvimento de um ecossistema por meio de uma sequência de sucessões ecológicas pode ser observado de três modos: (i) como um processo previsível e ordenado de desenvolvimento de uma comunidade passível de alterações estruturais no tempo; (ii) como modificação do ambiente físico causado pela própria comunidade; e (iii) como um ecossistema estabilizado, com fluxo de corrente de energia condizente com a biomassa total sustentada e com as relações entre as espécies próprias deste ecossistema.

A sucessão ecológica pode ser dividida em **sucessões primárias** e **secundárias**. A sucessão que ocorre em uma área estéril, ou ainda não habitada (sem vida), é chamada de sucessão primária. Como exemplo, pode-se citar uma rocha nua, onde as condições para sobrevivência dos organismos são extremamente desfavoráveis (iluminação e temperatura excessiva) até surgir uma **espécie pioneira** que colonize a área. Após a colonização, aquela espécie modificará o ambiente (por exemplo: retenção de água e formação de sombra e substrato primitivo), dando condições para o aparecimento de outras espécies (**comunidade pioneira**). Sendo assim, a partir da instalação de uma comunidade pioneira ocorre uma sequência de comunidades. Cada uma dessas sequências recebe o nome de **etapa seral** ou **etapa de desenvolvimento**.

A sucessão secundária ocorre da mesma forma que a primária, porém em área onde o equilíbrio foi perturbado ou rompido por alguma mudança ambiental, causada ou não pelo homem (por exemplo: queimadas, derrubada de florestas, plantações abandonadas e locais que sofreram desastres naturais). A velocidade com que as mudanças ocorrem na sucessão secundária é maior que na primária, em face de as condições prévias serem mais favoráveis à instalação de comunidades pioneiras. Em ambas as formas de sucessão, à medida que se processa o desenvolvimento de um ecossistema, com uma sequência de substituição de espécies, a velocidade das mudanças das comunidades tende a diminuir, atingindo-se mais rapidamente o equilíbrio dos fatores bióticos e abióticos. Nesse caso, o processo tende para o estágio de estabilidade do ecossistema (autossuficiência), chamado de **clímax** ou **comunidade clímax**. As comunidades clímax, no caso, podem chegar ao estágio de florestas maduras ou interromper o processo de evolução antes disso.

O tempo necessário para ocorrer uma sucessão ecológica completa, desde a colonização com as espécies pioneiras, com todas as etapas de desenvolvimento e o aumento progressivo da diversidade de espécies até o atingimento da estabilidade da comunidade clímax, pode variar de algumas décadas até séculos (LINHARES; GEWANDSZNAJDER, 1999).

2.5 Ciclos biogeoquímicos

Ciclos biogeoquímicos podem ser definidos como o movimento cíclico de elementos e compostos químicos entre os seres vivos e o meio ambiente. O movimento cíclico desses elementos ou compostos ocorre por processos químicos naturais e/ou vias metabólicas presentes nos ecossistemas, como no caso das cadeias e teias alimentares. Nelas, os elementos e os compostos químicos, essenciais à vida, são absorvidos ou ingeridos por organismos e, posteriormente, retornam ao meio ambiente por processos como decomposição, excreta, transpiração e respiração, entre outros.

Em ambientes ou ecossistemas sem a interferência humana, os processos de ciclagem de matéria ocorrem de forma equilibrada e dinâmica, garantindo uma contínua disponibilidade dos elementos ou compostos químicos para os organismos presentes. Compreender esses ciclos permite entender e predizer o desenvolvimento das comunidades e seus ecossistemas.

Nas últimas décadas, as constantes e desmedidas interferências humanas no meio ambiente, e as consequentes mudanças climáticas, vêm comprometendo o equilíbrio e a dinâmica dos ciclos biogeoquímicos. O estudo da interferência humana no desequilíbrio desses ciclos se torna cada vez mais importante, para avaliar possíveis impactos ambientais e as consequências na saúde humana. A seguir, serão descritos os principais ciclos biogeoquímicos que ocorrem na Terra.

2.5.1 Ciclo do carbono

O carbono é o quinto elemento mais abundante do planeta e está presente nas moléculas orgânicas. É encontrado na atmosfera sob a forma de gás carbônico (dióxido de carbono, CO_2) existente nos processos de fotossíntese e respiração dos seres vivos, decomposição e combustão da matéria orgânica. As rochas da crosta terrestre são o maior reservatório de carbono do planeta. No entanto, essas apresentam longos tempos de ciclagem, sendo a transferência de carbono considerada insignificante. Outros reservatórios de carbono são os depósitos fósseis de carvão mineral, petróleo e gás natural. O ciclo do carbono é composto, basicamente, por dois processos: a fixação e a degradação.

A fixação de carbono é o processo de maior importância no ciclo do carbono e o mecanismo central da produtividade primária na maioria dos ecossistemas. O processo de fixação do carbono ocorre mediante a incorporação do CO_2 à biomassa dos organismos autotróficos (terrestres e aquáticos) pela fotossíntese, sendo devolvido para a atmosfera por meio da respiração de organismos quimiorganotróficos (organismos que utilizam compostos orgânicos como fonte de energia). A partir de processos químicos, o CO_2 atmosférico pode ser incorporado aos oceanos. Nesse processo, o carbono reage quimicamente com a molécula de água, produzindo ácido carbônico que é, então, ionizado em bicarbonato e carbonato. Dessa forma, os reservatórios de carbonato encontrados nos oceanos atuam como um tampão entre os reservatórios atmosférico e do sedimento. Em relação à fixação biológica do CO_2, os oceanos apresentam produtividade inferior quando comparados aos ecossistemas terrestres. Contudo, pelo fato de ocuparem grande parte da superfície do planeta, os oceanos são os que mais contribuem para a fixação do CO_2 por organismos fotossintetizantes.

A Fig. 2.8 representa as principais etapas do ciclo do carbono.

A degradação completa dos compostos orgânicos pelos microrganismos gera CO_2 e metano (CH_4). Uma pequena parte desses compostos orgânicos, que não é utilizada pelos microrganismos, fica disponível para a formação do húmus. O húmus é um importante reservatório de carbono em ambientes terrestres, sendo uma mistura complexa de matéria orgânica morta. No húmus, são encontradas substâncias estáveis, que podem levar décadas até sua total decomposição, mas também componentes que podem ser rapidamente ciclados, principalmente pela ação de microrganismos.

A formação do metano (metanogênese) é predominantemente um processo microbiano, ainda que uma pequena quantidade de metano possa ser também gerada naturalmente por erupções vulcânicas. A metanogênese é um processo anaeróbio, em que o metano é produzido pela redução do CO_2, utilizando o H_2 como doador de elétrons ou a partir de determinados compostos orgânicos, como o acetato. No entanto, qualquer composto orgânico pode acabar sendo convertido em metano pela combinação das atividades de metanogênicos e bactérias. O H_2 gerado pela degradação fermentativa de compostos orgânicos é consumido pelos metanogênicos e convertido a CH_4. O metano produzido em *habitats* anóxicos é insolúvel, sendo transportado aos ambientes óxicos, onde pode ser oxidado a CO_2 pela ação de microrganismos metanotróficos.

Nas últimas décadas, a atividade humana vem lançando grande quantidade de CO_2 na atmosfera, notadamente pela queima de combustíveis fósseis e pelas queimadas florestais naturais ou provocadas por atividades humanas, para produção de papel, carvão, móveis, material de construção de casas, lenha, entre outras finalidades. Como resultado tem-se um grande fluxo de liberação do dióxido de carbono para a atmosfera, contribuindo para o aquecimento global e o efeito estufa. Outros gases, como metano, cloro-flúor-carbono e óxido nitroso, também contribuem para o agravamento do problema.

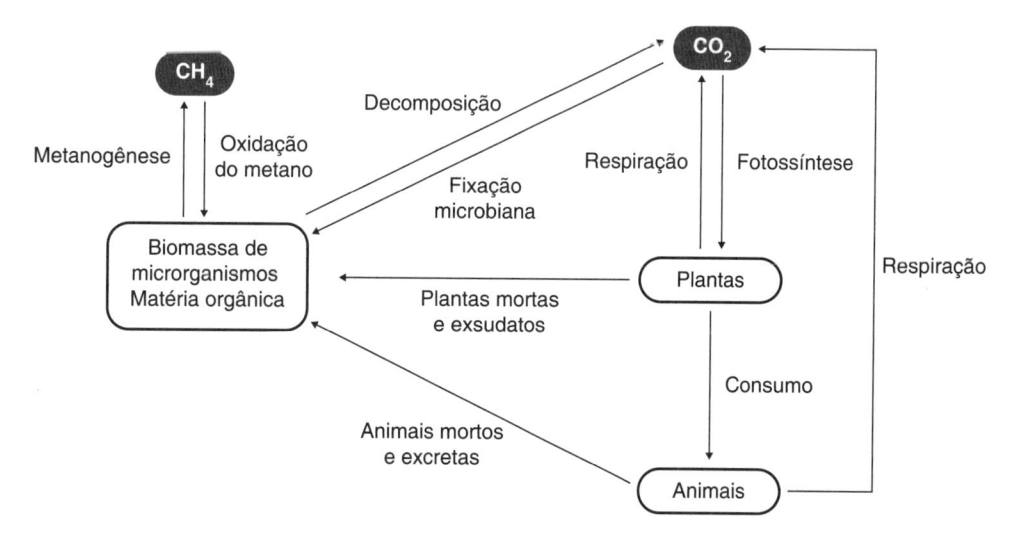

FIGURA 2.8 Representação esquemática simplificada do ciclo do carbono, em que os boxes em cinza representam as fases gasosas do ciclo. Fonte: Adaptada de TEIXEIRA; YERGEAU (2012).

2.5.2 Ciclo do nitrogênio

O nitrogênio na forma de gás inerte (N_2) representa 78 % dos gases da atmosfera, sendo continuamente liberado na atmosfera por erupções vulcânicas e fontes hidrotermais. A atmosfera é seu maior reservatório, seguida da crosta terrestre. No entanto, o nitrogênio da crosta não está disponível para os seres vivos. O N_2 atmosférico precisa ser biologicamente fixado para que seja disponível à absorção biológica, todavia, apenas uma pequena fração dos microrganismos é capaz de realizar esse processo. Reservatórios menores de nitrogênio, como o nitrogênio orgânico encontrado na biomassa dos seres vivos e na matéria orgânica morta e os sais inorgânicos solúveis, são ativamente ciclados. O nitrogênio é um elemento essencial para todas as células vivas, estando presente na composição química de ácidos nucleicos e proteínas. A Fig. 2.9 representa as principais etapas do ciclo do nitrogênio.

A fixação de nitrogênio é um processo que envolve grande gasto energético. Atualmente, cerca de 15 % do nitrogênio fixado ocorrem de forma industrial com a fabricação de fertilizantes. Com o alto custo associado ao uso de fertilizantes, práticas de cultivo alternativas têm se tornado mais atraentes, como a rotação de culturas fixadoras de nitrogênio, como a soja, e de não fixadoras, como o milho.

O produto final da fixação biológica de nitrogênio é a amônia (NH_3). A fixação de nitrogênio em amônia pode ser realizada por mais de 100 espécies de bactérias de vida livre, havendo um maior rendimento quando esses microrganismos estão próximos à raiz das plantas, a rizosfera. Em ambientes aquáticos, o grupo das cianobactérias é o predominante nesse processo. Uma estratégia evolutiva para aumentar a fixação de N_2 foi o desenvolvimento de uma relação simbiótica entre plantas leguminosas e microrganismos fixadores, coletivamente chamados de rizóbios. A infecção das raízes de uma planta leguminosa leva à formação de nódulos radiculares capazes de fixar o nitrogênio. A fixação de nitrogênio nesses nódulos radiculares apresenta considerável importância agrícola, pois conduz a aumentos significativos de nitrogênio combinado no solo.

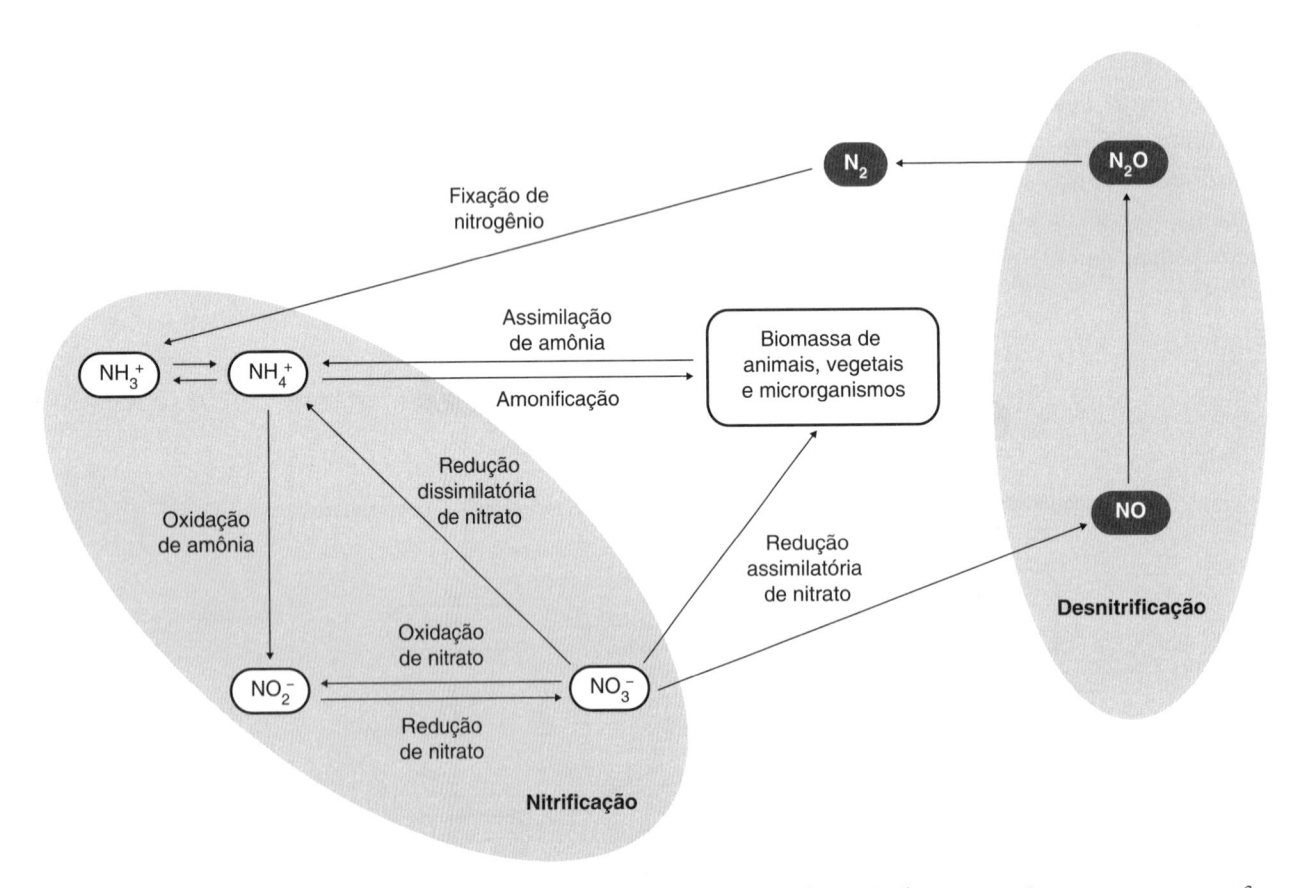

FIGURA 2.9 Representação esquemática simplificada do ciclo do nitrogênio. Os boxes em cinza representam as fases gasosas do ciclo. Fonte: Adaptada de TEIXEIRA; YERGEAU (2012).

No ambiente existe um equilíbrio entre NH_3 e NH_4^+ mediado pelo pH. Esse equilíbrio favorece a formação de NH_4^+ em pH ácido ou próximo do neutro. Em geral, a forma NH_4^+ é mais comumente assimilada pelas células para a formação de compostos celulares. Esse processo é chamado de assimilação ou imobilização da amônia. O nitrogênio também pode ser incorporado às células na forma de nitrato, em um processo chamado de redução assimilatória de nitrato. O processo de liberação da amônia pela degradação de células mortas é chamado de amonificação.

Em Estações de Tratamento de Esgoto (ETEs), dependendo do processo de tratamento empregado, podem ocorrer reações bioquímicas que resultam na biotransformação do material nitrogenado (nitrogênio amoniacal: NH_3; e NH_4^+; e nitrogênio orgânico: ureia, aminoácidos e grupos amino) (BASTOS *et al.*, 2009). Em ETE com tratamento biológico (aeróbio e anaeróbio), o material nitrogenado é convertido por processos sequenciais de **nitrificação** e **desnitrificação**. A nitrificação é mediada por bactérias autotróficas, em ambientes aeróbios (ou seja, na presença de oxigênio dissolvido), para a oxidação biológica da amônia em nitrito, tendo como produto final o nitrato (BASTOS *et al.*, 2009). Essa reação ocorre em dois passos sequenciais: (i) a amônia é oxidada para nitrito por ação bioquímica de bactérias do gênero *Nitrossomonas*; e (ii) a oxidação de nitrito para nitrato ocorre por ação bioquímica de bactérias do gênero *Nitrobacter*. A desnitrificação é a redução biológica do nitrato e nitrito em nitrogênio molecular (N_2), sendo mediada por bactérias heterotróficas, na ausência de oxigênio dissolvido (ou seja, em ambientes anaeróbios) e na presença de material orgânico, que será usado como redutor (BASTOS *et al.*, 2009). O resultado dos processos de nitrificação e desnitrificação é a conversão do nitrogênio amoniacal em nitrogênio molecular (N_2), que pode ou não se desprender como gás (N_2) da fase líquida.

Assim como ocorre nas ETEs, no meio ambiente a nitrificação ocorre por processos aeróbios realizados em duas etapas: a oxidação de amônia a nitrito, seguida da oxidação de nitrito a nitrato, realizadas por microrganismos naturalmente presentes em corpos hídricos, porém, em densidades muito inferiores às encontradas nas ETEs. O nitrito e o nitrato normalmente não são acumulados em ambientes naturais, principalmente porque nesses ecossistemas não há excesso de amônia, salvo em casos de contaminação por efluentes domésticos e/ou industriais. Em sistemas agrícolas, nos quais há um grande aporte de nitrogênio, a nitrificação se torna um processo importante, resultando na produção de grande quantidade de nitrato (que, em grandes concentrações, pode causar agravos à saúde humana). Este, por sua vez, move-se facilmente na água, resultando no lixiviamento do nitrogênio do solo.

O nitrato pode ser reduzido em duas vias dissimilatórias distintas. No primeiro processo, chamado de redução dissimilatória de nitrato à amônia, o nitrato é utilizado como aceptor de elétrons para produzir energia para oxidação de compostos orgânicos. No segundo processo, a denitrificação, o nitrato é reduzido a formas gasosas de nitrogênio até N_2. Esse processo remove um nutriente limitante do ambiente, e alguns de seus produtos, como o óxido nitroso, contribuindo para o efeito estufa. A denitrificação é energeticamente mais favorável que redução dissimilatória à amônia. Em ambiente com carbono limitado e rico em aceptor final de elétrons, a denitrificação é favorecida, enquanto em ambientes ricos em carbono a amônia é o produto dominante da redução dissimilatória.

2.5.3 Ciclo do enxofre

As transformações do enxofre pelos microrganismos são ainda mais complexas que as do nitrogênio (Fig. 2.10). Isso ocorre em razão da variedade de estados de oxidação do enxofre, e pelo fato de algumas transformações do enxofre acontecerem abioticamente. A maioria do enxofre da Terra encontra-se em sedimentos e rochas na forma mineral, embora os oceanos sejam os reservatórios mais significativos de enxofre da biosfera na forma de sulfato.

A fonte primária de enxofre inorgânico nos solos é o sulfato. As plantas e a maioria dos microrganismos incorporam sulfeto em aminoácidos e outras moléculas. Esses organismos absorvem o enxofre na forma de sulfato e a redução para sulfeto no interior de suas células. Essa reação é chamada de redução assimilatória de sulfato. As células assimilam o enxofre na forma de sulfato por ser a forma mais abundante desse elemento, e também porque o sulfeto é tóxico para as células, pois reage com metais no citocromo formando pre-

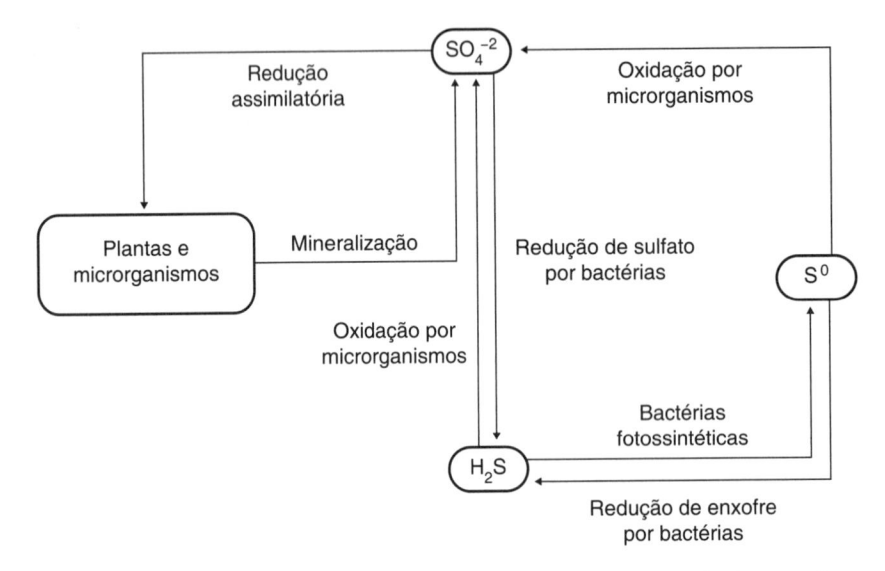

FIGURA 2.10 Representação esquemática simplificada do ciclo do enxofre.

cipitados de enxofre. No entanto, em condições controladas na célula, o sulfeto pode ser removido rapidamente para ser incorporado em moléculas orgânicas. A liberação de enxofre das moléculas orgânicas é chamada de mineralização do enxofre, podendo ocorrer tanto em condições aeróbias quanto anaeróbias.

Em ambientes anóxicos (por exemplo: sedimentos de mangue), o sulfato pode funcionar como um aceptor de elétrons para a oxidação de compostos orgânicos por bactérias redutoras de sulfato, havendo a liberação de ácido sulfídrico (H_2S). As bactérias redutoras de sulfato formam um grupo grande e diverso, sendo essas amplamente distribuídas na natureza. Contudo, em *habitats* anóxicos, a redução de sulfato pode ser limitada pelas baixas concentrações de sulfato. Além disso, em decorrência da necessidade de doadores de elétron orgânicos (ou H_2, produto da fermentação de compostos orgânicos) para conduzir a redução de sulfato, a produção de sulfeto ocorre apenas na presença de quantidades significativas de compostos orgânicos.

O H_2S pode ser utilizado por bactérias fotossintetizantes, atuando como doador de elétrons no lugar do oxigênio, com a liberação de enxofre elementar. Em condições anóxicas, pode haver acúmulo desse enxofre no sedimento. Porém, na presença de oxigênio, o enxofre pode ser novamente oxidado a sulfato e sulfeto pela ação de outros grupos microbianos.

O uso de combustíveis fósseis, que contêm compostos orgânicos sulfurados, aumenta a quantidade de enxofre liberada na atmosfera. As reservas de petróleo com baixo teor de enxofre estão se esgotando, forçando a queima de óleos com alto teor de enxofre. A queima de combustíveis fósseis produz dióxido de enxofre, levando à formação de compostos ácidos à base de enxofre. Esses compostos ácidos se dissolvem na água da chuva abaixando o seu pH de neutro para valores que chegam abaixo de 3,5, formando o que se denomina chuva ácida. Essa acidez é prejudicial a plantas e causa corrosão de pedras e concreto, podendo também afetar a solos fracamente tamponados.

2.5.4 Ciclo do fósforo

O fósforo é um importante constituinte dos ácidos nucleicos, membranas celulares e sistemas de transferência de energia, além de ser fundamental na formação de tecidos e estruturas corporais como ossos e dentes. Por ser essencial no metabolismo celular, é limitante para o desenvolvimento de plantas em ambientes aquáticos e em sistemas agrícolas.

O ciclo do fósforo é bem mais simples que os do nitrogênio, carbono e enxofre uma vez que, em ambientes naturais, possui um número menor de reações de oxidação-redução em seu ciclo (Fig. 2.11).

A assimilação do fósforo e a incorporação direta em compostos orgânicos pelas plantas ocorrem por meio de íons de fosfato (PO_4^{3-}) presentes no solo ou em água. Os animais eliminam o excesso de fósforo em suas dietas excretando íons de fosfato na urina, disponibilizando-os novamente no ambiente. O fósforo não

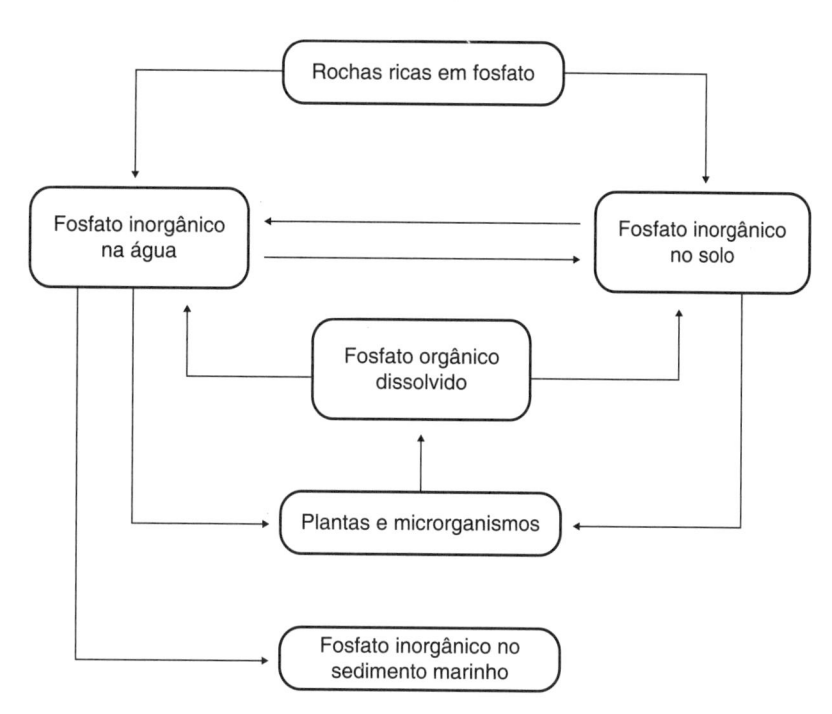

FIGURA 2.11 Representação esquemática simplificada do ciclo do fósforo.

está presente na atmosfera sob qualquer forma que não seja poeira, por isso circula pouco entre a atmosfera e os outros compartimentos dos ecossistemas.

A interferência humana no ciclo do fósforo ocorre, principalmente, com o incremento de grandes quantidades de fósforo nos insumos agrícolas em áreas de plantações, e a consequente lixiviação para os corpos hídricos, assim como o lançamento de efluentes domésticos nos corpos hídricos. Ambos os processos podem resultar na eutrofização dos corpos hídricos, tendo como consequência o rápido crescimento de algas (*bloom algal*), a grande geração de matéria orgânica, a proliferação de bactérias, a redução das taxas de oxigênio dissolvido em água e a morte dos peixes, em geral ao amanhecer.

2.5.5 Ciclo hidrológico

A água é essencial para todas as formas de vida encontradas em nosso planeta e atua ativamente nos ciclos ecológicos, além de ser fundamental no desenvolvimento das mais diversas atividades socioeconômicas. A interferência humana no ciclo da água ocorre, principalmente, com a derrubada das florestas e matas nativas (urbana e rural); com o abastecimento das grandes cidades gerando um consumo exacerbado de águas superficiais e subterrâneas e uma poluição dos corpos hídricos; e com o desvio de corpos hídricos para irrigação de plantações e consumo humano.

O ciclo da água, ou ciclo hidrológico, é o processo de circulação da água entre a superfície terrestre e a atmosfera, modulado principalmente pela energia solar; a força dos ventos, que transportam o vapor d'água; a força da gravidade, responsável pelos processos de precipitação, infiltração e deslocamento das massas de água. Os principais componentes do ciclo hidrológico são a evaporação, a precipitação, a transpiração das plantas, a percolação, a infiltração e a drenagem (Fig. 2.12).

Na superfície terrestre, participam do ciclo hidrológico os oceanos e, nos continentes, a camada superficial formada por rochas e solos que abrigam rios, lagos e outros sistemas aquáticos. Uma parte importante deste ciclo consiste na circulação da água na superfície terrestre, pelo fluxo de água entre continentes e oceanos, sendo importante também destacar o fluxo nos seres vivos.

A atmosfera também contribui para o ciclo hidrológico, notadamente na troposfera, camada que se inicia logo acima da superfície terrestre. Grande parte da umidade atmosférica está restrita a essa camada. As trocas entre a superfície terrestre e a atmosfera fecham o ciclo hidrológico. O fluxo de água pode ocorrer em dois sentidos:

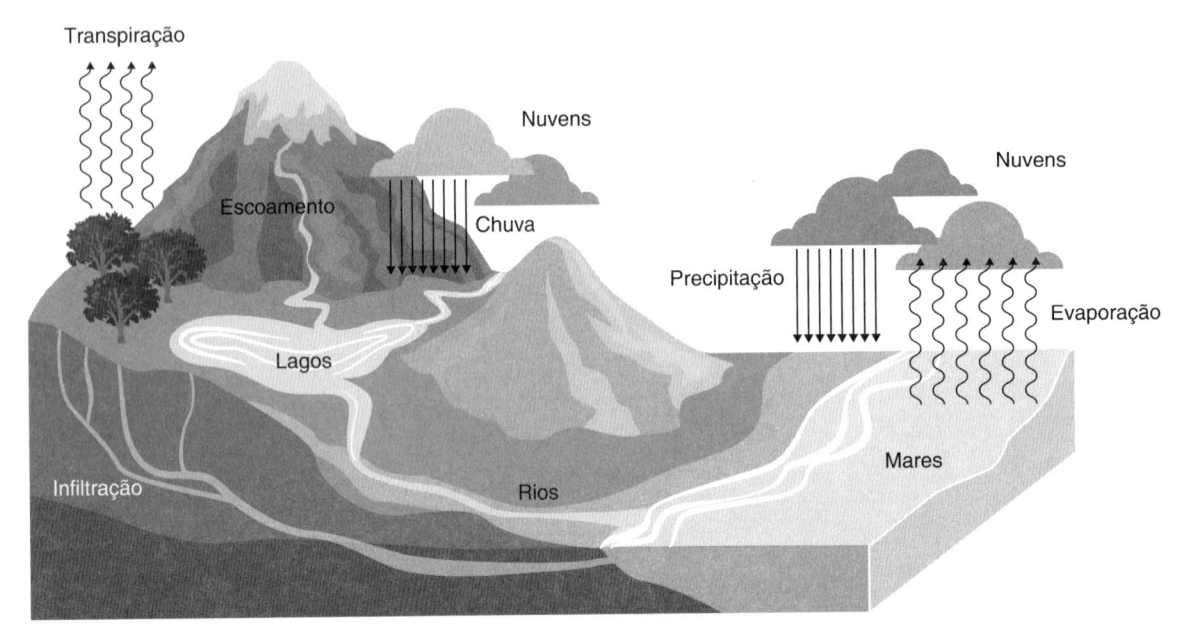

FIGURA 2.12 Representação esquemática do ciclo hidrológico. Fonte: © designua | 123rf.com.

Superfície-atmosfera: a água flui principalmente na forma de vapor. A formação do vapor d'água pode ocorrer a partir de um processo físico, a evaporação, ou biológico, a transpiração.

Atmosfera-superfície: a transferência de água pode ocorrer em qualquer estado físico, sendo os mais significativos para o ciclo hidrológico em escala global as precipitações em forma de chuva e neve (SILVEIRA, 2001).

O ciclo hidrológico só pode ser pensado como um sistema fechado em escala global, uma vez que o movimento da água é contínuo tanto na superfície, fluindo dos rios para os oceanos, quanto na atmosfera, onde as nuvens podem viajar longas distâncias. Quando se analisa o ciclo da água em ecossistemas menores, percebe-se o caráter aberto do sistema, com alto fluxo de água entre diferentes ambientes.

2.6 Ecossistemas

Os seres vivos e o meio abiótico estão interligados e em constante interação, sendo essa a base do estudo da ecologia. O ecossistema pode ser definido pela interação de organismos vivos de determinada área (meio biótico), considerando sua estrutura trófica, com o ambiente físico (meio abiótico), a unidade fundamental da organização ecológica. O conceito de ecossistema é amplo e leva em conta as relações obrigatórias e casuais, além da interdependência dos elementos bióticos e abióticos em determinado espaço e tempo. Dessa forma, ambientes de diversas dimensões espaciais podem ser definidos como ecossistemas, quer sejam uma floresta, um lago ou uma bromélia. Uma característica importante a ser destacada em todos os ecossistemas, aquáticos ou terrestres, é a interação entre os componentes autotróficos e heterotróficos entre si e com o meio em que habitam.

O meio abiótico é formado pelos componentes inorgânicos, como solo, água e ar (ODUM, 2007). O meio biótico é constituído por um componente autotrófico, responsável pela fixação da energia solar e utilização de substâncias inorgânicas simples para síntese de substâncias orgânicas complexas; e por um componente heterotrófico, responsável pelo consumo e decomposição da matéria orgânica complexa. O metabolismo autotrófico depende da presença de luz, sendo mais intensa nas camadas superiores, onde há uma maior incidência da luz solar. Já o metabolismo heterotrófico não depende desse fator e tende a ser mais intenso nos extratos inferiores, onde há acúmulo de matéria orgânica, principalmente nos solos e sedimentos.

As populações dentro de um ecossistema vivem em *habitats* adequados ao seu desenvolvimento. Esses *habitats* não são contínuos no espaço, e o intervalo de condições físicas propícias para a persistência de uma espécie ou sua população é denominado nicho fundamental. O conceito de nicho abriga a distribuição de populações e o seu ambiente. As condições ambientais podem influenciar a abundância e a distribuição das populações em um ecossistema, havendo interferência nos nascimentos, mortes e dispersão.

Assim como as populações e os organismos, os ecossistemas são também capazes de se autorregularem. O termo homeostasia é utilizado para definir a tendência que os sistemas biológicos apresentam em se manter em equilíbrio, resistindo a alterações que possam atingi-los.

Em ecossistemas microbianos, as espécies em baixa abundância podem ser responsáveis pela homeostasia do microambiente, funcionando como um banco de diversidade genética e metabólica capaz de responder rapidamente a perturbações ambientais, como a presença de poluentes.

2.7 Biomas

O termo bioma é utilizado para caracterizar ecossistemas que apresentem padrões de clima, formação vegetal, solo e altitude semelhantes. Os ecossistemas e as comunidades biológicas sofrem influência direta de fatores abióticos, como clima, topografia e solo. Ecossistemas pertencentes ao mesmo bioma, mesmo em locais diferentes do planeta, apresentam funcionamentos semelhantes, não só no que diz respeito à estrutura vegetal, mas também em relação à produtividade e taxas de ciclagem de nutrientes (RICKLEFS, 2010). A variedade de ambientes encontrados na biosfera permitiu a adaptação de diferentes espécies e a manutenção de uma grande diversidade biológica. Dessa forma, ao caracterizar os ecossistemas em biomas, podem-se comparar os processos ecológicos em uma escala global.

A classificação de ecossistemas em biomas é possível pela relação estreita entre o clima e a formação vegetal, mesmo que outras características, já mencionadas antes, também apresentem semelhanças. Os organismos são adaptados às condições encontradas em seus biomas, e muitas vezes a ocorrência de determinadas espécies é delimitada a um bioma específico.

O sistema de classificação climática proposto pelo ecólogo Heinrich Walter (1986) é amplamente utilizado na caracterização dos biomas terrestres. Este sistema apresenta nove grandes divisões baseadas no ciclo anual de temperatura e precipitação. Existem outros sistemas de classificação de biomas, como o descrito por Whittaker (1971), baseado no clima e nas fronteiras entre zonas climáticas, definidas de acordo com a mudança nos tipos de vegetação. A Tabela 2.1 apresenta as zonas climáticas definidas por Walter (1986) e a vegetação predominantemente associada a cada uma delas.

Tabela 2.1 Zonas climáticas e seus respectivos biomas, de acordo com a classificação de Walter (1986)

Zona Climática	Bioma	Vegetação
I – Equatorial	Floresta pluvial tropical	Floresta tropical úmida
II – Tropical	Floresta sazonal tropical / Savana	Floresta sazonal, arbusto ou savana
III – Subtropical (desertos quentes)	Deserto subtropical	Vegetação desértica
IV – Mediterrâneo	Bosque / Arbusto	Xerófila
V – Temperado quente	Floresta pluvial temperada	Floresta temperada
VI – Nemoral	Floresta sazonal temperada	Floresta temperada decídua
VII – Continental	Campo temperado / Deserto	Campos de desertos temperados
VIII – Boreal	Floresta boreal	Floresta perene
IX – Polar	Tundra	Vegetação perene baixa

Fonte: Adaptada de RICKLEFS (2010).

O Brasil possui oficialmente seis biomas continentais, que, em conjunto, abrigam aproximadamente 20 % das espécies do planeta (MMA, 2019). Além de abrigar uma alta biodiversidade, os biomas brasileiros também auxiliam na estabilização do clima pela contribuição significativa nos estoques de carbono. As riquezas dos biomas brasileiros vão além da beleza e biodiversidade. Neles são encontradas grandes reservas de minérios e os solos que, combinados com o clima ameno, permitem uma alta produção de alimentos.

A exploração desordenada dos recursos naturais vem causando grandes perdas aos biomas brasileiros. A Mata Atlântica vem sendo continuamente explorada desde sua colonização e, atualmente, está reduzida a 12 % de sua cobertura vegetal original, porém ainda é considerada um bioma com alta biodiversidade e endemismo (ou seja, um *hotspot*), que sofre alto grau de degradação. Outro bioma brasileiro considerado um *hotspot* é o Cerrado; todavia, esse já foi reduzido para menos da metade de sua cobertura original, em razão da expansão das fronteiras agrícolas. A seguir uma breve descrição dos grandes biomas brasileiros.

Mata Atlântica: formada por um conjunto de formações vegetais que apresentam variações na altura da vegetação, densidade e composição de espécies, a Mata Atlântica originalmente cobria uma área de 1.500.000 km², em uma faixa que ia desde o Rio Grande Norte ao Rio Grande do Sul no Brasil, avançando as fronteiras do Uruguai e Argentina. As variações latitudinais e topográficas deste bioma permitem a existência de uma diversidade biológica única, tanto na flora quanto na fauna. Atualmente, restam apenas 11 a 16 % dessa cobertura em fragmentos com diferentes estágios de conservação (SCARANO, 2012).

Cerrado: originalmente ocupava uma área de 2 milhões de km², incluindo os estados brasileiros de São Paulo, Minas Gerais, Mato Grosso, Mato Grosso do Sul, Tocantins, Bahia, Maranhão, Piauí e Distrito Federal, se estendendo aos países vizinhos Bolívia e Paraguai. O domínio do Cerrado compreende diversos biomas distintos, com área de savana, matas de galeria, matas secas, campos limpos e campos rupestres. Este grande bioma apresenta uma alta diversidade biológica com um alto grau de endemismos em função

das diferentes e peculiares paisagens que abriga. A expansão das atividades agrícolas, pecuária e mineração já teria reduzido o cerrado a menos de 50 % de sua cobertura original. Apenas 3 % de toda sua extensão estão protegidas em áreas de proteção ambiental (SCARANO, 2012).

Caatinga: a região, originalmente, se estende por grande parte dos estados da Bahia, Sergipe, Alagoas, Pernambuco, Paraíba, Rio Grande do Norte, Ceará, Piauí e parte dos estados de Minas Gerais e Maranhão, em uma área total de mais de 800.000 km², restando atualmente pouco mais de 45 % dessa cobertura. É um bioma de savana semiárida, com temperaturas elevadas e baixa pluviosidade, com formas fitofisionômicas distintas, como caatinga arbórea, caatinga arbustiva e caatinga espinhosa. A caatinga pode ser considerada o bioma mais degradado e menos protegido do Brasil, abrigando diversas espécies em extinção (SCARANO, 2012).

Amazônia: formada por diferentes tipos de biomas ao longo de sua vasta extensão, com a predominância da floresta tropical pluvial, mas incluindo, também, as florestas de igapó, os campos rupestres típicos dos picos da serra, as caatingas do Rio Negro, formando um mosaico de biomas. Essa diversidade de paisagens, originalmente, cobria mais da metade do território brasileiro, incluindo os estados do Acre, Amazonas, Amapá, Pará, Rondônia, Roraima e parte do Mato Grosso, Tocantins e Maranhão. A grandiosidade da Amazônia é também representada pela abundância em água doce (calcula-se que 20 % da água doce do mundo estejam neste bioma) e pela grande diversidade de espécies em sua fauna e flora. Apesar da grande expansão agrícola e pecuária, além das atividades de mineração e extração de madeira, a Amazônia ainda apresenta grande parte de seu território intacto. No entanto, medidas urgentes para um uso mais sustentável de suas riquezas naturais são necessárias para a manutenção da biodiversidade, do armazenamento de carbono e da ciclagem da água (SCARANO, 2012).

Pantanal: o Pantanal pertence à bacia hidrográfica do Alto Paraguai, no centro na América do Sul, abrangendo, no Brasil, parte dos territórios do Mato Grosso e do Mato Grosso do Sul, além de parte da Bolívia e do Paraguai, ocupando uma área de 362.000 km² em território nacional. É circundado por três importantes biomas – Cerrado, Amazônia e Mata Atlântica –, sendo formado pela transição destas diferentes paisagens, havendo uma baixa ocorrência de espécies endêmicas. A principal atividade econômica da região é a pecuária, que vem avançando na paisagem natural, causando fragmentação da paisagem (SCARANO, 2012).

Campos do Sul: o bioma Pampa ocupa o sul e o oeste do Rio Grande do Sul. Outras áreas originalmente campestres, mas pertencentes ao bioma Mata Atlântica, aparecem nos três estados da Região Sul do Brasil. A extensão original dessas áreas era de aproximadamente 237 mil km² e, hoje, estima-se que ainda haja 79 mil km² de áreas remanescentes. A paisagem deste bioma é caracterizada por terrenos planos e suavemente ondulados, com uma grande variedade de espécies vegetais, sendo muitas endêmicas. Na fauna, também se destacam espécies endêmicas entre mamíferos e aves. As paisagens campestres vêm sofrendo bastante com a atividade humana nos últimos anos, principalmente com a agricultura, causando perdas de áreas nativas e fragmentação do bioma (SCARANO, 2012).

Ambientes costeiros: a zona costeira e marinha do Brasil abrange uma área de 4,4 mil km², ultrapassando a extensão do bioma amazônico. Essa área inclui toda a região costeira, a Amazônia azul, as áreas em torno das ilhas e arquipélagos brasileiros e o território marinho. Dentre os ecossistemas marinhos, podemos destacar os estuários, as dunas, os costões rochosos, as praias, os marismas, os manguezais e os recifes de corais. Cada um desses ecossistemas apresenta características distintas, com fauna e flora próprias. Apenas 1,57 % da área de territórios marinhos do Brasil está em unidades de conservação. Em comparação, 17,34 % dos biomas terrestres encontram-se protegidos (SCARANO, 2012).

2.8 Biodiversidade

A diversidade da vida é um fundamento da evolução e, dessa forma, também uma condição para toda a vida na Terra. O conceito de biodiversidade destaca-se pela percepção de que a diversidade de espécies não pode ser dissociada da diversidade genética e também dos ecossistemas. De acordo com a definição descrita por Ricklefs (2010), "o termo biodiversidade refere-se à variação entre os organismos e os sistemas ecológicos em todos os níveis, incluindo a variação genética nas populações, as diferenças morfológicas e funcionais entre espécies e a variação na estrutura do bioma e nos processos ecossitêmicos tanto nos ecossistemas terrestres quanto aquáticos".

A abrangência do termo biodiversidade faz com que seu estudo seja pautado na definição de diferentes índices. O número total de diferentes espécies em um dado ambiente, nicho ou ecossistema é denominado riqueza de espécies. Em alguns estudos, apenas o número de espécies encontradas em determinada área é utilizado, não levando em consideração o número de indivíduos que estão representados em cada uma das espécies amostradas. Porém, em estudos de abundância relativa, a frequência de indivíduos de cada espécie em relação ao total de indivíduos de uma comunidade é considerada. A determinação da abundância relativa permite identificar as espécies dominantes e as espécies raras de um dado ambiente, e pode ser quantificada tanto usando o número de indivíduos quanto por meio da mediação da biomassa ou taxa de metabolismo energético. Uma determinada espécie pode estar representada por maior ou menor número de indivíduos dentro de uma comunidade, o que influencia o papel ecológico de cada espécie nos ecossistemas.

A biodiversidade é resultado das mudanças genéticas ao longo do tempo, permitindo o surgimento de novas espécies. A diversidade genética é um componente determinante dentro da biodiversidade.

A diversidade de espécies existentes no planeta ainda não foi completamente descrita, podendo haver cerca de 1,5 milhão de espécies a serem descritas e catalogadas. As estimativas do número total de diferentes espécies presentes na Terra podem variar de 10 a 50 milhões de espécies distribuídas nos mais variados ecossistemas. A distribuição, abundância e diversidade das espécies no globo terrestre obedecem a um padrão no qual há um aumento relativo a partir das latitudes, sempre na direção da região dos polos para a do equador. Assim, as zonas tropicais abrigam uma maior diversidade de espécies quando comparadas às zonas temperadas, e o mesmo vale se compararmos as zonas temperadas com as regiões polares.

Assim como acontece com outros padrões ecológicos, a diversidade de espécies varia de acordo com a escala espacial em estudo, podendo ser didaticamente dividida em três categorias:

- **Diversidade alfa (local):** riqueza de espécies de um ambiente delimitado e homogêneo.
- **Diversidade beta:** diz respeito à mudança na composição de espécies entre *habitats* diferentes. Quanto maior a diferença na diversidade alfa entre *habitats*, maior será a diversidade beta.
- **Diversidade gama (regional):** riqueza de espécies observadas em todos os *habitats* e nichos de uma grande área geográfica, como um bioma ou continente. A diversidade gama refere-se à influência conjunta das diversidades alfa e beta.

A biodiversidade tem sido grande alvo de debates nos últimos anos, juntamente com os conceitos de preservação ambiental e desenvolvimento sustentável. As mudanças climáticas pelas quais nosso planeta está passando podem constituir um alerta para que sociedade repense seu modelo de consumo e sua relação com os ecossistemas naturais. A manutenção da biodiversidade também pode atender interesses econômicos e sociais atrelados com a exploração da diversidade na busca de novas substâncias bioativas para serem usadas como fármacos e na indústria de cosméticos e produtos de uso pessoal; busca de organismos degradadores de poluentes, como os derivados do petróleo; além de novos recursos alimentares.

EXERCÍCIOS DE FIXAÇÃO

1. Qual é o conceito de ecologia? O que ela estuda?
2. Quais são as principais vantagens das interações de competição entre os organismos? Dê três exemplos.
3. Quais fatores afetam a densidade de uma população?
4. Por que o crescimento populacional está relacionado com os fatores de potencial biótico e resistência do meio?
5. Por que os produtores são indispensáveis à cadeia trófica de uma comunidade?
6. Qual é a diferença entre o fluxo de energia e o ciclo de nutrientes em uma teia trófica?
7. O que é uma espécie pioneira? Qual sua importância em uma sucessão ecológica primária?
8. O que são as comunidades clímax? Exemplifique.
9. Qual é a diferença entre sucessão ecológica primária e secundária?
10. Como a ação dos seres humanos vem interferindo e perturbando o equilíbrio dos seguintes ciclos biogeoquímicos: (a) carbono; (b) nitrogênio; (c) hidrológico? Quais são as possíveis consequências?
11. Em relação ao ciclo de carbono, quais atividades humanas estão mais relacionadas com o efeito estufa?
12. Descreva e exemplifique as principais diferenças entre um ecossistema e uma comunidade.
13. Por que uma bromélia pode ser considerada um ecossistema?
14. O que são biomas?
15. Na ecologia, o que é biodiversidade?
16. A biodiversidade pode ser dividida em quais três categorias?
17. Quais são as principais vantagens econômicas e científicas da manutenção da biodiversidade no mundo moderno?

DESAFIO

Considerada como a terceira maior usina geradora de energia do mundo, a construção da Usina de Belo Monte está localizada no rio Xingu, próximo ao município de Altamira, no norte do Pará. A usina deverá gerar 41,6 milhões de megawatts de energia por ano, o suficiente para atender ao consumo de milhões de pessoas no Brasil. Apesar dos aspectos positivos como geração de energia, desenvolvimento econômico da região e geração de empregos, sua construção irá gerar muitos impactos ambientais também, como a inundação de áreas das cidades de Altamira e Vitória do Xingu. Como a construção da Usina de Belo Monte pode interferir na biodiversidade local e nos ciclos biogeoquímicos? Qual o impacto dessa construção nas cadeias e teias alimentares?

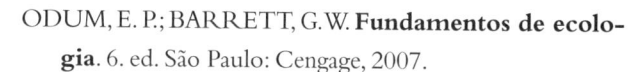

BIBLIOGRAFIA

BASTOS, F. S. *et al.* **Nutrientes de esgoto sanitário**: utilização e remoção. Rio de Janeiro: ABES, 2009. v. 1.

BEGON, M.; TOWNSEND, C. R.; HARPER, J. L. **Ecologia**: de indivíduos a ecossistemas. 4. ed. Porto Alegre: Artmed, 2007.

GOUDIE, A. S. **The human impact on the natural environment**: past, present, and future. 7. ed. Oxford, UK: Wiley-Blackwell, 2013.

INSTITUTO BRASILEIRO DE GEOGRAFIA E ESTATÍSTICA (IBGE). Disponível em: https://www.ibge.gov.br/apps/populacao/projecao/. Acesso em: 12 ago. 2019.

LINHARES, S.; GEWANDSZNAJDER, F. **Biologia hoje**: genética, evolução e ecologia. 10. ed. São Paulo: Ática, 1999. v. 3.

MINISTÉRIO DO MEIO AMBIENTE. Disponível em: https://www.mma.gov.br/biodiversidade.html. Acesso em: 12 ago. 2019.

ODUM, E. P.; BARRETT, G. W. **Fundamentos de ecologia**. 6. ed. São Paulo: Cengage, 2007.

RICKLEFS, R. E. **A economia da natureza**. 6. ed. Rio de Janeiro: Guanabara Koogan, 2010.

SCARANO, F. R. **Biomas brasileiros**: retratos de um país plural. Rio de Janeiro: Casa da Palavra, 2012.

SILVEIRA, A. L. L. Ciclo hidrológico e bacia hidrográfica. *In*: TUCCI, C. E. M. **Hidrologia**: ciência e aplicação. 2. ed. Porto Alegre: UFRGS/ABRH, 2001.

TEIXEIRA, L. C. R. S.; YERGEAU, E. Quantification of micro-organisms using a functional gene approach. *In*: FILION, M. **Quantitative real-time PCR in applied microbiology**. Norfolk, UK: Caister Academic Press, 2012.

3

Energia e Meio Ambiente

André Luís Marques Marcato
João Alberto Passos Filho
Ana Silvia Pereira Santos

Este capítulo tem o objetivo de contextualizar os pilares energia, desenvolvimento e meio ambiente. Discutirá a matriz energética mundial e brasileira, bem como os aspectos associados à regulação do setor elétrico brasileiro. Finalmente, serão brevemente descritas as principais fontes de energia atualmente utilizadas, procurando destacar as características físicas e impactos ambientais mais relevantes.

3.1 Introdução

Há aproximadamente um milhão de anos, o homem primitivo dispunha diariamente apenas da energia proveniente de seu corpo, produzida por alimentos que ele consumia. Atualmente, com a evolução do planeta, o homem contemporâneo necessita de uma quantidade de energia diária muito maior para a execução de suas atividades. No entanto, observa-se que, no atual estágio de desenvolvimento da humanidade, os requisitos diários de energia para o homem moderno variam muito de acordo com o nível de desenvolvimento do país em que vive e da classe social na qual se encontra.

Existem diferentes formas de classificar o desenvolvimento de determinado país. Dentre elas, podem-se destacar o Produto Nacional Bruto (PNB), o Produto Interno Bruto (PIB) e o Índice de Desenvolvimento Humano (IDH).

Ao se analisarem o PNB e o PIB de diversos países, podem-se perceber diferenças acentuadas em relação ao desenvolvimento das nações. Segundo estimativas do Fundo Monetário Internacional (FMI), em 2015, o Brasil ocupava a 9ª posição, com um PIB da ordem de 1,77 trilhão de dólares, abaixo dos Estados Unidos, da China, do Reino Unido e da Itália, mas acima de países como Rússia e Argentina. Países conhecidos por seu baixo nível de desenvolvimento ocupavam posições desprivilegiadas, como o caso de Serra Leoa, na África, na posição 162ª (WEO, 2015).

Outro índice bastante utilizado para se comparar o desempenho econômico dos países é o PIB *per capita*,[1] que tem o objetivo de eliminar as diferenças em relação ao tamanho das populações de cada nação. Neste caso, o Brasil passa a ocupar a 63ª posição, com US$ 11.139 *per capita*, e Serra Leoa a 161ª, com apenas US$ 784 *per capita* (WEO, 2015).

Essa discussão mostra que o PIB e o PNB não devem ser utilizados como índices isolados para a comparação das condições de desenvolvimento de um país. Nesse sentido, foi criado o IDH, que busca resumir em um único indicador três dimensões que refletem a condição de vida da população: renda, educação e saúde. Países que se encontram em situação de "Muito Alto Desenvolvimento Humano", como Noruega (1º), Austrália (2º) e Estados Unidos (8º), apresentam IDH de 0,944, 0,935 e 0,915, respectivamente. Nessa mesma situação ainda estão os vizinhos do Brasil, Argentina (40º) e Chile (42º), com IDH de, respectivamente, 0,836 e 0,832. O Brasil aparece somente na categoria denominada "Alto Desenvolvimento Humano", na 75ª posição, com IDH de 0,755, abaixo de Cuba e Uruguai.

Considerando-se esta discussão e o fato de que a exploração das fontes energéticas disponíveis no planeta impacta diretamente o meio ambiente no qual vivemos, fica muito claro perceber que se deve buscar o equilíbrio entre a utilização da energia, o desenvolvimento da humanidade e os seus impactos no meio ambiente, e que essas três esferas estão relacionadas entre si.

A dimensão do impacto ambiental causado na exploração da energia se dá em função do grau de desenvolvimento e do tipo de energia que se explora: renovável ou não renovável. Antes, porém, é necessário o entendimento de energia primária e secundária. A primária é considerada toda forma de energia disponível na natureza antes de ser convertida ou transformada. Consiste, por exemplo, na energia contida nos combustíveis crus, na energia solar, na eólica, na geotérmica e outras. Por outro lado, a energia secundária é obtida por meio da transformação das fontes de energia primária. A energia elétrica é considerada secundária por ser obtida mediante a transformação de uma fonte primária, como, por exemplo, a energia contida na força das águas (energia hídrica), e, neste caso, ela é denominada energia hidroelétrica. A gasolina também é secundária porque é gerada a partir do petróleo, considerado uma fonte de energia primária.

3.2 Fontes renováveis de energia

Energias renováveis são consideradas as fontes energéticas em que a fonte primária de energia é derivada de processos naturais e que são repostas a uma taxa mais elevada do que são consumidas. Em linhas gerais, as principais fontes renováveis de energia atualmente utilizadas, em diferentes escalas ao redor do mundo, são:

- Energia solar.
- Energia eólica.
- Energia hídrica.

---

[1] PIB *per capita* é o produto interno bruto, dividido pela quantidade de habitantes de um país.

- Energia da biomassa.
- Energia dos oceanos.
- Energia geotérmica.

A seguir são descritas as principais características de cada uma destas fontes, procurando-se destacar seus principais aspectos físicos e sua relação com o meio ambiente.

3.2.1 Energia solar

A energia solar tem origem no núcleo do Sol a partir de reações de fusão nuclear que liberam uma enorme quantidade de energia. A transmissão da energia do Sol para o planeta Terra se dá pela radiação eletromagnética de ondas curtas. Essa energia pode ser aproveitada diretamente com o uso de sistemas fotovoltaicos (*photovoltaic*) ou, indiretamente, pelo uso de concentradores solares térmicos (*solar thermal electricity*).

Nos sistemas fotovoltaicos a energia solar pode ser convertida diretamente em eletricidade por meio da utilização de células fotovoltaicas. A energia proveniente desses sistemas é uma das tecnologias emergentes mais promissoras. O custo de produção dos módulos de painéis solares, utilizados no processo de geração, foi reduzido de forma considerável nos últimos anos, e espera-se maior redução com a evolução da tecnologia e ganho de escala nos processos produtivos.

Um módulo fotovoltaico é uma composição de células fotovoltaicas, constituídas por material semicondutor, geralmente cristal de silício dopado. Utiliza-se o elemento fósforo para dar característica elétrica negativa à estrutura, dando origem ao material denominado tipo N, enquanto o boro é utilizado para produzir material do tipo P, com característica de corrente de carga positiva. A primeira célula solar foi construída por Charles Fritts, em 1884.

Em relação aos impactos ambientais, não há motivos para se acreditar que o uso de sistemas fotovoltaicos em grande escala implicará efeitos nocivos consideráveis ao meio ambiente. Avalia-se que os principais impactos seriam os relacionados com os processos de fabricação dos painéis solares e seu descarte após a vida útil do equipamento. Tais problemas poderiam ser mitigados com o desenvolvimento tecnológico dos processos de fabricação e o desenvolvimento de procedimentos adequados de descarte e reciclagem de materiais (implantação de uma cadeia de logística reversa, por exemplo). Outro problema também citado na literatura está associado à ligeira elevação da temperatura em locais de instalação de usinas solares de grande porte. Contudo, ainda não é possível verificar a real extensão deste problema. Na Fig. 3.1, é possível observar um exemplo de geração solar fotovoltaica, implantada na cobertura do edifício do Museu do Amanhã,

FIGURA 3.1 Painéis fotovoltaicos instalados na superfície metálica do Museu do Amanhã, no Rio de Janeiro. (Foto: Ana Silvia Santos, junho de 2017.)

no Rio de Janeiro. Para este caso, foram instalados painéis solares que se movimentam de acordo com a trajetória do Sol ao longo do dia, de forma a potencializar a captação de energia. São 48 conjuntos de asas móveis instaladas na cobertura metálica, com capacidade para suprir até 9 % do consumo energético do edifício.

Já os concentradores solares térmicos usam lentes e espelhos para concentrar grande área de radiação em um pequeno ponto. Este é um processo que converte a energia solar em energia térmica e, em seguida, em energia elétrica, em usina térmica convencional. Existem várias tecnologias para concentradores solares, dentre as mais utilizadas estão: o cilindro parabólico, a torre central e o disco parabólico.

Neste tipo de geração, o processo de conversão passa pelos seguintes sistemas: coletor, receptor, transporte, armazenamento e conversão em energia elétrica. No sistema de transporte e armazenamento, o fluido de trabalho é transferido para o sistema que converte a energia térmica em energia mecânica, por meio dos ciclos de Rankine e Brayton. Em seguida, tem-se o sistema de geração de energia elétrica.

Algumas usinas térmicas que utilizam concentradores solares começaram a operar comercialmente na década de 1980. A Usina Ivanpah Solar Power Facility, localizada no deserto Mojave, na Califórnia, é o maior projeto deste tipo no mundo, com 392 MW de capacidade instalada. Para se ter uma comparação, pode-se citar que a Usina Termelétrica (gás natural) Governador Leonel Brizola, localizada no Rio de Janeiro, tem capacidade instalada de 1.058 MW. Outros grandes projetos de usinas térmicas a concentradores solares são: Solnova Solar Power Station (cinco unidades de 50 MW), a Andasol Solar Power Station (150 MW) e a Extresol Solar Power Station (150 MW), todas na Espanha.

A avaliação do impacto ambiental da utilização da energia elétrica termossolar é feita a partir da análise do equilíbrio térmico total. Avalia-se que a perturbação térmica ambiental provocada pela utilização da energia solar é muito mais fraca do que a causada pela energia gerada a partir de combustíveis fósseis, como, por exemplo, as usinas termelétricas a carvão mineral.

De uma forma geral, a energia solar é uma fonte renovável de energia e avalia-se que a utilização de módulos fotovoltaicos e de usinas com base em concentradores solares térmicos não gera diretamente emissões de poluentes e de gases de efeito estufa. Portanto, esse tipo de geração de energia é tido como uma fonte limpa que contribui para a mitigação das mudanças climáticas. Contudo, como destacado anteriormente, tais fontes não estão isentas de pontos negativos em relação a impactos ambientais, que devem ser evitados, mitigados e compensados adequadamente. Entre os principais aspectos negativos, podem ser destacados a área ocupada por grandes plantas de geração solar e, também, o fato de que a energia gasta para a construção dos painéis ainda é considerada elevada se comparada à produção durante sua vida útil. Finalmente, também pode ser considerado um aspecto negativo a forma de descarte dos equipamentos após o final de sua vida útil.

3.2.2 Energia eólica

A geração eólica é uma das fontes alternativas de energia que vêm ganhando grande importância ao longo dos últimos anos, tornando-se competitiva do ponto vista econômico e técnico. Seu princípio básico de funcionamento consiste em converter a energia contida no movimento de ar em energia elétrica a partir de turbinas eólicas ou aerogeradores. Esse movimento do ar é produzido essencialmente pelo aquecimento distinto das camadas da atmosfera pelo Sol e pelo movimento de rotação da Terra sobre seu próprio eixo. Assim, a energia eólica é considerada abundante e renovável, e a geração da energia elétrica a partir dela é classificada como limpa.

Os componentes principais de um gerador eólico são: o rotor, o eixo e o gerador. Além destes elementos, são necessários outros secundários, que variam de acordo com o tipo e com o projeto do equipamento. Existem dois tipos básicos de turbinas eólicas: as com um eixo horizontal e aquelas com eixo vertical. Ressalte-se que a maioria das turbinas eólicas atualmente em uso no mundo é de eixo horizontal. Um típico gerador eólico de eixo horizontal pode ser visto na Fig. 3.2, incluindo a torre de sustentação (1), as pás (2), a nacele (3) e o cubo do rotor (4). A potência total que pode ser aproveitada de uma massa de ar é proporcional à densidade do ar, à área da superfície traçada pelas pás do rotor e ao cubo da velocidade do vento.

A energia eólica pode ser aplicada em três situações em relação ao tipo de sistema elétrico: (i) sistemas isolados, (ii) sistemas híbridos e (iii) sistemas de potên-

FIGURA 3.2 Equipamento de geração eólica de eixo horizontal.

cia interligados. Os sistemas isolados têm por principal característica serem de pequeno porte e utilizarem algum mecanismo de armazenamento de energia. No caso dos sistemas híbridos, existe a diversificação das formas de geração e aumento da complexidade de operação, sendo normalmente utilizados em sistemas de médio porte. Em relação à sua utilização em sistemas de grande porte interligados, o maior desafio consiste na sua operação segura e sua contribuição para o desempenho do sistema como um todo.

Muito se discute a respeito da capacidade de operação das usinas eólicas durante ocorrências no sistema e sua participação no controle de carga-frequência, especialmente em períodos de pico de carga. Tema frequente de pesquisa é a avaliação do nível de penetração máxima de geração eólica na matriz elétrica. Outro ponto que merece destaque na operação interligada deste tipo de geração é sua complementaridade em relação ao período úmido. Em outras palavras, os períodos com maiores médias de ventos tendem a coincidir com os períodos de menor chuva, permitindo a manutenção dos níveis dos reservatórios das usinas hidrelétricas.

Outra caracterização em relação a esse tipo de geração refere-se ao local de instalação, dividido em empreendimento *onshore* (em terra) e *offshore* (no mar).

Hoje, as aplicações *onshore* são mais exploradas, principalmente porque sua tecnologia se encontra em um estágio mais avançado em comparação à *offshore*. Contudo, as aplicações *offshore* são objeto de muitos estudos e podem se constituir em um grande potencial energético.

Os impactos ambientais desse tipo de geração são bastante reduzidos quando comparados a outras fontes de energia já amplamente utilizadas pela sociedade, como é o caso das usinas hidrelétricas e termelétricas. Os principais impactos destacados na literatura são: poluição sonora – ruído, interferência eletromagnética, colisão de pássaros e poluição visual.

A poluição sonora depende da velocidade do vento e é ocasionada pelo movimento das pás dos geradores eólicos. Pode ser dividida em duas classes principais: o ruído mecânico e o aerodinâmico. O ruído mecânico é originado pelos equipamentos mecânicos e elétricos, podendo ser consideravelmente reduzido com a utilização de engrenagens especiais, utilização de estruturas mais robustas e o uso de proteção acústica. Por outro lado, o ruído aerodinâmico é causado pela interação do vento com as pás e torres do gerador eólico.

A interferência eletromagnética ocorre quando o equipamento está instalado entre receptores e transmissores de ondas de rádio, televisão ou micro-ondas. Dependendo da direção do vento, do formato da superfície da torre e do tipo de material das pás, pode ocorrer a reflexão de parte da radiação eletromagnética e a interferência no sinal original.

A colisão de pássaros nos geradores eólicos tem sido levantada por ecologistas nas análises de impacto ambiental. Contudo, estudos recentes em fazendas eólicas demonstram que esse número de colisões é reduzido em relação a, por exemplo, problemas causados por colisões com torres de rádio e de telecomunicações. Outro aspecto que tem se tornado relevante na avaliação da utilização dos geradores eólicos é a sua interferência nas rotas migratórias das aves.

Finalmente, em relação à poluição visual, avalia-se que o problema se agrava em locais de preservação e regiões turísticas. Em razão do tamanho dos geradores eólicos e da quantidade desses equipamentos instalados em um parque eólico, o impacto visual pode ser considerável. Contudo, avalia-se que a escolha adequada de locais pode ser medida mitigadora eficiente nos projetos de grande porte.

No caso do Brasil, esta fonte tem conquistado grande importância na diversificação da matriz energética. Segundo o Plano Decenal de Expansão de Energia 2024, elaborado pela Empresa de Pesquisa Energética (EPE), ligada ao Ministério de Minas e Energia (MME), a capacidade de geração eólica instalada em 2014 era de aproximadamente 3,7 % da matriz elétrica brasileira, e espera-se que para o ano de 2024 passe para 11,6 %.

Atualmente, a geração de energia elétrica a partir da energia eólica tem merecido destaque no Brasil, principalmente em função da possibilidade de complementação da matriz em períodos de seca. A principal forma de geração de energia elétrica no Brasil é a partir da energia hídrica e, dessa maneira, o país é altamente dependente da chuva. Assim, em períodos de estiagem, a energia eólica se torna de grande valia no planejamento da operação de energia, sendo este um dos pontos mais positivos em relação a sua expansão no Brasil.

3.2.3 Energia hídrica

A utilização da água como insumo para a geração de energia elétrica é de grande importância, principalmente se considerarmos o Brasil como exemplo. O país tem aproximadamente 67 % (EPE, 2014) de capacidade instalada de geração hidráulica. O princípio básico deste tipo de geração consiste na utilização da energia potencial de reservatórios de água para a geração de energia elétrica.

Uma usina hidrelétrica apresenta seu funcionamento baseado no conceito da transformação da energia potencial em energia mecânica e, finalmente, em energia elétrica. A energia potencial gravitacional oriunda da diferença de altura entre a lâmina d'água do reservatório e o nível do rio a jusante da barragem é conduzida sob pressão através dos condutos forçados até a turbina, que se encontra na casa de máquinas. Essa turbina, que está acoplada a um gerador elétrico, fornece a energia mecânica que é convertida em energia elétrica. O princípio básico de funcionamento de uma usina hidrelétrica pode ser observado no desenho esquemático da Fig. 3.3.

As usinas hidrelétricas podem ser classificadas quanto ao uso das vazões naturais. Desta forma, existem usinas a fio d'água, com reservatório de acumulação e reversíveis. As usinas a fio d'água, em geral, utilizam somente a vazão natural do curso d'água. Em alguns casos, podem ter um pequeno reservatório para repre-

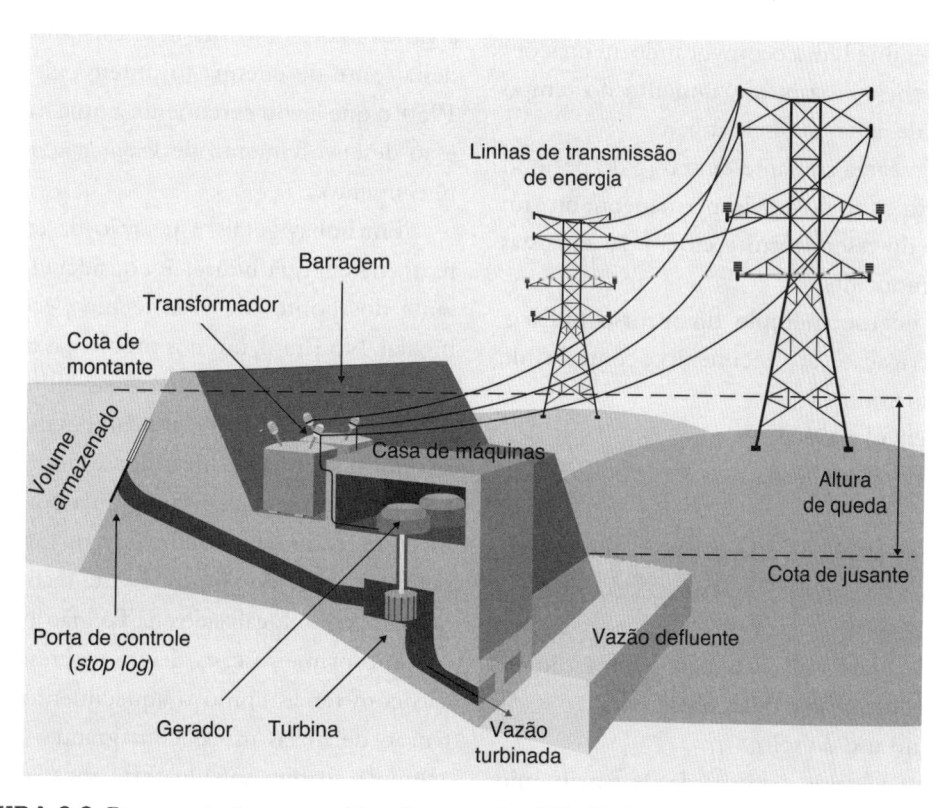

FIGURA 3.3 Representação esquemática de uma usina hidrelétrica com reservatório de acumulação.

sar água durante as horas de baixa demanda de energia e, então, utilizá-la nas horas de pico de consumo. As usinas com reservatório de acumulação têm reservatório com dimensão suficiente para acumular água em períodos de grande afluência para utilizar em períodos secos. As usinas reversíveis são normalmente acionadas para atendimento de ponta de carga. Durante os períodos de demanda reduzida, a água é bombeada de um represamento no canal de fuga para um reservatório a montante para posterior utilização.

De uma forma geral, a participação de usinas hidrelétricas na matriz energética é muito interessante. É uma fonte renovável, com baixo custo e com grande flexibilidade do ponto de vista operacional. Contudo, como toda fonte de geração de energia, não é isenta de impactos ambientais.

O estudo de impactos ambientais das usinas hidrelétricas é de grande relevância. A construção de novas usinas para atendimento de uma demanda futura é uma importante decisão que deve ser tomada com bastante antecedência. Em geral, a construção de uma usina hidrelétrica de médio/grande porte leva em torno de cinco anos. Os principais impactos ambientais, normalmente considerados em estudos de viabilidade, são os seguintes:

- alteração do regime hídrico, provocando atenuações dos picos de cheias/vazantes e aumento do tempo de residência de água no reservatório;
- alteração da descarga a jusante em razão do período do enchimento e/ou de desvio permanente do rio;
- assoreamento do reservatório e erosão das encostas a jusante e a montante;
- interferência no uso múltiplo do recurso hídrico: navegação, irrigação, abastecimento, controle de cheias, lazer, turismo etc.;
- elevação do lençol freático;
- interferência no clima local;
- indução de sismos;
- interferência na atividade mineral, perda do potencial mineral;
- erosão das margens;
- degradação de áreas utilizadas pela exploração de materiais de construção e pelas obras civis;
- interferência no uso do solo;
- inundação da vegetação com perda de patrimônio vegetal;

- possibilidade de geração de gases biogênicos, produto da decomposição da matéria orgânica alagada;
- redução do número de indivíduos, com perda de material genético e comprometimento da flora ameaçada de extinção;
- interferência em unidades de conservação;
- aumento da pressão sobre os remanescentes de vegetação adjacentes ao reservatório;
- interferência na vegetação além do perímetro do reservatório, em decorrência da elevação do lençol freático ou de outros fenômenos;
- interferência na reprodução das espécies (interrupção da migração, supressão de sítios reprodutivos etc.);
- interferência na composição qualitativa e quantitativa da fauna terrestre e alada, com perda de material genético e comprometimento da fauna ameaçada de extinção;
- migração provocada pela inundação, com adensamento populacional em áreas sem capacidade de suporte;
- aumento da pressão sobre os remanescentes da fauna por meio da pesca predatória.

Os estudos ambientais associados aos empreendimentos hidroelétricos são diversos, e este fato se deve a vários fatores. No Brasil, historicamente, a utilização desta fonte de energia foi intensa, desde a década de 1950, o que levou certamente a uma maior experiência e ao desenvolvimento de *know-how* nesta área de conhecimento.

Em linhas gerais, a geração de energia elétrica a partir da energia hídrica é considerada muito interessante dos pontos de vista técnico, econômico e ambiental. No Brasil, um dos problemas atuais em relação à expansão do parque de usinas hidrelétricas está associado a duas questões fundamentais. A primeira delas está relacionada diretamente com a avaliação dos impactos ambientais. E a segunda com o fato de que os empreendimentos hidrelétricos futuros mais competitivos, tanto do ponto de vista técnico quanto econômico, estão localizados na Região Norte do Brasil.

No primeiro caso, diante da crescente preocupação com temas como o aquecimento global, a construção de novas usinas com grandes reservatórios de acumulação tem sofrido forte resistência de parte da sociedade. Existe uma grande dificuldade na comparação efetiva de impactos ambientais considerando-se diferentes formas de geração de energia hidrelétrica. Pode ser constatada, em estudos recentes da Empresa de Pesquisa Energética (EPE), a tendência de construção de usinas a fio d'água, que reduzem a capacidade de armazenamento do sistema em relação ao aumento da demanda de energia. Esta estratégia tende a aumentar a complexidade da operação do sistema e a necessidade de diversificação da matriz energética. Na Fig. 3.4, pode-se observar um gráfico do Plano Decenal de Expansão de Energia – PDE 2024 – que apresenta a relação entre o crescimento da demanda de energia e a evolução da capacidade de armazenamento no Sistema Interligado Nacional (SIN).

Já a segunda questão mencionada, que também está ligada aos impactos ambientais, refere-se à principal localização para os grandes e futuros empreendimentos hidrelétricos brasileiros. A Região Norte é uma área de elevado interesse ambiental, e a possibilidade de expansão nessa área fica comprometida, podendo impactar todo o sistema elétrico nacional. Conforme apresentado no gráfico da Fig. 3.5, prevê-se para a Região Norte uma grande expansão da capacidade instalada total do Sistema Interligado Nacional até o ano de 2024. O gráfico destaca o crescimento anual de potência em função de grandes empreendimentos (EPE, 2014).

A participação relativa das fontes de produção de energia elétrica ao final de 2015 e 2024 por região é mostrada na Fig. 3.6 (EPE, 2014). É possível observar no gráfico que, em dezembro 2018, essa região ocuparia na matriz elétrica aproximadamente 29,8 % da potência instalada total do SIN, prevendo-se que, em dezembro do ano de 2024, passe a ocupar aproximadamente 34,1 %.

3.2.4 Biomassa

A geração de energia a partir da biomassa é aquela derivada da utilização da matéria vegetal oriunda da fotossíntese e seus derivados, tais como: resíduos florestais e agrícolas, resíduos animais e matéria orgânica contida nos resíduos industriais, domésticos, municipais, entre outros. O combustível derivado da biomassa pode ser encontrado na forma sólida, líquida ou gasosa. A madeira ou o bagaço da cana de açúcar são os principais exemplos de combustíveis sólidos. Já os combustíveis líquidos são produzidos a partir da ação química ou biológica sobre a biomassa sólida e, finalmente, os combustíveis gasosos são produzidos por meio do processamento a alta temperatura.

A biomassa é aproveitada energeticamente a partir do uso do etanol, bagaço de cana, carvão vegetal, lenha e outros resíduos. No caso do Brasil, a biomassa mais

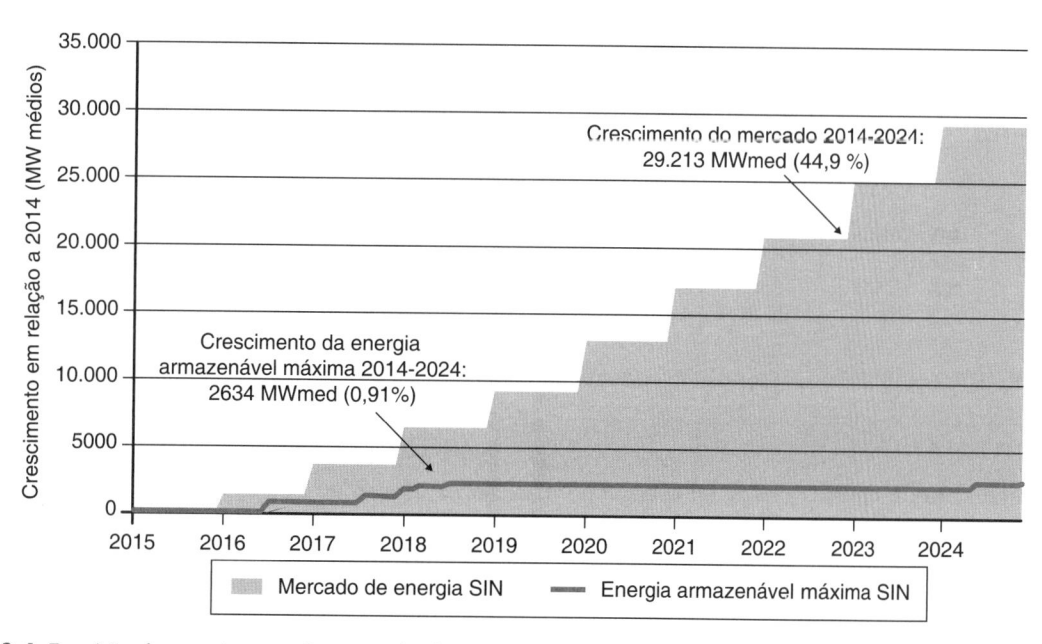

FIGURA 3.4 Previsão do crescimento do mercado de energia do SIN × crescimento da energia armazenável máxima entre os anos de 2015 e 2024. Fonte: EPE (2014).

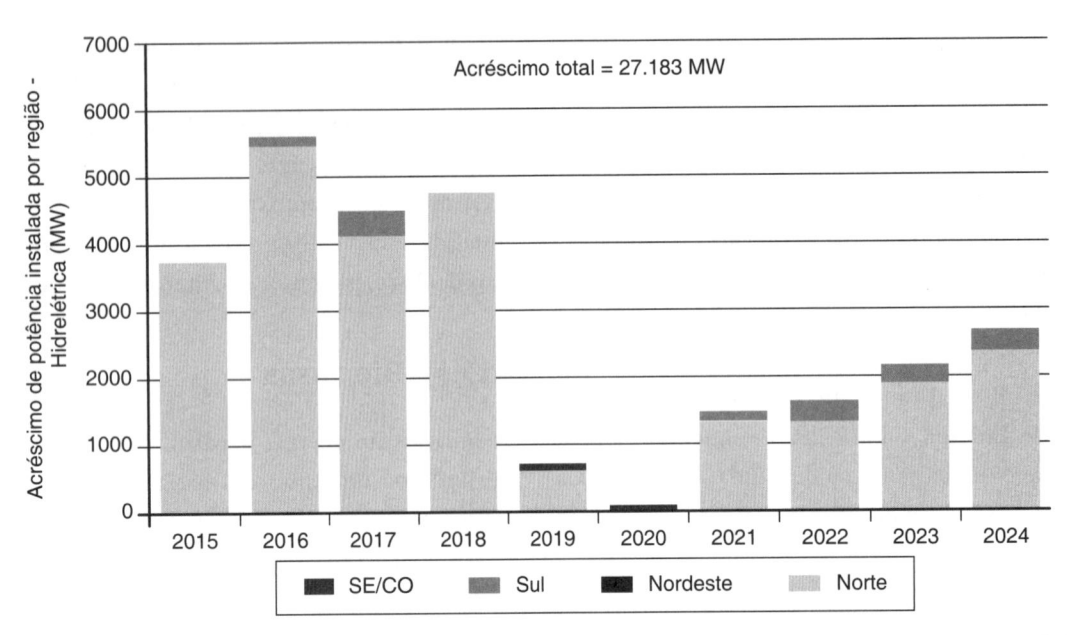

FIGURA 3.5 Acréscimo da capacidade instalada hidrelétrica do SIN por estados brasileiros. Fonte: EPE (2014).

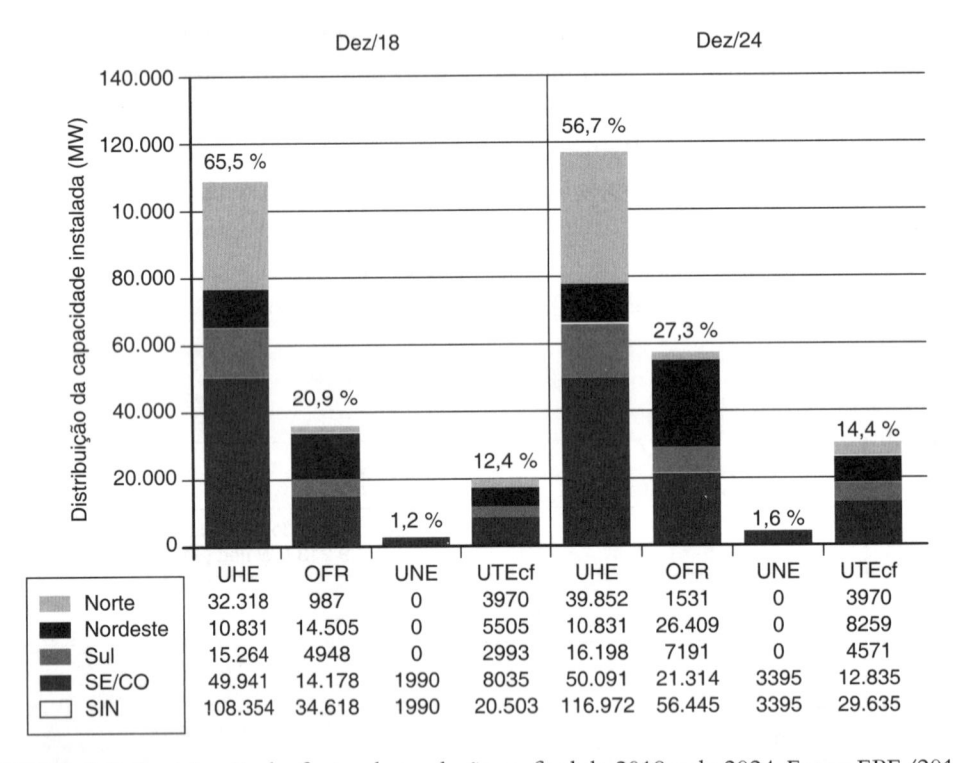

	UHE	OFR	UNE	UTEcf	UHE	OFR	UNE	UTEcf
Norte	32.318	987	0	3970	39.852	1531	0	3970
Nordeste	10.831	14.505	0	5505	10.831	26.409	0	8259
Sul	15.264	4948	0	2993	16.198	7191	0	4571
SE/CO	49.941	14.178	1990	8035	50.091	21.314	3395	12.835
SIN	108.354	34.618	1990	20.503	116.972	56.445	3395	29.635

FIGURA 3.6 Participação das fontes de produção ao final de 2018 e de 2024. Fonte: EPE (2014).

utilizada na geração de energia elétrica é o bagaço de cana, por meio de um processo de cogeração. O principal motivo para sua utilização é o desenvolvimento nacional da indústria de etanol e açúcar, fortalecido, no passado, pelo desenvolvimento de uma frota de veículos a álcool na busca de um combustível alternativo aos derivados de petróleo. Também merecem destaque a utilização da biomassa florestal e o aproveitamento de resíduos sólidos urbanos na geração de energia elétrica.

Do ponto de vista técnico, a geração de energia elétrica a partir da biomassa utiliza este combustível como fonte primária de energia em usinas termelé-

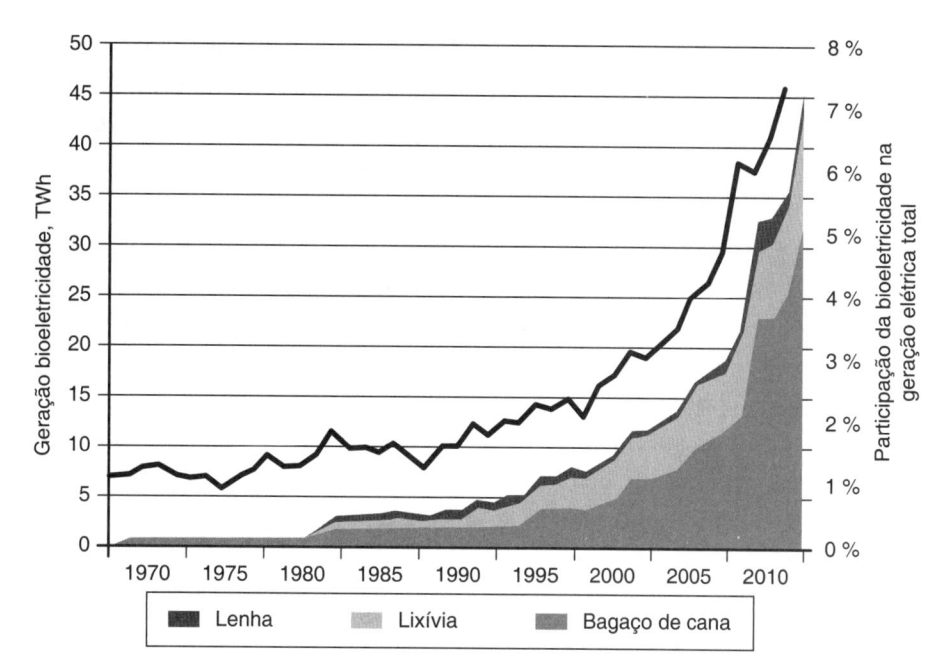

FIGURA 3.7 Evolução da oferta de bioeletricidade, em TWh, e evolução da participação da bioeletricidade na geração total, de 1970 a 2010, no Brasil. Fonte: EPE (2014).

tricas convencionais. Na Fig. 3.7, observa-se tanto a evolução da participação do uso da biomassa em relação ao total de energia elétrica gerada entre os anos de 1970 e 2010, como a participação de três diferentes tipos de biomassa utilizadas nesse processo, no mesmo período. A partir desta figura é possível verificar o crescimento da importância deste tipo de fonte.

Do ponto de vista ambiental, verifica-se que a biomassa é uma interessante fonte de energia renovável, que pode diversificar a matriz energética de uma forma confiável, uma vez que pode ser produzida em escala. Os principais impactos no meio ambiente são os seguintes:

- uso e ocupação do solo;
- transporte da biomassa;
- produção de efluentes líquidos;
- emissões de gases poluentes;
- utilização de recursos hídricos.

Entretanto, é possível utilizar diferentes resíduos de serviços sanitários para a geração de energia, tais como o lodo produzido em estações de tratamento de esgotos (ETE) e o biogás resultante da decomposição do lixo urbano em aterros sanitários. Atualmente, já

são realidade no Brasil estações que utilizam energia proveniente do biogás gerado na digestão anaeróbia do lodo e aterros sanitários que também produzem energia elétrica a partir do biogás.

3.2.5 Energia dos oceanos

Grande parte da Terra é constituída por água, e a maior parte se encontra nos oceanos. A energia proveniente dos oceanos pode ser dividida em alguns grupos principais: energia das marés, das correntes, das ondas e dos gradientes de temperatura e salinidade da água do mar.

As marés consistem em um movimento periódico de subida e descida das águas do mar, produzido, principalmente, pela atração gravitacional da Lua e do Sol e pelo movimento da rotação do planeta. Durante o período de maré cheia tem-se o aumento do nível das águas e, na maré baixa, a diminuição desse fluxo. Assim, a energia elétrica gerada a partir desta fonte, denominada maremotriz, tem como princípio a utilização desse fluxo de água durante as marés para o acionamento de turbinas axiais de diâmetros que podem atingir até nove metros. Para isso, é necessária a utilização de uma barragem, que permite a entrada da água através de comportas até o recuo da maré. Quando o recuo for suficiente para criar uma diferença de nível entre o reservatório e o mar, a água retida é liberada pelas turbinas para a geração de energia elétrica, de forma similar ao princípio utilizado em uma usina hidrelétrica.

Somente a título de curiosidade, a primeira usina no mundo a utilizar a energia dos oceanos a partir da maré foi construída em 1966, na cidade de La Rance, na França, com capacidade de 240 MW (TOLMASQUIM, 2016a.)

Outra forma de geração de energia elétrica a partir da energia dos oceanos é a utilização das correntes. É possível classificar essas correntes em cinco formas distintas: correntes marítimas, correntes de densidade, correntes de maré, correntes de vento e correntes litorâneas. As correntes marítimas e de maré são mais intensas e as mais estudadas. A geração de energia elétrica é feita de forma similar à geração eólica, ou seja, por intermédio da utilização de rotores com eixo vertical ou horizontal, que se movimentam com a passagem do fluxo de água.

A energia elétrica também pode ser gerada a partir das ondas, que são produzidas pela interação dos ventos com a superfície do mar. O princípio básico é a utilização de uma estrutura parcialmente submersa com certa quantidade de ar. A coluna de água formada no interior da estrutura se desloca em razão da passagem da onda, fazendo com que o ar acumulado passe por uma turbina utilizada para a geração de energia elétrica. Outra possibilidade é o uso de um reservatório para acumulação de água e posterior acionamento de uma turbina, utilizando a diferença de níveis do reservatório e do oceano.

A energia dos gradientes de temperatura e salinidade da água do mar é de menor escala. A energia oriunda do gradiente de temperatura tem como princípio básico a utilização da diferença de temperatura entre a superfície e o fundo do mar. A diferença mínima de temperatura deve ser de 20 °C para sua viabilidade, o que ocorre normalmente entre os trópicos, onde a temperatura da superfície do mar se mantém durante a maior parte do ano. Em relação ao gradiente de salinidade, o princípio básico deste tipo de fonte é a osmose direta. Este fenômeno pode ser associado à descarga de água dos rios no mar.

De uma forma geral, a energia dos oceanos é considerada limpa e não emite gases estufa. Avalia-se que uma maior inserção dessas fontes pode contribuir de forma significativa para a redução da emissão de gases de efeito estufa por outras fontes de energia. Os impactos ambientais da geração de energia dos oceanos a partir das marés são associados à barragem utilizada, que deve ser adequadamente projetada de forma a mitigar impactos negativos sobre a região de instalação. Os empreendimentos baseados em energia das marés podem ser de porte grande, requerendo avaliação detalhada de seus impactos. Em relação às demais tecnologias, estas normalmente requerem estruturas simples e pequenas.

3.2.6 Energia geotérmica

Este tipo de fonte energética é baseado na utilização do calor proveniente do interior da Terra. O vapor em alta temperatura e pressão é utilizado para acionar uma turbina acoplada a um gerador de energia elétrica. Em condições ideais de temperatura e pressão, a água pode entrar em ebulição no subterrâneo e gerar vapor em condições adequadas para ser utilizado diretamente em uma turbina; estes tipos de campos são denominados campos de vapor seco. Em outras situações, pode-se bombear água para o interior de rochas quentes, sendo, posteriormente, retirada via tubulação e utilizada no processo de geração de eletricidade, por meio dos denominados campos de vapor úmido.

Existem outras formas de utilização não elétricas desta energia, como, por exemplo, o fornecimento de aquecimento para casas, estufas aquecidas, usos medicinais, dentre outras. Alguns destes meios já são utilizados há muito tempo pelo homem.

Da mesma forma que as demais fontes, a disponibilidade de energia geotérmica está limitada a determinadas áreas geográficas no mundo. Alguns países têm maior potencial de utilização, como os Estados Unidos, Filipinas, México, Itália, Indonésia, Japão, Nova Zelândia, Islândia, El Salvador, Costa Rica, Quênia e outros. No Brasil, não há registros de locais com potencial para geração de energia elétrica a partir da energia geotérmica.

Os primeiros projetos de geração de energia elétrica a partir da energia geotérmica datam dos anos de 1904 (Lardarello, na região da Toscana, na Itália) e 1950 (Wairakei, na Nova Zelândia). Atualmente, os Estados Unidos possuem uma das mais evoluídas centrais de geração de energia elétrica a partir dessa fonte, instalada na década de 1960. Trata-se do campo de Geyser, localizado no estado da Califórnia, com uma potência instalada de aproximadamente 2000 MW. Esta usina serve para a realização de projetos de pesquisa e desenvolvimento que objetivam tornar viável a utilização desse tipo de tecnologia. Contudo, a capacidade de geração vem se reduzindo ao longo da última década em função do esgotamento da fonte primária. Uma das vantagens deste tipo de fonte energética é sua independência em relação aos fenômenos climáticos, que impactam de forma significativa outras fontes de energia.

Do ponto de vista ambiental, é considerada uma fonte de energia relativamente limpa quando comparada a outras. Os principais impactos ambientais são: emissão de gases nocivos, como o sulfeto de hidrogênio e o dióxido de carbono, poluição sonora (durante a perfuração dos poços) e visual, liberação de vapor seco, que pode conter minerais com capacidade de contaminação do lençol freático, e do vapor úmido, que pode conter minerais e sal da água quente. Para o tratamento destes impactos, atualmente quase todos os elementos são reinjetados nos poços. De uma forma geral, avalia-se que esta fonte de energia precisa de maior investigação em relação a seus impactos ambientais.

3.3 Fontes não renováveis de energia

As fontes de energia consideradas não renováveis são aquelas que apresentam tempo necessário para a sua reposição na natureza bastante superior à sua taxa de utilização. Dessa forma, entende-se que possam se esgotar mais rapidamente do que as fontes de energia renováveis.

As principais fontes de energia não renováveis são o petróleo, o carvão, o gás natural e a energia nuclear. As três primeiras fontes são oriundas de combustíveis fósseis, formados por meio de processos naturais, e são de grande importância para a matriz energética mundial, representando a principal fonte de energia utilizada no planeta. Os combustíveis fósseis mais relevantes em ordem de utilização são o petróleo, o carvão mineral e o gás natural. As principais características e impactos ambientais são brevemente descritos nas próximas seções. Por último, faz-se uma avaliação da utilização de combustíveis nucleares na geração de energia elétrica.

3.3.1 Petróleo

O petróleo é o principal componente da matriz energética mundial, sendo constituído, basicamente, por uma mistura de compostos químicos orgânicos (hidrocarbonetos), além de enxofre e traços de outros elementos químicos. O petróleo é formado a partir da decomposição de plantas e animais ao longo de milhões de anos, geralmente no fundo dos oceanos. Esse material pode ser encontrado na forma gasosa, quando a mistura contém um maior percentual de moléculas pequenas, e na forma líquida, quando a mistura contém moléculas maiores. As características do petróleo variam de acordo com as condições geológicas de sua formação e, portanto, ele é classificado, basicamente, por três características: (i) base: em função dos tipos de hidrocarbonetos predominantes; (ii) densidade; e (iii) teor de enxofre.

Apesar de ter as menores expectativas em relação às suas reservas globais, a sociedade continua mantendo uma grande dependência deste tipo de fonte de energia. O petróleo é crucial para a economia mundial, especialmente nas aplicações em que sua substituição é dificultada, tanto do ponto de vista técnico-econômico quanto no que concerne ao transporte, à agricultura e à fabricação de diversos produtos químicos. Ressalte-se, ainda, que o petróleo apresenta baixo custo quando comparado com outras alternativas energéticas.

No processo de refinação, o petróleo bruto passa por uma série de estágios para que seja convertido em outros produtos, tais como: gás liquefeito de petróleo (GLP), gasolina, querosene, óleo diesel, óleo combustível, lubrificantes, parafinas e asfaltos.

Em relação aos impactos ambientais, tanto a utilização dos subprodutos do petróleo como o seu processo de refinação e a sua extração podem causar grandes danos. O setor de transportes, que utiliza indiscriminadamente os seus subprodutos (gasolina, diesel, querosene e outros), gera poluição atmosférica, já que sua queima nos veículos emite óxidos de enxofre, nitrogênio e carbono, gases que contribuem de forma significativa para o agravamento do efeito estufa. Cabe ressaltar que maior destaque a esse tema pode ser visto nos Caps. 13 e 14 desta obra.

Nos casos de extração desse material do fundo dos oceanos, também merece ser destacada a possibilidade de vazamentos de petróleo, tanto de petroleiros como de oleodutos, como já ocorreu em alguns desastres ambientais mundiais, trazendo enormes transtornos para o meio ambiente.

3.3.2 Carvão

O carvão é um tipo de combustível fóssil muito utilizado em usinas térmicas de geração de energia no mundo inteiro, representando aproximadamente 30 % de toda a energia primária utilizada no mundo. Atualmente, outras fontes de energias renováveis vêm ganhando espaço, entretanto, em termos de geração de energia elétrica, o carvão contribui com pouco mais de 40 % da matriz elétrica mundial, sendo o principal combustível utilizado para este fim (REIS; FADIGAS; CARVALHO, 2012).

Os motivos para a ampla utilização do carvão são o menor risco de variação do preço do combustível e de interrupção de seu fornecimento ao longo dos anos. Este material é abundante, acessível, fácil de transportar, armazenar e usar, além de livre de tensões geopolíticas como o petróleo, por exemplo. Outro fato relevante é que as reservas mundiais totais recuperáveis de carvão são consideráveis. Estima-se que são suficientes para o abastecimento durante mais de 200 anos, considerando-se os níveis de consumo atuais (HINRICHS; KLEINBACH; REIS, 2011).

Existem vários tipos de carvão, classificados de acordo com o estágio de carbonização do material. Em cada classe, os níveis de carbono serão maiores quanto maiores forem a temperatura e a pressão a que for submetida a matéria orgânica e quanto mais tempo foi gasto na sua formação.

Em relação aos impactos ambientais causados em razão da utilização dessa fonte de energia, dois problemas são mais relevantes: a emissão de gases poluentes decorrentes de sua queima e a sua exploração de superfície.

A queima do carvão produz óxidos de enxofre (SO_x), óxidos de nitrogênio (NO_x) e gás carbônico (CO_2). Uma das medidas utilizadas para a mitigação dos impactos ambientais gerados pelo lançamento desses gases na atmosfera é o controle do teor de enxofre e a utilização de queimadores seletivos e depuradores de enxofre. Ademais, de forma comparativa a outros tipos de usinas termelétricas, as usinas que utilizam o carvão como combustível são as que mais geram resíduos sólidos.

A exploração desse material também apresenta sérios problemas do ponto de vista ambiental, tais como alteração da paisagem, redução da disponibilidade hídrica, acidificação da água das chuvas, alteração da qualidade do ar, produção de efluentes líquidos, produção de resíduos sólidos, entre outros. Além disso, nos casos de exploração de superfície, a remoção do solo superficial e sua vegetação podem levar à erosão da área. A recuperação obrigatória de áreas de mineração de superfície tem sido adotada como medida mitigadora dos problemas associados, como, por exemplo, a formação de buracos de lama e sua incapacidade de sustentação de vegetação. A recuperação é realizada pela reposição do solo superficial, seguida de reflorestamento.

Ressalte-se, ainda, que o setor tem investido de forma considerável na busca não só da redução dos impactos ambientais causados pela exploração e pela utilização do carvão, como também da eficiência energética a partir do desenvolvimento das tecnologias limpas do carvão (*clean coal technologies*). Estas ações têm apresentado resultados positivos, com significativa redução de emissões de poluentes atmosféricos nos últimos anos.

3.3.3 Gás natural

O gás natural ocupa a terceira posição em termos de matriz energética mundial, participando com um pouco mais de 20 % na oferta de energia primária total mundial, em 2013 (TOLMASQUIM, 2016b). Observou-se um aumento desta participação ao longo dos últimos anos, já que pode ser utilizado diretamente como matéria-prima, na forma de fonte de calor (aquecimento de água, calefação, combustível para caldeiras, entre outras utilidades).

O gás natural, assim como o carvão, também é utilizado na geração de energia elétrica, como combustível para usinas termelétricas, a partir de sua queima. Seu desenvolvimento principal ocorreu a partir da década de 1960, e ainda hoje é considerado um combustível bastante promissor tanto do ponto de vista econômico quanto ambiental. Além disso, suas reservas estimadas para mais de 60 anos permitem dizer que continuará a ter grande relevância no futuro (HINRICHS; KLEINBACH; REIS, 2011). Isso sem considerar novas descobertas e a evolução tecnológica para sua extração.

O gás natural é composto, principalmente, pelo gás metano (CH_4) e por hidrocarbonetos leves. Sua extração pode acontecer de duas formas em função do tipo de reservatório: quando encontrado isoladamente é denominado **"gás não associado"**, e quando encontrado conjuntamente com petróleo é denominado **"gás associado"**.

Do ponto de vista ambiental, o gás natural é considerado um substituto bastante interessante dos derivados de petróleo e do carvão, em razão, principalmente, do fato de ser pouco poluente, quando comparado a essas fontes. Este tipo de fonte não produz cinza nem SO_2. A emissão de CO_2 é considerada reduzida, sendo que a emissão mais significativa é a de óxidos de nitrogênio (NO_x). De uma forma geral, procura-se minimizar estes impactos com a utilização de equipamentos mais eficientes. O desenvolvimento de equipamentos de captura e armazenamento de carbono (*Carbon Capture and Storage* – CCS) é considerado uma alternativa futura, dependendo de sua viabilidade econômica.

Um tema de grande importância em busca da eficiência energética é a utilização de processos de cogeração (uso produtivo da energia térmica proveniente dos gases de exaustão). No caso de usinas termelétricas com ciclo combinado de geração de energia elétrica, a eficiência do processo de geração de energia pode chegar a cerca de 55 %, rendimento significativamente superior a usinas sem este processo.

Do ponto de vista ambiental, além da avaliação da emissão de gases estufa, é importante considerar a utilização de recursos hídricos, necessários para o resfriamento. Este impacto deve ser avaliado, podendo ser mitigado, por exemplo, com o uso de tecnologias de resfriamento de baixo consumo. Outro ponto que merece destaque é a geração de efluentes líquidos, cujo impacto ambiental deve ser previsto ainda na fase de planejamento dos empreendimentos.

3.3.4 Nuclear

As usinas nucleares são usinas termelétricas que utilizam o ciclo do vapor para geração de energia elétrica. Seu princípio básico de funcionamento consiste em utilizar um processo conhecido como fissão nuclear para a liberação de uma grande quantidade de energia térmica. Esta energia liberada é associada ao fornecimento de vapor a alta pressão, empregado no processo

de geração de energia elétrica. A energia nuclear utiliza certos tipos de isótopos de urânio como combustível, em razão de suas propriedades ao se dividirem. Existe uma tecnologia ainda em pesquisa que é baseada na fusão nuclear, processo no qual dois ou mais núcleos atômicos se juntam e formam outro núcleo de maior número atômico. Contudo, a maturidade deste tipo de tecnologia está vinculada à sua viabilidade técnica e econômica, o que levará certo tempo.

A energia nuclear é uma fonte de energia bastante utilizada ao redor do mundo. Atualmente, são 381 GW de capacidade instalada e 438 reatores em operação no mundo inteiro, sendo que 34 % deles estão localizados na Europa, 31 % na América do Norte e Ásia, 11 % no Japão, 6 % na Coreia do Sul e 5 % na China. Somente nos Estados Unidos encontram-se 99 dos 438 reatores em operação e, em segundo lugar, aparece a França com 58 e, em terceiro, o Japão com 43 (TOLMASQUIM, 2016b).

O Brasil desenvolveu na década de 1960 um programa nuclear com a previsão de construção de diversas usinas nucleares. Hoje, estão em operação as usinas de Angra I e Angra II, na cidade de Angra dos Reis, no Rio de Janeiro, com capacidade de 657 MW e 1350 MW, respectivamente. A usina de Angra III está sendo construída no mesmo local e terá capacidade compatível com a usina de Angra II. Iniciou-se um esforço para a construção de uma nova extensão, Angra III, mas por enquanto não foi viabilizado. Na Fig. 3.8, encontra-se apresentada uma fotografia da vista parcial das usinas Angra I e II.

A utilização da energia nuclear como fonte de energia elétrica é bastante discutida na sociedade em geral, principalmente em razão de graves acidentes já ocorridos no mundo, causando verdadeiras catástrofes, como é o caso de Chernobyl, na Ucrânia em 1986, e de Fukushima, no Japão em 2011. Assim, os aspectos positivos e negativos a respeito do uso dessa fonte de energia têm sido bastante discutidos no Brasil, e uma decisão definitiva para a sua expansão na matriz elétrica e energética brasileira vem sendo postergada.

Em relação aos impactos ambientais, as usinas nucleares podem ser avaliadas em relação a diferentes aspectos. Esse tipo de usina térmica não emite gases de efeito estufa. Contudo, embora não seja considerado poluente deste ponto de vista, o resíduo radioativo de alto teor ("lixo atômico") representa um grande problema. Este problema é associado ao seu caráter per-

FIGURA 3.8 Vista das usinas nucleares de Angra I e II. Fonte: Por Photograph by Mike Peel (www.mikepeel.net), CC BY-SA 4.0, https://commons.wikimedia.org/w/index.php?curid=68487404.

manente, que representa um risco constante ao meio ambiente, já que precisa ser devidamente isolado para evitar a contaminação. Existem muitas dificuldades técnicas de armazenamento desse material, que não pode ser reaproveitado, e sua alta atividade e meias-vias longas fazem com que seja importante o aterro isolado por milhares de anos. Outros aspectos também devem ser estudados e avaliados na etapa de projeto, como, por exemplo, a poluição térmica, uma vez que, em razão de sua menor eficiência, uma usina desse tipo emite 40 % a mais de calor residual. Além disso, a avaliação dos impactos deve começar ainda na fase de mineração, quando grandes quantidades do minério precisam ser trabalhadas para a obtenção da quantidade necessária de urânio para o funcionamento dos reatores.

3.4 Eficiência energética

Este é um tema de grande relevância quando são avaliados os impactos ambientais de fontes de geração de energia. A eficiência energética trata diretamente da minimização das perdas de energia durante os diversos processos de conversão entre determinada fonte de energia primária e a energia final. Como exemplo, cita-se o processo de geração de energia elétrica a partir de uma usina termelétrica. Neste caso, relaciona-se a quantidade de combustível primário utilizado (derivados de petróleo, carvão mineral, gás natural e outros) com a quantidade de energia elétrica gerada, em duas abordagens específicas: evolução tecnológica dos processos de conversão e mudança de hábito em relação ao consumo de energia.

É natural que a evolução da tecnologia tenha como um dos focos principais o aumento da eficiência dos processos de conversão. São vários os exemplos encontrados na literatura que podem ser utilizados. Por exemplo, atualmente, um carro novo nos Estados Unidos apresenta uma eficiência 62 % maior do que apresentava na década de 1970 (HINRICHS; KLEINBACH; REIS, 2011). De forma similar, pode ser verificado um alto ganho na eficiência em relação aos refrigeradores. Com os elevados valores de tarifa de energia, as indústrias, de certa forma, têm procurado modernizar seus equipamentos utilizados em processos produtivos com o objetivo de reduzir os gastos de energia de uma forma geral.

Em relação ao desenvolvimento tecnológico, dois aspectos são de grande relevância: (i) o desenvolvimento tecnológico é limitado pelas leis da física, porém, é importante ressaltar que ainda há bastante espaço para avanços nessa área, principalmente em relação ao uso eficiente de energia; e (ii) a capacidade de absorção, pela sociedade, das novas tecnologias desenvolvidas. E, neste caso, avalia-se que a transferência de tecnologia seja mais factível, e em prazo reduzido, em países desenvolvidos.

Em relação à mudança de hábitos de consumo de energia, é importante destacar a necessidade de desenvolvimento educacional de forma geral. A conscientização deve partir para o caminho do entendimento de que a utilização racional da energia traz benefícios tanto para a população quanto para o meio ambiente. Além disso, é indispensável um planejamento energético eficiente que aponte os caminhos adequados para o alcance desses benefícios. Assim, as ações educativas do Estado, de uma forma geral, têm papel fundamental. Este papel está relacionado com a disponibilização de uma infraestrutura adequada para que a população possa exercer sua cidadania por meio de ações voltadas para uma forma adequada do consumo de energia.

Neste sentido, destaca-se que o governo brasileiro desenvolve algumas ações voltadas para o estímulo da busca da eficiência energética a partir de instituições que lidam regularmente com o tema, tais como: Ministério de Minas e Energia (MME); Eletrobras – Centrais Elétricas Brasileiras S.A., responsável pelo Programa Nacional de Conservação de Energia Elétrica (Procel); Petróleo Brasileiro S.A. (Petrobras), responsável pela execução do Programa Nacional da Racionalização do Uso dos Derivados de Petróleo e do Gás Natural (Conpet); Instituto Nacional de Metrologia, Qualidade e Tecnologia (Inmetro), responsável pela execução do Programa Brasileiro de Etiquetagem (PBE), entre outras.

Contudo, os desafios nesta área são grandes. Em geral, a busca de eficiência energética deve fazer parte do dia a dia das empresas, a partir de um processo contínuo de educação, passando também pelos estudos de viabilidade econômica.

Atualmente, com o aumento dos Recursos Energéticos Distribuídos (REDs) - Energia Solar, Eólica, Veículos Elétricos, Baterias, entre outros – conectados nos sistemas de distribuição de energia, surgem tecnologias que permitem gerenciar automaticamente estas fontes em conjunto com a demanda de energia. Assim surge a tecnologia de *Active Management Networks* (AMN) - em inglês - ou Redes de Gerenciamento Ativo, através da qual a operação destes recursos pode ser feita de forma centralizada ou distribuída. Como exemplo, um sistema de distribuição com pequenas centrais de geração fotovoltaica instaladas em algumas residências e a conexão de veículos elétricos sendo recarregados pode ser operado a distância de forma a minimizar perdas elétricas e manter a tensão em níveis adequados. A presença da tecnologia de AMN tende a aumentar cada vez mais no Brasil e no mundo.

3.5 Matriz energética

O conceito de matriz energética é muito simples. Trata-se de uma representação quantitativa de todos os recursos energéticos disponibilizados para transformação, distribuição e consumo nos diversos processos produtivos em uma determinada região.

Ao se observar a matriz energética de cada localidade, é possível verificar a sua principal fonte de energia e a sua dependência em relação a determinada fonte. É sabido que, no mundo inteiro, há uma forte dependência dos combustíveis fósseis, que constituem fontes de energia não renováveis. Já no Brasil, também é conhecida a sua dependência em relação à energia hídrica para geração de eletricidade. Essas características podem ser observadas na Fig. 3.9, que apresenta a matriz energética do Brasil e do mundo em 2014, e na qual se verifica também que, no Brasil, mais de 42 % da energia utilizada são renováveis e, no mundo, menos de 15 %.

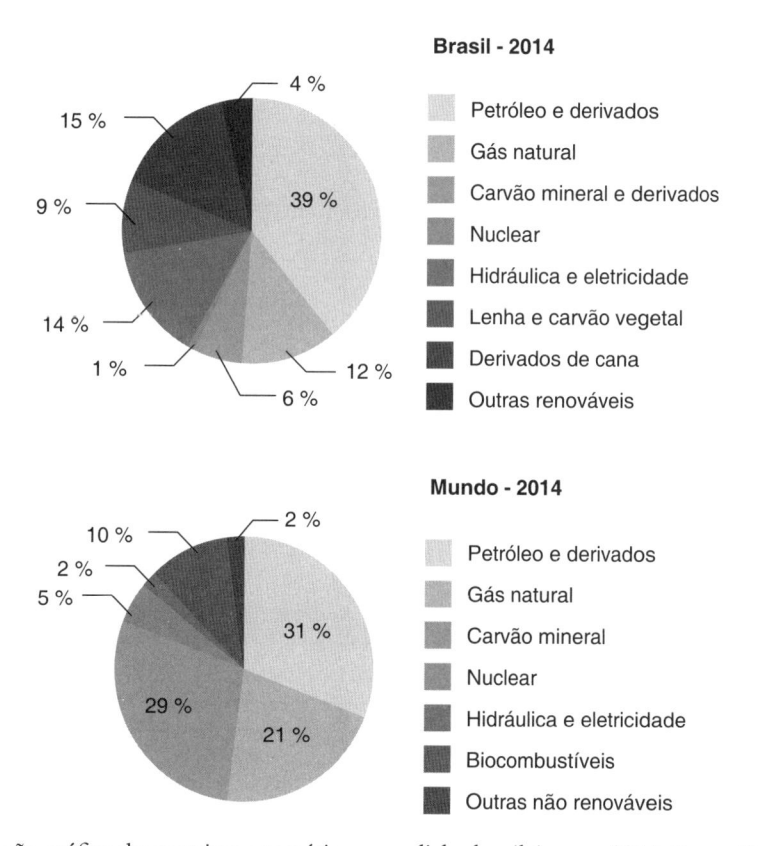

Brasil - 2014

- Petróleo e derivados
- Gás natural
- Carvão mineral e derivados
- Nuclear
- Hidráulica e eletricidade
- Lenha e carvão vegetal
- Derivados de cana
- Outras renováveis

Mundo - 2014

- Petróleo e derivados
- Gás natural
- Carvão mineral
- Nuclear
- Hidráulica e eletricidade
- Biocombustíveis
- Outras não renováveis

FIGURA 3.9 Representação gráfica das matrizes energéticas mundial e brasileira, em 2014. Fonte: EPE (2014) e IEA (2015).

3.5.1 Matriz energética mundial

No mundo verifica-se que os combustíveis fósseis (petróleo, carvão e gás natural) representam mais de 80 % da matriz energética. No gráfico da Fig. 3.10, pode-se observar a evolução de todo o suprimento de energia primária total no mundo, entre os anos 1971 e 2013, em toneladas equivalentes de petróleo (*tonne of oil equivalent* – toe). Esta unidade é muito utilizada para comparação das diversas formas de energia com a quantidade de petróleo que seria utilizada para gerá-las (1 Mtoe equivale a 11,63 TWh). Nesse gráfico, percebe-se novamente a grande dependência mundial dos combustíveis fósseis, entretanto, de maneira positiva, observa-se aumento mais acentuado em relação ao suprimento por fonte renováveis.

O problema com o uso dos combustíveis fósseis em larga escala, como pode ser observado na matriz energética mundial, não se relaciona somente com o fato de ser uma fonte não renovável. Outro aspecto importante a ser mencionado é a sua relação com o agravamento do efeito estufa. A queima dos combustíveis fósseis gera emissão de CO_2. Somente no ano de 2013, a queima do petróleo, do carvão e do gás natural gerou 32.190 milhões de toneladas de CO_2 (IEA, 2015) e, no gráfico da Fig. 3.11, pode-se observar como cada um desses combustíveis contribuiu para essa geração.

Conforme já mencionado na Seção 3.4 deste capítulo, o processo de conversão da fonte primária de energia para outras formas que podem ser utilizadas pelos consumidores gera perdas. Em 2013, o total de energia primária suprida pelo mundo foi de 13.541,28 Mtoe e o total de energia consumida pelo mundo de 9.301,06 Mtoe, sendo 2.446,25 em forma de eletricidade (IEA, 2015).

3.5.2 Matriz energética do Brasil

A matriz energética do Brasil já foi apresentada neste capítulo, porém é importante analisá-la em relação à sua evolução ao longo dos anos. O Plano Decenal de

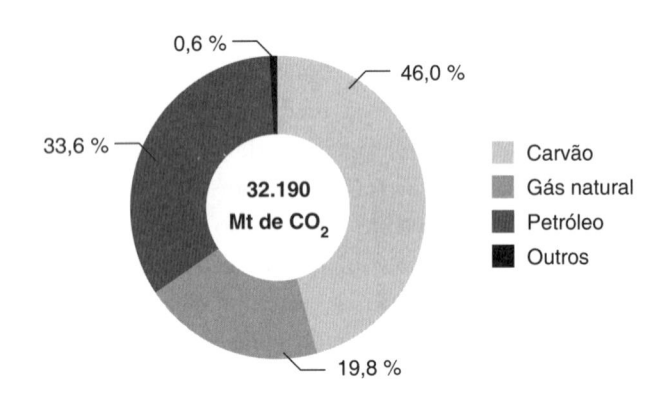

FIGURA 3.11 Representação gráfica da contribuição de CO_2 em relação à queima de cada combustível fóssil. Fonte: IEA (2015).

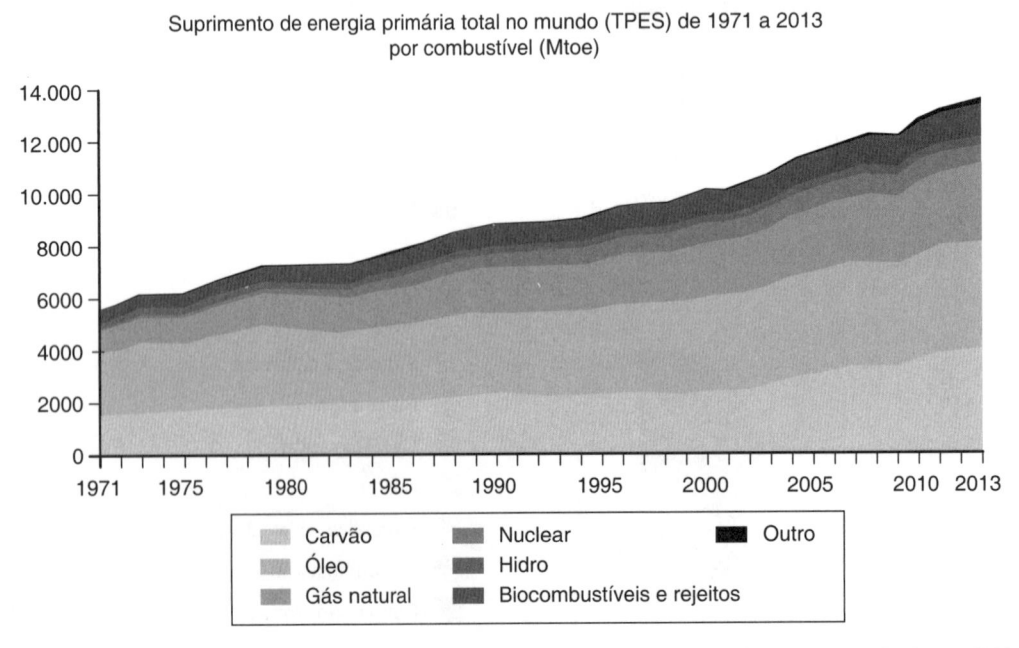

FIGURA 3.10 Evolução do suprimento de energia primária total no mundo, de 1971 a 2013. Fonte: IEA (2015).

Expansão de Energia 2024, também conhecido simplesmente como PDE 2024, é um documento elaborado pela Empresa de Pesquisa Energética (EPE). Assim, segundo a EPE "o PDE 2024 apresenta importantes sinalizações para orientar as ações e decisões, voltadas para o equilíbrio entre as projeções de crescimento econômico do país e a necessária expansão da oferta, de forma a garantir à sociedade o suprimento energético com adequados custos, em bases técnica e ambientalmente sustentáveis". Na Fig. 3.12, é possível observar a composição da oferta interna de energia dos anos entre 2015 e 2024, segundo o PDE 2024.

Observa-se, então, uma ligeira redução na oferta interna de energia de petróleo e derivados, em cerca de 3 %. O gás natural aumenta sua participação na oferta de energia, passando de 11,3 % em 2015 para 11,8 % em 2024. Destaca-se, também, o crescimento da participação das energias renováveis, de 42,5 % em 2015 para 45,2 % em 2024, representando um aumento de 2,7 % na matriz energética brasileira. Para alcançar essa meta é necessário que a participação das energias renováveis aumente em torno de 4,1 % ao ano. As outras fontes renováveis, que incluem energia eólica, solar e biodiesel, crescem em média 9,9 % ao ano.

Em relação à matriz elétrica, que considera apenas a geração de energia elétrica, a Fig. 3.13 apresenta a evolução anual da capacidade instalada de cada fonte de geração de energia elétrica no Sistema Interligado Nacional (SIN), entre os anos 2014 e 2024. Já a Fig. 3.14 apresenta esta evolução, em termos percentuais, nos anos 2014 e 2024. Destaca-se uma redução da participação das hidrelétricas de 67,6 para 56,7 % e um aumento considerável da participação de geração eólica de 3,7 para 11,6 %. Além disso, no ano de 2024, a geração solar passa a aparecer entre as principais fontes, com o percentual de 3,3 %.

O Brasil é um país de dimensões continentais, com muitas bacias hidrográficas cujos regimes hidrológicos muitas vezes são complementares entre si, o que possibilita o intercâmbio energético entre as suas diferentes regiões. Este fato levou ao desenvolvimento de um sistema de geração de energia elétrica de grande porte, com forte predominância hidráulica cujas usinas hidrelétricas encontram-se espalhadas ao longo de seu extenso território. Estas características fazem com que o Brasil tenha um sistema elétrico privilegiado, com características únicas no mundo por possuir cerca de 67 % de sua capacidade de geração proveniente de usinas hidrelétricas (UHE), como foi observado no gráfico da Fig. 3.14.

De forma a garantirem a maior produtibilidade, representada pela capacidade de transformar a vazão turbinada (m^3/s) em energia (MW/mês), as UHE devem ser construídas em locais geograficamente privilegiados. Essa premissa faz com que, no Brasil, a maioria delas se encontre em locais distantes dos principais centros de consumo. O fato de a maior parte da energia elétrica do Brasil ser proveniente de usinas hidrelétricas trouxe grande experiência técnica nesse setor e permitiu o desenvolvimento, no país, de um complexo sistema interligado por extensas linhas de transmissão. A Fig. 3.15 apresenta um desenho esquemático no qual podem ser observados os grandes corredores de transmissão de energia conectando as principais bacias hidrográficas aos centros de consumo de energia.

Discute-se, então, a entrada mais acentuada de outras fontes renováveis de energia na matriz energética brasileira. E seguindo uma tendência mundial, o governo brasileiro tem incentivado a construção de empreendi-

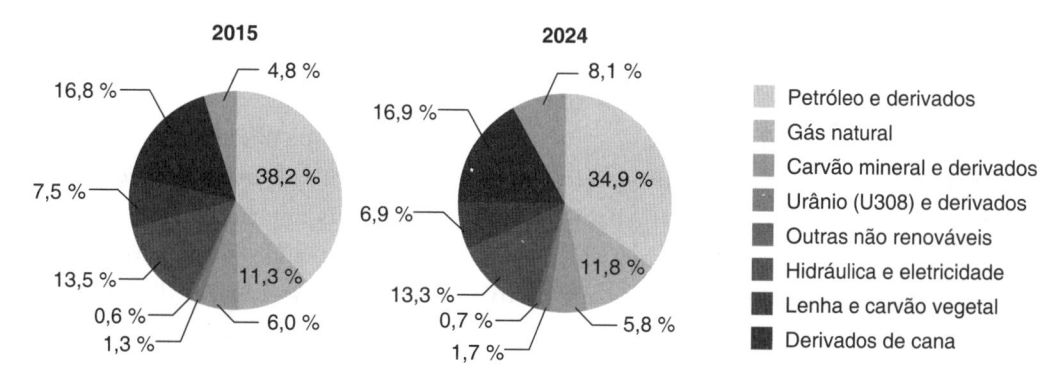

FIGURA 3.12 Composição da oferta interna de energia por fonte entre os anos 2015 e 2024. Fonte: EPE (2014).

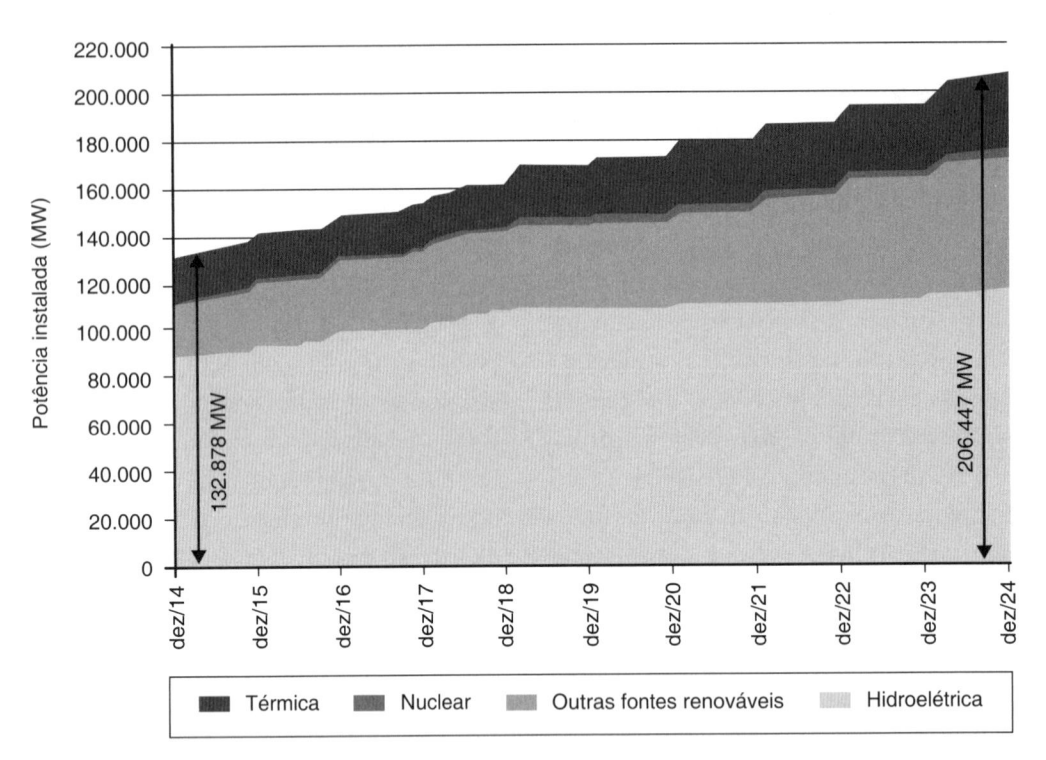

FIGURA 3.13 Evolução da capacidade instalada do SIN − 2014 a 2024. Fonte: EPE (2014).

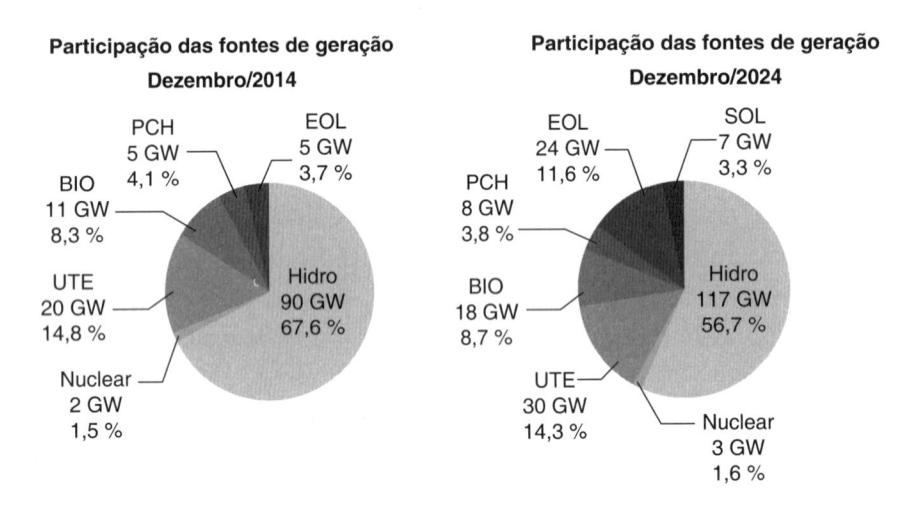

FIGURA 3.14 Evolução da capacidade instalada percentual do SIN − 2014 a 2024. Fonte: EPE (2014).

mentos para a produção de energia elétrica que utilizem fontes alternativas às hídricas e às térmicas com objetivo de mitigar o impacto ambiental e diminuir os riscos hidrológicos de suprimento de energia elétrica.

Além dos benefícios ambientais, outro aspecto positivo de se incentivar o aumento da participação das fontes alternativas para a geração de energia elétrica está relacionado com a complementaridade entre as fontes de energia, conforme já mencionado neste capítulo. De forma complementar à hídrica, as fontes alternativas, como a biomassa e a eólica, apresentam

maior capacidade de geração em períodos de menor disponibilidade hídrica, reduzindo o impacto da sazonalidade hidrológica.

Outro fator que diferencia o Brasil dos demais países é a capacidade de armazenamento dos reservatórios das usinas hidrelétricas. Fontes alternativas, como a solar e a eólica, apresentam perfis de geração muito variáveis. Elas são capazes de fornecer mais energia ao sistema em momentos de condições favoráveis de vento ou insolação, no entanto, pode ser que, nesses instantes, não exista alta demanda de energia pelo

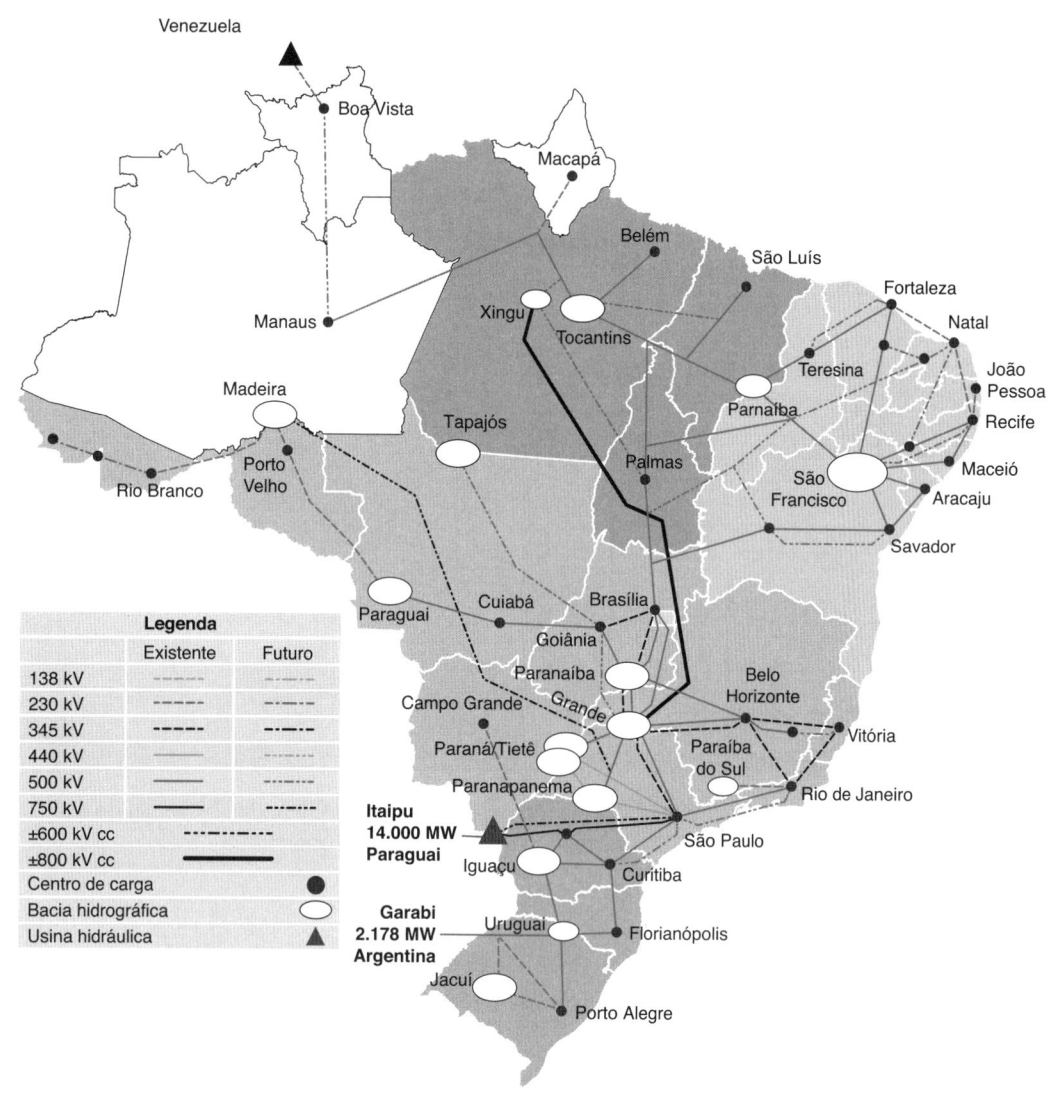

FIGURA 3.15 Desenho esquemático da integração eletroenergética do SIN. Fonte: ONS (2017).

mercado consumidor. Por esse motivo, na maior parte dos países é necessário um alto investimento para o armazenamento da energia excedente nesses instantes (baterias, *fly-wheels*, bombeamento de água em usinas hidrelétricas reversíveis, entre outros métodos). No Brasil, como existem muitos reservatórios acoplados às usinas hidrelétricas, nos momentos de elevada geração proveniente das fontes eólicas e solar, basta utilizar como estratégia a redução da participação de geração hidrelétrica no atendimento ao mercado consumidor para que os reservatórios dessas usinas possam recuperar mais rapidamente seus níveis de armazenamento. Ou seja, os reservatórios das usinas hidrelétricas podem funcionar como "baterias" naturalmente inseridas no sistema.

3.6 Estrutura institucional do setor elétrico brasileiro

A dependência do comportamento estocástico da hidrologia e do acoplamento espacial das usinas hidrelétricas, que forma extensas cascatas encadeadas, torna o planejamento da operação e expansão do sistema uma tarefa bastante complexa. A Fig. 3.16 apresenta o diagrama esquemático das usinas do SIN. Como pode ser observado, existem cascatas de usinas hidrelétricas pertencentes a múltiplos proprietários, e a operação das usinas deve ser feita de maneira coordenada.

Conforme discutido aqui, a geração de energia elétrica no Brasil depende fortemente da presença de águas nos seus mananciais, devendo então apresentar

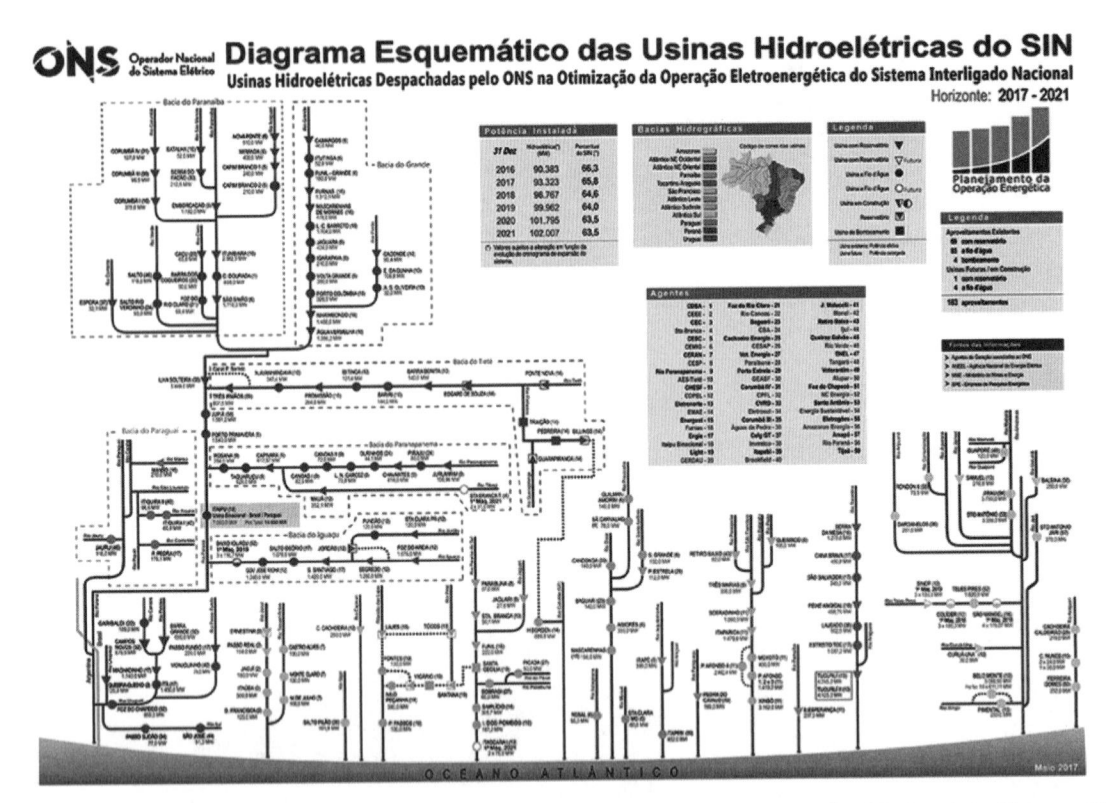

FIGURA 3.16 Diagrama esquemático das usinas hidrelétricas despachadas pelo Operador Nacional do Sistema (ONS) na otimização da operação eletroenergética do SIN no horizonte de 2017 a 2021. Fonte: ONS (2017).

um uso otimizado desses recursos hídricos. Além dos aspectos ambientais, a água é utilizada para geração de energia elétrica, abastecimento doméstico e industrial, irrigação, navegação, lazer e outras funções. Por esse motivo, a otimização da operação dos reservatórios das usinas hidrelétricas espalhados por todo país deve ser independente dos aspectos relacionados com a comercialização da energia elétrica e, assim, os agentes setoriais responsáveis pela operação do sistema e a comercialização da energia elétrica são diferentes.

Nesse cenário, é de fundamental importância a atuação do Operador Nacional do Sistema Elétrico (ONS), órgão responsável pela coordenação e controle da operação das instalações de geração e transmissão de energia elétrica no SIN. O objetivo do ONS é otimizar o gerenciamento dos estoques de energia do país de forma a garantir o suprimento contínuo e confiável. Os aspectos comerciais relacionados com os contratos de compra e venda de energia entre os agentes não podem influenciar as decisões operativas realizadas pela empresa. O ONS também é responsável pela operação da rede básica do sistema de transmissão. A rede básica

é definida como as instalações de transmissão que atendem aos seguintes critérios: linhas de transmissão, barramentos, transformadores de potência e equipamentos de subestação em tensão igual ou superior a 230 kV, transformadores de potência com tensão primária igual ou superior a 230 kV e tensões secundária e terciária inferiores a 230 kV, bem como suas respectivas conexões.

A Câmara de Comercialização de Energia Elétrica (CCEE) é responsável pela contabilização dos montantes financeiros a serem transferidos entre os diversos agentes, de acordo com os contratos bilaterais de compra e venda de energia.

Tanto o ONS quanto a CCEE são fiscalizados pela Agência Nacional de Energia Elétrica (ANEEL), que tem como função regular e fiscalizar a produção, transmissão, distribuição e comercialização da energia elétrica. Adicionalmente, cabe à Aneel zelar pela qualidade do suprimento, garantir o acesso universal à energia elétrica e estabelecer as tarifas para os consumidores finais.

As políticas energéticas do país, incluindo a composição de sua matriz energética, são formuladas pelo Conselho Nacional de Política Energética (CNPE), um órgão interministerial de assessoramento direto à Presidência da República. As diretrizes estabelecidas pelo CNPE são executadas pelo Ministério de Minas e Energia (MME). Para executar suas ações, o MME conta com o apoio do Comitê de Monitoramento do Setor Elétrico (CMSE) e da Empresa de Pesquisa Energética (EPE), já citada neste capítulo. A principal função da EPE é a realização de estudos e projeções sobre a matriz energética brasileira visando ao planejamento de longo prazo e integrando todas as fontes de energia. A EPE também é responsável pelos estudos de viabilidade técnico-econômica e socioambiental de usinas, incluindo o licenciamento ambiental para a construção de novas usinas e linhas de transmissão. O CMSE é coordenado pelo MME e tem a função de acompanhar a continuidade e segurança do suprimento de energia elétrica em todo o território nacional.

EXERCÍCIOS DE FIXAÇÃO

1. Defina o que são energias primária e secundária.
2. Liste as principais fontes de energia renováveis e não renováveis.
3. Cite e explique dois impactos ambientais associados a usinas hidrelétricas e termelétricas.
4. Pesquise as principais usinas eólicas em operação no Brasil, listando suas principais características e histórico de geração.
5. Qual a relação entre eficiência energética e a preservação do meio ambiente?
6. Como o Brasil pode se beneficiar dos reservatórios das usinas hidrelétricas para realizar o armazenamento de energia nos momentos de alta produção de outras fontes alternativas, como a eólica e a solar?
7. Contextualize o Índice de Desenvolvimento Econômico (IDE) com o IDH.
8. Por que, no Brasil, a comercialização da energia e a operação do sistema são realizados por agentes distintos?
9. Mostre as principais diferenças entre a matriz energética brasileira e a matriz energética mundial.
10. Por que, no Brasil, a margem entre a capacidade instalada e a carga de energia a ser atendida deve ser elevada?

DESAFIO

A Usina Hidrelétrica de Belo Monte foi construída na bacia do rio Xingu, próximo ao município de Altamira, no norte do Pará. Foi fonte de várias discussões nos últimos anos. De um lado, especialistas do setor de energia justificam sua construção objetivando a garantia do suprimento futuro de energia elétrica do país. Do outro lado, especialistas em meio ambiente apontam danos socioambientais significativos naquela região. Procure fazer uma análise crítica destes argumentos, levantando pontos positivos e negativos deste importante empreendimento. Liste as principais características técnicas da usina e seus principais impactos ambientais. Faça uma análise comparativa com a estimativa de emissão de gases estufa da usina em relação a uma usina termelétrica típica a gás natural. Procure avaliar a eficiência desta usina em relação a outras usinas hidrelétricas em operação no Sistema Interligado Nacional. Analise a curva de geração típica desta usina e descreva como esta curva ficaria caso o projeto fosse de uma usina de acumulação em vez de fio d'água. Estas informações estão disponíveis na internet. Faça uma busca, mas atenção para usar somente fontes seguras.

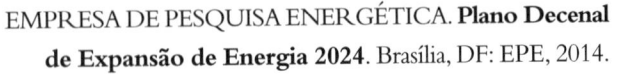

BIBLIOGRAFIA

EMPRESA DE PESQUISA ENERGÉTICA. **Plano Decenal de Expansão de Energia 2024**. Brasília, DF: EPE, 2014.

HINRICHS, R. A.; KLEINBACH, M.; REIS, L. B. **Energia e meio ambiente.** Tradução da 4ª edição norte-americana. São Paulo: Cengage, 2011.

INTERNATIONAL ENERGY AGENCY (IEA). **Key World Energy Statistics 2015.**

ONS. Operador Nacional do Sistema Elétrico. **Mapas do Sistema Interligado Nacional**. Sobre o SIN Mapas. Disponível em: http://www.ons.org.br/paginas/sobre-o-sin/mapas. Acesso em: 13 ago. 2019.

PROGRAMA DAS NAÇÕES UNIDAS PARA O DESENVOLVIMENTO (PNUD). **Ranking IDH Global 2014.**

REIS, L. B. **Geração de energia elétrica**. São Paulo: Manole, 2015.

REIS, L. B.; FADIGAS, E. A.; CARVALHO, C. E. **Energia, recursos naturais e a prática do desenvolvimento sustentável**. São Paulo: Manole, 2012.

TOLMASQUIM, M. T. **Energia renovável**: hidráulica, biomassa, eólica, solar, oceânica. Brasília, DF: EPE, 2016a.

_____. **Energia termelétrica**: gás natural, biomassa, carvão, nuclear. Brasília, DF: EPE, 2016b.

WORLD ECONOMIC OUTLOOK. **WEO 2015**. International Monetary Fund, 2015.

4

Gestão Ambiental Aplicada

Frank Pavan de Souza
Monica Pertel
Tatiana Oliveira Costa

A concepção da gestão ambiental está baseada na aplicação de ferramentas que sejam capazes de contribuir para o desenvolvimento sustentável, garantindo, dessa forma, a qualidade e a quantidade dos recursos naturais disponíveis no planeta. Este capítulo tem como objetivo apresentar os conceitos, aspectos e instrumentos da gestão ambiental. É importante ressaltar que tais instrumentos podem ser utilizados tanto pelo poder público como pela iniciativa privada.

Entre os instrumentos de gestão ambiental, cabe citar: os de comando e controle (políticas públicas); de autocontrole e autorregulação; auditorias ambientais; avaliação de impactos ambientais; licenciamento ambiental; e instrumentos legais pertinentes.

Neste sentido, serão apresentadas discussões, teóricas e técnicas acerca da gestão ambiental e sua aplicabilidade na engenharia.

4.1   Gestão ambiental

A preocupação com a preservação dos recursos naturais e a relação dos seres humanos com os elementos da natureza vêm sendo discutidas com recorrência. Em razão do avanço do desenvolvimento e da intensificação dos impactos ambientais, desde a década de 1970, começaram-se a articular propostas de comando e controle que pudessem dar suporte para uso dos recursos naturais, como as apresentadas na Conferência das Nações Unidas sobre o meio ambiente humano, em Estocolmo, na Suécia, em 1972. Uma das propostas foi a de disseminar o conceito do desenvolvimento sustentável, com a intenção de garantir a preservação dos recursos naturais para as presentes e futuras gerações.

Atualmente, verifica-se que a relação entre homem e natureza ainda se encontra conturbada. Têm-se percebido mudanças consideráveis nos componentes físicos, químicos e biológicos da natureza, que, por vezes, associadas às ações antrópicas podem fragilizar, exterminar ou estagnar elementos de importância vital para algumas espécies, interferindo sobremaneira em seus ciclos.

Exemplos reais dessas ações podem ser constatados em tragédias ambientais ocorridas em todo o planeta. Veja a seguir:

Desastre de Minamata: em 1956, no Japão, mais precisamente em Minamata, ocorreu o envenenamento de centenas de pessoas pela ingestão de substâncias tóxicas. Verificou-se que as mortes ocorreram por envenenamento com mercúrio, que era usado como catalisador, e os efluentes do processo foram despejados no mar sem nenhum tratamento. O mercúrio contaminou boa parte da cadeia alimentar da região e provocou a morte de diversas pessoas.

Bhopal: ocorrida em Bhopal, na Índia, em 1984, é considerada a pior catástrofe química da história. Essa tragédia foi provocada pela emissão de toneladas de isocianeto de metila, entre outros gases letais. Até hoje não se sabe o número exato de pessoas prejudicadas, porém, estima-se que foram 500 mil (MACHADO, 2011).

Chernobyl: acidente em uma usina nuclear ocorrido em 1986, em Chernobyl, Ucrânia. Uma tragédia que provocou danos à saúde da população e impactos significativos à natureza, tornando-se, à época, um marco negativo em nível mundial. Foi necessário o fechamento de toda a cidade àquela época. O total oficial de mortos diretamente relacionado com o acidente foi de 31 pessoas, em função da participação direta de agentes enviados para combater os incêndios de uma das unidades afetadas. Outros 237 trabalhadores foram hospitalizados com sintomas da exposição aos altos níveis da radiação. Algumas destas vítimas apresentaram queimaduras e também outros tipos de lesões (ESTEVES, 1986). Até hoje existem relatos de consequências provocadas pelo contato com o material radioativo.

Fukushima: desastre ocorrido na Central Nuclear de Fukushima, em 2011, no Japão, em virtude de um tsunami provocado por um terremoto com epicentro no mar, que danificou três reatores existentes no complexo de Daiichi-Fukushima, ocasionando a liberação de quantidades significativas de material radioativo (MARQUES, 2012). Nos dias atuais, cientistas e estudiosos ainda realizam análises e monitoramento na população e nas áreas atingidas.

Mariana: no Brasil, em 2015, mais precisamente no subdistrito de Bento Rodrigues, distante 35 km da cidade de Mariana, em Minas Gerais, foi registrado o pior desastre da história brasileira de mineração e o maior do mundo envolvendo barragens de rejeitos. Uma barragem de contenção de rejeitos se rompeu, provocando uma avalanche de lama, que, segundo Soriano *et al.* (2016), acarretou a morte de 19 pessoas, originou o lançamento de 40 bilhões de litros de lama na calha do rio Doce,[1] causando o extermínio de parte da fauna, da flora e afetando 40 municípios integrantes da bacia hidrográfica. Além de sofrerem com os impactos no meio físico e biótico, esses municípios foram obrigados a suspender o abastecimento de água para a população.

Diante de tantas tragédias, é possível perceber que parte desses acontecimentos pode estar associada à ingerência em relação aos aspectos ambientais das atividades industriais, que são passíveis de ocasionar impactos significativos na natureza, mesmo em em-

---

[1] O rio Doce é um rio brasileiro da Região Sudeste do país, que banha os estados de Minas Gerais e Espírito Santo. Com cerca de 850 km de extensão, seu curso representa a mais importante bacia hidrográfica totalmente incluída na Região Sudeste.

preendimentos que se encontram autorizados pelos órgãos de fiscalização para desenvolver suas atividades.

Neste contexto, a gestão ambiental surge como uma alternativa para o poder público e para as empresas privadas, com vistas ao estabelecimento de propostas para o melhor gerenciamento de seus processos, e apresenta ferramentas capazes de dar suporte preventivo para o controle das ações relacionadas com os aspectos ambientais de uma organização, para padronizar e administrar procedimentos, economizar matéria-prima, insumos e envolver a participação da sociedade.

4.1.1 Classificação da gestão ambiental

Gestão ambiental pública

A obrigatoriedade da gestão ambiental pública encontra-se embasada na Constituição Federal de 1988, quando garante a todos os cidadãos brasileiros o "direito ao meio ambiente ecologicamente equilibrado, bem de uso comum do povo e essencial à sadia qualidade de vida, impondo-se ao Poder Público [...] o dever de preservá-lo para as presentes e futuras gerações" (BRASIL, 1988).

O poder público tem a responsabilidade de atuar na manutenção do equilíbrio ecológico, tornando-se, legalmente, o mediador dos usos dos recursos naturais, especificamente nos conflitos entre interesses comuns e individuais. Para isso, utiliza-se de alguns instrumentos de comando e controle, previstos pelas políticas públicas ambientais. Seu maior desafio consiste em promover a fiscalização e o monitoramento da utilização dos elementos naturais garantindo, sobretudo, a qualidade de vida para a coletividade.

Os instrumentos de comando e controle estão associados aos aspectos legais instituídos e devem, obrigatoriamente, ser cumpridos. Com isso, a gestão ambiental pública, além de se responsabilizar pelo controle de suas ações perante a utilização dos recursos naturais, também interfere no controle e na fiscalização da gestão ambiental privada (Fig. 4.1). Em contrapartida, a gestão ambiental privada fica sujeita ao cumprimento de tais instrumentos.

Conhecendo os instrumentos de comando e controle

Padrões de emissões e lançamentos: os instrumentos legais estabelecem a quantidade máxima de poluentes que se permite, legalmente, lançar no ambiente. Vale lembrar que esses padrões abordam concentrações máximas permissíveis e eficiências mínimas requeridas em relação aos dispositivos e/ou equipamentos de controle de poluição, como, por exemplo, o caso das chaminés para emissão no ar e estações de tratamento de efluentes (ETE) para lançamento na água.

Avaliação de impactos ambientais: a finalidade é considerar os impactos ambientais antes de se tomar qualquer decisão que possa acarretar significativa degradação da qualidade do ambiente (SÁNCHEZ, 2008).

Licenciamento ambiental: instrumento de gestão da administração pública, que tem como objetivo autorizar e fiscalizar a instalação de empreendimentos e suas atividades visando à preservação dos recursos naturais pelas atividades antrópicas, passíveis de causar impactos ambientais significativos.

Zoneamento ambiental: ferramenta responsável pelo planejamento e organização dos espaços, para melhor gerenciar e controlar os usos dos recursos naturais, e assim promover a manutenção da biodiversidade.

Monitoramento ambiental: instrumento de controle e avaliação, utilizado por meio de medições de indicadores e parâmetros específicos, com vistas a diagnosticar ou prognosticar possíveis impactos ambientais.

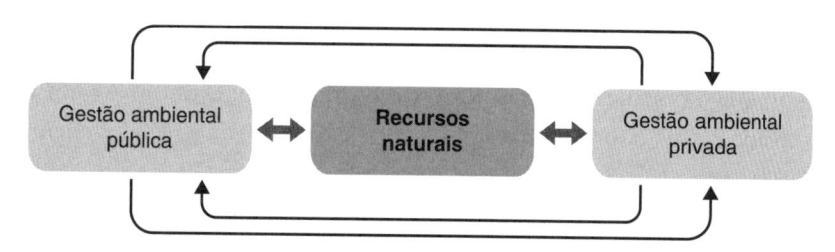

FIGURA 4.1 Fluxo de ações da gestão ambiental pública e privada.

Cadastro ambiental rural: registro eletrônico obrigatório para todos os imóveis rurais, formando a base de dados estratégica para o controle, monitoramento e combate ao desmatamento das florestas e demais formas de vegetação nativa do Brasil, bem como para planejamento ambiental e econômico dos imóveis rurais.[2]

Instrumentos econômicos: instrumentos que podem envolver pagamentos, compensações ou concessões de benefícios fiscais. São considerados como alternativas em termos econômicos e ambientais que podem ajudar a conduzir a práticas que assegurem a conservação e restauração dos ecossistemas.

Educação ambiental: "processos por meio dos quais o indivíduo e a coletividade constroem valores sociais, conhecimentos, habilidades, atitudes e competências voltadas para a conservação do meio ambiente, bem de uso comum do povo, essencial à sadia qualidade de vida e sua sustentabilidade".[3]

A responsabilidade não está atribuída especificamente ao poder público com as técnicas de comando e controle. Há necessidade da participação efetiva das empresas privadas, assim surge a necessidade da gestão ambiental privada.

Gestão ambiental privada

No que diz respeito à gestão ambiental privada, esta é a parte da gestão ambiental global relacionada com o controle e gerenciamento dos aspectos ambientais inerentes às atividades empresariais. Tem como finalidade a determinação de programas de autocontrole e autorregulação. O autocontrole propõe medidas práticas para o gerenciamento do processo, enquanto a autorregulação estabelece as normas internas que devem ser cumpridas. Esses instrumentos são capazes de equacionar o envolvimento das organizações com a questão ambiental e fazer cumprir as normas estabelecidas pelos instrumentos de comando e controle.

Além disso, os instrumentos de autocontrole e autorregulação permitem que a organização apresente programas capazes de alcançar seus objetivos ambientais nas metas estabelecidas. É importante destacar que os objetivos ambientais estão relacionados com o que se propõe, e a meta é o prazo estipulado para o cumprimento.

Conhecendo os instrumentos de autocontrole e autorregulação

Sistema de Gestão Ambiental (SGA): é uma estrutura de procedimentos e diretrizes capaz de atuar na prevenção de impactos ambientais e na promoção da melhoria das atividades de uma organização. A implementação de um SGA implica a descentralização da gestão ambiental entre os setores envolvidos, fato que abarca a responsabilidade generalizada e articulada entre os colaboradores.

O SGA permite que as organizações estabeleçam uma política ambiental interna e estruturada, com o estabelecimento de objetivos, metas, requisitos gerais e programas capazes de cumprir com os compromissos ambientais propostos, além de impulsionar a melhoria contínua.

O instrumento mais utilizado para dar sustentação ao SGA é o Ciclo do PDCA (Fig. 4.2). O Ciclo do PDCA foi idealizado por Walter Andrew Shewhart,[4] na década de 1920, conhecido por ser pioneiro no controle estatístico de qualidade. As siglas representam os verbos *plan* (planejar): estabelecer objetivos ambientais e processos necessários para entregar resultados de acordo com a política ambiental da organização; *do* (fazer): implementar os processos conforme planejado; *check* (checar): monitorar e medir os processos; e *act* (agir): tomar ações para melhoria contínua. O Ciclo do PDCA é uma estrutura que tem como objetivo promover o controle eficiente das atividades e, por isso, representa um importante instrumento para o sistema de gestão ambiental.

Os benefícios que um SGA proporciona para uma organização são inúmeros, entre eles: envolvimento de todos os colaboradores; redução de riscos de acidentes e sanções; aumento da qualidade dos produtos, serviços e processo; economia e/ou redução no consumo de matérias-primas, água e energia; captação de novos

---

[2] Ministério do Meio Ambiente.

[3] Política Nacional de Educação Ambiental – Lei nº 9.795/1999, art 1º.

[4] Walter Andrew Shewhart nasceu em 18 de março de 1891, no estado de Illinois, EUA, e foi o grande criador do Controle Estatístico de Qualidade.

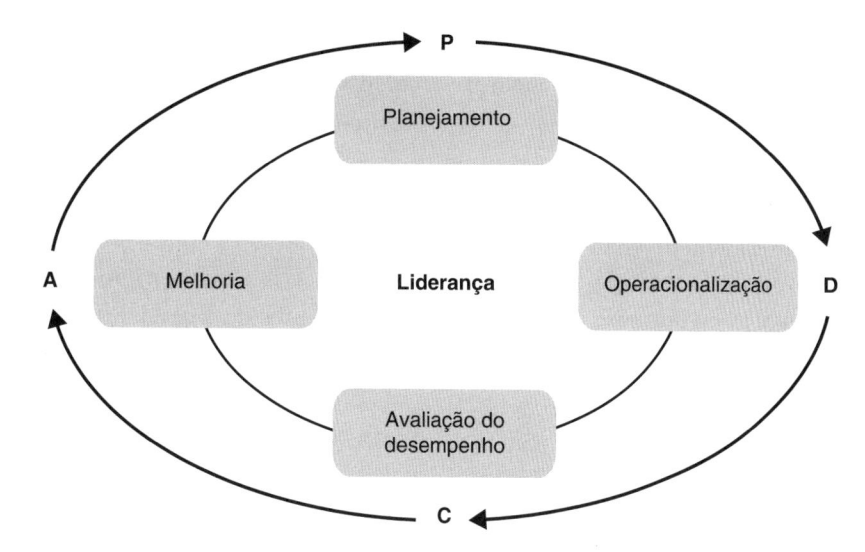

FIGURA 4.2 Relação entre o Ciclo do PDCA e a estrutura da norma. Fonte: ABNT NBR ISO 14001 (2015).

clientes; melhoria dos processos; melhoria da imagem da organização; aumento de possibilidades no mercado; promoção da participação social, entre outros.

O advento do SGA fez com que algumas organizações repensassem seus procedimentos gerenciais, com vistas à unificação de processos em gestão ambiental até os dias atuais.

A Associação Brasileira de Normas Técnicas (ABNT), em consonância com a International Organization for Standardization (ISO),[5] estabeleceu uma série de normas de padronização internacional, entre elas a série ISO 14000. Esta norma aborda temas relacionados com a prevenção da poluição, o equilíbrio ambiental e o melhor gerenciamento dos aspectos ambientais de uma organização (Quadro 4.1).

A ISO 14001 apresenta requisitos para a implementação de um Sistema de Gestão Ambiental (SGA) que uma organização pode utilizar para aumentar seu desempenho ambiental. Tem como objetivo gerenciar responsabilidades ambientais de forma sistemática e contribuir continuamente para o pilar ambiental da sustentabilidade (ABNT, 2015).

A aprovação do SGA de uma empresa, que tem interesse em certificação de ISO 14001, dependerá da aprovação dos organismos certificadores e acreditadores.

Quadro 4.1 Normas integrantes da ISO 14000	
ISO 14001	Sistema de Gestão Ambiental (SGA)
ISO 14004	Diretrizes gerais sobre princípios, sistemas e técnicas de apoio
ISO 19011	Diretrizes sobre Auditorias Ambientais
ISO 14031	Normas sobre Desempenho Ambiental
ISO 14020	Normas sobre Rotulagem Ambiental
ISO 14040	Normas sobre Análise do Ciclo de Vida

Os organismos certificadores são empresas privadas ou associações, que devem ser registradas junto ao organismo acreditador, que, no Brasil, está representado pelo Instituto Nacional de Metrologia, Qualidade e Tecnologia (Inmetro). O objetivo do organismo certificador é realizar as auditorias nas empresas que desejam ser certificadas e emitir o certificado caso esteja tudo em conformidade com a Norma auditada. Os certificados possuem prazo de validade que podem variar de seis a 12 meses. Antes do vencimento, deve o interessado requerer a renovação do documento.

É importante destacar que qualquer organização pode se submeter ao processo de certificação de ISO 14001, mas não há obrigatoriedade para tal. Entretanto, aquelas organizações que são portadoras da certificação passam a exigir que seus fornecedores e prestadores de serviços também sejam certificados.

---

[5] Por edição da grafia, a sigla para International Organization for Standardization deveria ser IOS, entretanto, como os países possuem idiomas diferentes, optou-se por ISO pois "isos", em grego, significa "igual".

As demais normas ISO da série 14000 têm como propósito auxiliar nos procedimentos para o melhor gerenciamento ambiental das organizações.

Avaliação de desempenho ambiental: um processo de gestão interna é concebido para fornecer à organização informações contínuas de forma a determinar se o desempenho ambiental pode cumprir os critérios estabelecidos pela gestão.

Análise do ciclo de vida do produto: um processo de avaliação sistemático de todas as etapas necessárias para que um produto cumpra sua função na cadeia produtiva, que vai desde a extração da matéria-prima até o descarte final.

Programas de atuação responsável: programas estabelecidos por associações nacionais e mundiais da indústria química, com a finalidade de firmar comprometimento e melhoria contínua com a saúde, segurança e meio ambiente.

Educação ambiental: assim como na gestão ambiental pública, a educação ambiental é um importante instrumento para a gestão ambiental privada, com vistas à promoção da integração dos indivíduos e a coletividade, à construção de "valores sociais, conhecimentos, habilidades, atitudes e competências voltadas para a conservação do meio ambiente, bem de uso comum do povo, essencial à sadia qualidade de vida e sua sustentabilidade".[6]

Em geral, os resultados da aplicação dos instrumentos de autocontrole e autorregulação são econômicos, ambientais e de melhoria no processo produtivo, além da redução de insumos e boa relação com a sociedade.

4.2 Políticas públicas

As políticas públicas (PPs) estão estabelecidas na Constituição Federal de 1988 e podem ser definidas como o conjunto de fatores, ações ou programas propostos pelo Estado, que envolvem a participação da sociedade, tanto na formulação como na implementação. Seu maior objetivo consiste em assegurar os direitos difusos ou coletivos que atendam às demandas de determinados segmentos sociais, étnicos, culturais e econômicos.

Os envolvidos nos processos de discussão, avaliação, elaboração e proposição das PPs são órgãos estatais e privados, denominados atores. Tais atores estão, geralmente, divididos em dois grupos: estatais, que são representantes do Estado, e os privados, que representam a sociedade civil.

A elaboração das políticas públicas pode ser proposta pelo poder executivo ou legislativo, separada ou coletivamente, a partir das necessidades apresentadas pela sociedade. As demandas sociais devem ser, obrigatoriamente, coletivas, fato que diferencia as políticas públicas dos interesses privados.

Existem cinco fases para a elaboração das políticas públicas, e estas apresentam-se de forma cíclica assim divididas: formulação da agenda, formulação de políticas, tomada de decisão, implementação e avaliação. Para melhor entendimento, cada uma das fases será detalhada a seguir.

4.2.1 Fases das políticas públicas

- **1ª Fase** – Formulação da agenda: sabendo da existência de diversos fatores que podem ser relevantes para a sociedade, há que se estabelecerem medidas capazes de direcionar e priorizar as ações para as quais se destinam as PPs. Assim, a formulação da agenda tem como finalidade listar os principais problemas relacionados com as necessidades públicas.

- **2ª Fase** – Formulação de políticas: nesta fase, serão apresentadas as alternativas a serem colocadas em prática para a definição dos objetivos, metas e programas que serão aplicados à execução das propostas. Geralmente é uma etapa conflituosa, pois algumas decisões podem parecer mais interessantes para alguns atores, enquanto para outros podem ser irrelevantes. É importante que, além do consenso, haja coerência entre as propostas e os recursos financeiros disponíveis para o cumprimento dos objetivos.

- **3ª Fase** – Tomada de decisão: existem diversas maneiras de tomada de decisões para a solução de problemas públicos. É nesta fase que serão definidas

---

[6] Política Nacional de Educação Ambiental – Lei nº 9.795/1999, art 1º.

as ações referentes aos problemas listados na formulação da agenda. Apesar de tomadas de decisões em todo o processo, este é o momento em que serão apresentados os recursos e os prazos para as ações das PPs. Essas definições serão expressas por meio de leis, decretos, portarias e resoluções concernentes aos atos da administração pública.

- **4ª Fase** – Implementação: o propósito da implementação é converter os planos e escolhas em ações propriamente ditas. Nesta fase, serão executadas as propostas definidas na 2ª e 3ª Fases. A administração pública é responsável pela execução da política, podendo haver a participação dos administrados, especificamente dos interessados em determinadas ações.

- **5ª Fase** – Avaliação: nesta fase, será possível verificar e analisar os impactos das propostas desenvolvidas, fato que possibilitará a estruturação de ações corretivas, preventivas e a elaboração de novas propostas para futuras políticas públicas.

4.2.2 Políticas públicas ambientais

Integrantes das ferramentas de gestão ambiental, as políticas públicas ambientais compreendem um conjunto de princípios e diretrizes estabelecidos pela sociedade, com representação formal e legal da administração pública, para mediar os usos dos recursos naturais, garantindo, assim, a sustentabilidade ambiental. Vejamos algumas políticas públicas ambientais brasileiras no Quadro 4.2.

Além das políticas públicas, podemos nos orientar pelo emaranhado de leis ambientais existentes, que compõem o ordenamento jurídico brasileiro e são instituídas pelo direito ambiental.

4.3 Fundamentos do direito ambiental

O direito ambiental consiste em um conjunto de princípios, institutos e normas sistematizadas para disciplinar o comportamento humano objetivando proteger o meio ambiente. A interface meio ambiente e seres humanos demanda que esta área do direito dialogue com vários ramos dos saberes.

Quadro 4.2 Políticas ambientais no Brasil

Política ambiental	Lei
Política Nacional do Meio Ambiente (PNMA)	9.638/1981
Política Nacional de Recursos Hídricos (PNRH)	9.433/1997
Política Energética Nacional (PEN)	9.478/1997
Estatuto da Cidade (EC)	10.257/2001
Plano Nacional de Saneamento Básico (Plansab)	11.445/2007
Política Nacional de Resíduos Sólidos (PNRS)	12.305/2010

Diferentemente das áreas do direito civil e do direito penal, por exemplo, em que há uma compilação das normas inseridas no Código Civil e no Código Penal Brasileiro, no direito ambiental as regras encontram-se esparsas e, por vezes, de difícil aplicação.

Nesse entendimento, uma boa alternativa para utilizar as normas do direito ambiental de forma técnica e jurídica é a aplicação da hierarquia das leis (Fig. 4.3), considerando que a Constituição Federal (CF) prevalece como soberana perante as demais normas jurídicas.

Ao utilizar as leis como fundamento, é de extrema importância que estas sejam organizadas de maneira hierárquica.

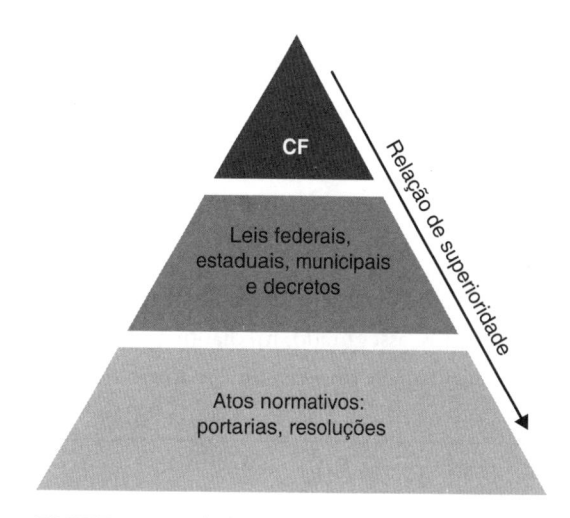

FIGURA 4.3 Pirâmide do ordenamento jurídico.

EXEMPLO 1

"No dia 18 de agosto de 2016, houve o rompimento de uma Estação de Tratamento de Esgoto (ETE), que fica localizada no centro da cidade de Colatina, norte do estado do Espírito Santo. A força da água invadiu estabelecimentos comerciais e residências, provocou impactos ambientais e a morte de cinco pessoas."

De acordo com o ocorrido, usando como exemplo o sistema hierárquico das leis, pode-se dizer que a Concessionária responsável pela ETE infringiu as seguintes normas:

1. Constituição Federal:

   Art. 225, § 3º As condutas e atividades consideradas lesivas ao meio ambiente sujeitarão os infratores, pessoas físicas ou jurídicas, a sanções penais e administrativas, independentemente da obrigação de reparar os danos causados.

2. Leis Federais:

   Lei nº 9.638/1981: Política Nacional do Meio Ambiente (PNMA)

   Art 9º. São instrumentos da Política Nacional do Meio Ambiente:

   [...]

   IX – as penalidades disciplinares ou compensatórias ao não cumprimento das medidas necessárias à preservação ou correção da degradação ambiental.

   Lei nº 9.605/1998: Lei de Crimes Ambientais (LCA)

   Art. 54. Causar poluição de qualquer natureza em níveis tais que resultem ou possam resultar em danos à saúde humana, ou que provoquem a mortandade de animais ou a destruição significativa da flora.

3. Leis Estaduais – Constituição Estadual do Espírito Santo:

   Art. 159. A saúde é dever do Estado e direito de todos assegurado mediante políticas sociais e econômicas que visem à redução do risco de doença e de outros agravos e ao acesso universal e igualitário às ações e serviços para a sua promoção, prevenção, proteção e recuperação.

   Art. 160. O direito à saúde pressupõe:

   [...]

   II – respeito ao meio ambiente sadio e ao controle da poluição ambiental;

4. Lei Municipais – Estatuto da Cidade – Plano Diretor Municipal de Colatina:

   Art. 22. As diretrizes ambientais no Município de Colatina são:

   [...]

   IX – incentivar e orientar os investimentos e as decisões que buscam a recuperação dos ambientes degradados, naturais e construídos, em especial, nos locais onde haja ameaça à segurança da população.

5. Resoluções, normas técnicas do Conselho Nacional do Meio Ambiente (Conama), normas da Associação Brasileira de Normas Técnicas (ABNT) etc.

Ainda sobre a CF de 1988, é importante ressaltar que, por meio de seu artigo 225, a Constituição brasileira atribuiu de forma inédita um capítulo específico sobre os direitos e garantias fundamentais relacionado com a questão ambiental.

Art. 225. Todos têm direito ao meio ambiente ecologicamente equilibrado, bem de uso comum do povo e essencial à sadia qualidade de vida, impondo-se ao Poder Público e à coletividade o dever de defendê-lo e preservá-lo para as presentes e futuras gerações (BRASIL, 1988).

A garantia ao meio ambiente ecologicamente equilibrado para a coletividade estabelecida pela CF ratifica o direito ambiental como pertencente ao ramo do **direito difuso**, logo há preocupação com a proteção dos recursos naturais em defesa dos interesses coletivos.

4.3.1 Fontes do direito ambiental

As fontes são os fundamentos para os nossos argumentos, à medida que uma afirmação sem fundamentação pode se tornar anulável. Nos trabalhos técnicos, há necessidade de se fundamentar todas as constatações dos profissionais envolvidos. Vejamos o seguinte:

EXEMPLO 2

"No município de Cajazeiras (PB), foram construídas duas estações de tratamento de esgoto (ETE) que estão em plena execução. Em nenhum momento foi realizada solicitação para autorização da construção e operação da ETE junto ao órgão ambiental competente (licenciamento ambiental)."

Pergunta: como você, profissional da área técnica, poderia fundamentar esse argumento?

Resposta: o município de Cajazeiras *não cumpriu com o que está estabelecido na Lei nº 6.938*, de 31 de agosto de 1981, em seu artigo art. 10, ou seja, construção, instalação, ampliação e funcionamento de estabelecimentos e atividades utilizadores de recursos ambientais, efetiva ou potencialmente poluidores ou capazes, sob qualquer forma, de causar degradação ambiental *dependerão de prévio licenciamento ambiental.*

Percebam que a fonte utilizada como fundamento para nosso argumento foi a Lei nº 6.938/1981 (PNMA). É importante destacar que todas as normas podem ser utilizadas como fontes e fundamentos, mas não podemos esquecer que existe uma hierarquia (Fig. 4.3).

As fontes do direito ambiental estão assim subdivididas:

Fontes formais: são as normas propriamente ditas, como, por exemplo, constituições, leis, atos, normas, resoluções, jurisprudência e os princípios gerais do direito.

Podemos verificar que os princípios do direito ambiental são utilizados quando há ausência ou lacuna na lei, e para facilitar a interpretação e o entendimento desta.

Entre os princípios do direito ambiental, destacam-se:

Publicidade dos atos processuais: prescrito na Constituição Brasileira, este princípio prevê que todos os atos da administração pública, salvo as exceções, devem ser públicos.

In dubio pro natura: para os casos omissos ou nos quais houver dúvida, prevalecerá a interpretação mais favorável à natureza.

Isonomia: amparada pelo *caput* do art. 5º da Constituição Federal, significa que todos são iguais perante a lei, sem distinção de qualquer natureza. Assim, deve haver tratamento de modo igual para os iguais e desigual para os desiguais.

Proporcionalidade e razoabilidade: enquanto a proporcionalidade está associada ao estabelecimento de punições proporcionais ao ato cometido, a razoabilidade fundamenta-se na sensatez, na moderação e na lógica entre o efeito e a causa.

Poluidor pagador: consiste em obrigar o poluidor ao pagamento pelos danos causados e à reparação dos mesmos.

Prevenção: princípio aplicado quando o resultado final de uma ação é conhecido ou fundamentado por experimentos científicos.

Precaução: quando há incerteza científica quanto ao resultado final de uma ação.

Desenvolvimento sustentável: sua definição foi prevista pela Comissão Mundial sobre o Meio Ambiente, no ano de 1987, quando foi recomendada a elaboração de uma nova declaração universal sobre a proteção ambiental e o desenvolvimento sustentável, para atender às necessidades do presente, sem comprometer a capacidade das futuras gerações às suas próprias necessidades.

Função social da propriedade: a garantia ao equilíbrio ecológico, prescrita pela Constituição Federal de 1988, em face da coletividade, designa a obrigatoriedade da gestão coletiva em função da propriedade, neste caso, as áreas comuns e naturais.

Fontes materiais: são os materiais que dão origem às normas, como, por exemplo, descobertas científicas e movimentos populares.

Assim, o direito ambiental dispõe de um conjunto de regras, que podem e devem ser utilizadas para fundamentar os argumentos apresentados em relatórios, perícias, processos judiciais e demais atividades técnicas, sempre respeitando a hierarquia e os princípios.

4.4 Auditorias ambientais

A auditoria ambiental pode ser definida como um instrumento de gestão ambiental, adotado por organizações para assegurar o correto atendimento de políticas, práticas e procedimentos que visam minimizar a degradação ambiental. A auditoria pode ser compulsória, quando há imposição do poder público, ou por iniciativa do empreendedor.

A Resolução Conama nº 306, de 5 de julho de 2002, define auditoria ambiental como um processo sistemático e documentado de verificação, executado para obter e avaliar, de forma objetiva, evidências que determinem se as atividades, eventos, sistemas de gestão e condições ambientais especificados ou as informações relacionadas a estes estão em conformidade com os critérios de auditoria estabelecidos. A norma ainda apresenta as seguintes definições:

- **Evidências de auditoria:** registros, apresentação de fatos ou outras informações pertinentes aos critérios de auditoria e verificáveis.
- **Critérios de auditoria:** conjunto de políticas, procedimentos ou requisitos usados como uma referência na qual a evidência de auditoria é comparada.

4.4.1 Classificação e benefícios das auditorias ambientais

Conforme vimos anteriormente, a auditoria ambiental pode ser voluntária ou compulsória, sendo que, em ambas as situações, ela deve ser independente e promover uma investigação sistemática dos fatos e documentos relacionados com o meio ambiente. Pode ser utilizada para atender a diferentes objetivos, tanto internos quanto externos à própria empresa, abrangendo

acionistas, diretoria, clientes, órgãos governamentais, entre outros. Entre estes objetivos, podemos citar:

- Auditoria de conformidade legal (*compliance*): verificação do cumprimento de leis e normas ambientais ou auditoria de conformidade. Tem como objetivo a verificação da real situação de empreendimentos quanto à legislação ambiental vigente no país. Este tipo de auditoria acaba sendo compulsório em muitos estados do Brasil. Entretanto, é importante ressaltar que o atendimento aos requisitos legais deve estar presente em qualquer auditoria ambiental.
- Auditoria de desempenho ambiental: diferentemente das auditorias de conformidade legal, esta visa à avaliação dos impactos ocasionados pela empresa ao meio ambiente, quantificando, quando possível, a carga poluidora e o consumo de recursos naturais, não ficando restrita apenas ao cumprimento legal. Os resultados são, então, comparados não apenas com os limites estabelecidos pela legislação, mas também com os objetivos propostos pela política interna ou outros compromissos assumidos pela própria empresa.
- Auditoria de responsabilidade (*due diligence*): este tipo de auditoria tem como objetivo a avaliação do passivo ambiental da empresa. Comumente, é demandada por terceiros, que têm interesse em levantar as questões ambientais da empresa, seja para empréstimos, investimentos, junções ou possíveis aquisições. Neste contexto, são consideradas as responsabilidades reais e potenciais, buscando a valoração monetária quando possível, em que são contabilizados custos envolvendo possíveis remediações, indenizações e multas.
- Auditoria de descomissionamento ou desativação: esta auditoria tem por finalidade avaliar os danos ao meio ambiente com vistas à paralisação definitiva das atividades da organização naquele local.
- Auditoria de Sistema de Gestão Ambiental (SGA): este tipo de auditoria visa avaliar o cumprimento dos princípios definidos no SGA da empresa.
- Auditoria de certificação: tem como objetivo avaliar a conformidade da empresa com princípios estabelecidos pelas normas em que a organização busca se certificar. Uma das certificações mais adotadas é a série ISO 14000. Este tipo de auditoria permite a certificação de um produto, processo ou serviço, como foi explicado anteriormente neste capítulo.

As auditorias de sistema de gestão, de certificação e de fornecedores podem ser tratadas de outra maneira, a saber:

- Auditoria de primeira parte ou auditorias internas: são realizadas por funcionários da própria organização auditada, atestando sob sua exclusiva responsabilidade que um produto, processo ou serviço está em conformidade com uma norma ou outro documento específico.
- Auditoria de segunda parte: é promovida por partes interessadas, como clientes ou fornecedores, também de modo a verificar se o produto, processo, serviço ou sistema de gestão está em conformidade com fatos declarados pela empresa.
- Auditoria de terceira parte: corresponde às auditorias nas quais terceiros certificam que o produto, processo ou serviço está de acordo com o estabelecido nas normas utilizadas.

Algumas organizações utilizam-se de auditorias de primeira e segunda parte como vistorias de pré-certificação, antes de uma auditoria de terceira parte.

Para concessão de certificado, as auditorias de terceira parte demandam auditores independentes da organização e vinculados a um Organismo de Certificação de Sistema Gestão Ambiental (OCA), credenciado conforme a Resolução nº 4 do Conselho Nacional de Metrologia, Normalização e Qualidade Industrial (Conmetro), de 2 de dezembro de 2002.

Na esfera federal, ainda não existem leis que incluam a auditoria ambiental compulsória para empreendimentos com alto potencial poluidor e degradador, com exceção da Resolução Conama nº 265, de 27 de janeiro de 2000, que trata apenas das empresas da área de petróleo e derivados, em razão da ocorrência de vários acidentes neste setor.

Em relação às auditorias voluntárias, podemos utilizar como exemplo as auditorias de certificação com base na série ABNT ISO 14000. As diretrizes para sua execução são apresentadas na ABNT NBR ISO 19011.

Vale ressaltar que existem princípios básicos que norteiam e fazem das atividades de auditoria uma ferramenta eficaz e confiável em apoio às políticas de gestão e controle, fornecendo informações sobre as quais uma organização pode agir para melhorar seu desempenho. Entre eles, estão: integridade; apresentação justa; devido cuidado profissional; independência; e abordagem baseada em evidência.

Diversos benefícios podem ser associados à utilização da auditoria ambiental nas organizações, seja ela compulsória ou voluntária, a saber: a prevenção de acidentes ambientais; a identificação de não conformidades quanto aos requisitos legais; a possibilidade de sanar não conformidades antes do recebimento de multas; o apoio à alta direção da empresa quanto à alocação de investimentos; a identificação de pontos fracos e potencialidades da organização; as oportunidades de conscientização dos colaboradores; e a melhoria da imagem da organização perante a comunidade e o setor público.

4.4.2 Procedimentos de auditoria

As atividades que englobam as auditorias podem ser divididas em três fases, quais sejam:

Fase 1 – Preparo de auditoria

Definição do objetivo e escopo da auditoria: o objetivo da auditoria é o ponto inicial e deve ser bem definido, tanto para atender às expectativas do cliente quanto para nortear a atuação dos auditores. Já o escopo tem como finalidade definir o campo de atuação da auditoria e deve ser estabelecido em conjunto com os clientes e o auditor líder.

Formação da equipe: deve ser definida a partir do escopo, sendo imparcial e independente em relação à unidade a ser auditada. A independência da equipe não está necessariamente associada a uma equipe externa, mas apenas a não subordinação à unidade auditada, devendo a equipe ser composta por, no mínimo, dois auditores.

Definição de programação (unidades, setores, datas): nesta etapa, devem ser definidas as datas a partir das quais serão levantadas as evidências e informações, e as unidades que serão auditadas, bem como os horários.

Estabelecimento de critérios e elaboração de materiais de apoio: os critérios correspondem às políticas, às práticas e aos regulamentos, sejam legais, normativos ou das organizações, que serão utilizados pelos auditores para os registros das evidências, além da elaboração do material de apoio à aplicação da auditoria, tais como *checklist*, protocolos, lista de entrevistas e outros.

Fase 2 – Realização da auditoria

Reunião de abertura: o auditor líder apresenta sua equipe à alta direção e aos gerentes das áreas a serem auditadas. Sequencialmente, são confirmados os propósitos da auditoria, a programação, encerrando com a apresentação dos colaboradores que acompanharão a equipe.

Desenvolvimento: os auditores iniciam a busca por evidências no que se refere à falta de atendimento aos requisitos estabelecidos pela norma, fazendo o registro das não conformidades e oportunidades de melhoria.

As não conformidades podem ser classificadas como:

- Grau maior: de maior gravidade, como, por exemplo, a falta de atendimento a um requisito legal ou atendimento insatisfatório a um requisito da norma.
- Grau menor: aquelas pontuais, de fácil correção e que não comprometem o SGA.

Reunião de encerramento: esta etapa representa o término das atividades *in loco*. Tem como objetivo assegurar que a empresa auditada conheça as evidências detectadas. A partir dessas evidências, será permitido aos auditados o esclarecimento de quaisquer desentendimentos e dúvidas que tenham ocorrido durante o processo.

Além disso, permite-se que estes apresentem suas observações quanto às não conformidades detectadas.

Fase 3 – Elaboração do relatório de auditoria

O relatório é o registro formal dos resultados da auditoria, isto é, o documento em que os auditores apresentam as evidências das conformidades e não conformidades, com base nos critérios de auditoria preestabelecidos. Este documento é importante para os gestores da empresa, além de ser um instrumento de avaliação do atendimento às questões ambientais, para o poder público, fornecedores, clientes e demais interessados.

4.5 Avaliação de impactos ambientais e licenciamento ambiental

A Avaliação de Impactos Ambientais (AIA) teve origem nos Estados Unidos com a *National Environmental Policy Act* (NEPA). Foi aprovada em janeiro de 1970, tornando-se um modelo para legislações ambientais de todo o mundo.

No Brasil, a AIA e o licenciamento fazem parte dos instrumentos da Política Nacional de Meio Ambiente, Lei nº 6.938/1981. Entretanto, a lei não apresenta maiores detalhamentos sobre os dois instrumentos, deixando a cargo das Resoluções Conama nº 1, de 23 de janeiro de 1986, e nº 237, de 19 de dezembro de 1997, as definições, orientações e procedimentos relacionados com a AIA e o licenciamento ambiental.

4.5.1 Avaliação de Impactos Ambientais (AIA)

Segundo Sánchez (2008), há inúmeras interpretações para o conceito da AIA. Um dos conceitos citados pelo autor trata-a como um instrumento de política ambiental, formado por um conjunto de procedimentos capazes de assegurar, desde o início do processo, que se faça um exame sistemático dos impactos ambientais de uma ação proposta (projeto, programa, plano ou política) e de suas alternativas, e que os resultados sejam apresentados de forma adequada ao público e aos responsáveis pela tomada de decisão, e por eles considerados.

A AIA visa antever as possíveis consequências de uma decisão, e tem como atributos essenciais o caráter prévio, o vínculo decisório e o envolvimento da sociedade no processo, mais precisamente representado pelas audiências públicas, momento em que o público pode se manifestar sobre os assuntos de interesse coletivo. Os princípios essenciais da AIA são os da prevenção e da precaução.

A AIA deve ser estruturada com a utilização de procedimentos regulamentados por leis. Deve ser documentada e envolver diversos participantes, com a formação de equipes multidisciplinares. Após as atividades sistemáticas dos profissionais envolvidos na avaliação, será possível que o tomador da decisão analise a possibilidade de retirar projetos inviáveis, ou seja, aqueles que, além de causarem impactos significativos, não sejam passíveis de minimização, reparação, mitigação e compensação, e ainda legitimar projetos viáveis, prevenindo desta forma danos ao meio ambiente.

Para correta aplicação dessas ferramentas, faz-se necessário uma compreensão detalhada do projeto analisado, um razoável entendimento da dinâmica socioambiental do local ou região potencialmente afetada e a colaboração entre os membros de uma equipe multidisciplinar.

As atividades, elencadas em três etapas, para um processo genérico de AIA podem ser observadas na Fig. 4.4.

A primeira etapa, ou análise inicial, da AIA compreende a triagem dos projetos. Nesta etapa, o enquadramento do projeto é realizado com auxílio de listas, que podem ser positivas ou negativas, relacionadas com o projeto. Essas listas poderão servir como referência para o enquadramento do projeto, considerando aspectos como localização do empreendimento ou, ainda, a possibilidade de afetar os recursos ambientais, caso

a obra seja executada. Para esta etapa, podemos utilizar uma matriz de significância (Fig. 4.5) como resposta para a gravidade dos possíveis impactos.

A significância de um impacto pode ser verificada considerando a magnitude e a importância ligadas a ele. A magnitude refere-se à grandeza do impacto em termos absolutos, podendo ser definida como a medida da alteração no valor de um fator ou um parâmetro ambiental em termos quantitativos e qualitativos, ou seja, está relacionada diretamente com a ação impactante. Por sua vez, a importância é a significância de um impacto em relação ao fator ambiental afetado comparada com a de outros impactos (Fig. 4.6).

Na avaliação ambiental inicial, será feita a triagem referente à significância dos impactos. Para impactos considerados insignificantes, ficará a critério do órgão ambiental o estabelecimento de procedimentos relacionados com os estudos ambientais propostos para a emissão da licença ambiental. Em contrapartida, para os empreendimentos que sejam passíveis de causar impactos considerados significativos, e para as atividades

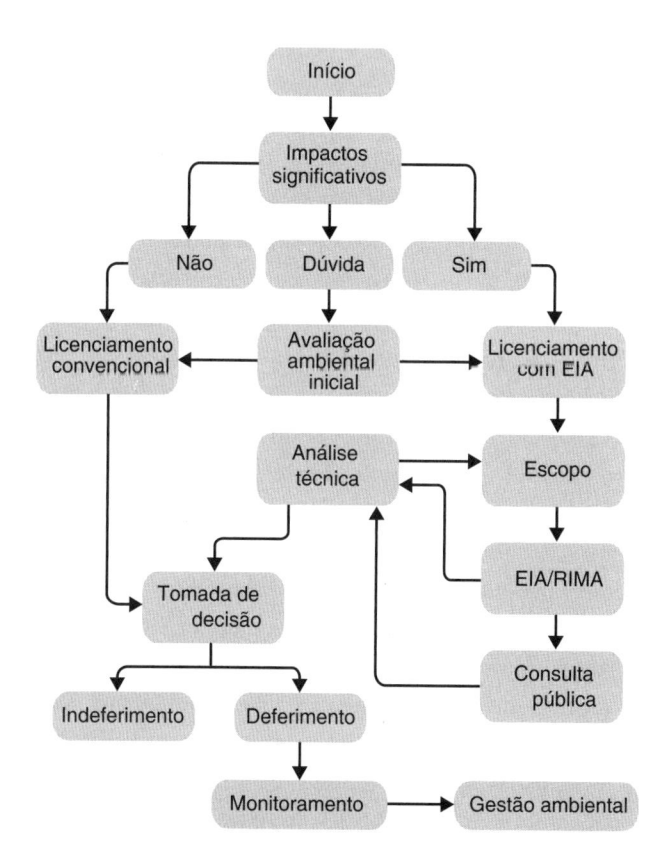

FIGURA 4.4 Esquema de um processo genérico de AIA. Fonte: Adaptada de SÁNCHEZ (2008).

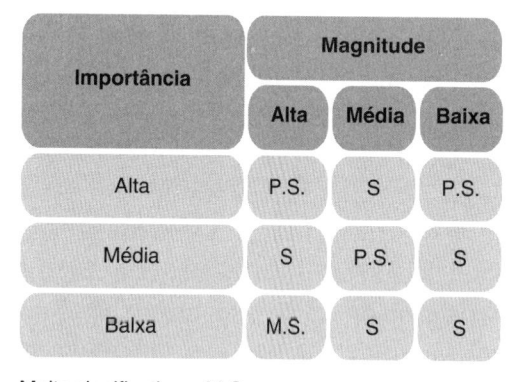

Importância	Magnitude		
	Alta	Média	Baixa
Alta	P.S.	S	P.S.
Média	S	P.S.	S
Baixa	M.S.	S	S

Muito significativo = M.S.
Pouco significativo = P.S.
Significativo = S

FIGURA 4.5 Exemplo da matriz de significância para impactos ambientais.

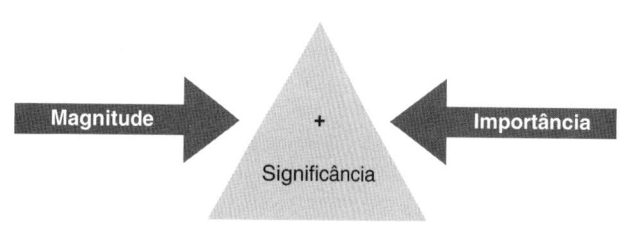

FIGURA 4.6 Fluxo do grau de significância de um impacto.

listadas na Resolução Conama nº 237/1997, deverá o empreendedor, obrigatoriamente, elaborar Estudo de Impacto Ambiental (EIA),[7] bem com o Relatório de Impacto Ambiental (RIMA),[8] seguindo para a próxima fase da AIA com a definição do escopo do estudo.

A definição do escopo do estudo, que também pode ser chamada de termo de referência (TR), consiste em um documento, elaborado pelo órgão ambiental competente, que apresenta as orientações e instruções técnicas a serem utilizadas pelo empreendedor como modelo/referência, no momento da elaboração dos estudos ambientais. O TR define o conteúdo, a abrangência, os métodos utilizados e a estrutura que o estudo ambiental deverá apresentar. Nele, deverão constar a identificação das questões importantes, a definição da abrangência e o escopo dos estudos ambientais, as autoridades relevantes, as partes interessadas, a seleção de alternativas tecnológicas a serem utilizadas, a identificação de questões significativas examinadas no estudo ambiental e a determinação de diretrizes específicas para o estudo. Em alguns estados, o TR possui prazo de validade.

Avaliação dos impactos é uma etapa de grande importância, dentro do escopo dos estudos ambientais, visto que dela dependem as medidas mitigadoras e compensatórias que serão propostas pelo empreendedor com o objetivo de respaldar a execução do empreendimento, quanto aos possíveis impactos ambientais.

De acordo com a Resolução Conama nº 1/1986, trata-se de qualquer alteração das propriedades físicas, químicas e biológicas do meio ambiente, causada por qualquer forma de matéria ou energia resultante das atividades humanas que, direta ou indiretamente, afetem a saúde, a segurança e o bem-estar da população; as atividades sociais e econômicas; a biota; as condições estéticas e sanitárias do meio ambiente; a qualidade dos recursos ambientais. Nos procedimentos para a avaliação de impactos ambientais, serão utilizados como referência, para a tomada de decisão, os atributos dos impactos definidos no art. 6º da mesma Resolução, em seu inciso II, a saber:

> II – Análise dos impactos ambientais do projeto e de suas alternativas, através de identificação, previsão da magnitude e interpretação da importância dos prováveis impactos relevantes, discriminando: os impactos positivos e negativos (benéficos e adversos), diretos e indiretos, imediatos e a médio e longo prazos, temporários e permanentes; seu grau de reversibilidade; suas propriedades cumulativas e sinérgicas; a distribuição dos ônus e benefícios sociais.

Para facilitar a avaliação dos possíveis impactos gerados pelo empreendimento, existem diversos métodos, não considerados "pacotes fechados", podendo, sobretudo, ser utilizados individualmente, coletivamente e até mesmo ajustados de acordo com a demanda da avaliação. A escolha da melhor metodologia está vinculada a fatores como: qualidade e quantidade de informações, tipo de impacto que se quer monitorar, corpo técnico habilitado e quanto se quer investir no estudo. As metodologias mais utilizadas são:

- Metodologias espontâneas ou *ad hoc:* desenvolvidas com base no conhecimento empírico de especialistas no assunto e/ou na área em questão. São adequadas para casos em que haja escassez de dados, fornecendo orientação para outras avaliações. Os impactos são identificados normalmente por meio de *brainstorming*. Essa metodologia apresenta como vantagem uma estimativa rápida da evolução de impactos de forma organizada e facilmente compreensível pelo público, porém, não realiza um exame mais detalhado das intervenções e variáveis ambientais envolvidas, geralmente considerando-as de forma subjetiva, qualitativa e pouco quantitativa.
- Listas de verificação ou *checklists:* evolução natural do método *ad hoc.* Podem-se considerar como uma primeira tentativa de se relacionar os impactos a determinadas ações. Consistem, basicamente, na identificação e enumeração dos impactos, a partir de um diagnóstico ambiental realizado por especialistas dos meios físico, biótico e socioeconômico. Inicia-se,

---

[7] O EIA consiste em um conjunto de atividades técnicas e científicas, que incluem o diagnóstico ambiental, a identificação, a previsão, a medição, a interpretação e a valoração dos impactos ambientais, bem como o estabelecimento de medidas mitigadoras, medidas compensatórias e programas de monitoramento, necessários para a contínua avaliação e controle dos impactos ambientais.

[8] O RIMA é um documento do processo de avaliação de impacto ambiental, que deve esclarecer, em linguagem corrente (popular), todos os elementos da proposta em estudo, de modo que estas informações possam ser utilizadas na tomada de decisão e divulgadas para o público em geral.

nesta metodologia, uma caracterização dos impactos com a utilização de alguns atributos. Apresenta como vantagem a possibilidade de emprego imediato na avaliação qualitativa dos impactos mais relevantes, sendo adequada apenas em avaliações preliminares.

- Matrizes de interação: uma das mais difundidas nacional e internacionalmente foi a Matriz de Leopold, concebida, em 1971, para o Serviço Geológico do Interior dos Estados Unidos e, atualmente, ainda mais elaborada. As matrizes constituem a união de duas listas de verificação:
  - atividades ou ações que compõem o projeto;
  - componentes ou elementos do sistema ambiental (biótico, físico e socioeconômico).

Os itens de uma lista podem ser sistematicamente relacionados com todos os itens da outra lista. O objetivo é identificar as interações possíveis entre os componentes do projeto e os elementos do meio. Os impactos são, então, classificados segundo os atributos (Fig. 4.7).

- Redes de interação: estabelecem um sequenciamento de impactos ambientais a partir de determinada intervenção. Uma das características do método das redes de interação é identificar impactos indiretos (secundários), subsequentes ao impacto principal. O método de redes pode ser usado juntamente com outras abordagens, de forma complementar. Uma de suas desvantagens é que redes mais detalhadas podem ser demoradas e difíceis de serem produzidas, a menos que seja por meio de um programa de computador.

- Modelos de simulação: são programas computacionais que tentam simular os diversos sistemas ambientais de um projeto (modelos matemáticos, numéricos, físicos, lógica *fuzzy*, dentre outros). Este tem como vantagem o fato de ser o único método de AIA que pode introduzir a variável temporal para considerar a dinâmica dos sistemas. As respostas destes programas são gráficos, que representam o comportamento dos sistemas avaliados dentro de parâmetros definidos previamente e lançados no modelo. Apresentam, ao final, a interação existente entre os sistemas ambientais, os impactos e o tempo de ocorrência. Esse método requer profissionais com capacitação técnica e experiência para a modelagem. Há limite de variáveis a serem estudadas, sendo necessário observar a qualidade de dados para alimentação dos modelos.

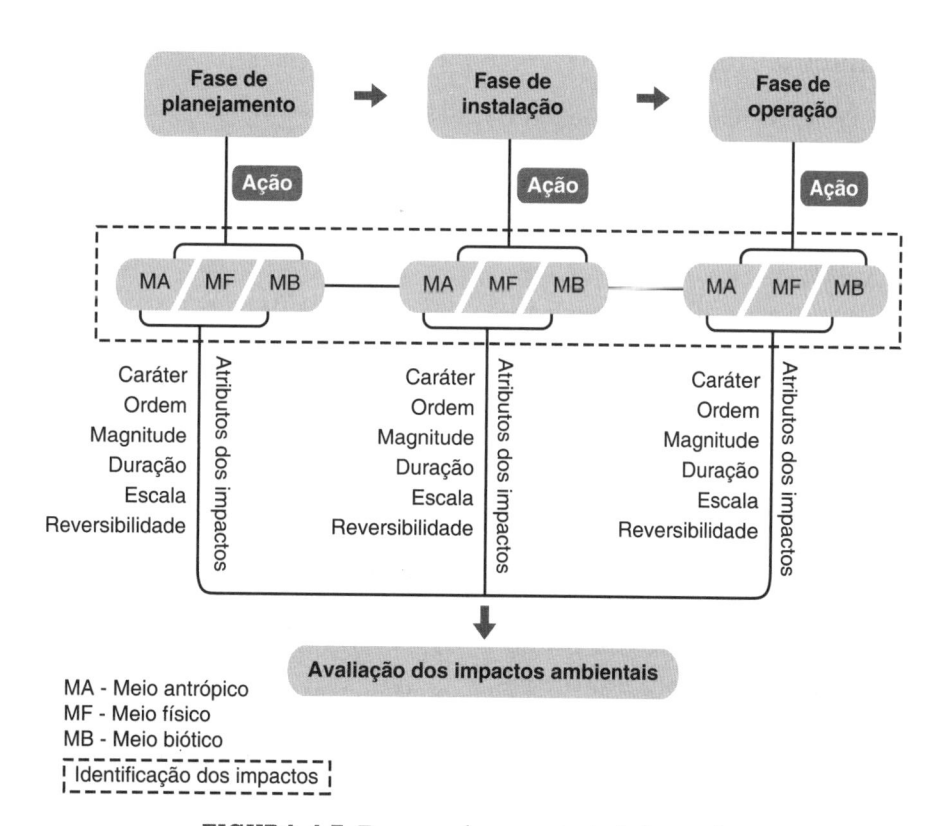

FIGURA 4.7 Esquema de uma matriz de interação.

- Mapas de superposição – *overlays*: este método consiste em agrupar dados e informações obtidas por satélites, radares ou fotografias digitalizadas. Tem como vantagem o fato de manipular uma série imensa de informações rapidamente, com nível de precisão excelente, permitindo uma apresentação direta e espacial dos resultados. No entanto, algumas desvantagens são: não admite fatores ambientais que não possam ser mapeados, possui difícil integração dos impactos socioeconômicos e não considera a dinâmica dos sistemas ambientais.

Vale ressaltar que a combinação de métodos pode levar a resultados confiáveis no processo de tomada de decisão e, segundo destaca Fogliatti (2004), é importante ressaltar que a escolha da metodologia depende das necessidades do projeto. Tendo em vista as restrições orçamentárias e cronológicas, a metodologia escolhida deve proporcionar uma otimização dos custos e do tempo de trabalho, sempre buscando resultados claros, objetivos e seguros.

Os métodos são utilizados na fase da análise técnica e os resultados da AIA inseridos no EIA/RIMA. Tanto a AIA como o EIA/RIMA serão apresentados ao órgão ambiental competente, que poderá aprová-los ou reprová-los total ou parcialmente.

4.5.2 Licenciamento ambiental

Assim como a AIA, o licenciamento ambiental é outro instrumento da Política Nacional de Meio Ambiente, Lei nº 6.938/1981. Dependem de prévio licenciamento ambiental: a construção, instalação, ampliação e funcionamento de estabelecimentos e atividades utilizadores de recursos ambientais, efetiva ou potencialmente poluidores ou capazes, sob qualquer forma, de causar degradação ambiental. Com o passar do tempo, o processo de licenciamento passou por modificações e complementações. A Resolução Conama nº 237/1997 estabeleceu definições importantes, a saber:

Art. 1º

[...]

I – Licenciamento Ambiental: procedimento administrativo pelo qual o órgão ambiental competente licencia a localização, instalação, ampliação e a operação de empreendimentos e atividades utilizadoras de recursos ambientais, consideradas efetiva ou potencialmente poluidoras ou daquelas que, sob qualquer forma, possam causar degradação ambiental, considerando as disposições legais e regulamentares e as normas técnicas aplicáveis ao caso.

II – Licença Ambiental: ato administrativo pelo qual o órgão ambiental competente, estabelece as condições, restrições e medidas de controle ambiental que deverão ser obedecidas pelo empreendedor, pessoa física ou jurídica, para localizar, instalar, ampliar e operar empreendimentos ou atividades utilizadoras dos recursos ambientais consideradas efetiva ou potencialmente poluidoras ou aquelas que, sob qualquer forma, possam causar degradação ambiental.

III – Estudos Ambientais: são todos e quaisquer estudos relativos aos aspectos ambientais relacionados com a localização, instalação, operação e ampliação de uma atividade ou empreendimento, apresentado como subsídio para a análise da licença requerida, tais como: relatório ambiental, plano e projeto de controle ambiental, relatório ambiental preliminar, diagnóstico ambiental, plano de manejo, plano de recuperação de área degradada e análise preliminar de risco.

No Anexo 1 desta Resolução, há uma listagem das atividades sujeitas ao licenciamento. O art. 2º da mesma Resolução atribui ao órgão ambiental competente a definição de critérios de exigibilidade, o detalhamento e a complementação do Anexo 1, levando em consideração as especificidades, os riscos ambientais, o porte e outras características do empreendimento ou atividade.

As competências para o licenciamento também são definidas pela Resolução nº 237/1997, separando em três esferas: federal (Ibama), estadual ou Distrito Federal e órgãos municipais. Essas competências foram corroboradas pela Lei Complementar nº 140, de 8 de dezembro de 2011, que estabelece também a suplência entre os entes federativos para o licenciamento. De qualquer forma, vale lembrar que os empreendimentos e atividades serão licenciados em um único nível de competência (Fig. 4.8).

Quanto às licenças ambientais, existem basicamente três tipos, que configuram as três fases de um projeto e/ou um empreendimento:

1. Licença Prévia (LP): concedida na fase preliminar do planejamento do empreendimento ou atividade, aprovando sua localização e concepção, ates-

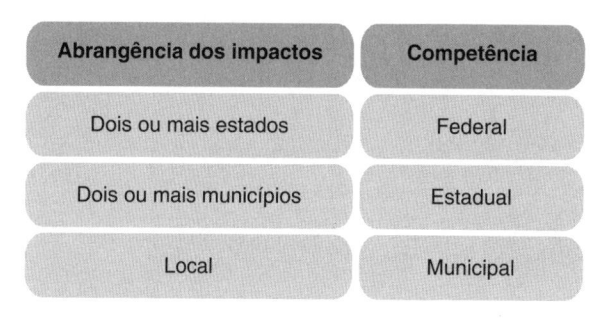

Abrangência dos impactos	Competência
Dois ou mais estados	Federal
Dois ou mais municípios	Estadual
Local	Municipal

FIGURA 4.8 Competência em matéria ambiental.

tando a viabilidade ambiental e estabelecendo os requisitos básicos e condicionantes a serem atendidos nas próximas fases de sua implementação.

2. Licença de Instalação (LI): autoriza a instalação do empreendimento ou atividade, de acordo com as especificações constantes nos planos, programas e projetos aprovados, incluindo as medidas de controle ambiental e demais condicionantes, da qual constituem motivo determinante.

3. Licença de Operação (LO): autoriza a operação da atividade ou empreendimento, após a verificação do efetivo cumprimento do que consta nas licenças anteriores com as medidas de controle ambiental e condicionantes determinados para a operação.

As licenças ambientais poderão ser expedidas isolada ou sucessivamente, de acordo com a natureza, características e fase do empreendimento ou atividade. O Conama definirá, quando necessário, licenças ambientais específicas, observadas a natureza, características e peculiaridades da atividade ou empreendimento e, ainda, a compatibilização do processo de licenciamento com as etapas de planejamento, implantação e operação.

Vale destacar que cada licença possui prazo de validade assim distribuído: LP – deverá ser, no mínimo, o estabelecido pelo cronograma de elaboração dos planos, programas e projetos relativos ao empreendimento ou atividade, não podendo ser superior a cinco anos; LI – deverá ser, no mínimo, o estabelecido pelo cronograma de instalação do empreendimento ou atividade, não podendo ser superior a seis anos; e LO – deverá considerar os planos de controle ambiental e será de, no mínimo, quatro anos e, no máximo, dez anos. A Lei Complementar nº 140, de 8 de dezembro de 2011, ressalta que a renovação das licenças ambientais deve ser requerida com antecedência mínima de 120 dias da expiração de seu prazo de validade.

Etapas do processo de licenciamento ambiental

A etapa do processo de licenciamento envolve a participação do órgão ambiental competente, do empreendedor e, quando houver necessidade de audiência pública, do poder público (Fig. 4.9). Na etapa inicial, quando se decide qual tipo de estudo ambiental deverá ser apresentado, o órgão ambiental poderá elaborar um Termo de Referência (TR), para orientar o empreendedor sobre o conteúdo que deverá ser apresentado nos estudos ambientais.

Uma das etapas do processo de licenciamento que merecem destaque é a participação popular via audiência pública. Regulamentada pela Resolução Conama nº 9, de 3 de dezembro de 1987, esse é o único momento de participação efetiva da população no processo. O objetivo da audiência é expor o conteúdo do estudo ambiental, o esclarecimento de dúvidas, além de levantar sugestões e críticas dos presentes. É realizada e dirigida pelo órgão ambiental, acontecendo sempre que o órgão ambiental julgar necessário, ou quando for solicitado por entidade civil, pelo Ministério Público, ou por 50 ou mais cidadãos.

O objetivo do licenciamento ambiental é agir preventivamente sobre a proteção do meio ambiente, compatibilizando sua preservação com o desenvolvimento econômico e social, ou seja, o licenciamento ambiental não visa a "negativa", e sim o "como fazer" da maneira correta para que sejam atendidos todos os princípios do direito ambiental, principalmente o princípio da sustentabilidade.

As atividades não relacionadas na Resolução do Conama nº 237/1997 estão isentas do licenciamento ambiental por meio de EIA/RIMA, contudo, existem licenças ambientais simplificadas para esses empreendimentos ou atividades, considerados causadores de impactos de menor potencial. Por exemplo:

• Licença simplificada: será concedida exclusivamente quando se tratar da localização, implantação e operação de empreendimentos ou atividades de porte micro, com pequeno potencial poluidor-degradador.

• Autorização ambiental: será concedida a empreendimentos ou atividades de caráter temporário. Caso o empreendimento, atividade, pesquisa, serviço ou obra de caráter temporário exceda o prazo estabelecido

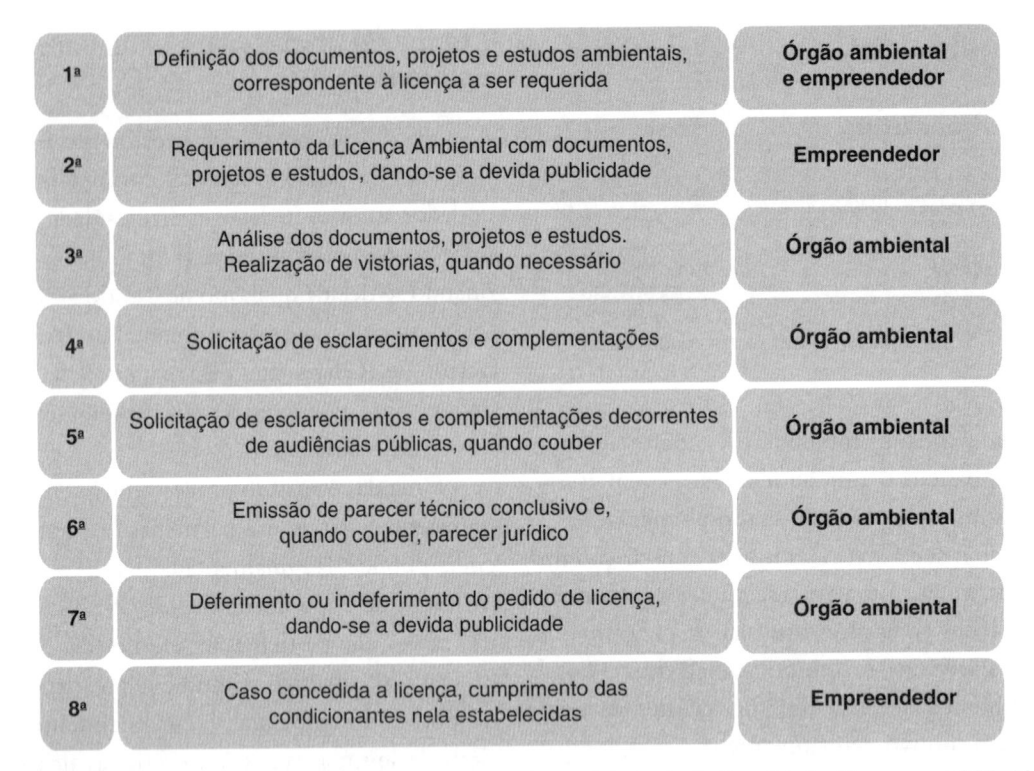

1ª	Definição dos documentos, projetos e estudos ambientais, correspondente à licença a ser requerida	**Órgão ambiental e empreendedor**
2ª	Requerimento da Licença Ambiental com documentos, projetos e estudos, dando-se a devida publicidade	**Empreendedor**
3ª	Análise dos documentos, projetos e estudos. Realização de vistorias, quando necessário	**Órgão ambiental**
4ª	Solicitação de esclarecimentos e complementações	**Órgão ambiental**
5ª	Solicitação de esclarecimentos e complementações decorrentes de audiências públicas, quando couber	**Órgão ambiental**
6ª	Emissão de parecer técnico conclusivo e, quando couber, parecer jurídico	**Órgão ambiental**
7ª	Deferimento ou indeferimento do pedido de licença, dando-se a devida publicidade	**Órgão ambiental**
8ª	Caso concedida a licença, cumprimento das condicionantes nela estabelecidas	**Empreendedor**

FIGURA 4.9 Etapas do processo de licenciamento. Fonte: Adaptada da Resolução Conama nº 237/1997.

de modo a configurar situação permanente, serão exigidas as licenças ambientais correspondentes, em substituição à autorização ambiental expedida.

Para os empreendimentos que tenham iniciado suas atividades sem a concessão da licença ambiental, pode haver uma oportunidade de regularização (art. 79 da Lei de Crimes Ambientais – LCA), desde que haja a composição de um Termo de Compromisso (TC). Neste documento, serão listadas todas as condicionantes a serem cumpridas pelo empreendedor, ficando os responsáveis pelo empreendimento sujeitos às sanções da LCA. O objetivo do TC é permitir que o empreendedor promova as alterações necessárias para o atendimento das exigências impostas pelo poder público.

EXERCÍCIOS DE FIXAÇÃO

1. Qual é a importância da gestão ambiental e como ela se classifica?
2. Dos acontecimentos que provocaram impactos ambientais de grandes proporções no planeta e foram citados neste capítulo, investigue outras informações relevantes. Elabore um resumo sobre dados de cada ocorrência, consequências imediatas e atuais, quantidade de feridos, de mortos e demais informações técnicas.
3. Como são chamados os instrumentos da gestão ambiental pública e da gestão ambiental privada? Apresente três exemplos para cada modalidade.
4. Como você definiria um Sistema de Gestão Ambiental (SGA)? Quais são os objetivos do SGA?
5. O que são políticas públicas? Quais são as suas fases?
6. Como se classificam hierarquicamente as leis?
7. Quais são os princípios norteadores da auditoria ambiental com base na ABNT ISO 19011:2012?
8. O que diferencia uma não conformidade de grau maior de uma não conformidade de grau menor?
9. Quais sãos os objetivos da AIA?
10. Quais são as licenças ambientais previstas na Resolução Conama nº 237/1997?

DESAFIO

A população do Município de Marilândia, cidade localizada no noroeste do estado do Espírito Santo, exigiu dos representantes do poder público a construção de uma Estação de Tratamento de Esgoto (ETE), tendo em vista que os efluentes gerados pela população são lançados sem tratamento no corpo hídrico. Após a realização das audiências públicas, foi autorizada a contratação de uma empresa para a execução das obras de construção da ETE. Como responsável técnico pelo planejamento e execução do projeto, quais providências você recomenda para que se consiga iniciar a execução das obras da ETE?

BIBLIOGRAFIA

ASSOCIAÇÃO BRASILEIRA DE NORMAS TÉCNICAS. NBR ISO 14001: **Sistema de gestão ambiental** – Requisitos com orientações para uso. Rio de Janeiro: ABNT, 2015.

_____. NBR ISO 19011: **Diretrizes para auditoria de Sistemas de Gestão**. Rio de Janeiro: ABNT, 2012.

BRASIL. **Constituição da República Federativa do Brasil**. 1988. Disponível em: http://www.planalto.gov.br/ccivil_03/constituicao/constituicao.htm. Acesso em: 13 ago. 2019.

BRASIL. **Política Nacional do Meio Ambiente**. 1981. Disponível em: http://www.planalto.gov.br/ccivil_03/leis/L6938.htm. Acesso em: 13 ago. 2019.

_____. **Política Nacional de Recursos Hídricos**. 1997. Disponível em: http://www.planalto.gov.br/ccivil_03/leis/L9433.htm. Acesso em: 13 ago. 2019.

_____. **Política Energética Nacional**. 1997. Disponível em: http://www.planalto.gov.br/ccivil_03/leis/L9478.htm. Acesso em: 13 ago. 2019.

_____. **Estatuto da Cidade**. 2001. Disponível em: http://www.planalto.gov.br/ccivil_03/leis/LEIS_2001/L10257.htm. Acesso em: 13 ago. 2019.

_____. **Plano Nacional do Saneamento Básico**. 2007. Disponível em: http://www.planalto.gov.br/ccivil_03/_ato2007-2010/2007/lei/l11445.htm. Acesso em: 13 ago. 2019.

_____. **Política Nacional de Resíduos Sólidos**. 2010. Disponível em: http://www.planalto.gov.br/ccivil_03/_ato2007-2010/2010/lei/l12305.htm. Acesso em: 13 ago. 2019.

_____. **Lei Complementar nº 140**, de 8 de dezembro de 2011. Disponível em: http://www.planalto.gov.br/ccivil_03/leis/LCP/Lcp140.htm. Acesso em: 13 ago. 2019.

CONSELHO NACIONAL DO MEIO AMBIENTE. **Resolução nº 1**, de 23 de janeiro de 1986. Dispõe sobre critérios básicos e diretrizes gerais para a avaliação de impacto ambiental. Brasília, DF: Conama, 1986. Disponível em: http://www.mma.gov.br/port/conama/legiabre.cfm?codlegi=23. Acesso em: 13 ago. 2019.

_____. **Resolução nº 9**, de 3 de dezembro de 1987. Dispõe sobre a realização de audiências públicas no processo de licenciamento ambiental. Brasília, DF: Conama, 1987. Disponível em: http://www.mma.gov.br/port/conama/legiabre.cfm?codlegi=60. Acesso em: 13 ago. 2019.

_____. **Resolução nº 237**, de 19 de dezembro de 1997. Regulamenta os aspectos de licenciamento ambiental estabelecidos na Política Nacional do Meio Ambiente. Brasília, DF: Conama, 1997. Disponível em: http://www.mma.gov.br/port/conama/legiabre.cfm?codlegi=237. Acesso em: 13 ago. 2019.

_____. **Resolução nº 265**, de 27 de janeiro de 2000. Derramamento de óleo na Baía de Guanabara e Indústria do Petróleo. Brasília, DF: Conama, 2000. Disponível em: http://www2.mma.gov.br/port/conama/legiabre.cfm?codlegi=263. Acesso em: 13 ago. 2019.

_____. **Resolução nº 306**, de 5 de julho de 2002. Estabelece os requisitos mínimos e o termo de referência para realização de auditorias ambientais. Brasília, DF: Conama, 2002. Disponível em: http://www.mma.gov.br/port/conama/legiabre.cfm?codlegi=306. Acesso em: 13 ago. 2019.

CONSELHO NACIONAL DE METROLOGIA, NORMALIZAÇÃO E QUALIDADE INDUSTRIAL. **Resolução nº 4**, de 2 de dezembro de 2002. Dispõe sobre a aprovação do Termo de Referência do Sistema Brasileiro de Avaliação da Conformidade – SBAC e do Regimento Interno do Comitê Brasileiro de Avaliação da Conformidade – CBAC. Brasília, DF: Conmetro, 2002. Disponível em: https://www.legisweb.com.br/legislacao/?id=98904. Acesso em: 13 ago. 2019.

ESTEVES, D. **Acidente de Chernobyl (causas e consequências)**. Relatório DR nº 134/86. Rio de Janeiro: Comissão Nacional de Energia Nuclear, jun. 1986. Parte 1.

FOGLIATTI, M. C. **Avaliação de impactos ambientais**: aplicação aos sistemas de transporte. Rio de Janeiro: Interciência, 2004.

GEORGE, T. S. **Minamata**: Pollution and the struggle for democracy in postwar Japan. Cambridge, MA: Harvard University Asia Center, 2002.

LEITE, J. R. M. **Manual de direito ambiental**. São Paulo: Saraiva, 2015.

MARQUES, P. Os deletérios impactos da crise nuclear no Japão. **Estudos Avançados**, 26(74), 2012. Disponível em: http://www.scielo.br/scielo.php?script=sci_arttext&pid=S0103-40142012000100022. Acesso em: 13 ago. 2019.

MACHADO, A. A. S. C. Da gênese ao ensino da química verde. **Química Nova**, 34(3), 535-543, 2011.

SÁNCHEZ, L. E. **Avaliação de impacto ambiental**: conceitos e métodos. São Paulo: Oficina dos textos, 2008.

SORIANO, É. *et al.* Rompimento de barragens em Mariana (MG): o processo de comunicação de risco de acordo com dados da mídia. **Communicare**, 16(1), 2016.

REIS, L. F. S. de S. D.; QUEIROZ, S. M. P. de. **Gestão ambiental de pequenas e médias empresas**. Rio de Janeiro: Qualitymark, 2002.

5

Poluição e Qualidade da Água

Renata de Oliveira Pereira
Sue Ellen Costa Bottrel
Daniele Maia Bila

A poluição possui diversas fontes e causas. Portanto, para caracterizar as águas e as águas residuárias, são determinados diversos parâmetros de qualidade, que representam as suas características físicas, químicas e biológicas. Conhecendo esses parâmetros é possível inferir sobre o potencial poluidor de uma água residuária e a qualidade das águas superficiais, subterrâneas, assim como a qualidade de uma água para os mais diversos usos. O lançamento de efluentes de qualquer fonte poluidora pode causar diversos impactos nos corpos hídricos e prejudicar os seus usos pretendidos. Desta forma, neste capítulo, buscou-se discutir não só os principais parâmetros de qualidade da água e das águas residuárias, bem como os principais impactos advindos do lançamento de efluentes em corpos receptores.

5.1 Poluição: fontes e causas

De acordo com a Lei nº 6.938, de 31 de agosto de 1981 (BRASIL, 1981), que dispõe sobre a Política Nacional do Meio Ambiente, a **poluição** consiste na degradação da qualidade ambiental resultante de atividades que direta ou indiretamente:

prejudiquem a saúde, a segurança e o bem-estar da população;

criem condições adversas às atividades sociais e econômicas;

afetem desfavoravelmente a biota;

afetem as condições estéticas ou sanitárias do meio ambiente;

lancem matérias ou energia em desacordo com os padrões ambientais estabelecidos.

No sentido mais amplo, poluição é qualquer atividade que altere o ambiente. Outra conceituação menos formal é a adição de substâncias ou de formas de energia que, direta ou indiretamente, alterem a natureza do ambiente de forma que prejudique os usos que dele são feitos (VON SPERLING, 2005).

Existem duas formas em que a fonte da poluição da água pode ocorrer: a **poluição pontual** e a **poluição difusa**. A poluição pontual ocorre de forma localizada no espaço, podendo-se identificar com clareza qual a origem da poluição. Um exemplo é o lançamento de esgotos de uma Estação de Tratamento de Esgoto (ETE) ou de uma indústria em um corpo receptor. Ao contrário, na poluição difusa, existem vários pontos com aporte de poluente ao longo do espaço e não se consegue identificar com clareza em qual local está ocorrendo a poluição. Como exemplo tem-se a drenagem de águas pluviais e a drenagem superficial de áreas agrícolas que contribuem para a poluição de um corpo hídrico.

A poluição das águas possui diferentes causas e fontes. Dessa forma, neste capítulo, serão discutidos os principais parâmetros de qualidade das águas e águas residuárias e, dentro de cada parâmetro, serão abordadas as causas de poluição mais relevantes. Posteriormente, serão elencadas as consequências mais expressivas do lançamento de efluentes em corpos receptores.

5.2 Parâmetros de qualidade da água

Parâmetros de qualidade da água são substâncias ou outros indicadores representativos da qualidade da água (CONAMA, 2005). Os parâmetros de qualidade são divididos de acordo com as suas características física, química e biológica. Assim, ao longo desta seção, serão discutidos os principais parâmetros de interesse. Ressalte-se que, para alguns deles, há uma breve descrição analítica, contudo, no caso da necessidade de maior detalhamento, recomenda-se a consulta ao livro *Standard methods of water and wastewater examination* (APHA; AWWA; WEF, 2012). Este livro é utilizado como umas das principais referências em metodologias analíticas para laboratórios de análise de água e águas residuárias.

5.2.1 Parâmetros físicos

Sólidos

Uma das características físicas mais importantes na caracterização de águas e águas residuárias são os sólidos, os quais podem ser classificados de diferentes formas: de acordo com o tamanho e estado (sólidos em suspensão, coloidais e dissolvidos), de acordo com as características químicas (sólidos voláteis ou fixos) e quanto à sedimentabilidade (sedimentáveis e não sedimentáveis). A Fig. 5.1 descreve a divisão dos sólidos segundo essa classificação, demonstrando como é feita a separação de acordo com as análises realizadas no laboratório. Duas ressalvas devem ser feitas. A primeira: os sólidos coloidais não aparecem na divisão, pois a análise separa somente sólidos em suspensão e dissolvidos. A segunda: os sólidos sedimentáveis fazem parte dos sólidos em suspensão. Como a análise se dá a partir da amostra integral, ou seja, a mesma utilizada na determinação dos sólidos totais, estes estão alocados nessa fração. Cabe aqui uma breve descrição de cada análise dos sólidos:

- Sólidos sedimentáveis: obtêm-se a partir dos sólidos totais e, para tanto, adiciona-se 1 L da amostra no cone Imhoff graduado em mL (aparato experimental utilizado na análise). Após uma hora de sedimentação, realiza-se a leitura do volume de sólidos sedimentados, expresso em mL/L.

- Sólidos em suspensão e dissolvidos: filtra-se uma parcela da amostra em papel de filtro com porosidade menor que 2 μm: o que fica retido no filtro são sólidos em suspensão e o que passa são os sólidos dissolvidos.
- Sólidos fixos e voláteis: como pode ser observado na Fig. 5.1, quase todos os sólidos (com exceção dos sedimentáveis) podem ser classificados em fixos e voláteis. Portanto, são vários procedimentos que devem ser realizados em cada tipo de amostra. Após serem realizados os procedimentos para cada amostra, a divisão final em sólidos fixos ou voláteis ocorre calcinando-se a amostra a 550 °C. O resíduo que permanecer no cadinho (recipiente utilizado para a análise) é considerado sólido fixo, e o que se decompor ou evaporar, o sólido volátil.
- Sólidos totais: toda amostra é colocada em banho-maria para a retirada do excesso de água e depois ela é submetida a 103-105 °C, em estufa, para a secagem e posterior pesagem.

Fontes e causas: os esgotos domésticos contêm aproximadamente 99,9 % de água (VON SPERLING, 2005). A fração restante é proveniente dos sólidos. Pode parecer pouco, mas, por causa desta fração, há necessidade de tratar os esgotos. A presença de sólidos pode se dar por diversas fontes. Dentre as causas antrópicas, destacam-se: lançamento de esgotos, lançamento de efluentes industriais, drenagem de águas pluviais, resíduos sólidos e lançamentos de lodos de Estações de Tratamento de Água (ETA) nos corpos hídricos. A presença de sólidos também pode ocorrer em face de processos naturais como erosão, carreamento de sólidos por chuvas, deposição de material particulado, entre outros.

Importância: um dos problemas diretamente relacionados com o lançamento de esgotos domésticos sem o devido tratamento é o assoreamento, a ser tratado com mais detalhes na Seção 5.3. No entanto, como os sólidos possuem diferentes causas e fontes, podendo ser constituídos desde matéria orgânica, areia, até mesmo os próprios microrganismos, os sólidos podem causar as mais diversas formas de poluição. Caso o esgoto seja tratado, visando evitar o assoreamento, a Resolução Conama nº 430, de 13 de maio de 2011 (CONAMA, 2011), limita os sólidos sedimentáveis em até 1mL/L em teste de uma hora em cone Imhoff. Para o lançamento em lagos e lagoas, cuja velocidade de circulação seja praticamente nula, os materiais sedimentáveis deverão estar virtualmente ausentes. Outros tipos de sólidos também são reportados como padrões de lançamento de efluentes na Resolução Conama nº 430/2011, portanto, para maior detalhamento consulte esta legislação.

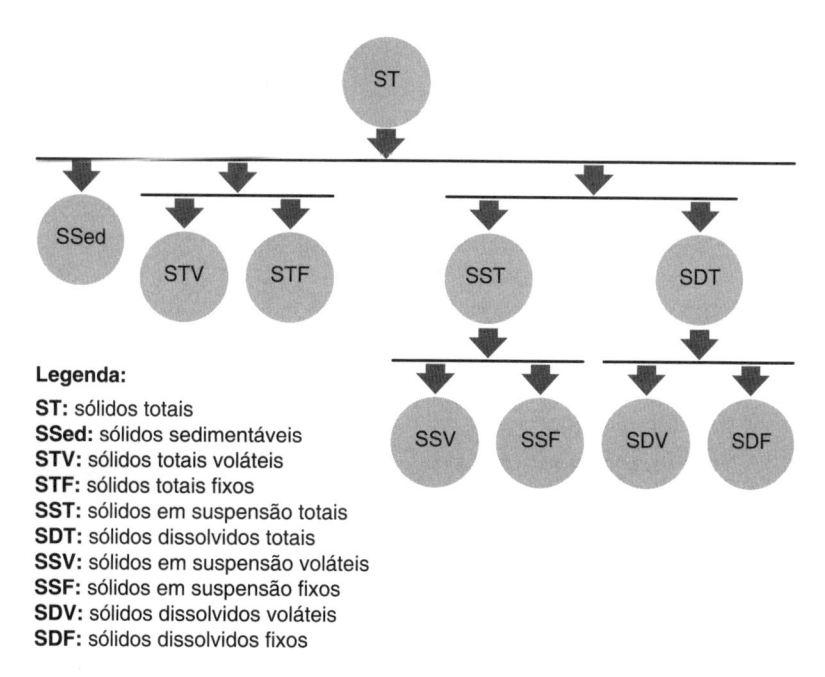

Legenda:
ST: sólidos totais
SSed: sólidos sedimentáveis
STV: sólidos totais voláteis
STF: sólidos totais fixos
SST: sólidos em suspensão totais
SDT: sólidos dissolvidos totais
SSV: sólidos em suspensão voláteis
SSF: sólidos em suspensão fixos
SDV: sólidos dissolvidos voláteis
SDF: sólidos dissolvidos fixos

FIGURA 5.1 Fluxograma das principais divisões dos sólidos baseado nas análises físico-químicas.

Outra grande importância dos sólidos está na caracterização e avaliação dos sistemas de tratamento de águas residuárias, tanto em função da sedimentabilidade (por exemplo: eficiência dos decantadores) quanto em relação à fração volátil ou fixa (por exemplo: os sólidos em suspensão voláteis fazem parte do cálculo do dimensionamento de unidades, como o lodo ativado, e no cálculo da idade do lodo) ou, ainda, no que concerne ao tamanho e estado (quanto maior a quantidade de SSV, maior será a quantidade de biomassa existente em um reator).

Os sólidos possuem importância também em outras áreas. Por exemplo, a Portaria de Consolidação nº 5 de 2017, Anexo XX (MS, 2017), que dispõe sobre os procedimentos de controle e de vigilância da qualidade da água para consumo humano e seu padrão de potabilidade, limita em 1000 mg/L a concentração de sólidos dissolvidos totais na água potável. Os SDT também são muito utilizados para avaliar a qualidade da água não só para a irrigação (por exemplo: salinidade), mas também para fins industriais (por exemplo: qualidade da água em caldeiras e para resfriamento). Como se vê, os sólidos são de fundamental importância no saneamento como um todo, pois estão incluídos em todas as esferas.

Turbidez

A turbidez é a medida da capacidade de dispersão da luz por uma amostra. Portanto, a turbidez representa o grau de interferência que os constituintes de uma amostra apresentam à passagem da luz através da mesma. Isto é, quanto maior a intensidade de luz dispersa por uma amostra, maior será a turbidez.

A turbidez é representada, em sua grande parte, pelos sólidos em suspensão e coloidais de uma água. Alguns exemplos são areia, silte, argila, ou sólidos orgânicos, como algas e microrganismos. A unidade de medida da turbidez é UNT (unidades nefelométricas de turbidez) ou UT (unidade de turbidez). A turbidez das águas superficiais está geralmente compreendida entre 3 e 500 UNT (LIBÂNIO, 2010), embora valores extremos possam ocorrer. Para águas subterrâneas, no entanto, são esperados baixos valores de turbidez.

Fontes e causas: as causas e fontes da turbidez podem ser as mais diversas. Por exemplo, podem ser resultado das características da região, geologia, tipo de solo e clima, e da erosão das margens de rios em épocas de intensas chuvas, que tende a aumentar a turbidez. O tipo de uso e ocupação do solo também pode interferir, pois, ao se retirar a vegetação, aumenta-se a exposição do solo às ações antrópicas e aos processos de erosão e, em épocas de chuva, os solos podem ser carreados para os rios e lagos. Além disso, o lançamento de efluentes domésticos e industriais em desacordo com a legislação vigente pode aumentar a turbidez. Um exemplo é demonstrado na Fig. 5.2, onde se observa claramente uma alteração das condições do rio em razão do lançamento de um efluente, sendo confirmado o aumento da turbidez por análises laboratoriais. As atividades de exploração do solo, tais como a atividade de mineração, também podem levar ao aumento do carreamento de sólidos para os corpos receptores.

Importância: a turbidez é um parâmetro utilizado na caracterização das águas e em controle de ETA, pois, além de indicar a concentração de sólidos em suspensão, pode servir de abrigo aos microrganismos, ou seja, os microrganismos ficam adsorvidos aos sólidos e o oxidante utilizado nas ETAs (por exemplo: o cloro) não consegue entrar em contato com o microrganismo, que está "protegido" pelos sólidos, diminuindo, assim, a eficiência da cloração. A turbidez também pode

Ponto de lançamento do efluente

Ribeirão
Espírito Santo

FIGURA 5.2 Ribeirão Espírito Santo, em Juiz de Fora (MG) recebendo lançamento de um efluente da lavagem do decantador de uma ETA.

Cliente: LTC PORTAL - Trabalho: ML_ENGENHARIA DO MEIO AMBIENTE_SANTOS - Cad: 8 Front - Cor: Black representar o próprio microrganismo, sendo um importante indicador da qualidade da água em ETAs, ou seja, quanto menor seu valor, menores são as chances de se ter microrganismos que possam ser quantificados como turbidez. Esteticamente, águas mais turvas são rejeitadas pela população, que procura por outras fontes de água aparentemente "mais limpas". É um parâmetro utilizado para seleção de tecnologias no tratamento de água.

A turbidez pode reduzir a penetração da luz, prejudicando a fotossíntese dos organismos aquáticos (organismos aquáticos clorofilados) e comprometendo este ecossistema. Todavia, este parâmetro não é muito utilizado na caracterização de esgotos domésticos, mas pode ser um bom indicador da qualidade de efluentes destinados ao reúso.

Cor

A cor da água é resultado da presença de sólidos dissolvidos. Deve-se distinguir cor aparente e cor verdadeira. Na cor aparente, pode estar incluída uma parcela referente à turbidez da água. Após a remoção dessa turbidez por filtração ou centrifugação da amostra, obtém-se a cor verdadeira.

Uma das formas de determinação da cor da água é realizada comparando-se a amostra com um padrão de platina-cobalto, que tem cor parecida com a produzida pelas substâncias naturais dissolvidas na água. O método platina-cobalto de medição da cor é o método-padrão, e a unidade de cor é uH (unidade Hazen)

ou UC (unidades de cor). Águas naturais normalmente apresentam cor verdadeira variando de 0 a 200 uH (PIVELI; KATO, 2006). Águas de cores muito diferentes, como as que podem ocorrer pela mistura com certos efluentes industriais, podem ter tons tão longe dos padrões de platina-cobalto que a comparação com o método-padrão é difícil ou impossível, devendo-se buscar outros métodos para medir a cor.

Fontes e causas: alguns exemplos de compostos que causam cor na água são: ferro (cor avermelhada) e manganês (marrom), ácidos húmicos e fúlvicos, originados da decomposição de matéria orgânica de origem predominantemente vegetal e do metabolismo de microrganismos presentes no solo, descargas de efluentes domésticos ou industriais e águas pluviais (LIBÂNIO, 2010). Como exemplo tem-se a Fig. 5.3, onde se observa a alteração da coloração do rio (mais esverdeada) após o lançamento de efluentes industriais.

As características da região, geologia, tipo de solo e clima também podem contribuir para o aumento da cor em águas sem a ocorrência de alterações de origem antrópica.

Importância: em geral, a cor de origem natural não representa risco à saúde humana, mas pode gerar questionamentos a respeito de sua confiabilidade. Além disso, a cloração da água contendo a matéria orgânica dissolvida, responsável pela cor, pode gerar produtos potencialmente cancerígenos (trialometanos −THM, entre eles o clorofórmio) (VON SPERLING, 2005).

FIGURA 5.3 Ribeirão Espírito Santo com coletas em duas datas distintas no mesmo local: (A) 09/06/2013 e (B) 01/09/2013.

Águas com cor acima de 15 uC podem ser visualmente identificadas em um copo de água pela maioria dos consumidores, sendo este o padrão de potabilidade estabelecido pela Portaria de Consolidação nº 5 de 2017 (MS, 2017) para cor aparente. Em ETAs, valores de cor da água bruta inferiores a 5 uC indicam a dispensa da coagulação química; valores superiores a 25 uC indicam a necessidade de coagulação química seguida por filtração (VON SPERLING, 2005).

Águas com cores muito intensas, fora da tonalidade-padrão das águas superficiais (próximas ao amarelo), podem indicar a presença de compostos tóxicos (como no exemplo da Fig. 5.3), além de aspecto visual desagradável.

Sabor e odor

O sabor é a interação entre gosto (salgado, doce, azedo e amargo) e o odor (sensação olfativa). Vários são os compostos que podem causar gosto e odor.

Fontes e causas: podem ocorrer devido à presença de sólidos em suspensão, sólidos dissolvidos e gases dissolvidos. Uma fonte natural importante é a decomposição da matéria orgânica (gás sulfídrico), microrganismos (algumas algas) e gases dissolvidos. De origem antropogênica, pode-se citar o lançamento de esgotos domésticos e industriais.

Importância: em geral, o odor ou sabor não gera riscos à saúde, contudo faz com que o consumidor rejeite aquela água em razão dessas características, mesmo que ela não traga risco à saúde, buscando outras fontes de água que podem não ser confiáveis. Portanto, vários compostos que causam sabor ou odor fazem parte do padrão organoléptico da água potável.

Em reações anaeróbias, pode haver a liberação de gás sulfídrico (H_2S), sendo que, em certa concentração, este composto é tóxico. Outros exemplos são os fenóis, que, quando presentes na água bruta e após reagirem com o cloro, formam clorofenóis, que apresentam odor característico e intenso, e o cloreto, que causa um sabor salgado. Em eventos de floração de algas e cianobactérias, algumas delas podem produzir compostos com gosto e odor. Como exemplo, a geosmina e o 2-metilisoborneol (MIB), que conferem, respectivamente, gosto e odor de mofo e terra à água.

A água utilizada em algumas indústrias alimentícias deve requerer especial atenção neste parâmetro para não alterar a qualidade do produto final. Em locais onde as águas apresentam odor forte, pode ocorrer a desvalorização da região e reclamações dos moradores do entorno. Assim, atualmente, tem-se dado uma grande atenção para o tratamento de matrizes ambientais (principalmente, efluentes e gases) que geram odores.

Temperatura

A temperatura é a medida da intensidade de calor.

Fontes e causas: dentre as principais fontes, tem-se o lançamento de efluentes industriais, efluentes provenientes de torres de resfriamento e de caldeiras.

Importância: a temperatura da água é muito importante tendo em vista seu efeito nas reações químicas e na velocidade das mesmas, na vida aquática, na solubilidade dos gases, na densidade da água, entre outros efeitos.

Por exemplo, o gás oxigênio é menos solúvel em água com temperaturas elevadas. Dessa forma, o aumento da temperatura ocasiona um aumento das reações bioquímicas, acompanhado pela diminuição da concentração de oxigênio dissolvido nas águas superficiais, podendo causar uma depleção do oxigênio no meio, inclusive a ponto de afetar a vida aquática.

Condutividade

A condutividade elétrica (CE) de uma água é a medida da capacidade de uma solução conduzir corrente elétrica. Como a corrente elétrica é transportada pelos íons em solução, a condutividade aumenta de acordo com o aumento da concentração dos íons no meio. A condutividade elétrica também está relacionada com os sólidos dissolvidos totais (SDT). A unidade da condutividade é o milisiemens por metro (mS/m) ou microsiemens por centímetro (µS/cm). Uma água ultrapura possui condutividade menor que 10 µS/cm (APHA; AWWA; WEF, 2012), e águas naturais apresentam CE inferior a 100 µS/cm, contudo águas poluídas podem chegar a 1000 µS/cm (LIBÂNIO, 2010).

Fontes e causas: dentre as causas e fontes, podem-se citar o lançamento de efluentes industriais e o lançamento de efluentes domésticos. Águas subterrâneas, em razão de alguma característica específica, como elevados teores minerais, podem apresentar uma CE mais elevada.

Importância: parâmetro importante para avaliação da salinidade de águas para uso na irrigação, cujo aumento pode indicar poluição por esgotos domésticos ou industriais. Parâmetro também importante no reúso de águas residuárias – como na qualidade da água na indústria, que necessita de água com elevado grau de pureza (água para caldeira, por exemplo) –, assim como na caracterização de águas subterrâneas.

5.2.2 Parâmetros químicos

Potencial hidrogeniônico (pH)

O pH é definido como o logaritmo negativo, na base 10, da concentração de íons hidrogênio (H^+) em soluções aquosas (Eq. 5.1). Seu valor varia entre 0 e 14, sendo ácidas as soluções com pH menor que 7, neutras as com pH igual a 7 e alcalinas, as soluções cujo pH é maior que 7.

$$pH = -\log [H^+] \tag{5.1}$$

Os íons H^+ estão naturalmente presentes na água pura, proveniente da ionização das moléculas da água, como mostra a reação representada pela Eq. 5.2.

$$H_2O \leftrightarrow H^+ + HO^- \tag{5.2}$$

A constante de equilíbrio que rege a equação, denominada K_w (produto iônico da água), é o produto das concentrações de H^+ e HO^- e assume o valor igual a $1,00 \times 10^{-14}$ (Eq. 5.3).

$$K_w = [H^+] \times [HO^-] = 1,00 \times 10^{-14} \tag{5.3}$$

O pH de amostras de águas e efluentes é mensurado por um equipamento denominado peagâmetro, que faz a determinação potenciométrica da concentração de íons H^+ com auxílio de um eletrodo de vidro seletivo a íons H^+ e um eletrodo de referência de prata (Ag)/cloreto de prata (AgCl), que mede a diferença de potencial através da membrana de vidro imersa na amostra a ser analisada. Essa diferença de potencial entre os eletrodos é proporcional à concentração de íons H^+ e, após uma calibração com soluções de pH conhe-

cido (padrões), o instrumento é capaz de correlaciona o sinal medido ao pH da amostra.

Fontes e causas: águas naturais tendem a apresenta pH ligeiramente menor que 7 em face da dissolução d CO_2 em água e consequente formação de H_2CO_3 (áci do carbônico), que se ioniza formando H^+ e bicarbona to (HCO_3^-), espécies predominantes em pH próximo neutralidade. Em regiões ricas em calcário, a dissoluçã dos carbonatos que compõem as rochas no entorno d corpos hídricos pode resultar em elevação do pH d água, podendo apresentar pH um pouco maior que devido à sua conversão em bicarbonato que envolve consumo de H^+.

A presença de ácidos húmicos e fúlvicos també justifica o pH abaixo da neutralidade em águas naturai principalmente em corpos hídricos de regiões densa mente florestadas. Alterações de pH em corpos hídrico podem resultar do lançamento de efluentes industriais o da ocorrência de precipitações ácidas frequentes.

Importância: a faixa de pH adequada à maioria d espécies aquáticas varia entre 6 e 9, e a alteração no pH de corpos hídricos pode causar, além de danos à biot aquática, mudança nas concentrações de metais na fas aquosa. Em pH mais baixo, ocorre a solubilização d óxidos ou metais precipitados, como sulfatos, nitratos carbonatos no sedimento, e, assim, íons de ferro, alumíni mercúrio podem ser transferidos para fase aquosa, o qu os torna disponíveis no meio para serem assimilados pelo peixes e contaminar seres humanos com a ingestão d água contaminada ou o consumo dos próprios peixe Da mesma forma, ocorre a dissolução de carbonato d cálcio e magnésio em regiões ricas em rochas calcária elevando a concentração de Ca^{2+} e Mg^{2+} no meio consequentemente, elevando a dureza e a alcalinidade d água. Em pH elevado, vários cátions são precipitados com hidróxidos metálicos, o que pode ocasionar incrustaçõe em tubulações, no caso de águas de abastecimento o em sistemas industriais. Em ETAs, o controle do pH de extrema importância uma vez que os processos d coagulação, floculação e desinfecção estão intimament relacionados com o parâmetro. No caso de efluentes co pH distante da neutralidade, pode haver interferência no processos de tratamento que utilizam microrganismo como nos tratamentos biológicos.

Oxigênio dissolvido (OD)

O oxigênio dissolvido ($O_{2(aq)}$) é o principal responsável pelas reações redox que ocorrem em meio aquático, sendo um dos parâmetros químicos mais importantes na determinação da qualidade de corpos hídricos. O OD presente em meio aquático origina-se, principalmente, da dissolução do O_2 atmosférico. A concentração de saturação do oxigênio na água depende da temperatura, da pressão parcial do gás na atmosfera, que varia com a altitude, e da concentração de impurezas no meio. A concentração de saturação de gases dissolvidos em líquidos é regida pela equação de Henry (Eq. 5.4).

$$[O_{2(aq)}]=pO_2 \times K_H \qquad (5.4)$$

Na equação de Henry, o pO_2 representa a pressão parcial do gás e $[O_{2(aq)}]$, a concentração do oxigênio em mol/L. Assim, conhecendo a pressão parcial do O_2 atmosférico no local e o valor de K_H, a dada temperatura, pode-se determinar a concentração de saturação do gás em meio aquoso. A Tabela 5.1 mostra as concentrações de O_2, na água pura, em diversas temperaturas e altitudes.

Fontes e causas: a redução na concentração de O_2 dissolvido em corpos hídricos é consequência, principalmente, do aumento da taxa de degradação microbiana aeróbia decorrente da elevação na concentração de matéria orgânica no meio. Portanto, a introdução de efluentes domésticos e industriais ricos em matéria orgânica causa o consumo do OD. Outro fator que pode causar redução na concentração do parâmetro é a introdução de efluentes em temperaturas elevadas, como, por exemplo, águas provenientes de sistemas de troca de calor, o que resulta na elevação da temperatura da água e, consequentemente, na diminuição da solubilidade do gás no meio. Assim, pode-se concluir que valores de OD abaixo da concentração de saturação são um forte indicativo de contaminação de origem antrópica em corpos hídricos.

A elevação da taxa fotossintética decorrente do aumento da população de algas no meio aquático pode levar a valores de OD superiores à concentração de saturação no período diurno. Cabe ressaltar que a renovação do gás no meio aquático é altamente influenciada pela superfície de contato entre a água e os gases que compõem a atmosfera. Assim, intuitivamente, pode-se perceber que a troca gasosa é favorecida em sistemas lóticos de regiões com relevo acidentado, que são fatores que favorecem a turbulência e, consequentemente, a aeração das águas. Isso é bastante pronunciado em trechos de corpos hídricos que possuem cachoeiras.

Importância: a presença de O_2 dissolvido nos corpos hídricos é essencial para a manutenção da vida aquática. A concentração de saturação do O_2 em água é relativamente baixa, e fatores que resultem em sua diminuição afetam profundamente o equilíbrio de um sistema aquático, uma vez que as reações de oxidação e redução no meio se relacionam com a presença do gás oxigênio, principal oxidante comumente presente em corpos hídricos. Além disso, uma das consequências da redução do OD é a alteração na forma de decomposição da matéria

Tabela 5.1 Concentração de saturação do gás O_2 em meio aquoso em diferentes temperaturas, no nível do mar

Temperatura	Altitude (m)				
°C	0	200	600	1000	1200
0	14,6	14,3	13,1	13,0	12,7
10	11,3	11,0	10,5	10,0	9,7
15	10,0	9,8	9,4	8,7	7,9
20	9,1	8,9	8,4	8,0	7,8
25	8,3	8,1	7,7	7,3	7,1
30	7,6	7,4	7,0	6,7	6,5

orgânica, que, na ausência de OD, passa a ser realizada por bactérias anaeróbias que produzem gás sulfídrico (H_2S) como um dos produtos da degradação. Esse gás possui odor extremamente desagradável e causa desconforto da população, além de ser tóxico, em concentrações elevadas. Outro problema é a morte das espécies aquáticas aeróbias, que não sobrevivem em condições de escassez de OD. Algumas espécies de peixes, por exemplo, não resistem a concentrações de OD inferiores a 5 mg/L (BAIRD; CANN, 2011). Portanto, o monitoramento do OD em tanques de tratamento biológico aeróbio é de extrema importância, uma vez que a presença de oxigênio é essencial para o funcionamento do processo.

Demanda química de oxigênio (DQO)

A DQO é a concentração de oxigênio necessária para oxidação química de toda matéria orgânica presente em uma amostra, expressa em mg/L de O_2. Sua determinação é importante, pois trata-se de um parâmetro que se relaciona indiretamente com a concentração de matéria orgânica total em determinado meio.

Para determinação da DQO, uma alíquota da amostra de interesse é submetida à reação com o dicromato ($Cr_2O_7^{2-}$), um oxidante forte, em meio ácido e sob aquecimento a 150 °C durante duas horas. Após esse tempo, a quantidade de dicromato consumida pela reação é mensurada a partir de técnicas analíticas adequadas e, por fim, a quantidade do oxidante consumido é convertida a equivalente em O_2. As equações químicas a seguir mostram a reação de uma molécula de glicose, com o dicromato em meio ácido (Eq. 5.5) e com o O_2 (Eq. 5.6):

$$C_6H_{12}O_6 + 4Cr_2O_7^{2-} + 32H^+ \rightarrow 6CO_2 + 22H_2O + 8Cr^3$$
$$(5.5)$$

$$C_6H_{12}O_6 + 6O_2 \rightarrow 6CO_2 + 6H_2O \qquad (5.6)$$

Observa-se que, para oxidação de um mol de glicose, são necessários quatro mols de dicromato, ao passo que, na reação da mesma quantidade de glicose pelo O_2, são requeridos seis mols de oxidante. Portanto, pode-se concluir que, para oxidar um mol de matéria orgânica pelo oxigênio, são necessários um número de mols 1,5 vez maior do oxidante comparativamente à reação com o dicromato ou, em outras palavras, o número de mols de O_2 necessários para degradar a mesma quantidade de matéria orgânica equivale a 1,5 vez o número de mols de dicromato consumido na reação para determinação da DQO.

Por se tratar de uma análise indireta, a técnica é suscetível a interferências, tais como: presença de metais, cloretos, sulfetos, H_2O_2 e outros compostos inorgânicos que podem ser oxidados pelo dicromato e levar a resultados superestimados.

Fontes e causas: a presença de matéria orgânica em corpos hídricos decorre da vegetação no entorno, morte de peixes e algas. A elevação da DQO devida à ação do homem se relaciona, principalmente, com a introdução de efluentes domésticos e industriais, mas também pode ocorrer como resultado de poluição difusa, drenagem de águas pluviais, contaminação por lixiviado de aterro sanitário, dentre outros.

Importância: como o parâmetro se relaciona indiretamente com a concentração de matéria orgânica total no meio aquático, a DQO é um importante indicativo da contaminação de corpos hídricos, podendo indicar, inclusive, a presença de compostos orgânicos não biodegradáveis. Para investigação detalhada da composição orgânica de determinada amostra aquosa, deve-se conhecer os despejos recebidos pelo corpo hídrico ou lançar mão de técnicas analíticas mais sofisticadas para identificação e valoração dos compostos presentes, como as técnicas cromatográficas. A DQO é muito utilizada como parâmetro para o dimensionamento de unidades de tratamento de efluentes. Além disso, seu monitoramento em ETE e em algumas tipologias de efluentes industriais é essencial para determinação da eficiência dos processos em termos de remoção de matéria orgânica.

Demanda bioquímica de oxigênio (DBO)

A DBO é a concentração de oxigênio necessária para degradar, por intermédio de microrganismos aeróbios, a matéria orgânica presente em determinada amostra. Assim como a DQO, a DBO é reportada em mg/L de O_2, sendo sua determinação em amostras de corpos hídricos de extrema importância, uma vez que se relaciona indiretamente com o teor de matéria orgânica biodegradável no meio. Portanto, é uma medida indireta da concentração de matéria orgânica biodegradável no ambiente.

No ensaio para determinação da DBO, a concentração de OD é mensurada e, posteriormente, uma alíquota da amostra é submetida à incubação por cinco dias a 20 °C em condições adequadas para oxidação biológica, que inclui adição de nutrientes e, em alguns casos, inoculação do meio com microrganismos. Ao final desse tempo, realiza-se uma nova determinação da concentração de OD, e a concentração do gás consumido no período é representada por $DBO_{5,20}$, que indica que a determinação da DBO ocorreu após cinco dias a 20 °C. O tempo e temperatura para realização do ensaio foram convencionados.

A Fig. 5.4 mostra o perfil típico de consumo da matéria orgânica presente em um esgoto doméstico em um ensaio para determinação da DBO. Observa-se que, nos primeiros cinco dias, ocorre o consumo de cerca de 80 % da matéria orgânica total; depois desse período, a taxa de decomposição torna-se mais lenta e, em aproximadamente 20 dias, se dá a completa degradação da matéria orgânica. Após esse tempo, determina-se a demanda máxima de oxigênio, conhecida como DBO última (DBO_u). Vale ressaltar que, nos ensaios da determinação da DBO_u, devem-se adicionar agentes químicos que inibem a nitrificação, processo de conversão do nitrogênio amoniacal a nitrito e, posteriormente, nitrato, detalhado a seguir. A ocorrência da nitrificação é indesejável porque o objetivo da análise é determinar apenas o consumo do oxigênio decorrente da degradação biológica do carbono orgânico.

O ensaio para determinação da DBO é muito suscetível a interferências e, portanto, deve-se ter cautela na interpretação dos resultados. Amostras com elevada concentração de compostos tóxicos, como metais, amônia, agrotóxicos ou antibióticos, causam inibição da atividade bacteriana e, assim, não há consumo de O_2 no período de incubação, o que não se relaciona com a ausência de compostos orgânicos. Outro interferente que também pode superestimar DBO é a concentração de oxigênio necessária para oxidar formas reduzidas do nitrogênio (nitrogênio amoniacal), como previamente mencionado. Outro aspecto negativo desse ensaio é o tempo para obtenção do resultado, demasiadamente longo (no mínimo, cinco dias, no caso da $DBO_{5,20}$), principalmente se compararmos com a análise DQO, na qual é possível obter o resultado em aproximadamente duas horas.

Fontes e causa: a concentração de matéria orgânica em águas naturais não poluídas é baixa, embora a deposição de folhas, caules e animais mortos seja uma fonte natural desses compostos orgânicos para o meio. De acordo com a Resolução Conama nº 357, de 17 de março de 2005 (CONAMA, 2005), o valor máximo permitido para o parâmetro $DBO_{5,20}$ em corpos hídricos enquadrados como classe 1 é de até 3 mg/L O_2 e classe 2, de 5 mg/L de O_2, classes indicadas para usos da água mais nobres. Já para corpos hídricos classe 3, que possuem maiores limitações de uso, a $DBO_{5,20}$ não deve ultrapassar o valor de 10 mg/L de O_2. Porém, ainda que classificados como classe 1, 2 ou 3, vários rios e lagos possuem $DBO_{5,20}$ superiores aos estabelecidos pela Resolução, havendo necessidade de um pro-

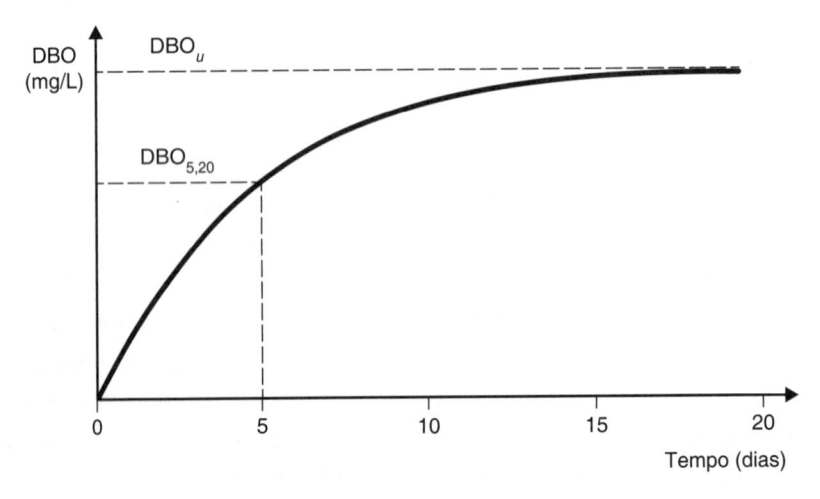

FIGURA 5.4 Acompanhamento da DBO de uma amostra de esgoto ao longo do tempo.

jeto de despoluição para que consigam estar de acordo com seu enquadramento. A Resolução Conama nº 357/2005 dispõe sobre a classificação dos corpos de água e diretrizes ambientais para o seu enquadramento (CONAMA, 2005).

Assim como a DQO, a DBO é um indicativo da concentração de matéria orgânica no meio, porém, este último parâmetro refere-se apenas à fração biodegradável presente na amostra. A introdução de efluentes domésticos e algumas tipologias de efluentes industriais consistem nos principais fatores responsáveis pela elevação da $DBO_{5,20}$ em corpos hídricos. O parâmetro pode também se elevar em função da contribuição da poluição difusa, drenagem de águas pluviais ou contaminação por lixiviado de aterro sanitário.

Importância: como previamente mencionado, o aporte de elevada carga de compostos orgânicos biodegradáveis resulta na redução na concentração do OD, causando problemas, como mau odor e mortandade de animais aquáticos. Uma vez que a DQO se relaciona com a concentração de matéria orgânica total e a DBO apenas com a fração biodegradável, a relação DQO/DBO fornece uma boa estimativa da biodegradabilidade da amostra analisada, já que, quanto maior o valor de DQO em relação à DBO, menor a biodegradabilidade das moléculas orgânicas presente no meio. Segundo Von Sperling (2005), amostras com relação DQO/DBO menor que 2,5 indicam elevada biodegradabilidade do efluente e relações superiores a 3,5, prevalência de matéria orgânica não biodegradável. A $DBO_{5,20}$ de esgotos domésticos varia entre 250 e 350 mgO_2/L e a relação DQO/DBO, entre 1,7 e 2,4 (VON SPERLING, 2005). Assim como a DQO, a $DBO_{5,20}$ é um importante parâmetro de monitoramento da eficiência de processos de tratamento que visem à remoção de matéria orgânica, especialmente a fração biodegradável. A $DBO_{5,20}$ é também um importante parâmetro para o dimensionamento de unidades de tratamento de efluentes.

Carbono orgânico total (COT)

O teor de carbono orgânico total presente em uma amostra reporta, em mg/L, a concentração de carbono presente nas moléculas orgânicas que compõem a amostra. Portanto, trata-se de uma estimativa mais di reta da concentração de matéria orgânica total do qu a fornecida pela análise de DQO, que oferece com resultado a quantidade de oxigênio necessária pa degradar a matéria orgânica presente em um litro d amostra.

A determinação do teor de COT é realizada po um instrumento que converte todo o carbono cont do nas moléculas orgânicas em CO_2, posteriorment medido por um detector específico, geralmente u analisador de infravermelho. A análise de uma amost por essa técnica requer cerca de 10-15 minutos, o qu é bastante vantajoso, uma vez que nas determinaçõe de DQO são necessárias um pouco mais de duas ho ras. Além disso, a análise de COT é menos suscetível interferências quando comparada ao ensaio para deter minação da DQO, e por isso tende a fornecer resulta dos mais confiáveis.

Importância: dependendo do equipamento util zado, é possível mensurar concentrações de COT n ordem de $\mu g/L$. Essa detecção em concentrações mui to baixas é bastante vantajosa para acompanhament da eficiência de processos de tratamento que visam obtenção de efluentes tratados com elevada qualidad geralmente destinados ao reúso, ou ao monitorament da qualidade da água potável, que deve ser isenta d compostos orgânicos. De acordo com Libânio (2008 em águas superficiais, o COT varia de 1 a 20 mg/L.

Embora seja uma determinação direta, com ca pacidade de detecção do carbono orgânico em con centrações muito baixas, e, ainda, seja pouco suscetí vel a interferências, o equipamento necessário para realização da análise tem custo relativamente elevad Assim, o parâmetro não é muito utilizado para moni toramento em ETE no Brasil. Além disso, nas legisla ções nacionais, os parâmetros de qualidade de águ naturais e de lançamento de efluentes são reportado em termos da DQO ou DBO.

Nitrogênio e fósforo

Nitrogênio e fósforo constituem elementos químic que, juntamente com o carbono, hidrogênio e enxofr são necessários em grandes concentrações para forma ção das moléculas que constituem os seres vivos. C res heterotróficos os obtêm por intermédio da alimentação, e a maior parte dos organismos autotróficos, como as algas, os assimila na forma de nitrato e fosfa-. O nitrogênio apresenta-se nas seguintes formas em guas e efluentes:

Nitrogênio orgânico (N-orgânico): é a fração do nitrogênio, reportada em mgN/L, que constitui as moléculas orgânicas presentes na amostra, dentre as quais, citam-se proteínas e ureia como constituintes do esgoto. Essa forma de nitrogênio é rapidamente convertida em amônia pela ação de microrganismos presentes no meio aquático.

Nitrogênio amoniacal: nitrogênio presente na forma do gás amônia (NH_3) dissolvido ou íon amônio (NH_4^+), também expresso em mgN/L. A forma predominante dessa espécie de nitrogênio no meio é dependente do pH, sendo o íon amônio predominante no pH típico de águas naturais (entre 6 e 9). A equação da relação de equilíbrio entre as espécies amônia (NH_3) e o íon amônio (NH_4^+) é representada pela Eq. 5.7:

$$NH_{4(aq)}^+ + HO_{(aq)}^- \leftrightarrow NH_{3\,(g)} + H_2O_{(l)}$$
$$K_{a(35°C)} = 1,13 \times 10^{-9} (mol/L)^{-1} \qquad (5.7)$$

Nitrito e nitrato: em ambientes aquáticos aeróbios, ocorre a nitrificação, ou seja, o nitrogênio na forma amoniacal é oxidado a nitrito e, posteriormente, a nitrato por bactérias específicas, como mostram as reações representadas nas Eqs. 5.8 e 5.9.

$$NH_3 + 3/2O_2 \rightarrow NO_2^- + H^+ + H_2O \; (Nitrossomas) \; (5.8)$$

$$NO_2 + ½O_2 \rightarrow NO_3^- + H^+ (Nitrobacter) \quad (5.9)$$

Nitrogênio total Kjeldahl: na metodologia padronizada para determinação do nitrogênio Kjeldahl, são mensurados o N-orgânico mais o N-amoniacal. Nitrogênio total: é a soma do N-orgânico, N-amoniacal, nitrito e nitrato, reportado em mg N/L.

Outro nutriente utilizado como parâmetro da ualidade de água é o fósforo, que pode estar presen- e no meio aquático compondo moléculas orgânicas fósforo orgânico), como ocorre em algumas molécu- as de proteínas, como a caseína, e nos ácidos nuclei- os (RNA e DNA). O fósforo inorgânico se apresenta bundantemente na forma de ortofosfatos (HPO_4^{2-},

$H_2PO_4^-$, H_3PO_4 e PO_4^{3-}), que são as espécies assimiladas no metabolismo biológico e formadas a partir da decomposição do fósforo orgânico ou introduzidas na forma de sais de fosfato, comumente presentes na formulação de alguns detergentes ou fertilizantes agrícolas. A forma predominante do ortofosfato é dependente do pH do meio, sendo que, em pH próximo à neutralidade, a espécie predominante é o $H_2PO_4^-$. Os polifosfatos, também encontrados em ambientes aquáticos, consistem em polímeros dos ortofosfatos, porém são espécies instáveis e sofrem hidrólise se convertendo aos ortofosfatos.

Fontes e causas: a elevação na concentração de nitrogênio e fósforo em corpos hídricos se dá por meio do (i) aporte de efluentes domésticos, lixiviados de aterros sanitários e algumas tipologias de efluentes industriais, como despejos de indústrias alimentícias e coquerias; (ii) uso de fertilizantes à base de sais de amônio, nitrato e fosfato, frequentemente utilizados em áreas agrícolas, que, em razão de sua elevada solubilidade em água, são facilmente carregados para rios e lagos por meio do escoamento superficial da água da chuva.

A amônia pode ser encontrada em corpos hídricos em decorrência de reações de conversão do nitrogênio orgânico à amônia. A instabilidade do nitrito permite que ele seja rapidamente convertido a nitrato e, por isso, é encontrado em baixas concentrações no ambiente aquático.

Importância: o processo de elevação na concentração de nutrientes em corpos hídricos e consequente crescimento excessivo de algas é denominado eutrofização, que pode causar danos ao ambiente, que serão detalhados na Seção 5.3. O fósforo também é um agente limitante no crescimento das bactérias em processos de tratamento biológico, sendo muitas vezes necessária sua suplementação para viabilizar o tratamento, principalmente considerando efluentes industriais pobres neste elemento.

Em corpos hídricos, o conhecimento da forma predominante do nitrogênio pode fornecer indicativos do estágio da poluição, uma vez que a prevalência de nitrogênio orgânico e amoniacal está ligada a despejos recentes, ao passo que a predominância de nitratos indica estágio avançado na degradação e, portanto, a contaminação ocorreu há mais tempo. Além disso, no que diz respeito aos danos diretos à saúde humana, o nitrato causa uma doença denominada meta-hemoglobinemia, também conhecida como síndrome do bebê azul, e no que se refere aos danos à vida aquática, a amônia merece destaque por ser tóxica aos peixes em concentrações elevadas. Assim como o fósforo, efluentes industriais pobres em nitrogênio necessitam de suplementação para o desenvolvimento das bactérias no tratamento biológico.

Óleos e graxas

A fração de óleos e graxas de uma amostra de água ou efluente engloba, principalmente, os ácidos graxos, óleos vegetais ou minerais, ceras, sabões e hidrocarbonetos. A análise mais comum para a determinação de óleos e graxas em amostras de água e efluentes consiste na separação das substâncias orgânicas solúveis em hexano da fase aquosa para a fase orgânica, processo denominado extração líquido-líquido. Após a separação, o hexano é evaporado e o resíduo dessa evaporação pesado. Os óleos e graxas extraídos são considerados o resíduo da evaporação por apresentarem o ponto de ebulição superior ao do hexano. Assim, o resultado da concentração de óleos e graxas é reportado em mg/L. Em face da metodologia utilizada para sua determinação, esse parâmetro é muitas vezes identificado por material solúvel em hexano (MSH), o que é mais pertinente uma vez que, durante análise, qualquer substância que possua maior solubilidade em hexano do que em água e também ponto de ebulição mais elevado do que o solvente será medida como óleos e graxas. Exemplos de compostos que podem interferir na análise de modo a superestimar os resultados são os compostos aromáticos de massa molar elevada e corantes orgânicos. Outro inconveniente da técnica é que, durante o aquecimento, os compostos mais voláteis, como alguns componentes da gasolina e querosene, se perderão no processo de volatilização e não serão mensurados.

Fontes e causas: águas naturais geralmente não apresentam óleos e graxas, sendo o despejo de efluentes domésticos, que possuem em sua composição resíduos de óleos de cozinha, manteigas, gorduras de animais, dentre outros, a maior fonte de poluição por esses compostos. Efluentes de oficinas mecânicas, frigoríficos, refinarias ou qualquer outro tipo de atividade que envolva a limpeza e lubrificação de peças com óleos minerais também constituem fontes por óleos e graxas para o meio. Outra fonte de contaminação das águas por óleos e graxas que merece destaque é o vazamento de petróleo e derivados provenientes de navios, plataformas de petróleo e postos de gasolina.

Importância: a presença de óleos e graxas em corpos d'água pode interferir na vida aquática, pois a baixa solubilidade desses compostos em meio aquoso e a densidade menor do que a da água favorecem o acúmulo desses compostos na parte superior das águas superficiais, formando um filme, que reduz a difusão do O_2 (g) da atmosfera para a fase líquida e a penetração de luz. Outro aspecto que causa preocupação quanto ao aporte de óleos e graxas em corpos hídricos é que a maior parte desses compostos possui biodegradabilidade reduzida. Adicionalmente, causam problemas estéticos, podem elevar a DBO e DQO e, se presentes em mananciais, podem trazer problemas nas ETAs.

Alcalinidade

A alcalinidade é a capacidade de uma solução aquosa em resistir à alteração de pH no caso da introdução de ácidos, sendo expressa em mg/L de $CaCO_3$. Os principais constituintes que conferem essa propriedade à água são os carbonatos, bicarbonatos e íons hidroxila.

Fontes e causas: a dissolução do CO_2 em água, com consequente formação de bicarbonatos (HCO_3^-) carbonatos (CO_3^{2-}), é o fator natural que confere alcalinidade às águas. A presença de carbonatos em aquíferos superficiais e subterrâneos está associada também à dissolução de rochas calcárias, constituídas, principalmente, de carbonatos de cálcio ($CaCO_3$) e magnésio ($MgCO_3$), naturalmente abundantes nos solos e sedimentos de determinadas regiões. Outro fator que contribui para elevação da alcalinidade no meio aquático é o despejo de efluentes industriais com pH elevado.

Importância: como previamente mencionado, a dissolução do CO_2 em água resulta na formação de carbonatos e bicarbonatos, em proporções que variam de acordo com o pH da solução, sendo o bicarbonato

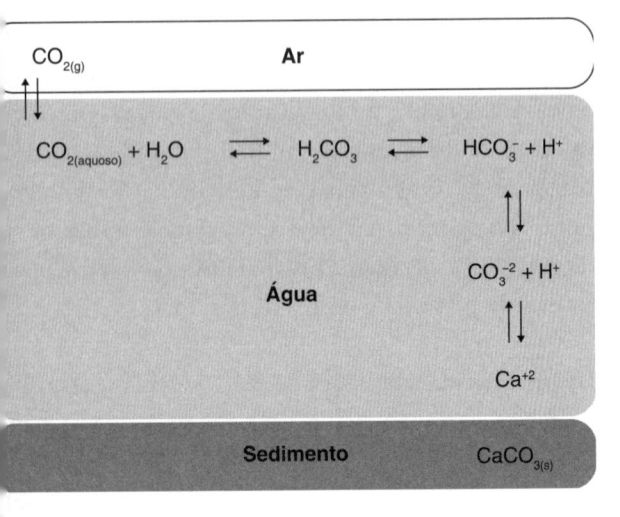

FIGURA 5.5 Representação da dissolução do CO_2 e equilíbrio CO_3^{2-}/HCO_3^{2-} em meio aquático.

predominante em pH próximo à neutralidade. O HCO_3^- consome H^+ formando H_2CO_3, que, por sua vez, se decompõe em H_2O e CO_2 e, por isso, águas naturais possuem capacidade de resistir à alteração do pH caso haja aporte de substâncias ácidas no meio. A Fig. 5.5 mostra as reações do sistema CO_3^{2-}/HCO_3^-.

A determinação da alcalinidade é mais importante no monitoramento de sistemas de tratamento de águas e efluentes do que na investigação da qualidade de corpos hídricos. Em sistemas anaeróbios de tratamento de efluentes há um requisito mínimo de alcalinidade para o bom funcionamento do processo. Isso porque os ácidos orgânicos formados em uma das etapas do processo devem ser neutralizados a fim de não causarem a redução brusca do pH, o que prejudicaria o tratamento. No caso de ETA, a alcalinidade é um parâmetro de monitoramento importante, pois se relaciona com a eficiência do processo de coagulação.

Dureza

A dureza é um parâmetro de qualidade da água que reporta a concentração de cátions metálicos divalentes em solução. Os cátions divalentes associados à dureza mais abundantes em águas naturais são o cálcio (Ca^{2+}) e magnésio (Mg^{2+}). Portanto, na análise da dureza de uma amostra de água são determinadas as concentrações de todos os cátions bivalentes e o resultado reportado em $mgCaCO_3/L$. Águas que apresentam o valor do parâmetro acima de 150 $mgCaCO_3/L$ são consideradas duras.

Fontes e Causas: assim como a alcalinidade, a dureza de sistemas aquáticos naturais se relaciona, principalmente, com a dissolução de rochas carbonatadas. Nesses casos, a dureza está associada à alcalinidade, uma vez que as fontes de cálcio, magnésio e carbonatos (CO_3^{2-}) são as mesmas e, assim, a dureza é denominada dureza carbonato. No caso da dureza não carbonato, o Ca^{2+} e Mg^{2+} são provenientes da dissolução de minerais não carbonatados associados a ânions, como SO_4^{2-} (sulfato) e Cl^- (cloreto). Efluentes industriais com pH baixo usualmente são neutralizados com hidróxido de cálcio ($Ca(OH)_2$) e, quando lançados, contribuem para a elevação da dureza no corpo receptor.

Importância: os cátions Ca^{2+} e Mg^{2+} formam sais não solúveis com os sabões, o que reduz a formação de espuma e a própria eficiência do processo de limpeza durante o uso doméstico e industrial. Outro problema causado por águas duras é a possibilidade de formação de incrustações em tubulações, no caso de águas submetidas ao aquecimento. Isso ocorre em razão da menor solubilidade dos carbonatos de cálcio e magnésio em temperaturas mais elevadas. Assim, em águas de caldeiras industriais, a dureza é rigorosamente monitorada a fim de evitar o entupimento de tubulações que, nesses casos, podem causar graves acidentes. A Portaria de Consolidação nº 5 de 2017 estabelece o valor máximo permitido de 500 mg/L $CaCO_3$ para dureza em água potável.

Contaminantes orgânicos e inorgânicos

Outros contaminantes orgânicos e inorgânicos que merecem destaque como indicadores químicos da qualidade da água são:

- Fenóis: compostos tóxicos que podem estar presentes em várias tipologias de efluentes industriais (indústrias de papel e celulose, beneficiamento da madeira, produção de herbicidas) que, quando atingem corpos hídricos, podem causar danos à biota. Em águas que serão destinadas à ETA, caso fenóis estejam presentes e não sejam removidos durante as etapas de tratamento físico-químico, na etapa de desinfecção por cloro, podem ocorrer reações e levar à formação de clorofenóis, que conferem toxicidade e odor desagradável à água.

- Surfactantes ou agentes tensoativos: compostos que compõem os detergentes e podem interagir tanto com a água quanto com compostos apolares, como as gorduras. Tal propriedade faz com que os surfactantes contribuam para formação de emulsões estáveis, o que dificulta o tratamento de efluentes. Outro problema relacionado com a presença desses compostos em águas residuárias é a formação de espumas estáveis em unidades de tratamento de esgotos ou até mesmo nos corpos receptores. Além do desconforto visual, ocorrem problemas originados pela diminuição da tensão superficial do meio, que causa a morte de insetos que possuem o hábito de permanecer sob a lâmina-d'água, resultando em um desequilíbrio ecológico.

- Metais: o monitoramento da concentração de metais em corpos hídricos é importante para avaliar os efeitos tóxicos causados por alguns desses elementos. Dentre os metais classificados como poluentes prioritários pela United States Environmental Protection Agency (USEPA), órgão de proteção ambiental norte-americano, citam-se: o antimônio, berílio, cobre, níquel, bário, cádmio, cromo, chumbo, mercúrio, zinco, tálio e prata (USEPA, 2014). Esses metais, geralmente utilizados em processos industriais e minerários, geram efluentes contaminados que, quando lançados em corpos hídricos sem tratamento adequado, causam contaminação do meio. Outra forma de introdução de metais em sistemas aquáticos é a destinação inadequada de resíduos sólidos eletrônicos e baterias. Esses materiais sofrem corrosão quando expostos ao ambiente e liberam os metais que os compõem. Esses metais podem ser carreados pela água da chuva e atingir aquíferos subterrâneos por meio de processos de infiltração no solo ou pelo escoamento superficial, atingindo rios e lagos.

- Cianeto: um ânion formado por átomos de carbono e nitrogênio (CN^-), que pode compor sais (KCN, NaCN) ou apresentar-se na forma de ácido cianídrico (HCN). O HCN é altamente tóxico, volátil e pouco solúvel em água. Sua formação em meio aquoso ocorre em soluções que contenham o CN^- na forma livre e que tenham seu pH reduzido. Assim, deve-se atentar para presença do CN^- em efluentes alcalinos que necessitam de acidificação. Neste caso o cianeto deve ser removido previamente. Sais à base de cianeto são muito utilizados na galvanoplastia e na extração do ouro, o que torna tais atividades potenciais contribuintes no que diz respeito à contaminação de corpos hídricos por cianeto.

5.2.3 Parâmetros biológicos

Organismos patogênicos

Os principais grupos de organismos de interesse do ponto de vista de saúde pública, com associação com a água ou com as fezes, são: bactérias, vírus, protozoários e helmintos. A origem desses agentes nos esgotos é predominantemente humana, refletindo diretamente o nível de saúde da população e as condições de saneamento básico de cada região, porém, pode ser também de origem animal, como, por exemplo, a partir das fezes de animais.

A ocorrência ou não de uma doença em um indivíduo por ingestão de água contaminada depende de uma série de fatores: volume ingerido, concentração do organismo patogênico, dose infectante, resistência do indivíduo, ciclo biológico, entre outros fatores. Alguns exemplos estão na Tabela 5.2. Bactérias patogênicas podem causar doenças do trato gastrointestinal, tais como febre tifoide e paratifoide, disenterias, diarreias, cólera, entre outras. Principalmente em áreas com saneamento deficiente, são relatadas muitas mortes correlacionadas com doenças diarreicas.

Fontes e causas: as infecções relacionadas com a água são classificadas de acordo com seus mecanismos de transmissão (Tabela 5.3). Desta forma, temos quatro categorias:

1. Doenças de transmissão hídrica: ocorrem quando o organismo patogênico se encontra na água ingerida.

2. Doenças de transmissão relacionadas com a higiene: identificadas como aquelas que podem ser interrompidas pela implantação de medidas de higiene pessoal e doméstica.

3. Doenças de transmissão baseada na água: caracterizadas quando o patógeno desenvolve parte de seu ciclo vital em um animal aquático.

4. Doenças de transmissão por um inseto vetor: doenças nas quais os insetos transmissores procriam na água ou cuja picadura ocorre próximo a mesma.

Tabela 5.2 Descrição de algumas doenças com os principais grupos de organismos patogênicos

Grupo	Organismo	Doença	Alguns sintomas
Bactéria	*Campylobacter jejuni*	Gastroenterite	Diarreia
	Escherichia coli	Gastroenterite	Diarreia
	Legionella pneumophila	Legionelose	Febre, dor de cabeça e doenças respiratórias
	Leptospira spp.	Leptospirose	Febre e icterícia
	Salmonella typhi	Febre tifoide	Febre alta, diarreia e ulcerações do intestino delgado
	Shigella spp.	Shigelose	Disenteria
	Vibrio cholerae	Cólera	Diarreia intensa e desidratação
	Yersinia enterocolitica	Yersiniose	Diarreia
Protozoários	*Balantidium coli*	Balantidíase	Diarreia e disenteria
	Cryptosporidium parvum	Criptosporidiose	Diarreia
	Cyclospora cayetanensis	Ciclosporíase	Diarreia severa, náusea e vômito
	Entamoeba histolitica	Amebíase	Diarreia
	Giardia lamblia	Giardíase	Diarreia moderada a grave, náusea e indigestão
Helmintos	*Ascaris lumbricoides*	Ascaridíase	Manifestações pulmonares, deficiência nutricional, obstrução intestinal e de outros órgãos
	Taenia saginata	Teníase	
	Taenia solium	Teníase	
	Trichuris trichiura	Tricuríase	Diarreia, fezes com sangramento e prolapso retal
Vírus	Adenovírus	Doenças respiratórias e mal-estar gastrointestinal	
	Enterovírus	Gastroenterite, anomalias no coração e meningites	
	Hepatite A	Hepatite	Febre
	Norwalk (Norovírus)	Gastroenterite	Vômito
	Parvovírus	Gastroenterite	
	Rotavírus	Gastroenterite	

Fonte: Adaptada de METCALF; EDDY (2015) e HELLER; PÁDUA (2010).

Assim, as principais fontes de contaminação são o lançamento de águas residuárias que não possuem tratamento ou mesmo os efluentes tratados, tanto doméstico quanto industrial, com grande destaque para os efluentes hospitalares, que possuem um elevado potencial de contaminação em razão de suas características. Também se deve considerar a poluição difusa, ou seja, aquela decorrente da drenagem superficial de pastagens, drenagem de águas pluviais e contaminação por animais silvestres.

Importância: a principal importância dos organismos patogênicos e da saúde pública é a ocorrência de doenças. Contudo, há também novas preocupações com doenças emergentes e reemergentes, tais como zica e dengue, respectivamente. Também mundialmente tem-se a preocupação com as superbactérias e vírus tendo em vista a crescente resistência de microrganismos aos antibióticos.

Organismos indicadores de contaminação fecal

Em face do elevado número e da diversidade de organismos patogênicos presentes nas águas residuárias e águas poluídas, o isolamento e a identificação dos agentes patogênicos em uma amostra são extremamente difíceis. Desta forma, faz-se uso de organismos indicadores de contaminação fecal, que, usualmente, não são patogênicos, mas indicam que naquele local houve uma contaminação por fezes humanas ou de animais.

As bactérias do grupo coliforme são as mais comumente utilizadas como indicadores de contaminação fecal pelas seguintes razões: (i) apresentam-se em grande quantidade nas fezes humanas (10^9 a 10^{12} células eliminadas/dia/indivíduo), tornando maior a probabilidade de serem detectadas após o lançamento de efluentes domésticos do que os próprios organismos

Tabela 5.3 Doenças relacionadas com a água e com as fezes

Grupo de doenças	Formas de transmissão	Principais doenças	Formas de prevenção
Transmitidas pela via feco-oral (relacionadas com a água)	Organismo patogênico é ingerido.	Diarreias e disenterias (cólera e giardíase) Febre tifoide e paratifoide Leptospirose Amebíase Hepatite infecciosa Ascaridíase (lombriga)	Proteger e tratar as águas de abastecimento e evitar o uso de fontes contaminadas Fornecer água em quantidade adequada e promover a higiene pessoal, doméstica e dos alimentos
Controladas pela limpeza com a água (relacionadas com a água)	Falta de água e higiene pessoal insuficiente.	Infecções na pele e nos olhos, como tracoma, e o tifo relacionado com piolhos e a escabiose	Fornecer água em quantidade adequada e promover a higiene pessoal e doméstica
Associadas à água (uma parte do ciclo de vida do agente infeccioso ocorre em um animal aquático) (relacionadas com a água)	Organismo patogênico penetra pela pele ou é ingerido.	Esquistossomose	Evitar o contato de pessoas com águas infectadas Proteger mananciais Adotar medidas adequadas para a disposição de esgotos Combater o hospedeiro intermediário
Transmitidas por vetores que se relacionam com a água (relacionadas com a água)	Doenças são propagadas por insetos que nascem na água ou picam perto dela.	Malária Febre amarela Dengue Filariose (elefantíase) Zica Chikungunya	Combater os insetos transmissores Eliminar condições que possam favorecer criadouros Utilizar meios de proteção individual
Feco-orais (não bacterianas) (relacionadas com as fezes)	Contato de pessoa para pessoa, quando não se tem higiene pessoal e doméstica adequada.	Poliomielite Hepatite tipo A Giardíase Disenteria amebiana Diarreia por vírus	Implantar sistema de abastecimento de água Promover a educação sanitária
Helmintos transmitidos pelo solo (relacionadas com as fezes)	Ingestão de alimentos contaminados e contato da pele com o solo.	Ascaridíase (lombriga) Tricuríase Ancilostomíase (amarelão)	Tratar os esgotos antes da disposição no solo Evitar contato direto da pele com o solo (usar calçado)
Tênias na carne de boi e de porco (relacionadas com as fezes).	Ingestão de carne mal cozida de animais infectados.	Teníase Cisticercose	Tratar os esgotos antes da disposição no solo Inspecionar a carne e ter cuidado na sua preparação
Helmintos associados à água (relacionadas com as fezes)	Contato da pele com água contaminada.	Esquistossomose	Tratar os esgotos antes do lançamento em cursos d'água Controlar os caramujos Evitar contato com água contaminada (banho etc)
Insetos vetores (relacionadas com as fezes)	Procriação de insetos em locais contaminados com as fezes.	Filariose	Combater os insetos transmissores Eliminar condições que possam favorecer criadouros Evitar o contato com criadouros e utilizar meios de proteção individual

Fonte: Adaptada de VON SPERLING (2005).

patogênicos; (ii) sua resistência é ligeiramente superior à da maioria das bactérias patogênicas intestinais, afinal não seriam bons indicadores se morressem mais rapidamente que o patógeno, pois uma amostra com ausência de coliformes poderia conter tais agentes. No entanto, se fossem muito mais resistentes também não seriam úteis, pois colocariam sob suspeita a contaminação de águas já depuradas; (iii) os mecanismos de remoção dos coliformes nos corpos d'água, nas ETA e ETE são os mesmos utilizados para remover bactérias patogênicas; e (iv) as técnicas bacteriológicas para detecção de coliformes são rápidas e econômicas.

Observação: note que essas considerações dizem respeito principalmente às bactérias, uma vez que outros microrganismos (como helmintos e protozoários) podem apresentar resistência superior à dos coliformes e ser removidos por mecanismos diferentes; portanto, os coliformes não são bons representantes para estes microrganismos.

Os principais indicadores de contaminação fecal são:

- Coliformes totais (CT): estão presentes nas fezes humanas e de outros animais de sangue quente, bem como em águas e solos poluídos ou não (este grupo possui organismos de vida livre e de origem não intestinal). Não devem ser usados como indicadores de contaminação fecal em águas superficiais. No entanto, considerando-se o tratamento da água, esta, depois de tratada, não deve conter coliformes totais, pois sua presença sugere tratamento inadequado ou contaminação posterior.
- Coliformes termotolerantes (Cter) ou coliformes fecais (CF): são originários predominantemente do trato intestinal humano e de outros animais. O teste para CF é realizado a uma elevada temperatura (44 a 45 °C), objetivando a supressão de bactérias de origem não fecal, mas ainda assim é possível a presença de bactérias de vida livre (não fecais). Por esse motivo, prefere-se denominar os coliformes fecais por coliformes termotolerantes, uma vez que resistem a elevadas temperaturas, mas não necessariamente de origem fecal. São considerados bons indicadores da contaminação fecal das águas.
- *Escherichia coli*: é a principal bactéria do grupo dos coliformes termotolerantes e também garante contaminação exclusivamente por fezes, porém não garante

que estas sejam humanas, pois a *E. coli* também pode ser encontrada em fezes de outros animais. Algumas cepas dessa bactéria são patogênicas, o que não invalida sua característica de indicadora de contaminação.

Vale ressaltar que, no tratamento de esgotos, os organismos indicadores são utilizados para avaliar a eficiência de remoção de patógenos (bactérias e vírus) no sistema de tratamento. Cistos de protozoários e ovos de helmintos, que são removidos por mecanismos físicos, como sedimentação e filtração, não são bem representados pelos coliformes. Assim, necessitam de outros organismos indicadores.

- Estreptococos fecais: compreendem dois gêneros, *Enterococcus* (possui várias espécies de origem fecal humana) e *Streptococcus* (mais abundantes em fezes de animais). Os estreptococos fecais raramente se multiplicam em águas poluídas e são mais resistentes que a *E. coli* e bactérias coliformes.
- Bacteriófagos: são vírus que atacam bactérias, representativos para indicar a existência de vírus em razão de sua similaridade com os vírus entéricos humanos. Os colifagos, um exemplo de bacteriófagos que atacam a *E. coli*, embora presentes em baixos números em fezes humanas e de animais, podem ser abundantes em águas residuárias tendo em vista a rapidez com que se reproduzem, sendo, portanto, um indicador de contaminação por esgotos e da eficiência do tratamento da água.
- Ovos de helmintos: os ovos de nematoides (*Ascaris, Trichuris, Necator americanos* e *Ancilostoma*) podem ser usados como indicadores de outros helmintos, como cestoides, trematoides e outros neumatoides, que são removidos no tratamento pelos mesmos mecanismos (por exemplo: sedimentação e filtração), sendo, portanto, indicadores de sua eficiência. É um parâmetro extremamente importante ao se considerar o reúso da água para a irrigação, principalmente de vegetais consumidos crus, devido ao contato potencial dos ovos com os trabalhadores e consumidores.

Ensaios de toxicidade

Em virtude da variedade de substâncias químicas presentes e da complexidade dos efluentes, somente os parâmetros físico-químicos não predizem os efeitos deletérios causados aos organismos quando do lançamento de efluentes nos corpos hídricos. Além disso, não determinam a interação entre as substâncias presentes, que pode ser aditiva, antagônica ou sinérgica.

A ciência que estuda os efeitos tóxicos de uma ou mais substâncias (agentes) naturais ou sintéticas sobre os organismos, população ou comunidade é conhecida como Ecotoxicidade. A toxicidade de substâncias químicas no meio aquático (água doce ou marinha, estuário e sedimentos) pode ser detectada mediante ensaios ecotoxicológicos, realizados em laboratório sob condições experimentais padronizadas e controladas, com organismos-teste de diferentes níveis tróficos representativos desse ambiente. Os bioensaios são realizados com organismos-teste dos grupos da cadeia ecológica, tais como: produtores (algas), consumidores primários (microcrustáceos), consumidores secundários (peixes) e decompositores (microrganismos). Um esquema básico de um ensaio ecotoxicológico é apresentado na Fig. 5.6.

Nos ensaios de toxicidade, os organismos são expostos a diferentes diluições do efluente (por exemplo: 50, 25, 12,5 e 6,25 %), além da amostra *in natura* (100 %) e o controle (onde não há efluente), por determinado período de tempo. No final do período do ensaio, verifica-se o efeito observado sobre os organismos-teste, que, de acordo os ensaios de toxicidade aguda, pode ser letalidade (morte) no caso do peixe *Danio rerio*, ou imobilidade para o microcrustáceo *Daphnia similis*. As condições de ensaio e os critérios de avaliação dos efeitos são definidos de acordo com a metodologia de ensaio para cada organismo-teste. Na Fig. 5.6, os círculos preenchidos representam os organismos-teste

onde foi observado efeito. Constata-se que, com o aumento da diluição do efluente, há uma diminuição no efeito observado nos organismos expostos, ou seja, diminuição do número de organismos no qual o efeito deletério foi observado.

A Tabela 5.4 apresenta as principais terminologias usadas nos ensaios ecotoxicológicos. No laboratório, podem ser realizados ensaios de toxicidade aguda ou crônica, dependendo do período de exposição. Os ensaios agudos avaliam efeitos causados de forma severa e rápida pelas substâncias químicas aos organismos expostos. Contudo, essa exposição pode não levar à morte dos organismos, mas a outros distúrbios fisiológicos e/ou comportamentais quando a exposição se prolonga por um longo período, sendo estes considerados ensaios crônicos. Os resultados dos ensaios de toxicidade podem ser expressos em CL50, CE50, CENO, FT ou UT. Além disso, para a interpretação dos resultados, são usados métodos estatísticos.

Os ensaios de ecotoxicidade são normatizados por diferentes instituições responsáveis pela gestão ambiental, tais como a International Organization for Standardization (ISO), a American Society for Testing and Materials (ASTM), a United States Environmental Protection Agency (USEPA) e a Associação Brasileira de Normas Técnicas (ABNT).

Os diversos tipos de águas residuárias, mesmo quando adequadamente tratadas, apresentam concentrações residuais de substâncias orgânicas e inorgânicas. Essas concentrações residuais podem estar associadas a substâncias inertes ou a substâncias que podem conferir toxicidade. Deve-se ter preocupação com essas substân-

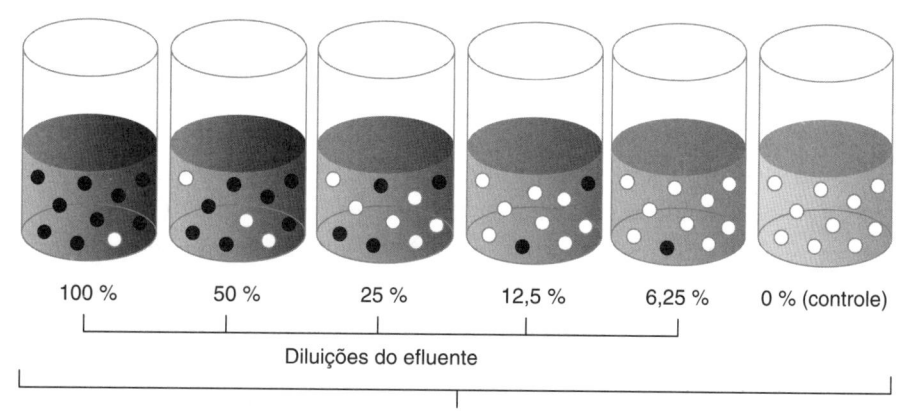

FIGURA 5.6 Esquema básico de um ensaio ecotoxicológico.

Tabela 5.4 Terminologias usadas nos ensaios ecotoxicológicos

Termo	Definição
Efeito agudo	Efeito deletério causado por substâncias (agentes) químicas a organismos que se manifesta severa e rapidamente, geralmente em um curto período de tempo de exposição (0—96 horas).
Efeito crônico	Efeito deletério causado por substâncias (agentes) químicas a organismos que abrange parte ou todo o ciclo de vida do organismo-teste, normalmente após um prolongado período de exposição.
Curva dose-resposta	Curva que descreve a relação entre a concentração de uma substância (agente) tóxica e a porcentagem de resposta de uma população de organismos em um ensaio de ecotoxicidade.
Concentração letal mediana (CL50)	Concentração da substância (agente) tóxica que causa efeito agudo (letalidade) a 50 % dos organismos-teste em determinado período de exposição.
Concentração efetiva mediana (CE50)	Concentração da substância (agente) tóxica que causa efeito agudo específico (por exemplo: mobilidade, inibição da luminescência) a 50 % de organismos-teste em determinado período de exposição.
Concentração de efeito observado (CEO)	Menor concentração da substância (agente) tóxica que causa efeito deletério aos organismos-teste em determinado período de tempo de exposição, nas condições de ensaio.
Concentração de efeito não observado (CENO)	Maior concentração da substância (agente) tóxica que não causa efeito deletério aos organismos-teste em determinado tempo de exposição, nas condições de ensaio.
Unidade de toxicidade (UT)	Unidade que expressa a transformação da relação inversa da toxicidade em relação direta, obtida por meio da equação $UT = \dfrac{100}{CENO}$
Fator de diluição (FD)	É a diluição do efluente na qual não foi observado efeito tóxico agudo aos organismos-teste, em determinado período de exposição, nas condições de ensaio.
Fator de toxicidade (FT)	Número adimensional que expressa a menor diluição do efluente que não causa efeito deletério agudo aos organismos, em determinado período de exposição, nas condições de ensaio.
Tempo de exposição	Período de tempo durante o qual os organismos-teste são expostos a substâncias tóxicas nos ensaios de toxicidade.

Fonte: Adaptada de CONAMA (2011); METCALF; EDDY (2015); DEZOTTI (2008).

cias remanescentes e, sobretudo, com o seu possível potencial de toxicidade. Assim, a incorporação da avaliação da toxicidade na legislação é de grande importância na proteção dos ambientes aquáticos. É crescente o interesse pela toxicidade como um parâmetro de controle, contudo, ainda é pouco regulamentada no Brasil.

O uso de ensaios ecotoxicológicos como ferramenta de monitoramento ambiental é exigido por alguns órgãos ambientais: no nível federal, a Resolução Conama nº 430/2011, que estabelece padrões de toxicidade para o lançamento de efluentes nos corpos receptores; no nível estadual, o Instituto Estadual do Ambiente (INEA) no Rio de Janeiro (NOP-INEA-008, publicada em 14/12/2018), a Fundação do Meio Ambiente (Fatma) em Santa Catarina (Portaria nº 017, de 18 de abril de 2002), a Companhia Ambiental do Estado de São Paulo (Cetesb) em São Paulo (Resolução SMA nº 3, de 22 de fevereiro de 2000) e o Conselho Estadual do Meio Ambiente (Consema) no Rio Grande do Sul (Resolução Consema nº 129, de 24 de novembro de 2006).

Na Engenharia Ambiental, os ensaios de toxicidade são usados para avaliar a eficiência dos processos de tratamento de efluentes, principalmente os efluentes industriais em função da complexidade de sua composição química. Em conjunto com os parâmetros físico-químicos, os ensaios de toxicidade fornecem informações sobre os impactos do lançamento de efluentes em corpos receptores e o seu potencial poluidor.

5.3 Principais consequências do lançamento de efluente em corpos receptores

Assoreamento

O assoreamento é um processo natural ocasionado pelo acúmulo de sólidos no leito de rios e lagos, mas que pode ser acelerado por desequilíbrios de origem antrópica e naturais. Assim, qualquer fenômeno ou atividade antrópica que favoreça o carreamento de sólidos para corpos hídricos contribui para ocorrência do assoreamento, como, por exemplo, (i) o desmatamento tanto de áreas próxima ao corpo hídrico ou matas ciliares, que desencadeia processos erosivos e favorecem o escoamento superficial e carreamento do material desagregado que compõe o solo; (ii) a introdução de despejos domésticos e industriais com alto teor de sólidos; (iii) a pavimentação do solo em regiões próximas a rios e lagos, o que impossibilita a infiltração da água da chuva e também favorece o escoamento superficial com carreamento de sólidos; e, por fim, (iv) o desencadeamento do processo de eutrofização, que contribui para deposição de matéria orgânica proveniente de espécies vegetais mortas no fundo de rios e lagos.

Dentre as consequências do assoreamento, podem-se destacar a redução do volume de água, a perda da navegabilidade e o favorecimento da ocorrência de enchentes. No caso de reservatórios de água, o acúmulo de sólidos próximo a barragens pode causar sérios danos estruturais e resultar no rompimento do barramento ou prejudicar a produção de energia elétrica.

Eutrofização

A eutrofização é a elevação das concentrações de nutrientes, principalmente nitrato e fosfato, em corpos hídricos, com consequente elevação das taxas de crescimento de espécies clorofiladas, como algas e cianobactérias. A eutrofização é um processo natural em lagos que, em um intervalo de tempo de milhares de anos, tendem a se converter em um ecossistema terrestre a partir da interação do meio aquático com o meio terrestre. Porém, caso o aporte de nutrientes seja intensificado como consequência de atividades antrópicas, tem-se a eutrofização artificial ou acelerada, que compromete a biota e a qualidade da água.

O esquema da Fig. 5.7 mostra, de forma simplificada, o processo de crescimento dos produtores primários em um lago, com ênfase nos principais compostos produzidos e consumidos nas diferentes etapas. Os lagos podem ser classificados em oligotróficos, mesotróficos e eutróficos de acordo com a produtividade primária:

- oligotróficos: pouca produtividade primária e baixa concentração de nutrientes;
- mesotróficos: lagos com características intermediárias entre oligotróficos e eutróficos;
- eutróficos: elevada produtividade primária e concentração de nutrientes.

Espécies vegetais aquáticas, também chamadas de produtores primários, na presença de luz, convertem o CO_2 na matéria orgânica que as compõe através da fotossíntese. Além do carbono e enxofre, os elementos necessários em maiores concentrações para prover a produtividade primária são o nitrogênio e fósforo. O fósforo tende a ser o agente limitante, uma vez que seu aporte natural nos sistemas aquáticos é limitado diante das concentrações requeridas para os outros elementos citados. O fósforo, naturalmente, se origina de processos de dissolução de rochas fosfatadas e de sua reciclagem ao longo da cadeia alimentar. O nitrogênio pode ser fixado a partir do nitrogênio gasoso por alguns microrganismos e algas. O aporte de nitrogênio e fósforo decorrente de atividades humanas se dá, principalmente, pela introdução de despejos, sejam industriais ou domésticos, e pelo escoamento da água de áreas agrícolas fertilizadas.

O desequilíbrio ecológico decorrente da intensificação da eutrofização inicia-se no aumento da produtividade primária. Isso tem como consequência a elevação da turbidez e recobrimento da superfície por espécies vegetais aquáticas, o que reduz a penetração de luz e difusão do oxigênio no corpo hídrico durante

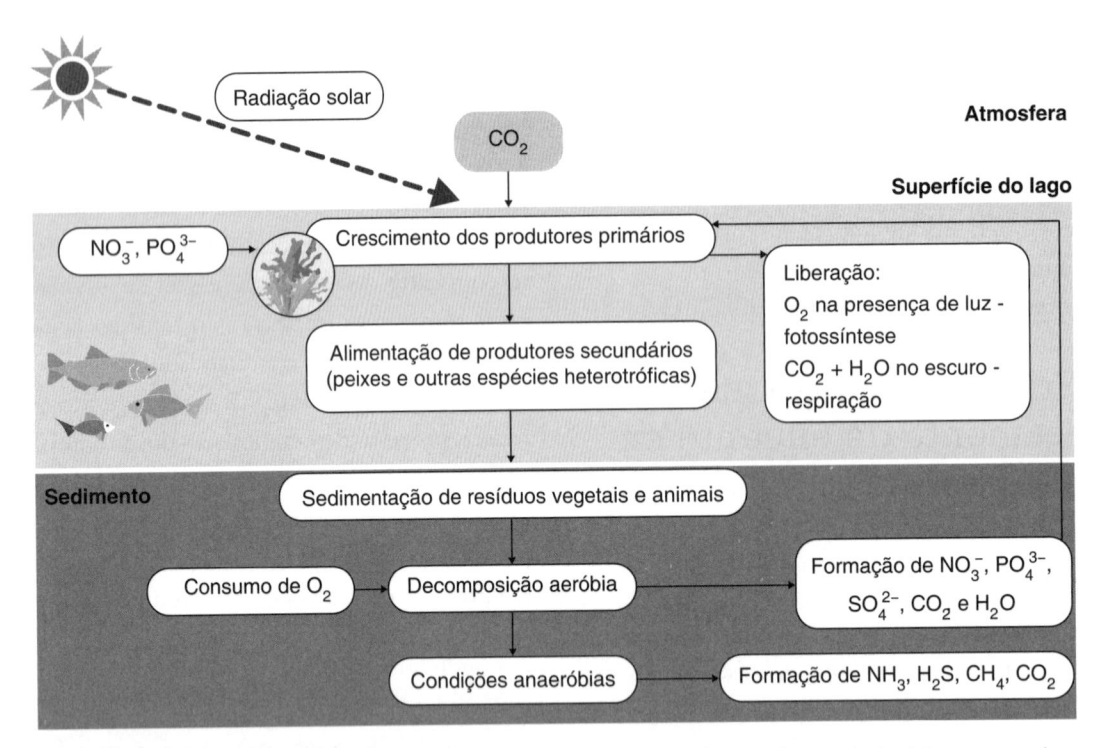

FIGURA 5.7 Esquema simplificado do processo de crescimento dos produtores primários em um lago.

a noite. Vale ressaltar que, ainda que a fotossíntese contribua para introdução de O_2 no meio aquático, na ausência de luz os produtores primários realizam a respiração (consumo de OD) e, quando mortos, sedimentam-se e são degradados no fundo de rios e lagos por organismos decompositores aeróbios. Quando o OD do meio se torna escasso, a degradação da matéria orgânica se dá sob condições anaeróbias. Assim, as principais consequências da eutrofização são: aumento da turbidez, redução na penetração de luz, elevação da DBO, depleção do O_2 com possibilidade de morte dos peixes e geração de mau odor em decorrência da formação de H_2S (produto da decomposição da matéria orgânica em condições anaeróbias). Pode ocorrer, também, a redução da profundidade de lagos, por causa do acúmulo de matéria orgânica no sedimento, dando origem ao fenômeno de assoreamento, previamente descrito. Em decorrência, além de problemas estéticos, pode haver dificuldade para a navegação, possibilidade de liberação de cianotoxinas quando há presença de cianobactérias, degradação da qualidade da água para fins de abastecimento de água e balneabilidade.

Corpos hídricos eutrofizados adquirem coloração esverdeada em virtude da presença de espécies clorofiladas em suspensão. Na Fig. 5.8a é mostrada uma foto da lagoa da Pampulha, em Belo Horizonte (MG), na Fig. 5.8b um lago situado em Juiz de Fora (MG) e, na Fig. 5.8c, um trecho do lago da Usina de Gafanhoto próximo à cidade de Divinópolis (MG). As fotos mostram apenas três dentre os inúmeros exemplos de lagos eutrofizados no Brasil.

Contaminação

A contaminação consiste em uma forma de poluição por agentes que podem causar danos à saúde humana e ou à vida aquática.

Existem vários tipos de contaminação, por compostos químicos orgânicos, inorgânicos, com destaque para os metais pesados, micropoluentes e microrganismos. Como nas seções anteriores já se discorreu sobre eles, especificamente aqui será dado maior enfoque à contaminação de corpos receptores por microrganismos patogênicos.

Após o lançamento de efluentes sanitários não tratados, há um grande aporte de microrganismos patogênicos no corpo receptor. Apesar de esses microrganismos não causarem impacto à biota do meio, eles irão prejudicar os usos preponderantes que se fazem da água, tais como balneabilidade, irrigação e abastecimento público de água potável. A maioria dos agentes

FIGURA 5.8 (A) Foto de um trecho da lagoa da Pampulha, situada em Belo Horizonte (MG) (07/2016). (B) Trecho de um lago situado em Juiz de Fora (MG) (08/2016). (C) Trecho da represa da Usina de Gafanhoto, localizada no Rio Pará, próxima à Cidade de Divinópolis (MG) (09/2015).

patogênicos possui no trato intestinal humano as condições ideais para o crescimento e reprodução. Contudo, quando submetidos a condições adversas do ambiente, tais como em corpos receptores, esses agentes tendem a decrescer em quantidade, fenômeno denominado decaimento. Como as bactérias do grupo coliforme são as utilizadas como indicadores de contaminação de origem fecal (especificamente coliformes termotolerantes e *E.coli*), este grupo é o utilizado para acompanhar o decaimento de organismos patogênicos no corpo de água. Contudo, o decaimento de coliformes somente é indicado para avaliar o decaimento de bactérias e vírus (porém vem sendo demonstrada limitação como indicador para vírus entérico), visto que protozoários e helmintos possuem mecanismos distintos de remoção e os coliformes não podem ser indicadores dos mesmos.

Dentre os fatores intervenientes para contribuir com o decaimento bacteriano, tem-se:

- fatores físicos: luz solar (radiação ultravioleta), temperatura, adsorção, floculação, sedimentação;
- fatores físico-químicos: efeitos osmóticos (salinidade), pH, toxicidade, potencial redox;
- fatores biológicos e bioquímicos: falta de nutrientes, predação e competição.

É importante destacar que, apesar de o decaimento bacteriano contribuir para a diminuição de microrganismos patogênicos no corpo receptor, caso não haja um tratamento eficiente do efluente a ser lançado, possivelmente apenas o decaimento bacteriano não será suficiente para obter níveis seguros para o uso desta água. Por exemplo, um esgoto bruto (10^7 org/100 mL e 0,5 m^3/s) sendo lançado em um rio (50 org/100 mL e 3 m^3/s) mesmo considerando o decaimento bacteriano, para que o rio apresente uma qualidade da água compatível com os usos previstos na classe 1 (CONAMA, 2005), o esgoto deve possuir uma eficiência de tratamento de 99,9 % de remoção de coliformes termotolerantes. Eficiência tal que os tratamentos secundários geralmente não alcançam. Portanto, esse tipo de poluição é um grande desafio para o saneamento do Brasil.

Poluição por matéria orgânica – estudo de autodepuração

A poluição por matéria orgânica constitui um dos principais problemas decorrentes do lançamento de águas residuárias, principalmente no Brasil, onde o tratamento de esgotos ainda é incipiente. Dentre as diversas consequências do lançamento de efluentes no corpo receptor, a degradação da matéria orgânica pelas bactérias aeróbias decompositoras pode causar um grande impacto. Essa estabilização da matéria orgânica leva ao consumo de oxigênio dissolvido no rio pelas bactérias aeróbias para sua respiração. Se este fenômeno for muito intenso, a concentração de oxigênio dissolvido pode diminuir a ponto de prejudicar a vida aquática, podendo levar a graves consequências, como a mortandade de peixes e a condições anaeróbias. Por outro lado, há fenômenos de aporte de oxigênio no rio, previamente mencionados na abordagem do parâmetro OD, que

podem aumentar a concentração do oxigênio no meio. Portanto, há um nível de carga orgânica que este rio consegue assimilar sem prejudicar os usos que dele são feitos e, após atingido este nível, tem-se que realizar o tratamento desses efluentes de forma a minimizar o impacto de seu lançamento.

Desse modo, a autodepuração é a capacidade de restabelecimento do equilíbrio no meio aquático, após as alterações induzidas pelo lançamento de águas residuárias (VON SPELING, 2005). Portanto, após o lançamento de efluentes no rio, há uma desorganização inicial no equilíbrio e, depois da autodepuração, encontra-se uma nova condição de equilíbrio. Destaca-se que o conceito de autodepuração é muito relativo e, se olharmos do ponto de vista dos compostos orgânicos persistentes, pode ser que o tempo para esse rio se autodepurar leve muitos anos. Sob a ótica dos microrganismos patogênicos, teremos outra resposta e, em nível de poluição por matéria orgânica biodegradável, outra. Assim, trata-se de um tema amplo, mas que deve ser considerado de forma a minimizar os impactos no corpo receptor e dos usos que se faz do corpo d'água.

Estudo de autodepuração

Em áreas onde o ecossistema se apresenta em condições naturais, ou seja, ausência de poluição, há uma elevada diversidade de espécies com reduzido número de indivíduos em cada espécie, caracterizando um baixo impacto ambiental. Já no ecossistema em condições perturbadas, há uma baixa diversidade de espécies com elevado número de indivíduos em cada espécie (VON SPERLING, 2005). Desta forma, em um ambiente impactado, há um processo de seleção, onde somente as espécies resistentes àquela nova condição conseguem se adaptar e, por conseguinte, aumentar seu número.

Assim, o lançamento de efluentes em um corpo d'água causa vários impactos, e um dos objetivos do estudo de autodepuração é justamente avaliar, de acordo com os usos pretendidos, qual o impacto que o lançamento de determinado efluente irá causar. Adicionalmente, é preciso prever a necessidade ou não de tratamento para esse efluente, o impacto de múltiplos usuários de acordo com o aumento da demanda, situações extremas como escassez hídrica e, por fim, utilizar a capacidade do corpo receptor em assimilar, por processos naturais, a carga orgânica a ser lançada.

Assim, há cinco zonas principais identificáveis que ocorrem ao longo de um rio após o lançamento de efluentes, predominantemente de origem orgânica e biodegradável, nas quais se divide o processo de auto-depuração (Fig. 5.9):

Zona de águas limpas: o rio está em condições naturais, com elevado número de espécies, OD elevado, baixa concentração de matéria orgânica, isto é, elevada qualidade da água.

Zona de degradação: ocorre após o lançamento de um efluente. Nessa zona há elevada concentração de matéria orgânica, e é onde se inicia o aumento da concentração de microrganismos decompositores devido à elevada disponibilidade de alimento, ocorrendo um decaimento do oxigênio dissolvido, tanto pela diluição do efluente com baixa concentração de OD, quanto pelo início do consumo de OD pelos microrganismos. Ou-

tras consequências são a possível queda do pH devido ao aumento da geração de CO_2 pela degradação aeróbia, possibilidade de ocorrência de condições anaeróbias no lodo com geração de subprodutos desta reação, como gás sulfídrico (H_2S), e o início da conversão de compostos nitrogenados à amônia. Quanto aos microrganismos, começa uma diminuição no número de espécies, com a presença de bactérias do grupo coliforme, protozoários e fungos (VON SPERLING, 2005).

Zona de decomposição ativa: nesta zona, a concentração de matéria orgânica começa a diminuir por causa da elevada atividade bacteriana, como consequência da limitação de alimento, as bactérias começam a reduzir seu número e a concentração de oxigênio dissolvido chega ao seu mínimo, pois o consumo de OD ainda se encontra maior do que os processos de aporte e produção de oxigênio. Outras consequências são a produção de produtos resultantes devida à decomposi-

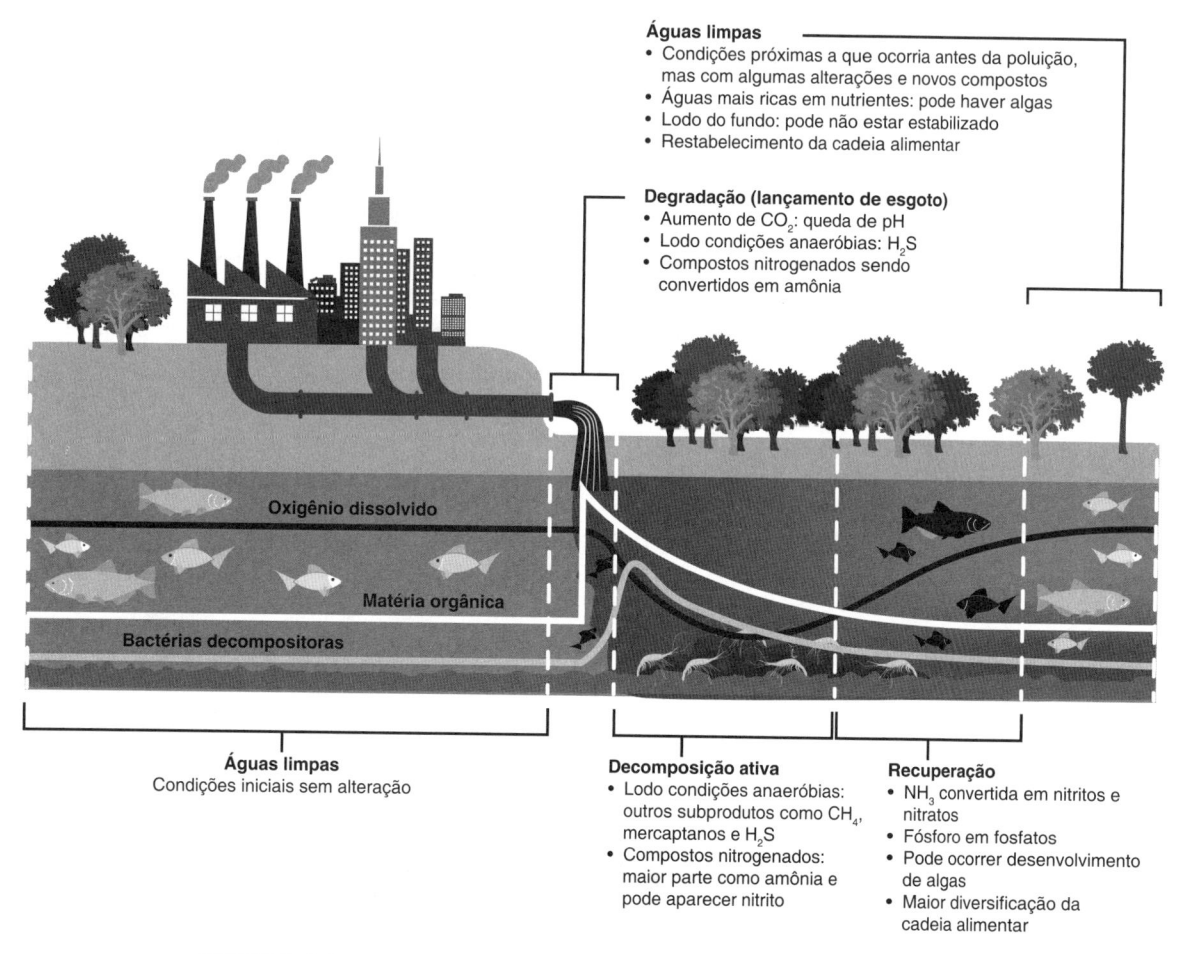

FIGURA 5.9 Descrição das principais zonas do processo de autodepuração.

ção anaeróbia do fundo e os compostos nitrogenados na forma amoniacal, podendo ocorrer a presença de nitrito. As bactérias patogênicas entéricas são reduzidas em razão das condições adversas, ocorre um aumento de protozoários, presença de alguns macrorganismos e larvas de insetos. No entanto, a macrofauna ainda é restrita (VON SPERLING, 2005). Caso este processo seja muito intenso, podem ocorrer condições anaeróbias na coluna de água, desaparecendo os organismos aeróbios.

Zona de recuperação: nesta fase, a produção de oxigênio está maior do que seu consumo, ou seja, começa uma recuperação da concentração de oxigênio dissolvido no rio. Grande parte da matéria orgânica já se encontra estabilizada e a concentração de bactérias decompositoras está bastante reduzida também. A amônia é convertida a nitrito e, posteriormente, a nitrato, enquanto compostos de fósforo são convertidos a fosfatos. Assim, ocorre uma fertilização do meio favorecendo o aparecimento de algas, as quais contribuem ainda mais para o aumento do aporte de OD. Quanto aos organismos, ocorre uma queda dos protozoários e os microcrustáceos estão no seu máximo. A cadeia alimentar está mais diversificada, provendo a alimentação dos peixes mais tolerantes (VON SPERLING, 2005).

Zona de águas limpas: nesta zona, o rio já recuperou as condições próximas às iniciais, contudo há diferenças, pois há compostos mineralizados presentes no meio, fazendo com que o meio esteja mais fértil que as condições iniciais (anterior ao lançamento), estimulando o crescimento de algas. O ecossistema encontra um novo equilíbrio e está estável, a comunidade atinge novamente o clímax (VON SPERLING, 2005).

Mecanismos integrantes no balanço de OD

O processo de autodepuração é um balanço entre os processos que consomem oxigênio dissolvido e os que produzem oxigênio dissolvido, conforme descrito na Fig. 5.10.

Consumo de oxigênio

Oxidação da matéria orgânica: a matéria orgânica se encontra em suspensão e dissolvida, sendo que parte da matéria orgânica em suspensão pode se depositar no fundo e integrar a demanda bentônica. A matéria orgânica dissolvida e parte da em suspensão serão degradadas pelas bactérias decompositoras que irão consumir o oxigênio disponível do meio.

Demanda bentônica: é a demanda de oxigênio pelo sedimento, ou seja, pelo material depositado no fundo ou presente no sedimento. A demanda bentônica pode ocorrer de duas formas: (i) a baixa concentração de oxigênio no fundo que em condições anaeróbias libera produtos da decomposição na coluna de água que irão contribuir para aumentar o consumo de oxigênio na massa líquida

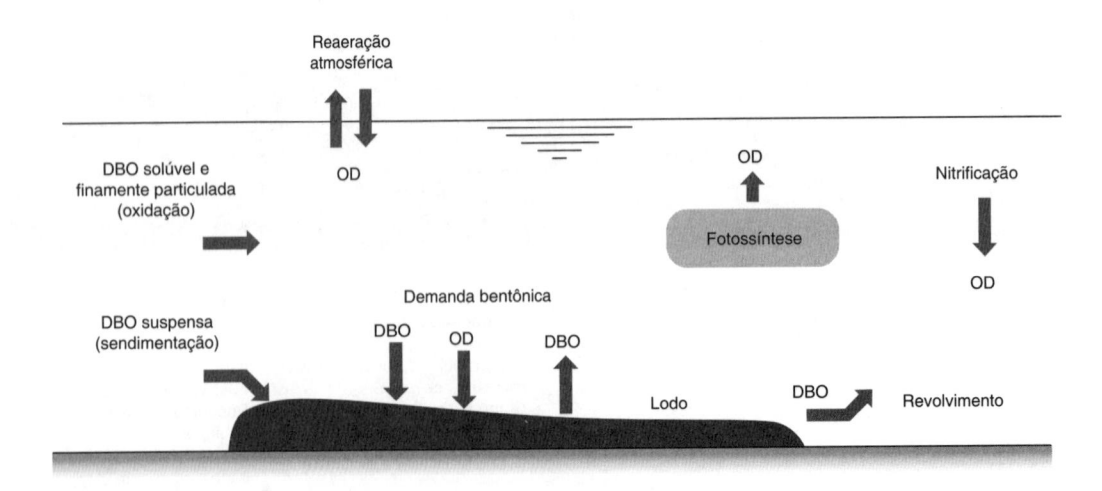

FIGURA 5.10 Mecanismos integrantes no balanço de oxigênio de um rio.

pelas bactérias aeróbias; e (ii) o revolvimento do lodo do fundo e a ressuspensão dessa matéria orgânica para a massa líquida aumentando a demanda de oxigênio.

Nitrificação: a conversão de amônia a nitrito e posteriormente de nitrito a nitrato leva ao consumo de oxigênio. Há a necessidade de condições específicas para a ocorrência de reações, tais como a presença de bactérias nitrificantes. Assim, o consumo de oxigênio devido a estes microrganismos é definido como demanda nitrogenada.

Produção de oxigênio

Reaeração atmosférica: quando a água é exposta a um gás, ocorre um contínuo intercâmbio entre as moléculas da fase líquida e da fase gasosa. Assim, quando um deles se encontra em déficit, seja o gás ou o líquido, ocorre um aumento da transferência deste gás para que o equilíbrio se reestabeleça. Dessa forma, quando o consumo de oxigênio na massa líquida aumenta e sua concentração fica abaixo da concentração de saturação (Cs), há o fenômeno de reaeração atmosférica.

O processo de reaeração atmosférica é geralmente o principal fator de introdução de oxigênio no meio líquido. São dois os principais mecanismos de transferência de oxigênio: a difusão molecular e a difusão turbulenta (VON SPERLING, 2005). A difusão molecular é a tendência de qualquer substância se es-

palhar uniformemente no meio. A difusão turbulenta ocorre em razão da criação e renovação de interfaces. A difusão turbulenta é o principal mecanismo de transferência de oxigênio e, desta forma, quanto maior a renovação e criação de interfaces, maior será essa difusão. Por exemplo, rios com muitas cachoeiras e quedas de águas possuem um maior poder de reaeração, ou seja, maior introdução de oxigênio, assim como nos rios rasos e com maior velocidade. Por outro lado, rios profundos e lentos tendem a ter menor turbulência e, portanto, menor transferência de oxigênio para a massa líquida.

Fotossíntese: é o principal processo utilizado pelos seres autotróficos para a síntese da matéria orgânica. Desta forma, pode-se dizer que, na presença de luz, há formação de oxigênio e matéria orgânica, favorecendo o aumento de OD no meio. Um grande representante deste grupo são as algas (VON SPERLING, 2005).

Modelos de autodepuração

O modelo clássico de autodepuração é o que foi desenvolvido pelos pesquisadores Streeter e Phelps, em 1925, sendo a base para os outros modelos mais sofisticados que o sucederam. O exemplo de autodepuração a seguir se baseia neste modelo e, para obter um maior detalhamento, deve-se consultar Von Sperling (2005).

EXEMPLO 1

Um rio enquadrado como classe 2 (CONAMA, 2005) possui uma vazão de 3 m^3/s, concentração de $DBO_{5,20}$ de 3 mg/L (rio limpo), altura média de 7,88 m, temperatura de 20 °C e altitude de 800 m. Considerou-se que todos os efluentes possuem 0 mg/L de oxigênio dissolvido. Ao longo do rio são lançados os seguintes efluentes:

Efluente 1 : Efluente de uma ETE com $Q = 0,5\,m^3/s$, $DBO_{5,20}$ = 160 mg/L, k_1 = 0,19 d^{-1}.
Efluente 2 : Efluente de uma indústria com $Q = 0,1\,m^3/s$, $DBO_{5,20}$ = 1000 mg/L, k_1 = 0,4 d^{-1}.

Efluente 3 : Efluente de uma indústria 2 com $Q = 1\,m^3/s$, $DBO_{5,20}$ = 200 mg/L, k_1 = 0,3 d^{-1}.
Efluente 4 : Efluente de esgoto com $Q = 5\,m^3/d$, $DBO_{5,20}$ = 450 mg/L, k_1 = 0,42 d^{-1}.

Percebe-se que, após o lançamento do efluente 1, há uma diminuição do oxigênio dissolvido do rio abaixo de 5 mg/L, estando, portanto, fora de seu enquadramento. Depois do lançamento do efluente 3, o rio fica anaeróbio (Fig. 5.11a). Desta forma, os efluentes não poderiam ser lançados com a carga orgânica que se encontram, necessitando de tratamento.

Após um estudo de autodepuração, em que se estudou qual seria a porcentagem de tratamento de cada efluente para que o rio fosse mantido na sua classe de enquadramento, ou seja, classe 2 com 5 mg O_2/L, chegou-se às seguintes porcentagens de tratamento em relação à $DBO_{5,20}$:

Efluente 1, com 88 % de eficiência
Efluente 2, com 95 % de eficiência
Efluente 3, com 93 % de eficiência
Efluente 4, não houve necessidade de tratamento.

Assim, verifica-se, na Fig. 5.11b, que com o tratamento dos efluentes o rio manteve seu enquadramento, permanecendo com 5 mg/L de OD ao longo de seu percurso.

Este exemplo focou apenas no quesito oxigênio dissolvido, embora também deva ser verificada a concentração de materia orgânica. Ainda, neste caso, não se levou em consideração o atendimento à Resolução Conama nº 430/2011 quanto ao lançamento de efluentes, a qual recomenda remoções mínimas no quesito $DBO_{5,20}$.

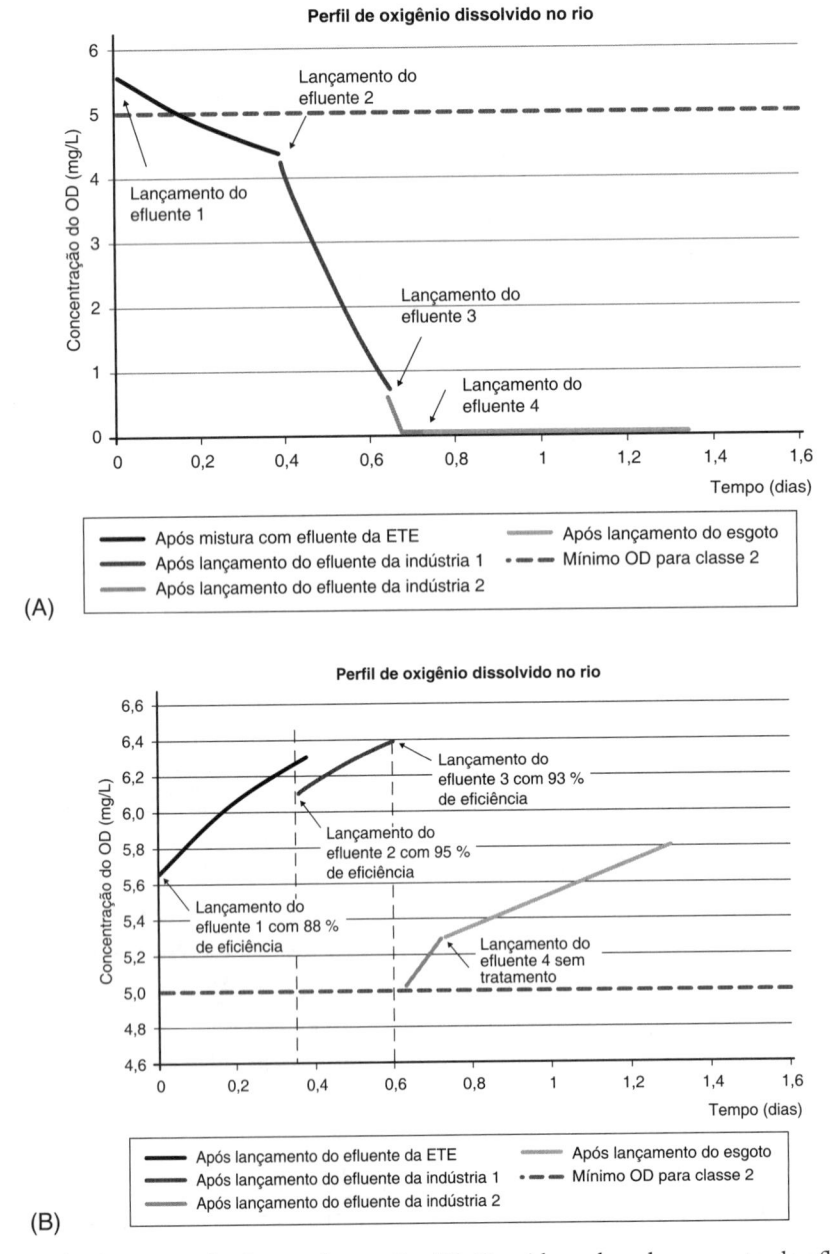

FIGURA 5.11 Exemplo de um estudo de autodepuração. (A) Considerando o lançamento de efluente no rio sem tratamento. (B) Considerando os efluentes 1, 2, 3 e 4 com 88 %, 95 %, 93 % e 0 % de tratamento, respectivamente.

EXERCÍCIOS DE FIXAÇÃO

1. Sabendo que a solubilidades de gases em água é determinada pela equação de Henry, calcule, em mg/L, a concentração de saturação dos gases O_2 e CO_2 em um lago situado no nível do mar a temperatura de 20 °C.
   Dados:
   K_H (mol/L·atm) a 20 °C = $1,3 \times 10^{-3}$ (O_2) e $2,3 \times 10^{-2}$ (CO_2).
   Pressão parcial dos gases O_2 e CO_2 na atmosfera, no nível do mar: 0,21 atm e 0,0003 atm, respectivamente.
   Massa molar: CO_2: 44 g/mol; O_2 32 g/mol.

2. A partir dos dados de caracterização de dois efluentes distintos apresentados na Tabela 5.5, responda:
   a. Qual dos dois efluentes apresenta maior biodegradabilidade?
   b. Dentre os efluentes apresentados, qual poderia ser o de origem doméstica? Justifique.

Tabela 5.5 Caracterização de dois efluentes A e B

Efluente	DQO (mg/L)	DBO (mg/L)
A	7520	1550
B	620	380

3. Considere os dados de monitoramento dos parâmetros nitrogênio, nitrogênio amoniacal, nitrito, nitrato e DBO em um rio classe 2 que recebe um efluente (Figs. 5.12a e 12b, respectivamente). São monitorados três pontos: a montante, a jusante (100 m) e a jusante (5 km) do ponto de lançamento. Considere que não há outras contribuições pontuais. Discuta os resultados considerando os impactos do lançamento, o comportamento dos parâmetros no trecho do rio em questão e as legislações pertinentes.

4. Um rio está próximo a uma extensa área agrícola. Qual o tipo de poluição que pode estar ocorrendo? Quais os parâmetros de qualidade da água que podem ser afetados? Quais são os possíveis impactos no corpo receptor?

5. Quais são os problemas que podem ocorrer no uso de uma água superficial que possui contaminação microbiológica? Qual organismo indicador você escolheria para avaliar tal contaminação?

6. Qual é o objetivo de um estudo de autodepuração?

7. Qual é a diferença entre toxicidade aguda e crônica?

8. Qual é a diferença entre cor aparente, cor verdadeira e turbidez? Cite um uso de cada parâmetro.

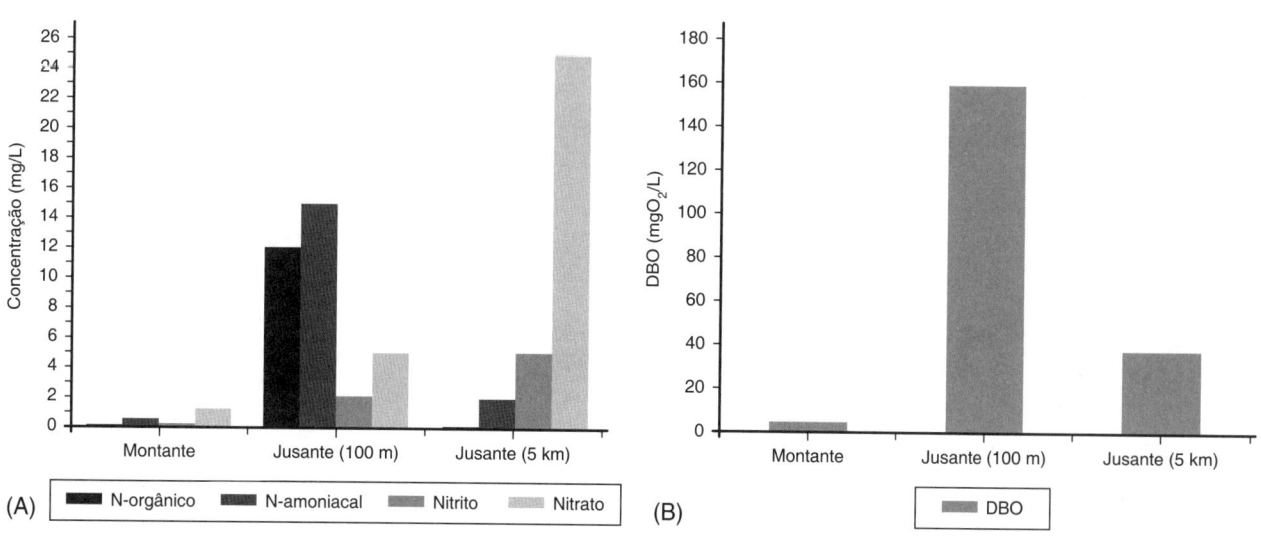

FIGURA 5.12 Monitoramento de (A) nitrogênio, nitrogênio amoniacal, nitrito e nitrato e de (B) $DBO_{5,20}$ em um rio classe 2 que recebe um efluente.

BIBLIOGRAFIA

AMERICAN PUBLIC HEALTH ASSOCIATION (APHA); AMERICAN WATER WORKS ASSOCIATION (AWWA); WATER ENVIRONMENT FEDERATION (WEF). **Standard methods for the examination of water and wastewater**. 22. ed. Washington, DC, 2012.

BAIRD, C.; CANN, M. **Química ambiental**. Porto Alegre: Bookman, 2011.

BRAGA, B. *et al.* **Introdução à engenharia ambiental**. São Paulo: Pearson, 2005.

BRASIL. **Lei nº 6.938**, de 31 de agosto de 1981. Dispõe sobre a Política Nacional do Meio Ambiente, seus fins e mecanismos de formulação e aplicação, e dá outras providências. **Diário Oficial [da] República Federativa do Brasil]**, Brasília, DF, Seção I, 2 set. 1981, p. 16509.

BRASIL. Ministério da Saúde. **Portaria de Consolidação nº 5 de 2017, Anexo XX**. Dispõe sobre os procedimentos de controle e de vigilância da qualidade da água para consumo humano e seu padrão de potabilidade. Brasília, DF: Ministério da Saúde, 2017.

COMPANHIA AMBIENTAL DO ESTADO DE SÃO PAULO. **Qualidade das águas interiores no estado de São Paulo**. Anexo A. Significado ambiental e sanitário das variáveis de qualidade das águas e dos sedimentos e metodologias analíticas e de amostragem. São Paulo: Cetesb, 2009.

CONSELHO NACIONAL DO MEIO AMBIENTE (Brasil). **Resolução nº 357**, de 17 de março de 2005. Dispõe sobre a classificação dos corpos de água e diretrizes am-

bientais para o seu enquadramento, bem como estabelece as condições e padrões de lançamento de efluentes, e dá outras providências. Brasília, DF: Conama, 2005.

_____. **Resolução nº 430**, de 13 de maio de 2011. Dispõe sobre as condições e padrões de lançamento de efluentes, complementa e altera a Resolução nº 357, de 17 de março de 2005, do Conselho Nacional do Meio Ambiente − Conama. Brasília, DF: Conama, 2011.

DEZOTTI, M. (coord.). **Processos e técnicas para o controle ambiental de efluentes líquidos**. Rio de Janeiro: E-papers, 2008. (Série Escola Piloto de Engenharia Química). v. 5.

HELLER, L.; PÁDUA, V. L. **Abastecimento de água para consumo humano**. Belo Horizonte: Ed. UFMG, 2010.

LIBÂNIO, M. **Fundamentos de qualidade e tratamento de água**. Campinas, SP: Átomo, 2010.

METCALF, L.; EDDY, H. P. **Tratamento de efluentes e recuperação de recursos**. McGraw-Hill, 2015.

NOP-INEA-008 (2018). Critérios e Padrões para Controle da Toxicidade em Efluentes Líquidos Industriais, FEEMA.

PIVELI, R.P.; KATO, M.T. **Qualidade das águas e poluição**: aspectos físico-químicos. São Paulo: ABES, 2006.

RIO GRANDE DO SUL. **Resolução nº 129**, de 24 de novembro de 2006. Dispõe sobre a definição de critérios e padrões de emissão para toxicidade de efluentes líquidos lançados em águas superficiais do Estado do Rio Grande do Sul. Porto Alegre: Consema, 2006.

SANTA CATARINA. **Portaria nº17**, de 18 de abril de 2002. Estabelece limites máximos de toxicidade aguda para efluentes em Santa Catarina. Florianópolis: Fatma, 2002.

SÃO PAULO (Estado). **Resolução nº 3**, de 22 de fevereiro de 2000. O Secretário do Meio Ambiente, no uso de suas atribuições legais e em face da deliberação da Diretoria Plena da CETESB – Companhia de Tecnologia de Saneamento Ambiental que provou a necessidade de implementar o controle ecotoxicológico de efluentes líquidos no Estado de São Paulo. São Paulo: SMA, 2000.

SISINNO, C. L. S.; OLIVEIRA-FILHO, E. C. **Princípios de toxicologia ambiental** – conceitos e aplicações. Rio de Janeiro: Interciência, 2013.

UNITED STATES ENVIRONMENTAL PROTECTION AGENCY. **Priority Pollutant List 2014**. USEPA, 2014.

VON SPERLING, M. **Introdução à qualidade das águas e ao tratamento de esgoto**. 3. ed. Belo Horizonte: Ed. UFMG, 2005.

ZAGATTO, P.A.; BERTOLETTI, E. **Ecotoxicologia aquática** – princípios e aplicações. 2. ed. São Carlos, SP: Rima, 2008.

6

Gestão de Recursos Hídricos

Alfredo Akira Ohnuma Júnior
Luciene Pimentel da Silva
Rosa Maria Formiga Johnsson

Este capítulo apresenta os fundamentos e a situação atual da gestão de recursos hídricos no Brasil. Assim como na gestão dos recursos naturais ambientais, a gestão das águas visa à promoção do desenvolvimento sustentável. Mais especificamente, deve operacionalizar os objetivos da política das águas: garantir o acesso à água com quantidade e qualidade adequada aos seus usos, para a geração atual e futura; promover a utilização racional adequada e integrada das águas; e prevenir e defender contra eventos hidrológicos críticos (enchentes e secas), de origem natural ou antrópica.

Inicialmente é apresentado o ciclo da água, seguido do conceito de bacia hidrográfica como unidade geográfica para gestão dos recursos hídricos e das regiões hidrográficas brasileiras. Discutem-se os conceitos de balanço e disponibilidade hídrica de águas superficiais e águas subterrâneas. É introduzida a Política e o Sistema Nacional de Recursos, assim como os principais elementos para sua instrumentação por meio do gerenciamento integrado dos recursos hídricos definidos pela Lei Federal nº 9.433/1997. Em seguida, são apresentados os instrumentos de gestão, sobretudo os planos de recursos hídricos, o sistema de informações sobre recursos hídricos, a outorga de direitos de uso, a cobrança pelo uso da água bruta, o enquadramento dos corpos hídricos segundo classes de uso e temáticas atuais, como pegada hídrica e água virtual. Por fim, discutem-se os principais desafios para a gestão dos recursos hídricos no Brasil, no contexto de mudanças ambientais globais.

6.1 Ciclo da água

O ciclo hidrológico é um fenômeno global de circulação fechada da água atuante entre a superfície terrestre e a atmosfera, impulsionado especialmente pela energia solar. A gravidade e a rotação da Terra facilitam a troca do elemento água, em suas diferentes fases, do início ao fim do ciclo da água, a partir de processos dinâmicos e contínuos.

Na fase terrestre do ciclo hidrológico, ocorre a transpiração das plantas e a evaporação da água dos oceanos, lagos, rios, superfície das folhas, solos e outras superfícies úmidas. No processo de evapotranspiração (evaporação e transpiração) a água é transformada em vapor, e na atmosfera passa a integrar as nuvens. Em determinadas condições meteorológicas o vapor se condensa formando gotículas, que ao adquirirem peso suficiente, precipitam-se em diferentes formas, como saraiva, granizo, neve ou chuva, sendo esta última a precipitação mais comum no Brasil. Antes de atingir o solo, a chuva pode ser interceptada pela vegetação ou outras barreiras no caminho.

A evapotranspiração é um processo físico combinado da evaporação da água com a transpiração das plantas, de modo que a transferência de água para a atmosfera depende das condições meteorológicas locais, das características da superfície evaporante e da quantidade de água disponível na superfície.

Ao precipitar-se sobre o solo, parte do volume de água da chuva pode infiltrar-se no solo, ficar retido nas depressões ou escoar superficialmente. À medida que o solo é preenchido por água, decresce a taxa de infiltração até seu limite de saturação, onde a partir daí elevam-se os volumes de escoamento superficial. Nessas condições, e movido pela ação da gravidade, o escoamento tende a aumentar nas regiões mais baixas, sobretudo na ausência de vegetação e de áreas impermeabilizadas.

Após a infiltração da água na superfície, pode surgir a percolação como um processo de transferência da água no perfil de solo para camadas mais profundas até a região dos aquíferos ou os reservatórios de águas subterrâneas.

A Fig. 6.1 ilustra as componentes principais da fase terrestre do ciclo da água de determinado sistema, como, por exemplo, em uma unidade espacial de bacia hidrográfica, cujas características são apresentadas na Seção 6.2.

O ciclo hidrológico é condicionado, sobretudo, pelos elementos do clima, pela morfologia dos terrenos, pelas características de uso, ocupação e intrínsecas dos solos (biogeoquímicas, físicas e hídricas). Entre os

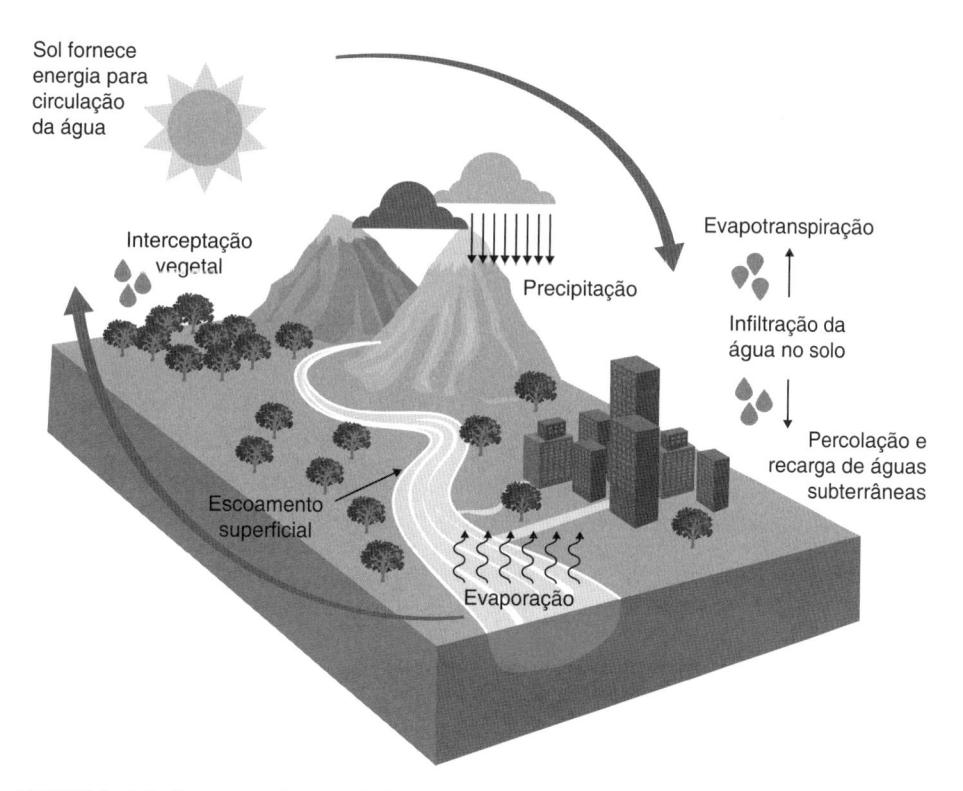

FIGURA 6.1 Processos de transferência de água entre a superfície terrestre e a atmosfera.

elementos do clima, destacam-se a pressão atmosférica, a velocidade dos ventos, a umidade relativa do ar, a radiação líquida e a temperatura. Os tipos de uso do solo, a presença de vegetação, suas características, assim como a disposição das camadas dos solos, suas capacidades de retenção, condutividade hidráulica e presença de solutos, irão influenciar a temporalidade e a qualidade da água, que, como será visto mais adiante, condicionará a disponibilidade hídrica. Também é essencial o condicionamento pelo relevo e pela morfologia dos terrenos, que, por sua vez, influenciam a formação dos cursos d'água e a topologia da rede de drenagem.

6.2 Bacias hidrográficas como unidades de planejamento e gestão

Para o planejamento e gestão dos recursos hídricos, o território brasileiro foi dividido em 12 grandes regiões hidrográficas. Cada uma dessas macrorregiões, conforme a Fig. 6.2, caracteriza uma região hidrográfica (numeradas de 1 a 8), como a Amazônica, ou um conjunto de bacias hidrográficas contíguas, com semelhanças ambientais, sociais e econômicas (Resolução CNRH nº 32, de 15 de outubro de 2003). Esta divisão tem a finalidade de orientar, fundamentar e implementar o Plano Nacional de Recursos Hídricos e a Política Nacional de Recursos Hídricos, além de constituir a base físico-territorial para a estruturação da base de dados referenciada por região e bacia hidrográfica, em âmbito nacional, visando à integração das informações em recursos hídricos.

> **Bacia hidrográfica** é uma região definida geograficamente, que abrange a rede de drenagem, incluindo um rio principal (o de maior extensão) e seus afluentes, fazendo com que todas as águas ali precipitadas escoem por uma única saída, denominada exutório ou seção de controle da bacia hidrográfica. Na definição dos limites e da área das bacias hidrográficas, são utilizados mapas planialtimétricos e suas curvas de nível, além da rede de drenagem. A bacia é denominada de acordo com o nome do rio de maior extensão.

FIGURA 6.2 Divisão do território nacional em regiões hidrográficas no Brasil. Fonte: ANA (2017).

Para o gerenciamento dos recursos hídricos, é importante o reconhecimento dos rios, cujo curso pode atravessar diferentes unidades federativas ou outros países (rios de domínio da União), e aqueles que estão dentro dos limites estaduais (rios de domínio dos estados). Os primeiros são de responsabilidade da Agência Nacional de Águas (ANA), enquanto os demais são geridos por órgãos estaduais, igualmente responsáveis pelas águas subterrâneas. Ambas as agências, nacional e estaduais, integram o Sistema Nacional de Gerenciamento dos Recursos Hídricos, descrito adiante.

Para a gestão dos recursos hídricos, é essencial ter o domínio da disponibilidade de água em quantidade e qualidade, de modo a classificar a oferta quanto aos usos da água. Dessa forma, podem-se caracterizar ou não os consumos,[1] inclusive a disponibilidade hídrica para usos futuros. O conceito da bacia hidrográfica facilita a análise dos volumes de água pois pressupõe que todos os volumes precipitados na área da bacia irão convergir por uma única seção fluvial de saída. Os limites da bacia hidrográfica caracterizam divisores de água delimitando uma espécie de volume de controle.

> As águas minerais constituem exceção, não estão sob responsabilidade da Agência Nacional de Águas, nem dos órgãos gestores estaduais. Sua demanda deve ser encaminhada para o Departamento Nacional de Produção Mineral (DNPM), sendo regulada pelo Código das Águas Minerais (BRASIL, 1945).

Dentro dos princípios ambientais conservacionistas com vistas ao desenvolvimento sustentável, os usos e o desenvolvimento dos recursos hídricos não devem comprometer os ecossistemas naturais. A Fig. 6.3 ilustra a distribuição espacial de sub-bacias hidrográficas pertencentes à Bacia Hidrográfica do Ribeirão do Espírito Santo (LIMA, 2013).

6.3 Balanço e disponibilidade hídrica

A determinação do balanço e da disponibilidade hídrica na bacia hidrográfica envolve a análise das trajetórias das águas precipitadas sobre as superfícies, que

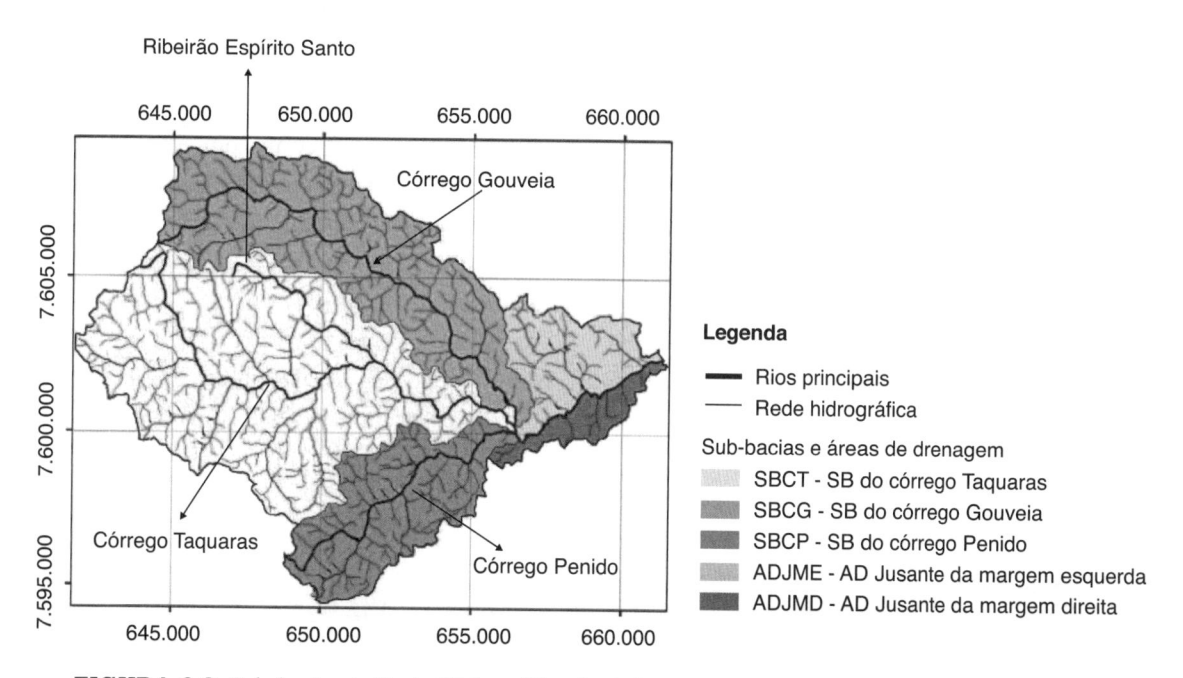

FIGURA 6.3 Sub-bacias da Bacia Hidrográfica do Ribeirão do Espírito Santo. Fonte: LIMA (2013).

---

[1] Os usos da água podem alterar os regimes hídricos, ou seja, a forma como ocorrem durante o ano. Algumas espécies são bastante suscetíveis a essas variações. Os volumes disponíveis para diluição de eventuais poluentes podem comprometer a qualidade das águas para determinados usos.

caracterizam o ciclo hidrológico, compreendendo: a interceptação das águas pela vegetação ou por outras barreiras antes de atingir a superfície; a evaporação e a transpiração; a infiltração das águas no solo; o seu armazenamento; e os escoamentos, sejam superficiais, subsuperficiais, subterrâneos ou fluviais. O aproveitamento dos recursos hídricos pode ser por meio do desvio das águas em qualquer uma dessas fases, ou mediante construções que visam à regularização dos volumes de acordo com as necessidades de consumo. Em princípio, é possível monitorar ou calcular os volumes de entrada de água, o armazenamento e as saídas de água, em cada uma dessas fases, ou na bacia hidrográfica, ou em um trecho de rio, em uma região hidrográfica, caracterizando o chamado balanço hídrico.

A quantificação dos componentes do balanço hídrico depende, fundamentalmente, de séries históricas obtidas por monitoramento hidrológico. Séries longas facilitam o entendimento da padronização dos eventos, com análises que possibilitam reduzir as incertezas de previsões hidrológicas. Quantificar os componentes do balanço hídrico de determinadas regiões hidrográficas contribui para a gestão dos recursos hídricos, à medida que dados são consolidados como indicadores hidrológicos, de modo que possam ser utilizados como ferramentas de apoio à tomada de decisões. O Quadro 6.1 ilustra o balanço hídrico global anual na superfície do planeta. Os volumes de água estão em km^3/ano.

De acordo com as ofertas pluviométricas, armazenamento, tempo de retenção, fluxos, usos, consumos, estado e qualidade da água, é possível caracterizar uma certa disponibilidade hídrica do sistema em análise. O sistema pode ser definido como determinada área de drenagem, trecho de rio, área ocupada por uma comunidade, município, estado, país ou continente. A partir

desta disponibilidade para a gestão das ofertas, podem-se admitir novos usos e consumos, de forma a garantir a integridade dos ecossistemas e a própria sustentabilidade na gestão dos recursos hídricos. Deve-se evitar a todo custo que, a partir de determinado uso ou consumo, o nível d'água dos rios diminua para patamares críticos ou nulos, ou se esgotem as águas subterrâneas armazenadas. Nesse sentido, a gestão da oferta de água, além do incentivo à conservação e ao uso racional (gestão das demandas e consumo), deve estabelecer índices e parâmetros técnicos que limitem e promovam o controle do uso da água em benefício da sustentabilidade.

Estes índices e parâmetros são caracterizados pela adoção de boas práticas, definição de vazões características calculadas a partir da série histórica, de indicadores ambientais e da instituição de um conjunto de marcos normativos e legais. O Quadro 6.2 apresenta, para diferentes órgãos responsáveis pela gestão de recursos hídricos, o critério para vazão máxima outorgável, ou seja, a vazão de referência, assim como a legislação correspondente aplicada na alocação de água no Brasil. Esses valores estão associados à quantidade máxima em volume de água em determinado intervalo de tempo que pode ter o seu uso concedido pelo órgão gestor.

O processo de obtenção de outorga do uso da água consiste na liberação, pelo órgão ambiental responsável, do uso dos recursos hídricos, conforme critérios técnicos estabelecidos, como, por exemplo, de vazões características de referência. O estudo e a definição de vazões de referência, obtidas de séries históricas observadas como Q_{95}, Q_{90} e $Q_{7,10}$, são igualmente essenciais para outros objetivos de gestão, como, por exemplo, a prevenção e defesa contra enchentes e inundações urbanas, a manutenção da integridade ecológica ou a proteção de mata ciliar (veja o Quadro 6.3).

Quadro 6.1 O balanço hídrico global anual

Superfície do planeta	Precipitação*	Evaporação	Descargas fluviais totais
Oceanos	458.000	502.800	—
Terrenos	110.000	65.200	44.800
Lagos	9.000	9.000	—
Total	577.000	577.000	44.800

*Principalmente chuva, neve e neblina. Fonte: PIMENTEL DA SILVA (2015), *apud* SHIKLOMANOV (1998).

Quadro 6.2 Critérios adotados para outorga de captação de águas superficiais

Órgão gestor	Vazão máxima outorgável	Legislação referente à vazão máxima outorgável
ANA	70 % da Q_{95}, podendo variar em função das peculiaridades de cada região. Até 20 % para cada usuário	Não existe, em razão das peculiaridades do país, podendo variar o critério
Inema-BA	80 % da Q_{90}. Até 20 % para cada usuário	Decreto Estadual nº 6.296/1997
SRH-CE	90 % da Q_{90}reg	Decreto Estadual nº 23.067/1994
Semarh-GO	70 % da Q_{95}	Não possui legislação específica
Igam-MG	30 % da $Q_{7,10}$ para captações a fio d'água e em reservatórios podem ser liberadas vazões superiores, mantendo o mínimo residual de 70% da $Q_{7,10}$ durante todo o tempo	Portaria do Igam nº 010/1998 e 007/1999
Aesa-PB	90 % da Q_{90}reg. Em lagos territoriais, o limite outorgável é reduzido em 1/3	Decreto Estadual nº 19.260/1997
Ipáguas-PR	50 % da Q_{95}	Decreto Estadual nº 4.646/2001
Apac-PE	Depende do risco que o requerente pode assumir	Não existe legislação específica
Semar-PI	80 % da Q_{95} (rios) e 80 % da Q95reg (açudes)	Não existe legislação específica
Igarn-RN	90 % da Q_{90}reg	Decreto Estadual nº 13.283/1997
DAEE-SP	50 % da $Q_{7,10}$ por bacia. Até 20 % da $Q_{7,10}$ para cada usuário	Não existe legislação específica
Semarh-SE	100 % da Q_{90}. Até 30 % da Q90 para cada usuário	Não existe legislação específica
Naturatins-TO	75 % da Q_{90} por bacia. Até 25 % da Q_{90} para cada usuário. Para barragens de regularização, 75 % da vazão de referência adotada	Decreto estadual aprovado pela Câmara de outorga do Conselho Estadual de Recursos Hídricos

Fonte: ANA (2011).

Os usos da água são definidos pela ANA (2013) como "qualquer atividade humana que, de qualquer modo, altere as condições naturais das águas superficiais ou subterrâneas". O uso pode ser classificado como consuntivo, que se caracteriza pela ocorrência de perdas, ou consumo, e ocorre quando há diferenças entre os volumes derivados (de entrada no sistema) e os que retornam aos corpos hídricos. Entre os principais usos consuntivos, citam-se o consumo humano (urbano e rural), a dessedentação animal, o uso industrial e a irrigação. As Figs. 6.4 e 6.5 indicam os usos consuntivos de água no Brasil, para uma vazão média total de retirada de 2098 m³/s que consomem 1109 m³/s (ANA, 2017). A atividade que mais consome água no Brasil é a irrigação, correspondendo a 67,2 %, seguindo a tendência mundial.

Já os usos não consuntivos ocorrem quando não há consumo, praticamente a totalidade da água retorna à fonte de suprimento, podendo haver alguma modificação no padrão temporal da disponibilidade. Os mais importantes usos não consuntivos são a geração hidrelétrica, a navegação, a pesca/aquicultura, o turismo/recreação e a proteção da vida aquática.

Ressalte-se que a diluição de esgotos e efluentes, embora não caracterize consumo de água, pode tornar as águas indisponíveis, pela degradação da qualidade das águas remanescentes.

Para a gestão das águas é relevante o conhecimento dos percentuais de consumo de água segundo seus usos. Isto permite, entre outras coisas, hierarquizar e avaliar o impacto de medidas de controle para uso

Quadro 6.3 Vazões de referência no planejamento e gestão de recursos hídricos

A **vazão $Q_{7,10}$** (diz-se "q sete dez") é a vazão mínima de duração de sete dias e tempo de recorrência de dez anos. O tempo de recorrência está associado à teoria de probabilidade e estatística, sendo definido como o tempo médio, em anos, para que um evento extremo seja igualado ou superado. Este parâmetro tem sido usado no processo de tomada de decisão na concessão de outorga de direito de uso da água, um dos instrumentos para o gerenciamento integrado dos recursos hídricos, que será discutido mais adiante neste capítulo.

$Q90$; $Q95$ (lê-se "q 90 e q 95", respectivamente) são vazões definidas a partir da elaboração da curva de permanência, que consiste em uma representação gráfica que informa com que frequência a vazão de uma dada magnitude é igualada ou excedida durante o período de registro da série de vazões em análise. São usadas também como caracterização de vazões mínimas críticas, e, eventualmente, como critério para concessão de outorga de direito de uso da água nas funções que definem o limite mínimo de vazão que deve permanecer no curso d'água após a concessão. A vazão associada ao valor 90 ou 95 significa que em 90 % ou 95 % do tempo as vazões são maiores ou iguais a Q_{90} ou Q_{95}, respectivamente.

No caso das enchentes, utiliza-se a terminologia **"Q20", "Q50", "Q100"**, por exemplo, para conotar vazões de cheia associadas a 20, 50, e 100 anos de tempo de recorrência, que podem ser utilizadas para analisar a criticidade do evento, ou para estabelecer critérios para medidas de controle, definição de áreas com limitação de ocupação, APP (Áreas de Preservação Permanente), ações de prevenção, contingência e de mitigação dos impactos do transbordamento de rios e canais construídos.

Áreas de Preservação Permanente (APP) de margens de rios são faixas de terra às margens de rios, lagos, lagoas e reservatórios de água com o objetivo principal de proteger a vegetação de mata ciliar, sendo necessárias para a proteção, defesa, conservação e operação de sistemas fluviais e lacustres. A demarcação é feita com base nos critérios do Código Florestal (BRASIL, 2012a), ou, como no caso das Faixas Marginais de Proteção (FMP) no estado do Rio de Janeiro, levando também em consideração as cotas máximas de cheia, de acordo com a largura de topo da seção transversal.

A **vazão remanescente ou residual** caracteriza os escoamentos restituídos após o aproveitamento dos recursos hídricos. As vazões variam sazonalmente, sendo as precipitações e fatores climáticos os principais agentes dessas variações. É essencial que esta vazão seja regularizada e garanta níveis suficientes ao longo do ano para conservação dos ecossistemas e para sustentar atividades culturais e socioeconômicas que já ocorriam antes da introdução do aproveitamento. O termo **vazão ecológica ou ambiental** tem sido utilizado para definir a vazão mínima que deve ser regularizada a jusante do aproveitamento para suporte do ecossistema aquático. No passado, já foi referenciada como vazão sanitária (LANNA *et al.*, 2003). Na ausência de estudos mais detalhados sobre a definição da vazão ecológica, têm sido adotadas para definição desses valores funções das vazões de referência, $Q_{7,10}$; Q_{90}; ou Q_{95}.

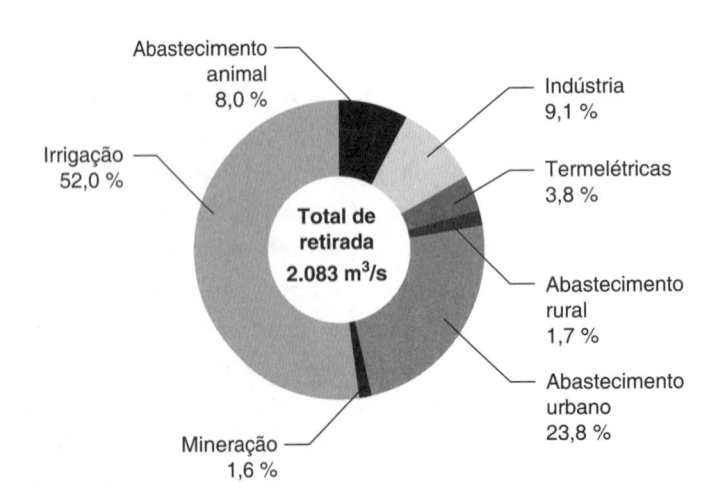

FIGURA 6.4 Total de água retirada no Brasil (média anual) (ANA, 2018).

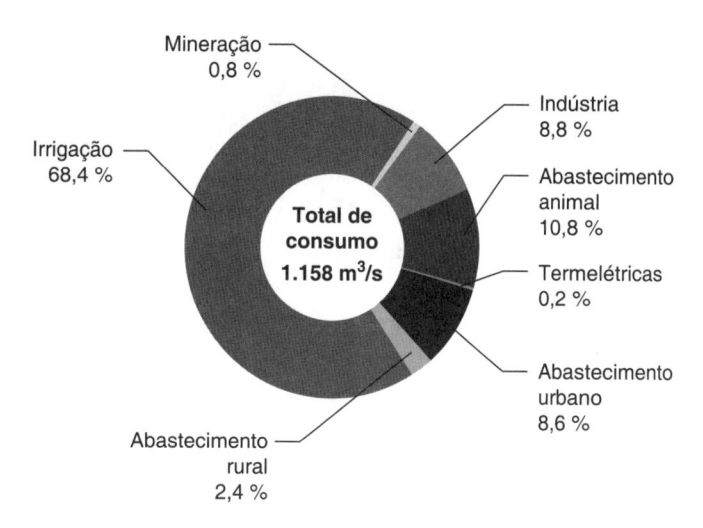

FIGURA 6.5 Total de água consumida no Brasil (média anual) (ANA, 2018).

racional, preservação e conservação das águas. O uso urbano tem crescido de forma expressiva, associado ao aumento da densidade demográfica nas áreas urbanas e periurbanas municipais. O mundo e o Brasil seguem a mesma tendência, sendo do maior para o menor consumo os usos agrícolas, urbanos e industriais.

Disponibilidade hídrica superficial e balanço quali-quantitativo

Para regiões de drenagem maiores e continentes, pode-se estimar a disponibilidade hídrica natural em termos anuais pelo balanço hídrico entre ofertas pluviométricas e perdas por evapotranspiração. No Quadro 6.4, são apresentados o contingente populacional brasileiro em 2010, a densidade demográfica, a contribuição relativa em termos percentuais da vazão média de longo termo, a vazão específica, indicadores quali-quantitativos, a maior demanda e o Índice de Desenvolvimento Humano (IDH)[2] por região hidrográfica brasileira (Fig. 6.2).

Observa-se forte variabilidade da disponibilidade de água superficial no território brasileiro. A maior contribuição para a vazões média e específica estão associadas à região hidrográfica da Amazônia. No ex-

tremo oposto, as menores vazões específicas são para as regiões hidrográficas Parnaíba e Atlântico Nordeste Oriental. Também são estas regiões que apresentam os menores IDH. Os países mais desenvolvidos apresentam IDH superiores a 0,9, ao passo que os com piores IDH apresentam valores entre 0,3 e 0,4. A maior densidade demográfica é a da Região Atlântico Sudeste, onde estão localizadas as cidades do Rio de Janeiro e de Vitória, mais de cinco vezes a média nacional.

É de fundamental importância o armazenamento de água superficial, tanto para a produção de energia hidrelétrica quanto para a garantia da oferta de água para o abastecimento público, a irrigação e a pecuária durante as estações secas. O Plano Nacional de Recursos Hídricos (2006) aponta que 60 % da vazão média no País são asseguradas pela regularização dos reservatórios.

A análise quali-quantitativa é representada de duas formas: (i) pelo percentual acumulado considerado como qualidade péssima e ruim em função do lançamento de carga orgânica e da capacidade de assimilação do corpo hídrico correspondente; (ii) pelo percentual acumulado classificado como crítico e muito crítico em função da disponibilidade hídrica e da demanda, conforme ANA (2011). Esses indicadores foram obtidos com base na avaliação de parâmetros bióticos, físicos e químicos monitorados em seções fluviométricas da rede nacional de monitoramento e outras redes locais. Mas, no Brasil, há menor quantidade de postos fluviométricos associados às pequenas bacias hidrográficas. Os índices estimados podem não ser representativos das pequenas áreas de drenagem, sobretudo nas regiões urbanas.

---

[2] O IDH é um indicador importante concebido pela Organização das Nações Unidas (ONU) para avaliar a **qualidade de vida e o desenvolvimento econômico** de uma população. É apresentado no relatório anual elaborado pelo Programa das Nações Unidas para o Desenvolvimento (PNUD) com base na avaliação de condições de saúde, educação e renda.

Quadro 6.4 Disponibilidade e estado dos recursos hídricos por região hidrográfica brasileira

Região hidrográfica	População em 2010	Densidade demográfica hab/km²	Contribuição das vazões médias (%)	Vazão específica média* (L/s)/km²	Balanço quali-quantitativo (%) **	Maior demanda	IDH
Amazônica	9.694.728	2,31	73,6	34,1	—	Animal (35%)	0,68
Tocantins-Araguaia	8.572.716	8,7	7,6	15,5	1[i]; 1[ii]	Irrigação (42%)	0,69
Atlântico Nordeste Ocidental	6.244.419	21,1	1,5	9,5	1[i]; 4[ii]	Urbano (43%)	0,59
Parnaíba	4.152.865	12,1	0,4	2,3	7[i]; 14[ii]	Irrigação (72%)	0,59
Atlântico Nordeste Oriental	24.077.328	81,1	0,4	2,7	68[i]; 74[ii]	Irrigação (64%)	0,62
São Francisco	14.289.953	22,1	1,6	4,5	21[i]; 35[ii]	Irrigação (68%)	0,66
Atlântico Leste	15.066.543	38,6	0,8	3,8	28[i]; 60[ii]	Irrigação (46%)	0,63
Atlântico Sudeste	28.236.436	127,1	1,8	14,7	1[i]; 3[ii]	Urbano (49%)	0,73
Paraná	61.290.272	67,2	6,4	13,0	9[i]; 14[ii]	Urbano (37%)	0,76
Paraguai	2.165.938	5,6	1,3	6,5	—	Animal (39%)	0,73
Uruguai	3.922.873	22,3	2,3	23,5	8[i]; 19[ii]	Irrigação (83%)	0,78
Atlântico Sul	13.396.180	66,8	2,3	21,6	2[i]; 39[ii]	Irrigação (68%)	0,79
BRASIL	191.110.251	21,6	100	20,9	—	—	0,79

Fonte: PIMENTEL DA SILVA (2015), *apud* ANA (2005, 2011).

* Razão entre a vazão média de longo termo e a área de drenagem.

** Refere-se à avaliação do estado da qualidade das águas em função do lançamento de esgotos domésticos: (i) conforme a carga orgânica lançada e a carga orgânica admissível, os diferentes trechos de cursos d'água foram classificados em termos qualitativos em péssima, ruim, razoável, boa ou ótima; (ii) com relação aos aspectos quantitativos, foram classificados conforme a disponibilidade hídrica em face da demanda, como excelente, confortável, preocupante, crítica e muito crítica. Os valores no quadro resultam do somatório dos percentuais péssima e ruim para os aspectos qualitativos e do somatório dos percentuais de crítica e muito crítica para os aspectos quantitativos.

A pior situação é a da região Atlântico Nordeste Oriental (veja o Quadro 6.4), para a qual 68 % dos trechos de cursos d'água analisados apresentaram qualidade atribuída como ruim e péssima, e 74 % classificados na situação crítica e muito crítica diante da possibilidade de atendimento à demanda. Trata-se de uma região com muitos rios intermitentes, no semiárido nordestino, que não possuem capacidade de assimilação de cargas poluidoras nas estações secas; nessa região, problemas de qualidade vêm se agravando em áreas urbanas e nos açudes de reservação de água para abastecimento público e irrigação. Essa situação é refletida no valor do IDH, bem abaixo da média do Brasil. De modo geral, a disponibilidade quali-quantitativa de água também se agrava em áreas densamente urbanizadas de todo o País, em regiões metropolitanas ou cidades de grande e médio porte, onde a carga orgânica lançada nos corpos d'água é demasiadamente elevada em relação à disponibilidade hídrica (ANA, 2014).

As Regiões Centro-Oeste e Norte do país, por terem grande disponibilidade hídrica e baixa ocupação urbana e industrial (regiões hidrográficas Amazônica e Tocantins-Araguaia), não são consideradas críticas, em termos de quantidade e qualidade de água. Contudo, são fortemente pressionadas pelo avanço de atividades de mineração, da hidroenergia e, principalmente, pela agricultura e pecuária sobre dois ecossistemas sensíveis – Pantanal e Amazônia – que demandam estratégias especiais de proteção (ANA, 2011).

Disponibilidade hídrica subterrânea

As águas subterrâneas desempenham papel fundamental no setor de abastecimento no Brasil, de modo que 39 % dos municípios brasileiros são atendidos por reservas de águas nos subsolos (ANA, 2013). Alocadas em reservatórios nos subsolos, as águas subterrâneas caracterizam-se como volumes constituintes em aquíferos freáticos ou artesianos. Aquíferos freáticos ou livres são formações rochosas de características permeáveis com superfícies livres de água sob pressão atmosférica. Aquíferos artesianos ou confinados ocorrem quando a água está confinada sob pressão superior à pressão atmosférica (mais detalhes também podem ser estudados no Cap. 7 – Sistemas de Abastecimento de Água).

O Quadro 6.5 apresenta as regiões hidrográficas brasileiras e principais sistemas aquíferos associados. Tal como ocorre com as águas superficiais, a potencialida-

Quadro 6.5 Reserva Potencial Explotável (RPE) dos principais aquíferos por região hidrográfica brasileira

Região hidrográfica	Aquíferos principais	RPD (m³/s)	RPE (m³/s)	RPE (%)
Amazônica	Alter do Chão, Içá, Solimões, Fraturado Norte	27898,0	9809,0	67,0
Tocantins-Araguaia	Alter do Chão, Barreiras, Aquidauana, Fraturado Norte	3702,0	1064,0	7,3
Atlântico NE Ocidental	Barreiras, Itapecuru	1064,0	223,0	1,5
Parnaíba	Poti-Piauí, Serra Grande	537,0	218,0	1,5
Atlântico NE Oriental	Barreiras, Jandaíra, Fraturado Semiárido	213,0	79,0	0,5
São Francisco	Urucuia-Areado, Fraturado Centro-Sul	1194,0	334,0	2,3
Atlântico Leste	Barreiras, São Sebastião, Fraturado Semiárido	388,0	137,0	0,9
Atlântico Sudeste	Fraturado Centro-Sul	402,0	148,0	1,0
Paraná	Bauru-Caiuá, Serra Geral	3388,0	1479,0	10,1
Paraguai	Guarani, Pantanal, Parecis	2036,0	450,0	3,1
Uruguai	Guarani, Serra Geral	1082,0	433,0	3,0
Atlântico Sul	Guarani, Litorâneo Sul, Serra Geral	746,0	272,0	1,9
Totais		**42.650**	**14.646**	**100,0**

Fonte: ANA (2017).

de de água subterrânea no território nacional é fortemente desigual. Observa-se que a cobertura da região hidrográfica Amazônica contempla as mais ricas bacias hidrogeológicas do Brasil, com cerca de 62 % de reservas subterrâneas potencialmente explotáveis (RPE), sobretudo pela elevada recarga potencial direta (RPD) na região, seguida das bacias do Paraná e Paraguai. Enquanto localidades nessas regiões dispõem de bastante disponibilidade hídrica, outras conhecem limitada disponibilidade a exemplo do semiárido, com formações de rochas cristalinas.

Com as crises de desabastecimento e a perda de disponibilidade de volumes de águas superficiais, o uso de águas subterrâneas tem-se tornado cada vez mais prioritário, de modo que inúmeros conflitos têm surgido na gestão dos recursos hídricos.

A Fig. 6.6 ilustra os volumes anuais explotados de água subterrânea no Brasil (CPRM, 2014). O mapa demonstra bombeamentos intensos na faixa costeira e menor explotação no interior do continente, onde se observa menor densidade demográfica, e em área com maior reserva potencial explotável, como na região da bacia Amazônica.

6.4 Política Nacional dos Recursos Hídricos

Até o início dos anos 1990, a gestão dos recursos hídricos no Brasil era essencialmente fragmentada: cada setor usuário – hidroenergia, saneamento básico, agricultura e outros – desenvolvia sua política setorial, com pouca ou nenhuma articulação com os demais usos das águas (RAMOS; FORMIGA JOHNSSON, 2012). Com a expansão urbana, industrial e agropecuária, a pressão sobre os recursos hídricos aumentou de forma considerável, demandando cada vez mais água em quantidade ao mesmo tempo em que provocava

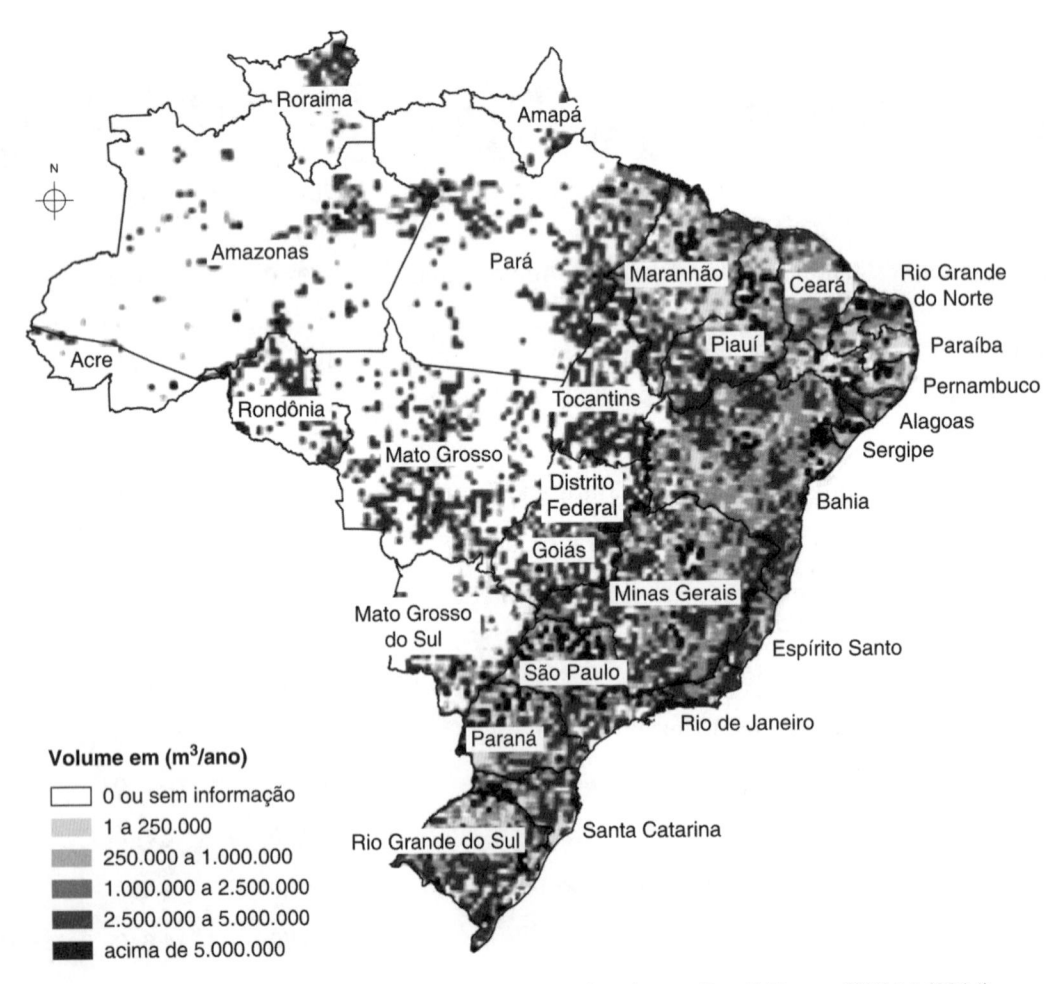

FIGURA 6.6 Volume de poços subterrâneos explotados no Brasil. Fonte: CPRM (2014).

uma degradação crescente de rios, aquíferos e lagoas. Escassez e conflitos pelo uso tornaram-se então cada vez mais frequentes no país, mesmo em áreas com alta disponibilidade hídrica.

Com o objetivo de enfrentar essa problemática e compor uma abordagem integrada de gestão, novas políticas de recursos hídricos foram instituídas por lei a partir do início dos anos 1990. Pelo fato de todas as águas do país serem de domínio federal ou estadual,[3] a União e cada unidade da federação (estados e Distri-

to Federal) tiveram que aprovar sua própria legislação: a Política Nacional de Recursos Hídricos foi instituída em janeiro de 1997 pela Lei nº 9.433, enquanto as políticas estaduais foram progressivamente estabelecidas pelas leis estaduais, entre 1991 e 2007.

Os conteúdos das leis, que seguem a recomendação de grandes cartas e organismos internacionais,[4] são bastante similares nos seus objetivos, princípios, instrumentos de gestão e organização política e institucional, resumidos no Quadro 6.6.

Quadro 6.6 Principais elementos das leis de recursos hídricos no Brasil

Objetivos da Política Nacional de Recursos Hídricos

Assegurar à atual e às futuras gerações a necessária disponibilidade de água, em padrões de qualidade adequados aos respectivos usos.

- Promover a utilização racional e integrada dos recursos hídricos, com vistas ao desenvolvimento sustentável.
- Atuar na prevenção contra eventos hidrológicos críticos (secas e inundações).

Fundamentos ou princípios

Reconhecimento da água como um bem público, finito e vulnerável, dotado de valor econômico.

- Em situações de escassez, o uso prioritário dos recursos hídricos é o consumo humano e a dessedentação de animais.
- Necessidade do uso múltiplo das águas.
- Adoção da bacia hidrográfica como unidade de planejamento e gestão.
- Descentralização da gestão e participação do poder público, dos usuários e da sociedade civil no processo de tomada de decisão.

Instrumentos de gestão

Sistema de informações de recursos hídricos.

- Planos de recursos hídricos (nacional, estaduais e de bacias hidrográficas).
- Outorga de direitos de uso dos recursos hídricos.
- Cobrança pelo uso de recursos hídricos.
- Enquadramentos dos corpos d'água em classes de uso.

Organização política-institucional

Conselhos Nacional e Estaduais de Recursos Hídricos.

- Ministério do Meio Ambiente/Secretaria de Recursos Hídricos.
- Agência Nacional de Águas (ANA).
- Secretarias Estaduais de Recursos Hídricos.
- Órgãos gestores estaduais e agências ambientais envolvidas com a gestão da qualidade das águas.
- Comitês de bacia hidrográfica.
- Agências de água / Entidades delegatárias.

Fonte: BRASIL. Lei nº 9.433/1997 e leis estaduais.

---

[3] No Brasil, todas as águas são públicas: federais ou estaduais. São de domínio da União todos os rios compartilhados por mais de um estado da federação; todos os demais corpos d'água são estaduais, inclusive as águas subterrâneas.

[4] Declaração de Dublin (ONU, 1992); A Policy Paper on Water Resources Management (World Bank, 1993), Global Water Partnetship (1996) e Conseil Mondial de l'Eau (1996).

Foram assim recomendadas transformações profundas nas práticas setoriais de gestão mediante a proposição de "sistemas de gerenciamento integrado de recursos hídricos" e "instrumentos de gestão" para viabilizar a implementação das novas políticas, que passaram a ter objetivos e princípios claramente definidos. Garantir água, em quantidade e qualidade, para as gerações atual e futura constitui o principal objetivo da nova política.

Uma das maiores inovações envolve a bacia hidrográfica como unidade de planejamento e gestão, facilitando a integração entre os diferentes aspectos que interferem no uso dos recursos hídricos e na sua proteção ambiental, já que é nesse recorte geográfico que as águas interagem com o meio físico, o meio biótico e o meio social, econômico e cultural (PORTO; PORTO, 2008).

Outra mudança expressiva foi valorizar a água como um bem finito e vulnerável, atribuindo-lhe valor econômico e instituindo a cobrança pelo seu uso como instrumento de gestão. Os planos de recursos hídricos – em especial, os planos de bacias hidrográficas – são outro instrumento de gestão com grande potencial transformador das práticas de gestão. Os demais instrumentos (outorga, enquadramento e sistema de informação) já existiam, apesar de que com baixa abrangência.

Ainda mais significativa foi a ampliação do processo decisório à participação de outros setores da sociedade, mediante representação nos conselhos (federal e estaduais) de recursos hídricos e em comitês de bacia hidrográfica, visando dar mais legitimidade ao processo de planejamento e intervenções na proteção e recuperação das águas.

6.5 Gerenciamento integrado dos recursos hídricos

O Sistema Nacional de Gerenciamento de Recursos Hídricos foi criado para atingir os seguintes objetivos (Lei nº 9.433/1997, Art. 32):

- implementar a Política Nacional de Recursos Hídricos;
- coordenar a gestão integrada das águas;
- arbitrar os conflitos relacionados com o uso das águas;

- planejar, regular e controlar o uso, a preservação e a recuperação dos recursos hídricos;
- promover a cobrança pelo uso de recursos hídricos.

Em termos de organização, as novas leis das águas não modificaram as competências dos órgãos gestores e de agências ambientais previamente existentes em alguns estados, responsáveis pela aplicação de instrumentos de comando e controle (outorga e controle das fontes poluidoras/licenciamento ambiental).[5] Pelo contrário, a partir de leis complementares, a reforma impulsionou o fortalecimento institucional, como ocorrido em 1994 no estado cearense, com a criação da Companhia de Gestão dos Recursos Hídricos do Estado do Ceará (Cogerh), e em 2000 em nível federal, com a instituição da Agência Nacional de Águas (ANA). Esta foi concebida para coordenar a implantação da Política Nacional de Recursos Hídricos e implementar o gerenciamento em bacias de rios federais, representando uma grande mudança institucional, já que não existia nenhuma agência executiva federal dedicada aos recursos hídricos; hoje, a ANA é o órgão gestor com maior capacidade técnica e operacional no Brasil e está à frente de muitas iniciativas na área de águas.

Mas a maior inovação institucional da nova política ocorreu no âmbito das bacias hidrográficas, com a possibilidade de se criar comitês de bacia e seus braços executivos, as agências de água, de modo a promover a descentralização da gestão. Em geral, a criação das agências é acompanhada pela implantação da cobrança pelo uso da água de modo a possibilitar viabilidade técnica e executiva à implementação das decisões dos comitês de bacia, cujas atribuições são de grande importância para a gestão das águas por envolver a articulação e construção de pactos: aprovar o plano de bacia e acompanhar sua execução; dirimir conflitos pelo uso da água; propor metas de qualidade para as águas da bacia (enquadramento); estabelecer mecanismos e critérios de cobrança pelo uso de recursos hídricos; propor diretrizes para a outorga; entre outros.

---

[5] A exemplo do Departamento de Águas e Energia Elétrica (DAEE) e da Companhia Ambiental do Estado de São Paulo (Cetesb), em São Paulo, ou da Fundação Superintendência Estadual de Rios e Lagoas (Serla) e da Fundação Estadual de Engenharia do Meio Ambiente (Feema), hoje reunidos no Instituto Estadual do Ambiente (INEA), no Rio de Janeiro.

Integram, portanto, o Sistema Nacional de Gerenciamento de Recursos Hídricos (Fig. 6.7):

- Conselho Nacional (CNRH) e os Conselhos Estaduais de Recursos Hídricos: instâncias superiores deliberativas dos Sistemas Nacional/Estadual de Gerenciamento de Recursos Hídricos, com participação de representantes de todos os setores.
- Secretaria Nacional de Recursos Hídricos, do Ministério do Meio Ambiente (SRH/MMA): responsável pela formulação da Política Nacional de Recursos Hídricos (PNRH).
- Agência Nacional de Águas (ANA): responsável pela implementação da PNRH.
- Órgãos gestores estaduais e agências ambientais envolvidas com a gestão das águas: responsáveis pela implementação da Política Estadual de Recursos Hídricos, em quantidade e qualidade.
- Comitês de bacia hidrográfica: colegiados deliberativos que reúnem poder público, setor produtivo e sociedade civil, com poderes deliberativos sobre diversas questões relacionadas com a gestão das águas.
- Agências de água: braço executivo dos comitês de bacia, são entidades executivas, com personalidade jurídica própria, autonomia financeira e administrativa, que podem ser instituídas e controladas por um ou mais comitês de bacia.

Quanto à **implementação dos sistemas de gestão**, observa-se que os avanços foram aquém do esperado, na maior parte dos programas e ações prioritárias estabelecidas (ANA, 2017). Desde a aprovação da lei federal, poucos estados e bacias hidrográficas possuem sistemas de gestão operacionalizados por completo. Sobressaem-se os estados do Ceará, São Paulo, Rio de Janeiro, Minas Gerais e Paraná, por contarem, atualmente, com todos os elementos constitutivos do sistema de gestão, pelo menos em parte de seu território.

Em bacias de rios de domínio da União, o sistema de gestão está sendo delineado gradativamente a partir das experiências pioneiras de gestão, iniciadas nas bacias dos rios Paraíba do Sul (SP, MG e RJ), São Francisco (MG, GO, DF, BA, PE, SE e AL), Piracicaba (MG e SP) e Doce (MG e ES).

Em nível nacional, a criação da **ANA**, instalada em 2001, mudou substancialmente o contexto de gestão das águas na esfera federal, que passou a contar com uma instituição na área de águas. A ANA dispõe de 378 servidores e teve uma dotação orçamentária de aproximadamente 380 milhões de reais em 2018 (ANA,

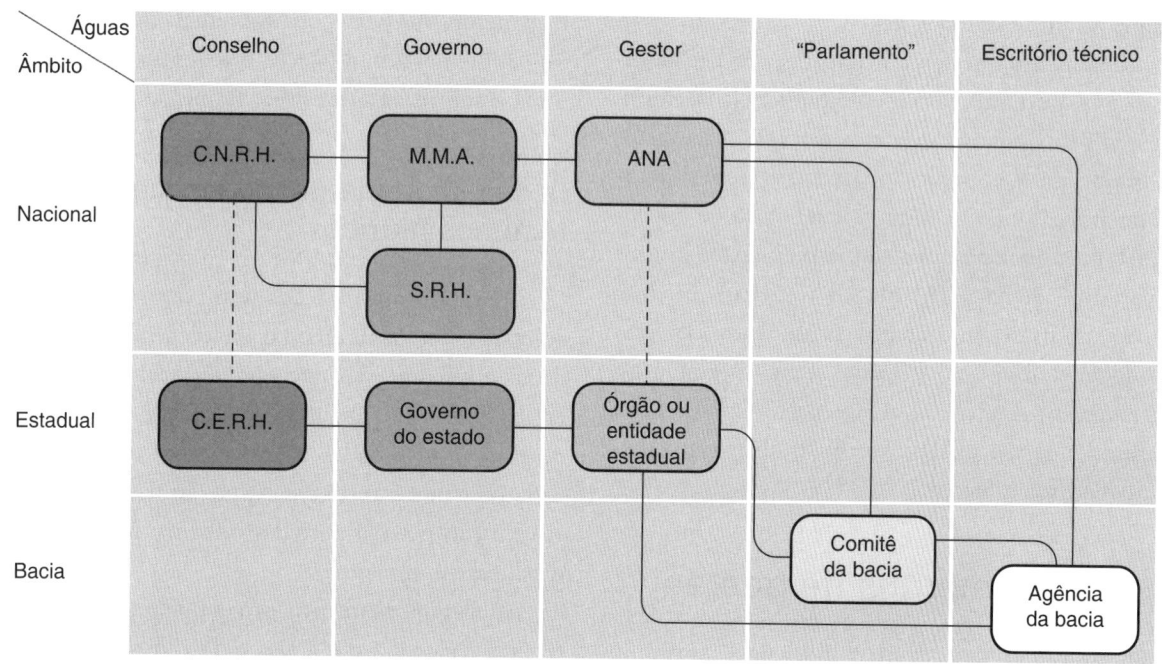

Sistema nacional de recursos hídricos

FIGURA 6.7 Organização do Sistema Nacional de Gerenciamento de Recursos Hídricos. Fonte: ANA (2002, *apud* PEREIRA; FORMIGA JOHNSSON, 2003).

2018). Além de uma série de serviços de planejamento de recursos hídricos e de regulação (cadastro, outorga e fiscalização, segurança de barragens, informações hidrológicas, monitoramento de eventos críticos etc.), a agência desenvolve programas de impacto, tais como o Programa de Despoluição de Bacias Hidrográficas (Prodes), o Programa Produtor de Água que estimula o pagamento de serviços ambientais voltados para a questão hídrica, e vários estudos e planejamentos de caráter estratégico em nível nacional (planos de bacia, relatórios de conjuntura, Atlas de Abastecimento Urbano, Plano de Segurança Hídrica etc.). Com a edição da medida provisória (MP) número 868 de 2018, que atualiza o marco legal de saneamento básico, a ANA passou a ter a competência de editar normas de referências nacionais sobre os serviços de saneamento.

No tocante à gestão participativa de recursos hídricos, em nível de bacia hidrográfica, estimou-se, em 2016, a existência de **232 comitês de bacia no Brasil**, notadamente nas Regiões Sudeste e Sul, sendo quase todos (223) criados no âmbito dos sistemas estaduais; somente nove comitês estão sob jurisdição federal (ANA, 2017). Desse total, em 2016, **somente 17 comitês de bacia dispõem de suas agências de bacia** (ou entidades delegatárias das funções de agência de água) em funcionamento no Brasil, mas estas geralmente contam com quadro técnico reduzido e baixa capacidade operacional.

A dinâmica da gestão participativa de bacias hidrográficas é, portanto, fortemente diferenciada: alguns comitês são dinâmicos e criativos e apresentam resultados importantes, contudo a maior parte tem dificuldades de atuação ou encontra-se em estado de consolidação. Uma ampla pesquisa efetuada em 2005 junto a 18 organismos de bacia (ABERS *et al.*, 2010) concluiu que boa parte da dificuldade de atuação desses colegiados pode ser atribuída ao próprio sistema de gestão das águas, ainda incompleto na maior parte da federação, sobretudo na gestão pública por meio dos órgãos gestores de recursos hídricos.

6.6 Instrumentos de gestão

Os usos múltiplos dos recursos hídricos – consumo humano, animal, irrigação, industrial, hidroenergia, manutenção da vida e da biodiversidade etc. – são competitivos no interior de uma bacia hidrográfica e podem tornar a água um bem escasso. Gerenciar esses recursos de modo sustentável requer, portanto, um conjunto de regras que possibilite a compatibilização dos diferentes usos, a minimização de conflitos e a proteção da integridade ecológica de modo a garantir água, em quantidade e qualidade, para a geração atual e futura; este é o objetivo maior da política das águas. E os instrumentos de gestão são os mecanismos que possibilitam viabilizar este objetivo ao tornar operacional a gestão.

São vários os instrumentos de gestão que podem ser utilizados no gerenciamento de recursos hídricos no Brasil, sendo os principais aqueles que são comuns a todas as leis de recursos hídricos (Lei nº 9.433/1997, Art. 5º e leis estaduais): sistema de informações sobre recursos hídricos; planos de recursos hídricos; outorga de direito de uso de recursos hídricos; cobrança pelo uso dos recursos hídricos; enquadramento dos corpos hídricos em classes, segundo os usos preponderantes da água.

Algumas leis das águas introduziram outros instrumentos de gestão: compensação a municípios; monitoramento; fiscalização; educação ambiental; Zoneamento Econômico e Ecológico; entre outros. Além disso, a legislação ambiental dispõe de instrumentos que podem ser de grande importância para a gestão das águas, tais como as Áreas de Proteção Permanente (APP), o Pagamento por Serviços Ambientais (PSA) e o Cadastro Ambiental Rural (CAR). Novos instrumentos continuam surgindo, a exemplo da "pegada hídrica".

6.6.1 Sistema de informações sobre recursos hídricos

O sistema de informações tem como papel principal coletar, tratar, armazenar e recuperar, e disponibilizar dados e informações que caracterizam o estado da bacia hidrográfica (quantidade e qualidade da água nos diversos pontos da bacia), as pressões nela existentes e os fatores que interferem na gestão das águas, além da atualização permanente das informações sobre disponibilidade e demanda.

O sistema de informação constitui, portanto, a base técnica da gestão das águas e da aplicação dos demais instrumentos de gestão que necessitam de informações atualizadas e organizadas. Para tanto, faz-se necessária a utilização intensa de tecnologia da informação, sistemas computacionais e sistemas de suporte à decisão que permitam o acesso rápido e seguro a dados e informações sobre os recursos hídricos, a bacia hidrográfica e os usos da água, necessários ao processo decisório de planejamento, alocação de água e investimentos em proteção e recuperação dos recursos hídricos.

Algumas agências estaduais e, sobretudo, a ANA vêm desenvolvendo mais intensamente seus sistemas de informação no sentido de apoiar e dar robustez técnica ao planejamento e à gestão das águas.

Sobre o Sistema Nacional de Informações sobre Recursos Hídricos (SNIRH)[6]

O Sistema Nacional de Informações sobre Recursos Hídricos (SNIRH), na Fig. 6.8, é um amplo sistema de coleta, tratamento, armazenamento e recuperação de informações sobre recursos hídricos, bem como fatores intervenientes para sua gestão. À Agência Nacional de Águas (ANA) cabe organizar, implantar e gerir o SNIRH, que tem como público-alvo os entes do Sistema Nacional de Gerenciamento de Recursos Hídricos e a sociedade em geral.

---

[6] Disponível em: http://www3.snirh.gov.br/portal/snirh). Acesso em: 5 ago. 2019.

O SNIRH tem como objetivos:

- reunir, dar consistência e divulgar os dados e informações sobre a situação qualitativa e quantitativa dos recursos hídricos no Brasil;
- atualizar permanentemente as informações sobre disponibilidade e demanda de recursos hídricos em todo o território nacional;
- fornecer subsídios para a elaboração dos Planos de Recursos Hídricos.

O SNIRH é composto por um conjunto de sistemas computacionais, agrupados em:

- Sistemas para gestão e análise e dados hidrológicos.
- Sistemas para regulação dos usos de recursos hídricos.
- Sistemas para planejamento e gestão de recursos hídricos.

As informações disponíveis compreendem divisão hidrográfica, quantidade e qualidade das águas, usos de água, disponibilidade hídrica, eventos hidrológicos críticos, planos de recursos hídricos, regulação e fiscalização dos recursos hídricos e programas voltados para a conservação e gestão dos recursos hídricos. Todas essas informações são públicas, atualizadas e disponibilizadas gratuitamente a qualquer interessado.

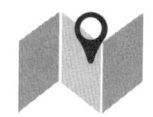
Divisão hidrográfica
Divisão de bacias, corpos hídricos superfíciais e dominialidade

Quantidade de água
Precipitação, disponibilidade hídrica, monitoramento quantitativo e reservatórios

Qualidade da água
Indicadores de qualidade e monitoramento qualitativo

Usos da água
Demanda consuntiva total, abastecimento urbano, irrigação e hidroeletricidade

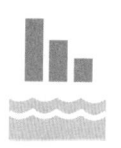
Balanço hídrico
Bacias e trechos críticos, balanço quantitativo, balanço qualitativo e balanço quali-quantitativo

Eventos hidrológicos críticos
Evento críticos e salas de situação

Institucional
Comitês e agências de bacia

Planejamento
Planos de recursos hídricos e enquadramento dos corpos d'água

Regulação e fiscalização
Regulação, outorga e cobrança

Programa
Produtor de água, prodes e progestão

FIGURA 6.8 Temáticas para acesso no SNIRH. Fonte: ANA (2017).

 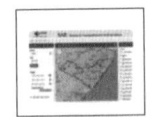  

REGLA
Sistema Federal
de Regulação
de Usos

SAR
Sistema de
Acompanhamento
de Reservatórios

CNARH
Cadastro Nacional
de Usuários de
Recursos Hídricos

Metadados
Portal de
Metadados da
ANA

FIGURA 6.9 Sistemas do SNIRH.

Os dados e informações são armazenados em banco de dados e podem ser acessados na forma de mapas interativos. Há um portal de Metadados vinculado ao SNIRH, criado para organizar e sistematizar as informações sobre os dados geoespaciais. O portal de Geoserviços, por sua vez, disponibiliza o conteúdo do SNIRH sob a forma de *webservices*, permitindo o acesso e utilização por outros sistemas e portais (ANA, 2017).Veja a Fig. 6.9.

6.6.2 Plano de recursos hídricos

Os planos de recursos hídricos são planos diretores que visam fundamentar e orientar a implementação da política e do gerenciamento dos recursos hídricos (Lei nº 9.433/1997, Art. 6º). São instrumentos de planejamento que servem para orientar a sociedade e, mais particularmente, a atuação dos gestores, no que diz respeito ao uso, recuperação, proteção, conservação e desenvolvimento dos recursos hídricos. Devem ser formulados com uma visão de longo prazo, sendo que, em geral, trabalham com horizontes entre dez e 20 anos, acompanhados de revisões periódicas (ANA, 2013). A situação dos planos de recursos hídricos no Brasil é atualizada todos os anos no Relatório de Conjuntura dos Recursos Hídricos da ANA, citado anteriormente.

Em seu conteúdo mínimo, estão contidos (Lei nº 9.433/97, Art. 7º): diagnóstico da situação atual dos recursos hídricos; análise de alternativas de crescimento demográfico, de atividades produtivas e de modificações dos padrões de ocupação do solo; balanço entre disponibilidades e demandas futuras dos recursos hídricos, em quantidade e qualidade, com identificação de conflitos potenciais; metas de racionalização de uso, aumento da quantidade e melhoria da qualidade da água; medidas, programas e projetos a serem implantados para o atendimento das metas previstas; prioridades para outorga de direitos de uso; diretrizes e critérios para a cobrança pelo uso de recursos hídricos.

Os planos de recursos hídricos são elaborados em três níveis − nacional, estadual e de bacia hidrográfica − sendo negociados e aprovados pelos colegiados correspondentes (Conselho Nacional de Recursos Hídricos, Conselhos Estaduais de Recursos Hídricos e comitês de bacia, respectivamente). Os planos estaduais e o plano nacional devem ter cunho eminentemente estratégico, com metas, diretrizes e programas gerais. Já os planos de bacia hidrográfica são documentos programáticos para a bacia, contendo as diretrizes de usos dos recursos hídricos e as medidas correlatas, caracterizando-se pela inclusão de ações de natureza executiva e operacional (ANA, 2013).

Situação atual dos planos de recursos hídricos no Brasil

O Plano Nacional de Recursos Hídricos (PNRH) foi aprovado em 2006 e revisto em 2010. Nele, foram previstas ações emergenciais de curto, médio e longo prazo para um horizonte temporal até 2020. Quanto aos planos estaduais de recursos hídricos, 18 estados (e o DF) concluíram a sua elaboração, quatro encontram-se em desenvolvimento e quatro ainda não iniciaram (ANA, 2017). Na escala da bacia hidrográfica, são elaborados planos de bacias interestaduais, com o apoio ou iniciativa da Agência Nacional das Águas, e planos de bacias hidrográficas em âmbito estadual.

Relatórios de conjuntura da ANA, atualizados anualmente,[7] evidenciam que boa parte do território

---

[7] Elaborado pela ANA, o Relatório de Conjuntura foi concebido para apoiar a avaliação do nível de implementação do Plano Nacional de Recursos Hídricos e da Política Nacional de Recursos Hídricos. Sua publicação é feita por meio de dois documentos: o Relatório de Conjuntura, que traz um balanço da situação e da gestão dos recursos hídricos com periodicidade quadrienal (iniciado em 2009), e os Relatórios de Conjuntura − Informes, atualizados anualmente. Disponível em: http://www3.snirh.gov.br/portal/snirh/centrais-de-conteudos/conjuntura-dos-recursos-hidricos. Acesso em: 05 ago. 2019.

nacional já conta com planos de recursos hídricos, apesar de problemas frequentes relacionados com a insuficiência das bases de dados. Contudo, o maior desafio tem sido sua execução, ou seja, fazer com que as ações pactuadas se tornem realidade (ANA, 2013). Por ser um instrumento não vinculante, que ultrapassa os limites da política de recursos hídricos, um plano necessita de apoio político e articulação para obter recursos suficientes à execução das ações e programas priorizados nos seus planos de investimento.

Ramos e Formiga Johnsson (2012) ressaltam as enormes expectativas em torno da cobrança pelo uso da água como o principal recurso para o financiamento dos planos de recursos hídricos no Brasil e as práticas até agora. O baixo nível de aplicação desse instrumento e, sobretudo, os baixos valores praticados têm limitado a capacidade de alavancagem desses recursos, mesmo em bacias mais ricas e com alto potencial de arrecadação.

6.6.3 Outorga de direito de uso de recursos hídricos

A outorga de direito de uso de recursos hídricos é um instrumento que tem como objetivo assegurar o controle dos usos da água em termos de quantidade e qualidade; é a garantia de acesso à água, ou a habilitação para o seu uso. Portanto, todos aqueles que usam, ou pretendem usar, os recursos hídricos estão sujeitos à outorga: captação de águas superficiais ou subterrâneas, lançamento de efluentes, ou qualquer ação que interfira no regime hídrico existente. A exceção se limita a usos considerados de pouca expressão perante a dis-

ponibilidade existente em determinado local da bacia hidrográfica ("usos insignificantes").

No Brasil, a outorga constitui o principal mecanismo de alocação de água entre os diferentes usuários nos limites de uma bacia hidrográfica. O controle do conjunto dos usos da água é necessário para evitar ou reduzir conflitos de uso e garantir a sustentabilidade do recurso, inclusive a necessidade do ecossistema aquático e a demanda futura dos diferentes usos. A vazão máxima outorgável de um determinado corpo d'água (quantidade de água que pode ser disponibilizada para os diversos usos) é geralmente definida por critérios hidrológicos, como as vazões de referência apresentadas anteriormente, por exemplo, $Q_{7,10}$; Q_{90}; Q_{95}, e conforme apresentado na Seção 6.3 – Balanço e disponibilidade hídrica, Quadros 6.2 e 6.3. No entanto, a alocação por meio de sistemas de outorga deve observar também outras questões que envolvem quantidade (distribuição temporal e espacial da água), qualidade da água, uso racional, direitos e responsabilidades dos usuários, ou ainda acordos de macroalocação de água, quando existentes.

Em razão da existência de águas federais e estaduais, a outorga é um ato administrativo da União ou dos estados, respectivamente, mediante o qual é facultado ao usuário o direito de usar os recursos hídricos, por prazo determinado, nos termos e nas condições expressas no respectivo ato.

Com a implantação do Sistema Nacional de Gerenciamento de Recursos Hídricos, o número de outorgas concedidas pela ANA e gestores estaduais vem aumentando de maneira expressiva (Fig. 6.10),

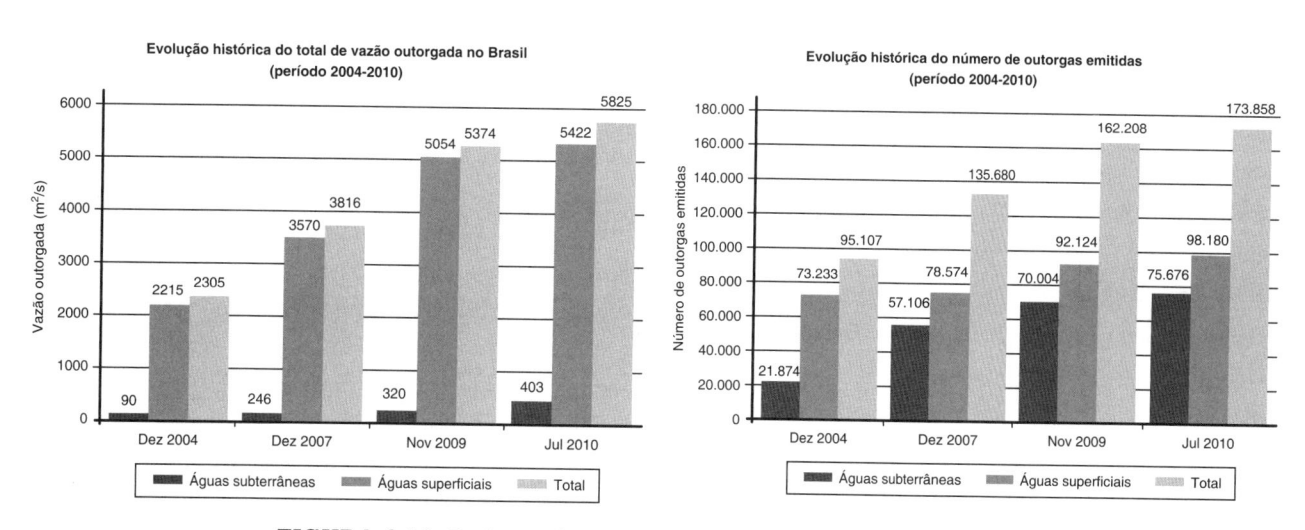

FIGURA 6.10 Evolução do quadro de outorgas no Brasil (ANA, 2011).

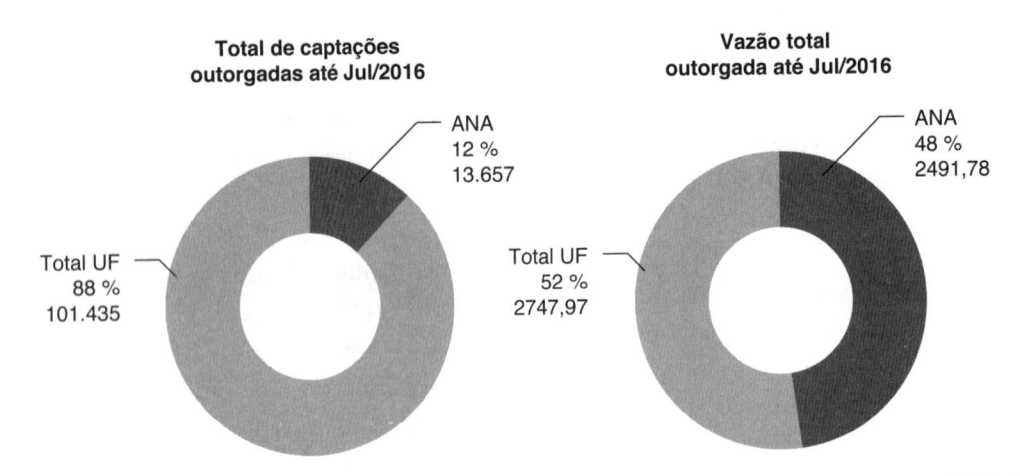

Total de captações outorgadas até Jul/2016

ANA
12 %
13.657

Total UF
88 %
101.435

Vazão total outorgada até Jul/2016

ANA
48 %
2491,78

Total UF
52 %
2747,97

FIGURA 6.11 Vazões outorgadas pela ANA e Unidades da Federação até julho de 2016. Fonte: ANA (2017).

revelando um controle crescente do uso dos recursos hídricos no país.

Entre agosto de 2014 e julho de 2015, foram concedidas mais de 18 mil outorgas pela ANA e por órgãos gestores estaduais, representando uma vazão de mais de 1450 m³/s. Deste total, cerca de 72 % corresponde à vazão concedida para o setor de irrigação (ANA, 2016). Em julho de 2015, a vazão de todas outorgas vigentes para uso de águas federais e estaduais totalizava cerca de 4850 m³/s (ANA, 2016).

No entanto, a outorga ainda não constitui um verdadeiro instrumento de gestão dos recursos hídricos, pois não assumiu sua relevância potencial na alocação e controle de direitos de uso da água no Brasil (RAMOS; FORMIGA JOHNSSON, 2012). Faltam capacidades técnicas e administrativas em muitos estados, informações confiáveis, diretrizes claras de macroalocação de água e sistemas de suporte à decisão que facilitem e otimizem a alocação e o uso da água.

Na Fig. 6.11, são apresentadas as vazões outorgadas pela ANA e Unidades da Federação por tipologia de uso, em julho de 2016. Os volumes mais expressivos estão associados com a irrigação, seguida do abastecimento urbano/rural e indústria.

6.6.4 Cobrança pelo uso de recursos hídricos

De modo geral, as leis das águas – federal e estaduais – adotam a cobrança pelo uso da água sob duas abordagens principais, como: (i) instrumento de gestão, à medida que almeja dar ao usuário uma indicação do real valor da água enquanto bem público de valor econômico, bem como incentivar a racionalização do uso da água; e (ii) fator gerador de receitas para o financiamento de programas e intervenções visando ao desenvolvimento, proteção e recuperação dos recursos hídricos, contemplados nos planos de recursos hídricos.

A cobrança incide sobre os usuários de recursos hídricos sujeitos à outorga de direitos de uso, que retiram água diretamente de aquíferos ou rios da bacia, tais como serviços de água e esgoto, indústrias, mineradoras e irrigantes. A metodologia e critérios de cobrança incidem tanto sobre a quantidade de água (captação e consumo ou somente captação) quanto sobre a qualidade de água (somente DBO, um parâmetro poluidor característico de poluição orgânica, conforme já descrito no Cap. 5).

A cobrança não constitui imposto ou taxa, tributo ou tarifa; é preço público, pois configura o pagamento pelo uso de um bem público (ANA, 2012). Os preços ou valores da cobrança são fixados a partir de um pacto entre usuários de água, organizações civis e poder público representado no âmbito dos comitês de bacia hidrográfica. Os recursos arrecadados com a cobrança devem ser aplicados na bacia onde forem arrecadados, conforme o plano de investimentos aprovado pelo comitê de bacia. As práticas de gestão evidenciam que a cobrança é um dos instrumentos de gestão de maior dificuldade de aplicação, justamente por requerer maior vontade política por parte do poder público e longas negociações com o setor usuário e a sociedade, no âmbito dos comitês de bacia.

Situação atual da cobrança pelo uso dos recursos hídricos no Brasil (RAMOS e FORMIGA JOHNSSON, 2012, atualizado com dados de ANA, 2013 e 2016).

Desde a aprovação da Lei nº 9.433/1997, poucas iniciativas de cobrança pelo uso da água são operacionais no país, embora o ritmo de implementação venha se acelerando nos últimos anos.

Pioneiro no país, o estado do Ceará, por intermédio de seu órgão gestor de recursos hídricos (Cogerh), vem cobrando pela utilização dos recursos hídricos superficiais e subterrâneos desde 1996. Já a cobrança na bacia do rio Paraíba do Sul é pioneira no cenário nacional por incidir, pela primeira vez, sobre águas de domínio da União e por possibilitar o início efetivo da gestão de uma bacia de rio de domínio da União, em janeiro de 2003. Em 2016, a cobrança pelo uso de águas compreendia apenas usuários dos rios federais das bacias Paraíba do Sul, Piracicaba, São Francisco e Doce (recém-implantada na época). Já usuários de águas estaduais vêm sendo cobrados nos estados do Ceará (1996), Rio de Janeiro (2004), São Paulo (2007), Minas Gerais (2010), Paraná (2011) e Paraíba (2015), mas somente no Rio de Janeiro e Ceará a cobrança abrange todas as bacias hidrográficas no território estadual.

Os valores praticados são bastante baixos, por essa razão, geralmente não sinalizam aos usuários o valor econômico da água e não induzem ao uso racional; algumas exceções foram observadas isoladamente, sobretudo no momento de implantação da cobrança, como na Bacia do rio São Francisco. A cobrança praticada é, portanto, essencialmente um instrumento arrecadatório cujo somatório, no cenário nacional, permanece modesto: todas as cobranças acumuladas totalizaram, em 2015, cerca de R$ 1,65 bilhão em todo o país, compreendendo quatro bacias hidrográficas de rios de domínio da União e águas de domínio de seis estados (ANA, 2016).

No âmbito de bacias hidrográficas, a arrecadação anual da cobrança corresponde à parcela ínfima da demanda total de investimento, apontada pelos planos de recursos hídricos. Na Bacia do Rio Paraíba do Sul, por exemplo, a arrecadação anual é de cerca de R$ 12,5 milhões, enquanto a demanda de investimentos em torno de R$ 150 milhões por ano (R$ 3 bilhões em 20 anos), ou seja, menos de 10 % do total dos investimentos necessários para a recuperação das águas da bacia.

6.6.5 Enquadramento dos corpos hídricos em classes de uso

O enquadramento dos corpos hídricos em classes de uso não só assegura que os corpos d'água tenham qualidade compatível com os usos atribuídos, mas também diminui os custos de controle da poluição e tratamento da água, promovendo uma ação preventiva permanente. A qualidade da água articula-se em vários aspectos com a gestão da oferta e da demanda das águas. O enquadramento, visto como um padrão de qualidade que se deseja, constitui também uma meta ambiental. Inicialmente, os elementos para o enquadramento foram definidos pela Resolução Conama nº 20/1986, que foi substituída pela Resolução Conama nº 357/2005, mais tarde complementada pela Resolução Conama nº 430/2011. A Resolução Conama nº 430/2011 complementa e altera a Resolução nº 357 e dispõe sobre condições, parâmetros, padrões e diretrizes para gestão do lançamento de efluentes em corpos d'água receptores. Deve ser aplicada quando verificada a inexistência de legislação ou normas específicas, disposições do órgão ambiental competente, bem como diretrizes da operadora dos sistemas de coleta e tratamento de esgoto sanitário. Esta Resolução não trata da disposição de efluentes no solo, mesmo tratados, mas estabelece que estes não podem causar poluição ou contaminação das águas superficiais e subterrâneas. Estabelece também que os efluentes de qualquer fonte poluidora somente poderão ser lançados diretamente nos corpos receptores após o devido tratamento.

O termo qualidade da água expressa a adequabilidade da mesma para diferentes fins: abastecimento doméstico, agrícola, industrial, recreação, aquicultura e industrial. Nos últimos anos, a ANA vem ampliando o número de seções fluviais e o número de parâmetros avaliados (físico-químicos como temperatura, pH, OD, DBO, metais; e microbiológicos como coliformes fecais). Podem ser avaliados até 145 parâmetros para caracterizar a qualidade da água. Parte desses parâmetros é constatada *in situ*, para outros são coletadas amostras que agências ambientais e de águas encaminham para laboratórios credenciados pelo Inmetro. Esses dados são públicos e, assim como outros dados hidrológicos, podem ser acessados a partir do HidroWeb,[8] o banco de dados hidrológicos da ANA.

---

[8] Disponível em: www.snirh.gov.br/hidroweb/apresentacao. Acesso em: 5 ago. 2019.

As resoluções definem um conjunto de parâmetros para acompanhamento e gestão da qualidade das águas. Assim como a Resolução Conama nº 20/1986, a Resolução Conama nº 357/2005 define o enquadramento dos corpos hídricos em classes de uso, de acordo com parâmetros de caracterização da qualidade da água. No entanto, a esta Resolução ficou mais restritiva e inseriu ensaios ecotoxicológicos e o uso de bioindicadores. Os ensaios ecotoxicológicos visam determinar o efeito deletério de agentes físicos ou químicos à saúde humana. A ecotoxicidade está associada aos efeitos tóxicos detectados por respostas fisiológicas aos organismos e/ou comunidades aquáticas causados por um ou por uma mistura de agentes químicos. Os bioindicadores ou indicadores biológicos são organismos vivos capazes de indicar de forma precoce alterações na qualidade da água, geralmente decorrentes de poluição, que possam afetar um ecossistema.

Com relação à classificação e ao enquadramento dos corpos hídricos, a Resolução nº 357/2005 distingue as águas doces das salobras e salinas, definindo 13 classes de qualidade de acordo com seu uso preponderante.

Além da obrigatoriedade de cumprimento das Resoluções do Conama, são amplamente aplicados indicadores da qualidade da água no gerenciamento integrado dos recursos hídricos. Os indicadores de qualidade da água (Quadro 6.7) consistem em números que procuram refletir o estado da qualidade das águas superficiais. Representam a integração de diversas variáveis em um único número, considerando diferentes unidades de medida em uma única unidade. Uma das

Quadro 6.7 Indicadores de qualidade das águas superficiais da Cetesb

IQA: Índice de Qualidade das Águas; **IAP**: Índice de Qualidade das Águas Brutas para fins de abastecimento público; **IET**: Índice de Estado Trófico; **IVA**: Índice de Qualidade da Água para Proteção da Vida Aquática e de comunidades aquáticas; **ICF**: Índice da Comunidade Fitoplanctônica; **ICB**: Índice da Comunidade Bentônica; **IB**: Índice de Balneabilidade; **ICTEM**: Indicador de Coleta e Tratabilidade de Esgoto da população urbana de município; **Toxicidade**: Sistema Microtox® para classificação do teste de toxicidade aguda com *Vibrio fischeri*; Critério de **avaliação de sedimento**.

vantagens do uso de indicadores, ou índices de qualidade da água, é que facilitam a comunicação com o público em geral. Por outro lado, apresentam a desvantagem da perda ou da atenuação das características individuais e de sua interação. O principal indicador de qualidade das águas doces adotado pela Cetesb, desde 1975, é o Índice de Qualidade da Água (IQA), adaptado a partir do Water Quality Indicator (WQI) da National Sanitation Foundation (NSF). A ANA adota o IQA para avaliação do estado da qualidade das águas fluviais. De acordo com o valor, o IQA é classificado como "excelente", "bom", "médio", "ruim" ou "muito ruim". A Cetesb, desde de 2002, passou a utilizar índices específicos para cada uso da água. No Quadro 6.7 são apresentados os índices utilizados pela CETESB.[9]

A elaboração da proposta de enquadramento é uma atribuição de caráter técnico, portanto, deve ser efetuada pelas agências de água, e na sua ausência, pelo órgão gestor de recursos hídricos, em articulação com o órgão de meio ambiente. Essa proposta deve ser discutida e pactuada no comitê de bacia, que, por sua vez, deverá submetê-la à aprovação do respectivo Conselho de Recursos Hídricos (ANA, 2013).

Situação atual do enquadramento no Brasil (ANA, 2013 e 2017)

O enquadramento dos corpos d'água em classes de uso é o instrumento de maior dificuldade de aplicação no gerenciamento de recursos hídricos no Brasil. São poucas as experiências que vêm sendo gradativamente desenvolvidas.

Em âmbito de bacias interestaduais, destacam-se as propostas e diretrizes de enquadramento de corpos d'água das seguintes bacias: Piracicaba-Capivari-Jundiaí, Doce, São Francisco, afluentes da margem direita do Amazonas, Araguaia-Tocantins, Verde Grande e Paranaíba. Também, iniciativas de diversos órgãos gestores estaduais e respectivos comitês de bacias nos estados do Rio de Janeiro (Bacia do Rio Guandu), Rio Grande do Sul (Bacia do Rio Caí), Paraná (Bacia do Rio Alto Iguaçu), Minas Gerais (Bacias dos Rios Paracatu e Verde) e São Paulo (Bacia do Rio Tietê), entre outros.

---

[9] Disponível em: https://cetesb.sp.gov.br/aguas-interiores/wp-content/uploads/sites/12/2017/11/Apêndice-D-Índices-de-Qualidade-das-Águas.pdf. Acesso em: 8 ago. 2019.

A implementação do enquadramento passa pelas mesmas dificuldades dos planos de recursos hídricos: altos custos dos investimentos, pouca governabilidade e bases de dados insuficientes. É, portanto, fundamental que as metas estabelecidas sejam realistas, considerando a relação custo-benefício, a definição inicial de um número limitado de parâmetros relacionados com os principais problemas da bacia, a vocação da bacia, as realidades regionais e a progressividade das ações. Outro desafio, no cenário nacional, diz respeito aos aspectos metodológicos. Constatam-se lacunas referentes ao enquadramento de corpos d'água em regiões semiáridas, pois não se dispõe de metodologia específica para enquadrar corpos hídricos intermitentes e efêmeros.[10]

6.7 Pegada hídrica como instrumento de gestão do uso da água

O uso direto dos recursos hídricos se divide, basicamente, em três modalidades: doméstico, agropecuária e industrial. Essa divisão atende sistemas de abastecimento predial de uso domiciliar, bem como a prática de irrigação de determinadas culturas e a dessedentação de animais do setor de agronegócio. O consumo de água no desenvolvimento de determinado produto industrial compõe a última classe de uso direto da água. De certa forma, a partir dessa divisão, estabelecem-se condições de se avaliar o consumo de água por setor, de modo a auxiliar na gestão dos recursos hídricos, como, por exemplo, na liberação de outorga de uso da água e no enquadramento de parâmetros de qualidade da água.

A pegada hídrica, como um indicador multidimensional, quantifica o volume de água total consumido em determinada atividade, durante toda a cadeia produtiva de uma mercadoria específica. A metodologia de cálculo permite, também, determinar a pegada hídrica de um indivíduo, grupo ou nação, bem como a pegada hídrica de importação e exportação entre países, por exemplo, como forma de mensurar valor agregado ao produto e ponderar economicamente a balança comercial de um país (BEUX; OHNUMA JR., 2013). Alguns exemplos de pegada hídrica de produtos constam no Quadro 6.8.

A principal diferença entre a pegada hídrica e as modalidades de consumo também quantificadas é o cálculo efetivo de água consumida por uma atividade específica e não somente captada (HOEKSTRA et al., 2011). Nesse contexto, o volume total da pegada hídrica indica desde o consumo de água tratada para o desenvolvimento de determinada atividade (água azul), como também do volume de água incorporado ao produto pela água da chuva (água verde) e do volume de água necessário para diluir a poluição durante o processo produtivo (água cinza). Valores de pegada hídrica de produtos são observados no Quadro 6.8.

No caso de um grupo de indivíduos ou de uma nação, a pegada hídrica é determinada de acordo com os volumes de importação e exportação de água em função da população local. Países como Estados Unidos, Canadá e Austrália tendem a possuir pegada hídrica total acima de 2000 $m^3 \cdot ano^{-1} \cdot per\ capita^{-1}$, enquanto países como República de Congo, Índia e China, entre 550 e 1200 $m^3 \cdot ano^{-1} \cdot per\ capita^{-1}$. Outros países, como Japão, Turquia e México, apresentam pegada hídrica entre 1200 e 2000 $m^3 \cdot ano^{-1} \cdot per\ capita^{-1}$. A pegada hídrica global apresenta média de 1385 $m^3/ano/per\ capita$ (MEKONNEN; HOEKSTRA, 2012).

Por se tratar de um indicador de múltiplas dimensões, o volume de água agregado ao produto pode também ser quantificado na forma de importação e exportação de água virtual. Nesse caso, a água virtual refere-se somente ao conteúdo embutido em determinado produto, sem mensurar bens e serviços consumidos por um grupo de indivíduos, por exemplo, ou de uma nação, como no caso da pegada hídrica (HOEKSTRA et al., 2011).

Na quantificação da pegada hídrica de uma empresa ou de um produto, são avaliados processos operacionais da cadeia produtiva de modo a quantificar o uso da água nas diferentes etapas de desenvolvimento

---

[10] Os rios e cursos d'água podem ser classificados como **perenes**: não importa a época do ano, esses rios sempre mantêm um volume de água durante todo o tempo, mesmo em períodos secos, de baixa pluviosidade; **intermitentes**: dependendo da época do ano, esses rios sofrem variações de nível d'água em decorrência das mudanças das estações chuvosas, chegando a secar na estiagem. São rios que enchem no período de chuvas intensas e esvaziam totalmente em condições de pouca ou nenhuma pluviosidade; **efêmeros**: são rios com vazões que ocorrem poucas vezes na maior parte do tempo, ou seja, permanecem secos e somente escoam quando há chuvas mais fortes.

Quadro 6.8 Pegada hídrica média mundial de produtos.

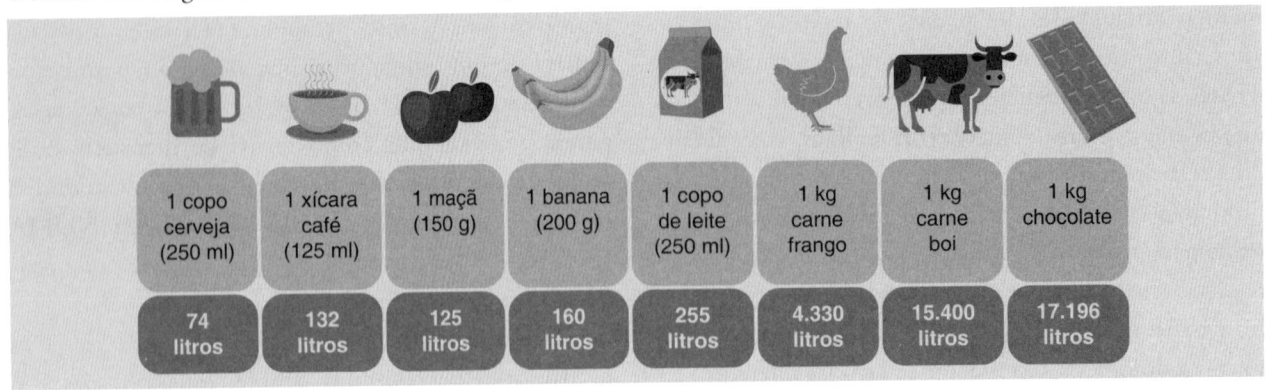

1 copo cerveja (250 ml)	1 xícara café (125 ml)	1 maçã (150 g)	1 banana (200 g)	1 copo de leite (250 ml)	1 kg carne frango	1 kg carne boi	1 kg chocolate
74 litros	132 litros	125 litros	160 litros	255 litros	4.330 litros	15.400 litros	17.196 litros

Fonte: MEKONNEN; HOEKSTRA (2012).

da atividade. Dessa forma, podem-se avaliar políticas de gestão de processos da empresa no controle direto do uso da água. De modo similar, o valor da pegada hídrica de serviços, grupo de consumidores e produtores, em geral, estabelece condições de se avaliar o uso da água como aspecto fundamental da definição de políticas públicas sobre o uso dos recursos hídricos, como, por exemplo, na forma de critério de gestão integrada de bacias hidrográficas para tomada de decisões.

6.8 Interdependência e complementaridade dos instrumentos de gestão

É importante destacar o caráter complementar dos instrumentos de gestão, instituídos pelas leis de recursos hídricos ou pela legislação ambiental. Alguns são típicos de comando e controle (outorga, monitoramento e fiscalização, por exemplo), outros instrumentos são de planejamento ou de apoio (planos de recursos hídricos, monitoramento e sistema de informação) ou, ainda, instrumentos econômicos e de incentivo (cobrança pelo uso da água, compensação aos municípios, pagamento por serviços ambientais e pegada hídrica).

Em nível de bacia hidrográfica, os instrumentos instituídos pelas leis de recursos hídricos (sistema de informação, planos de recursos hídricos, outorga, enquadramento e cobrança) guardam entre si uma importante complementaridade e interdependência (Quadro 6.9 e Fig. 6.12).

O **plano de bacia hidrográfica** requer do **sistema de informação** bases técnicas confiáveis sobre disponibilidade de água em quantidade e qualidade, informações sobre os usos da água e demais pressões sobre a bacia hidrográfica, a fim de caracterizar o estado atual da bacia e propor medidas destinadas a sua melhoria.

Por sua vez, cabem aos planos de bacias definir diretrizes e critérios de aplicação dos instrumentos de gestão (enquadramento, cobrança e outorga).

O **enquadramento**, oriundo da legislação ambiental, insere-se entre as metas de racionalização do uso previstas no **plano de bacia**, dele demandando definições dos usos preponderantes, em função dos usos presentes e futuros, das disponibilidades quali-quantitativas e dos planos de intervenção. A definição do **enquadramento** afeta diretamente a **outorga** e o licenciamento ambiental (principal instrumento da gestão ambiental), em função dos níveis de qualidade estabelecidos.

Para sua implementação, a **outorga** demanda do **sistema de informações** dados relativos à disponibilidade hídrica e de qualidade, os quais, juntamente com o cadastro de usuários, constituem insumos fundamentais para a sua análise e concessão, segundo as diretrizes de alocação e critérios estabelecidos nos **planos de bacia**.

Sobre o conjunto de usuários submetidos à exigência da **outorga** é estabelecida a **cobrança** pelo uso da água. Esta, por sua vez, além de seus objetivos de racionalização de uso da água e de estímulo a não poluir, é o instrumento que se espera aportar recursos para financiar o plano de investimentos da bacia.

O **enquadramento** e os **planos de recursos hídricos** possuem papel bastante relevante em uma

Quadro 6.9 Complementaridade dos instrumentos de gestão de recursos hídricos

Instrumento	Objetivo
Sistema de informações sobre recursos hídricos	Armazenar dados e informações sobre a situação qualitativa e quantitativa dos recursos hídricos de forma a caracterizar a situação da bacia e dar apoio às decisões de gestão.
Planos de bacia	Fundamentar e orientar a gestão de recursos hídricos na bacia hidrográfica.
Enquadramento dos corpos d'água	Assegurar às águas qualidade compatível com os usos e diminuir os custos de combate à poluição das águas, mediante ações preventivas permanentes.
Outorga de direito de uso de recursos hídricos	Garantir o controle quantitativo e qualitativo dos usos da água e o efetivo exercício dos direitos de acesso à água.
Cobrança pelo uso da água	Incentivar a racionalização do uso da água e obter recursos financeiros para o financiamento de programas de intervenções contemplados nos planos de recursos hídricos.

Fonte: PEREIRA; FORMIGA JOHNSSON (2003).

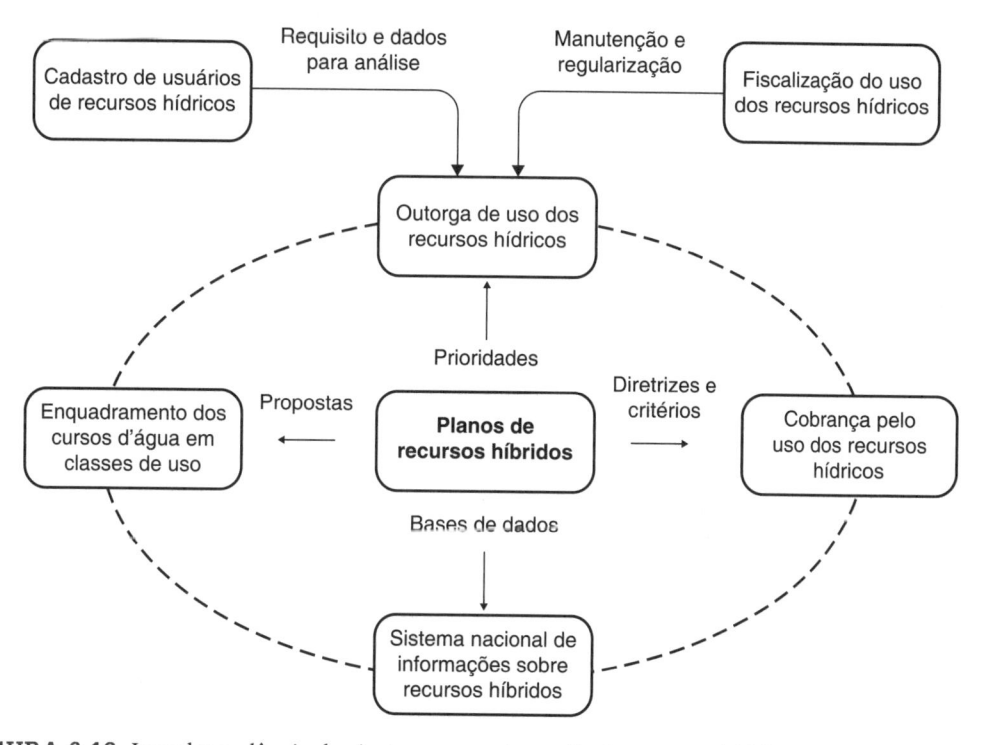

FIGURA 6.12 Interdependência dos instrumentos de gestão de recursos hídricos. Fonte: ANA (2017).

das fronteiras de integração mais difíceis para a gestão de recursos hídricos que é sua articulação com a gestão territorial (PORTO; PORTO, 2008).

A implementação desses instrumentos de gestão demanda não somente capacidades técnicas, políticas e institucionais, mas requer também tempo para sua definição e operacionalização. Afinal, a implantação da gestão e de seus instrumentos é, antes de tudo, um processo organizativo social, o qual demanda a participação e aceitação por parte dos atores envolvidos, dentro da compreensão de que haverá um benefício coletivo global.

6.9 Principais desafios para a gestão

Garantir água em quantidade e qualidade, para a geração atual e futura, e reduzir a vulnerabilidade dos recursos hídricos, em face das pressões oriundas de fatores climáticos e não climáticos, são desafios gigantescos para o Brasil e para o mundo.

Como apontado ao longo deste capítulo, houve avanços significativos nas últimas décadas na concepção e implementação de políticas públicas dedicadas à água e sua gestão, no Brasil. No entanto, permanecem enormes desafios ao desenvolvimento sustentável, dentre os quais destacam-se: recuperar a qualidade da água, sobretudo a partir do aumento da coleta e tratamento de esgotos; restaurar a cobertura florestal e proteger mananciais estratégicos; racionalizar o uso da água na agricultura e em áreas urbanas; e adaptar-se à intensificação da variabilidade e mudanças do clima, entre outros.

Águas urbanas: urbanização e recursos hídricos

A urbanização, conhecida como um fenômeno evidenciado fortemente na década de 1970 pela dinâmica demográfica e socioambiental e impulsionada, sobretudo, pela expansão da produção industrial dos anos 1960, favoreceu a institucionalização de regiões metropolitanas, como das cidades de São Paulo e do Rio de Janeiro (IBGE, 2015). Segundo projeções do Programa das Nações Unidas para os Assentamentos Humanos, até o ano 2050 mais de 70 % da população deve residir em ambientes urbanos (UNHSP, 2008).

De certa forma, com o desenvolvimento das indústrias e o aumento da população nas cidades, provocado pelo êxodo rural no final do século XX, ocorreram mudanças no comportamento social, com processos que desencadearam o aumento do consumo por produtos e serviços. Dados do IBGE (2015) informam um crescimento superior a 2,3 milhões de pessoas ao ano desde 1950.

Além de problemas socioeconômicos e dos aspectos insalubres de habitação, como a fragilidade construtiva das edificações e as condições inadequadas de circulação em geral (CERQUEIRA; PIMENTEL DA SILVA, 2013), a precariedade desses espaços torna-se ainda maior pela localização desses assentamentos informais, frequentemente em áreas de risco, sobretudo as suscetíveis a deslizamentos e as inundações urbanas (Fig. 6.13).

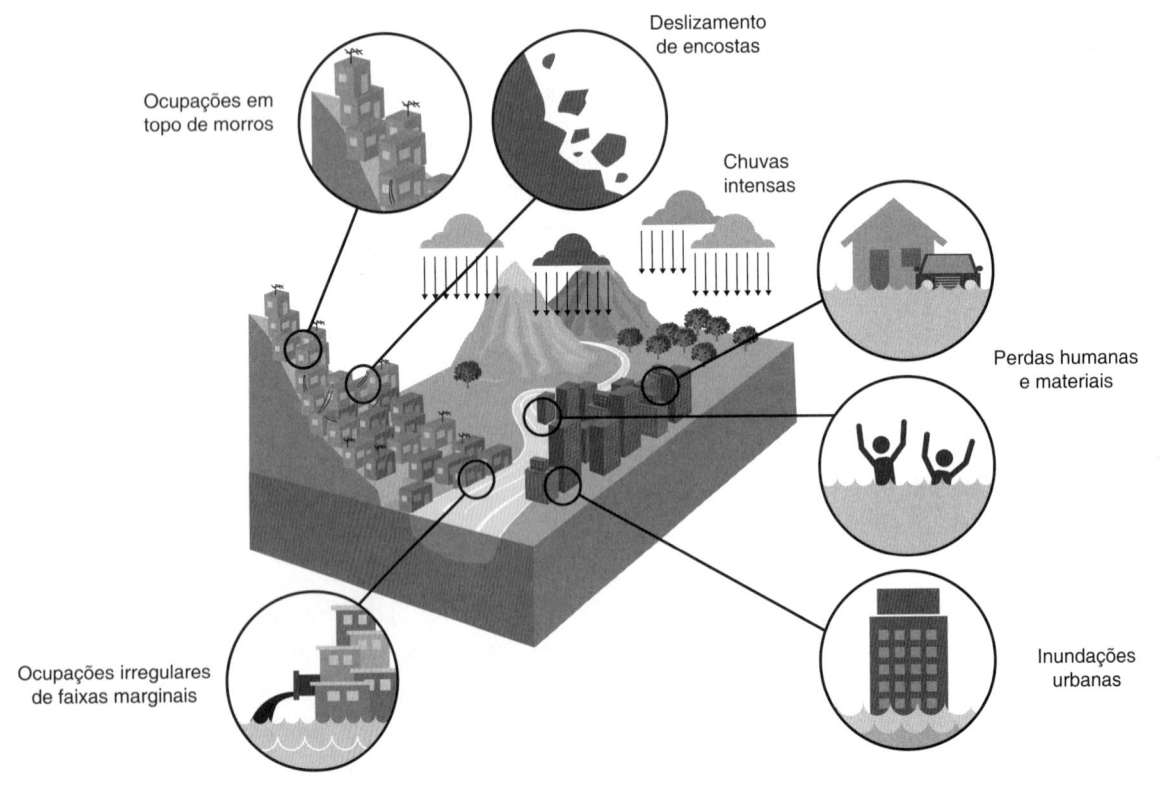

FIGURA 6.13 Ocupações irregulares e consequências de eventos hidrológicos extremos.

O aglomerado populacional informal em pequenos espaços eleva a densidade demográfica e, quando consolidado, torna-se inadequado à medida que as intervenções de infraestrutura urbana não são mais capazes de atender à demanda, como, por exemplo, das vazões de abastecimento de água, do esgotamento sanitário, do resíduo gerado e da drenagem de águas pluviais.

Movimentos de massa, enxurradas, cheias ou enchentes, inundações urbanas e alagamentos, assim como secas prolongadas, quando ocorrem, são classificados como desastres naturais pela Classificação e Codificação Brasileira de Desastres (BRASIL, 2012b). As inundações caracterizam-se pelo extravasamento (transbordamento) decorrente da elevação do nível dos rios e canais, atingindo a planície de inundação e áreas de várzea, especialmente em razão dos eventos hidrológicos extremos, caracterizados pelo elevado período de retorno. O aumento das áreas impermeáveis nas bacias hidrográficas contribui para o aumento da frequência ou aumento dos impactos das enchentes urbanas, que ainda podem ser agravadas pela concomitância de ocorrência nos períodos de cheias dos rios, enxurradas, alagamentos e movimentos de massa (terra e rolamento de blocos de rocha).[11]

O impacto provocado pela deposição de lixos em locais inadequados também pode afetar diretamente os aspectos quali-quantitativos dos recursos hídricos, seja no entupimento de bocas-de-lobo e bueiros esgotando sua capacidade de drenar as águas pluviais, seja na contaminação de águas superficiais e subterrâneas. Nesse sentido, além das condições relacionadas com a recuperação da qualidade da água de mananciais, são necessários programas de educação ambiental junto às comunidades nas áreas mais afetadas (PIMENTEL DA SILVA; NEFFA, 2015).

Os grandes aglomerados urbanos nas regiões metropolitanas e o fenômeno da conurbação têm potencial de impactar o microclima, sobretudo associado ao fenômeno das ilhas de calor.[12] Nas áreas densamente urbanizadas, observa-se o aumento da frequência de chuvas intensas com maior potencial de causar alagamentos e enchentes. Adicionalmente, o fenômeno das mudanças climáticas, que será evidenciado a seguir, deve impactar o padrão de ocorrência das chuvas (IPCC, 2014), com efeitos sinérgicos na ocorrência de tempestades com maiores volumes e frequência, aumentando as chances de ocorrência de alagamentos e enchentes urbanas, assim como suas criticidades.

De modo geral, com o desordenado crescimento demográfico dos últimos anos e a crescente demanda por produtos e serviços, naturalmente elevou-se o uso dos recursos naturais, em especial dos recursos hídricos. Nesse sentido, é de fundamental importância integrar a gestão dos recursos hídricos nos diferentes planos e projetos municipais, de modo que os impactos decorrentes da ocupação urbana sejam minorados por uma gestão sustentável das águas urbanas (CERQUEIRA; PIMENTEL DA SILVA, 2016).

Os impactos da urbanização desordenada, associados aos problemas sociais, afetam os aspectos quali-quantitativos dos recursos hídricos, comprometendo o abastecimento de água, sobretudo em grandes metrópoles. A pressão sobre os recursos hídricos ocorre à medida que se observam a perda da qualidade da água e a diminuição da disponibilidade hídrica.

Como forma de amenizar os efeitos da urbanização, especialmente em regiões com estruturas consolidadas, diferentes soluções são propostas, no âmbito da gestão sustentável de águas urbanas, como: sistemas de captação, armazenamento e aproveitamento de águas pluviais (MAZZA et al., 2015), trincheiras de infiltração (OHNUMA Jr. et al., 2015a), telhados verdes (LOIOLA et al., 2019; OHNUMA Jr.; ALMEIDA NETO; MENDIONDO, 2014), pavimentos permeáveis etc. Esses dispositivos, conhecidos também como técnicas compensatórias (OHNUMA JR., 2008), devem estar integrados aos programas educativos de planejamento a partir do Plano Diretor de Drenagem Urbana e Sustentável do município.

Proteção dos mananciais

A cobertura vegetal protege o solo, regulariza e protege a água, ao mesmo tempo em que captura carbono da atmosfera. O território brasileiro teve milhões de hectares de áreas de vegetação arbórea convertidas

---

[11] Disponível em: http://www.cemaden.gov.br. Acesso em: 5 ago. 2019.

[12] O fenômeno das ilhas de calor caracteriza-se pela elevação das temperaturas nas áreas urbanas em relação às áreas rurais em seu entorno. Isso se deve sobretudo aos materiais usados nas edificações e pavimentação e que tendem a concentrar calor, em detrimento das superfícies e vegetação naturais.

em pastagens e lavouras – em grande parte improdutivas, atualmente – além do uso do solo convertidos em centros urbanos (DEAN, 1996). O Bioma Mata Atlântica, por exemplo, tem somente 8,5 % de remanescentes florestais representativos, com mais de 100 hectares (SOS MATA ATLÂNTICA, 2014). Por essa razão, proteger florestas, reduzindo o desmatamento, e restaurar a cobertura vegetal de áreas desmatadas em mananciais estratégicos são ações indispensáveis à proteção dos recursos hídricos, em quantidade e qualidade.

Proteção de mananciais pode ser definida como o conjunto de práticas, em especial de conservação do solo e da água, que tem como objetivo manter ou recuperar os recursos hídricos, em quantidade e qualidade, para o abastecimento público e demais usos da água. A literatura aponta a existência de muitas iniciativas de proteção dos mananciais no Brasil, que geralmente envolvem práticas de restauração florestal em áreas de nascentes e outras APP (margens de rio, topos de morro e encostas), conservação de remanescentes florestais, saneamento rural e conservação do solo (REIS, 2016).

Recentemente, grande parte dos programas de proteção dos mananciais no Brasil tem sido concebida com base na metodologia de Pagamento por Serviços Ambientais (PSA) como forma de incentivo à implementação de ações de conservação e restauração florestal em áreas de interesse estratégico (REIS, 2016). O PSA pode ser definido como um instrumento econômico, que contempla a parceria público-privada, na qual o proprietário privado recebe pelos serviços ambientais prestados por sua propriedade rural em relação à qualidade e quantidade de água, biodiversidade e/ou clima.

Na área de águas, o PSA tem grande aderência à realidade brasileira (RAMOS; FORMIGA JOHNSSON, 2012). Como somente 6 % do território nacional (52 milhões de hectares) são protegidos por unidades de conservação de proteção integral, proteger mananciais no Brasil implica, sobretudo, preservar áreas rurais de bacias hidrográficas que, em sua maioria, são propriedades privadas (571 milhões de hectares ou 67 % da área rural do país). As primeiras experiências são promissoras, mas será preciso superar algumas dificuldades legais e operacionais para que o PSA se torne um indutor da conservação e restauração florestal em larga escala no país.

Gestão adaptativa em face da intensificação da variabilidade e mudanças do clima

Cientistas e pesquisadores têm ressaltado que o setor de recursos hídricos é uma das áreas ambientais que serão mais afetadas pelas variabilidades e mudanças climáticas (IPCC, 2014). De fato, em todo o mundo, os recursos hídricos têm sido periodicamente afetados por variações climáticas sazonais, especialmente em consequência dos fenômenos El Niño e La Niña, com resultados por vezes desastrosos para a economia e a sociedade (LEMOS; ROOD, 2016). Com o aumento da demanda de água oriundo do crescimento populacional e das atividades econômicas, estudos de modelagem indicam fortes relações entre mudanças no nível de precipitação e disponibilidade de recursos hídricos, prevendo crises crescentes de falta de água nos próximos 50 anos, em quantidade ou qualidade (IPCC, 2014).

No Brasil, é esperado que as mudanças climáticas tenham impactos negativos sobre a disponibilidade de recursos hídricos, que ainda estão sendo examinados no contexto de gestão de águas no Brasil (ANA, 2016). O país poderá ser duramente atingido, em particular nos setores de agricultura e geração de energia hidrelétrica. Da mesma forma, a intensificação dos eventos hidrológicos extremos poderá afetar profundamente grandes centros urbanos, sobretudo populações vivendo em áreas de risco sujeitas a escorregamentos, enxurradas e enchentes; é esperado que os mais pobres sejam os mais vulneráveis aos impactos das mudanças climáticas, tal como ocorre atualmente com os desastres naturais. Por outro lado, estiagens severas mais frequentes irão pressionar mais fortemente mananciais de abastecimento público, como observado em 2014-2015 nas duas maiores metrópoles do país – São Paulo e Rio de Janeiro.

O agravamento das vulnerabilidades decorrentes das mudanças climáticas exigirá maior capacidade de planejamento e medidas de adaptação, bem como ajustes dos instrumentos e práticas de gestão, impondo maior complexidade para o sistema de gestão das águas como um todo. Nesse contexto, a gestão adaptativa coloca-se como alternativa para orientar a ação em situações de aumento de incertezas e de maior complexidade (ANA, 2016). Em uma definição muito citada na literatura (PAHL-WOSTL, 2005 e 2007, *apud* ANA, 2016), gestão adaptativa é uma forma de lidar com as incertezas e suas propriedades, passando pelo processo sistemático de melhoria contínua das políticas e práticas de gestão das águas, mediante o aprendizado de resultados e levando-se em conta mudanças em fatores externos, entre eles, os impactos da mudança do clima sobre a disponibilidade hídrica.

Aprender a conviver com a variabilidade natural do clima de hoje, com seus extremos de cheias e estiagens, constitui, portanto, o primeiro passo para adaptar-se às mudanças climáticas (MARENGO, 2008). Observando as práticas de gestão no Brasil nas últimas décadas, constatam-se avanços significativos, conforme descrito neste capítulo. Contudo, faz-se necessário muito mais – em termos de capacidade técnica, política e institucional – para lidar com os problemas atuais e, sobretudo, desenvolver práticas de gestão adaptativa para fazer frente às incertezas e complexidades associadas ao futuro climático.

EXERCÍCIOS DE FIXAÇÃO

1. Qual é a importância das bacias hidrográficas no contexto da gestão de recursos hídricos?
2. O que são usos consuntivos e não consuntivos da água? Cite alguns exemplos.
3. Qual é a importância da qualidade da água na definição da disponibilidade hídrica?
4. Em termos de disponibilidade hídrica, qual(is) região(ões) hidrográfica(s) brasileiras encontra(m)-se em situação mais crítica? Como os instrumentos de gestão dos recursos hídricos podem contribuir para a reversão desta situação com vistas ao desenvolvimento sustentável? Sugestão: consulte também o mapa de balanço hídrico desenvolvido pela ANA.
5. Descreva cada um dos instrumentos de gestão propostos pela Lei nº 9433/1997.
6. Quais são os elementos fundamentais que compõem os planos de recursos hídricos? Em que aspectos o plano de bacias é mais crítico?
7. Em que aspectos a Resolução Conama nº 430/2011 complementa a Resolução Conama nº 357/2005?

DESAFIO

Apresente uma discussão de como novos instrumentos, propostos nos últimos anos, como a pegada hídrica e água virtual, podem integrar-se aos demais e contribuir para a gestão integrada dos recursos hídricos.

BIBLIOGRAFIA

ABERS, R. N. *et al.* Inclusão, deliberação e controle: três dimensões de democracia nos comitês e consórcios de bacia hidrográfica no Brasil. *In*: ABERS, Rebecca N. (org.). Água e política: atores, instituições e poder nos organismos colegiados de bacia hidrográfica no Brasil. São Paulo: Annablume, 2010, p. 211-244.

AGÊNCIA NACIONAL DE ÁGUAS (Brasil). **Conjuntura dos recursos hídricos no Brasil 2018:** informe anual. Brasília, DF: ANA, 2018.

_____. **Relatório de gestão**, 2018. Brasília, DF: ANA, 2018.

_____. **Conjuntura dos recursos hídricos no Brasil 2017**: relatório pleno. Brasília, DF: ANA, 2017.

_____. **Conjuntura dos recursos hídricos no Brasil 2016**: informe anual. Brasília, DF: ANA, 2016a.

_____. **Mudanças climáticas e recursos hídricos**: avaliações e diretrizes para adaptação. Brasília, DF: ANA/GGES, 2016b.

_____. **Conjuntura dos recursos hídricos no Brasil 2015**: informe anual. Brasília, DF: ANA, 2015.

_____. **Cobrança pelo uso de recursos hídricos**. Brasília, DF: ANA, 2014 (Cadernos de Capacitação em Recursos Hídricos, v. 7).

_____. **Conjuntura dos recursos hídricos no Brasil 2013**: relatório pleno. Brasília, DF: ANA, 2013.

_____. **Planos de recursos hídricos e enquadramento dos corpos de água**. Brasília, DF: ANA, 2013 (Cadernos de Capacitação em Recursos Hídricos, v. 5).

_____. **Outorga de direito de uso dos recursos hídricos**. Brasília, DF: ANA, 2011 (Cadernos de Capacitação em Recursos Hídricos, v. 6).

_____. **Atlas Brasil** – Abastecimento urbano de água – Panorama nacional. Brasília, DF: ANA, 2010. v. 1.

_____. **Cadernos de recursos hídricos**. Disponibilidades e demandas de recursos hídricos no Brasil. Brasília, DF: ANA, 2005.

BEUX, F. C.; OHNUMA Jr., A. A. A pegada hídrica e o consumo de água não tarifado do aglomerado subnormal da Rocinha. *In*: XX SIMPÓSIO BRASILEIRO DE RECURSOS HÍDRICOS. Água, desenvolvimento econômico e socioambiental, 2013, Bento Gonçalves, RS. **Anais** [...], Bento Gonçalves, RS: ABRH, 2013.

BRASIL. **Lei nº 12.651**, de 25 de maio de 2012. Código Florestal. Dispõe sobre a proteção da vegetação nativa; altera as Leis nᵒˢ 6.938, de 31 de agosto de 1981, 9.393, de 19 de dezembro de 1996, e 11.428, de 22 de dezembro de 2006; revoga as Leis nᵒˢ 4.771, de 15 de setembro de 1965, e 7.754, de 14 de abril de 1989, e a Medida Provisória nº 2.166-67, de 24 de agosto de 2001; e dá outras providências. **Diário Oficial [da] República Federativa do Brasil**, Brasília, DF, 28 maio 2012a.

_____. **Instrução normativa nº 1**, de 24 de agosto de 2012. Estabelece procedimentos e critérios para a decretação de situação de emergência ou estado de calamidade pública pelos Municípios, Estados e pelo Distrito Federal, e para o reconhecimento federal das situações de anormalidade decretadas pelos entes federativos e dá outras providências. **Diário Oficial [da] República Federativa do Brasil**, Brasília, DF, Seção I, n. 169, p. 30, 30 ago. 2012b.

_____. **Resolução CNRH nº 32**, de 15 de outubro de 2003. Institui a Divisão Hidrográfica Nacional, em regiões hidrográficas. Diário Oficial [da] República Federativa do Brasil, Brasil, DF, Seção 1, nº 245, p. 142, de 17 dez. 2003.

_____. **Lei nº 9.985**, de 18 de julho de 2000. Regulamenta o art. 225, § 1º, incisos I, II, III e VII da Constituição Federal, institui o Sistema Nacional de Unidades de Conservação da Natureza e dá outras providências. **Diário Oficial [da] República Federativa do Brasil**, Brasília, DF, 19 jul. 2000.

_____. **Lei nº 9.433**, de 8 de janeiro de 1997. Institui a Política Nacional de Recursos Hídricos, cria o Sistema Nacional de Gerenciamento de Recursos Hídricos, regulamenta o inciso XIX do art. 21 da Constituição Federal, e altera o art. 1º da Lei nº 8.001, de 13 de março de 1990, que modificou a Lei nº 7.990, de 28 de dezembro de 1989. **Diário Oficial [da] República Federativa do Brasil**, Brasília, DF, 9 jan. 1997.

_____. **Decreto-Lei nº 7.841**, de 8 de agosto de 1945. Código de Águas Minerais. **Diário Oficial [da] República Federativa do Brasil**, Brasília, DF, Seção I, p. 13689, 20 ago. 1945.

CERQUEIRA, L. F. F.; PIMENTEL DA SILVA, L. Proposta metodológica para redesenho de comunidades informais – construção da resiliência diante do estresse hídrico. **Ambiente & Sociedade**, XIX(1), p. 43-62, 2016.

_____. Política habitacional brasileira, proliferação de assentamentos informais, recursos hídricos e sustentabilidade urbana na cidade do Rio de Janeiro. **Revista Labor & Engenho**, 7(2), 2013.

COMPANHIA DE PESQUISA DE RECURSOS MINERAIS. **Mapa Hidrogeológico do Brasil ao Milionésimo**: Nota técnica. Recife: CPRM, 2014.

CONSELHO NACIONAL DE MEIO AMBIENTE (Brasil). **Resolução Conama nº 430**, de 13 de maio de 2011. Dispõe sobre as condições e padrões de lançamento de efluentes, contempla e altera a Resolução nº 357, de 17 de março de 2005, do Conselho Nacional de Meio Ambiente – Conama. Brasília, DF: Conama, 2011.

_____. **Resolução Conama nº 357**, de 17 de março de 2005. Dispõe sobre a classificação dos corpos de água e diretrizes ambientais para seu enquadramento, bem como estabelece as condições e padrões de lançamento de efluentes, e dá outras providências. Brasília, DF: Conama, 2005.

_____. **Resolução Conama nº 20**, de 18 de junho de 1986. Dispõe sobre a classificação das águas doces, salobras e salinas essencial, avaliados por parâmetros e indicadores específicos, de modo a assegurar seus usos preponderantes. Brasília, DF: Conama, 1986.

DEAN, W. **A ferro e fogo**: a história e a devastação da Mata Atlântica brasileira. São Paulo: Companhia das Letras, 1996.

HOEKSTRA, A. Y. *et al.* **The water footprint assessment manual**: setting the global standard. London: Earthscan, 2011.

INSTITUTO BRASILEIRO DE GEOGRAFIA E ESTATÍSTICA. **Arranjos populacionais e concentrações urbanas do Brasil 2015**. Rio de Janeiro: IBGE/Diretoria de Geociências, 2015.

INTERGOVERNMENTAL PANEL ON CLIMATE CHANGE. **AR5 Climate Change 2014**: impacts, adaptation, and vulnerability. Part A: Global and sectoral aspects. IPCC, 2014.

LANNA, A. E.; BENETTI, A. D.; COBALCHINI, M. S. Metodologias para determinação de vazões ecológicas em rios. **Revista Brasileira de Recursos Hídricos**, 8(2), 2003, p. 149-160. Disponível em: https://www.abrh.org.br/SGCv3/index.php?PUB=1&ID=36&SUMARIO=525. Acesso em: 5 ago. 2019.

LEMOS, M. C.; ROOD, R. B. Climate projections and their impact on policy and practice. **WIREs Climate Change**, 1(5): 670-682, 2016.

LIMA, R. M. S. (elab.). **Cartas IBGE, escala 1:50.000** − folhas Ewbank da Câmara, em Juiz de Fora. Modelo digital de elevação. Juiz de Fora, MG: Prefeitura Municipal, 2013.

LOIOLA, C.; MARY, W.; PIMENTEL DA SILVA, L. Hydrological performance of modular-tray green roof systems for increasing the resilience of mega-cities to climate change. **Journal of Hydrology**, v. 573: 1057-1066, 2019. DOI.org/10.1016/j.jhydrol.2018.01.004

MARENGO, J. A. Water and climate change. **Estudos Avançados**, 22(63), 2008, p. 83-96.

MAZZA, R. *et al.* Caracterização físico-química e biológica das águas pluviais nos períodos seco e úmido. *In*: XXI SIMPÓSIO BRASILEIRO DE RECURSOS HÍDRICOS. Segurança hídrica e desenvolvimento sustentável: desafios do conhecimento e da gestão, Brasília, 2015. **Anais [...]**, Brasília, DF: ABRH, nov. 2015.

MEKONNEN, M. M.; HOEKSTRA, A. Y. A global assessment of the water footprint of farm animal products. **Ecosystems**, 15(3), 401-415, 2012.

OHNUMA Jr., A. A.; PIMENTEL DA SILVA, L.; MENDIONDO, E. M. Vazões afluentes em trincheira de infiltração domiciliar. **Ciência & Engenharia** (Science & Engineering Journal), 24(1), p. 89-98, jan./jun. 2015a.

OHNUMA Jr., A. A.; ALMEIDA NETO, P.; MENDIONDO, E. M. Análise da retenção hídrica em telhados verdes a partir da eficiência do coeficiente de escoamento. **Revista Brasileira de Recursos Hídricos**, 19(2), 41-52, abr./jun. 2014.

OHNUMA Jr., A. A. **Medidas não convencionais de reservação d'água e controle da poluição hídrica em lotes domiciliares**. Tese (Doutorado em Ciências da Engenharia Ambiental) − Escola de Engenharia de São Carlos, EESC-USP, São Paulo, 2008.

PEREIRA, D. P. S.; FORMIGA JOHNSSON, R. M. (org.) **Governabilidade dos recursos hídricos no Brasil**: a implementação dos instrumentos de gestão na Bacia do rio Paraíba do Sul. Brasília, DF: ANA, 2003.

PIMENTEL DA SILVA, L.; NEFFA, E. **Engenharia e educação ambiental**. Indicadores de sustentabilidade em engenharia − como desenvolver. Rio de Janeiro: Elsevier, 2015.

PIMENTEL DA SILVA, L. **Hidrologia**: engenharia e meio ambiente. 1. ed. Rio de Janeiro: Elsevier, 2015.

PORTO, M. F. A.; PORTO, R. L. L. Gestão de bacias hidrográficas. **Estudos Avançados**, 22(63), 43-60, 2008.

RAMOS, M.; FORMIGA JOHNSSON, R. M. Água, gestão e transição para uma economia verde no Brasil. Propostas para o Setor Público. Rio de Janeiro: FBDS, 2012. (Coleção de Estudos sobre Diretrizes para uma Economia Verde no Brasil.)

REIS, P. H. P. **Programa olhos-d'água**: análise de uma iniciativa de proteção de mananciais na bacia do rio Doce (MG e ES). Dissertação (Mestrado em Engenharia Ambiental) − Universidade do Estado do Rio de Janeiro (UERJ), 2016.

SHIKLOMANOV, I. A. A summary of the monograph world water resources. 1998. Disponível em: http://unesdoc.unesco.org/images/0011/001126/112671eo.pdf. Acesso em: 5 ago. 2019.

SOS MATA ATLÂNTICA. **Relatório Anual 2014**. São Paulo, 2015.

UNITED NATIONS HUMAN SETTLEMENTS PROGRAMME. **State of the world's cities 2008/2009**: harmonious cities. UNHSP/UN-Habitat, 2008.

7

Sistemas de Abastecimento de Água

Iene Christie Figueiredo
Renata de Oliveira Pereira
Rodrigo Amado Garcia Silva

Um sistema de abastecimento de água (SAA) tem como principal objetivo abastecer uma comunidade com água em quantidade e qualidade suficientes para suprir suas necessidades de higiene, alimentação, uso doméstico, além de atender as demandas comerciais e industriais. O sistema pode ser projetado para levar água de forma segura tanto para grandes aglomerados urbanos, como também para pequenas comunidades. O sistema público de abastecimento de água é caracterizado pelo conjunto de obras, instalações e serviços destinados à sua captação, tratamento e distribuição. Sempre que possível, o emprego dessa solução coletiva deve ser privilegiado em detrimento da individual, pois otimiza investimentos e recursos humanos para manutenção e supervisão de um único sistema. Além disso, a qualidade da água distribuída pode ser mais facilmente controlada e, por consequência, garantida. Após ser captada em um manancial, a água passa por tratamento físico-químico para remoção de sólidos em suspensão e organismos patogênicos. Ainda na estação de tratamento, a qualidade da água é monitorada para que, ao ser distribuída para os consumidores, satisfaça os padrões de potabilidade estabelecidos por lei. O monitoramento da qualidade da água distribuída deve ser mantido também na rede de distribuição. Ao longo do século XX, são inúmeros os registros de surtos de doenças relacionadas à água. Muitos destes surtos foram causados por falhas na operação das unidades componentes do SAA, possibilitando a recontaminação da água, ou no processo de potabilização. Evidencia-se, portanto, que as boas condições de saúde pública estão intimamente ligadas à adequada construção, operação e manutenção de um sistema de abastecimento de água, cujo primeiro passo é definido pelo adequado projeto de engenharia.

7.1 Abastecimento de água no Brasil

No Brasil, a prestação dos serviços de saneamento, no qual se inclui o abastecimento de água, é uma obrigação do município. Todavia, sua execução pode ser feita de diferentes maneiras: com pessoal próprio; por meio da criação de empresas ou autarquias municipais; ou, ainda, por concessão destes serviços para empresas públicas, como é o caso das companhias estaduais de saneamento, ou privadas.

A Lei nº 11.445/2007, de 5 de janeiro de 2007, que estabelece diretrizes nacionais para o saneamento básico, tem como um dos seus princípios fundamentais a universalização do acesso, ou seja, a disponibilização dos seus serviços a toda população. Ainda como uma de suas diretrizes destaca-se a priorização de ações que promovam a equidade social e territorial. Entende-se aqui que o princípio da equidade está vinculado ao constitucional, em que se define que a "saúde é direito de todos". O objetivo da equidade é, portanto, dimi-

nuir as desigualdades nas condições de abastecimento de água. Considerando as diferenças regionais e sociais existentes no Brasil, o conceito de equidade social e territorial não é sinônimo de igualdade de investimentos. Deste modo, áreas mais carentes requererão maiores intervenções para garantir o mesmo direito ao acesso ao saneamento básico para população ali residente.

Com base nos dados publicados pelo Sistema Nacional de Informações sobre Saneamento – SNIS (SNIS, 2019), a população brasileira atendida por rede de abastecimento de água é de 169.085.425 habitantes, o que representa 83,6 % da população total e 92,8 % da população urbana. Os índices de atendimento por este serviço são variáveis quando considerada a regionalização do Brasil, conforme a Fig. 7.1. A Região Norte apresenta os piores resultados, atendendo apenas 57,1 % da população total e 69,6 % da população urbana. Os melhores índices são encontrados nas Regiões Sudeste (91,0 % da população total) e Sul (98,6 % de atendimento urbano). Estes valores discrepantes na prestação do serviço de abastecimento de água salien-

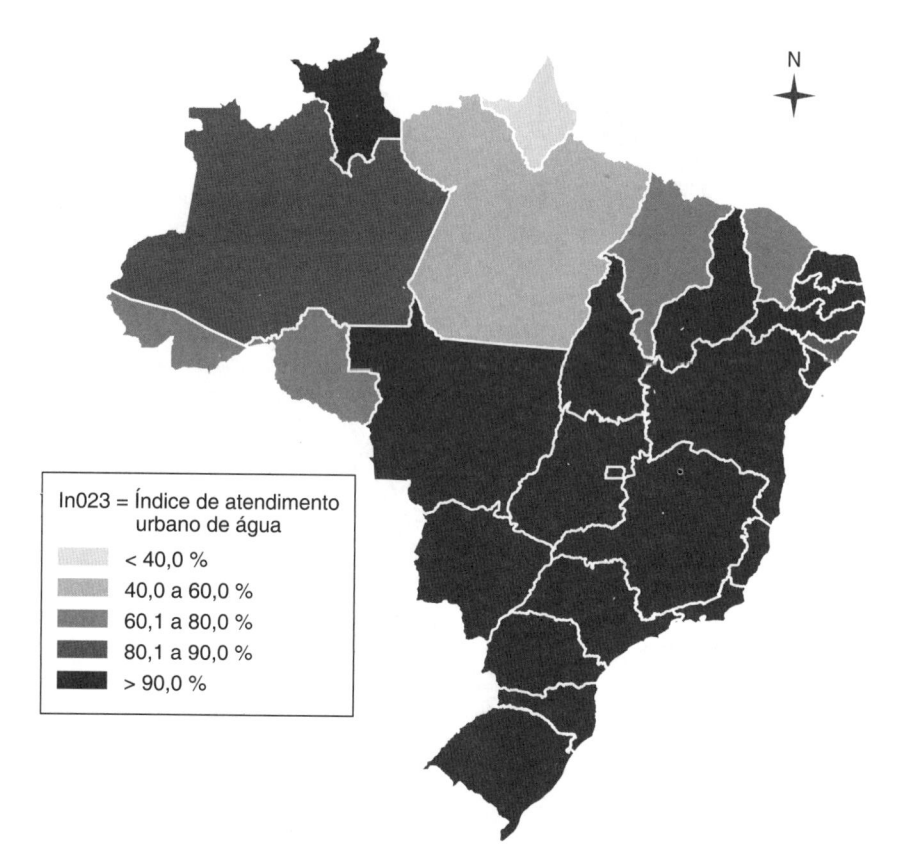

FIGURA 7.1 Representação espacial do índice médio de atendimento urbano por rede de água (indicador IN023) por estado, levando em consideração as informações do SNIS em 2018. Fonte: SNIS (2019).

tam que, mesmo havendo políticas públicas e legislação de abrangência nacional, sua implementação depende da esfera municipal, cuja capacidade de ação é diversa e muitas vezes limitada nas diferentes regiões do país.

Ao avaliar as características operacionais dos sistemas de abastecimento de água no Brasil, o SNIS (SNIS, 2019) registrou um consumo diário por habitante de 154,9 L/dia como média nacional. Este valor oscila quando avaliados os diferentes estados da federação: 254,9 L/hab.dia no Rio de Janeiro e 92,1 L/hab.dia no Amazonas. No primeiro caso, o valor encontrado (superior à média nacional) é estimulado pelo elevado índice de perdas na distribuição e baixo índice de micromedição, ou seja, o volume de água consumido não é efetivamente medido por equipamento de medição (hidrômetro). Já o baixo índice encontrado no estado do Amazonas decorre, principalmente, da redução do volume de água consumida por sua capital, Manaus, atualmente operada por concessão privada.

A Fig. 7.2 mostra a distribuição espacial do índice de perdas na distribuição (indicador IN049), que relaciona o volume de água distribuído com aquele produzido pelo SAA. Ao considerar como referência a média nacional (38,5 %), as maiores perdas foram identificadas nas Regiões Norte (55,5 %) e Nordeste (46,0 %), com destaque para o estado de Roraima, que registrou o índice de 73,4 %. A Região Sudeste apresentou o menor índice de perdas na distribuição, equivalente a 34,4 %, mas foram os estados de Goiás (30,2 %) e Rio de Janeiro (32,8 %) que apresentaram o melhor desempenho. Além de se configurar como desperdício do recurso hídrico, as perdas no sistema de abastecimento representam prejuízo aos prestadores do serviço e oneração das tarifas de água praticadas.

7.2 Sistemas de abastecimento de água

O Sistema de Abastecimento de Água (SAA) é caracterizado por um conjunto de obras, equipamentos e serviços destinados ao abastecimento seguro de água

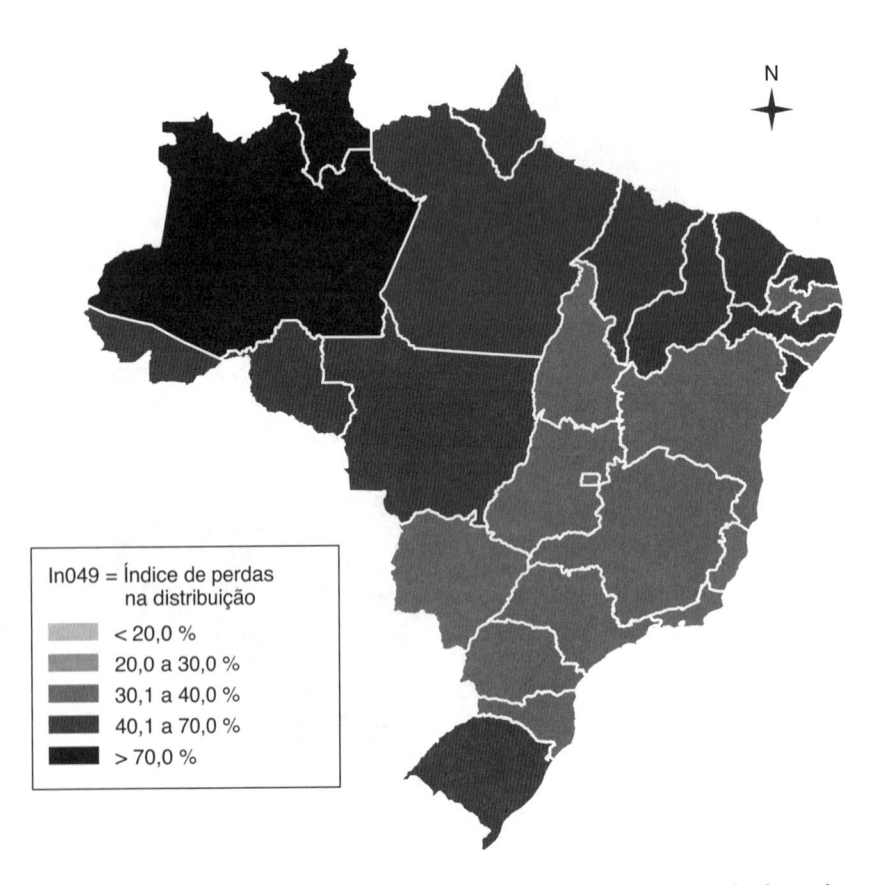

FIGURA 7.2 Distribuição espacial de índice de perdas na distribuição (IN049) por estado, levando em consideração as informações do SNIS em 2018. Fonte: SNIS (2019).

potável para fins de consumo doméstico, público e industrial. Um sistema convencional de abastecimento de água pode ser integrado pelas seguintes unidades componentes:

- **Manancial:** corpo d'água superficial ou subterrâneo que deverá fornecer água para o abastecimento em vazão suficiente para atender à demanda durante a vida útil do SAA.
- **Captação:** conjunto de estruturas e dispositivos instalados junto ao manancial, com o propósito de retirar deste corpo hídrico a água destinada ao abastecimento.
- **Adutora:** canalização que transporta água em um SAA sem que haja derivação para os consumidores. As adutoras estão geralmente situadas entre o manancial e a estação de tratamento (adutora de água bruta) e nos trechos entre esta e a rede de distribuição (adutora de água tratada).
- **Estação elevatória de água:** conjunto de obras e equipamentos usados para transportar a água de uma unidade instalada em uma cota inferior para outra, mais elevada. O emprego de estações eleva-

tórias depende, portanto, de análise da topografia da região.

- **Estação de tratamento de água (ETA):** conjunto de unidades destinadas a tratar a água, adequando suas características ao padrão de potabilidade estabelecido por lei.
- **Reservatório de distribuição de água:** elemento do sistema de abastecimento que cumpre as funções de reservar água, condicionar a pressão na rede e equilibrar as variações entre a vazão de produção (derivada da ETA) e a vazão de consumo.
- **Rede de distribuição:** tubulações e acessórios destinados a disponibilizar continuamente água potável ao consumidor em seu domicílio, em quantidade e pressão adequadas.

A composição das unidades de um sistema de abastecimento de água depende de características específicas da região e da população às quais se destina o projeto. As Figs. 7.3 e 7.4 representam algumas soluções para SAAs convencionais.

Os projetos das estruturas constantes no SAA devem utilizar como referência as normas técnicas per-

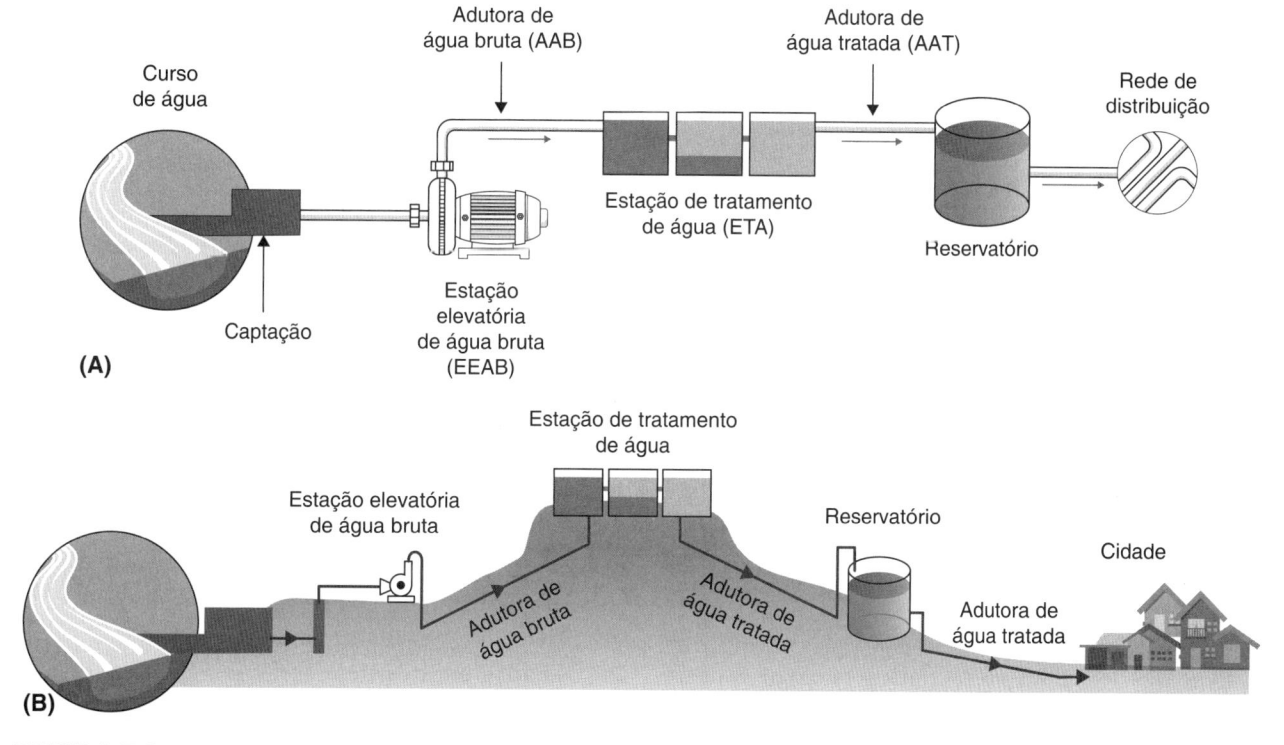

FIGURA 7.3 Concepção de um sistema de abastecimento de água convencional em área de topografia acidentada: (A) esquema das unidades componentes; (B) perfil do SAA.

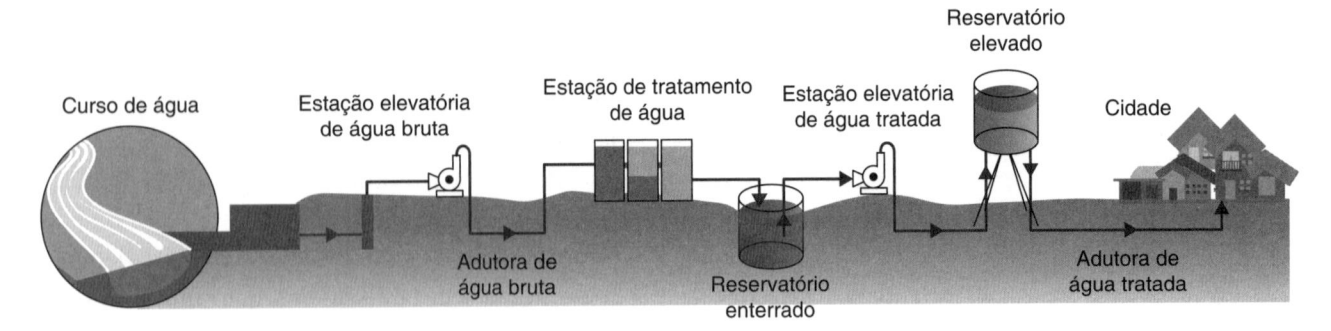

FIGURA 7.4 Perfil da concepção de um sistema de abastecimento de água convencional em área de topografia plana.

tinentes ao tema, publicadas pela Associação Brasileira de Normas Técnicas (ABNT), a saber:

- NBR 12211: Estudos de concepção de sistemas públicos de abastecimento de água (1992).
- NBR 12212: Projeto de poço para captação de água subterrânea (2017).
- NBR 12213: Projeto de captação de água superficial para abastecimento público (1992).
- NBR 12214: Projeto de sistema de bombeamento de água para abastecimento público (1992).
- NBR 12215: Projeto de adutora de água para abastecimento público (2017).
- NBR 12216: Projeto de estação de tratamento de água para abastecimento público (1992).
- NBR 12217: Projeto de reservatório de distribuição de água para abastecimento público (1994).
- NBR 12218: Projeto de rede de distribuição de água para abastecimento público (2017).

Ao considerar-se que uma mesma região pode permitir diferentes configurações do SAA, torna-se importante incorporar ao projeto o **estudo de concepção**, cuja função é avaliar preliminarmente os diferentes arranjos propostos e definir a melhor solução técnica e econômica para a área de estudo. O estudo de concepção de um SAA deve contemplar várias atividades, com destaque para:

- Caracterização física da área de estudo, identificando as vias de acesso, a topografia, a geologia, a bacia hidrográfica etc.
- Análise de mananciais superficiais e subterrâneos disponíveis, baseada em estudos e levantamentos

hidrológicos e de qualidade da água da bacia hidrográfica.
- Caracterização socioeconômica da área de estudo (atividade econômica, distribuição de renda etc.).
- Identificação de obras de infraestrutura existentes e condições sanitárias atuais.
- Definição do horizonte de projeto, também denominado alcance, para o qual o SAA será projetado.
- Caracterização do uso e ocupação do solo com base nos planos diretores estadual e municipal, com identificação de áreas de proteção ambiental e dos vetores de crescimento da população.
- Análise de dados censitários para elaboração de estudos demográficos e projeção do crescimento da população.
- Definição de critérios e parâmetros de projeto, com base em dados operacionais existentes e nas normas técnicas, tais como: consumo *per capita*, coeficientes de variação de consumo etc.
- Formulação das alternativas de concepção do sistema.

Os diagnósticos e estudos elaborados nesta etapa permitem o pré-dimensionamento de todos os elementos dos arranjos propostos para o SAA. A definição da melhor alternativa deve ser baseada em:

1. **Análise técnica:** compatibilidade entre a tecnologia a ser adotada, mão de obra requerida e flexibilidade operacional; as vulnerabilidades do sistema e o prazo de execução das obras.
2. **Análise econômica:** custos com as obras de implantação do sistema, bem como os custos de operação e manutenção de seus componentes durante sua vida útil.

3. **Análise ambiental:** levantamento dos principais impactos ambientais relacionados com cada alternativa, considerando tanto as obras de implantação quanto a operação do SAA, além dos resíduos gerados nas diferentes etapas da produção, transporte e armazenamento de água.

A concepção mais adequada é escolhida após análise comparativa da viabilidade técnica, econômica e ambiental, associada às vantagens e desvantagens de cada um desses aspectos para todas as alternativas estudadas. Definida a concepção do sistema, deve ser então elaborado o projeto hidráulico-sanitário detalhado para cada uma das unidades componentes do sistema, baseando-se não só em informações dos estudos pretéritos, mas também em avaliação *in loco*. A seguir, serão discutidas as principais informações sobre as unidades componentes do SAA.

Manancial

O manancial utilizado para fins de abastecimento deve garantir o atendimento da demanda de água de uma população por todo horizonte de projeto, as condições sanitárias satisfatórias para abastecimento e a manutenção das condições ambientais da bacia hidrográfica. Além disso, a escolha do corpo d'água abastecedor deve priorizar a proximidade da área de consumo e as condições favoráveis para construção das estruturas de captação de água.

Em relação ao tipo de manancial, a captação pode ser feita em manancial superficial, como rios e represas, ou em manancial subterrâneo, como aquíferos artesianos e freáticos. Os mananciais superficiais apresentam como vantagem a facilidade de acesso para execução das obras de implantação das unidades do SAA. No entanto, por se tratar de corpos d'água expostos a ações naturais e antropogênicas, este recurso hídrico está mais suscetível à contaminação. Essa característica impõe maior atenção ao processo de potabilização da água que, para este tipo de manancial, requer minimamente a filtração e a desinfecção como etapas obrigatórias de tratamento (BRASIL, 2017). A implementação de etapas complementares de tratamento é consequência do histórico de qualidade da água do manancial utilizado.

A utilização de mananciais subterrâneos ocorre por meio da escavação de poços que acessam aquíferos (ou lençóis) freáticos ou artesianos, conforme a Fig. 7.5. Estes mananciais requerem maior investimento para sua implantação, em função da prévia avaliação hidrogeológica da região e das obras para perfuração dos poços, mas, em geral, apresentam água com qualidade mais preservada, reduzindo os gastos no tratamento.

O aquífero freático é determinado pelo nível d'água decorrente da acumulação de água provocada pela infiltração na camada de saturação do solo (veja o

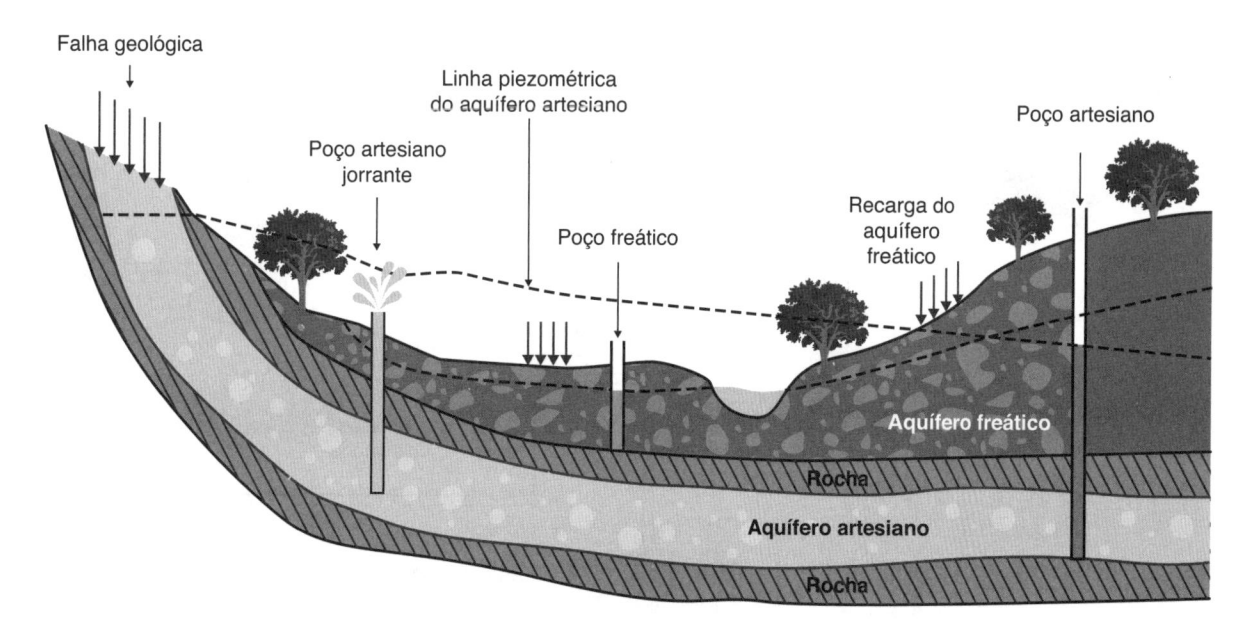

FIGURA 7.5 Tipos de aquíferos e de poços utilizados na captação de água subterrânea. Fonte: CPRM (1978).

Capítulo 6 – Gestão de Recursos Hídricos). As condições de formação do lençol freático definem a pressão atmosférica como atuante, requerendo, portanto, o bombeamento da água para transportá-la às unidades subsequentes do sistema de abastecimento de água.

Poços artesianos retiram água de aquíferos artesianos. Este tipo de manancial tem a característica de ser confinado entre duas camadas de solo impermeáveis (área hachurada da Fig. 7.5). O aquífero artesiano é recarregado pela infiltração e percolação de água nas falhas estruturais geológicas da região, que expõem a faixa permeável do aquífero à atmosfera. O nível de água acumulada neste aquífero define sua pressão, podendo tornar o poço jorrante, dispensando, assim, o bombeamento para extração das águas subterrâneas.

A utilização do manancial subterrâneo deve prever o controle de extração por meio da requisição de outorga de uso da água junto ao órgão ambiental. A exploração intensiva deste manancial pode reduzir o nível do lençol freático e favorecer a intrusão salina em áreas litorâneas. Ademais, a qualidade da água subterrânea está exposta à contaminação silenciosa da infiltração e percolação de fertilizantes e pesticidas, de efluentes de redes de esgoto, fossas e sumidouros com operação inadequada.

De modo a aumentar a oferta de água, a captação para um sistema de abastecimento público também pode ser feita, simultaneamente, em mananciais superficial e subterrâneo, conforme exemplificado na Fig. 7.6.

Captação

Os mananciais escolhidos devem apresentar quantidade e qualidade desejadas para garantir o fornecimento de água à população de projeto. As estruturas de captação devem ser projetadas e construídas de modo a funcionar ininterruptamente durante qualquer época do ano (seca ou cheia). Para tanto, devem ser consideradas algumas premissas de projeto:

- Para minimizar a captação de água com maior concentração de material particulado, deve-se evitar sua instalação em áreas sujeitas à formação de bancos de areia. Além disso, o local escolhido para a captação deve estar situado preferencialmente em um trecho reto do curso d'água.
- A captação deve ser implantada em margens estáveis, sem riscos de erosão, assoreamento e inundações. O projeto deve, portanto, avaliar as características topográficas e geotécnicas da região.

As estruturas que compõem a captação de água para um sistema de abastecimento (Fig. 7.7) são: barragem;

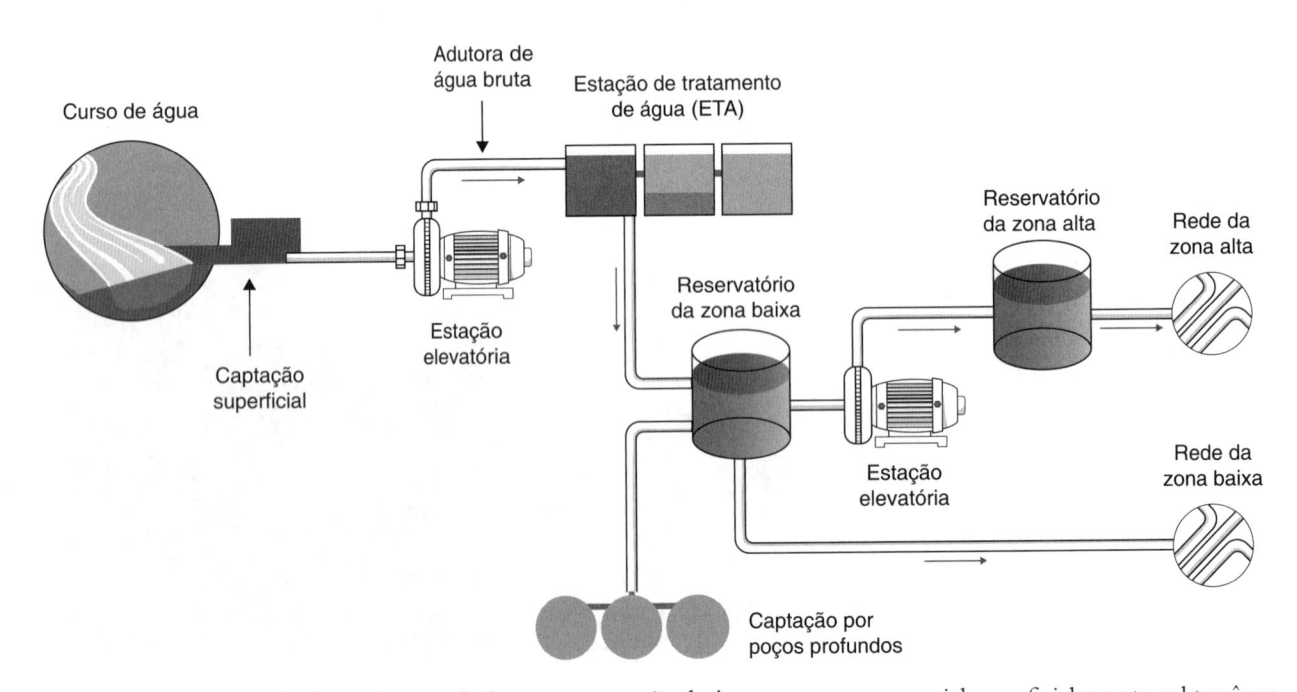

FIGURA 7.6 Sistema de abastecimento de água com captação de água tanto em manancial superficial quanto subterrâneo.

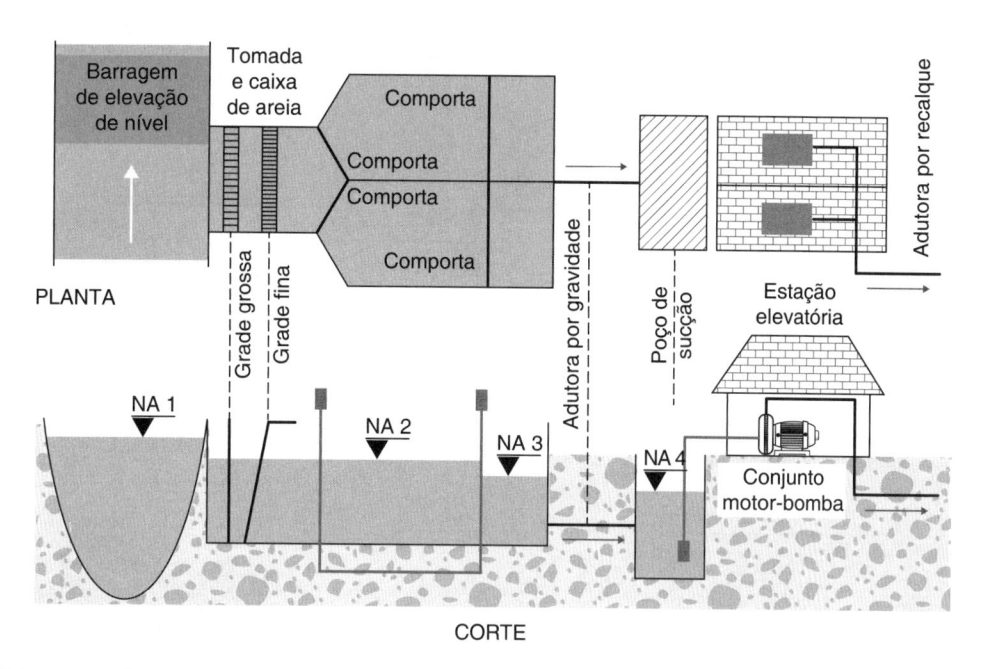

FIGURA 7.7 Esquema das estruturas de captação (planta e corte): barragem; gradeamento, tomada d'água e caixa de areia.

tomada d'água; gradeamento e desarenador (também conhecido como caixa de areia). O projeto pode dispensar a instalação de alguma dessas unidades em função das características específicas do local.

As barragens são barreiras construídas transversalmente ao curso d'agua, com intuito de conter o fluxo e, consequentemente, elevar o nível d'água no ponto de captação. Esta obra garante a manutenção do nível mínimo de água para o adequado funcionamento das estruturas de captação e de bombeamento. Em mananciais como lagos ou represas, considerados corpos d'água naturais ou artificiais confinados (ambientes lênticos), o represamento é dispensado para fins de captação.

Dá-se o nome de tomada d'água ao conjunto de dispositivos que conduzem a água do manancial até as estruturas subsequentes da captação. A Fig. 7.8 mostra diferentes possibilidades de tomada d'água: (A) com tubulação e (B) bombeamento em flutuadores para corpos d'água com elevada variação de nível.

Diferentemente dos rios, caracterizados pela dinâmica constante de escoamento (ambientes lóticos), os lagos e represas apresentam variações da qualidade da água em função da profundidade. Essa característica, associada às condições ambientais da região, pode tornar esses corpos d'água ambientes propícios para formação

de algas nas camadas superiores, onde há penetração da luz solar e as temperaturas são mais elevadas. As camadas inferiores podem conter, em determinadas épocas do ano, alto teor de matéria orgânica em decomposição, o que pode causar gosto e odor desagradáveis. Por conta disso, é importante prever a construção de torre de tomada d'água (Fig. 7.9), permitindo a captação de água de melhor qualidade em diferentes profundidades.

O gradeamento deve ser usado na tomada d'água para impedir a passagem de materiais grosseiros, como troncos, galhos, plantas aquáticas, peixes e outros sólidos, transportados pelo curso d'água. Após as grades mais grosseiras, deve-se prever gradeamento mais fino para reter os sólidos remanescentes.

É comum o escoamento do rio trazer consigo grande quantidade de areia e material inerte em suspensão, responsáveis pela redução da vida útil e má operação das unidades do SAA. Por conta disso, deve-se considerar, na sequência do gradeamento, a implantação de dispositivo que atue na remoção deste sedimento: desarenador ou caixa de areia. O projeto dessa unidade deve favorecer a sedimentação do material inerte em suspensão a partir da redução da velocidade de escoamento, o que implica unidades com grande comprimento.

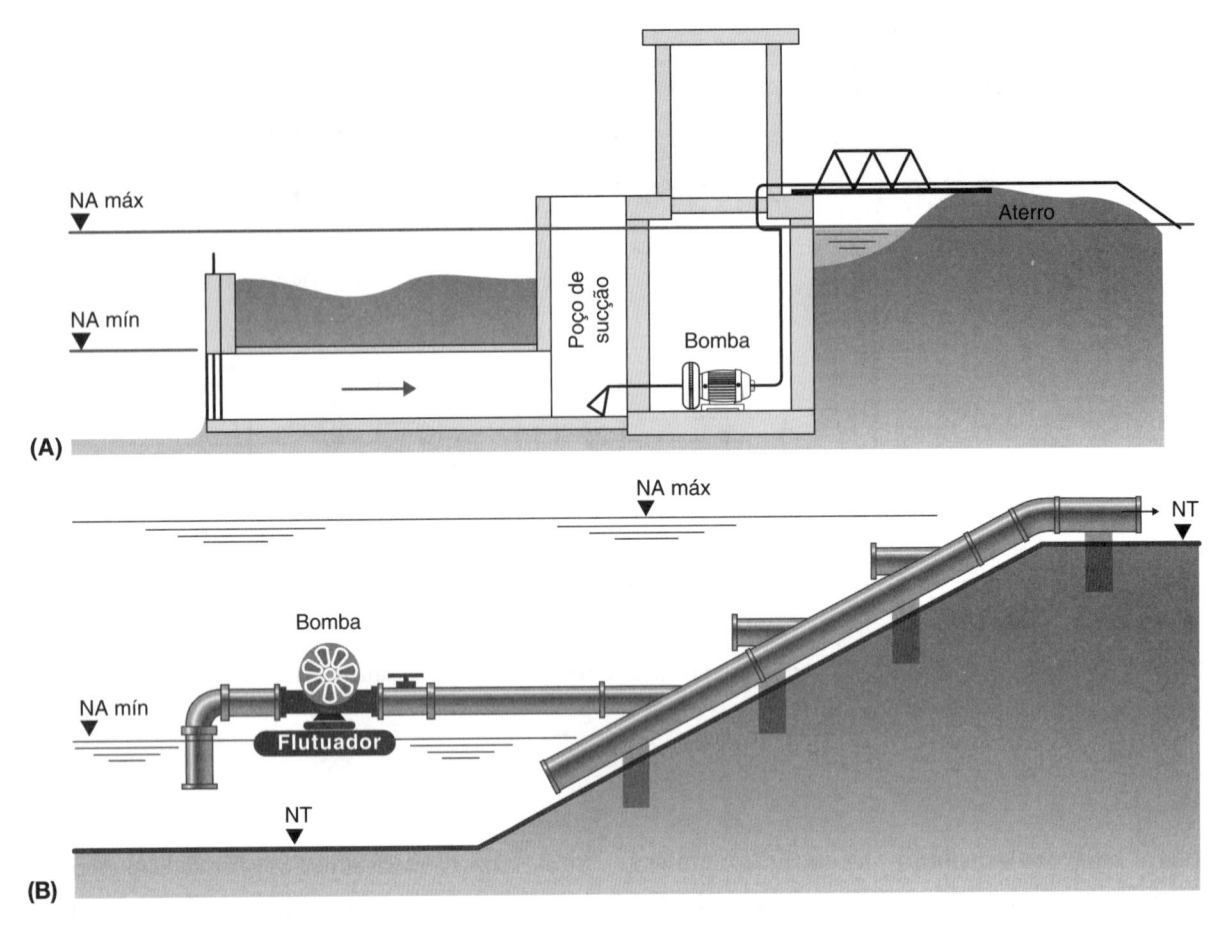

FIGURA 7.8 Perfil esquemático de estruturas de tomada d'água: (A) com tubulação e estação elevatória; (B) com tubulação em corpos d'água com grande variação de nível. Fonte: Adaptada de TSUTIYA (2006).

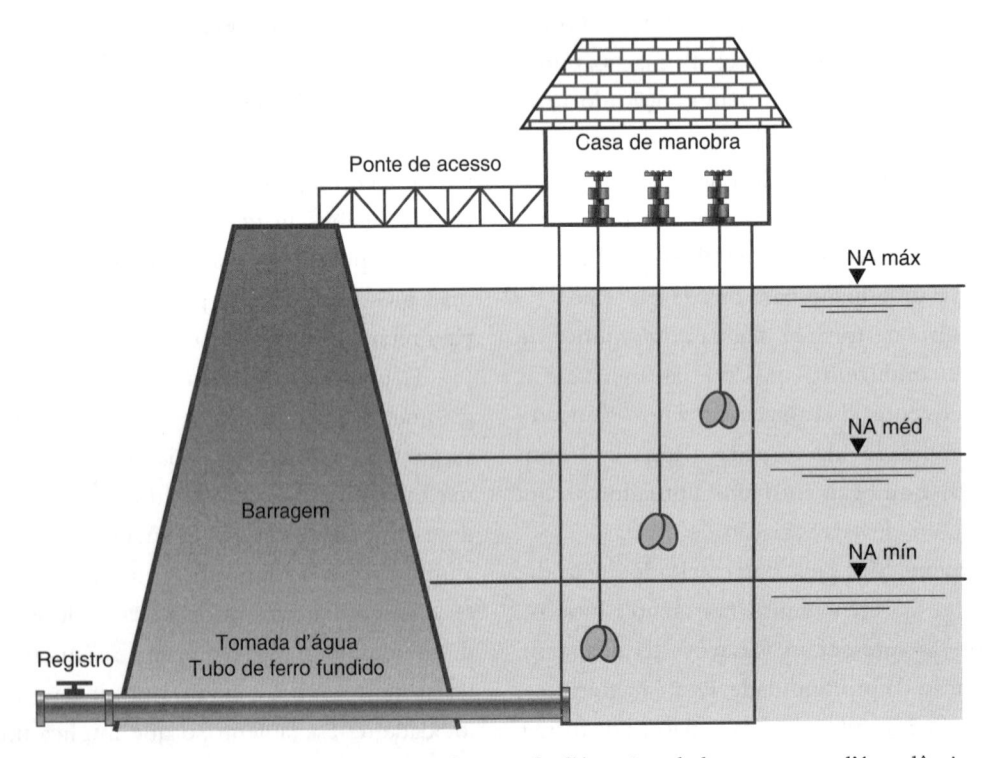

FIGURA 7.9 Perfil esquemático de torre de tomada d'água instalada em corpos d'água lênticos.

Adutoras

As adutoras são canalizações que cumprem a função de transportar água, e interligar unidades componentes do SAA sem permitir a distribuição de água aos consumidores finais. Em determinados casos, as adutoras podem se derivar em subadutoras com o objetivo específico de atender diferentes áreas do sistema ou grandes consumidores.

Essas tubulações podem ser classificadas em função da natureza da água transportada:

- **Adutoras de água bruta (AAB):** são tubulações ou canais que antecedem a estação de tratamento de água (ETA) e transportam água ainda sem tratamento, também denominada água bruta.
- **Adutoras de água tratada (AAT):** transportam água tratada da saída da ETA até as unidades subsequentes do SAA.

Outra classificação pode ser dada às adutoras com base na energia utilizada para movimentação da água:

- **Adutoras por gravidade:** é a condição de adução mais econômica, pois utiliza o desnível favorável ao escoamento. O fluxo parte do ponto de maior cota topográfica para o de cota inferior, dispensando o bombeamento. Quando a condição de escoamento é definida pela declividade do canal ou tubulação, este é denominado conduto *livre*. Neste caso, a pressão atuante sobre a lâmina d'água é equivalente à atmosférica e a seção transversal da adutora é parcialmente preenchida pela água (Fig. 7.10a). Nas condições em que o escoamento por gravidade se dá de modo confinado (seção transversal da tubulação completamente preenchida), o conduto passa a se classificar como *forçado*, e submetido às pressões positivas superiores à atmosférica.
- **Adutoras por recalque:** utilizadas quando a topografia do terreno não favorece a adução por gravidade, sendo necessário o emprego de estações elevatórias para o transporte da água de uma cota inferior para uma superior (Fig. 7.10b). A introdução de energia externa para o transporte de água torna o princípio de escoamento como conduto *forçado*.

- **Adutoras mistas:** a condução da água alterna-se em trechos operando por recalque e trechos nos quais o movimento se dá por gravidade.

Estações elevatórias

Como já visto na discussão sobre adutoras, as estações elevatórias devem ser previstas no sistema de abastecimento sempre que o transporte da água por gravidade não for possível. Sendo assim, a natureza da água transportada depende da posição em que se encontra instalada esta unidade em relação às demais: (i) estação elevatória de água bruta (EEAB): situada entre a captação e a ETA; e (ii) estação elevatória de água tratada (EEAT): situada em trechos após a ETA.

A estação elevatória (Fig. 7.11) propicia o transporte de água, com auxílio de conjunto motor-bomba, em duas etapas:

- **Sucção:** o equipamento eletromecânico impõe pressão negativa na tubulação que liga o poço de sucção ao conjunto motor-bomba. Deste modo, o fluxo de água torna-se possível uma vez que a pressão atmosférica atuante no nível d'água do poço de sucção passa a ser superior à pressão interna da tubulação de sucção.
- **Recalque:** nesta etapa, o equipamento eletromecânico converte a pressão interna em positiva em quantidade suficiente para vencer o desnível pretendido e as perdas de carga impostas pelo escoamento da água nas instalações elevatórias.

A Fig. 7.12 representa um esquema hidráulico de uma estação elevatória, onde é possível observar que a altura de elevação a ser definida para o projeto desta unidade, conhecida como altura manométrica (H_{man}), deve considerar a soma de fatores, como:

- **Desnível geométrico (H_G)** entre nível d'água mínimo no poço de sucção e o nível d'água para onde se pretende elevar a água. Este desnível é obtido pela soma das alturas geométricas de sucção (H_S) e a altura de recalque (H_R).
- **Perda de carga (Δh_T),** convertida em metro de coluna d'água (mca), decorrente do atrito da água nas paredes da tubulação (perda de carga contínua) e nas conexões/singularidades instaladas na instalação elevatória (perda de carga localizada).

FIGURA 7.10 Fotos de estruturas adutoras de água bruta: (A) antigo aqueduto da Carioca (atual Arcos da Lapa) que operava sob conduto livre; (B) captação de água por recalque no rio São Francisco (Jaíba-MG). Fonte: (A) © Leonardo de Campos Araujo | 123rf.com; (B) Foto: Iene Christie Figueiredo (2006).

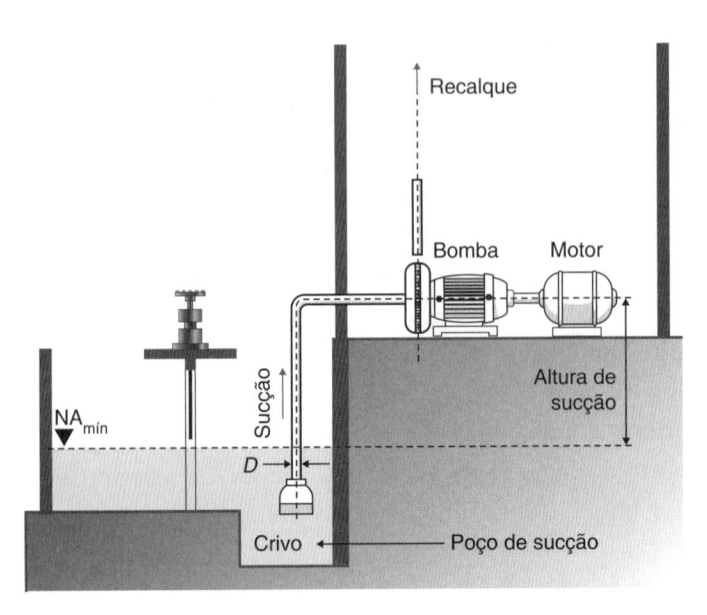

FIGURA 7.11 Perfil esquemático de estação elevatória com poço de sucção.

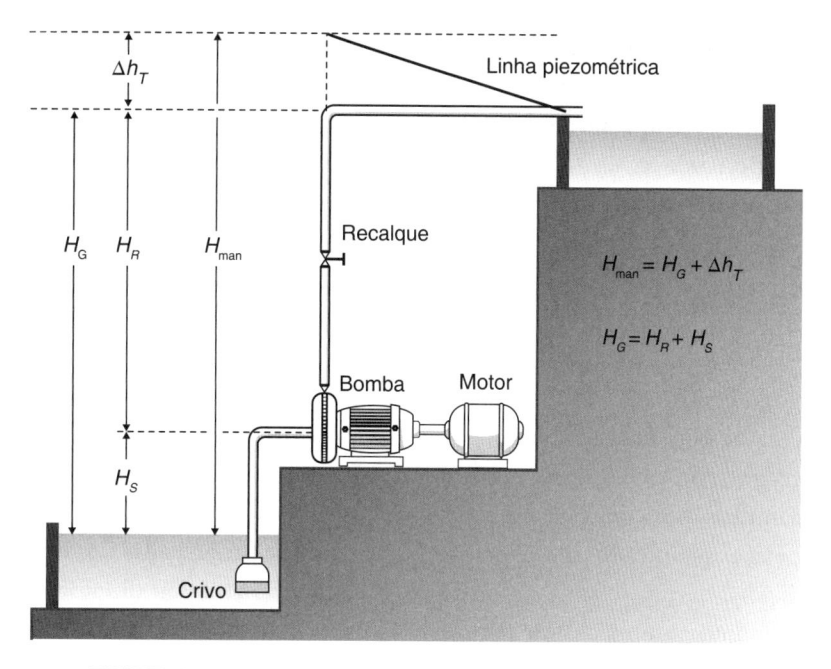

FIGURA 7.12 Esquema hidráulico de uma estação elevatória.

Estação de Tratamento de Água

Segundo a definição da ABNT NBR 12216:1992, uma Estação de Tratamento de Água (ETA) contempla um conjunto de unidades destinadas a adequar as características da água aos padrões de potabilidade. Os processos físico-químicos aplicados no tratamento da água têm por objetivo remover partículas presentes na massa líquida, as quais podem ser classificadas da seguinte maneira (Fig. 7.13):

- **Suspensas:** sólidos de maior dimensão que conferem turbidez à água e são removidos por processos físicos.
- **Coloidais:** partículas de tamanho intermediário e que apresentam como característica peculiar carga elétrica, tipicamente negativa para a faixa usual de pH das águas naturais.
- **Dissolvidas:** são responsáveis pela cor da água, sendo uma parcela removida pelos mesmos processos aplicados na remoção dos coloides.

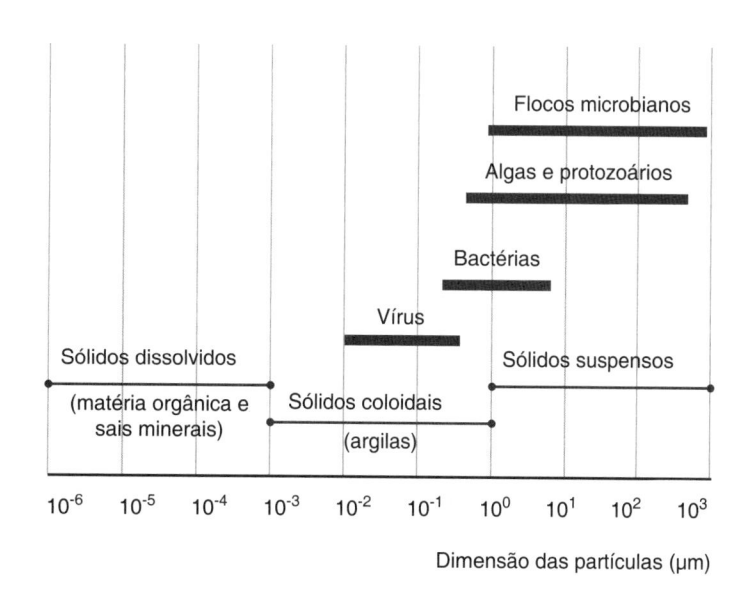

FIGURA 7.13 Classificação e distribuição dos sólidos conforme o tamanho.

O fluxograma de tratamento da água a ser adotado depende da qualidade da água bruta, considerando sua variação sazonal e os requisitos de qualidade definidos para a água tratada. Di Bernardo *et al.* (2011) recomendam que, além da qualidade da água bruta, outros fatores devam ser analisados na definição da tecnologia de tratamento da água:

- tipo de tratamento aplicado aos resíduos gerados e disposição final do lodo gerado;
- capacidade nominal da estação de tratamento;
- disponibilidade de recursos financeiros para implantação, operação e manutenção da unidade;
- disponibilidade de pessoal qualificado para operação e manutenção da ETA;
- disponibilidade de produtos químicos em regiões próximas;
- flexibilidade operacional da ETA;
- disponibilidade de energia elétrica.

A escolha da associação de processos deve considerar ainda requisitos legais. Segundo a Portaria de Consolidação nº 5/2017, Anexo XX, que rege os padrões de potabilidade da água (veja a Seção 7.3), toda água a ser distribuída para consumo humano deve ser desinfetada, independentemente da qualidade da água bruta ou do manancial utilizado. Caso este manancial seja superficial, há a obrigatoriedade adicional de se filtrar a água antes de desinfetá-la. Assim, nenhuma concepção de tratamento pode negligenciar essas exigências.

Todavia, ao considerar a frequente degradação da qualidade da água dos mananciais, é comum a requisição de outros níveis de tratamento da água, tornando necessário o aprofundamento das tecnologias disponíveis para sua potabilização. A Fig. 7.14 esquematiza as técnicas usuais de tratamento de água para abastecimento humano.

Segundo Libânio (2010), o tratamento de água pode ser subdividido em **simples**, **convencional** e **avançado**. O tratamento **simples** é comumente empregado na potabilização de águas com baixa incidência de cor verdadeira, turbidez e de algas. As etapas usualmente empregadas neste processo são: pré-filtração, filtração lenta ou filtração rápida e desinfecção.

O tratamento **convencional**, também denominado ciclo completo, é composto pelos processos sequenciais de: coagulação química, floculação, decantação, filtração rápida e desinfecção (RICHTER; NETTO, 1991). Pode-se dividir este processo de tratamento em três fases distintas: clarificação, filtração e desinfecção. A clarificação contempla as etapas de coagulação, floculação e decantação (ou flotação) e visa à remoção dos sólidos suspensos, coloidais e parte dos sólidos dissolvidos. Já a filtração tem por objetivo remover sólidos dissolvidos e microrganismos. Finalmente, a desinfecção cumpre a função de inativar os microrganismos remanescentes na água (LIBÂNIO, 2010).

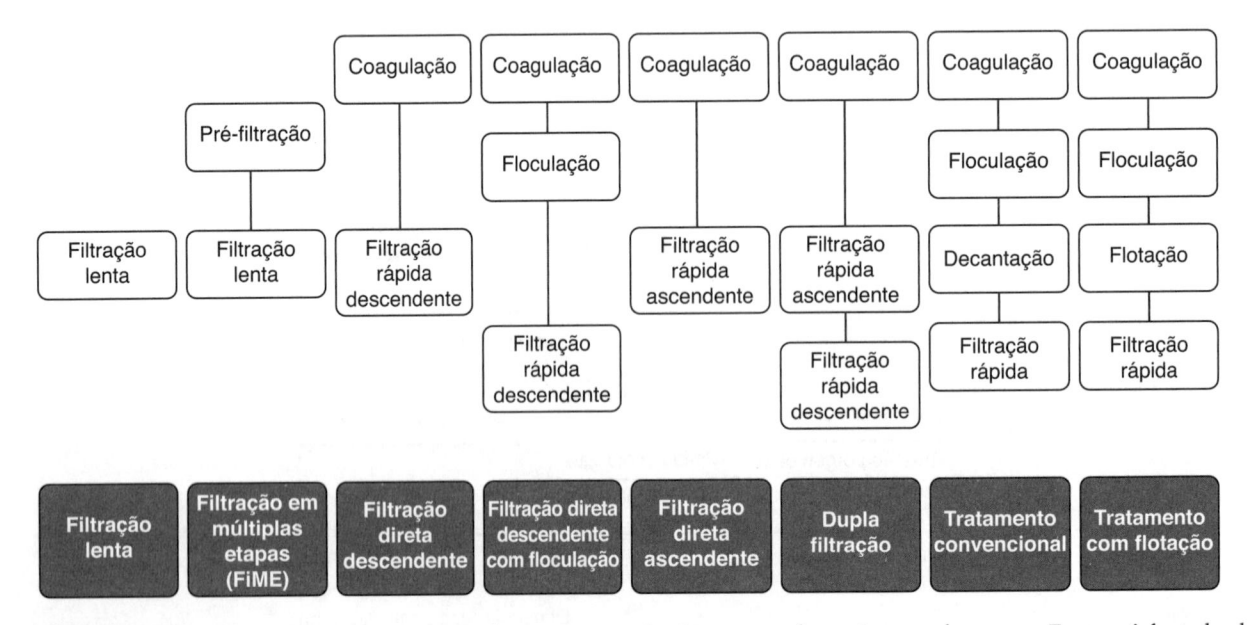

FIGURA 7.14 Esquema das técnicas usuais de tratamento de água para abastecimento humano. Fonte: Adaptada de HELLER; PÁDUA (2010).

O tratamento **avançado** pode contemplar tecnologias de tratamento usadas isoladamente, como a filtração em membranas, ou associadas ao tratamento simplificado ou convencional. Em geral, seu emprego está vinculado aos seguintes fatores: deterioração da qualidade da água dos mananciais de abastecimento; maior restrição dos padrões de potabilidade; e aumento da demanda por água potável (SILVA, 2015). No elenco de tecnologias classificadas como avançadas, destacam-se: filtração em membranas (micro, ultra ou nanofiltração, osmose inversa, diálise e eletrodiálise); flotação por ar dissolvido; adsorção em carvão ativado em pó ou granular; *stripping* de gases; processos oxidativos avançados (POA) e troca iônica.

A adequada operação do tratamento convencional depende da boa concepção e operação de cada uma das etapas de tratamento, cujas características são apresentadas de forma sucinta:

- **Coagulação química:** é procedida na unidade de mistura rápida, geralmente na calha Parshall, e visa à desestabilização das partículas coloidais e suspensas por meio da neutralização de cargas, reduzindo, assim, as forças de repulsão que as mantêm em suspensão. A coagulação decorre da adição de produto químico coagulante, geralmente sais de ferro ou alumínio. Nesta etapa, os fatores mais importantes são a adequada dosagem de coagulante, o reduzido tempo de contato e a intensa agitação para garantir a boa mistura do produto químico na massa líquida.
- **Floculação:** trata-se de um processo físico promovido em unidade de mistura lenta, cujo objetivo é proporcionar condições para que o material desestabilizado, seja particulado ou coloidal, se agregue formando flocos, maiores e mais pesados. Esta unidade requer maior tempo de detenção e agitação controlada para que favoreça a formação dos flocos, sem que haja sua quebra durante o processo de floculação.
- **Decantação:** como última etapa da clarificação, esta unidade privilegia a sedimentação dos flocos formados na etapa anterior. Para tanto, o decantador deve apresentar elevado tempo de detenção e privilegiar o escoamento do tipo laminar, ou seja, com baixa turbulência e agitação. Caso a cor da água bruta seja preponderante à sua turbidez, a **flotação** passa a ser a tecnologia de separação mais adequada.

Neste caso, a injeção de ar na parte inferior da unidade permite a remoção dos flocos em sua superfície. Os decantadores/flotadores são geradores de resíduo com elevado potencial de poluição.

- **Filtração:** como última etapa física de tratamento, essa unidade, composta por leito filtrante de material granular, é responsável por remover as partículas remanescentes das etapas anteriores, constituindo-se importante barreira sanitária na potabilização da água. O filtro, cujo processo de tratamento é baseado principalmente na coagem da água, requer lavagem periódica com água potável para remoção das impurezas nele retidas, garantindo, assim, seu adequado funcionamento. Com isso, esta etapa é responsável por elevado consumo de água tratada (contabilizado como perda do SAA) e geração de grande volume de resíduos (água de lavagem do filtro).
- **Desinfecção:** esta etapa visa à inativação dos microrganismos patogênicos presentes na água. A manutenção de residual de desinfetante previne o crescimento microbiológico nas redes de distribuição. Muitos são os agentes desinfetantes, mas os oxidantes são utilizados para este fim, com destaque no Brasil para o cloro.
- **Fluoretação:** esta etapa deve ser prevista apenas em ETA cuja água bruta não contenha naturalmente o íon fluoreto em concentração recomendada pela Portaria de Consolidação nº 5/2017, Anexo XX. A dosagem, quando necessária, deve ser complementar e devidamente controlada a fim de atender aos limites estabelecidos pela legislação.
- **Correção de pH:** alterações de pH no processo de tratamento são usuais em razão da adição de diferentes produtos químicos. Além disso, alguns mananciais apresentam alteração natural deste parâmetro em função da estrutura geológica da bacia hidrográfica. Nestes casos, deve-se prever o ajuste do pH de modo aproximá-lo da neutralidade.

A elevada produção de resíduos durante a potabilização da água apresenta-se como um importante aspecto ambiental na operação de ETAs. Libânio (2010) considera que os resíduos gerados durante o processo de tratamento de água representam de 1 % a 5 % do volume de água tratada. Outras fontes geradoras de resíduos, com volumes produzidos pouco representativos, podem ser identificadas em uma ETA, como: lavagem de tanques de preparo e descarte de produtos químicos, limpeza de floculadores e canais de ligação de unidades, dentre outras. Sendo assim, as discussões sobre o tema baseiam-se, principalmente, nos resíduos oriundos de decantadores e de filtros.

Segundo o IBGE (2010), 63 % dos resíduos gerados nas ETAs brasileiras são lançados no meio ambiente sem qualquer tratamento, geralmente no corpo d'água mais próximo. Torna-se evidente o grande impacto ambiental provocado por essa prática, comprometendo a biota aquática, a saúde humana, a qualidade da água e dos sedimentos dos corpos receptores. Tal operação não compactua com as boas práticas ambientais, além de conflitar com a necessidade dos SAAs em garantir melhor qualidade da água bruta.

Torna-se fundamental, portanto, prever a implantação na ETA de unidades que promovam o adequado manejo do resíduo produzido. Quanto à sua destinação final adequada, algumas opções podem ser consideradas: disposição em aterro sanitário; reciclagem nas indústrias cerâmica e de concreto; disposição no solo para recuperação de áreas degradadas. A análise de viabilidade econômica indica que, em muitos casos,

além do benefício financeiro resultante da melhora na eficiência energética do tratamento, a reciclagem do lodo incorpora também benefício ambiental ao processo (SMIDERLE, 2016).

Reservatórios de distribuição de água

As unidades de reservação são elementos importantes do SAA, pois devem ser concebidas para cumprir diferentes funções:

- **Regularizar a vazão de produção:** os reservatórios devem assimilar os impactos da típica variação de consumo ao longo do dia, de modo a permitir ao sistema produtor (unidades componentes instaladas a montante do reservatório) uma operação constante. Neste caso, deve-se prever o **volume do reservatório** com capacidade para armazenar água nos horários de baixo consumo e fornecer nos períodos em que o consumo é superior à produção. A Fig. 7.15 apresenta os perfis de consumo (curva de consumo) e de produção (adução contínua) de determinada população. Deve-se destacar que este perfil é variável conforme a

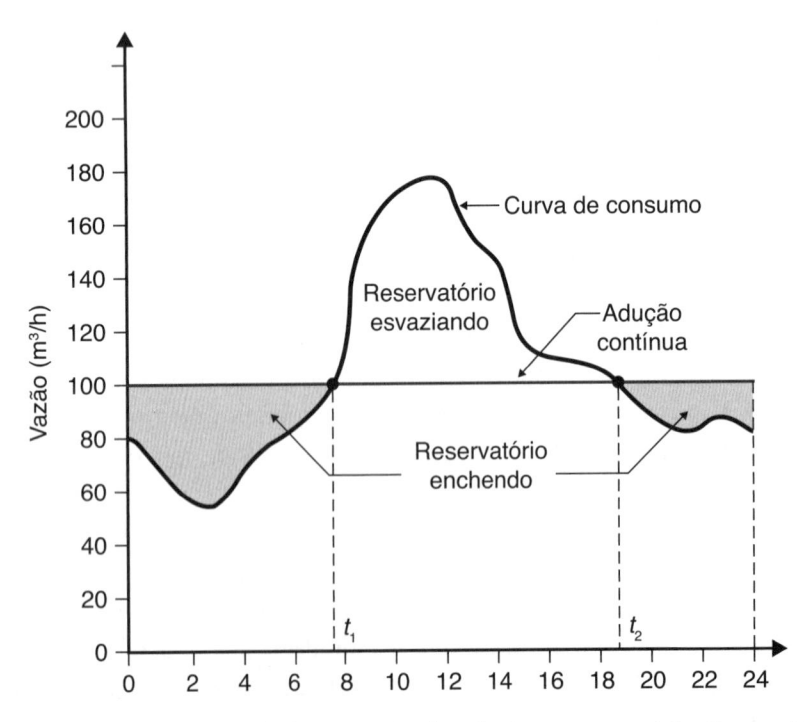

FIGURA 7.15 Curvas de vazão de consumo de água e vazão de adução ao reservatório. Fonte: Adaptada de TSUTIYA (2006).

região abastecida, como: zonas comerciais, residenciais, industriais ou de ocupação mista. Em SAAs que contam com estações elevatórias, este conceito de regularização pode permitir que o reservatório, quando devidamente projetado para este fim, suporte a desativação do sistema produtor nos horários de pico de consumo elétrico. Essa operação garante uma redução representativa dos custos com energia elétrica.

- **Suprir demandas de segurança e de incêndio:** deve-se prever **volume adicional** nos reservatórios para garantir o fornecimento de água em ocasiões de interrupção do abastecimento por eventos de rotina ou emergenciais (volume de emergência), como, por exemplo, do rompimento de adutoras, paralisação da captação ou da ETA, falta de energia elétrica etc. Adicionalmente, deve ser previsto volume que garanta o suprimento de água para combate a incêndio (volume de incêndio).

- **Regularizar pressões na rede:** o reservatório é a unidade que deverá garantir pressões mínima e máxima para adequado funcionamento da rede de distribuição, conforme exemplifica a Fig. 7.16. A escolha de sua **localização** em planta (próxima à área de consumo) e a definição de sua **elevação** em relação às cotas da rede são as informações a serem definidas no projeto do reservatório de distribuição.

Os reservatórios podem ser instalados de modo enterrado, semienterrado, apoiado ou elevado, conforme Fig. 7.17. Reservatórios enterrados têm a van-

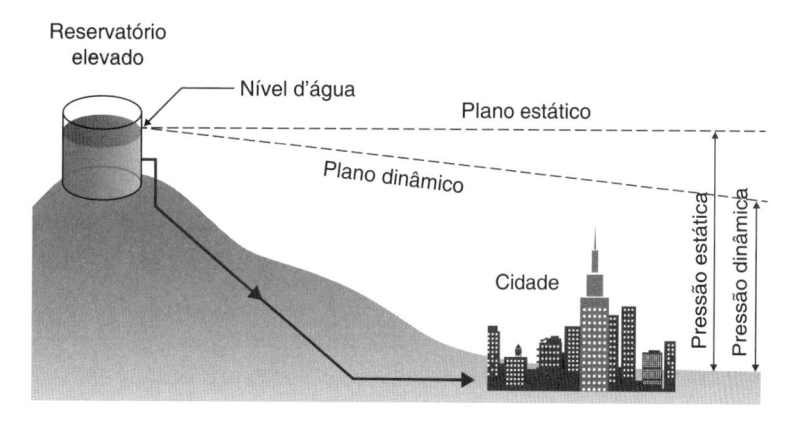

FIGURA 7.16 Nível d'água do reservatório definindo a pressão máxima (estática) e mínima (dinâmica) na rede de distribuição.

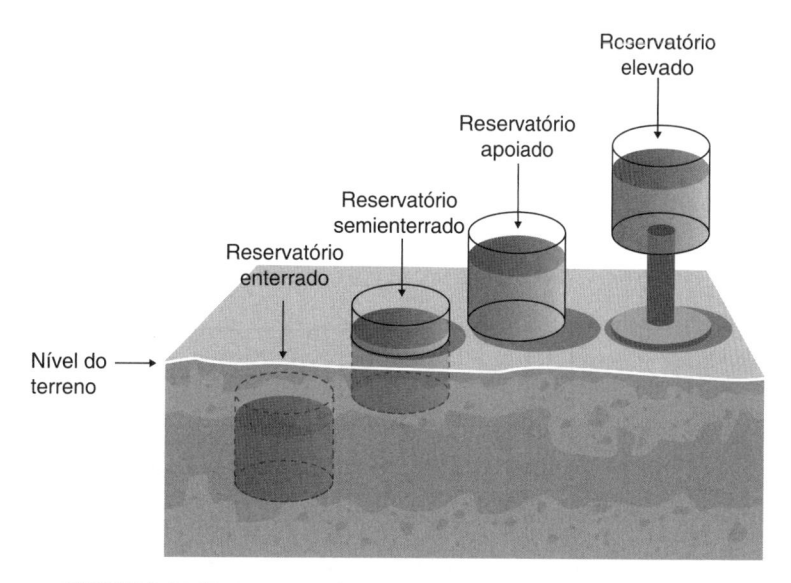

FIGURA 7.17 Posições dos reservatórios em relação ao terreno.

tagem de serem isolados termicamente, mas sua execução e posterior manutenção são mais complexas e dispendiosas. Dada a facilidade de acesso, os reservatórios enterrados, semienterrados e apoiados devem prever maior cuidado com a vigilância, pois estas unidades reservam água tratada e sua qualidade sanitária deve ser preservada até o ponto de consumo.

O reservatório elevado é utilizado quando a topografia do terreno não permite que esta unidade exerça uma de suas funções principais, que é a manutenção de pressão adequada na rede. Esta solução demanda cálculo estrutural apurado e, em muitos casos, deve-se prever/minimizar o impacto visual.

Redes de distribuição de água

A rede de distribuição é formada por tubulações e acessórios destinados a disponibilizar água potável aos consumidores de forma contínua, em quantidade, qualidade e pressão adequadas. A rede é a unidade componente do sistema de abastecimento de água que apresenta maior custo de implantação, podendo alcançar 75 % do valor total em áreas de maior adensamento populacional.

Como essas estruturas são enterradas sob as vias públicas, a manutenção da qualidade da água transportada é garantida pela constante pressurização da rede de distribuição. Este recurso hidráulico reduz o risco de recontaminação da água já potabilizada, uma vez que a operação sob conduto forçado minimiza os efeitos de qualquer falha operacional, impedindo o fluxo de água de fora para dentro da canalização.

As redes de distribuição podem assumir diferentes configurações, determinadas pelo perfil de crescimento da região de projeto e seu sistema viário. Dentre os desenhos usuais, destacam-se:

- **Rede ramificada:** conforme exemplificado na Fig. 7.18a, o abastecimento ocorre a partir de uma tubulação principal, alimentada pelo reservatório ou

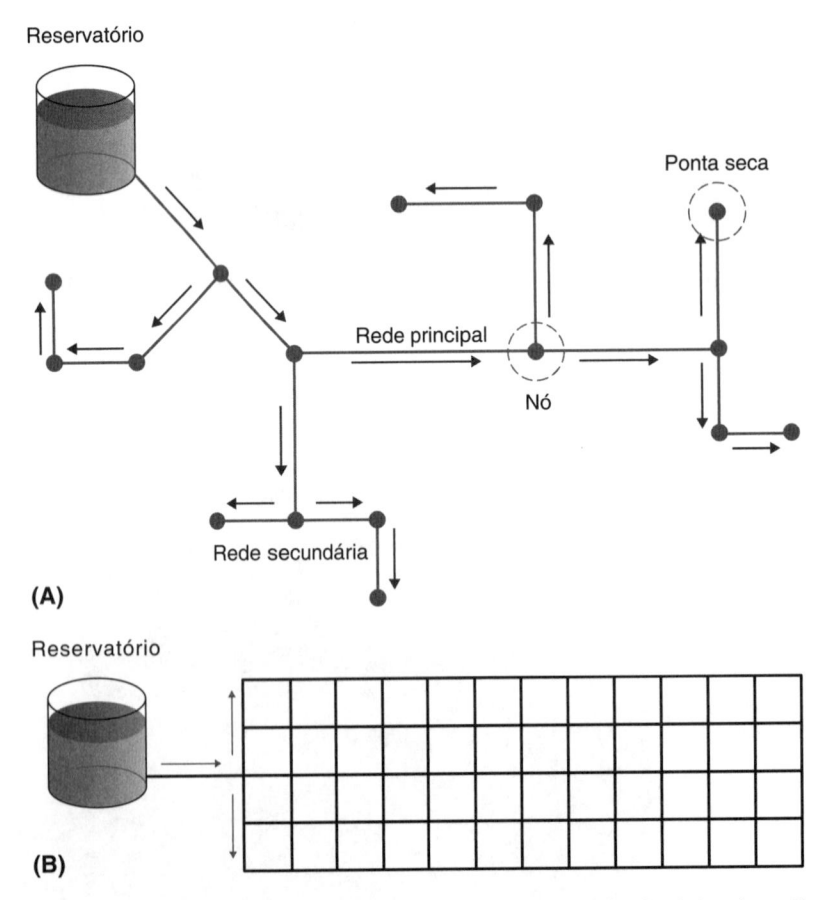

FIGURA 7.18 Configurações de rede de abastecimento de água: (A) rede ramificada; (B) rede malhada ou em anel. Fonte: Adaptada de TSUTIYA (2006).

estação elevatória, de onde se derivam os condutos secundários. O sentido do fluxo da água é único, sempre do início da rede (reservatório ou estação elevatória) para suas extremidades. Esta característica, apesar da simplicidade de sua concepção, apresenta o inconveniente de comprometer o abastecimento aos consumidores a jusante do trecho em manutenção.

- **Rede malhada:** a Fig. 7.18b ilustra uma rede malhada, constituída por tubulações principais que formam anéis ou blocos, o que permite fluxo variável de água e torna possível abastecer qualquer ponto da rede por mais de um percurso. Essa característica permite a flexibilidade no abastecimento em episódios de manutenção ou acidente, minimizando a interrupção no fornecimento. Todavia, sua implantação é mais onerosa por requerer maior número de dispositivos de manobra, como registros.
- **Rede mista:** a rede mista é uma associação dos dois tipos discutidos anteriormente, apresentando-se em alguns trechos como rede malhada, e ramificada em outros.

Independentemente de sua configuração, a rede de distribuição de água deve assumir a disposição mais adequada para permitir o acesso a todos os usuários do sistema de abastecimento de água por meio da ligação predial. É nessa ligação que se deve prever a instalação de instrumentos de micromedição, também conhecidos como hidrômetros. São estes equipamentos que permitem o adequado controle do consumo de água, facilitando a identificação de possíveis perdas na distribuição e a adequada cobrança pelo serviço prestado.

Quando não há micromedição, o consumo é apenas estimado. Estudos já comprovaram que a cobrança por estimativa de consumo acaba por incentivar o uso perdulário de água, uma vez que a tarifa a ser paga é fixa. Agregada à deficiência ou a à inexistência de medição, devem ainda ser consideradas as perdas decorrentes das ligações clandestinas (também conhecidos como "gatos") e da operação inadequada do SAA, acumulando perdas nas adutoras, ETAs, reservatórios e rede de distribuição. Em uma análise macro deste cenário, é fácil identificar a elevação de perdas de faturamento por parte da prestadora do serviço.

Por fim, e segundo a NBR nº 12.218/2017 (Projeto de rede de distribuição de água), a rede deve ser dimensionada conforme a pressão dinâmica mínima e a pressão estática máxima. No primeiro caso, deve-se garantir no sistema uma pressão equivalente a uma coluna de água de dez metros de altura (10 mca), ou 100 kPa. Esta pressão mínima é suficiente para permitir que água proveniente do SAA alcance os reservatórios domiciliares, como caixas-d'água e cisternas. Já a pressão estática é identificada nos horários em que o consumo de água na rede é reduzido (geralmente durante a madrugada), correspondente a menor vazão de escoamento, menor perda de carga e consequente maior pressão disponível. Esta pressão não deve superar 40 mca, ou 400 kPa, de modo a garantir a integridade das instalações públicas.

7.3 Padrão de potabilidade

A Portaria de Consolidação nº 5, Anexo XX, de 03 de outubro de 2017, dispõe sobre os procedimentos de controle e de vigilância da qualidade da água para consumo humano e seu padrão de potabilidade. Esta Portaria se aplica a toda água destinada ao consumo humano proveniente de sistema e solução alternativa de abastecimento de água. Segundo esta normativa, água potável é aquela que atende aos requisitos de potabilidade estabelecidos na própria portaria e que não oferece riscos à saúde. Esta definição diferencia claramente água potável de água tratada, que, por sua vez, é caracterizada por sua submissão a algum processo de tratamento, mas que não necessariamente garante sua potabilização.

Destacam-se ainda dois importantes conceitos destacados na Portaria de Consolidação nº 5/2017, Anexo XX:

- **Controle de qualidade da água para consumo humano (CQACH):** são as atividades a serem exercidas pelo responsável do SAA ou solução alternativa coletiva de abastecimento de água com o objetivo de verificar a potabilidade da água produzida e sua manutenção até os pontos de consumo. O CQACH está relacionado com o monitoramento periódico da qualidade da água tratada, e deve ser executado pelo responsável pela solução de abastecimento de água.

- **Vigilância da qualidade da água para consumo humano (VQACH):** é o conjunto de ações adotadas regularmente pela autoridade de saúde pública para verificar o atendimento à Portaria, avaliando se a água consumida pela população apresenta risco à saúde humana. A VQACH define a fiscalização ativa dos sistemas produtores de água para consumo coletivo, e deve ser exercida pela secretaria municipal de saúde.

As soluções alternativas coletivas são assim classificadas por não possuírem rede de distribuição. Por sua vez, a solução alternativa individual define o uso do manancial para suprir a demanda de uma única família, inclusive os agregados familiares. Destaca-se que toda água distribuída coletivamente, seja por SAA ou solução alternativa, deve ser objeto de controle e vigilância da qualidade da água. Já as águas provenientes de soluções alternativas individuais de abastecimento podem estar sujeitas apenas à vigilância da qualidade da água.

Destaca-se, ainda, que as disposições desta Portaria não se aplicam à água mineral natural, à água natural e às águas com incorporação de sais destinadas ao consumo humano após o envasamento, ou seja, o engarrafamento da água. Também não se enquadram nessa regulamentação outras águas utilizadas como matéria-prima para elaboração de produtos e descritas na Resolução da Diretoria Colegiada (RDC) nº 274, de 22 de setembro de 2005 (ANVISA, 2005).

Dentre as atribuições inerentes ao responsável pelo SAA ou solução alternativa coletiva de abastecimento de água para consumo humano, podem-se destacar:

- Manter avaliação sistemática do sistema ou solução alternativa coletiva de abastecimento de água, sob a perspectiva dos riscos à saúde, com base nos critérios de: ocupação da bacia contribuinte ao manancial, histórico das características das águas, características físicas do sistema, práticas operacionais.
- Encaminhar à autoridade de saúde pública do município relatórios com informações sobre o controle da qualidade da água, conforme o modelo estabelecido pela referida autoridade.

Infelizmente, o que se observa é que os responsáveis nem sempre se colocam de forma ativa na avaliação da ocupação da bacia hidrográfica e sua interferência sobre a qualidade da água. Além disso, apesar de possuírem histórico da qualidade da água, não fazem uso desse banco de dados para auxiliar na tomada de decisão e promover ajustes operacionais do sistema de abastecimento. Muitas vezes, essa negligência incorre em elevação do custo de produção de água e aumento do risco sanitário na distribuição de água tratada.

Apesar de não regular questões técnicas de projeto, a Portaria define requisitos cujo objetivo é garantir a qualidade da água e estimular as boas práticas operacionais, a saber:

- toda água para consumo humano, fornecida coletivamente, deve ser desinfetada;
- as águas provenientes de manancial superficial devem ser também submetidas ao processo de **filtração**;
- a rede de distribuição de água para consumo humano deve ser operada sempre com **pressão positiva** em toda sua extensão.

O padrão de potabilidade propriamente dito é apresentado no Capítulo V da referida Portaria e o escopo de sua divisão consta na Tabela 7.1.

O padrão microbiológico prevê que qualquer água distribuída para consumo humano deve indicar ausência do parâmetro *E. coli*, microrganismo indicador de contaminação fecal. No caso de se observar elevadas concentrações de *E. coli* no manancial, recomenda-se o monitoramento complementar de cistos de *Giardia* spp. e oocistos de *Cryptosporidium* spp. O parâmetro coliformes totais se apresenta como indicador de integridade do sistema de distribuição de água tratada (reservatórios e rede), já que este organismo também pode ser detectado no ambiente. Assim, sua presença em amostras coletadas na rede pode indicar dano físico das tubulações.

A turbidez também é utilizada para controle indireto da qualidade microbiológica da água tratada. A Portaria define os seguintes valores máximos permitidos (VMP): 0,5 uT para turbidez da água filtrada por filtração rápida (tratamento completo ou filtração direta); e 1,0 uT para água filtrada por filtração lenta. O cumprimento desse padrão requer um bom ajuste operacional da ETA.

Tabela 7.1 Descrição dos principais anexos constantes na Portaria de Consolidação nº 5/2017, Anexo XX

Divisão do padrão de potabilidade	Objetivo	Anexo
Padrão microbiológico da água para consumo humano	Qualidade microbiológica da água tratada	1
Padrão de turbidez para água pós-filtração ou pré-desinfecção	Padrão complementar ao padrão microbiológico	2
Padrão de potabilidade para substâncias químicas que representam risco à saúde	Padrão químico para substâncias orgânicas e inorgânicas	7
Padrão de cianotoxinas da água para consumo humano	Padrão de algumas toxinas produzidas por algas que podem causar danos à saúde	8
Padrão de radioatividade da água para consumo humano	Padrão de radioatividade	9
Padrão organoléptico de potabilidade	Padrão de substâncias que possam causar problemas de gosto, sabor, odor e cor na água.	10

Dentre do grande elenco de substâncias químicas a serem monitoradas, merecem destaque:

- a Portaria controla 15 substâncias inorgânicas, tendo o mercúrio o menor VMP (≤ 1 μg L^{-1}) e o nitrato com maior VMP (10 mg L^{-1});
- são padronizados 27 parâmetros para agrotóxicos, tendo o Aldrin+Dieldrin menor VMP ($\leq 0{,}03$ μg L^{-1}) e o glifosato+AMPA com maior VMP (500 μg L^{-1});
- o controle dos sete parâmetros que compõem o grupo "desinfetantes e produtos secundários da desinfecção" é feito em função do desinfetante utilizado no tratamento.

Em face da ocorrência cada vez mais frequente de florações de algas e cianobactérias, o controle deve acontecer sempre que se identificar o aumento de densidade destes organismos no monitoramento periódico do manancial. Em casos extremos, a captação de água deve ser interrompida.

O padrão organoléptico elenca algumas substâncias que, apesar de não apresentarem risco à saúde, podem provocar rejeição da água tratada por parte do usuário, caso as concentrações recomendadas neste padrão sejam ultrapassadas. Neste caso, há risco de a população buscar outras fontes de água menos seguras sanitariamente, ou seja, contaminadas por microrganismos ou compostos químicos, todavia mais agradáveis sob aspectos estéticos e sensoriais (cor, sabor, odor e gosto).

Apesar de ser um tema polêmico, o padrão de potabilidade reforça a necessidade de se garantir a presença de flúor na água tratada. Todavia, destaca-se que são recomendadas concentrações ótimas e máximas, requerendo maior controle desta substância na água. Em casos em que já se identifique a presença de flúor na água bruta, a fluoretação deve ser apenas complementar. De modo semelhante, há a exigência de manutenção de residual de desinfetante na rede, sempre de acordo com as concentrações máxima e mínima definidas na Portaria de Consolidação nº 5/2017, Anexo XX. Este residual garante a proteção das instalações até o ponto de consumo, atuando sempre que houver falha na rede de distribuição e risco de recontaminação.

É escopo da Portaria orientar para elaboração do plano mínimo de amostragem, definindo claramente a frequência espacial e temporal para coleta de amostras, no sentido de permitir o adequado cumprimento do controle de qualidade da água para consumo humano.

Por fim, um dos avanços importantes das últimas revisões da Portaria de Potabilidade foi garantir ao consumidor o direito à informação sobre a qualidade do produto disponibilizado pelo SAA. Para complementar a Portaria, foi publicado em 2005 o Decreto nº 5.440, de 4 de maio de 2005, que estabelece definições e procedimentos sobre o controle de qualidade da água de sistemas de abastecimento e institui mecanismos e instrumentos para divulgação de informação ao consumidor sobre a qualidade da água para consumo humano.

Este decreto determina ainda penalidades ao responsável pelo SAA caso não cumpra seus requisitos, sendo extensivo a qualquer entidade que distribua água: pública ou privada, pessoa física ou jurídica. Deste modo, o produtor de água é obrigado a informar mensalmente ao usuário a qualidade da água fornecida, segundo parâmetros básicos (coliformes totais, *E. coli*, turbidez, cor aparente, cloro residual livre e flúor). Tais informações devem estar identificadas na conta de água do usuário. É estabelecida na própria norma a sua revisão dentro do prazo de 5 anos. Assim, novas versões da portaria podem entrar em vigor visando acompanhar o avanço do conhecimento científico, tecnológico e da sociedade de forma a garantir a saúde da população.

EXERCÍCIOS DE FIXAÇÃO

1. Qual a importância da elaboração do estudo de concepção para um sistema de abastecimento de água? Quais são as informações que devem ser levantadas e sua aplicação no estudo?

2. Identifique as diferenças construtivas identificadas na implantação da captação em mananciais superficiais ou subterrâneos.

3. Identifique os pontos que requerem a implantação de estação elevatória em um sistema de abastecimento de água, na instalação predial ou na sua casa.

4. Quais são as etapas mínimas de tratamento que devem ser implementadas na potabilização da água?

5. Existem quatro diferentes mananciais que podem ser utilizados para o abastecimento de água de uma comunidade: um poço freático, um poço artesiano, um rio e um lago. Na análise dessas opções, quais as vantagens e desvantagens que podem ser atribuídas a cada uma delas? E quais as considerações que podem ser feitas sobre a tecnologia de tratamento a ser empregada para potabilizar cada uma dessas águas?

6. Você sabia que a conta de água de sua casa ou de seu prédio apresenta mensalmente a qualidade da água que você recebe do sistema público? Assim, como um bom consumidor, avalie se água que consumiu no último ano está de acordo com os padrões de potabilidade, considerando os seguintes parâmetros: cor, turbidez, coliformes e cloro residual livre (CRL).

7. Uma antiga ETA, cujo horizonte de projeto já foi ultrapassado, abastece uma comunidade que tem registrado muitas internações hospitalares por diarreia. Avalie a relação entre essas informações e identifique as possíveis causas do problema, além de propor soluções a serem adotadas pela equipe técnica.

8. Ainda considerando a situação anterior, identificou-se que os pacientes internados eram moradores de um mesmo bairro, abastecido por um reservatório de distribuição. Neste caso, quais seriam as possíveis causas da contaminação? E se os pacientes morassem em um mesmo prédio, o que poderia ter ocorrido?

9. A norma brasileira recomenda que a rede de distribuição opere sob uma faixa limitada de pressão. Quais são os riscos inerentes na operação deste sistema de distribuição sob pressão superior à máxima ou inferior à mínima?

10. Um sistema elevatório de água bruta foi projetado para cumprir o seguinte padrão de funcionamento: duas bombas operando por 16 horas e uma definida como reserva. No entanto, com o crescimento da população atendida, a bomba reserva passou a operar conjuntamente com as demais e o tempo de operação destes três equipamentos foi ampliado. Quais são os inconvenientes dessa nova condição operacional?

11. Um sistema de abastecimento de água opera segundo a seguinte descrição:
    - A captação de água em um manancial totaliza 184 L/s, e a adução até a ETA se faz por recalque com auxílio de uma EEAB.
    - O medidor de vazão instalado na entrada da ETA registra uma vazão de 174,5 L/s. Após ser potabilizada por processo convencional de tratamento, a água é conduzida por gravidade para um reservatório de distribuição.

- A entrada dessa unidade de reservação também é controlada por um medidor, cujo registro é de 160,4 L/s. O reservatório distribui água para a população atendendo aos limites de pressão definidos pela norma.

- Ao contabilizar os volumes registrados nos hidrômetros instalados em parte das ligações prediais, acrescidos daqueles estimados para os usuários sem este equipamento, constatou-se um volume total de 108,1 L/s.

Com essas informações, calcule as perdas de água em cada uma das etapas do sistema de abastecimento. Defina também a perda total, comparando o volume de água extraído do manancial e o consumido pela população.

12. Diferencie "água tratada", "água potável" e "água mineral".

13. Levante os possíveis impactos inerentes à disposição inadequada dos resíduos de uma ETA. Avalie também seus possíveis destinos.

DESAFIO

Você conhece como funciona o sistema de abastecimento de sua cidade? Você sabia que existe muita informação sobre o tema disponível para a população? E as fontes são oficiais! Então, que tal entender um pouco mais sobre isso?

O Atlas do Abastecimento de Água (http://atlas.ana.gov.br/Atlas/forms/Home.aspx), publicado pela Agência Nacional das Águas (ANA), apresenta dados como: disponibilidade de água, planejamento, investimentos previstos.

A Pesquisa Nacional de Saneamento (PNSB) do IBGE traça um perfil da prestação do serviço de saneamento no Brasil, levantando dados gerais importantes para traçar um perfil do município de interesse.

De modo similar, mas com maior detalhamento técnico, o Sistema Nacional de Informação em Saneamento (SNIS) (http://www.snis.gov.br/diagnostico-agua-e-esgotos), publicado pelo Ministério do Desenvolvimento Regional, também apresenta informações e indicadores que caracterizam de forma detalhada a situação sanitária do município.

O Instituto Trata Brasil, que é uma organização da sociedade civil de interesse público (http://www.tratabrasil.org.br/ranking-do-saneamento-das-100-maiores-cidades-2017), trabalha com as informações disponibilizadas pelo SNIS, associando-as a dados socioeconômicos, auxiliando no entendimento da situação sanitária municipal.

Agora, que tal pesquisar um pouquinho e entender como é a prestação do serviço de abastecimento de água de sua cidade e o que precisa melhorar?

BIBLIOGRAFIA

BRASIL. AGÊNCIA NACIONAL DE VIGILÂNCIA SANITÁRIA. **Resolução RDC nº 274**, de 22 de setembro de 2005. Regulamento técnico para águas envasadas e gelo. Brasília, DF: Anvisa, 2005.

_____. **Decreto nº 5.440**, de 4 de maio de 2005. Estabelece definições e procedimentos sobre o controle de qualidade da água de sistemas de abastecimento e institui mecanismos e instrumentos para divulgação de informação ao consumidor sobre a qualidade da água para consumo humano. **Diário Oficial [da] República Federativa do Brasil**, Brasília, DF, 5 maio 2005.

_____. **Lei nº 11.445**, de 5 de janeiro de 2007. Estabelece diretrizes nacionais para o saneamento básico; altera as Leis nªs 6.766, de 19 de dezembro de 1979, 8.036, de 11 de maio de 1990, 8.666, de 21 de junho de 1993, 8.987, de 13 de fevereiro de 1995; revoga a Lei nº 6.528, de 11 de maio de 1978; e dá outras providências. **Diário Oficial [da]República Federativa do Brasil**, Brasília, DF, 8 jan. 2007 e retificado em 11 jan. 2007.

BRASIL. MINISTÉRIO DA SAÚDE. **Portaria de Consolidação nº 5, Anexo XX**. Dispõe sobre os procedimentos de controle e de vigilância da qualidade da água para consumo humano e seu padrão de potabilidade. Brasília, DF: MS, 2017.

COMPANHIA AMBIENTAL DO ESTADO DE SÃO PAULO. **Técnica de abastecimento e tratamento de água**. 2. ed. rev. São Paulo: Cetesb, 1978.

DI BERNARDO, L.; DANTAS, A. D. B.; VOLTAN, P. E. N. **Tratabilidade de água e dos resíduos gerados em estações de tratamento de água**. São Carlos, SP: LDiBe, 2011.

HELLER, L.; PÁDUA, V. L. **Abastecimento de água para consumo humano**. 2. ed. rev. e atual. Belo Horizonte: Ed. UFMG, 2010.

INSTITUTO BRASILEIRO DE GEOGRAFIA E ESTATÍSTICA. **Pesquisa Nacional de Saneamento Básico 2008**. Rio de Janeiro: IBGE, 2010. Disponível em: http://biblioteca.ibge.gov.br/visualizacao/livros/liv45351.pdf. Acesso em: ago.2016.

LIBÂNIO, M. **Fundamentos de qualidade e tratamento de água**. 3. ed. Campinas, SP: Átomo, 2010.

MELLO, C. R.; YANAGI JR., T. **Escolha de bombas centrífugas**. Minas Gerais: Universidade Federal de Lavras, [s.d.]. Disponível em: http://livraria.editora.ufla.br/upload/boletim/tecnico/boletim-tecnico-29.pdf. Acesso em: 29 maio 2017.

RICHTER, C. A.; NETTO, J. M. A. **Tratamento de água**: tecnologia atualizada. São Paulo: Blucher, 1991.

SILVA, E. R. A. **Avaliação estratégica para a recuperação das águas residuais da ETA Laranjal/RJ**. 2015. 143 f. Dissertação (Mestrado em Engenharia Ambiental) – Universidade Federal do Rio de Janeiro, Escola Politécnica e Escola de Química, Programa de Engenharia Ambiental, Rio de Janeiro, 2015.

SISTEMA NACIONAL DE INFORMAÇÕES SOBRE SANEAMENTO (SNIS). **Diagnóstico dos Serviços de Água e Esgotos −2015**. Brasília, DF: Secretaria Nacional de Saneamento Ambiental, 2017.

SMIDERLE, J. J. **Estudo de viabilidade para destinação final do lodo da ETA Laranjal/RJ**. 2016. 82 f. Projeto (Graduação em Engenharia Civil) – Universidade Federal do Rio de Janeiro, Escola Politécnica, Curso de Engenharia Civil, Rio de Janeiro, 2016.

TSUTIYA, M. T. **Abastecimento de água**. 3. ed. São Paulo: Departamento de Engenharia Hidráulica e Sanitária, Escola Politécnica, Universidade de São Paulo, 2006.

VON SPERLING, M. **Introdução à qualidade das águas e ao tratamento de esgotos**. 3. ed. Belo Horizonte: Ed. UFMG, 2005.

8

Sistema de Esgotamento Sanitário

Ana Silvia Pereira Santos
Eduardo Pacheco Jordão

Este capítulo tem como objetivo apresentar o conceito do sistema de esgotamento sanitário (SES) e seus aspectos. Os esgotos sanitários de uma cidade, em geral, são encaminhados à rede coletora e direcionados até o seu tratamento e disposição final, caracterizando, assim, um sistema dinâmico convencional. Este ainda pode ser do tipo separador absoluto ou unitário, quando são transportados em tubulações distintas das águas pluviais, ou de maneira conjunta, respectivamente. A Estação de Tratamento de Esgoto (ETE), parte constituinte do sistema completo de esgotamento sanitário, tem por finalidade remover poluentes específicos antes de seu lançamento no corpo d'água receptor. Os efluentes dessas unidades devem obedecer a determinados critérios legais para o lançamento nos corpos hídricos, estabelecidos por legislações específicas de abrangência federal, estadual ou municipal.

8.1 Sistema de esgotamento sanitário

8.1.1 Conceito

Os esgotos sanitários são considerados um conjunto de efluentes líquidos, constituídos de uma parcela principal de origem doméstica, outra industrial, outra proveniente de infiltração na rede e, por fim, a parcela de água pluvial parasitária. Dessa forma, por apresentar concentrações de diversos poluentes distintos em sua composição, e que podem causar danos à saúde da população e ao meio ambiente, o esgoto sanitário deve passar por tratamento antes de seu lançamento em corpos hídricos. O tratamento, neste caso, visa à redução das concentrações de poluentes específicos, de modo a atender padrões e critérios de lançamento, definidos no âmbito federal, estadual e, em alguns casos, municipal.

A parcela doméstica do esgoto sanitário, também denominada esgoto doméstico, é aquela proveniente de residências e estabelecimentos comerciais localizados na malha urbana, resultante do uso da água para hábitos de higiene, preparo de alimentos, necessidades fisiológicas humanas, entre outros.

O efluente industrial é proveniente de atividades industriais, normalmente com características bastante distintas das dos esgotos domésticos. Em geral, em atendimento aos procedimentos de licenciamento ambiental, por exemplo, as unidades industriais devem apresentar soluções específicas para adequação de seus efluentes antes do lançamento no meio ambiente. Porém, em determinadas situações, permite-se o lançamento desses efluentes nas redes coletoras de esgotos sanitários. Esses casos são baseados em fatores, como: vazão, qualidade do efluente, existência ou não de um pré-tratamento que precede o lançamento na rede, definição de diretrizes pela companhia que opera o sistema, e outros. Somente para esclarecimento, nos casos em que o efluente industrial não pode ser lançado na rede de coleta de esgoto sanitário, o parque industrial deve apresentar solução de modo a atender às exigências legais para lançamento no meio ambiente. Assim, a indústria pode proceder com o seu tratamento no próprio pátio industrial para atender aos padrões de qualidade, ou praticar o reúso de seu efluente em diversos setores da própria indústria. Técnicas de reúso de efluentes têm sido utilizadas como medidas alternativas de abastecimento de água, com grandes benefícios à empresa, conquistando destaque principalmente no cenário nacional. Por fim, a indústria ainda pode enviar seu efluente para uma empresa certificada, mediante pagamento de tarifa, para o seu adequado tratamento e correta disposição final. Este é o caso da ETE Curado, operada pela Lógica Ambiental e localizada na Região Metropolitana de Recife, que, atualmente, recebe efluente de 407 empreendimentos, completando um volume mensal de aproximadamente 5560 m³.

As águas de infiltração são compostas por água do subsolo que entra na rede a partir de pontos vulneráveis. Sabe-se que a rede coletora é localizada abaixo da superfície do arruamento, tendo então possibilidade de contato com o lençol freático. Assim, nas partes vulneráveis do sistema, como juntas entre os tubos, partes danificadas da tubulação e até componentes específicos do sistema, como, por exemplo, os poços de visita, a água do subsolo pode infiltrar e penetrar o sistema, de modo a fazer parte da composição do esgoto sanitário.

Por fim, as águas pluviais parasitárias representam uma parcela da água de chuva que, inevitavelmente, é absorvida pelo sistema de esgotamento sanitário. Em muitos casos, como será visto mais adiante neste capítulo, o sistema de coleta de efluentes recebe conjuntamente o esgoto sanitário e as águas de chuva, mas, em geral, os sistemas no Brasil costumam ser separados. Assim, quando os sistemas são separados e uma parcela das águas pluviais acaba alcançando o sistema de esgotamento sanitário, essas águas são denominadas pluviais parasitárias. Nos casos das inundações urbanas, por exemplo, a água acumulada nos logradouros pode entrar pelo tampão dos poços de visita, além das infiltrações naturais em vias públicas, em razão das aberturas de trincas e rachaduras nos calçamentos. Em outros casos, as águas de chuva drenadas dos edifícios são, muitas vezes, conectadas de maneira irregular à tubulação de esgotamento sanitário.

A Fig. 8.1 ilustra um desenho esquemático da contribuição das parcelas dos esgotos sanitários à rede coletora de esgotos em determinada área urbana.

Esclarecido o conceito de esgoto sanitário, é necessário apresentar o conceito de sistema de esgotamento sanitário, também conhecido, na área do sa-

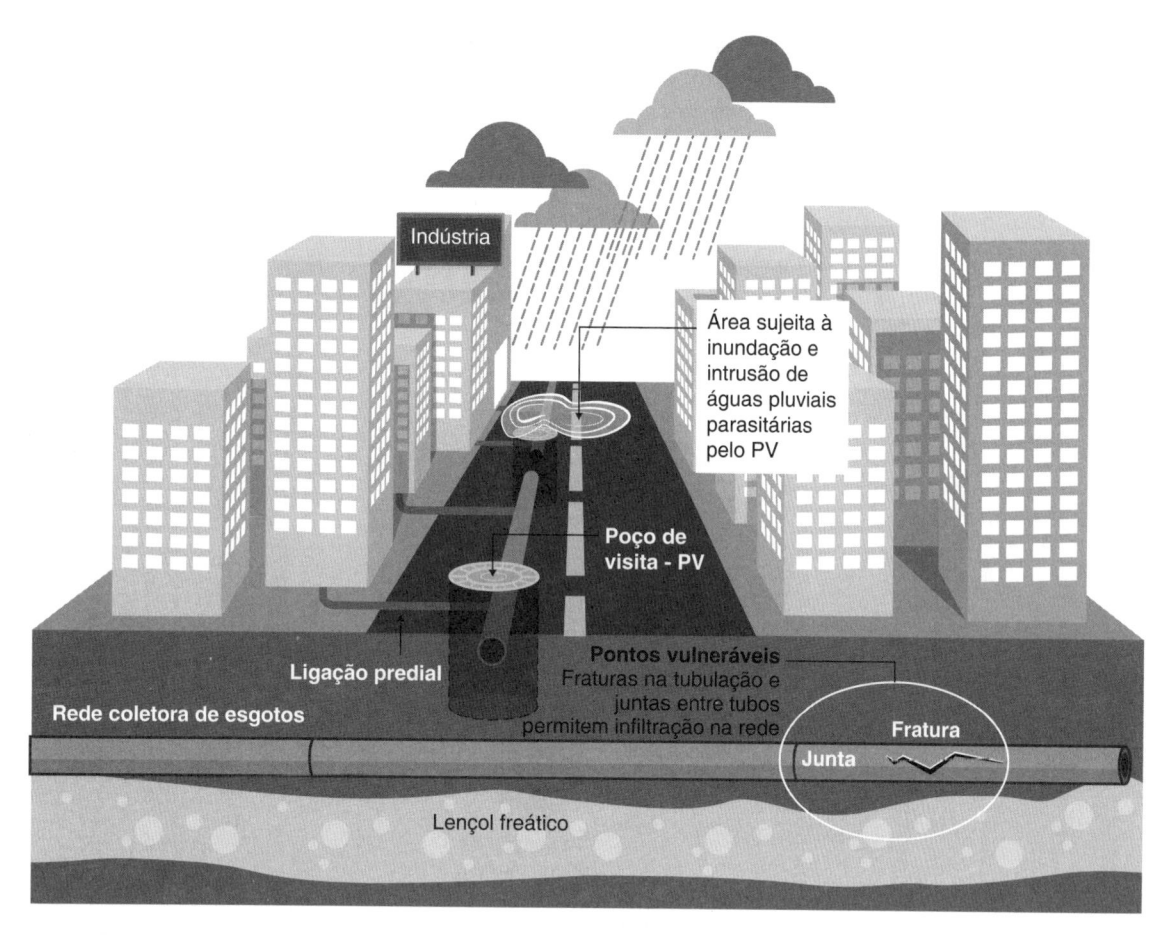

FIGURA 8.1 Desenho esquemático da contribuição urbana das parcelas dos esgotos sanitários.

neamento, simplesmente por SES. Este conceito está atrelado a determinados fatores que justificam se serão sistemas do tipo separador ou unitário, além de estático ou dinâmico convencional.

8.1.2 Tipos de sistemas de esgotamento sanitário

8.1.2.1 *Sistema separador absoluto e sistema unitário*

Classicamente, define-se **sistema separador absoluto** como aquele destinado a coletar, transportar e dar destino final adequado somente ao esgoto sanitário; e de maneira oposta, define-se **sistema unitário** como aquele que se destina às mesmas funções, porém responsável por coletar e transportar, na mesma tubulação, tanto o esgoto sanitário como as águas pluviais, como observado no desenho esquemático da Fig. 8.2.

Há bastante discussão no meio técnico quanto à definição dos tipos de sistemas, suas vantagens e desvantagens. De modo geral, pode-se supor que o sistema unitário seja mais eficiente por conduzir e tratar, de forma conjunta, tanto os esgotos como as águas pluviais. A gestão das águas pluviais no Brasil, por exemplo, pode ser considerada ainda incipiente e em processo de consolidação, sendo, portanto, normalmente negligenciada pelos tomadores de decisão. O escoamento das águas pluviais urbanas apresenta elevado potencial poluidor capaz de causar sérios danos ao meio ambiente e à saúde da população. A água da chuva *in natura* apresenta baixos índices de poluição, porém incorpora poluentes no trajeto da atmosfera até o solo, além de carrear partículas dispersas no ar e nas superfícies de coberturas de telhados, e arrastes de lixos e fezes de animais dispostos nos quintais e logradouros públicos. Dessa forma, a adoção do sistema unitário passaria a abordar, também, a gestão das águas pluviais. Por outro lado, ao se projetar um sistema de esgota-

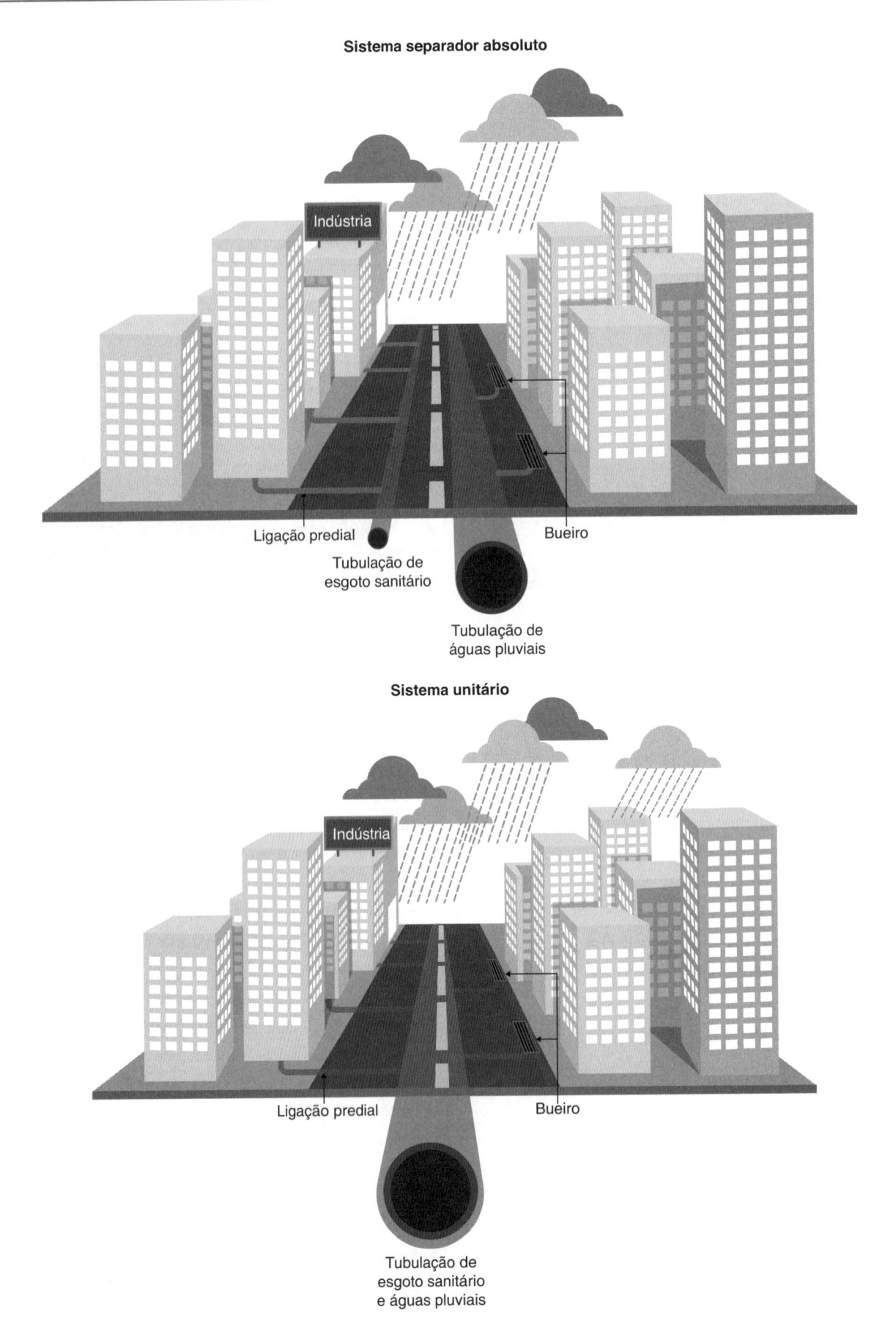

FIGURA 8.2 Desenho esquemático do sistema de esgotamento sanitário do tipo separador absoluto e do tipo unitário.

mento sanitário, é possível realizar uma estimativa da vazão contribuinte, partindo-se de uma taxa de consumo diário de água por pessoa (denominada cota ou contribuição *per capita* de água) e da população total contribuinte ao sistema. Entretanto, a estimativa para a geração de águas pluviais não é tão simples assim e envolve modelos matemáticos com diversas variáveis, além de um tratamento estatístico detalhado das séries históricas de dados pluviométricos da região. Assim, o projeto de sistemas unitários por vezes pode tornar-se subestimado ou superestimado. Além disso, a operação desse tipo de sistema tem sido considerada complexa, já que, ao longo do ano, se opera ora com vazões elevadas e concentrações de poluentes diluídas, ora com vazões reduzidas em razão dos períodos de estiagem, e com poluentes mais concentrados. E, ainda, as estações de tratamento de efluentes de sistemas unitários apresentam custo de implantação e de operação mais elevados, em função da maior vazão a ser considerada em seu dimensionamento.

Porém, é importante ressaltar que a rede de coleta foi inicialmente planejada para as águas pluviais, já que os esgotos na Europa medieval eram depositados no solo até que a primeira chuva os levasse ao coletor de águas pluviais e, posteriormente, ao corpo hídrico mais próximo. Por volta do século XIX, com o crescimento populacional após a Revolução Industrial, aliado ao avanço do uso dos equipamentos de descargas hídricas sanitárias, os problemas de disposição final dos esgotos aumentaram e trouxeram grandes epidemias de veiculação hídrica. Assim, naquele momento, o assunto relacionado com o afastamento e destino final adequado dos esgotos passou a ganhar destaque nas discussões técnicas e políticas (TSUTYA; ALÉM SOBRINHO, 1999).

Os sistemas unitários passaram a ser rapidamente implantados em toda a Europa, nos Estados Unidos e, no Rio de Janeiro, em 1833. Entretanto, ao longo do tempo, esses sistemas começaram a apresentar problemas operacionais, principalmente em cidades com baixo nível de desenvolvimento econômico e dificuldades de planejamento e fiscalização. Por fim, nos Estados Unidos, em 1879, foi criado o sistema separador absoluto na cidade de Memphis, no Tennessee, com a prerrogativa de se baratear os custos de implantação. O projeto considerou a coleta e o transporte somente

dos esgotos sanitários, gerando uma sensível redução de custos, principalmente em função das dimensões reduzidas das tubulações, por não transportarem as águas pluviais.

Com o sistema separador absoluto, resolveu-se o problema mais emergente daquele momento em relação ao saneamento, e o sistema passou a ser amplamente utilizado em projetos posteriores em todo o mundo. Há que se ressaltar que mais de um século depois do desenvolvimento desses sistemas, principalmente nos países com baixo índice de desenvolvimento econômico, ainda se convive com o mesmo problema em relação ao saneamento: a coleta e o tratamento dos esgotos sanitários. No Brasil, segundo o Diagnóstico dos Serviços de Água e Esgoto – 2017 (BRASIL, 2019), somente 60,2 % da população urbana têm seus esgotos coletados e, dessa parcela, 73,7 % são tratados. Isso significa que, em relação ao esgoto gerado no Brasil, somente cerca de 44 % dispõem de algum tipo de tratamento. Nesse cenário, quase 60 % do esgoto doméstico gerado no país são lançados *in natura* nos corpos d'água.

Segundo a ANA (2017), 65,1 milhões de habitantes das cidades brasileiras não dispõem de sistema coletivo para afastamento dos esgotos sanitários e 96,7 milhões de pessoas não dispõem de tratamento coletivo dos esgotos.

Portanto, enquanto se discutem as vantagens e as desvantagens dos sistemas unitário e separador absoluto, no Brasil a gestão dos esgotos ainda é muito deficiente. Então, qual a melhor opção para o país? E qual o sistema adotado no território nacional? Acredita-se que o sistema separador absoluto seja, sim, a melhor opção, mas ainda se convive com corpos hídricos altamente poluídos nas malhas urbanas.

Vamos convidá-lo então a uma reflexão. Em um dia ensolarado, em período de estiagem, coloque-se nas margens de um corpo hídrico localizado na malha urbana de seu município ou de sua região, e procure observar em algum ponto desse corpo hídrico (um rio ou uma lagoa) os locais em que chegam as galerias de águas pluviais com grandes vazões de água. Que águas são essas de odor fétido e coloração escura? São certamente os esgotos lançados em galerias de águas pluviais, o que é muito comum quando a galeria de esgotos é insuficiente, ou inexistente. Essa situação caracteriza o uso do sistema unitário brasileiro, apesar de tecnicamente se afirmar que o sistema adotado no Brasil é o separador absoluto.

Em contrapartida, destaque deve ser dado a um sistema unitário que funciona muito bem desde 1890, em Paris, na França. É o chamado sistema unitário, conhecido também como *tout-à-l'égout*. Em 1850, na França, uma série de leis municipais veio a regularizar a utilização dos tanques sépticos, para depois, em 1867, se aceitar a contribuição de um esgoto domiciliar "filtrado" em uma canalização pública. Esta contribuição deveria conduzir também as águas pluviais do contribuinte, que pagaria uma taxa de 30 francos anuais por ligação (GABRIEL DUPUY; GEORGES KNAEBEL; DUNOD, 1982). O chamado *tout-à-l'égout* seria, no entanto, efetivamente estabelecido por lei só em 1882, e em 1894 o sistema seria, também por lei, imposto a todos os imóveis em Paris. A cidade já havia antes, em 1889, adquirido 800 hectares de terreno, na localidade de Achères, para usar como campo de infiltração dos esgotos coletados e para lá conduzidos; são os conhecidos *champs d'épandage*, que, em tradução livre, seria "campos de espalhamento" (de esgotos, para infiltração). Até os dias atuais, o sistema encontra-se em uso na cidade de Paris, sendo este um dos principais casos de solução adequada com o sistema unitário de esgotamento sanitário.

8.1.2.2 Sistema estático e sistema dinâmico convencional

Outra classificação usual do sistema de esgotamento sanitário ocorre em função do elevado ou do baixo adensamento populacional da região. Em regiões com baixo adensamento populacional, não é possível se aplicar a rede coletora de esgotos, principalmente em função dos custos muito elevados que esse sistema apresentaria, tanto para implantação como para operação. Assim, nesses casos, adota-se o **sistema estático** ou **sistema individual**, caracterizado pela presença de tratamento individual dos esgotos gerados em cada lote ou em cada condomínio ou até mesmo em cada unidade habitacional. Essa solução é comum em áreas rurais no Brasil e trata-se, basicamente, do uso de um tanque séptico, também conhecido como fossa séptica, seguido de uma infiltração no solo. Normalmente, por questões de praticidade, essa infiltração no solo ocorre por meio do dispositivo denominado sumidouro.

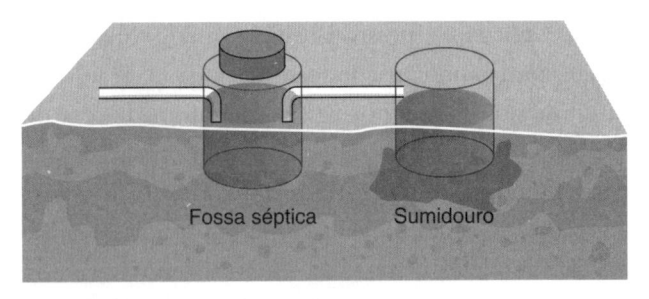

FIGURA 8.3 Desenho esquemático do sistema individual composto por fossa séptica e sumidouro.

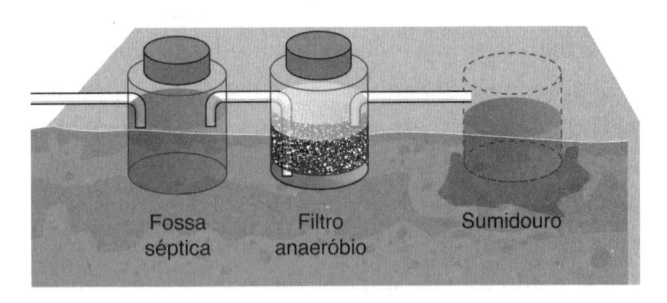

FIGURA 8.4 Desenho esquemático do sistema individual composto por fossa séptica, filtro anaeróbio e sumidouro.

Na Fig. 8.3, está apresentado um desenho esquemático do sistema individual composto por fossa séptica e sumidouro. Ressalte-se que, atualmente, as prefeituras municipais brasileiras já exigem sistemas com um desempenho levemente superior, compostos por uma unidade de filtração anaeróbia após a fossa séptica, além do sumidouro para disposição no solo. Essa composição pode ser observada na Fig. 8.4.

Já o **sistema dinâmico convencional** ou **sistema coletivo** é aquele composto por rede de coleta, ligações prediais dos lotes ao sistema e órgãos auxiliares, além de tratamento e disposição final adequados. Em geral, este é o sistema implantado nos centros urbanos, onde o adensamento populacional é elevado.

Em relação ao sistema estático, deve-se ressaltar que as unidades que o compõem se aplicam em condições de solo com boa taxa de infiltração e quando o nível da água subterrânea se encontra a uma profundidade adequada para se evitar a contaminação do lençol freático. Entretanto, somente essas premissas não são suficientes. É indiscutível a capacidade de tratamento do sistema, principalmente aquele que contempla o filtro anaeróbio, capaz de alcançar uma boa eficiência de remoção de poluentes, cerca de 70 a 85 % de remoção de DBO (JORDÃO; PESSÔA, 2017); nos casos de fossa séptica apenas, a eficiência obtida é bem menor, cerca de 30 a 50 %. Porém, se pode questionar a forma como o sistema é encarado e empregado, com demandas de operação adequadas, de modo a cumprir seu papel de uma unidade de tratamento de esgotos, e não simplesmente de uma caixa de passagem para o solo.

Na realidade, em muitos casos, as autoridades adotam o sistema estático não por ser mais indicado para a localidade, e sim por apresentar custos mais reduzidos em relação ao sistema dinâmico convencional. De certa forma, esses sistemas eximem a prefeitura ou a companhia de saneamento local de prestar apoio de operação a essas unidades, pois passa a ser de responsabilidade do proprietário da unidade habitacional. Porém, esse proprietário não apresenta conhecimento técnico para operar o sistema, e se desfazer do lodo acumulado, causando problemas ainda mais graves na transmissão de doenças e contaminação de águas subterrâneas e superficiais. Há ainda muitas prefeituras no Brasil que não só não implantam o sistema dinâmico convencional no município, mesmo quando há adensamento populacional compatível, como ainda obrigam o proprietário do lote a construir e a operar seu sistema individual para o lançamento dos esgotos nos canais e córregos do município. Esta até poderia ser uma solução, se as unidades habitacionais realmente operassem esses sistemas, mas, na maioria dos casos, o proprietário nem mesmo sabe onde fica a fossa implantada no seu lote.

Aqui cabe uma reflexão. A implantação e a operação do sistema dinâmico convencional apresentam alto custo, além de elevado grau de complexidade de operação. A implantação da rede de coleta de esgotos gera transtornos à população no que diz respeito à interdição de ruas para a escavação, além do trânsito de máquinas e do barulho, apesar de, atualmente, ser possível a realização desse tipo de obra por métodos não destrutivos. Por vezes, ainda ocorre entupimento na rede com transbordamento de esgoto nos poços de visita e novamente as ruas são interditadas para manutenção. Essas atividades de implantação, operação e manutenção do SES normalmente não agradam à população, que, em geral, desconhece a complexidade dos serviços de infraestrutura urbana. Ainda, após a implantação da rede coletora de esgotos, o usuário deve realizar a sua ligação na rede, a partir da ligação predial (mais detalhes ao longo deste

capítulo), sendo, neste momento, cobrada tarifa adicional por este serviço. Ou seja, o usuário que estava acostumado a pagar tarifa somente pelo consumo de água e lançava seus esgotos em local inadequado (muitas vezes, por desconhecimento) não aceita ter que arcar com o custo de realizar a ligação predial na rede coletora e ainda pagar pelo serviço de coleta de esgotos, além do abastecimento de água. Na maioria dos casos, essa tarifa é de mesmo valor da tarifa de consumo de água ou uma porcentagem em relação a ela, geralmente de 80 %.

Essa reflexão sugerida aqui é no sentido de se observar o pouco conhecimento do cidadão em relação ao sistema de esgotamento sanitário, mesmo este sendo um serviço essencial ao desenvolvimento da sociedade e manutenção da proteção do meio ambiente e da saúde da população. O cidadão aceita pagar pelo serviço de telefonia fixa, de telefonia móvel, de TV por assinatura, de internet, mas não apresenta boa aceitação em relação ao pagamento da tarifa de esgoto. Ele aceita pagar pelo técnico que fará a sua ligação de internet, mas não aceita pagar, da mesma forma, pela obra de ligação do seu esgoto à rede coletora pública.

Deve-se, então, atentar para a importância de uma adequada prestação dos serviços de esgotamento sanitário e do envolvimento da população para o alcance de boas condições de salubridade do meio ambiente e da população. O poder público tem um papel fundamental na adoção da concepção adequada, sua implantação e sua operação.

Dos 5.570 municípios brasileiros, em torno de 80 % tinham, em 2016, menos de 30.000 habitantes (IBGE, 2016). Ou seja, na maioria dos casos, os municípios brasileiros podem ser considerados pequenos e, dessa forma, apresentam extensas áreas rurais. Mas, mesmo nesses casos, em suas sedes urbanas, a concepção mais adequada é o sistema dinâmico convencional composto por rede coletora de esgotos e seus órgãos auxiliares.

8.2 Rede coletora de esgoto e órgãos auxiliares

A função da rede coletora, com todas as suas unidades e órgão auxiliares, é receber as contribuições dos esgotos gerados nos domicílios, prédios e economias, transportando-os em condutos fechados até o tratamento e disposição final.

A ABNT NBR 9649:1986 estabelece critérios e condições para a elaboração de projeto de redes coletoras de esgotos sanitários e define as unidades que a compõem, como:

- Ligação predial: representa o início da rede coletora e corresponde à unidade que interliga o coletor predial (de propriedade particular) ao coletor público.
- Coletor de esgoto: tubulação que recebe contribuições prediais em qualquer ponto ao longo de sua extensão.
- Coletor principal: é o de maior extensão dentro de uma mesma bacia de esgotamento.
- Coletor-tronco: é a tubulação que recebe contribuição de esgotos apenas de outros coletores em pontos determinados e geralmente apresenta maior diâmetro e profundidade.
- Órgãos auxiliares: são dispositivos fixos, construídos em pontos singulares, com o objetivo de permitir inspeção e/ou visitação para manutenção e desobstrução das tubulações. Tradicionalmente, são utilizados para esse fim os poços de visita (PV), porém, em alguns casos, são admitidos também o terminal de limpeza (TL), o terminal de inspeção e limpeza (TIL), ou a caixa de passagem. Ressalte-se que, dentre todos esses, somente o PV permite visitação.
- Interceptor: é uma tubulação instalada paralelamente ao curso d'água ou o canal e tem o objetivo de interceptar os esgotos para que eles não sejam direcionados diretamente ao corpo hídrico. Assim, o interceptor recebe e transporta os esgotos até outro trecho da rede coletora.
- Emissário: parte final da rede, normalmente instalado somente para o transporte dos esgotos coletados até o tratamento ou o destino final. Essa tubulação recebe esgoto exclusivamente em sua extremidade de montante e não permite ligação ao longo de seu trecho.

Essas unidades podem ser observadas na Fig. 8.5, que apresenta um desenho esquemático de um sistema coletivo de esgotamento sanitário

É importante observar que nem sempre uma rede coletora contempla todas essas unidades. Isso varia de acordo com as características físicas, geográficas, ambientais e socioeconômicas de cada região.

Diferentemente da rede de abastecimento de água, que funciona em sua totalidade em condutos forçados, os esgotos geralmente são transportados por condutos livres, por gravidade. Para isso, é necessária a adoção de declividades mínimas que permitam esse escoamento sem o auxílio de uma pressão externa. Assim, as declividades adotadas no projeto impõem determinadas profundidades à rede. Em muitos projetos, essa profundidade se mantém, variando ao longo da rede conforme a topografia do terreno. Entretanto, em alguns casos, principalmente em regiões muito planas, a profundidade da rede aumenta à medida que percorre distâncias muito longas, o que dificulta a manutenção quando em operação, além de elevar o custo da obra.

Dessa forma, pode vir a ser necessário lançar mão de unidades para bombear os esgotos a um nível mais elevado e então, a partir desse ponto, os esgotos podem voltar a fluir por gravidade. As unidades que fazem esse bombeamento são denominadas Estações Elevatórias de Esgoto (EEE), ou simplesmente Estações Elevatórias (EE).

As EEEs possuem, em linhas gerais, um conjunto motor-bomba com a função de realizar a sucção do esgoto armazenado no poço de sucção e recalcá-lo ao ponto e nível desejados. O poço de sucção deve ser precedido por uma unidade de gradeamento (grades de barras) para remover sólidos grosseiros com o intuito de proteger os conjuntos elevatórios.

Por fim, no projeto de sistema de esgotamento sanitário é frequente a necessidade de transpor obstáculos como córregos, rios, galerias de águas pluviais, adutoras, linhas de metrô, galerias de cabos elétricos, televisão, telefone, internet e outros. Essa transposição pode ser realizada por estações elevatórias, como já apresentado, ou por unidades subterrâneas instaladas por debaixo do obstáculo. Assim, pode-se realizar simplesmente um aprofundamento proposital da rede, mantendo-se o escoamento por gravidade, ou aprofundar a tubulação e, após o obstáculo, elevá-la novamente até alcançar uma cota apenas ligeiramente inferior à cota da tubulação a montante do trecho rebaixado. Neste caso, o escoamento se dá em um conduto forçado, cuja transposição é denominada *sifão invertido*.

A adoção do sifão invertido em um projeto requer atenção, tanto no dimensionamento hidráulico como na implantação e na manutenção. O custo dessa obra é relativamente elevado e, em operação, apresenta

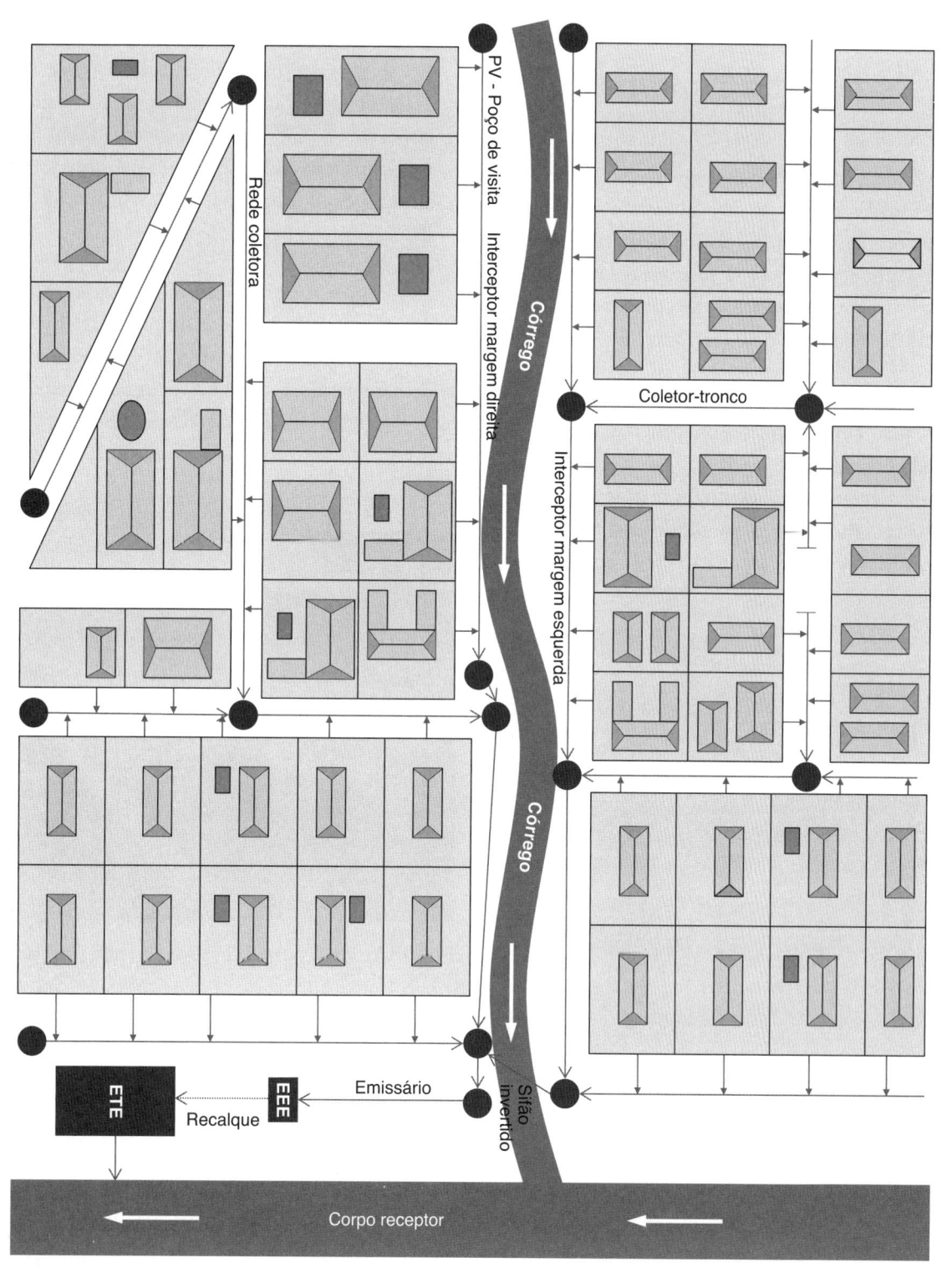

FIGURA 8.5 Desenho esquemático do sistema dinâmico convencional de esgotamento sanitário.

dificuldades de limpeza e de desobstrução. Este, então, passa a ser um ponto singular no SES e exige cuidados especiais na operação.

8.3 Estação de Tratamento de Esgotos

As Estações de Tratamento de Esgotos (ETE) são unidades destinadas à remoção de poluentes, como sólidos e matéria orgânica, além de organismos patogênicos e nutrientes, em alguns casos, e costumam ser classificadas de acordo com o alcance de seu grau de tratamento. Assim, são chamadas de ETE com:

- grau preliminar: quando retêm apenas sólidos grosseiros, por meio de grades ou peneiras, e areia nos desarenadores (Figs. 8.6 e 8.7);
- grau primário: após a fase preliminar do tratamento retêm cerca de 40 a 60 % de sólidos em suspensão, e uma parcela da DBO da ordem de 25 a 40 %. Pode alcançar melhor desempenho no caso da adoção de uma tecnologia primária avançada do tipo reator UASB (*upflow anaerobic sludge blanket*) (Figura 8.8);
- grau secundário: quando retêm cerca de 80 a 95 % dos sólidos em suspensão e da DBO (Fig. 8.9);
- grau terciário: quando, incluindo o tratamento secundário, são capazes de remover também uma parcela significativa de nitrogênio e fósforo; ou quando a ETE possui instalações para desinfecção (remoção de organismos patogênicos).

As lagoas de estabilização, por apresentarem geralmente operação bastante simplificada em relação às outras tecnologias, são abordadas em outro contexto e podem representar um grau primário, secundário ou terciário de tratamento, de acordo com seu tipo e dimensionamento. A fotografia da Fig. 8.10 apresenta uma

FIGURA 8.7 Desarenador mecanizado do tipo caixa aerada – ETE Onça, em Belo Horizonte (MG).

FIGURA 8.8 Reator UASB – ETE Onça, em Belo Horizonte (MG).

FIGURA 8.6 Grade de barras do tipo grossa (em primeiro plano) e do tipo fina de limpeza mecanizada (ao fundo) – ETE Onça, em Belo Horizonte (MG).

FIGURA 8.9 Tanque de aeração – ETE Alegria, no Rio de Janeiro (RJ).

FIGURA 8.10 Lagoas de estabilização – ETE Leste, em Teresina (PI).

lagoa de maturação, representando uma tecnologia terciária para desinfecção de efluentes. Em geral, as lagoas apresentam índices mínimos de mecanização e, quando compõem fluxogramas de nível secundário, apresentam eficiências de remoção de DBO em torno de 80 %.

O lodo removido nas etapas da fase líquida de uma ETE deve ser tratado, passando também por outras etapas que objetivam remover umidade (Fig. 8.11),

FIGURA 8.11 Unidade mecanizada para remoção de umidade do lodo – ETE Curado, em Recife (PE).

estabilizar a biomassa tornando-a inerte, além de higienizá-lo em alguns casos. Essa higienização, ou inativação de organismos patogênicos, pode ser requerida, por exemplo, quando se objetiva reutilizar esse lodo em áreas agricultáveis ou para recuperação de áreas degradadas.

8.3.1 Tecnologias de tratamento de esgotos e fluxograma convencional

O fluxograma de uma ETE normalmente é composto de etapa preliminar, seguida de etapa primária e de etapa secundária. Como já mencionado, a etapa preliminar tem o objetivo de remover sólidos grosseiros em unidades de gradeamento e/ou em peneiras, e areia em desarenadores, também chamados caixas de areia. A etapa primária tem a finalidade de remover os sólidos suspensos, que são facilmente removidos em processo físico, por sedimentação. Por fim, na etapa secundária, são removidos os sólidos dissolvidos. O tratamento secundário geralmente ocorre por um processo biológico, onde microrganismos heterotróficos utilizam a matéria orgânica em seus processos metabólicos, removendo-a da fase líquida.

A etapa terciária, que, no Brasil, não costuma ser usual, contempla dois objetivos principais: (i) remoção de nutrientes que, quando lançados em corpos d'água lênticos, podem causar eutrofização; ou (ii) remoção de microrganismos patogênicos (desinfecção).

Ressalte-se que, atualmente, existem algumas tecnologias que não se enquadram nessa classificação conservadora (preliminar, primário, secundário e terciário) e apresentam características tanto da etapa primária como da etapa secundária. Esse é o caso do Reator Anaeróbio de Fluxo Ascendente em Manta de Lodo, muito conhecido por sua sigla em inglês UASB (*upflow anaerobic sludge blanket*).

Essa tecnologia apresenta excelente desempenho quando comparada a um decantador primário convencional, porém não alcança o desempenho de uma unidade secundária, e requer geralmente um pós-tratamento para atender às exigências legais de lançamento. Assim, apesar de incorporar a etapa biológica no processo, e neste caso anaeróbia, não pode ser considerado um tratamento secundário, já que ocupa a posição da etapa primária em um fluxograma convencional.

Entretanto, também não pode ser caracterizado como tratamento primário, já que não trabalha somente com processo físico e apresenta desempenho bastante superior ao tratamento primário convencional.

A ABNT NBR 12209:2011 destina-se à apresentação das condições recomendadas para elaboração de projeto hidráulico e de processo de Estações de Tratamento de Esgotos Sanitários e se aplica aos seguintes processos: (a) separação de sólidos por meios físicos; (b) processos físico-químicos; (c) processos biológicos; (d) tratamento de lodo; (e) desinfecção de efluentes; (f) tratamento de odores. Ressalte-se que as lagoas de estabilização e os tanques sépticos, bem como as ETE compactas (pré-fabricadas), não estão contemplados na ABNT NBR 12209:2011.

Para cada um dos processos, a NBR 12209:2011 apresenta as tecnologias compatíveis e seus respectivos parâmetros de dimensionamento. Na Tabela 8.1, podem ser observadas as principais tecnologias de tratamento de esgotos atualmente em uso no Brasil e no mundo, enquadradas nos processos aqui citados e suas características de desempenho.

Nos processos biológicos descritos na Tabela 8.1, pode-se observar a classificação em biomassa suspensa e em biomassa aderida. A principal tecnologia com adoção de biomassa suspensa é o processo de **lodo ativado**, onde em um tanque de aeração se fornece oxigênio para crescimento de microrganismos decompositores de matéria orgânica em forma de flocos suspensos na massa líquida. Assim, a matéria orgânica é adsorvida e, posteriormente, decomposta nos flocos microbianos. Estes flocos biológicos são, então, removidos no decantador secundário. Já em relação ao processo com biomassa aderida, a principal tecnologia que o representa é o **filtro biológico percolador**. Neste caso, o tanque é preenchido com um meio suporte (em geral, pedra britada nº 4 e, mais recentemente, materiais plásticos) para facilitar a aderência dos microrganismos e garantir sua permanência em seu interior. Assim, o esgoto percola entre os interstícios do meio suporte e permite, inicialmente, a adsorção da matéria orgânica à biomassa aderida e, posteriormente, absorção e decomposição no interior do biofilme. Esse biofilme se desprende naturalmente, sem necessitar de lavagem para sua remoção. Isso se dá em razão da velocidade de escoamento, da perda de capacidade de adesão por causa da respiração endógena nas camadas mais internas e da "explosão" ocorrida em função dos gases produzidos e acumulados na camada anaeróbia.

Recentemente, os processos evoluíram ainda mais e passamos a contar com tecnologias avançadas como o *membrane biofilm reactor* (MBR), que alia as membranas aos processos de lodo ativado, alcançando desempenhos bastante elevados, inclusive apresentando um efluente com excelente qualidade para reúso. Além disso, há também a tecnologia de **lodo ativado com granulação aeróbia**, desenvolvido recentemente na Holanda, capaz de gerar um crescimento microbiano em forma de grânulo em vez de floco, com elevada capacidade de sedimentação. Trata-se do processo patenteado denominado Nereda®.

Em relação ao tratamento de odores, esse pode ser realizado por queima direta, biofiltros ou torres lavadoras, mas, em geral, no Brasil, é realizada a queima direta. Recentemente, as ETEs de grande porte, instaladas nos grandes centros urbanos, têm iniciado a prática de cogeração de energia com o biogás gerado nos digestores de lodo.

8.4 Aspectos legais para lançamento de efluentes

No Brasil, a legislação ambiental praticamente se iniciou com a Lei nº 6.938/1981, que instituiu a Política Nacional do Meio Ambiente, apresentando, dentre outras contribuições, o estabelecimento de padrões de qualidade ambiental, considerando que o grau de qualidade desejado deva ser função do uso benéfico almejado para o próprio corpo d'água.

Estes usos benéficos definidos em lei são, de uma forma geral: abastecimento para consumo humano; preservação ou proteção das comunidades e ambientes aquáticos; recreação de contato primário ou secundário; irrigação; aquicultura e atividades de pesca; dessedentação de animais; navegação; e harmonia paisagística.

Hoje, vigoram no país duas Resoluções do Conselho Nacional do Meio Ambiente (Conama) de grande relevância para a gestão dos recursos hídricos: Conama nº 357/2005 (CONAMA, 2005) e Conama nº 430/2011 (CONAMA, 2011). A primeira classifica os corpos d'água segundo seus usos preponderantes e fornece diretrizes de enquadramento. A segunda dispõe sobre condições,

Tabela 8.1 Principais tecnologias de tratamento de esgotos

Processo	Tecnologia	Características
Separação de sólidos por meios físicos	Gradeamento (de barras)	Remoção de sólidos grosseiros
	Desarenação	Remoção de areia
	Decantação primária	Remoção de sólidos suspensos por sedimentação, com eficiência para SST de cerca de 50 % e para DBO de cerca de 25 %
Processos físico-químicos	Decantação primária quimicamente assistida	Remoção de sólidos suspensos e colidais por sedimentação com aplicação de produtos químicos. Remoção de SST de cerca de 80 % e de DBO de cerca de 50 %
	Flotação por ar dissolvido	Remoção de sólidos suspensos e coloidais por flotação com auxílio de sopradores de ar, com aplicação de produtos químicos. Remoção de SST de cerca de 80 % e de DBO de cerca de 50 %
	Remoção química do fósforo	Precipitação química de fósforo, com adição de reagentes no decantador primário ou no tanque de aeração
Processos biológicos (Remoção de matéria orgânica dissolvida)	Reator UASB	Processo biológico anaeróbio, com sedimentação de lodo. Remoção de SST e de DBO de cerca de 60 %
	Filtro biológico percolador	Processo de biomassa aderida sem aeração. Remoção de SST e de DBO de cerca de 80 a 85 %
	Biodisco ou reator biológico de contato	Biomassa aderida em discos rotativos. Remoção de SST e de DBO de 90 %
	Filtro aerado submerso	Biomassa aderida a um meio estruturado fixo, com aeração. Remoção de SST e de DBO de 90 %
	Biofiltro aerado submerso	Biomassa aderida a um enchimento granulado, com aeração. Remoção de SST e de DBO de 90 %
	Lodo ativado e variantes	Biomassa suspensa com aeração. Remoção de SST de 90 % e de DBO de até 95 %. Possibilidade de remoção de nutrientes (N e P)
	Reator biológico com leito móvel (MBBR)	Biomassa suspensa e aderida a peças móveis, com aeração. Remoção de SST de 90 % e de DBO de até 95 %. Possibilidade de remoção de nutrientes (N e P)
Tratamento de lodo	Adensamento	Remoção de umidade, com aumento do teor de sólidos do lodo
	Digestão aeróbia/anaeróbia	Estabilização biológica do lodo
	Estabilização química	Estabilização do lodo com reagentes químicos
	Leito de secagem	Remoção de umidade → lodo seco com teor de sólidos de 30 a 50 %
	Centrífuga	Remoção de umidade → lodo seco com teor de sólidos de 25 a 35 %
	Secador térmico	Remoção de umidade → lodo seco com teor de sólidos de 90 a 95 % e inativação de organismos
	Filtro prensa	Remoção de umidade → lodo seco com teor de sólidos de 30 a 50 %
	Filtro de esteira	Remoção de umidade → lodo seco com teor de sólidos de 15 a 25 %
	Contentores geotêxteis	Remoção de umidade → o lodo é seco e armazenado no interior do tubo geotêxtil (*bag*)
Desinfecção de efluentes	Cloração	Desinfecção por cloro
	Radiação UV	Desinfecção por radiação UV
	Ozonização	Desinfecção por aplicação de ozônio

Fonte: ABNT NBR 12209:2011.

parâmetros, padrões e diretrizes para gestão do lançamento de efluentes em corpos d'água receptores.

Assim, atualmente, os efluentes no Brasil, classificados como domésticos e de qualquer outra fonte poluidora, estão sujeitos a valores máximos de qualidade e/ou eficiências mínimas de tratamento, exigidos conforme os diferentes potenciais poluidores que cada um deles oferece aos corpos receptores.

Em linhas gerais, a Resolução Conama nº 430/2011 define padrões de lançamento baseados em parâmetros de qualidade de água, como: sólidos sedimentáveis, óleos e graxas, demanda bioquímica de oxigênio (DBO), nitrogênio amoniacal, metais e outros. No caso do padrão de DBO para efluente sanitário, por exemplo, a concentração máxima definida para lançamento do efluente no corpo d'água é de 120 mg/L, ou exige-se uma eficiência mínima de remoção desse parâmetro de 60 %. Já o parâmetro nitrogênio amoniacal não é determinado para efluente sanitário. Este é estabelecido somente para outros tipos de efluentes, com valor máximo fixado em 20 mg/L.

Santos *et al.* (2014) realizaram estudo comparativo entre as legislações para lançamento de efluentes no Brasil, nos Estados Unidos e na União Europeia. No Brasil, foram estudadas tanto a legislação federal (Resolução Conama nº 430/2011) como as legislações estaduais dos estados que a possuem. Nos Estados Unidos da América, a Agência de Proteção Ambiental (*Environmental Protection Agency – US-EPA*) define a *Code for Federal Regulation (CFR), Title 40 – Protection of Environment, Chapter I – Environmental Protection Agency, Subchapter D – Water Programs, Part 133 – Secondary Treatment Regulation*, que fixa padrões para lançamento de efluentes provenientes de tratamento secundário para esgoto doméstico e para aqueles considerados equivalentes ao tratamento secundário, no caso de não domésticos. Já os países participantes da União Europeia devem seguir a *Commission Directive 91/271/CEE* para lançamento de efluentes, que trata somente de efluentes urbanos.

Para fins de conhecimento e comparação, as concentrações efluentes máximas para Demanda Bioquímica de Oxigênio (DBO), Demanda Química de Oxigênio (DQO), Fósforo (P), Nitrogênio (N) e Sólidos em Suspensão Totais (SST) para as legislações citadas encontram-se apresentadas na Tabela 8.2. Já as eficiências

Tabela 8.2 Parâmetros para lançamento de efluentes (concentrações máximas permitidas)

Legislação	Ano	Local	Concentrações máximas permitidas (mg/L)				
			DBO	DQO	P	N	SST
Resolução Conama nº 430 (efluente doméstico)	2011	Brasil	120			—	
Resolução Conama nº 430 (outro efluente)	2011	Brasil	—			20	
US-EPA 40 - *Code for Federal Regulation (CRF), Chapter I (7-1-12 Edition)* (para efluente secundário)	2012	EUA	30-45[1]				30-45[1]
US-EPA 40 - *Code for Federal Regulation (CRF), Chapter I (7-1-12 Edition)* (efluente equivalente a secundário)	2012	EUA	45-65[2]				45-65[2]
Commission Directive 91/271/EEC	2008	CCE	25	125	1-2[3]	10-15[4]	35-60[5]

Fonte: SANTOS *et al.* (2014).

[1] 30 mg/L para a média de 30 dias. No caso da média de sete dias, não deve exceder a 45 mg/L. Ainda, segundo o NPDES, o parâmetro $CDBO_5$ pode ser utilizado em vez do DBO_5, porém as concentrações limites passam a ser 25 mg/L para a média de 30 dias e 40 mg/L para a média de sete dias.

[2] 45 mg/L para a média de 30 dias. No caso da média de sete dias, não deve exceder a 65 mg/L.

[3] 1 mg/L para população equivalente > 100.000 habitantes e 2 mg/L para população equivalente entre 10.000 e 100.000.

[4] 10 mg/L para população equivalente > 100.000 habitantes e 15 mg/L para população equivalente entre 10.000 e 100.000.

[5] 35 mg/L para população equivalente > 10.000 habitantes e 60 mg/L para população equivalente entre 2000 e 10.000.

mínimas requeridas para os mesmos parâmetros e para as mesmas legislações encontram-se na Tabela 8.3.

Como já é de se esperar, as legislações dos países desenvolvidos são bem mais restritivas que a legislação brasileira. Enquanto a Resolução Conama nº 430/2011 define uma concentração efluente máxima de DBO no valor de 120 mg/L para efluentes domésticos, nos Estados Unidos esse limite é de 30 ou 45 mg/L para efluentes secundários, dependendo se o valor é uma média mensal ou semanal, respectivamente. Na União Europeia, esse valor é ainda mais restritivo, ficando estabelecido um limite máximo de 25 mg/L. No caso dos parâmetros DQO e fósforo, somente a legislação da União Europeia determina valores limites de lançamento. Para DQO, esse valor é de 125 mg/L e para fósforo, o valor da faixa mais restritiva é de 1 mg/L, no caso de atendimento de uma população superior a 100 mil habitantes. No caso do parâmetro nitrogênio, a Resolução Conama nº 430/2011 define uma concentração limite de 20 mg NH4-N/L apenas para efluentes não domésticos, exatamente pelo fato de a maioria das estações de tratamento no Brasil normalmente não alcançarem esse valor, já que trabalham com grau de tratamento secundário, e raramente terciário. Na legislação dos países da União Europeia, esse valor é ainda mais restritivo, de 10 mg/L para atendimento de populações acima de 100 mil habitantes. Tratando-se

de eficiências de remoção, uma avaliação análoga pode ser realizada, onde se percebe uma maior restrição por parte dos países desenvolvidos, em relação ao Brasil.

O Art. 24 da Resolução Conama nº 430/2011 estabelece que os estados brasileiros podem ter seus próprios padrões de qualidade ambiental, conforme maior abrangência e restrição que a legislação federal. Assim, muitos estados brasileiros adotam instrumento legal para fixação de padrões para lançamento de efluentes em corpos d'água, incorporando as características específicas de cada região, como o Rio de Janeiro, Minas Gerais, São Paulo, Rio Grande do Sul, Santa Catarina, Paraná, Ceará, Pernambuco e outros. Interessante observar que esses estados brasileiros que adotam legislação mais restritiva que a nacional representam um número elevado, incluindo os estados mais ricos e industrializados no país. Os autores ainda observaram que a maioria das legislações estaduais apresenta critérios bem mais restritivos que os da Resolução Conama nº 430/2011.

Por fim, Santos *et al.* (2014) concluem em seus estudos que países ricos empregam tecnologias mais avançadas, com limites ambientais muito mais restritivos, enquanto países em desenvolvimento se limitam a processos mais clássicos de tratamento. Não obstante, já se encontram no Brasil exemplos de tecnologia recente e moderna, como o emprego de membranas filtrantes no tratamento de esgotos. A estação de tratamento do

Tabela 8.3 Parâmetros para lançamento de efluentes (eficiências mínimas requeridas)

Legislação	Ano	Local	Eficiências mínimas requeridas (%)				
			DBO	DQO	P	N	SST
Resolução Conama nº 430 (efluente doméstico)	2011	Brasil	60			–	20[1]
Resolução Conama nº 430 (outro efluente)	2011	Brasil	60			–	
US-EPA 40 – Code for Federal Regulation (CRF), Chapter I (7-1-12 Edition) (para efluente secundário)	2012	EUA	85				85
US-EPA 40 – *Code for Federal Regulation (CRF), Chapter I (7-1-12 Edition)* (efluente equivalente a secundário)	2012	EUA	60				65
Commission Directive 91/271/EEC	2008	CCE	70-90[2]	75	80	70-80	70-90[2]

Fonte: SANTOS *et al.* (2014).

[1] Eficiência mínima de remoção após desarenação para lançamento em emissário submarino.

[2] 90 % para população equivalente > 10.000 habitantes e 70 % para população equivalente entre 2000 e 10.000.

"Projeto Aquapolo", em São Paulo, resultado de uma parceria entre a empresa BRK Ambiental e a Sabesp, trata uma parcela do efluente da ETE ABC com processo de filtração por membranas, e disponibiliza-o tratado para reúso no polo industrial de Capuava (SP). Outro caso é a utilização de membranas filtrantes no processo de lodo ativado na ETE Capivari, operada pela Sanasa, em Campinas (SP). Estes processos têm apresentado um efluente final com DBO < 5 mg/L, e já se mostram como uma tecnologia plenamente aplicável no Brasil, esperando-se um decaimento em seus custos (JORDÃO; PESSÔA, 2017).

8.5 Estudos de concepção para projetos de SES

O estudo de concepção de um projeto de SES é uma etapa de grande importância para que se alcance efetivamente o objetivo da implantação do sistema, que é a melhoria da qualidade ambiental, sobretudo dos recursos hídricos, e a proteção da saúde pública. Como já foi visto neste capítulo, existem diversas formas de se proceder com o esgotamento sanitário de uma localidade, desde o tipo de coleta e transporte dos esgotos, até suas diferentes tecnologias de tratamento disponíveis. No entanto, encontram-se ainda falhas na concepção desses projetos, quando não se levam em consideração características locais de clima, relevo, situação socioeconômica, condições ambientais, nível educacional da população e dos possíveis técnicos que realizarão a operação do sistema implantado. Novamente, é importante ressaltar que a grande maioria dos municípios brasileiros é de pequeno porte, com menos de 30.000 habitantes, extensas áreas rurais, e normalmente soluções indicadas para os grandes centros urbanos não são apropriadas para esse tipo de região.

Assim, a norma ABNT NBR 9648:1986 descreve, com clareza, atividades e requisitos necessários para definição correta da concepção a ser adotada em cada caso. Para esta norma, **estudo de concepção** é o estudo de arranjos das diferentes partes de um sistema, organizadas de modo a formarem um todo integrado e que devem ser qualitativa e quantitativamente comparáveis entre si, para a escolha da concepção básica. E concepção básica é a melhor opção de arranjo sob os pontos de vista técnico, econômico, financeiro e social (ABNT, 1986).

Assim, para adoção de uma concepção adequada, deve-se lançar mão de requisitos essenciais como:

- plantas topográficas de qualidade e atualizadas;
- dados dos recursos hídricos do entorno e possíveis corpos receptores;
- características físicas da região, como informações de relevo, solo, meteorologia, dados geográficos e fluviométricos;
- dados demográficos e séries históricas;
- informações sobre acessos, mão de obra, materiais de construção disponíveis;
- acesso à energia elétrica;
- cadastro e administração de sistema existente, quando houver, com dados, inclusive, do sistema tarifário vigente;
- outros sistemas de infraestrutura existentes;
- informações sobre o uso da terra, como plano diretor e diretrizes de lei de uso e ocupação do solo;
- aspectos legais em vigor na região que possam afetar a concepção e futuramente a implantação e a operação.

Por fim, devem ser realizadas também algumas atividades de grande relevância para o sucesso do projeto:

- delimitação da área de projeto;
- fixação do alcance do plano e do ano de início de operação do sistema;
- estimativa do crescimento populacional ao longo do alcance do projeto;
- delimitação das bacias de esgotamento contidas na área de projeto;
- avaliação e definição das características do esgoto a ser coletado, transportado e tratado pelo sistema;
- determinação das características do corpo receptor e avaliação de sua capacidade de autodepuração e nível de tratamento requerido para lançamento adequado;
- avaliação de impacto ambiental;
- pré-dimensionamento dos componentes das concepções, com fixação de parâmetros e critérios;
- estabelecimento de cronograma e etapas de implantação, quando for o caso de implantação por etapas;
- estudo técnico e econômico comparativo das concepções;
- descrição completa da concepção básica.

Ressalte-se aqui que todo esse processo deve ser realizado de forma criteriosa para realização de um projeto de sistema de esgotamento sanitário, envolvendo todas as suas partes, desde a coleta, transporte, tratamento e disposição final.

Ao se projetar uma ETE, além de se observar os detalhes definidos na ABNT NBR 9648:1986, deve-se ter atenção à necessidade de se alcançar um efluente com qualidade que possa ser lançado no corpo receptor. Essa qualidade é definida pelos padrões de lançamento de efluentes descritos anteriormente. Assim, com base nas legislações estaduais brasileiras já citadas, é usual haver a necessidade de um tratamento em nível secundário. No caso de o estado brasileiro não apresentar diretrizes locais, deve-se adotar a Resolução Conama nº 430/2011. De qualquer forma, as legislações no âmbito federal e estadual devem ser consideradas, adotando-se os padrões mais restritivos. Assim, em determinadas situações, é possível resolver o atendimento à legislação com a implantação de apenas uma etapa primária avançada, como um reator UASB, por exemplo. Porém, neste caso, mesmo atendendo ao padrão de lançamento proposto pela Resolução Conama nº 430/2011, sabe-se que o efluente de um reator UASB ainda pode causar um elevado impacto no corpo d'água receptor, caracterizando esta legislação como pouco restritiva.

Além disso, a qualidade da água deve ser garantida conforme os padrões estabelecidos por norma no corpo receptor, tanto no ponto de lançamento como a jusante, ao longo do escoamento. Desta forma, o efluente final deve atender ao padrão de lançamento de efluente vigente, e após o lançamento, as características do corpo receptor não devem ser alteradas a ponto de prejudicar a classe de enquadramento, de acordo com a Resolução Conama nº 357/2005. Isso vai depender da qualidade do efluente e das características do corpo receptor e, para essa avaliação, deve ser realizado um estudo de autodepuração. Este estudo está definido no Capítulo 5 – Poluição e Qualidade da Água.

8.5.1 Concentrações, cargas e vazões

É comum referir-se aos parâmetros afluentes e efluentes das ETE sob a forma de concentração ou de carga. Enquanto as concentrações medem uma relação entre massa e volume (por exemplo, mgDBO/L), sendo, na verdade, o indicador mais usual, as cargas refletem a massa por unidade de tempo (por exemplo, kgDBO/d). Tem sido igualmente usado o indicador unitário da contribuição de uma única pessoa, conhecido como a *contribuição unitária*.

Por muitos anos, adotou-se nos Estados Unidos, na Europa e no Brasil a contribuição unitária de 54 g DBO/hab. × dia. Este valor foi evidentemente ultrapassado com a modificação dos hábitos alimentares, o próprio enriquecimento da população, e o crescimento da poluição orgânica, sendo hoje adotado nos países ricos valores da ordem de 80 a 90 g DBO/hab. × dia (JORDÃO; PESSOA, 2017). Esse indicador, mais elevado em alguns países desenvolvidos, ainda se deve ao fato do uso de trituradores mecânicos nas pias de cozinha. É razoável admitir no Brasil 60 g DBO/hab. × dia nos centros urbanos, podendo variar de acordo com as características socioeconômicas locais.

Conforme já mencionado, o esgoto sanitário é composto por esgoto doméstico, águas de infiltração, águas parasitárias e uma parcela de esgoto industrial. Dessa forma, é necessário estimar essas vazões para prosseguimento do projeto de SES. Tanto as águas parasitárias como o esgoto industrial são estimados de acordo com informações da própria indústria, ou de órgãos de controle da prefeitura ou do estado e em função de determinadas variáveis, como no caso das águas de chuva.

Já a vazão de esgoto doméstico é calculada a partir da estimativa da população contribuinte ao sistema e do índice de contribuição *per capita* de esgotos. Este índice varia conforme o consumo *per capita* de água e, em geral, representa uma parcela em torno de 80 % desta. Deve-se considerar ainda a contribuição relativa à infiltração na própria rede. Nas redes novas, pode-se adotar uma taxa de infiltração de 0,05 a 0,50 L/s × km, podendo com o tempo crescer esta contribuição para 0,5 a 1,0 L/s × km, de acordo com a ABNT NBR 9649:1986. Este valor é função do nível d'água do lençol freático, da natureza do subsolo, da qualidade da execução da rede, do material da tubulação e do tipo de junta utilizado, cuja escolha deve ser justificada (ABNT, 1986).

Além de um valor típico de contribuição unitária de vazão de esgoto, os picos de vazão máxima e mínima devem ser estimados e também considerados no dimensionamento da estação de tratamento.

Quando se dispõe de dados medidos em uma série de anos (pelo menos dois anos de medição de vazão), podem-se caracterizar os valores máximo e mínimo que indicam os picos de vazão, sendo muitas vezes possível identificar a sustentabilidade desses picos, isto é, durante quantos dias os valores dos picos se mantêm. É claro que mesmo as unidades da ETE que devam ser dimensionadas para o valor de pico não devem considerar o valor *maximum maximorum*, mas o coeficiente de pico que se mantém por um período razoável de dias, por exemplo, por 15 a 20 dias, tendendo, assim, a ser mais representativo do escoamento típico local.

Em geral, a variação máxima diária é caracterizada por um coeficiente K_1, que corresponde à razão entre o maior volume de água consumido em determinado dia e a média de consumo diário observada ao longo de uma série de registros operacionais diários. Em geral, este valor é próximo de 1,2, como indica a ABNT NBR 9649:1986.

Já a variação máxima horária é caracterizada por um coeficiente K_2, que corresponde à razão entre o maior volume de água consumido em determinado horário e a média de consumo horário observada neste mesmo dia. Em geral, este valor é próximo de 1,5, como também indicado na ABNT NBR 9649:1986. Enquanto isso, a vazão mínima pode ser admitida como 50 % da vazão média.

Assim, as vazões de esgoto doméstico média, máxima diária, máxima horária e mínima podem ser calculadas pelas Eqs. 8.1, 8.2, 8.3 e 8.4, respectivamente. Já a vazão de infiltração pode ser calculada pela Eq. 8.5.

$$Q_{\text{média}} = \frac{QPC \times Pop \times R}{86.400} \quad (8.1)$$

$Q_{\text{média}}$ = Vazão média (L/s)

QPC = Cota *per capita* de água (L/hab. $\times$ dia);

Pop = População (hab)

R = Coeficiente de retorno (80 %)

$$Q_{\text{mínima}, D} = Q_{\text{média}} \times k_1 \quad (8.2)$$

$Q_{\text{máxima}, D}$ = Vazão máxima diária (L/s)

K_1 = Coeficiente de dia de maior consumo (em geral, 1,2)

$$Q_{\text{mínima}, H} = Q_{\text{média}} \times k_2 \quad (8.3)$$

$Q_{\text{máxima} H}$ = Vazão máxima horária (L/s)

K_2 = Coeficiente de hora de maior consumo (em geral, 1,5)

$$Q_{\text{mínima}} = Q_{\text{média}} \times k_3 \quad (8.4)$$

$Q_{\text{mínima}}$ = Vazão mínima (L/s)

K_3 = Coeficiente de menor consumo (em geral, 0,5)

$$Q_{\text{infiltração}} = Ext \times Tx_{\text{infiltração}} \quad (8.5)$$

$Q_{\text{infiltração}}$ = Vazão de infiltração (L/s)

Ext = Extensão da rede

$Tx_{\text{infiltração}}$ = Taxa de infiltração (entre 0,05 e 1,00 L/s $\times$ km)

EXEMPLO 1

CÁLCULO DAS VAZÕES

Vamos calcular as vazões em um pequeno bairro de classe média, onde a rede coletora de esgotos tem 1200 metros, com 110 unidades habitacionais. A rede é de PVC, podendo-se admitir um consumo médio de água igual a 140 L/hab. $\times$ d, e cinco habitantes por domicílio.

1. Estimativa da população contribuinte ao sistema: São 110 unidades habitacionais com uma média de cinco habitantes por unidade. Dessa forma, a população contribuinte ao sistema é de **550 habitantes**.

2. Estimativa da vazão média de água:

$Q_{\text{água}}$ = 550 habitantes × 140 L/hab. × dia

$Q_{\text{água}}$ = 77.000 L/d

$Q_{\text{água}}$ = 0,89 L/s (de água)

3. Estimativa da vazão média de esgoto gerado: Admite-se que 80 % (R) da água consumida retorna à rede coletora de esgotos

$Q_{\text{doméstica}}$ = 0,80 × 0,89 L/s

$Q_{\text{doméstica}}$ = 0,71 L/s (de esgoto)

4. Estimativa da contribuição de infiltração Admite-se uma rede antiga e de PVC, portanto adota-se uma taxa de contribuição de infiltração de 0,2 L/s × km

$Q_{\text{infiltração}}$ = 0,2 L/s × km × 1,2 km

$Q_{\text{infiltração}}$ = 0,24 L/s

5. Estimativa da vazão média na rede de coleta de esgoto

$Q_{\text{média esgoto}}$ = $Q_{\text{doméstica}}$ + $Q_{\text{infiltração}}$

$Q_{\text{média esgoto}}$ = 0,71 L/s + 0,24 L/s

$Q_{\text{média esgoto}}$ = 0,95 L/s

6. Vazão máxima diária de esgoto sanitário:

$Q_{\text{máxima diária}}$ = (0,71 L/s × k1) + 0,24

$Q_{\text{máxima diária}}$ = (0,71 L/s × 1,2) + 0,24

$Q_{\text{máxima diária}}$ = 1,09 L/s

7. Vazão máxima horária de esgoto sanitário:

$Q_{\text{máxima diária}}$ = (0,71 L/s × k_1 × k_2) + 0,24

$Q_{\text{máxima diária}}$ = (0,71 L/s × 1,2 × 1,5) + 0,24

$Q_{\text{máxima diária}}$ = 1,52 L/s

8. Vazão mínima de esgoto sanitário:

$Q_{\text{mínima}}$ = (0,71 L/s × k_3) + 0,24

$Q_{\text{mínima}}$ = (0,71 L/s × 0,5) + 0,24

$Q_{\text{mínima}}$ = 0,60 L/s

EXEMPLO 2

CÁLCULO DE CARGA ORGÂNICA CONTRIBUINTE E ESTIMATIVA DE DESEMPENHO DA ETE

O rio Beleza deve receber a contribuição de uma estação de tratamento de esgotos domésticos, além de uma contribuição de esgoto industrial tratado. Para tanto, devem ser consideradas as seguintes características:

- vazão mínima do rio na região do lançamento – 5 m³/s;
- DBO do rio antes do lançamento = 3 mg/L (0,003 kg/m³);
- população contribuinte de esgotos = 20.000 hab.;
- consumo de água medido = 300 L/hab. × dia;
- vazão de esgotos industriais = 250 m³/d = 2,9 L/s.

A rede coletora de esgotos é do tipo separadora, com cerca de 60 km de extensão, recebendo, assim, uma contribuição tipicamente de natureza orgânica. Pode-se admitir uma contribuição unitária de DBO igual a 60 g DBO/hab. × dia.

Já a contribuição do polo industrial possui vazão de 250 m³/d, com DBO medida de 900 mg/L. No entanto, o esgoto industrial é parcialmente tratado no próprio polo por um reator do tipo UASB, que tem apresentado uma eficiência média de 66 %.

Pede-se projetar uma estação de tratamento que receba os esgotos domésticos, de tal modo que o rio, após a mistura, mantenha uma característica aceitável, com DBO inferior a 4 mg/L. Indicar o grau de tratamento desta nova ETE.

1. De maneira similar ao exercício anterior, deve-se estimar a vazão média de esgoto doméstico, a vazão média de infiltração e a vazão de esgoto industrial:

- Vazão média de esgoto: admitir 300 L/hab. × dia como cota *per capita* de água e coeficiente de retorno de 0,80 (população de classe alta)

$$Q_{\text{doméstica}} = \frac{\left(20.000 \text{ habitantes} \times 300 \dfrac{L}{\text{hab.} \times \text{d}}\right) 0,80}{86.400 \text{ s/d}}$$

$Q_{\text{doméstica}}$ = 55,5 L/s

- Vazão de infiltração: admitir uma rede nova, de PVC, e taxa de infiltração de $0,10$ L/s $\times$ km

$$Q_{\text{infiltração}} = 0,10 \frac{L}{s \times k} \times 60 \text{ km}$$

$$Q_{\text{infiltração}} = 6,0 \, \text{L/s}$$

- Vazão média de contribuição: soma entre vazão doméstica e vazão de infiltração

$$Q_{\text{média esgoto}} = 55,55 \text{ L/s} + 6,0 \text{ L/s}$$

$$Q_{\text{média esgoto}} = 61,5 \, \text{L/s}$$

2. Cálculo da vazão industrial: a vazão é apresentada na unidade m^3/d e deve ser transformada para L/s

$$Q_{\text{industrial}} = \frac{250 \text{ m}^3/\text{d}}{86.400 \text{ s/d}}$$

$$Q_{\text{industrial}} = 2,89 \, \text{L/s}$$

3. Cálculo da vazão do rio antes e após os lançamentos
   - Vazão do rio Beleza *antes* do lançamento (A): a vazão é apresentada em m^3/s e deve ser transformada em L/s

$$Q_{\text{rio antes}} = 5 \frac{m^3}{s} \times 1000 \text{ L/m}^3$$

$$Q_{\text{rio antes}} = 5000 \text{ L/s}$$

   - Vazão do rio Beleza *após* o lançamento (B): deve-se somar a vazão do rio antes do lançamento com a vazão dos efluentes que serão lançados.

$$Q_{\text{rio após}} = Q_{\text{rio antes}} + Q_{\text{média esgoto}} + Q_{\text{industrial}}$$

$$Q_{\text{rio após}} = 5000 \text{ L/s} + 61,5 \text{ L/s} + 2,89 \text{ L/s}$$

$$Q_{\text{rio após}} = 5064 \text{ L/s}$$

4. Cálculo das cargas orgânicas (em termos de DBO)
   - Carga de DBO no esgoto bruto (C): em função da contribuição unitária de $60 \, g \, DBO/hab. \times dia$

$$C_{\text{esgoto bruto}} = \text{População} \times \text{contribuição unitária}$$

$$C_{\text{esgoto bruto}} = 20.000 \, \text{habitantes} \times 60 \frac{g \, DBO}{hab. \times dia}$$

$$C_{\text{esgoto bruto}} = 1200 \text{ kg DBO/dia}$$

Carga de DBO no esgoto tratado (D): esta é a incógnita do exercício para que se proceda com o cálculo da eficiência mínima desejada da ETE

$$C_{\text{esgoto tratado}} = \gamma \text{ kg DBO/dia}$$

- Carga de DBO no efluente industrial bruto (E): é a vazão multiplicada pela concentração de DBO

$$C_{\text{industrial bruto}} = \text{Vazão industrial} \times \text{concentração de DBO}$$

$$C_{\text{industrial bruto}} = 250 \frac{m^3}{dia} \times 0,900 \text{ kg DBO/m}^3$$

$$C_{\text{industrial bruto}} = 225 \text{ kg DBO/dia}$$

- Carga de DBO no efluente industrial tratado (F): considera-se a eficiência de remoção de DBO exercida pelo reator UASB

$$C_{\text{industrial tratado}} = (1 - 0,66) \times C_{\text{industrial bruto}}$$

$$C_{\text{industrial tratado}} = 0,34 \times 225 \text{ kg DBO/dia}$$

$$C_{\text{industrial tratado}} = 76,5 \text{ kg DBO/dia}$$

- Carga de DBO total a ser lançada (G): soma da carga do esgoto tratado (D) com a carga do efluente industrial tratado (F)

$$C_{\text{total lançada}} = (\gamma + 76,5) \text{ kg DBO/dia}$$

- Carga de DBO do rio antes do lançamento (H): calculada a partir da vazão de 5000 L/s ($432.000 \, m^3/dia$) e da concentração de 3 mg/L ($0,003 \, kg/m^3$)

$$C_{\text{rio antes}} = Q_{\text{rio antes}} \times \text{Concentração DBO}$$

$$C_{\text{rio antes}} = 432.000 \frac{m^3}{dia} \times 0,003 \text{ kg DBO/m}^3$$

$$C_{\text{rio antes}} = 1296 \text{ kg DBO/dia}$$

- Carga de DBO do rio após o lançamento (I): deve-se usar a vazão total (esgoto + efluente industrial + rio) e a carga total (esgoto + efluente industrial + rio antes)

$$\text{Vazão Total} = Q_{\text{média esgoto}} + Q_{\text{industrial tratado}} + Q_{\text{rio antes}}$$

$$\text{Vazão Total} = \text{calculado em } (B)$$

$$\text{Vazão Total} = 5064,4 \text{ L/s} = 5064,4 \times 86,4 \text{ m}^3/\text{dia}$$

$$\text{Vazão Total} = 437.564 \text{ m}^3/\text{dia}$$

Carga Total após lançamento

$$= C_{\text{esgoto tratado}} + C_{\text{industrial tratado}} + C_{\text{rio antes}}$$

Carga Total após lançamento

$$= (G) + (H) = [(\gamma + 76,5) + 1296] \text{ kg DBO/dia}$$

Carga Total após lançamento

$$= (\gamma + 1372,5) \text{ kg DBO/dia}$$

- Carga DBO do esgoto tratado (J): deve-se calcular a partir da concentração de DBO máxima permitida no rio após o lançamento, que é dado do problema = 4,0 mg DBO/L ou 0,004 kg DBO/m³

$$Concentração_{esgoto\ tratado} = \frac{CargaTotal\ após\ lançamento\ (j)}{Vazão\ Total\ após\ lançamento\ (i)}$$

$$0,004\,kg\frac{DBO}{m^3} = \frac{(\gamma + 1372)\,kg\,DBO/dia}{437.564\,m^3/dia}$$

$$\gamma = 378\,kg\,DBO/dia$$

A carga orgânica máxima permitida no efluente de esgoto doméstico tratado para que se mantenha uma concentração de DBO na região de mistura dos efluentes com o rio de 4 mg/L é, como calculado, igual a 378 kg DBO/dia.

5. Cálculo da eficiência da ETE

Essa eficiência é calculada a partir da carga orgânica bruta e da carga orgânica efluente. Assim, tem-se:

$$Eficiência\ da\ ETE = \frac{C_{esgoto\ bruto} - C_{esgoto\ tratado}}{C_{esgoto\ bruto}}$$

$$Eficiência\ da\ ETE = \frac{1200 - 378}{1200}$$

Eficiência da ETE = 68,5 % para remoção da DBO

Este estudo mostra que, para manter a qualidade desejada no corpo receptor, é necessária uma estação de tratamento que alcance uma eficiência de remoção de DBO de pelo menos 68,5 %. Uma ETE primária está limitada a cerca de 30 % de remoção de DBO. Um reator UASB removeria cerca de 60 a 70 % da DBO, não sendo, portanto, seguro indicá-lo como unidade isolada (única) da ETE. Restaria a opção por um tratamento secundário mais eficiente, e também mais caro, mas que ofereceria um efluente de melhor qualidade, garantindo melhores condições de qualidade ao corpo receptor. Ou uma lagoa de estabilização, se houver área disponível. Na Fig. 8.12, pode-se observar o desenho esquemático que representa o exemplo do cálculo de carga orgânica contribuinte e estimativa de desempenho da ETE.

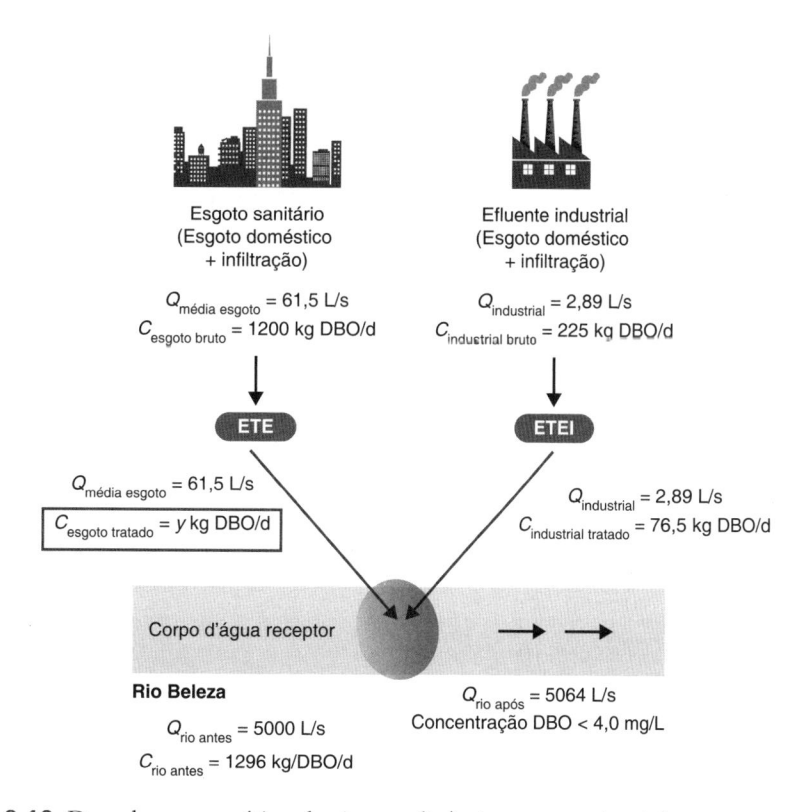

FIGURA 8.12 Desenho esquemático do sistema dinâmico convencional de esgotamento sanitário.

EXERCÍCIOS DE FIXAÇÃO

1. Defina o sistema de esgotamento sanitário dinâmico convencional.

2. Diferencie o sistema separador absoluto do sistema unitário de esgotamento sanitário.

3. Indique as partes constituintes da rede coletora de esgotos e suas principais funções.

4. Quais são as etapas do fluxograma convencional de tratamento de esgotos e quais os objetivos de cada uma delas?

5. Em que implica a não adoção da etapa terciária nas ETE do Brasil?

6. Estude a legislação de lançamento de efluentes do seu estado, caso haja, e procure entendê-la no âmbito das características de sua região em comparação com as de outras regiões.

7. Qual a importância de um estudo de concepção em projeto de SES e quais são as consequências de não adotá-lo?

8. Refaça o Exemplo 1 com os seguintes dados: (i) rede coletora de um bairro planejado em uma grande cidade com 3,5 km de extensão; (ii) população contribuinte estimada de 1500 habitantes; (iii) cota *per capita* de água de 250 L/hab. × dia. Adote também os parâmetros que julgar necessário.

9. Refaça o Exemplo 2, mantendo todos os dados, no entanto suponha que haverá contribuição somente dos esgotos sanitários. A indústria não mais deverá será instalada nessa região.

10. Faça um pequeno resumo com os itens estudados neste capítulo e avalie os conhecimentos adquiridos.

DESAFIO

Procure entender as características do sistema de esgotamento sanitário de seu município. Observe as características dos corpos d'água urbanos de suas redondezas e se recebem "águas pluviais" mesmo em períodos de estiagem. Procure informações na internet sobre as estações de tratamento de esgotos de seu município. Extrapole seu conhecimento e avalie para onde vai o esgoto de sua residência, de seu bairro, de seu local de trabalho. Busque informações sobre as características do SES de seu município ou de seu estado ou até mesmo de outras regiões do Brasil no Sistema Nacional de Informações sobre o Saneamento, no *link*: http://www.snis.gov.br. A partir de então, comece a desenvolver um senso crítico em relação ao assunto. Construa sua própria opinião e bons estudos.

BIBLIOGRAFIA

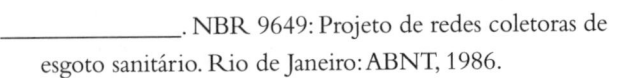

AGÊNCIA NACIONAL DAS ÁGUAS. **Atlas Esgotos**: Despoluição de Bacias Hidrográficas. Brasília, DF: ANA, 2017.

ASSOCIAÇÃO BRASILEIRA DE NORMAS TÉCNICAS. **NBR 9648: Estudo de concepção de sistemas de esgoto sanitário**. Rio de Janeiro: ABNT, 1986.

_____. NBR 9649: Projeto de redes coletoras de esgoto sanitário. Rio de Janeiro: ABNT, 1986.

_____. **NBR 12209: Elaboração de projetos hidráulico-sanitários de estações de tratamento de esgotos sanitários**. Rio de Janeiro: ABNT, 2011.

BRASIL. **Lei nº 6938**, de 31 de agosto de 1981. Dispõe sobre Política Nacional de Meio Ambiente, seus fins e mecanismos de formulação e aplicação, e dá outras providências. **Diário Oficial [da] República Federativa do Brasil]**, Brasília, DF, Seção I, 2 set. 1981, p. 16509.

_____. Ministério do Desenvolvimento Regional. Secretaria Nacional de Saneamento – SNS. Sistema de Informações sobre Saneamento (SNIS). Diagnóstico dos Serviços de Água e Esgoto 2017. Brasília: SNS/MDR, 2019. 226 p.

CONSELHO NACIONAL DO MEIO AMBIENTE (Brasil). **Resolução nº 357**, de 17 de março de 2005. Dispõe sobre a classificação dos corpos de água e diretrizes ambientais para o seu enquadramento, bem como estabelece as condições e padrões de lançamento de efluentes, e dá outras providências. Brasília, DF: Conama, 2005.

CONSELHO NACIONAL DO MEIO AMBIENTE (Brasil). **Resolução nº 430**, de 13 de maio de 2011. Dispõe sobre as condições e padrões de lançamento de efluentes, complementa e altera a Resolução nº 357, de 17 de março de 2005, do Conselho Nacional do Meio Ambiente – Conama. Brasília, DF: Conama, 2011.

COUNCIL DIRECTIVE 91/271/EEC. Concerning urban wastewater treatment. **Official Journal of the European Communities**, nº L135/40, 1991.

DUPUY, G.; KNAEBEL, G.. **Assainir la ville, hier et aujourd´hui**. Paris: Dunod, 1982.

INSTITUTO BRASILEIRO DE GEOGRAFIA E ESTATÍSTICA (IBGE). Disponível em: http://teen.ibge.gov.br/en/noticias-teen/8080-pesquisa-de-informacoes-basicas-municipais-2013.html. Acesso em: 30 jun. 2016.

JORDÃO, E. P.; PESSÔA, C. A. **Tratamento de esgotos domésticos**. 8. ed. São Paulo: ABES, 2017.

QASIM, S. R. **Wastewater treatment plants**: planning, design, and operation. 2. ed. Florida, US: CRC Press, 1999.

SANTOS, A. S. *et al.* Aspectos Legais para Lançamento de Efluentes no Brasil. *In*: XXXIV CONGRESO INTERAMERICANO DE INGENIERÍA SANITARIA Y AMBIENTAL – Asociación Interamericana de Ingeniería Sanitaria y Ambiental. **Anais [...]** Monterrey, México, nov. 2014.

TSUTIYA, M. T.; ALEM SOBRINHO, P. **Coleta e transporte de esgoto sanitário**. São Paulo: Departamento de Engenharia Hidráulica e Sanitária da Escola Politécnica da Universidade de São Paulo, 1999.

UNITED STATES ENVIRONMENTAL PROTECTION AGENCY. **Code for Federal Regulation – CFR**, Title 40, Subchapter D, Part 133.105. Washington D.C.: US-EPA, 2012.

9

Gestão de Águas Pluviais Urbanas

Osvaldo Moura Rezende
Marcelo Gomes Miguez

Em um mundo cada vez mais urbano e com mais incertezas sobre os padrões climáticos que podem alterar o ciclo hidrológico ao longo das próximas décadas, são cada vez mais frequentes os crescentes prejuízos econômicos, sociais e ambientais resultantes da ocorrência de inundações e alagamentos nas cidades.

Mesmo em face dos esforços de investimento na implantação de estruturas de drenagem mais resistentes aos efeitos negativos das chuvas intensas, esses prejuízos se avolumam, indicando uma clara falha na concepção das soluções tradicionais. Esse quadro tem levado os planejadores a um caminho distinto da clássica abordagem do tripé captação-condução-descarga, adotada em projetos de drenagem, com foco na harmonização do ambiente construído com o ciclo natural da água, por meio do gerenciamento dos riscos de inundação. Nesse contexto, este capítulo discute questões associadas ao desenvolvimento urbano e suas interferências nos sistemas de drenagem, assim como reconhece, reciprocamente, a interferência das falhas do sistema drenagem sobre os demais sistemas urbanos, com efeitos sobre a saúde pública, habitação e mobilidade. É apresentada a conceituação básica que define os sistemas de drenagem, sua evolução histórica e abordagens para controle de inundação.

Por fim, a redução do risco de inundações é trazida para a discussão, com foco na construção de cidades mais sustentáveis e resilientes às cheias urbanas.

9.1 Águas, cidades e meio ambiente

As cidades, na sua origem, guardam uma relação próxima com as águas. Rios eram tidos como marcos ou referências territoriais. A água, como insumo, é fundamental à vida humana e, também, por consequência, à "vida urbana". Hoje, a população mundial vive um momento em que as cidades já se tornaram seu *habitat* mais frequente. Em 2014, 53,6 % da população mundial já era urbana (UN, 2015). No Brasil, esse número chega a cerca de 85 %, segundo dados do censo do Instituto Brasileiro de Geografia e Estatística (IBGE, 2010). Entre os vários papéis desempenhados pelas águas na implantação e crescimento das cidades, desde a Antiguidade, destacam-se:

- o abastecimento de água para consumo humano ou animal;
- a utilização das próprias inundações fluviais como mecanismo de fertilização do solo para produção de excedente de alimentos;
- a irrigação agrícola;
- a possibilidade de transportar os esgotos para longe, usando os rios como condutores;
- a configuração de caminhos de transporte, seja pelo uso da navegação fluvial ou pelas rotas que se estabelecem em planícies marginais aos rios, menos acidentadas, configurando caminhos mais fáceis para movimentação de pessoas e cargas;
- o uso da água como barreira contra invasões e primeira linha de defesa militar.

As águas também são um recurso natural de valor inestimável e cumprem papel regulador do ambiente, sendo fundamentais no contexto da ecologia. Apesar de a água ser um recurso essencial, tanto no ambiente natural como no ambiente construído, nota-se que as cidades, atualmente, parecem viver um dilema. Com uma demanda de água cada vez maior, populações urbanas experimentam a angústia de sofrer com inundações e alagamentos frequentes, sobretudo nos períodos de cheias, e de não ter água em quantidade e qualidade suficientes para o consumo e atividades econômicas, na estiagem.

De certa forma, há um conflito entre os ambientes natural e construído. As cidades, em seu processo de desenvolvimento, ocupam e modificam o solo, com alterações na paisagem natural e na apropriação de espaços e recursos, em uma configuração capaz de gerar profundos desequilíbrios. No que diz respeito ao ciclo hidrológico, há uma tendência clara de agravamento das inundações e redução das vazões de base em bacias urbanizadas. A remoção da vegetação natural para dar espaço ao crescimento da cidade, a regularização das superfícies, a impermeabilização do solo e a introdução das redes de drenagem são elementos comuns observados no processo de crescimento das cidades, que refletem em menor infiltração, menor retenção e amortecimento dos escoamentos e maior velocidade de deslocamento das águas pluviais.

A busca por cidades sustentáveis e por melhor qualidade de vida para seus habitantes precisa equacionar o uso de recursos naturais e as demandas da urbanização com a capacidade de suporte das bacias hidrográficas que acomodam as cidades, de uma forma sistêmica. O conceito de capacidade de suporte se refere ao limite máximo a que um sistema natural pode ser submetido, sem sofrer modificações irreversíveis, ou seja, a capacidade de suporte se refere ao limiar máximo de convívio saudável entre a cidade, com as modificações da paisagem necessárias ao seu desenvolvimento, e o ambiente natural, que recebe e interage com esta cidade. Talvez a grande mudança nos paradigmas tradicionais, que tendem a separar o ambiente natural do ambiente construído, está no reconhecimento de que as cidades fazem parte do ambiente e devem se integrar harmoniosamente a ele.

Nas discussões presentes, percebe-se uma grande preocupação com questões de mitigação e adaptação, muito fomentadas pela perspectiva de mudanças climáticas. O conceito de adaptação é um caminho interessante, pois há nele um reconhecimento de que as forças da natureza são supervenientes e não há sentido em "lutar contra elas". Há, entretanto, a necessidade de reconhecer limites no uso das bacias hidrográficas. Não é possível urbanizar de forma descontrolada e irresponsável. Em uma situação sem o correto planejamento, induz-se uma espiral de degradação que tende a ultrapassar os limites das redes de infraestrutura urbana, com desdobramentos socioeconômicos prejudiciais à população.

A Lei nº 12.187/2009, que institui a Política Nacional sobre Mudança do Clima, define a adaptação como "iniciativas e medidas para reduzir a vulnerabilidade dos sistemas naturais e humanos frente aos efeitos atuais e esperados da mudança do clima". Para compreender por completo o significado desta definição, torna-se necessário complementar este texto com a definição de vulnerabilidade, dada pela mesma lei (BRASIL, 2009):

> [...] grau de suscetibilidade e incapacidade de um sistema, em função de sua sensibilidade, capacidade de adaptação, e do caráter, magnitude e taxa de mudança e variação do clima a que está exposto, de lidar com os efeitos adversos da mudança do clima, entre os quais a variabilidade climática e os eventos extremos.

A partir da interpretação de que a mudança climática é uma ameaça e substituindo esta ameaça pelas inundações, pode-se dizer que o conceito de adaptação aplicado aos sistemas de águas pluviais urbanos pode ser entendido como: "um conjunto de medidas e ações voltadas para a redução do grau de susceptibilidade de uma cidade aos danos provocados por inundações, bem como a redução do tempo de incapacidade de funcionamento da cidade após eventos de chuvas intensas, reduzindo sua sensibilidade ao fenômeno, com a criação de condições de convivência dentro dos limites impostos, no presente e no futuro".

Essa discussão converge para o conceito de resiliência, que une a manutenção da capacidade de resistência de um sistema à sua capacidade de recuperação de eventos adversos e de manutenção de suas condições mínimas de funcionamento, mesmo sob condições extremas. A resiliência tem o viés de uma integral ao longo do tempo e se relaciona com a continuidade da oferta de um dado serviço. Assim, percebe-se uma correlação entre cidades sustentáveis e cidades resilientes. Uma cidade sustentável deve encontrar condições de funcionamento hoje, que não comprometam a qualidade de vida de futuras gerações, considerando processos integrados e harmônicos suportados pelos pilares ambiental, social e econômico. Portanto, uma cidade sustentável deve, essencialmente, também ser resiliente, pois essa característica busca proporcionar elasticidade para que seu funcionamento futuro mantenha suas condições mínimas de utilização, mesmo diante de cenários cada vez mais imprevisíveis.

O Estatuto da Cidade, Lei nº 10.257/2001, "estabelece normas de ordem pública e interesse social que regulam o uso da propriedade urbana em prol do bem coletivo, da segurança e do bem-estar dos cidadãos, bem como do equilíbrio ambiental". É importante notar a preocupação em articular o crescimento das cidades com o equilíbrio ambiental. No seu art. 2º, esta lei estabelece diretrizes que relacionam a cidade com o meio ambiente e com o saneamento, entre as quais se destacam:

I – garantia do direito a cidades sustentáveis, entendido como o direito à terra urbana, à moradia, ao saneamento ambiental, à infraestrutura urbana, ao transporte e aos serviços públicos, ao trabalho e ao lazer, para as presentes e futuras gerações; [...] IV – planejamento do desenvolvimento das cidades, da distribuição espacial da população e das atividades econômicas do Município e do território sob sua área de influência, de modo a evitar e corrigir as distorções do crescimento urbano e seus efeitos negativos sobre o meio ambiente; [...] VI – ordenação e controle do uso do solo, de forma a evitar: [...]

> c) o parcelamento do solo, a edificação ou o uso excessivos ou inadequados em relação à infraestrutura urbana; [...]
> f) a deterioração das áreas urbanizadas;
> g) a poluição e a degradação ambiental;
> h) a exposição da população a riscos de desastres. (Incluído pela Lei nº 12.608, de 2012, que institui a Política Nacional de Proteção e Defesa Civil) [...]

XII – proteção, preservação e recuperação do meio ambiente natural e construído, do patrimônio cultural, histórico, artístico, paisagístico e arqueológico; [...]
XVIII – tratamento prioritário às obras e edificações de infraestrutura de energia, telecomunicações, abastecimento de água e saneamento. (Incluído pela Lei nº 13.116, de 2015)

Destaca-se, ainda, a garantia ao saneamento ambiental como parte das cidades sustentáveis, ressaltando a preocupação em evitar pressões e efeitos negativos ao meio ambiente, como resultado de distorções de crescimento urbano. Para isso, a ordenação do uso do solo deve ser compatível com a capacidade máxima de funcionamento da infraestrutura, evitando a degradação dos ambientes natural e construído. Importante notar, nesta discussão introdutória, que a Lei nº 11.445/2007, que estabelece diretrizes nacionais para o saneamento básico, define o sistema de drenagem e manejo de águas pluviais urbanas como parte indissociável do conceito de integralidade do saneamento básico, compreendendo o "conjunto de atividades, infraestruturas e instalações operacionais de drenagem urbana de águas pluviais, de transporte, detenção ou retenção para o amortecimento de vazões de cheias, tratamento e disposição final das águas pluviais drenadas nas áreas urbanas".

A discussão técnica, acadêmica e o quadro legal em vigor, no contexto do manejo de águas pluviais urbanas, de uma forma geral, buscam integrar o crescimento urbano com procedimentos de baixo impacto hidrológico, os quais destinam-se a criar condições para a não amplificação das cheias, procurando aumentar as oportunidades de diversificação da biodiversidade nas cidades e revitalizar o próprio ambiente construído.

Porém, na evolução histórica das cidades, há ainda um legado, pós-Revolução Industrial, que resulta de uma série de problemas sanitários e ambientais decorrentes do rápido crescimento das cidades, não acompanhado pelos investimentos necessários na infraestrutura. Essa situação causou dramáticos problemas de saúde pública e levou a drenagem a assumir um papel higienista de condução dos escoamentos e de esgotos sanitários, para afastar estes efluentes o mais rapidamente possível dos núcleos habitados. A concepção tradicional de projetos de drenagem acaba por recair no tripé **captação-condução-descarga**. Este modelo aceita a amplificação de escoamentos e transfere a vazão resultante para jusante, em uma lógica não sustentável ao longo do tempo, e busca, repetidamente, adaptar os sistemas hídricos aos novos padrões de escoamento modificados pelo processo de urbanização. O crescimento urbano desordenado, a falta de infraestrutura adequada de saneamento, a ocupação de áreas de risco e o agravamento de inundações são fatores que produzem uma degradação em cascata, que perpassa do ambiente natural ao construído e vice-versa.

Os rios podem ser considerados como a síntese do território da bacia em que correm (CIRF, 2006), ou seja, as ações realizadas na bacia se refletem no corredor fluvial, ou seja, no espaço destinado à passagem do rio, à sua mobilidade e ao desenvolvimento de suas funções ecológicas, uma vez que lá se concentram os escoamentos que percorrem as superfícies naturais ou antropizadas, com transporte de seus sedimentos e resíduos sólidos diversos. Nesse contexto, não é raro ver cidades que voltam as suas costas para os rios, escondendo-os nos fundos de construções que os restringem ou enterrando-os e perdendo sua referência como elementos da paisagem. Rios degradados, poluídos e sem vida se confundem com "valões" de esgoto e lixo, e empobrecem a biodiversidade dos ecossistemas presentes nas áreas urbanas, além de gerar problemas de saúde, degradação do entorno próximo e perdas de oportunidade de lazer (MIGUEZ; VERÓL; REZENDE, 2015).

Este capítulo apresenta os efeitos potenciais da urbanização sobre o ciclo hidrológico e os problemas decorrentes das falhas dos sistemas de drenagem, de modo a articular um arcabouço conceitual que aponte soluções sustentáveis para a gestão das águas urbanas.

9.2 Impactos recíprocos: urbanização e ciclo das águas

Ao cair sobre a superfície natural, a água precipitada fica inicialmente retida na vegetação e em outros obstáculos até alcançar o solo. Uma vez no solo, a água infiltra-se pelos poros, podendo seguir caminho até alcançar o lençol freático, ou percolar pela camada superior do solo até retornar à superfície. Quando o solo se encontra saturado, ou quando a quantidade de água que chega à superfície é superior à capacidade de infiltração, inicia-se o processo de escoamento superficial, caracterizado pelo movimento das águas de chuva sobre as superfícies até alcançarem talvegues para formar pequenos caminhos de água e, assim, chegarem aos rios, lagos e oceanos. Nesse caminho, é usual encontrar depressões no terreno e obstáculos diversos, formados por raízes, por exemplo, criando condições para retenção de parte das águas, que precisa se elevar sobre esses obstáculos para continuar escoando.

A interferência do ser humano neste processo se dá de duas formas fundamentais: na alteração do uso do solo, resultante do processo de urbanização; e na tentativa de se controlar os processos de escoamento superficial agravados pela modificação do uso do solo. Nessa segunda forma de atuação, são introduzidas redes artificiais de drenagem, definidas, tradicionalmente, como: "A infraestrutura responsável por direcionar as águas precipitadas sobre o solo o mais rapidamente possível para o seu destino final, evitando que fique acumulada em regiões de interesse para ocupação" (MIGUEZ; VERÓL; REZENDE, 2015).

De todas as mudanças no uso do solo que afetam a circulação da água em uma dada área, a urbanização é provavelmente a mais impactante. O processo de uso e ocupação do solo nas cidades altera fortemente o ciclo hidrológico urbano e as respostas dos sistemas fluviais no ambiente construído. A remoção da vegetação, a impermeabilização que segue esse processo, a regularização de superfícies e a introdução de sistemas artificiais de drenagem modificam significativamente o padrão de escoamentos, produzindo maiores volumes de escoamentos superficiais, maiores vazões de pico e menores tempos de concentração da bacia, que é o tempo necessário para que toda a bacia contribua com escoamento para uma dada seção de controle. Ou seja, as vazões máximas são maiores e os escoamentos superficiais são mais rápidos, antecipando o pico das cheias.

O consequente e frequente resultado observado nas cidades é o agravamento das cheias e seu reflexo na intensificação de inundações e alagamentos. Esses dois termos, embora similares, são utilizados para fins específicos, relacionados, respectivamente, com os extravasamentos de sistemas fluviais ou canais principais de macrodrenagem, na escala da bacia (no caso das inundações), e com as falhas da rede de microdrenagem, na escala local de captação e condução das águas pluviais (no caso dos alagamentos). O termo *enchentes*, embora largamente utilizado para definir eventos de inundações urbanas, se refere à simples ocorrência de aumento nos níveis d'água dos rios ou canais, em consequência da precipitação pluvial sobre sua bacia ou do derretimento de camadas de gelo em regiões montanhosas. As enchentes são fenômenos naturais e fazem parte do ciclo hidrológico natural.

Assim, a urbanização pode alterar as parcelas do ciclo hidrológico, gerando transtornos para a população residente na cidade que se insere na bacia hidrográfica. Essas alterações no ciclo hidrológico natural que configuram a chamada hidrologia urbana podem ser resumidas como:

- redução da intercepção vegetal;
- redução da evapotranspiração;
- redução do armazenamento superficial;
- redução da infiltração, da recarga dos lençóis subterrâneos e das vazões de base;
- aumento do volume do escoamento superficial;
- aceleração dos escoamentos superficiais.

Em uma visão semelhante, mas com uma estruturação ao longo do tempo, a publicação *Toronto and Region Conservation* (2006) destaca que os impactos causados no ciclo natural da água pelo processo de urbanização de uma área ocorrem em todas as suas etapas de desenvolvimento, desde a fase de limpeza inicial do terreno, para abrir espaço para a urbanização, até a fase de implantação da rede de drenagem, em resposta à necessidade de evitar alagamentos em áreas já ocupadas, como descrito a seguir.

- Com a limpeza dos terrenos para a preparação do local, é removida a cobertura vegetal responsável por interceptar e desacelerar o escoamento superficial e devolver a água para a atmosfera por evapotranspiração. Adicionalmente, a exposição do solo facilita processos erosivos na bacia, cujo resultado contribui para o assoreamento dos rios, reduzindo suas capacidades de condução de vazões.
- Os serviços de terraplanagem nivelam o terreno e eliminam as depressões naturais, responsáveis por diminuir a velocidade do escoamento e por providenciar o armazenamento provisório para a água da chuva infiltrar-se ou evaporar.
- A retirada do solo e da camada de húmus superficial e a compactação do subsolo reduzem ou eliminam o percurso de recarga das águas subterrâneas, reduzindo também a capacidade do solo de reter umidade e retornar água para a atmosfera por evapotranspiração. A água que se infiltraria e reabasteceria lençóis subterrâneos é rapidamente transformada em escoamento superficial.
- A adição de superfícies impermeáveis associadas às comunidades, com prédios, ruas e estacionamentos, reduz ainda mais as características de infiltração do solo, contribuindo para aumentar o volume e a velocidade do escoamento superficial.
- Esses efeitos são agravados pela implantação dos serviços de drenagem, compostos pelas sarjetas, galerias de drenagem e canais incorporados ao tecido urbano para prover o rápido transporte das águas de chuva para os corpos receptores.

Complementarmente, podem ser acrescentados a esse quadro alguns elementos típicos de países em desenvolvimento, marcados por um rápido processo de urbanização:

- Ocupação de áreas potencialmente alagáveis: a ocupação das margens dos rios, várzeas de inundação e de pontos baixos da cidade reduz a capacidade de condução de vazão do canal, aumenta a quantidade de resíduos na calha dos rios e expõe mais pessoas às inundações, intensificando a vulnerabilidade da população aos eventos de cheias.
- Favelização: a ocupação desordenada, sem a adequada infraestrutura urbana, nas margens dos rios e nas áreas de encosta, geralmente acarreta a retirada da cobertura vegetal, a diminuição da capacidade de vazão dos rios, o aumento da quantidade de resíduos sólidos e carga orgânica lançados no sistema de drenagem, e a exposição crítica dessas comunidades ao risco de inundação e ocorrência de desastres.
- Resíduos sólidos: o acúmulo de materiais em pontos de estrangulamento do escoamento reduz a capacidade de condução de vazão do trecho, e pode produzir um efeito de remanso para montante e, com isso,

causar o aumento dos níveis d'água na calha do rio, propiciando maiores e mais frequentes inundações nos trechos acima deste ponto. Em seu extremo, a presença de resíduos sólidos no sistema de drenagem pode inviabilizar o funcionamento do sistema.
- Intervenções urbanas físicas nos cursos d'água: a instalação de pontes, aterros ou travessias sem a correta consideração do regime de cheias dos rios pode reduzir a capacidade de condução de vazão e, consequentemente, aumentar o efeito de remanso na linha d'água para montante. Esse quadro torna-se ainda mais grave quando combinado com o lançamento de resíduos sólidos no sistema de drenagem.

Assim, o avanço da urbanização e a consequente modificação no ciclo hidrológico produzem uma série de impactos, acarretando, ao final, a perda de oportunidades de usos da água, pois reduzem a sua disponibilidade na qualidade e/ou quantidade requerida para diversos usos. Essa sucessão de impactos está apresentada, de forma esquemática, no diagrama da Fig. 9.1.

Leopold (1968), por sua vez, já na década de 1960, agrupava os impactos causados pela urbanização na bacia hidrográfica em: *impactos na quantidade, impactos*

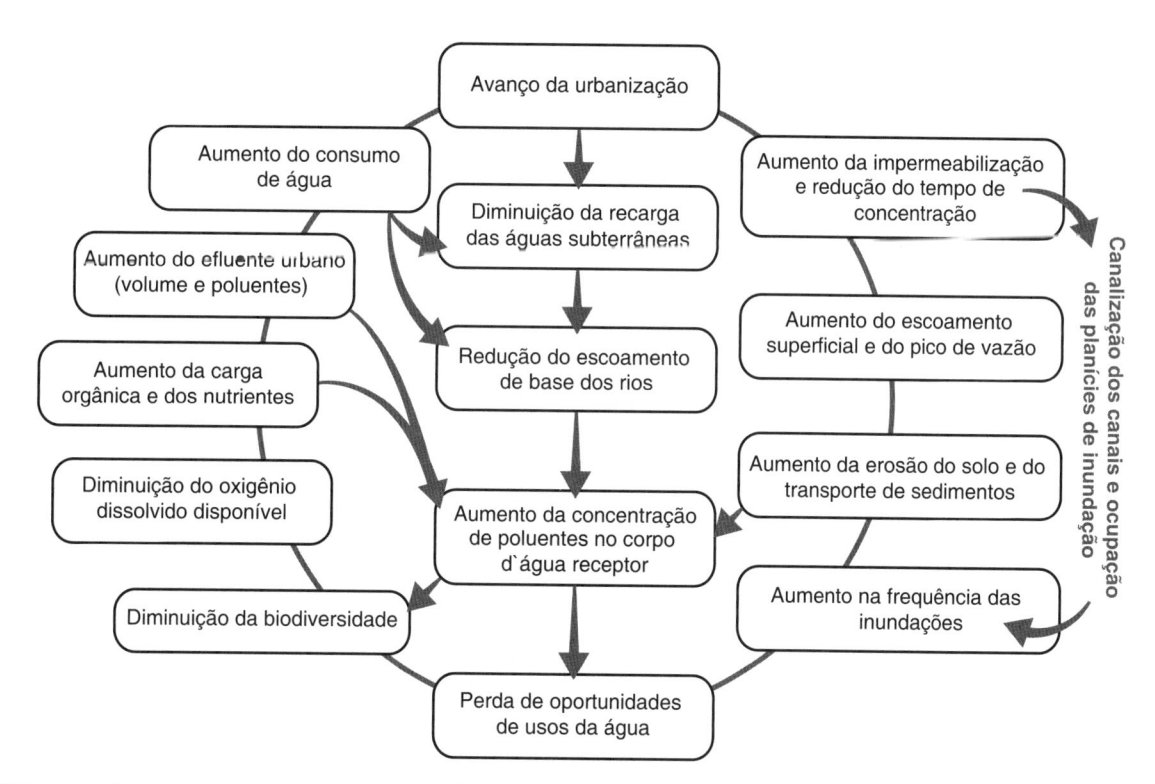

FIGURA 9.1 Impactos da urbanização da bacia hidrográfica no ciclo da água. Fonte: Adaptada de CHOCAT *et al.* (2007).

na qualidade e impactos no valor ambiental da bacia. Neste mesmo trabalho, destacava que o volume de escoamento superficial é função das características de infiltração, da declividade da superfície e do tipo de cobertura vegetal, variáveis altamente modificadas pela urbanização da bacia.

Esse quadro resulta na necessidade de investimentos do poder público para minimizar os prejuízos acarretados pelas inundações. Frequentemente, esses investimentos são destinados para soluções clássicas, não sustentáveis, que produzem uma falsa sensação de segurança à população. As soluções clássicas tradicionais focam, exatamente, a implementação de redes artificiais ou a canalização de rios para enfrentar o problema. A introdução de obras baseadas na abordagem tradicional de canalização pode trazer novos problemas, como:

- transferência da inundação para jusante, pelo aumento da velocidade e da capacidade dos escoamentos produzidos pelas obras de drenagem;
- necessidade de maiores investimentos nas áreas mais baixas da bacia em razão do aumento do volume de água drenado das partes altas;
- necessidade de novos investimentos na rede de drenagem para adequar as estruturas previamente instaladas às novas vazões decorrentes da continuidade das modificações no padrão de urbanização da bacia.

Complementarmente a esta discussão, pode-se dizer que as principais falhas de integração entre os projetos de drenagem e o processo de urbanização podem ser resumidas como:

- superação da capacidade de escoamento da rede, pelo crescimento urbano que aumenta a impermeabilização e que contribui diretamente para o sistema, atingindo valores de vazão além daqueles previstos no horizonte de projeto da cidade;
- falta de controle de crescimento urbano a montante da área de projeto (eventualmente, em um município diverso daquele que sofre o problema), em áreas que originalmente eram naturais, lançando sobre o sistema um incremento de vazão não compatível com a sua capacidade de projeto;
- ocupação inadvertida do solo em fundos de vale e áreas ribeirinhas, que deveriam ser preservadas como planícies de inundação, resultando na exposição direta das comunidades que ali se instalam ao risco de inundações;
- falta de integração entre os sistemas do saneamento básico, que devem ser compreendidos como complementares, e não independentes entre si – o correto funcionamento de um é condição essencial para a eficiência do outro. Assim, por exemplo, percebe-se claramente que o sistema de drenagem não pode funcionar a contento no caso de deficiência no sistema de coleta de lixo ou de interligação inapropriada com o sistema de esgotos, e vice-versa.

O problema das cheias urbanas, portanto, se articula significativamente às questões relacionadas com o uso do solo e características da urbanização, sendo agravadas por estes fatores. Aspectos como o déficit habitacional, por exemplo, leva às pressões sociais que impulsionam a ocupação irregular de faixas marginais de rios, que deveriam ser os espaços das planícies de inundação.

As inundações e alagamentos, por sua vez, geram danos às edificações e aos equipamentos urbanos, desvalorizam áreas sujeitas à inundação, geram perdas associadas à paralisação de negócios e serviços, interrompem a circulação de pedestres, paralisam sistemas de transportes. Além disso, esses eventos potencializam a propagação de doenças de veiculação hídrica, sendo afetados pela coleta e disposição de esgotos sanitários e de resíduos sólidos urbanos deficientes. Por fim, um ciclo de degradação se estabelece: a bacia modificada pela urbanização perde características ecossistêmicas importantes e apresenta um maior potencial para sofrer inundações, as quais, por sua vez, afetam diretamente a cidade que lhes deu causa, gerando perdas econômicas diversas, empobrecendo a população afetada e degradando consequentemente a própria cidade, como resposta (MIGUEZ; VERÓL; REZENDE, 2015).

A interdependência dos sistemas urbanos é peça-chave para o planejamento das cidades. Os sistemas de drenagem intermedeiam demandas do ambiente natural e construído e são fundamentais para a construção de cidades sustentáveis e resilientes, ou seja, capazes de resistir e se adaptar perante distúrbios cada vez mais incertos, além de continuar funcionando no futuro e provendo abrigo seguro às novas gerações. Dessa forma, tomando por base o sistema de drenagem de águas pluviais, torna-se imprescindível o reconhecimento das interferências potenciais recíprocas entre este sistema e os demais sistemas urbanos.

9.3 Sistemas de drenagem urbana

Tradicionalmente, a drenagem urbana é definida como o conjunto de elementos, interligados em um sistema, destinados a captar as águas pluviais precipitadas sobre uma região, conduzindo-as, de forma segura, a um destino final.

A implantação dos sistemas de drenagem urbana de águas pluviais busca atender aos seguintes objetivos gerais:

- reduzir não só a exposição da população e das propriedades ao risco de inundações, como também o nível de danos causados;
- assegurar medidas corretivas compatíveis com as metas e objetivos globais da região;
- minimizar os problemas de erosão e sedimentação;
- proteger a qualidade ambiental e o bem-estar social;
- promover a utilização das várzeas para atividades de lazer e contemplação;
- preservar as várzeas não urbanizadas em uma condição que minimize as interferências com o escoamento das vazões de cheias, com a sua capacidade de armazenamento e com os ecossistemas aquáticos e terrestres.

A drenagem urbana, no seu sentido mais amplo, pode ser definida como o conjunto de ações e medidas que tem por objetivo minimizar os riscos a que as comunidades estão sujeitas, diminuir os diversos prejuízos causados por inundações e participar, de forma articulada, de um plano integrado para desenvolvimento urbano, de forma harmônica e sustentável.

9.3.1 Composição do sistema de drenagem urbana

O sistema de drenagem urbana constitui-se, basicamente, de dois subsistemas característicos:

- **Microdrenagem:** lotes urbanos, praças, ruas e vias públicas; visa a rápida retirada da água de chuva; composta por galerias, sarjetas, bocas de lobo e outros dispositivos (Fig. 9.2). Esse sistema é dimensionado para um risco associado às chuvas de tempos de recorrência de dois a dez anos. O tempo de recorrência está associado a uma probabilidade de repetição do evento de referência. Assim, ao se tomar um tempo de recorrência de dez anos para a confecção de um projeto, isso significa que o projeto será dimensionado para uma chuva que tende a se repetir (probabilisticamente) a cada dez anos.
- **Macrodrenagem:** hidrografia natural e canais de drenagem; dimensionada para receber as águas da microdrenagem; recebe grandes intervenções, como retificações, canalizações e diques. Nesse caso, o risco associado a projetos de macrodrenagem se refere às chuvas com tempos de recorrência entre dez e 100 anos.

De forma geral, o sistema completo de drenagem de águas pluviais é composto por:

- Sarjetas
  - Faixas de via pública paralelas e vizinhas ao meio-fio.
  - A calha formada é a receptora das águas pluviais que incidem sobre as vias públicas e lotes que não se comunicam à rede por ramais prediais.
- Boca-de-lobo/Caixa-ralo
  - Elementos com finalidade de captar as águas das sarjetas e conduzi-las até as galerias ou tubulações subterrâneas, para que não venham a invadir o leito carroçável das ruas.
  - Devem ser locados nos cruzamentos das vias, a montante da faixa de pedestres, e em pontos intermediários, quando a capacidade da sarjeta estiver esgotada.
- Poço de visita (PV)
  - Previsto para permitir a inspeção e a manutenção da rede.
  - Locado quando há mudanças de seção transversal, de declividade e/ou direção da galeria e em locais com confluência de escoamentos.
  - Diâmetro mínimo da entrada para visita geralmente adotado de 0,60 m.
  - Espaçamento máximo definido em diretrizes municipais, podendo chegar a 100 m, como no caso da cidade de São Paulo.

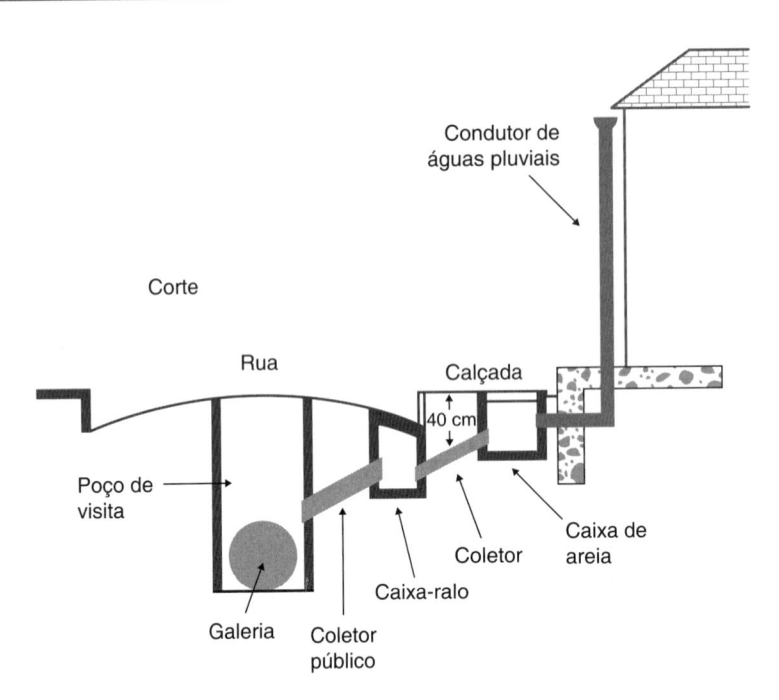

FIGURA 9.2 Elementos básicos do sistema de microdrenagem.

- Galerias
  - Recebem as águas pluviais captadas na superfície e as direcionam ao seu destino final.
  - Normalmente são localizadas no eixo da rua.
  - Podem apresentar seções transversais distintas, sendo mais comuns circulares e retangulares.
  - São dimensionadas para funcionamento com escoamento em superfície livre.
  - Possuem critérios de projeto definidos por diretrizes municipais, como enchimento máximo da galeria (de 75 a 90 %), recobrimento mínimo (geralmente de 1,0 m) e velocidades máximas admissíveis dependentes do material adotado (para manilhas de concreto, até 5,0 m/s).
- Canais abertos (Fig. 9.3)
  - Apresentam maior capacidade de vazão e maior facilidade de manutenção e limpeza.
  - É indicada a adoção de seção mista, que gera maior economia de investimentos e garante velocidades mínimas durante os períodos de estiagem.

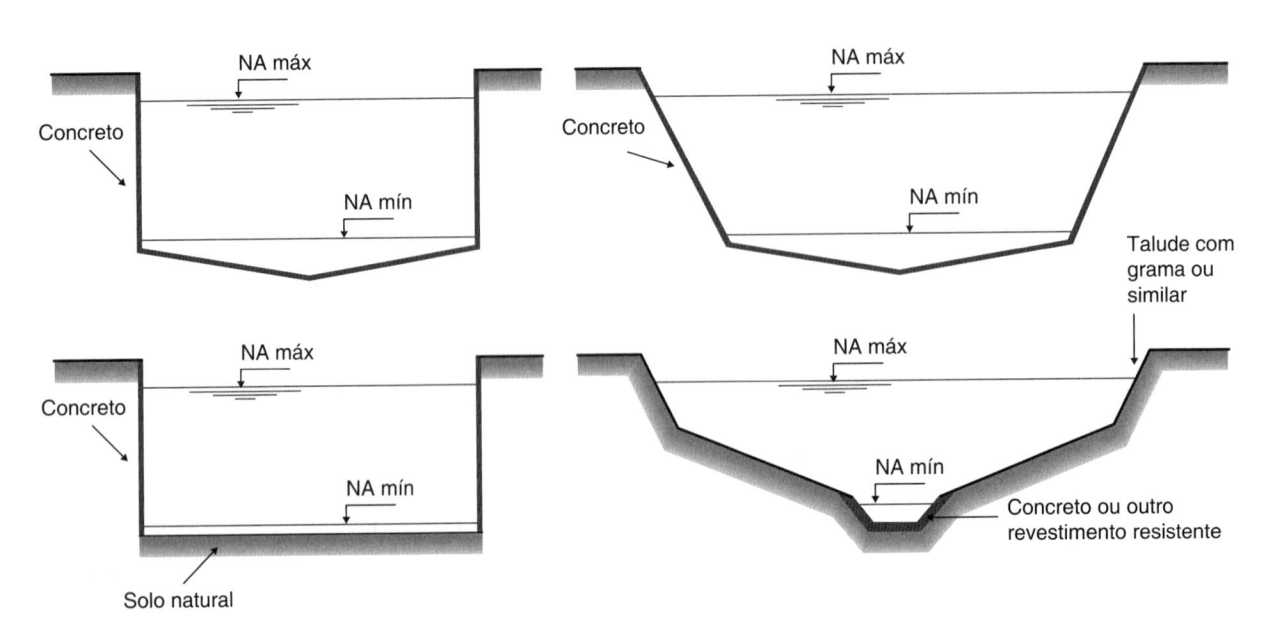

FIGURA 9.3 Seções típicas de canais abertos.

– Possibilitam a integração paisagística, com valorização de áreas ribeirinhas.

– Possuem a vantagem da facilidade para ampliações futuras, caso necessário.

– Em grandes dimensões, compõem a rede de macrodrenagem.

9.3.2 Evolução dos conceitos de drenagem urbana

As práticas tradicionais associadas aos projetos de drenagem, com origem em práticas focadas na melhoria de condições sanitárias, tendem a buscar soluções para o problema do escoamento gerado na bacia e que se somam na calha, de forma a adequar esta calha para receber este escoamento ampliado. Nessa concepção, a água precisa ser conduzida rapidamente para fora da bacia, em uma solução que atua diretamente na consequência indesejável do processo de urbanização, que é o incremento de geração de escoamentos.

Essa concepção pode ser uma resposta a problemas particulares, em bacias que deságuam no mar ou em sistemas ramificados, onde pode ser útil acelerar o escoamento de um braço de rio, enquanto se trabalha sobre o outro braço para aumentar sua retenção. Porém, muito frequentemente, esta concepção, por ter um viés local de interpretação do problema, tende a ser responsável pela transferência de alagamentos para os trechos situados rio abaixo, sem realmente resolver o problema de drenagem de uma forma sistêmica. Com base nessas questões, ao longo das últimas décadas, a concepção tradicional vem sendo complementada por conceitos que buscam soluções para a bacia de forma integrada, como sistema, com intervenções distribuídas que buscam resgatar padrões de escoamento próximos daqueles anteriores à urbanização, com minimização de alterações no ciclo hidrológico natural.

A abordagem alternativa agrega ao projeto o conceito de manejo sustentável das águas pluviais urbanas, integrando-as com o próprio projeto do espaço urbano. A sustentabilidade aplicada ao sistema de drenagem urbana implica que problemas de drenagem não devem ser transferidos nem no tempo nem no espaço. Medidas de armazenamento de água e incremento da infiltração aparecem como alternativas para tratar as principais modificações introduzidas pelo crescimento da cidade sobre o ciclo das águas na natureza (MIGUEZ;

VERÓL; REZENDE, 2015). Essas técnicas, no Brasil, são comumente chamadas de técnicas compensatórias (BAPTISTA; NASCIMENTO; BARRAUD, 2005), pois agem para compensar os efeitos da urbanização sobre o ciclo hidrológico.

De forma resumida, a evolução da conceituação de soluções para a drenagem, a partir da Revolução Industrial, pode ser apresentada como:

- As necessidades de saneamento prementes, que surgiram na cidade industrial, que sofria com graves problemas de epidemias, levou ao desenvolvimento do conceito higienista de drenagem, com a necessidade de afastar, o mais rapidamente possível, as águas pluviais e os esgotos – as galerias passam a ser adotadas como solução mais frequente e os sistemas pluviais e sanitários nascem combinados.

- A possibilidade de degradação ambiental, as grandes intensidades de chuva e a dificuldade de tratar esgotos diluídos fazem surgir o conceito de redes separadas no início do século XX.

- Até aproximadamente a década de 1970, o foco da drenagem recai sobre o aumento da condutância e a necessidade de melhorar as condições de escoamento para fazer frente ao aumento dos escoamentos gerados pelo crescimento das cidades.

- A partir de 1970, os paradigmas tradicionais começam a ser quebrados:

  – Medidas tradicionais de canalização tendem a transferir problemas.

  – Técnicas compensatórias são adotadas, para controle dos escoamentos gerados.

  – Atuações distribuídas e controles de escoamento na fonte são introduzidos.

  – Quantidade e qualidade das águas tornam-se preocupações integradas.

  – Formaliza-se o conceito de "drenagem sustentável" – minimização da transferência de problemas no espaço (para outros locais) e no tempo (para as gerações futuras); integração de soluções de drenagem com aspectos socioambientais, incrementando a biodiversidade no ambiente construído; revitalização do espaço urbano e articulação com os planos de desenvolvimento.

  – Rios passam a ser vistos como possibilidades de reestruturação da paisagem urbana.

  – Águas pluviais passam a ser vistas como recurso aproveitável.

Nesta abordagem, os objetivos de um sistema de drenagem urbana, em um contexto amplo, podem ser definidos como:

- redução dos alagamentos de uma dada região de interesse e minimização dos prejuízos da comunidade instalada na bacia drenada;
- integração com o plano urbanístico da cidade, tanto no que diz respeito às questões de zoneamento e uso do solo, como em relação ao crescimento urbano futuro;
- preservação de várzeas e integração de soluções de drenagem com paisagens urbanas, em combinações multifuncionais;
- avaliação integrada de questões de qualidade e quantidade das águas escoadas;
- conservação de logradouros e preservação das condições de tráfego na bacia;
- compromisso entre drenagem da região e destino final das águas no corpo receptor, sem transferência de problemas para jusante.

9.4 Enchentes fluviais e controle de inundações urbanas

Introdutoriamente, convém distinguir termos que são semelhantes, mas que guardam significados específicos. Rigorosamente falando, cheia, enchente, inundação e alagamento são termos que guardam particularidades e diferem entre si, embora estejam relacionados.

A **cheia** se refere ao período úmido do ano hidrológico e se contrapõe à seca, ou estiagem. O período de chuvas caracteriza o período de cheias. A **enchente** é o aumento do nível das águas do rio, até um valor máximo, dentro do período de cheias. Quando as chuvas começam a diminuir e a cheia começa a perder força, os níveis d'água baixam, até que o rio retorna às vazões de estiagem, sustentadas pela vazão de base do lençol freático. A descida da cheia é chamada de vazante. Toda cheia é composta pela enchente e pela vazante. Quando a enchente supera o nível máximo da calha do rio, dá-se origem às inundações. **Inundações** são capazes de gerar alagamentos em áreas de interesse, como nas cidades. Porém, é comum associar-se o termo **alagamento** às falhas do sistema de microdrenagem. Ou seja, mesmo sem inundação, podem ocorrer

alagamentos, por falha na captação das águas pluviais. As **enxurradas**, por sua vez, são escoamentos superficiais ocasionados a partir de chuvas intensas em locais com alta declividade, com grande poder destrutivo. São também chamadas de inundações bruscas.

As enchentes, portanto, são fenômenos de origem natural e de alta relevância ambiental, seja pela sustentação de uma série de ecossistemas, seja pela disponibilização de certo volume de água para diversos usos. No entanto, a ocupação urbana interfere neste processo, na medida em que provoca o seu agravamento, somando seus efeitos com os alagamentos decorrentes das falhas dos próprios sistemas de drenagem urbana. A ocorrência desses eventos, de forma frequente, passa a constituir risco para a população, suas benfeitorias e atividades econômicas existentes.

Para reduzir os efeitos das inundações e alagamentos urbanos, diversas ações são tomadas para adaptar o sistema de drenagem aos novos padrões do ciclo hidrológico, impostos pelas alterações no uso do solo e nos eixos de drenagem. Essas medidas podem ser divididas em dois grandes grupos: estruturais e não estruturais.

- **Medidas estruturais**: *extensivas* (hidrológicas), que modificam a relação chuva/vazão; e *intensivas* (hidráulicas), que modificam o comportamento hidrodinâmico.
- **Medidas não estruturais**: buscam uma convivência harmônica com os eventos de inundação e utilizam a regulamentação do uso do solo, o zoneamento das áreas inundáveis e a educação ambiental, entre outras, como instrumentos de ação.

É importante frisar, porém, que inundações de pequenos rios urbanos (com bacia de área semelhante à área da própria cidade) e alagamentos decorrentes de falhas na microdrenagem têm um efeito sobre a cidade e um tratamento que dá margem a uma discussão sobre medidas distribuídas e de pequeno volume individual. Essas medidas são capazes de controlar o processo de geração de escoamento superficial e podem reorganizar espacialmente e temporalmente estes escoamentos.

Entretanto, quando uma cidade ocupa as margens de um grande rio, cuja bacia é muito maior que a área ocupada pela cidade, as inundações nessa situação ultrapassam a escala de atuação distribuída na cidade e demandam ações na escala da bacia hidrográfica, com lógica própria, associada a essa escala maior. Nesse segundo caso, medidas não estruturais de zoneamento, delimitando as áreas inundáveis, são desejáveis. Se já ocorrem inundações importantes em áreas ocupadas, barragens a montante ou mesmo diques podem se tornar necessários.

9.4.1 Medidas estruturais

As medidas estruturais de controle de inundações são necessárias para a recuperação de sistemas de drenagem que já apresentam problemas de inundação e também podem ser utilizadas para mitigar os efeitos negativos das modificações antrópicas na bacia. Podem ser subdivididas de acordo com a sua localização de atuação:

- **Medidas de controle distribuídas:** são intervenções que atuam de forma distribuída em toda a área da bacia hidrográfica, geralmente de pequeno porte. Exemplos mais comuns são os reservatórios de detenção em lotes, os telhados verdes, jardins de infiltração, entre outros.
- **Medidas de controle na microdrenagem:** quando o controle é realizado em porções maiores da bacia, como quarteirões, condomínios ou grandes empreendimentos, este é definido como um controle de microdrenagem, por atuar na própria rede. São intervenções de pequeno a médio porte, como, por exemplo, pequenas bacias de detenção e retenção, planos de infiltração, e outras.
- **Medidas de controle na macrodrenagem:** como o próprio nome já indica, são intervenções diretas na rede de macrodrenagem, que buscam alterar as grandezas hidráulicas do escoamento, como capacidade de vazão e velocidade. Os exemplos mais comuns dessas medidas são a canalização e retificação de rios, reservatórios de amortecimento e derivações.

9.4.2 Medidas não estruturais

As medidas não estruturais buscam harmonizar a convivência das cidades com o ciclo hidrológico, em detrimento do simples controle das enchentes. São ações voltadas para a gestão urbana, visando reduzir a exposição aos eventos de inundação. Entre as principais medidas não estruturais, destacam-se:

- **Preservação da cobertura vegetal:** tem como objetivo principal preservar o equilíbrio do balanço hidrológico, garantindo a infiltração da água no solo, a interceptação da chuva, a detenção dos escoamentos e, ainda, a filtragem do escoamento superficial por meio das matas ciliares.
- **Zoneamento das áreas inundáveis:** uma das medidas mais importantes para as cidades em desenvolvimento, pois possibilita um melhor gerenciamento do uso do solo, reduzindo os riscos associados às inundações. Um zoneamento simples pode ser aplicado pela demarcação de três faixas ao longo dos cursos d'água, de acordo com a probabilidade de passagem de uma cheia que provoque a inundação das regiões contidas em cada faixa, de acordo com a seguinte configuração: (i) *zona de passagem de cheias*, configurando áreas com alto risco, geralmente associadas a eventos de TR menor que cinco anos, possui função hidráulica, não devendo ser ocupada, mas podem ser previstos usos para agricultura, paisagismo e proteção ambiental; (ii) *zona com restrições*, caracterizando uma faixa associada às passagens de cheias resultantes de chuvas com TR de cinco a 25 anos, ainda apresentam frequência moderada de inundações, mas podem ser utilizadas para parques e atividades recreativas, assim como áreas de uso agrícola, industrial e comercial, como pátios logísticos, desde que adaptados a eventuais alagamentos, ou podem ser previstas zonas de habitação à prova de inundações; (iii) *zona de baixo risco*, representando uma área associada às passagens de cheias resultantes de chuvas com TR maior que 50 anos, de forma que, apesar da baixa probabilidade de inundações, devem ser previstas medidas de orientação sobre os riscos de possíveis danos em eventos críticos e excepcionais.
- **Construção à prova de inundações:** quando são permitidas ocupações em áreas com risco moderado de inundações, podem ser previstas intervenções para reduzir o impacto dos alagamentos na construção. As medidas podem ser: (i) *permanentes* (diques, comportas no acesso a residência – tipo *stop logs*, pilotis, bombas de esgotamento, muretas, vedação de aberturas); (ii) *de contingência* (amparos, vedações dos esgotos com registros nas tubulações de saída e tampões rosqueáveis nos ralos internos, paredes móveis); (iii) *emergenciais* (sacos de areia, enchimentos de terra, barreiras de lenha, canais de drenagem).

- **Seguro contra inundações:** assim como estamos dispostos a pagar por uma proteção contra o risco de um acidente ou roubo de nossos veículos, é racional pensarmos o mesmo quanto à disposição a pagar por um seguro contra inundações. Tucci (2007) atenta, ainda, para os casos em que as áreas de risco são ocupadas pela população de baixa renda, tornando a implementação do seguro inviável, seja pela incapacidade dos moradores de pagar o prêmio, seja pelo baixo valor dos imóveis a serem segurados.
- **Sistema de previsão de alerta:** Tucci (2007) escreve que "o sistema de previsão de alerta tem a finalidade de se antecipar à ocorrência da inundação, avisando a população e tomando as medidas necessárias para reduzir os prejuízos resultantes da inundação". O sistema de alerta pretende reduzir a vulnerabilidade da população em áreas de risco, a partir de um melhor desenvolvimento da capacidade de resposta dos habitantes e do poder público perante um evento de inundação (REZENDE, 2010).

9.4.3 Técnicas de controle de inundações

Atualmente, existem duas abordagens bem distintas do tratamento dos problemas relacionados com as enchentes no meio urbano, uma mais tradicional, com maior foco no controle local dos escoamentos, e outra mais sistêmica, com o objetivo de compensar os efeitos negativos da urbanização sobre o ciclo hidrológico. Podem ser nomeadas como:

- Técnica convencional ou de canalização.
- Técnica conservacionista ou compensatória.

A drenagem convencional visa à adaptação do sistema de drenagem aos padrões de escoamento das águas pluviais modificados pelo processo de urbanização e alteração do uso do solo. Essa abordagem acaba por produzir importantes consequências, como:

- transferência da inundação para jusante;
- necessidade de maiores investimentos nas áreas mais baixas da bacia;
- recorrente necessidade de readequação da rede de drenagem;
- consequente demanda para relocação de famílias instaladas nas áreas de risco.

Em contraponto à abordagem tradicional, a drenagem sustentável passa a ter como objetivo o tratamento sistêmico da bacia, considerando todas as inter-relações de seus sistemas de drenagem. Passa a ser conhecida como **manejo das águas pluviais**, tendo como características:

- A bacia hidrográfica é reconhecida como um sistema complexo.
- A drenagem urbana é encarada como um problema de alocação de espaços.
- Procura-se a reabilitação e manutenção do ciclo hidrológico.
- São largamente previstas medidas não estruturais.
- Utilização de técnicas compensatórias em drenagem urbana.
- Deve ser considerada a inter-relação entre os diversos planos urbanos.
- O plano diretor urbano engloba a drenagem, o uso do solo e o meio ambiente.

O manejo das águas pluviais traz consigo uma nova concepção de abordagem na gestão das águas pluviais, contrapondo o controle e combate locais, com soluções pontuais e uma ótica reativa, com a visão de sistema integrado, que busca adotar os conceitos de readaptação, prevenção e harmonização, de forma a compensar os efeitos negativos da urbanização. Essa visão se encaixa no conceito da abordagem ecossistêmica, que pode ser descrita como (ONTARIO, 1993):

Uma abordagem ecossistêmica no planejamento do uso do solo propicia uma orientação precoce e sistemática das inter-relações entre os existentes e potenciais usos do solo e a saúde dos ecossistemas ao longo do tempo. Essa abordagem é baseada no reconhecimento que ecossistemas possuem limites de estresse, os quais podem ser ajustados antes que os ecossistemas se tornem irreversivelmente degradados ou destruídos.

Ao redor do mundo, essa abordagem do manejo das águas pluviais ganha diferentes nomenclaturas, mas sempre com o mesmo objetivo de reproduzir parte das funções hidrológicas do sistema natural da bacia hidrográfica, por meio de estruturas que priorizam a detenção e infiltração das águas de chuva.

Nos Estados Unidos da América e na Europa, são muito conhecidos os Sistemas de Drenagem Urbana Sustentável (*Sustainable Urban Drainage System* – SUDS), as Melhores Práticas de Gerenciamento (*Best Management Practices* – BMPs) e o Desenvolvimento de Baixo Impacto (*Low Impact Development* – LID). Mais recentemente, "importado" da Austrália, o Reino Unido passa a utilizar a concepção de Projetos Urbanos Sensíveis à Água (*Water Sensitive Urban Design* – WSUD). No Brasil, as técnicas distribuídas ganham importante destaque no livro *Técnicas Compensatórias em Drenagem Urbana* (BAPTISTA; NASCIMENTO; BARRAUD, 2005).

Gusmaroli, Bizzi e Lafratta (2011) propuseram a adoção de uma abordagem ecossistêmica para o tratamento de rios em áreas urbanas, com o objetivo de ampliar o conceito de *Waterfront Design*, no qual se procura valorizar a linha de contato entre o urbano e os corpos d'água, reintroduzindo-os na paisagem da cidade, para uma possibilidade mais ampla, de não apenas usar a presença da água como um valor urbano, mas também, e principalmente, como um valor ecológico, como um elemento de conexão da cidade com a natureza. Essa possibilidade traz a oportunidade de exercitar o conceito de requalificação fluvial, sob o ponto de vista de uma efetiva melhoria ambiental, olhando para a cidade como um organismo em constante transformação e, por isso, capaz de modelar-se e adaptar-se (ainda que apenas parcialmente, dadas as modificações já sofridas) às demandas de uma recuperação mais natural dos cursos d'água.

A perspectiva de incorporar conceitos de sustentabilidade ambiental no processo de repensar o crescimento da cidade abre um diversificado conjunto de oportunidades a serem exploradas como soluções integradas em um contexto multidisciplinar.

A conjugação das ações no tecido urbano, tendo o controle de uso do solo urbano como pano de fundo, e no corredor fluvial, com foco no rio como síntese do território, combinam esforços no caminho de uma construção mais sustentável para o funcionamento das cidades, tomando esse eixo como estruturante da paisagem.

9.5 Manejo sustentável de águas pluviais urbanas

De forma geral, o que torna um simples projeto tradicional de drenagem urbana em um manejo sustentável de águas pluviais é a busca por uma abordagem sistêmica na gestão das inundações urbanas, reconhecendo os impactos negativos do processo de urbanização e as inter-relações entre as águas de chuva e as demais redes de infraestrutura urbana.

Inicialmente, a água pluvial deve ser reconhecida como um recurso positivo e, como o tal, é dotado de demanda. Portanto, a água de chuva possui usos potenciais.

Outras premissas importantes se referem aos seguintes tópicos:

- A prevenção do risco deve ser realizada *vis-à-vis* com o ordenamento territorial.
- Deve-se agir sempre preventivamente.
- A urbanização deve adotar práticas sustentáveis, reconhecendo os impactos causados pela ocupação de espaços naturais e prevendo a mitigação desses impactos, buscando: a manutenção dos caminhos naturais do escoamento; a infiltração do escoamento excedente das áreas impermeáveis; o desenvolvimento de áreas de proteção; e a compatibilidade entre os planos diretores setoriais.

O gerenciamento dos sistemas de drenagem deve fazer parte do Plano de Manejo das Águas Pluviais, que pode ser definido como (MARQUES, 2006):

> [...] um instrumento de gestão ambiental urbana, que, integrado ao Plano Diretor de Desenvolvimento Urbano e aos interesses majoritários da sociedade busca, essencialmente, planejar a distribuição da água no tempo e no espaço, com base na tendência de ocupação urbana, contribuindo com o bem-estar social e preservação ambiental.

Os princípios norteadores do Plano de Manejo de Águas Pluviais são:

- desenvolvimento urbano de baixo impacto: soluções mais eficazes e econômicas; preservação do ciclo hidrológico natural;
- controle de escoamento na fonte: mais próximo do local onde a chuva atinge o solo;
- redução do escoamento superficial: infiltração da água de chuva no subsolo; aumento da evapotranspiração; armazenamento temporário.

A elaboração desse plano deve ser realizada de forma transversal às diversas secretarias municipais, abrangendo o máximo de profissionais possível, de diferentes áreas, compondo uma equipe multidisciplinar, capaz de abordar os problemas relacionados com as águas pluviais de distintos pontos de vista, considerando aspectos de quantidade, qualidade, de gerência, econômicos, sociais e ambientais. A unidade de planejamento deve ser cada bacia hidrográfica, procurando sempre regulamentar a ocupação do território por meio do controle das áreas de expansão e da limitação da impermeabilização das áreas ocupadas. Dessa forma, deve ser considerado que o escoamento pluvial não pode ser ampliado pela ocupação da bacia e, principalmente, deve incorporar no processo de gestão urbana o controle de inundações, que deve ser um processo permanente. Os principais objetivos do plano devem ser:

- reduzir os prejuízos decorrentes das inundações;
- melhorar as condições de saúde da população e do meio ambiente urbano;
- planejar os mecanismos de gestão urbana para o manejo sustentável das águas pluviais e da rede hidrográfica do município;
- planejar a distribuição da água pluvial no tempo e no espaço, com base na tendência de evolução da ocupação urbana;
- ordenar a ocupação das áreas de risco de inundação por meio de regulamentação;
- restituir parcialmente o ciclo hidrológico natural, mitigando os impactos da urbanização;
- formatar um programa de investimento de curto, médio e longo prazo.

9.6 Gestão do risco de inundações

Atualmente, um novo rumo vem sendo dado às discussões sobre controle de inundações: já é consenso a necessidade de minimizar os impactos causados pelas inundações e não apenas reduzir os alagamentos decorrentes das inundações. A lógica de projetos de controle de inundações comumente focava, até poucos anos atrás, a redução das lâminas de alagamento. Entretanto, hoje se reconhece que as inundações por si só representam ameaças aos sistemas urbanos, mas é justamente a combinação de inundações com elementos expostos desse sistema urbano que configuram problemas a serem minimizados. Essa é justamente a concepção do conceito de risco. O risco combina a probabilidade de um dado evento perigoso acessar e causar danos a um sistema socioeconômico, que apresenta certa vulnerabilidade. A vulnerabilidade, por sua vez, está vinculada com a suscetibilidade de os elementos expostos sofrerem dano e a um valor associado a esse dano.

As primeiras civilizações reconheceram a necessidade de convivência com as inundações, se adaptando ao ciclo natural das cheias e, consequentemente, se aproximando dos rios. Com o crescimento e desenvolvimento dessas comunidades ao longo do tempo, ocorreu uma maior demanda por espaço, e as planícies marginais aos rios foram vistas como apropriadas para a expansão destes maiores aglomerados, por sua posição estratégica, facilitando o próprio abastecimento de água para as pessoas, assim como permitindo uma maior produção de alimentos, com melhores técnicas de irrigação.

Porém, quanto mais cresciam as cidades, maior era a sua exposição aos danos potenciais das inundações, exigindo medidas de controle das cheias. Com o passar do tempo, maiores se tornaram as cidades e maiores intervenções para o controle de cheias foram implementadas. Mesmo assim, os danos e prejuízos advindos dos eventos de inundação aumentavam continuamente e deveriam ser reduzidos de alguma forma. Novas técnicas para redução de danos e construções à prova de inundações passam a ser vistas como soluções.

A percepção de que mesmo maiores investimentos para o controle das cheias nem sempre se materializavam na redução proporcional de seus danos potenciais trouxe para a abordagem das inundações o gerenciamento de riscos. Sayers *et al.* (2013) sumariam a evolução da relação entre aglomerados humanos e as inundações, tendo início na disposição das comunidades em viver com as cheias, passando pelo desejo de uso das planícies de inundação, a necessidade de controle das cheias e redução de seus impactos, até chegar, finalmente, à necessidade de gerenciar os riscos das inundações, como esquematizado na Fig. 9.4.

O conceito de risco possui uma infinidade de definições, dependendo da área disciplinar a que se aplica, podendo ser destacados os riscos econômicos, sociais, industriais, tecnológicos, naturais e ambientais, ganhando matizes próprios. Zonensein (2007) destaca

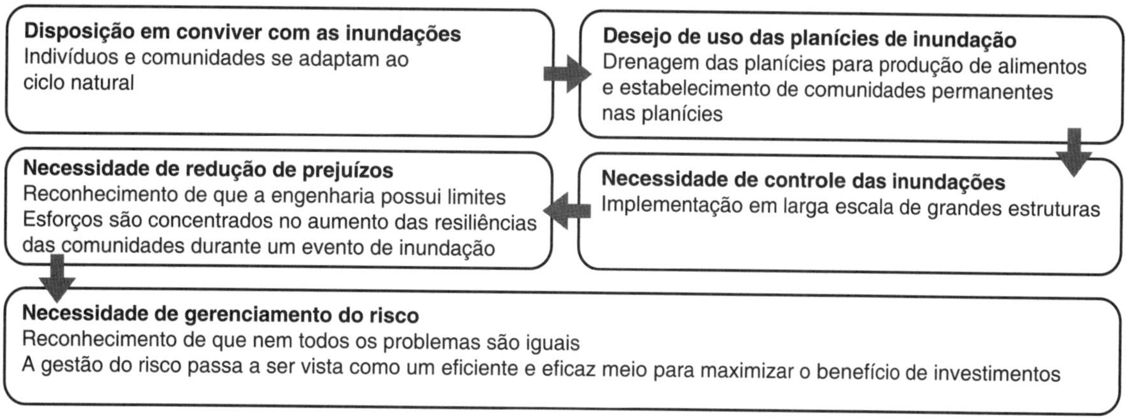

Disposição em conviver com as inundações
Indivíduos e comunidades se adaptam ao ciclo natural

Desejo de uso das planícies de inundação
Drenagem das planícies para produção de alimentos e estabelecimento de comunidades permanentes nas planícies

Necessidade de redução de prejuízos
Reconhecimento de que a engenharia possui limites Esforços são concentrados no aumento das resiliências das comunidades durante um evento de inundação

Necessidade de controle das inundações
Implementação em larga escala de grandes estruturas

Necessidade de gerenciamento do risco
Reconhecimento de que nem todos os problemas são iguais
A gestão do risco passa a ser vista como um eficiente e eficaz meio para maximizar o benefício de investimentos

FIGURA 9.4 Evolução da prática do gerenciamento do risco. Fonte: SAYERS *et al.* (2013).

que, na Engenharia, o risco apresenta-se como função de duas variáveis: a *probabilidade de ocorrência* de um evento e os *danos potenciais* causados por esse evento. Kelman (2003) levantou algumas definições de risco disponíveis na literatura, publicadas ao longo da década de 1990, apresentadas no Quadro 9.1.

Nos Estados Unidos da América, o *Department of Homeland Security* (*US-DHS*), a partir de um plano nacional de proteção da infraestrutura (*National Infrastructure Protection Plan – NIPP*), considera o risco em função da ameaça, vulnerabilidade e consequência (CIRIA, 2010):

$$RISCO = f(A, V, C)$$

em que: $A =$ **Ameaça**: evento com potencial de causar danos (perigo);

$V =$ **Vulnerabilidade**: grau de susceptibilidade à perturbação;

$C =$ **Consequência**: impactos sociais, econômicos e ambientais de um evento.

Quadro 9.1 Definições para o conceito de risco
Risco é definido como as perdas esperadas (de vida, pessoas afetadas, danos à propriedade e interrupção da atividade econômica) em razão de um perigo particular para uma dada área em um tempo de referência. Baseado em cálculos matemáticos, o risco é o produto de perigo e vulnerabilidade (UN-DHA, 1992).
Risco Total = Impacto do perigo × Elementos em risco × Vulnerabilidade dos elementos em risco (UNESCO, *apud* BLONG, 1996).
Risco = Perigo × Vulnerabilidade × Valor (da área ameaçada) / Prevenção (DE LA CRUZ-REYNA, 1996).
Risco é a exposição atual de alguma coisa de valor humano a um perigo e é, frequentemente, considerado como a combinação de probabilidade e perda (SMITH, 1996).
Risco = Probabilidade × Consequências (HELM, 1996).
Risco pode ser definido de forma simples como a probabilidade de ocorrência de um evento indesejável, porém, pode ser melhor descrito como probabilidade de um perigo contribuir para um desastre potencial. Necessariamente, deve envolver a consideração da vulnerabilidade no perigo (STENCHION, 1997).
Risco é a probabilidade de perda, a qual depende de três elementos: perigo, vulnerabilidade e exposição. Caso qualquer desses elementos varie, o risco varia proporcionalmente (CRICHTON, 1999).
O Risco Total significa o número esperado de vidas perdidas, pessoas afetadas, danos à propriedade e interrupção de atividades econômicas em razão da ocorrência de um fenômeno natural particular e, consequentemente, o produto do risco específico e elementos em risco. O Risco Total pode ser expresso como: $Risco_{(total)}$ = Perigo × Elementos em Risco × Vulnerabilidade (GRANGER *et al.*, 1999).
Fonte: Adaptado de KELMAN (2003).

A UNESCO, conforme Sayers (2013), define em seu glossário:

> Risco é a combinação da possibilidade de um evento particular (como uma inundação, por exemplo) ocorrer e o impacto causado por esse evento, caso tenha ocorrido. Risco, portanto, tem duas componentes – a probabilidade de ocorrência de um evento adverso e as consequências advindas dessa ocorrência.

No Brasil, a Companhia Ambiental do Estado de São Paulo (CETESB, 2011) classifica o risco como: "Medida de danos à vida humana, resultante da combinação entre frequência de ocorrência de um ou mais cenários acidentais e a magnitude dos efeitos físicos associados a esses cenários." Já o Glossário de Defesa Civil (BRASIL, 2009) dá cinco definições para risco:

1. Medida de dano potencial ou prejuízo econômico expressa em termos de probabilidade estatística de ocorrência e de intensidade ou grandeza das consequências previsíveis.
2. Probabilidade de ocorrência de um acidente ou evento adverso, relacionado com a intensidade dos danos ou perdas, resultantes dos mesmos.
3. Probabilidade de danos potenciais dentro de um período especificado de tempo e/ou de ciclos operacionais.
4. Fatores estabelecidos, mediante estudos sistematizados, que envolvem uma probabilidade significativa de ocorrência de um acidente ou desastre.
5. Relação existente entre a probabilidade de que uma ameaça de evento adverso ou acidente determinado se concretize e o grau de vulnerabilidade do sistema receptor a seus efeitos.

Percebe-se, pela coerência entre diferentes definições, que, para a comunidade científica, a definição usualmente mais adotada e simples para o risco refere-se ao produto de um perigo por suas consequências (ARONICA, 2013). No campo das águas urbanas, o risco de inundações é discutido mais detalhadamente a seguir.

9.6.1 Risco de inundações

A observação das definições de risco apresentadas mostra que, na maioria das interpretações, dois elementos se destacam como mais importantes: o *perigo* e as *consequências* advindas da ação deste perigo sobre um sistema. Dessa forma, pode-se expressar o risco, basicamente, por:

$$\text{RISCO} = \text{PERIGO} \times \text{CONSEQUÊNCIA}$$

Para o campo dos estudos das inundações urbanas, o perigo é função da probabilidade de ocorrência de uma inundação, associada usualmente ao seu tempo de recorrência, que resulta em uma magnitude de inundação, que, por sua vez, se desdobra em características como a profundidade de alagamento, a velocidade dos escoamentos e a duração do evento. A consequência, por sua vez, depende da vulnerabilidade local, que é determinada por fatores físicos, sociais, econômicos e ambientais, os quais podem intensificar a suscetibilidade de uma dada comunidade aos impactos de determinado perigo (TINGSANCHALI, 2012).

Dessa forma, neste trabalho, o risco de inundação é considerado como:

Risco de inundação = probabilidade de ocorrência × severidade das consequências

A **severidade** das consequências da inundação é dependente de quão vulnerável está o sistema em risco, congregando a população, bens patrimoniais públicos e privados, redes de infraestrutura e serviços (CIRIA, 2010). O **perigo** associado a um evento de cheia fluvial e consequentes inundações/alagamentos advém da ocorrência de uma chuva intensa, capaz de ocasionar escoamentos superficiais superiores à capacidade hidráulica da calha fluvial, resultando no extravasamento das águas para as planícies marginais que, quando ocupadas, caracterizam o evento de inundação.

Muitas vezes, é difícil ter dados sobre a inundação propriamente dita, e há uma tendência de se associar a ocorrência das chuvas a uma probabilidade, a partir de estudos estatísticos, definindo tempos de recorrência para diversos eventos de precipitação (mais fáceis de medir e com maior quantidade de registros disponíveis). Os tempos de recorrência, por sua vez, relacionam-se com a frequência em que um evento pode ser igualado ou superado em um dado ano, conforme a Eq. 9.1.

$$TR = \frac{1}{f} \qquad (9.1)$$

em que TR = tempo de recorrência em anos; e f = frequência ou probabilidade de ocorrência em determinado ano.

Nas obras de engenharia para controle de inundações, é considerada a vida útil da estrutura para reconhecimento do risco associado ao seu funcionamento durante esse período de tempo. Assim, a probabilidade de falha dessa estrutura é dada em função da ocorrência, durante a sua vida útil, de um evento com tempo de recorrência igual ou superior ao tempo de recorrência adotado para o seu projeto, de acordo com a Eq. 9.2.

$$p_{TR} = 1 - \left(1 - \frac{1}{TR}\right)^{n} \qquad (9.2)$$

com p_{TR} = probabilidade de ocorrência do evento TR, durante n anos; TR = tempo de recorrência em anos; e n = número de anos do período em análise.

Dessa forma, é possível avaliar probabilidades de ocorrência de distintos eventos com tempos de recorrência predeterminados, para diferentes períodos de análise, dependendo da vida útil da estrutura ou do plano de gerenciamento de risco. A Tabela 9.1 apresenta alguns valores de probabilidade de ocorrência de eventos para diferentes períodos de tempo.

A aplicação desses cálculos em um estudo mais completo, considerando cenários de simulação matemática de eventos hidrológicos com diferentes tempos

de recorrência, pode fornecer importantes informações para programas de gestão de risco em cidades e empreendimentos privados. A partir do estudo das cheias fluviais resultantes de chuvas com diferentes tempos de recorrência, pode ser gerado um mapa de probabilidade de inundação. Nesse mapa, são indicadas as áreas suscetíveis às inundações e a probabilidade de ocorrência para cada área, como pode ser observado no exemplo de mapeamento das probabilidades de alagamento durante um período de 50 anos, apresentado na Fig. 9.5. O mapeamento de profundidades e extensões das inundações, com auxílio de modelagem hidrodinâmica, tem-se tornado um componente essencial do gerenciamento de risco em diversos países (NEAL et al., 2013).

Esse mapa pode ser utilizado para hierarquizar diferentes usos do solo para cada área da bacia, considerando a probabilidade de que ela poderá ser inundada. Nos casos de empreendimentos privados, o mapa possibilita a indicação dos locais mais indicados para usos mais nobres, como construções que não podem ser alagadas ou armazenagem de produtos de alto valor.

O cruzamento da informação da probabilidade de inundação com o valor dos bens expostos pode ser utilizado como um indicativo para mensurar se a intervenção proposta para evitar a inundação da área terá benefício em termos econômicos. Porém, tais mapas de probabilidade não possuem informações suficientes para uma avaliação de prejuízos mais acurada, pois não apresentam as profundidades de alagamento e velocidades de escoamento alcançadas durante o evento de inundação, imprescindíveis para valorar o dano potencial do evento. Dessa forma, para um maior entendi-

Tabela 9.1 Probabilidades de ocorrência de eventos predeterminados

TR (anos)	Probabilidade de que o evento seja igualado ou exercido pelo menos uma vez em um período de:				
	2 anos	10 anos	25 anos	50 anos	100 anos
2	0,97	1,00	1,00	1,00	1,00
10	0,41	0,65	0,93	0,99	1,00
25	0,18	0,34	0,64	0,87	0,98
50	0,10	0,18	0,40	0,64	0,87
100	0,05	0,10	0,22	0,39	0,63

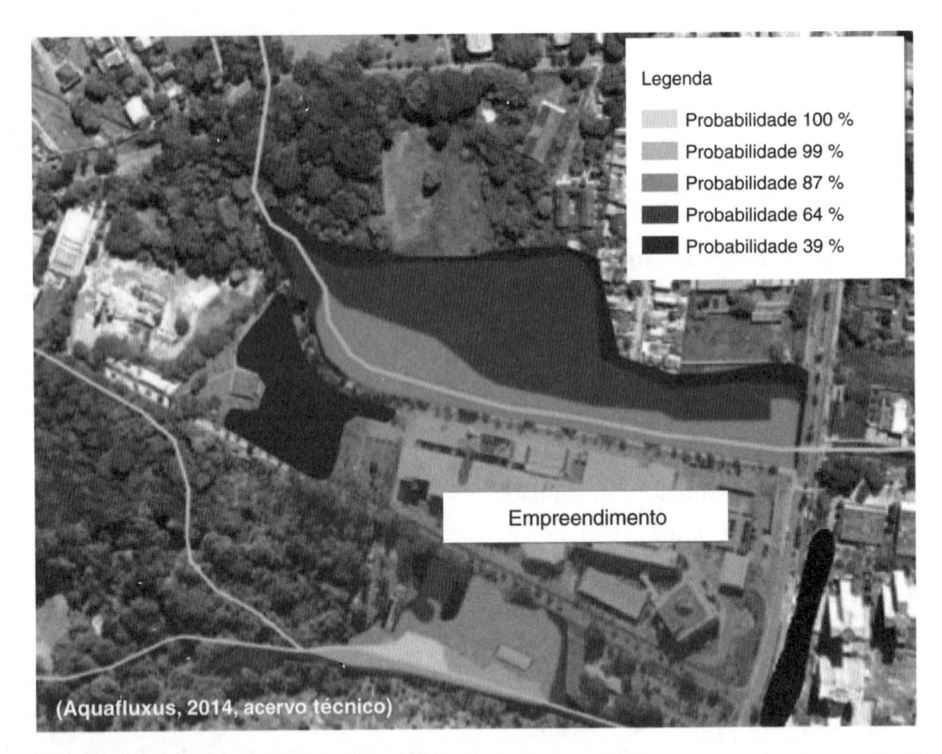

FIGURA 9.5 Mapa de probabilidades de ocorrência de inundações para um horizonte de 50 anos.

mento dos impactos potenciais de uma inundação e seus consequentes prejuízos, após reconhecimento dos bens expostos ao risco de inundações, deve-se elaborar um estudo de *avaliação de vulnerabilidade*, realizado por intermédio de modelos matemáticos para a previsão dos impactos danosos às pessoas, às instalações e ao meio ambiente (CETESB, 2011).

De forma geral, os componentes do risco de inundações podem ser desmembrados conforme esquema apresentado na Fig. 9.6.

Definido de forma clara o conceito de risco e todos os seus componentes, é possível criar uma referên-cia para permitir a mensuração do risco de inundação, considerando diversos cenários, para avaliar a criticida-de da situação atual de determinada região, por meio de um diagnóstico, assim como prever o efeito da im-plantação de medidas estruturais no sistema de drena-gem para defesa das inundações.

De forma geral, a parcela relacionada com a pro-babilidade de ocorrência de um evento natural com potencial de causar danos, o perigo, não é passível de intervenção para redução do risco de determinado sis-tema. Por exemplo, não há meios possíveis de reduzir a probabilidade de ocorrência de um terremoto, sendo

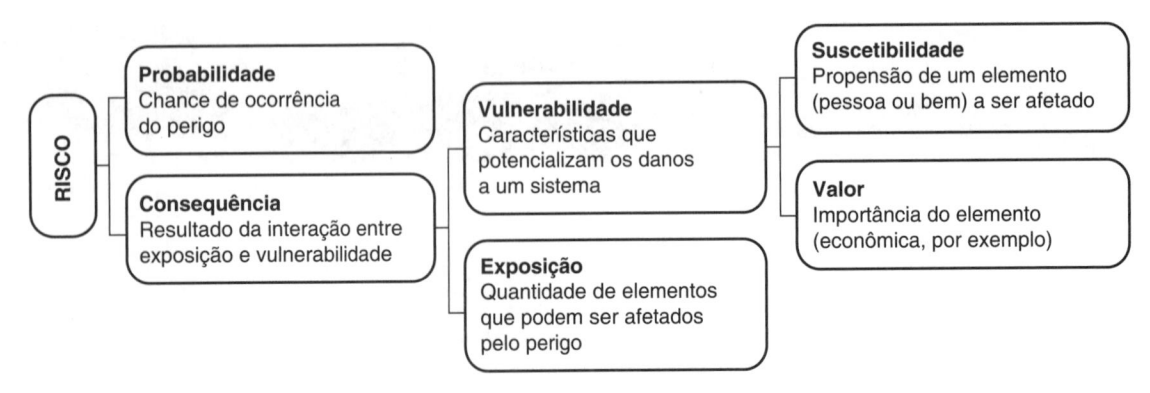

FIGURA 9.6 Componentes do risco. Fonte: Adaptada de ZONENSEIN (2007).

todo o esforço para a gestão do risco de terremotos voltado para a redução dos danos pela diminuição da vulnerabilidade do sistema aos efeitos de um tremor de terra. Porém, o risco de inundações possui uma particularidade que distingue sua conceituação da forma clássica da definição de risco, uma vez que o perigo, apesar de relacionado com a probabilidade de ocorrência de uma chuva intensa, é materializado por sua consequência, a inundação. Desta forma, o perigo na gestão do risco de inundações pode ser modificado, a partir de medidas estruturais de controle e mitigação das inundações e, tradicionalmente, o foco da gestão do risco de inundações se concentra na redução da probabilidade de ocorrência das inundações, a partir de sistemas estruturais de defesa (SAYERS *et al.*, 2013). Ou seja, a chuva, como perigo, não é modificada, mas o processo que transforma a chuva em vazão pode sofrer intervenção.

Considerando essa particularidade da gestão do risco de inundações, as componentes do risco podem se apresentar de uma forma mais completa, abrindo a parcela relacionada com o perigo, nesse caso, considerando a inundação ocasionada pela ocorrência de uma chuva intensa. Adicionalmente, é inserida na equação do risco uma nova componente, associada à habilidade do sistema em se recuperar após um evento, chamada *resiliência*. Essa forma de representação permite uma melhor percepção das possíveis ações para redução do risco, que podem vir a modificar tanto o perigo, por medidas estruturais, como os danos, por meio da adoção de medidas de redução de exposição e de vulnerabilidade, sendo a resiliência uma componente que se opõe à vulnerabilidade, reduzindo sua ação em uma integral no tempo. O diagrama apresentado na Fig. 9.7 expõe essa visão das componentes do risco de inundações.

9.6.2 Projetos para redução do risco de inundações

Os projetos para controle do risco de inundações partem de um diagnóstico da situação atual, reconhecendo as áreas mais vulneráveis ou com maiores riscos, e avaliam diferentes intervenções para redução desses riscos, considerando como referência uma chuva com tempo de recorrência predefinida, geralmente 25 ou 50 anos, no caso brasileiro. O processo de decisão é finalizado definindo-se a intervenção com o maior benefício apresentado como a solução a ser implementada, ou seja, aquela que apresenta menor relação entre custo e redução de risco (benefício). A adoção dessa linha de ação se mostra como um avanço significativo, especialmente quando considerado o estado da prática encontrado nos projetos de drenagem e controle de inundações no Brasil, ainda, em sua grande maioria, apoiados em técnicas tradicionais de aumento da capacidade hidráulica do sistema para comportar os escoamentos superficiais excedentes gerados pelo processo de urbanização.

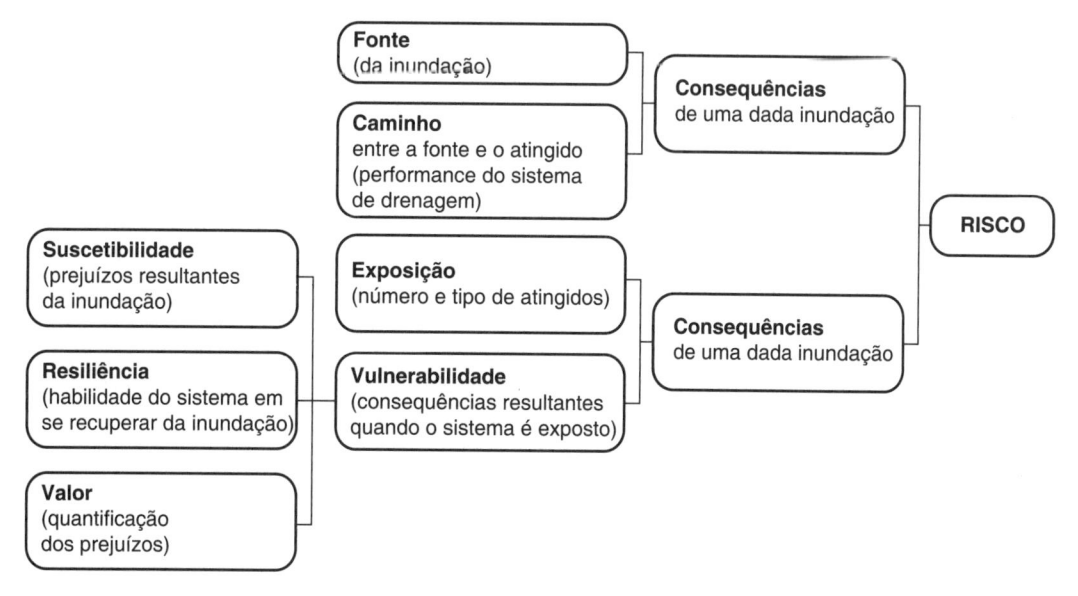

FIGURA 9.7 Componentes do risco de inundações. Fonte: Adaptada de SAYERS *et al.* (2013).

Porém, mesmo nos países com grande tradição de gerenciamento de risco, como a Inglaterra, que, em termos de ameaças ligadas às inundações, posiciona-se entre as poucas nações do mundo que avaliaram e mapearam exaustivamente o perigo de inundação (CIRIA, 2010), episódios de grandes enchentes ainda desafiam as autoridades públicas, causando transtornos e prejuízos para a população.

Ciria (2010) destaca eventos de inundação nos anos de 1998, 2000, 2005, 2007 e 2009, que causaram perturbações generalizadas nos sistemas de infraestrutura locais. A permanência de eventos perturbadores dos sistemas antrópicos e ambientais mostra a natureza irredutível da incerteza em sistemas complexos e a consequente necessidade de se viver com possíveis mudanças e incertezas (BERKES, 2007).

O passo a ser dado em direção à criação e manutenção de cidades menos suscetíveis aos potenciais prejuízos advindos dos eventos de inundações é o reconhecimento e internalização do **risco residual** no processo de decisão para definição das estratégias a serem adotadas no manejo das águas pluviais e das cheias fluviais dentro da gestão urbana. O risco residual pode ser entendido como o risco inerente à falha dos sistemas estruturais ou à ocorrência de uma cheia superior à considerada na fase de projeto (PLATE, 2002). Então, o risco residual é o risco mensurado após a implantação de medidas de redução, que deve ser gerenciado por meio de um Programa de Gerenciamento de Risco (CETESB, 2011).

Outra forma de definir o risco residual refere-se à consideração de que todo projeto de drenagem responde a uma condição estabelecida em sua concepção, referente a um horizonte de proteção – quando uma cheia maior ocorre, o projeto falha e o sistema pode ser pesadamente afetado (especialmente, se medidas preventivas de planejamento não puderem evitar o adensamento em "áreas protegidas"). O risco de este evento superior ao de projeto ocorrer e causar danos é o risco residual. Assim, os projetos devem, de fato, considerar na análise de risco o conceito de risco total, que avalia o resultado de uma integral ao longo do tempo, onde o risco residual tem uma probabilidade de se materializar. Essa abordagem substitui a consideração estática da probabilidade associada a um horizonte único e específico de projeto. Assim, nos estudos de avaliação de risco, é importante considerar a recomendação apresentada por CIRIA (2010):

RISCO ZERO não é viável e nem desejável: usualmente, é impossível e impraticável a eliminação do risco. O objetivo da mitigação do risco não é sua eliminação, mas buscar um adequado e justificável grau de *risco residual*.

Portanto, a pergunta a ser feita é: como considerar o risco residual no processo de decisão do gerenciamento das inundações. Mais recentemente, o conceito de **resiliência** foi adicionado como um novo componente ao gerenciamento dos sistemas de drenagem, o que permitiu a internalização do risco residual no processo de avaliação e tomada de decisões para redução dos prejuízos causados pelas inundações.

9.6.3 Resiliência às inundações

Quando aplicado a um sistema de infraestrutura particular, a resiliência pode ser entendida como a habilidade desse sistema em continuar a prover seus serviços essenciais quando ameaçado por um evento incomum, assim como sua habilidade em retornar para sua capacidade de operação normal após a ocorrência do evento.

Como os fenômenos naturais possuem uma variabilidade temporal, a resiliência pode ser relacionada também com a capacidade de um sistema se adaptar às possíveis mudanças futuras do ambiente, continuando a prover os serviços para os quais foi originalmente projetado (CIRIA, 2010).

Male (2009) define as infraestruturas resilientes como os sistemas capazes de sobreviver e fornecer bons serviços em um futuro cada vez mais incerto. Assim, a resiliência se apresenta como uma importante abordagem para um melhor entendimento da vulnerabilidade de um sistema, associada às consequências resultantes da exposição a um perigo. A discussão da resiliência possui três importantes razões para o gerenciamento de riscos (BERKES, 2007):

1. Permite uma avaliação holística de potenciais perigos em sistemas antrópico-naturais.
2. Enfatiza a habilidade do sistema em lidar com o perigo, absorvendo ou se adaptando ao distúrbio.

3. É uma abordagem prospectiva, voltada para o futuro, e ajuda a explorar opções estratégicas para lidar com a incerteza e possíveis mudanças futuras.

Ciria (2010) diferencia resiliência e resistência às inundações da seguinte forma:

- **Resiliência às inundações**: capacidade de um sistema, quando colocado em contato com um evento de inundação, em não sofrer danos, manter sua integridade estrutural e, onde houver interrupção da prestação do serviço, regressar à operação normal rapidamente, após recessão da enchente.
- **Resistência às inundações**: capacidade de um sistema, durante um evento de cheia, não sofrer inundação e manter sua operação normal continuamente, sem interrupção dos serviços essenciais a que se destina.

Desta forma, o risco é passível de ser gerenciado, alterando-se sua chance de ocorrência ou suas consequências (VERÓL, 2013). Portanto, ressalte-se que há uma necessidade de mudança na abordagem dos estudos acerca das inundações urbanas, passando de uma tentativa de controle das inundações para um gerenciamento de risco das inundações, a partir de uma **avaliação de risco**, que pode ser definida como (CETESB, 2011): "O processo pelo qual os resultados da estimativa de risco são utilizados para a tomada de decisão, por meio de critérios comparativos de risco, visando à definição da estratégia de gerenciamento do risco."

Essa contextualização finaliza o capítulo, retornando para uma discussão que introduziu toda essa temática, relacionada com a integração de soluções para o ambiente natural e construído, de forma conjunta. Há a necessidade – e, percebe-se, há ferramentas e arcabouço conceitual construído para tal – de abordagens de projeto que trabalhem com a natureza (e não contra ela), reconhecendo e respeitando os limites físicos dos sistemas naturais associados às bacias hidrográficas. Essa linha de conduta, na confecção de projetos, tem o potencial de viabilizar o funcionamento sustentável de cidades, de forma resiliente, diante de problemas de inundações e alagamentos urbanos.

EXERCÍCIOS DE FIXAÇÃO

1. O avanço da urbanização modifica os padrões naturais da superfície e da cobertura do solo. Descreva as principais modificações antrópicas no meio natural, resultantes do processo de ocupação do espaço, e as correlacione com seus maiores impactos no ciclo hidrológico.
2. Em um sistema tradicional de drenagem urbana, qual será o caminho da água de chuva durante o seu transporte até o seu destino final? Enumere, na ordem mais provável de passagem da água, os dispositivos e elementos do sistema. Agora, considerando uma abordagem mais sustentável da drenagem urbana, quais adaptações/substituições poderiam ser feitas nestes dispositivos, para reduzir os impactos da urbanização no ciclo hidrológico? Ilustre esquematicamente os dois sistemas concebidos (*tradicional* × *sustentável*).
3. Qual é a importância da adoção de medidas estruturais para o controle de inundações? Qual o papel desempenhado pelas medidas não estruturais? Como essas medidas se potencializam?
4. Em um trecho de rio que apresenta uma travessia subdimensionada, quais consequências são esperadas durante a ocorrência de uma cheia? Qual ou quais medidas estruturais poderiam ser adotadas e quais impactos potenciais causariam no sistema? Elabore uma linha do tempo com a evolução dos conceitos de drenagem urbana e das técnicas de controle de inundações.
5. Medidas de preservação de áreas verdes fazem parte do arcabouço de medidas não estruturais. Por que projetos de reflorestamento podem ser considerados medidas estruturais?
6. Qual é a diferença entre os termos *perigo* e *risco*? Quais são as principais características de um sistema urbano resiliente às inundações?
7. Considerando as componentes do risco de inundações, definidas pela Unesco (SAYERS, 2013), quais ações podem ser tomadas para a redução desses riscos?

DESAFIO

Considerando a realidade do processo de urbanização brasileiro, escolha uma bacia hidrográfica com profundas alterações do uso e cobertura do solo, a qual apresente problemas de inundações. A partir dos conceitos abordados neste capítulo, apresente uma síntese de um Plano de Manejo de Águas Pluviais para a bacia, atendendo, no mínimo, aos seguintes itens:

1. Diagnóstico qualitativo da situação atual da bacia, perante os eventos de inundações
   1.1 Descrição das principais características fisiográficas da bacia
   1.2 Descrição sobre a evolução do processo de urbanização
   1.3 Descrição sobre o histórico de eventos de inundações
   1.4 Conclusão do diagnóstico, com possível correlação entre os três itens anteriores
2. Diretrizes de atuação para redução de risco de inundações
   2.1 Definição de cenários de evolução urbana na bacia
   2.2 Apresentação das diretrizes de atuação para o manejo de águas pluviais
   2.3 Definição de metas e objetivos para a redução dos riscos de inundação
3. Plano de ação para redução de risco de inundações
   3.1 Apresentação das técnicas de controle de inundações mais apropriadas para a bacia
   3.2 Definição de um plano de ação, contendo propostas de soluções estruturais e não estruturais

Após elaboração do plano em grupos, é sugerida a execução de um seminário de apresentação dos planos, a fim de confrontar as diferentes concepções de ação adotadas por cada grupo, elaborando, ao final, um Plano de Manejo de Águas Pluviais único para a bacia definida.

BIBLIOGRAFIA

ARONICA, G. T.; APEL, H., BALDASSARRE, G. D.; SCHUMANN, G. J.-P. HP – Special Issue on Flood Risk and Uncertainty. **Hydrol. Process.**, 27: 1291. doi: 10.1002/hyp.9812, 2013.

AZEVEDO, J. P. S. de; MAGALHÃES, P. C. de ; MIGUEZ, M. G. Infraestrutura de drenagem urbana. *In*: GUSMÃO, Paulo Pereira; CARMO, Paula Serrano do; VIANNA, Sergio Besserman. (org.). **Rio próximos 100 anos**: o aquecimento global e a cidade. Rio de Janeiro: Instituto Pereira Passos, 2008. p. 186-198.

BAPTISTA, M.; NASCIMENTO, N.; BARRAUD, S. **Técnicas compensatórias em drenagem urbana**. Porto Alegre: ABRH, 2005.

BERKES, F. 2007. Understanding uncertainty and reducing vulnerability: lessons from resilience thinking. **Natural Hazards**, 41(2):283-295. Disponível em: http://goo.gl/CTrkRD. Acesso em: 5 ago. 2019.

BLONG, R. Volcanic hazards risk assessment. *In*: SCARPA, R.; TILLING, R. I. (ed.). **Monitoring and mitigation of volcano hazards**. Springer-Verlag Berlin Heidelberg, 1996.

BRASIL. **Glossário de Defesa Civil**. Estudos de Riscos e Medicina de Desastres. 5. ed. Brasília, DF: Ministério da Integração Nacional, 2009.

_____. **Lei nº 12.608**, de 10 de abril de 2012. Institui a Política Nacional de Proteção de Defesa Civil – Pnpdec; dispõe sobre o Sistema Nacional de Proteção e Defesa Civil – Sinpdec e o Conselho Nacional de Proteção e Defesa Civil – Conpdec; autoriza a criação de sistema de informações e monitoramento de desastres; altera as Leis nᵒˢ 12.340, de 1º de dezembro de 2010, 10.257, de 10 de julho de 2001, 6.766, de 19 de dezembro de 1979, 8.239, de 4 de outubro de 1991, e 9.394, de 20 de dezembro de 1996; e dá outras providências. Diário Oficial [da] República Federativa do Brasil, Brasília, DF, Seção I, p. 1, 11 abr. 2012.

_____. **Lei nº 10.257**, de 10 de julho de 2001. Estatuto da Cidade. Regulamenta os arts. 182 e 183 da Constituição Federal, estabelece diretrizes gerais da política urbana e dá outras providências. **Diário Oficial [da] República Federativa do Brasil**, Brasília, DF, Seção I, p. 1, 11 jul. 2001.

_____. **Lei nº 11.445**, de 5 de janeiro de 2007. Estabelece diretrizes nacionais para o saneamento básico, altera as Leis nᵒˢ 6.766, de 19 de dezembro de 1979, 8.036, de 11 de maio de 1990, 8.666, de 21 de junho de 1993, 8.987, de 13 de fevereiro de 1995; revoga a Lei nº 6.528, de 11 de maio de 1978; e dá outras providências. **Diário Oficial [da] República Federativa do Brasil**, Brasília, DF, 8 jan. 2007.

_____. **Lei nº 12.187**, de 29 de dezembro de 2009. Institui a Política Nacional sobre Mudança do Clima – PNMC e dá outras providências. **Diário Oficial [da] República Federativa do Brasil**, Brasília, DF, 30 dez. 2009.

CENTRO ITALIANO PER LA RIQUALIFICAZIONE FLUVIALE (CIRF). **La riqualificazione fluviale in Italia**: linee guida, strumenti ed esperienze per gestire i corsi d'acqua e il territorio. Ed. NARDINI, A.; SANSONI, G. Venezia: Mazzanti, 2006.

CHOCAT, B. *et al.* **Toward the sustainable management of urban storm-water**: indoor and built environment: International Society of the Built Environment, p. 273-285, 2007.

COMPANHIA AMBIENTAL DO ESTADO DE SÃO PAULO. **Norma Técnica P4.261**: Risco de acidente de origem tecnológica – Método para decisão e termos de referência. São Paulo: Cetesb, 2011.

CONSTRUCTION INDUSTRY RESEARCH AND INFORMATION ASSOCIATION. **Flood resilience and resistance for critical infrastructure**. C688, Project RP913. London: Ciria, 2010.

CRICHTON, D. The risk triangle. In: INGLETON, J. (ed.). **Natural disaster management**. London: Tudor Rose, p. 102-103, 1999.

DE LA CRUZ-REYNA, S. Long-term probabilistic analysis of future explosive eruptions. *In*: SCARPA, R.; TILLING, R. I. (ed.). **Monitoring and mitigation of volcano hazards**. Springer-Verlag Berlin Heidelberg, 1996.

GRANGER, K. *et al.* **Community risk in Cairns**: a multi-hazard risk assessment. Australia: Australian Geological Survey Organisation (AGSO), 1999.

GUSMAROLI, G.; BIZZI, S.; LAFRATTA, R. L'approccio della riqualificazione fluviale in ambito urbano: esperienze e opportunittà. *In*: IV CONVEGNO NAZIONALE DI IDRAULICA URBANA, Venezia, Itália. **Anais** [...], Veneza, Itália, jun. 2011.

HELM, P. Integrated risk management for natural and technological disasters. **Tephra** 15(1), 4-13, jun. 1996.

INSTITUTO BRASILEIRO DE GEOGRAFIA E ESTATÍSTICA. **Censo Demográfico de 2010**. Rio de Janeiro: IBGE, 2010.

KELMAN, I. Defining risk. **FloodRiskNet Newsletter**, n. 2, Winter 2003, p. 6-8. Disponível em: http://goo.gl/yOR-5RA. Acesso em: 5 ago. 2019.

LEOPOLD, L. B. **Hydrology for urban land planning**: a guidebook on the hydrologic effects of urban land use. Geological Survey Circular 554. Washington D.C.: US Department of Interior, 1968.

MALE, S. Resilience infrastructure. *In*: **Leeds Asset Management Forum**, UK, Institute for Resilient Infrastructure, University of Leeds, 12 may 2009.

MARQUES, C. E. B. **Proposta de método para a formulação de planos diretores de drenagem urbana**. 2006. 168 f. Dissertação (Mestrado em Tecnologia Ambiental e Recursos Hídricos), Departamento de Engenharia Civil e Ambiental, Universidade de Brasília, Brasília, DF, 2006.

MIGUEZ, M.; VERÓL, A.; REZENDE, O. **Drenagem urbana**: do projeto tradicional à sustentabilidade. Rio de Janeiro: Elsevier, 2015.

NEAL, J. *et al.* Probabilistic flood risk mapping including spatial dependence. **Hydrological Process**, 27, 1349-1363,

2013. ONTARIO. Ministry of Environment and Energy, Ministry of Natural Resources. **Water Management on a Watershed Basis**: Implementing an Ecosystem Approach. Ontario, Canada: Queen's Printer for Ontario, 1993. Disponível em: http://agrienvarchive.ca/download/water_manage_watershed_1993.pdf. Acesso em: 22 jun. 2019.

PLATE, E. J. Flood risk and flood management. **Journal of Hydrology**, 267, 2-11, 2002.

REZENDE, O. M. **Avaliação de medidas de controle de inundações em um plano de manejo sustentável de águas pluviais aplicado à Baixada Fluminense**. 2010. Dissertação (Mestrado em Ciências em Engenharia Civil), Coppe/UFRJ, Rio de Janeiro, 2010.

SAYERS, P. B. *et al.* **Risk, performance and uncertainty in flood and coastal deference**: a review. R&D Technical Report FD2302/TR1. London: Defra/Environment Agency, 2002.

SAYERS, P. B. *et al.* **Flood risk management**: a strategic approach. Paris: Unesco, 2013.

SMITH, K. **Environmental hazards**: assessing risk and reducing disaster. 2. ed. London: Routledge, 1996.

STENCHION, P. Development and disaster management. **The Australian Journal of Emergency Management**, 12(3), 40-44, Spring 1997.

TORONTO AND REGION CONSERVATION. **Water Budget Discussion Paper**. Toronto: Gartner Lee, 2006. Disponível em: https://sustainabletechnologies.ca/app/uploads/2013/01/Water-Budget-Discussion-Paper.pdf. Acesso em: 22 jun. 2010.

TINGSANCHALI, T. Urban flood disaster management. **Procedia Engineering**, n. 12, p. 25-37, 2012.

TUCCI, C. E. M. **Inundações urbanas**. Porto Alegre: ABRH/RHAMA, 2007.

UNITED NATIONS. **World Urbanization Prospects**: The 2014 Revision. New York: UN, 2015.

UNITED NATIONS DEPARTMENT OF HUMANITARIAN AFFAIRS. Internationally Agreed Glossary of Basic Terms Related to Disaster Management. Geneva: UN-DHA, dez. 1992.

VERÓL, A. P. **Requalificação fluvial integrada ao manejo de águas urbanas para cidades mais resilientes**. 2013. Tese (Doutorado em Engenharia Civil), Coppe/UFRJ, Rio de Janeiro, 2013.

ZONENSEIN, J. **Índice de risco de cheia como ferramenta de gestão de enchentes**. 2007. 105 f. Dissertação (Mestrado em Ciências em Engenharia Civil), Coppe/UFRJ, Rio de Janeiro, 2007.

10

Gestão de Resíduos Sólidos

Elisabeth Ritter
Camille Ferreira Mannarino
Ana Ghislane van Elk
João Alberto Ferreira

Este capítulo apresenta, inicialmente, a classificação, composição, quantificação e caracterização dos resíduos sólidos, identificando os vários tipos de resíduos quanto à origem e à periculosidade, segundo a Política Nacional dos Resíduos Sólidos (PNRS), e idcntificando mais especificamente características e composição dos Resíduos Sólidos Urbanos (RSU). As atividades necessárias para a limpeza urbana são sumariadas, destacando a coleta convencional e seletiva. Os tratamentos possíveis dos RSU são apresentados: reciclagem, tratamentos biológicos e tratamento térmico. A disposição final dos resíduos, especialmente os aterros sanitários, é detalhada. Os resíduos especiais – resíduos de construção civil (RCC) e resíduos de serviços de saúde (RSS) – são descritos brevemente. A PNRS é comentada, sumariando os princípios, objetivos e instrumentos necessários para gestão e gerenciamento dos resíduos sólidos. Por fim, são discutidos os aspectos necessários para que uma Gestão Integrada de Resíduos possa ser efetivada.

10.1 Classificação, composição, quantificação e caracterização dos resíduos

A geração de resíduos pelas atividades desenvolvidas pelo homem vem desde os tempos mais remotos, com registros em civilizações antigas. À medida que o homem deixou a vida nômade e se fixou em cidades, a acumulação e a eliminação dos resíduos gerados passaram a ser um problema a ser resolvido. Na Idade Média, a prática de deixar os resíduos em ruas, terrenos baldios e estradas levou à proliferação de ratos, transmitindo peste bubônica, que dizimou metade da população europeia da época. No século XX, com a introdução de novos produtos pela Revolução Industrial, maior utilização de recursos naturais, mudanças no paradigma de consumo e o advento dos produtos descartáveis, os resíduos sólidos despontam como um problema a ser enfrentado, especialmente pelas grandes e crescentes quantidades produzidas. Neste século XXI, o consumo se exacerba com a velocidade de produção de novos bens, sendo constantemente fomentado nos consumidores o desejo e a necessidade de substituição dos mesmos. Um exemplo é a revolução da comunicação que introduz anualmente novos equipamentos eletroeletrônicos, que se tornam obsoletos muito rapidamente, gerando cada vez mais resíduos.

Diante dessa realidade, o conhecimento de quais são os resíduos sólidos gerados e a quantificação dos mesmos são fundamentais para a sua gestão.

A Política Nacional de Resíduos Sólidos (PNRS), Lei nº 12.305, promulgada em 2010, definiu resíduos sólidos como:

> Material, substância, objeto ou bem descartado resultante de atividades humanas em sociedade, a cuja destinação final se procede, se propõe proceder ou se está obrigado a proceder, nos estados sólido ou semissólido, bem como gases contidos em recipientes e líquidos cujas particularidades tornem inviável o seu lançamento na rede pública de esgotos ou em corpos d'água, ou exijam para isso soluções técnicas ou economicamente inviáveis em face da melhor tecnologia disponível.

A PNRS introduziu o conceito de rejeitos: "Resíduos sólidos que, depois de esgotadas todas as possibilidades de tratamento e recuperação por processos tecnológicos disponíveis e economicamente viáveis, não apresentem outra possibilidade que não a disposição final ambientalmente adequada."

Dessas definições, se observa que os resíduos podem ser sólidos, líquidos ou gasosos e devem ser submetidos a tratamento ou recuperação, por meio de algum processo e, de acordo com a PNRS, somente o rejeito deve ir para disposição final. No entanto, como será discutido adiante, a viabilidade de execução desta premissa em todo país ainda é difícil. Para os efeitos desta lei, os resíduos sólidos têm classificação quanto à origem, apresentada na Tabela 10.1. Pode ser observado que o resíduo originado nos domicílios, nas ruas e no comércio em geral deve ter seu gerenciamento executado pelos municípios. Ressalte-se que as prefeituras usualmente são responsáveis pelos resíduos comerciais apenas de pequenos geradores. *Shoppings*, universidades, supermercados etc. devem ter gerenciamento próprio. Os demais, como os resíduos de serviços de saúde, resíduos da construção civil, da indústria, das atividades da agricultura e mineração, têm como responsável pelo gerenciamento o próprio gerador.

A Tabela 10.2 apresenta classificação de resíduos quanto à periculosidade, de acordo com um conjunto de normas técnicas produzido pela Associação Brasileira de Normas Técnicas (ABNT, 2004). Para a definição da periculosidade dos resíduos são necessários amostragem apropriada e ensaios de laboratório especificados nas Normas Técnicas. As características e propriedades que definem a classe a que o Resíduo Sólido pertence devem ser determinadas e comparadas com valores limites estabelecidos. Esta classificação é muito utilizada para resíduos industriais e para os resíduos de serviços de saúde. No entanto, nas atividades agrossilvipastoris e de mineração também são gerados resíduos perigosos, como embalagens que contêm agrotóxicos e rejeitos de mineração que contenham elementos químicos em altas concentrações.

Os resíduos sólidos urbanos (domiciliar, comercial – de pequenos geradores - e da limpeza de logradouros públicos) são de responsabilidade das prefeituras, e fazem parte do saneamento das cidades. Por esta proximidade com o cotidiano dos cidadãos, é necessário entender quais fluxos os resíduos gerados nas cidades podem percorrer, de modo que a melhor solução téc-

Tabela 10.1 Classificação dos resíduos quanto à origem, de acordo com a PNRS

Tipos de resíduo	Definição	Responsável
Domiciliar	Resíduos originários de atividades domésticas em residências urbanas	Prefeitura
Limpeza pública	Resíduos originários da varrição, limpeza de logradouros e vias públicas e outros serviços	Prefeitura
Comercial	Resíduos originários de estabelecimentos comerciais e prestadores de serviços	Prefeitura
Serviços de saúde	Resíduos gerados nos serviços de saúde	Gerador (hospitais etc.)
Construção civil	Resíduos gerados nas construções, reformas, reparos e demolições de obras de construção civil, incluídos os resultantes da preparação e escavação de terrenos para obras civis	Gerador
Agrossilvipastoris	Resíduos gerados nas atividades agropecuárias e silviculturais	Gerador
Serviços de transporte	Resíduos originários de portos, aeroportos, terminais alfandegários, rodoviários e ferroviários e passagens de fronteira	Gerador
Industrial	Resíduos gerados nos processos produtivos e instalações industriais	Gerador
Serviços públicos de saneamento básico	Resíduos gerados nessas atividades	Gerador
Mineração	Resíduos gerados na atividade de pesquisa, extração ou beneficiamento de minérios	Gerador

Tabela 10.2 Classificação dos resíduos quanto à periculosidade

Classificação	Definição
Classe I – perigoso	São resíduos que, em razão de suas propriedades físicas, químicas ou infectocontagiosas, possam apresentar risco à saúde pública e/ou apresentar efeitos adversos ao meio ambiente; são os resíduos que apresentam pelo menos uma das seguintes características: inflamabilidade, corrosividade, reatividade, toxicidade, patogenicidade, teratogenicidade,★ carcinogenicidade★ e mutagenicidade.★
Classe II – não perigoso	Aqueles não enquadrados na Classe I.
Classe II-A – Não inerte	Estes resíduos podem ter propriedades como: combustibilidade, biodegradabilidade ou solubilidade em água.
Classe II-B – Inerte	Resíduos que, quando amostrados de forma representativa, não tenham nenhum de seus constituintes solubilizados a concentrações superiores aos padrões de potabilidade de água.

★ Características incluídas pela PNRS.

nica, ambiental e economicamente viável possa ser implantada para o seu gerenciamento.

O conhecimento das características envolvendo a qualidade e a quantidade desses resíduos é fundamental para que um gerenciamento adequado seja realizado pelas prefeituras, desde a sua geração, passando pelo acondicionamento, coleta e transporte até a disposição final. Os fatores que influenciam as características dos resíduos são principalmente: poder aquisitivo; condições climáticas; hábitos e costumes da população; nível educacional; número de habitantes por município.

A qualidade dos resíduos sólidos urbanos é revelada pela sua composição física obtida a partir da análise percentual de seus componentes mais comuns: matéria orgânica (restos de alimentos), papel e papelão, plásticos, metais, vidro, madeira, trapo, borracha, couro etc. Esta avaliação é denominada composição gravimétrica, dada pela relação entre o peso de cada componente e o peso total da amostra analisada do resíduo.

As Figs. 10.1 e 10.2 apresentam séries históricas da composição gravimétrica dos resíduos, domiciliares e comerciais de São Paulo, utilizando D'Almeida e Vilhena, (2000); Ruberg e Serra (2007); Agostinho *et al.* (2013) e Cetesb (2007), e a do Rio de Janeiro, utilizando Comlurb (2014). A série histórica da cidade de São Paulo apresenta dados desde o ano de 1927, e indica que até

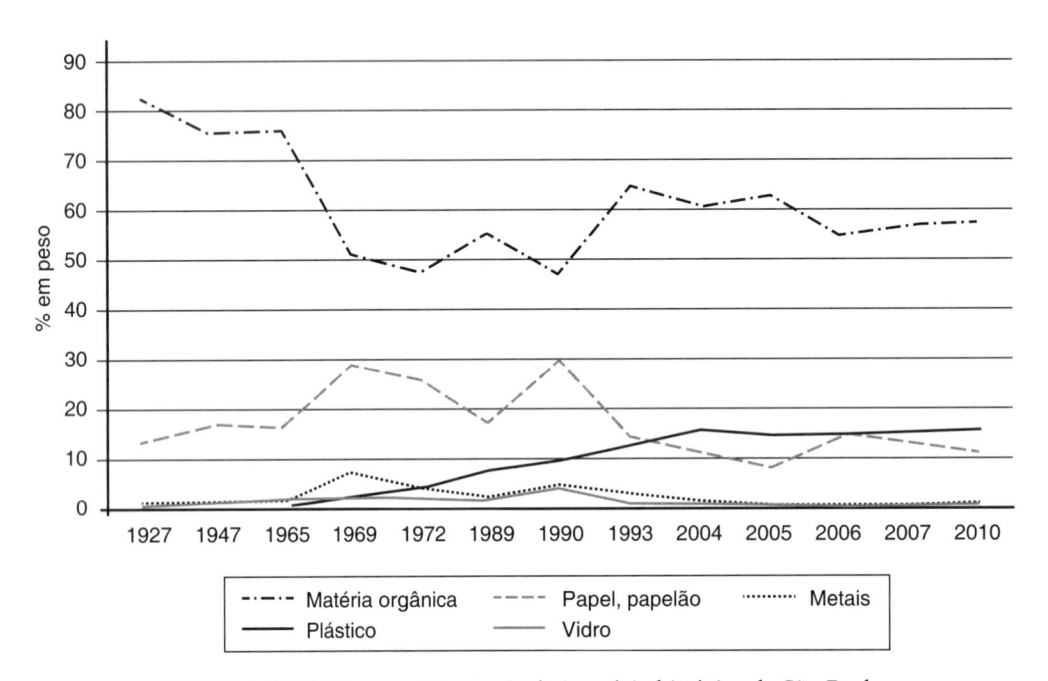

FIGURA 10.1 Composição gravimétrica: série histórica de São Paulo.

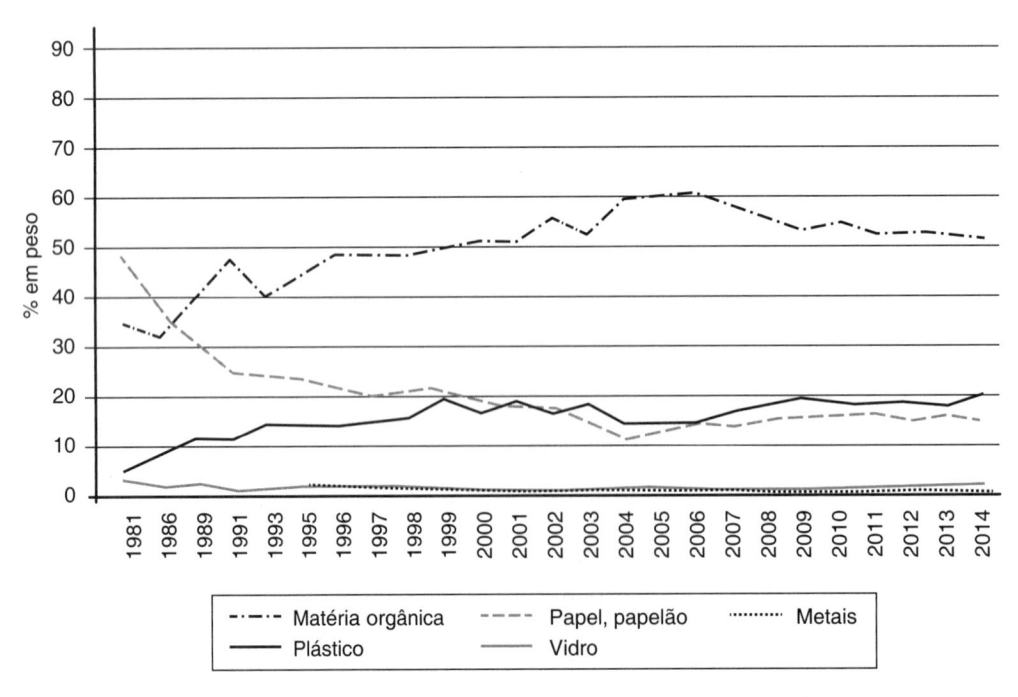

FIGURA 10.2 Composição gravimétrica: série histórica do Rio de Janeiro.

praticamente o início dos anos 1970 não havia presença de plástico, configurando um resíduo predominantemente orgânico. As séries revelam ainda que o plástico passou a ter um percentual mais expressivo (acima de 10 %) a partir dos anos 1990. Verifica-se também que os percentuais de vidro e metais se mantêm constantes, entre 2 e 3 %, ao longo da série histórica. Os gráficos apresentados mostram um potencial de recicláveis no resíduo sólido urbano em torno de 40 %.

A composição gravimétrica média do Brasil (BRASIL, 2010) está apresentada na Fig. 10.3, juntamente com a de várias cidades do mundo (VERGARA; TCHOBANOGLOUS, 2012), onde claramente se verifica a diferença da qualidade do resíduo produzido em países desenvolvidos e países em desenvolvimento: os primeiros produzem até 30 % de matéria orgânica, enquanto os demais acima de 50 %, chegando a 80 % na Índia.

Para fins de planejamento, é necessário definir a taxa de resíduos coletados por habitante, que é a relação entre o peso do resíduo coletado e a população atendida na coleta em um período definido, em geral, adotado um dia. A Associação Brasileira de Empresas de Limpeza Pública e Resíduos Especiais (Abrelpe) publica desde 2003 o Panorama dos Resíduos Sólidos no Brasil. O relatório de 2016 indica que, no Brasil, foram coletadas aproximadamente 195 mil toneladas/

dia de resíduos sólidos urbanos, com taxas que variam de 0,75 a 1,2 kg/hab. × dia (ABRELPE, 2016). A Fig. 10.4 apresenta os percentuais de PIB e população (IBGE, 2010) e participação, de cada região, no total de resíduos coletados no país (ABRELPE, 2016).

Alguns dos parâmetros físicos, químicos e físico-químicos que permitem a avaliação das características dos resíduos visando planejar o sistema de gerenciamento, isto é, o acondicionamento na origem, a coleta e o transporte, o tratamento e a disposição final dos resíduos são:

- teor de matéria orgânica: a quantidade de resíduos orgânicos putrescíveis (restos de alimentos, verduras, resíduos de jardim) e os não putrescíveis (papel e papelão);
- massa específica: é a relação entre massa e volume; a massa específica média das cidades brasileiras, na forma em que o resíduo é gerado e acondicionado nas residências, está em torno de 200 kg/m³; este valor irá variar no caminhão compactador e no destino final;
- teor de umidade: é a relação entre a massa de água e a massa de resíduos úmidos; o valor desse parâmetro varia, nas condições brasileiras, em torno de 55 %;
- grau de compactação: indica a redução de volume obtida por compactação da massa de resíduos; em

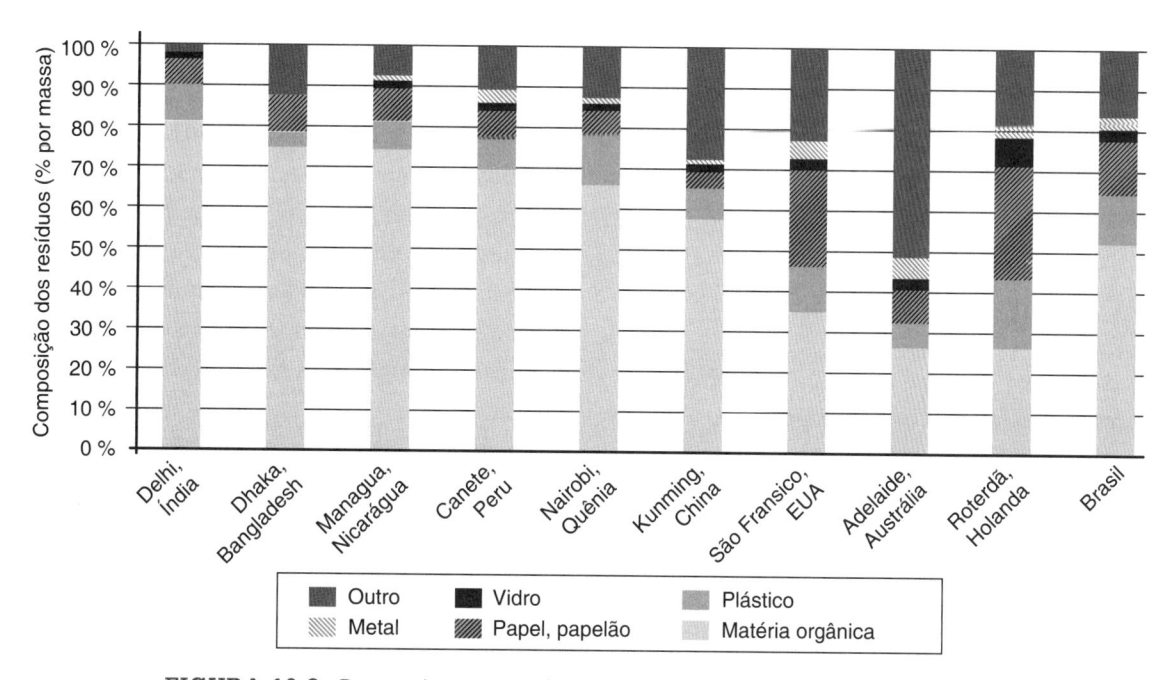

FIGURA 10.3 Composição gravimétrica de várias cidades no mundo e do Brasil.

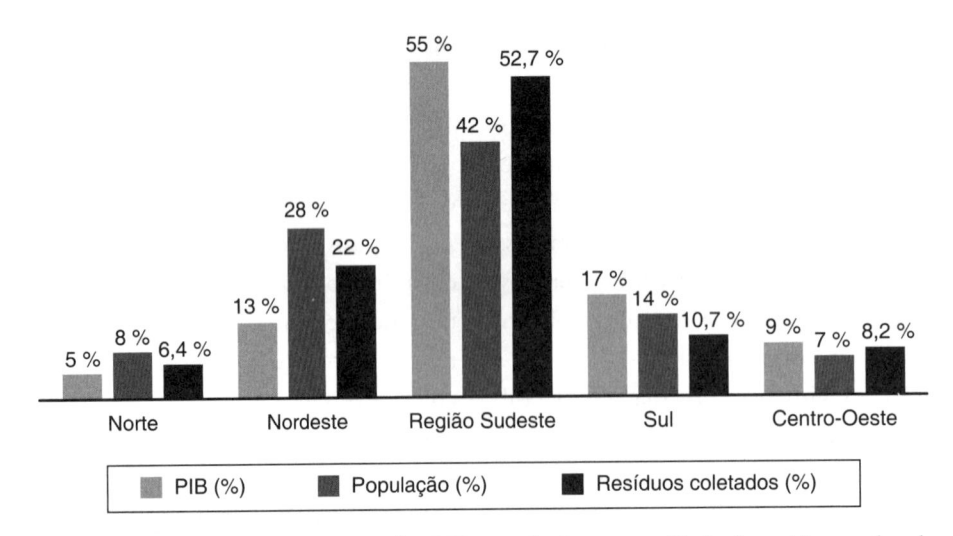

FIGURA 10.4 Distribuição regional – PIB, população e quantidade de resíduos coletados.

média, o volume de resíduo pode ser reduzido a 1/3 ou 1/4 de seu volume original;

- poder calorífico: é a quantidade de calor gerada pela combustão de um quilo de resíduos; em estudos realizados no Brasil, apresenta valores entre 2000 e 3000 kcal/kg (aproximadamente, entre 8300 e 12.500 kJ/kg) de resíduos;

- composição química: relação C/N, pH, sólidos voláteis, presença de N, P e K e, eventualmente, metais pesados.

É importante observar que, nos resíduos sólidos urbanos, existem vários produtos considerados resíduos perigosos: material para pintura (tintas, solventes e vernizes); produtos para animais e jardinagem (pesticidas, inseticidas, repelentes e herbicidas); produtos para motores (óleos lubrificantes e baterias); pilhas e lâmpadas fluorescentes.

10.2 Limpeza urbana

A limpeza urbana engloba um conjunto de atividades, de responsabilidade dos municípios, que abrange a coleta e o transporte de resíduos sólidos urbanos gerados, tratamento e disposição final e a limpeza de logradouros públicos e corpos d'água. Neste último item se inserem a varrição, roçada, capina dos logradouros e praças, limpeza de córregos e de praias, desobstrução de bocas de lobo e demais itens da drenagem urbana.

A coleta dos resíduos gerados em uma cidade não é uma tarefa simples e deve ser planejada dentro de critérios de Engenharia. Atualmente, com os padrões de consumo e produção de resíduos, a coleta domiciliar tende a se tornar cada vez mais complexa.

A primeira etapa para uma coleta eficiente é o correto acondicionamento dos resíduos. O acondicionamento dos resíduos no local da geração (residências ou estabelecimento comercial) deve ser realizado de forma adequada, de modo a facilitar o serviço de coleta e evitar odores, atração de vetores (ratos, moscas e baratas) e acidentes com objetos perfurocortantes ou infectantes.

Nesta etapa, é fundamental que esteja definido para o gerador se haverá um serviço diferenciado de coleta seletiva, para posterior reciclagem dos resíduos. Se houver somente coleta convencional, que ainda é o mais usual no Brasil, o gerador pode acondicionar seus resíduos em sacos plásticos, e havendo residências multifamiliares, poderão ser utilizados contenedores de vários tamanhos. Se houver coleta seletiva, o gerador deverá segregar o resíduo atendendo às indicações dadas pelo gestor da limpeza urbana do município.

10.2.1 Coleta regular ou convencional

A coleta domiciliar representa, no sistema de limpeza urbana, entre 50 e 60 % dos recursos gastos. Por esta razão, e principalmente pelo fato de a mesma ter repercussões diretas na qualidade de vida e na saúde da população, ela deve ser executada com eficácia, dentro dos melhores padrões. Isto só é possível se o sistema projetado for adequado às características da localidade e compatível com os recursos econômicos e de capacitação técnica disponível.

A coleta significa o recolhimento do resíduo sólido urbano nos domicílios e o seu transporte até o local onde o veículo de coleta descarta os resíduos: estação de transferência, unidade de tratamento ou disposição final (aterro sanitário). Estação de transferência é o local de transbordo do resíduo sólido urbano coletado pelos caminhões para carretas de maior porte, que o levarão até o destino final. Em geral, em municípios maiores, é necessário adotar estações de transferência, dependendo da distância ao aterro sanitário.

Para a coleta de resíduos domiciliares poderão ser utilizados caminhões compactadores (modelos variam sua capacidade volumétrica de 6 a 19 m³), caminhões com carrocerias de madeira (6 a 8 m³), caminhões basculantes (5 a 7 m³), veículos utilitários de médio porte (1,5 m³), carretas rebocáveis ou até carroças (0,5 a 2 m³).

A escolha do veículo será realizada considerando as quantidades a coletar, capacidade máxima de carga do veículo disponível, as características topográficas e viárias dos bairros do município e a distância dos locais de coleta a áreas de disposição final. A pesagem de veículos é aconselhável em todas as viagens de coleta, de modo a determinar a massa real de resíduos coletados. Nos municípios onde isto não é possível, pode ser efetuada uma avaliação em função da capacidade volumétrica dos veículos e da massa específica aproximada dos resíduos. Em geral, pode-se tomar como referência 150 a 220 kg/m³ para resíduos sem compactação e entre 300 e 600 kg/m³ para resíduos em caminhões compactadores. Este dimensionamento deve considerar ainda a frequência com que a coleta é realizada, que, no Brasil, geralmente ocorre três vezes por semana nas cidades de médio e grande porte. Em regiões centrais e áreas comerciais das cidades, normalmente a coleta é diária, o que também ocorre em grande parte dos municípios de pequeno porte. Ainda é necessário que se defina um roteiro de coleta, indicando a trajetória dos caminhões, com horário determinado para a coleta em cada bairro.

10.2.2 Coleta seletiva e unidades de triagem

Na coleta seletiva, após a segregação realizada nas fontes geradoras (domicílios, estabelecimentos comerciais), a prefeitura pode fazer a coleta em dia especial, porta a porta, isto é, o caminhão passa na porta do domicílio, em dia diferente dos dias da coleta convencional. A prefeitura também pode definir locais de Postos de Entrega Voluntária (PEV), nos quais o cidadão, espontaneamente, leva os seus resíduos recicláveis. Outra possibilidade de se fazer a coleta seletiva dos resíduos é por meio de cooperativas de catadores, que coletam resíduos segregados na origem pela população. Os municípios podem conciliar mais de um agente executor da coleta seletiva: prefeitura, empresas particulares e cooperativas de catadores.

A qualidade dos materiais constitui uma das principais vantagens dessa coleta, pois não são contaminados pelo contato com outros materiais presentes nos resíduos não recicláveis. Além disso, a coleta seletiva estimula a cidadania, tornando a população parte do processo de gestão de resíduos. A coleta seletiva pode ser realizada de forma escalonada, podendo ser iniciada em algumas regiões da cidade e ser ampliada. No entanto, ocorrem algumas implicações da coleta seletiva no sistema de limpeza urbana, como a necessidade de caminhões especiais em dias diferentes da coleta convencional, o que onera muito este serviço, e a necessidade de uma unidade de triagem para a separação dos recicláveis por tipo.

A unidade de triagem é o local onde o produto da coleta seletiva é recebido, e a separação dos materiais por classe (papel, papelão, plástico, lata, vidro etc.) é realizada, conforme se observa na Fig. 10.5. Estes materiais serão prensados ou picados, se necessário, e enfardados ou embalados e enviados para intermediários, ou direto para a indústria.

No Brasil, a coleta seletiva tem crescido nos últimos anos. Segundo pesquisa realizada pelo Compromisso Empresarial para Reciclagem (Cempre), intitulada Pesquisa Ciclosoft, em 1994 existiam 82 municípios com iniciativa de coleta seletiva, em 2010 443 municípios, e em 2016 1055 municípios operavam com programas de coleta seletiva (CEMPRE, 2016). Ressalte-se que, muitas vezes, os dados divulgados não

FIGURA 10.5 Unidade de triagem.

explicitam se todo o município é atendido pela coleta seletiva, ou se referem somente a ações isoladas. A concentração dos programas municipais de coleta seletiva permanece nas Regiões Sudeste e Sul do país. Do total de municípios brasileiros que realizam esse serviço, 81 % estão situados nessas regiões, sendo 41 % no Sudeste, 40 % no Sul, 10 % no Nordeste, 8 % no Centro-Oeste e 1 % na Região Norte (CEMPRE).

10.2.3 Coleta convencional e usinas de triagem e compostagem

As usinas de triagem e compostagem são utilizadas para a segregação de materiais recicláveis presentes nos resíduos sólidos urbanos, após a coleta convencional. Nestas unidades, existem esteiras ou mesas nas quais o material com potencial reciclável (papel, plástico, vidro e metais) vindo da coleta convencional é separado por classe por catadores/trabalhadores. Teoricamente, após a separação dos recicláveis, o que resta é matéria orgânica, que deverá seguir para um pátio e receber tratamento da fração orgânica.

Um dos desafios dessas unidades é ter mercado para o composto orgânico, e para os materiais inorgânicos que não são tão limpos quanto os materiais resultantes da coleta seletiva. Como no caso da coleta seletiva, também nas usinas de triagem e compostagem, as vendas dos materiais recicláveis não cobrem sequer as despesas operacionais correspondentes e muito menos o custo de investimento para instalação. Muitas dessas unidades estão paralisadas ou foram desativadas no país. Alguns dos motivos sugeridos são: instalação mal planejada, ausência de capacitação institucional, gerencial e/ou operacional para condução das atividades, custos de operação e manutenção elevados e ausência de previsão de espaço para os rejeitos não recicláveis serem destinados corretamente, além de questões ligadas às disputas político-partidárias locais.

Uma evolução das usinas de triagem e compostagem são os sistemas MBT (tratamento mecânico biológico), que processam parcialmente os resíduos sólidos urbanos, removendo mecanicamente algumas classes de recicláveis e tratando biologicamente a fração orgânica. Não há a presença de catadores neste sistema. O termo mecânico diz respeito à separação, peneiramento e redução de tamanho de partículas utilizando equipamentos; o termo biológico refere-se a processos biológicos (aeróbio e/ou anaeróbio) que convertem a fração biodegradável em composto e na digestão anaeróbia em biogás.

10.3 Tratamento de resíduos

10.3.1 Reciclagem

A reciclagem é o resultado de várias atividades, em que materiais que iriam ser descartados são encaminhados para entrar novamente no ciclo de produção, utilizados como matéria-prima para novos bens. A reciclagem envolve algum processo de transformação física, química e/ou biológica, seja ele em escala artesanal, ou industrial, com o uso de insumos como água, energia elétrica e térmica, produtos químicos etc.

Frequentemente, é feita uma distinção entre a reciclagem pré-consumo (resíduos gerados durante o processo de fabricação) e a reciclagem pós-consumo (materiais recuperados pelos consumidores). Quanto aos resíduos sólidos urbanos, os resíduos pós-consumo mais comumente coletados são: papéis, plásticos, metais e vidros.

Os papéis recicláveis são as embalagens de papelão e longa vida, jornais e revistas, papéis de escritório; os papéis não recicláveis são guardanapos usados, papéis sanitários e papel sujo, papel com substâncias impermeáveis à umidade. O custo da fabricação de papel reciclado, em certos casos, pode ser maior do que a produção a partir da celulose virgem.

Há vários materiais compostos de diferentes tipos de plásticos nos RSU: garrafas de refrigerantes (politereftalato de etileno – PET), copos descartáveis (poliestireno – PS), embalagens de biscoitos (polipropileno – PP e polietileno de baixa densidade – PEBD), frascos de detergente, artigos de higiene e produtos de limpeza (polipropileno – PP; polietileno de baixa densidade – PEBD; polietileno de alta densidade – PEAD; policloreto de vinila – PVC) e as sacolas plásticas (PEBD).

Os processos de reciclagem de plásticos variam de acordo com o seu tipo, muitas vezes incompatíveis entre si. Assim, para que seja possível a reciclagem, é preciso que haja uma separação prévia, por tipo, dos plásticos encontrados misturados nos RSU. Existem ainda produtos que contêm mais de um tipo de plástico em sua composição, agregando dificuldade adicional para a sua reciclagem.

Os metais presentes no RSU são, principalmente, embalagens de alimentos e algumas tampas de reci-

pientes de vidro. As latas podem ser de folhas de flandres (aço revestido com estanho), muito utilizadas para alimentos, ou de alumínio. Embora o interesse maior esteja no alumínio, em função de seu valor de mercado, as sucatas de ferro e aço têm algum valor econômico para a reciclagem. Os ganhos econômicos e de conservação de energia são significativos com a reciclagem de metais. Nas latas de alumínio, por exemplo, há uma redução de mais de 90 % no consumo de energia na sua produção, a partir de material reciclado. No Brasil, aproximadamente 98 % das latinhas de alumínio são recicladas.

Os vidros encontrados no RSU são os de embalagem como garrafas para bebidas, potes e frascos para alimentos e copos, sendo esses recicláveis. Espelhos, para-brisa de carros, blindex, copos de cristal e porcelanas são materiais não recicláveis. De modo a viabilizar a reciclagem dos vidros, faz-se necessária a colcta e a segregação por cor, de preferência em cacos e submetidos à lavagem, e o transporte para as unidades de beneficiamento. Dependendo do local, a distância a uma unidade de beneficiamento inviabiliza economicamente a reciclagem do vidro.

Podem ser considerados benefícios da reciclagem: estimular a cidadania; reduzir a quantidade de resíduos dispostos em aterros; possibilitar a redução do uso de recursos naturais. Como limitações para a reciclagem, destacam-se: necessidade de existência de mercado para compra dos resíduos recicláveis e dos produtos fabricados com esses insumos; dificuldade em se manter o fornecimento contínuo de resíduos recicláveis de boa qualidade para as indústrias recicladoras; dificuldade em se manter a qualidade técnica dos produtos reciclados; limitação do número de vezes que determinados materiais podem ser reciclados; custos de transporte, em decorrência da extensão territorial do Brasil; nas regiões menos industrializadas e mais rurais, distantes dos grandes centros, a reciclagem pode não se viabilizar técnica e economicamente.

Para avaliar os impactos de determinado produto ao meio ambiente e as vantagens obtidas com sua reciclagem, é necessário desenvolver uma análise de seu ciclo de vida (ACV). A ACV é uma técnica que estuda os aspectos ambientais e os impactos potenciais ao longo da vida de um produto ("do berço ao túmulo"), desde a aquisição da matéria-prima, passando pela sua produção, uso, tratamento e/ou disposição. As categorias gerais de impactos que necessitam ser consideradas incluem aquelas referentes ao ambiente e à saúde humana.

Nos países desenvolvidos, está em curso um novo conceito, denominado *economia circular*, que deverá, no futuro, alterar os paradigmas da gestão de resíduos sólidos. Na economia circular, os fluxos de materiais, nos processos de produção, serão projetados de forma que todos os materiais sejam utilizados nos processos econômicos ou dispersos como nutrientes na natureza, não havendo, idealmente, resíduos. No longo prazo, isto deverá nortear também o planejamento econômico dos países em desenvolvimento, como o Brasil.

10.3.2 Tratamentos biológicos

A fim de reduzir a quantidade de resíduos orgânicos a ser destinada a aterros, uma parcela desses materiais pode ser encaminhada para tratamentos biológicos. Os tratamentos biológicos podem envolver processos aeróbios ou anaeróbios de decomposição da matéria orgânica.

Compostagem

Na compostagem, a decomposição da matéria orgânica é realizada por microrganismos na presença de oxigênio, em leiras (Fig. 10.6) ou composteiras. A temperatura no processo pode chegar a 70 °C e a decomposição da matéria orgânica acontece em menor tempo do que nos processos anaeróbios. Os gases gerados no processo de decomposição aeróbia da matéria orgânica não possuem fortes odores. O processo de compostagem tem como produto final o composto orgânico, um material que pode ser rico em húmus e nutrientes minerais, com possibilidade de uso como corretivo de solos, com algum potencial fertilizante.

O processo de compostagem aeróbia pode ser dividido em três fases. A fase inicial, ou *fase de latência*, é o período inicial de adaptação dos microrganismos aos resíduos e às condições em que estão submetidos na compostagem. A segunda fase do processo de compostagem é chamada de *fase ativa*. A transição da fase de latência para a fase ativa é marcada por um crescimento exponencial dos microrganismos e a consequente intensificação de sua atividade. A temperatura na massa de resíduos aumenta enquanto há disponibilidade de compostos facilmente degradáveis que induzam o crescimento e a atividade dos microrganismos, podendo atingir 70 °C. Na terceira fase, *fase de maturação*, a proporção de materiais de baixa biodegradabilidade cresce e, consequentemente, a atividade dos microrganismos se reduz. A temperatura da massa cai até valores próximos à temperatura ambiente.

FIGURA 10.6 Leira de compostagem.

Vale ressaltar que as características das fases de decomposição da matéria orgânica variam de acordo com os fatores ambientais aos quais o processo está exposto, parâmetros operacionais e tecnologia empregada.

A fim de que os microrganismos presentes nos resíduos possam se multiplicar e realizar a decomposição da matéria orgânica, é preciso que exista controle da umidade e da aeração da massa de resíduos. A umidade é importante, pois a água solubiliza os nutrientes orgânicos e inorgânicos presentes, tornando-os disponíveis para utilização pelos microrganismos. A umidade ideal é em torno de 50 %. O oxigênio é fundamental para a atividade dos microrganismos aeróbios. Assim, faz-se necessário manter a aeração do composto, por meio do revolvimento periódico da massa de resíduos ou de injeção forçada de ar.

O controle da temperatura é importante para o controle da atividade de degradação da matéria orgânica pelos microrganismos decompositores. Além disso, microrganismos patogênicos presentes nos resíduos, como salmonelas e estreptococos, são eliminados pelo calor gerado no processo de degradação, pois têm sobrevida limitada em temperaturas superiores a 55 °C.

Biodigestão anaeróbia

Na biodigestão anaeróbia, a decomposição é realizada por microrganismos em ambientes sem a presença ou em concentrações reduzidas de oxigênio. A biodigestão anaeróbia ocorre em tanques fechados, em baixa temperatura, com exalação de fortes odores, associados aos gases produzidos no processo, e necessita de tempo longo para que a matéria orgânica se estabilize. A biodigestão anaeróbia gera gases, como o metano, que possuem elevado potencial energético e podem ser utilizados posteriormente para geração de eletricidade ou em sistemas de calefação.

O processo de biodigestão anaeróbia ocorre em quatro fases: hidrólise, fase ácida, fase acetogênica e fase metanogênica. Na primeira fase, os compostos orgânicos complexos são hidrolisados por meio de enzimas liberadas pelas bactérias fermentativas, dando origem a compostos de menor peso molecular capazes de atravessar a membrana celular dessas bactérias.

Na fase ácida, os compostos absorvidos pelas bactérias fermentativas são metabolizados, resultando em compostos mais simples, como ácidos graxos voláteis,

álcoois, ácido lático, dióxido de carbono, hidrogênio, amônia e sulfeto de hidrogênio. Na terceira fase, bactérias acetogênicas degradam os compostos produzidos na fase anterior, basicamente, em hidrogênio, dióxido de carbono e acetato. A presença de hidrogênio leva a uma acidificação do meio. Na última fase de decomposição, as arqueas metanogênicas reduzem o dióxido de carbono e o acetato formados na fase acetogênica a metano.

O tratamento biológico da matéria orgânica no Brasil ainda é muito incipiente. A compostagem existe em iniciativas isoladas e, até o presente (dezembro de 2018), não existem biodigestores anaeróbios em escala real operando no país.

A fim de que os processos de compostagem se tornem viáveis, é preciso que o composto orgânico tenha mercado. A qualidade do composto produzido, muitas vezes, não é adequada para uso agrícola, pois possui teores de matéria orgânica e nitrogênio abaixo dos recomendados. A presença de metais no composto também é possível, sobretudo quando os resíduos orgânicos foram misturados com outros tipos de resíduos.

Da mesma forma que, para obter materiais recicláveis de boa qualidade, é preciso que ocorra a sua separação na origem, a qualidade do composto orgânico depende da segregação dos resíduos orgânicos pelos geradores, a fim de evitar a presença de contaminantes.

No Brasil, o composto orgânico produzido em unidades de compostagem de resíduos domiciliares deve atender a parâmetros estabelecidos pelo Ministério da Agricultura, Pecuária e Abastecimento para que possa ser comercializado, definidos pela Instrução Normativa SDA nº 25/2009.

A Resolução do Conselho Nacional do Meio Ambiente (CONAMA) 481/2017 estabelece critérios e procedimentos para garantir o controle e qualidade ambiental do processo de compostagem de resíduos orgânicos.

Na União Europeia, em torno de 20 % dos resíduos sólidos urbanos seguem para tratamentos biológicos. O tratamento dos resíduos orgânicos na União Europeia é uma exigência legal. A Diretiva de Aterros 1999/31/CE (UE, 1999) estabeleceu uma meta para que, após 2016, o equivalente a apenas 35 % dos resíduos urbanos biodegradáveis produzidos em 1995 poderiam ser dispostos em aterros sanitários. Existe uma tendência na Europa de implantação de unidades de biodigestão anaeróbia para os resíduos urbanos, a fim de permitir a recuperação energética da fração orgânica dos resíduos.

Tratamento térmico

Entre as tecnologias existentes de tratamento térmico de resíduos sólidos urbanos, a única utilizada em larga escala no mundo é a de incineração. A incineração utiliza a decomposição térmica, acima de 800 °C, via oxidação, para tornar os resíduos, tóxicos ou não, menos volumosos ou eliminá-los totalmente.

O processo de incineração envolve: o preparo dos resíduos para queima; a combustão dos resíduos; o tratamento dos gases de saída; o tratamento dos efluentes líquidos; o acondicionamento e a disposição final dos resíduos sólidos gerados no processo de queima (escória) e nos equipamentos de controle de poluição do ar (cinzas) (CHIRICO, 1996). A Fig. 10.7 resume as etapas. Nas últimas décadas, os novos incineradores passaram também a ter uma etapa de recuperação energética.

O preparo dos resíduos para queima se faz necessário visto que os resíduos urbanos têm composição variável. Assim, é necessário que os resíduos sejam adequadamente homogeneizados no fosso de acumulação antes de serem encaminhados para combustão.

A combustão é uma reação química entre um combustível e um gás comburente, geralmente o oxigênio, que gera calor e subprodutos de combustão, resultantes da recombinação de átomos dos reagentes. Após a partida do forno de incineração, que pode ser feita com o uso de um combustível auxiliar, o próprio poder calorífico dos resíduos garante combustível para o processo de combustão.

A combustão dos resíduos sólidos urbanos é realizada comumente em fornos de grelha. Os resíduos são empurrados sobre uma grelha móvel, com alimentação de ar sob a mesma. Os resíduos passam por uma etapa de secagem, com redução de sua umidade, seguida pelas etapas de desgaseificação e gaseificação. Um segundo conjunto de alimentadores de ar é utilizado para garantir a gaseificação dos compostos orgânicos voláteis.

A alimentação de ar nos incineradores é feita de forma a permitir a existência de uma concentração de

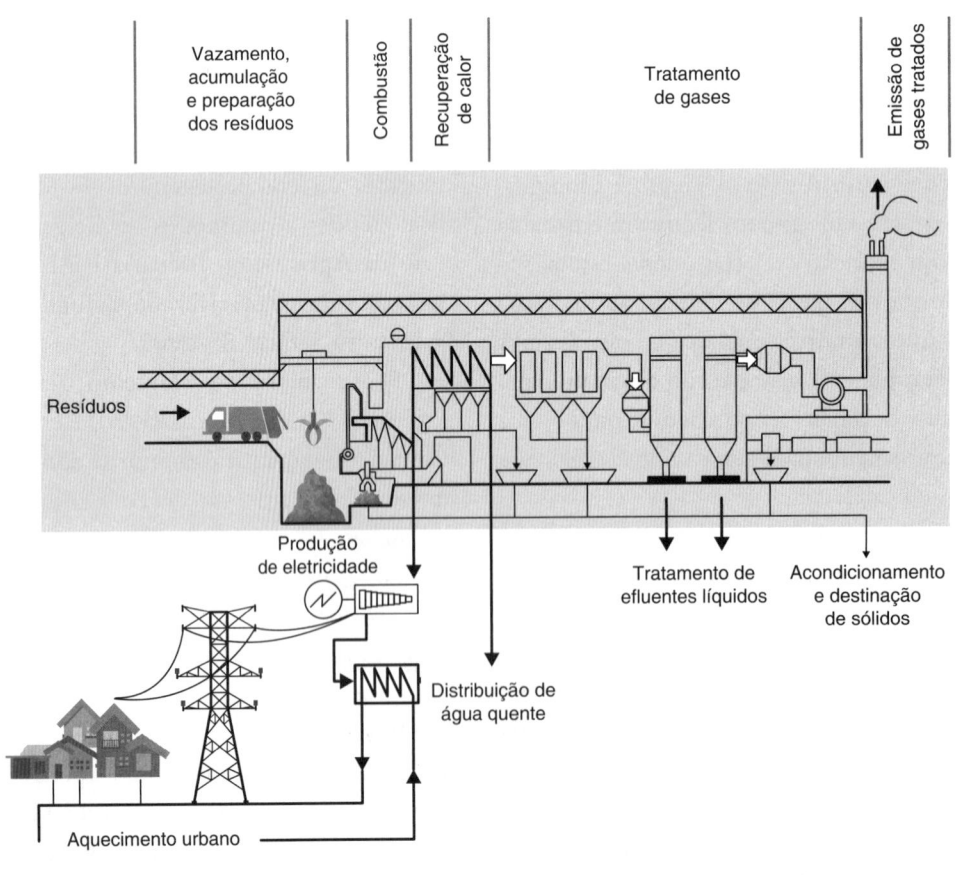

FIGURA 10.7 Esquema de um incinerador para resíduos sólidos urbanos.

oxigênio no forno maior do que a estequiometricamente necessária, a fim de garantir que todos os resíduos combustíveis sejam queimados. A falta de oxigênio leva à combustão incompleta dos resíduos.

O excesso de ar combinado com subprodutos da combustão produz gases que precisam ser tratados antes de serem liberados para o ambiente. As principais emissões são: material particulado; gases com potencial de formação de ácidos: cloreto de hidrogênio, fluoreto de hidrogênio; dióxido de enxofre; óxidos de nitrogênio; metais pesados: mercúrio, cádmio, chumbo etc.; monóxido de carbono; dioxinas, furanos, e difenilas policloradas; ozônio.

O tratamento dos gases de saída representa uma parcela bastante significativa dos custos de operação dos incineradores. Os gases precisam passar por tratamentos em sequência a fim de remover os poluentes gerados na combustão. Exemplos de operações de tratamento de gases são os precipitadores eletrostáticos, filtros de manga, catalisadores, lavadores ácidos, lavadores alcalinos etc.

Os compostos inorgânicos não destruídos pela combustão restarão como escória, no forno dos incineradores, e como material particulado captado, nos sistemas de tratamento de gases. Esses resíduos sólidos restantes precisarão receber disposição adequada. Alguns metais poderão ser separados e encaminhados para reciclagem. Os demais resíduos poderão ser incorporados em novos usos, como agregados para pavimentação de estradas, ou encaminhados para um aterro de materiais inertes ou de resíduos perigosos, observadas a sua composição e a legislação vigente.

Os líquidos gerados no processo de lavagem de gases e em serviços gerais de limpeza na unidade formam um efluente que também precisa ser tratado em estação de tratamento de efluentes.

Atualmente, todos os novos incineradores produzidos no mundo possuem sistemas para recuperação de energia. A energia é recuperada a partir do calor produzido no processo de combustão. Os gases a altas temperaturas podem aquecer tubulações preenchidas com água, gerando vapor, que moverá turbinas para produzir energia elétrica. Outras formas de recuperação energética consistem em utilizar o próprio vapor gerado em sistemas de aquecimento urbano (calefação) ou a produção de água quente para grandes consumidores.

A incineração de resíduos sólidos agrega algumas vantagens para os sistemas de gestão de resíduos. Destacam-se: grande redução de volume (90 %) e de peso (70 %) dos resíduos, aumentando a vida útil dos aterros; possibilidade de implantação de incineradores próximos aos locais geradores de resíduos, reduzindo custos de transporte; possibilidade de destruição de resíduos perigosos; possibilidade de recuperação de energia elétrica e térmica; custos de encerramento e pós-encerramento (manutenção e monitoramento) dos incineradores reduzidos em relação aos de aterros sanitários.

Como fatores críticos para a incineração, podem ser citados: altos custos de implantação e de operação das unidades, se comparados aos de aterros sanitários; elevados requisitos de controle operacional; impossibilidade de destruição de alguns tipos de resíduos, como resíduos de construção e demolição.

No Brasil, a Política Nacional de Resíduos Sólidos prevê a possibilidade de uso de tecnologias visando à recuperação energética dos resíduos sólidos urbanos, desde que comprovadas as suas viabilidades técnica e ambiental e com a implantação de programa de monitoramento de emissão de gases aprovado pelo órgão ambiental. Entretanto, ainda não há incineradores de resíduos sólidos urbanos em escala real em operação no país (até dezembro de 2018).

A ABNT NBR 11175:1990 fixa condições exigíveis de desempenho do equipamento para incineração de resíduos sólidos perigosos. A Resolução Conama nº 316, de 2002, dispõe sobre procedimentos e critérios para o funcionamento de sistemas de tratamento térmico de resíduos, em que são fixados limites máximos de emissão de poluentes atmosféricos. Esta Resolução define que

a implantação do sistema de tratamento térmico de resíduos de origem urbana deve ser precedida da implementação de um programa de segregação de resíduos, em ação integrada com os responsáveis pelo sistema de coleta e de tratamento térmico, para fins de reciclagem ou reaproveitamento, de acordo com os planos municipais de gerenciamento de resíduos.

Nos países em que a incineração faz parte do sistema de gestão de resíduos, ela não substitui ou compete com outros tratamentos, como a reciclagem ou os tratamentos biológicos, nem elimina a necessidade de um aterro sanitário. A incineração opera de forma integrada ao sistema, trazendo benefícios ao mesmo.

A incineração é utilizada como tratamento de resíduos sólidos urbanos em diferentes países no mundo. São incinerados aproximadamente 80 % dos resíduos gerados no Japão, 25 % dos resíduos produzidos na União Europeia e 10 % daqueles gerados nos Estados Unidos. A quantidade de resíduos encaminhados para incineração é crescente nas últimas décadas em diversos países no mundo, da mesma forma que o percentual dos resíduos encaminhados para reciclagem, caminho oposto seguido pelos resíduos destinados a aterros sanitários, reflexo de uma tendência mundial de valorização dos resíduos.

10.4 Disposição final de resíduos

Aterros sanitários são obras de engenharia projetadas de acordo com critérios técnicos e cuja finalidade é garantir a disposição de resíduos sólidos, minimizando os riscos de danos à saúde pública e ao meio ambiente. Os aterros sanitários diferem dos lixões e aterros controlados. Os lixões são vazadouros a céu aberto onde os resíduos são dispostos sem nenhum controle. Essa forma de disposição, ainda muito comum no Brasil, causa grande impacto ambiental e visual, contaminando solo, água e ar. Os aterros controlados são antigos lixões que passaram por processos de melhoramentos em termos técnicos e operacionais. No Brasil, 58 % dos resíduos sólidos urbanos (em toneladas) são dispostos em aterros sanitários, 24 % em aterros controlados e 18 % em lixões (ABRELPE, 2016), com a maior parte dos aterros sanitários concentrada nas Regiões Sudeste e Sul do país e nos municípios de grande porte.

A construção e operação de um aterro sanitário incluem determinadas práticas operacionais e componentes: divisão em células, impermeabilização da fundação e das laterais do aterro, sistema de drenagem de lixiviados, de águas superficiais e de gases, compactação dos resíduos e seu recobrimento diário, cobertura intermediária (eventualmente) e cobertura final, estudo da estabilidade do maciço e forma de operação do aterro, tratamento de lixiviado e dos gases e monitoramento geotécnico e ambiental. O aterro sanitário é uma técnica eficiente e segura de disposição de resíduos, quando bem operado. No entanto, quando mal operado, pode rapidamente se transformar em lixão.

Todo projeto de aterro sanitário deve ser elaborado segundo as normas preconizadas: ABNT NBR 8419:1992, ABNT NBR 13896:1997 e ABNT NBR 15849:2010.

Para se elaborar um projeto de aterro sanitário, é necessário conhecer os tipos, as características e a quantidade dos resíduos gerados nos municípios que ele irá atender, assim como a projeção da geração de resíduos para se estimar a vida útil do aterro. Na concepção do projeto, devem ser apresentados a adequação da seleção da área, a definição dos elementos técnicos que compõem o aterro sanitário, o plano de monitoramento ambiental, o método de operação e as sugestões de uso futuro da área após encerramento das atividades.

Os aspectos a serem considerados na seleção de uma área são: vida útil do aterro, densidade populacional do entorno, valor comercial do terreno, distância do centro de geração de resíduos, disponibilidade de material de cobertura, profundidade do lençol freático, distância dos cursos d'água e existência de infraestrutura, tais como vias de acesso, água e luz. A escolha correta do local é fundamental para o êxito de implantação e operação do empreendimento.

Os dois subprodutos gerados no aterro sanitário são o lixiviado e o biogás. O lixiviado resulta, principalmente, de águas de chuvas que infiltram e percolam através dos resíduos e pela degradação da matéria orgânica. Em sua composição, o lixiviado contém matéria orgânica dissolvida (ácidos graxos voláteis e ácidos húmicos e fúlvicos), compostos inorgânicos (cloreto e nitrogênio amoniacal em altas concentrações) e metais pesados e compostos orgânicos xenobióticos (hidrocarbonetos aromáticos, fenóis e pesticidas) em baixas concentrações. O biogás é formado, principalmente, por metano (40 a 60 %) e dióxido de carbono.

Os elementos técnicos que compõem um aterro estão apresentados na Fig. 10.8.

As barreiras de impermeabilização da fundação, ou revestimento de fundo, e das laterais do aterro, em conjunto com o sistema de drenagem dos lixiviados,

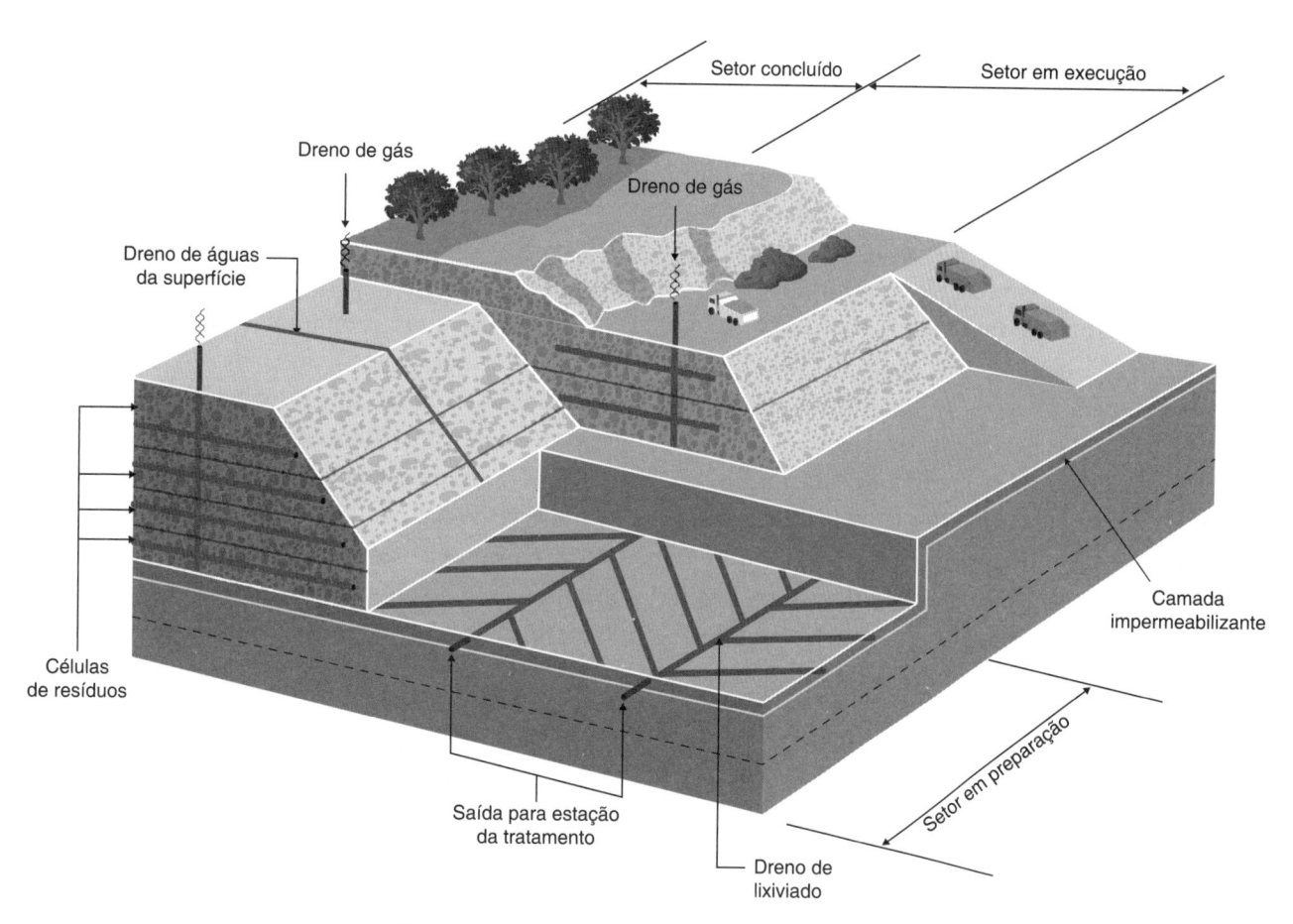

FIGURA 10.8 Esquema de um aterro sanitário.

têm a função de proteger e minimizar a migração dos lixiviados para o subsolo e aquíferos existentes. As barreiras podem ter uma combinação de materiais naturais (solos compactados) e geossintéticos (geomembrana de PEAD; geocomposto argiloso – GCL; e geotêxteis), dependendo das condições locais e das exigências do órgão ambiental.

O sistema de drenagem dos lixiviados irá conter uma camada drenante, de brita, executada acima da camada de impermeabilização, e uma camada de separação e filtração, de areia ou geotêxtil, sobre a qual será depositado o resíduo. São necessários também drenos verticais internos, geralmente constituídos de tubos perfurados envoltos com brita que acompanham o alteamento do aterro.

O sistema de drenagem do biogás é constituído, em geral, pelo mesmo dreno vertical utilizado para a drenagem do lixiviado. O biogás migra até a superfície e pode ser encaminhado para aproveitamento energé-

tico, como geração de energia elétrica, ou ser queimado em queimadores do tipo *flare*. No Brasil, já existem alguns aterros com aproveitamento do biogás para geração de energia elétrica.

O sistema de drenagem de águas superficiais tem a função de evitar a entrada de água pluvial e minimizar o processo de erosão. Para dimensionamento do sistema de drenagem superficial, faz-se necessária uma análise do balanço hídrico da região. São constituídos por canaletas de concreto, tubulações ou até escadas hidráulicas.

Os lixiviados coletados são, usualmente, encaminhados para lagoas de acumulação, que têm a função de armazenar e homogeneizar os mesmos. Os lixiviados devem seguir para tratamento, no próprio aterro ou em unidades externas. O tratamento de lixiviado é realizado por meio de um conjunto de processos, uma vez que é um efluente recalcitrante e sua qualidade e quantidade modificam-se ao longo do tempo, dentro de um mesmo aterro. Os tratamentos mais comumente empregados são combinações de processos biológicos e físico-químicos. Os processos biológicos podem ser uma combinação de lodos ativados, lagoas aeradas, lagoas de estabilização, filtros biológicos ou *wetlands*. Os processos físico-químicos podem ser coagulação, floculação, adsorção por carvão ativado, filtração por membranas, processos oxidativos avançados e ozonização. Outras possibilidades de destinação do lixiviado são o encaminhamento para Estações de Tratamento de Esgoto, desde que suportem a carga adicional representada pelo lixiviado sem prejudicar seu processo de tratamento, ou a sua recirculação para o interior da massa de resíduos.

O sistema de cobertura intermediário e final tem a finalidade de evitar a proliferação de vetores, diminuir a formação de lixiviados, reduzir a exalação de odores e impedir a saída descontrolada do biogás. A cobertura diária, com solo com espessura de cerca de 20 cm, deve ser realizada no final de cada jornada de trabalho. Em locais onde a superfície de disposição ficará inativa por mais tempo, deve ser utilizada uma camada de cobertura intermediária com 30 cm de espessura. A cobertura final pode ser composta de: camada de regularização de solo não nobre; camada de drenagem de material granular para gás; camada de argila compactada; e camada de solo para cultivo da vegetação local.

Além dos componentes já descritos, devem existir nos aterros sanitários: balança, cerca para impedir a entrada de pessoas e animais, vias internas transitáveis, cinturão verde ao redor, guarita para o controle da entrada de veículos, sistema de controle da quantidade e do tipo de resíduo, escritório e oficina de manutenção de equipamentos.

É necessário um monitoramento ambiental com controle das águas superficiais, das águas subterrâneas, da qualidade do lixiviado após o tratamento, do biogás e de material particulado na atmosfera. Também deve haver o monitoramento geotécnico, que consiste na inspeção visual para averiguar indícios de erosão, trincas e fissuras na camada de cobertura superior ou qualquer sinal do movimento da massa de resíduos, deslocamentos verticais e horizontais e medições de pressões de gases e líquidos no interior do maciço. Deve ser mantido o monitoramento dos aterros sanitários após o seu encerramento, pois gases e lixiviado continuam sendo gerados pelo processo de decomposição da matéria orgânica, que pode durar décadas.

Nos últimos anos, vêm sendo implantadas no país as Centrais de Tratamentos de Resíduos (CTR) (Fig. 10.9), instaladas em áreas maiores, dispondo de aterro sanitário para resíduos sólidos urbanos e de outras unidades, tais como: recepção e tratamento de resíduos de serviços de saúde, unidade de processamento de resíduos de

FIGURA 10.9 Central de tratamento de resíduos, em Seropédica (RJ) – CTR Rio.

construção civil, unidade de compostagem de resíduos orgânicos, unidade de triagem de materiais recicláveis, centro de educação ambiental e viveiros de mudas.

Um modelo que vem sendo empregado no Brasil para a gestão de resíduos sólidos, sobretudo para a sua disposição final, é o de consórcio público. Nele, pequenos e médios municípios se reúnem para a construção e operação de aterros sanitários. A gestão compartilhada implica ganho de escala e otimização de recursos empregados.

10.5 Resíduos com legislação específica

Embora alguns resíduos não sejam de responsabilidade das prefeituras, elas, em muitas situações, acabam por ter de coletá-los. A PNRS estabelece a necessidade de plano de gerenciamento para os resíduos de construção civil (RCC) de grandes obras, e para os grandes geradores (hospitais, clínicas veterinárias, centros de ensino e pesquisa etc.) de resíduos de serviços de saúde (RSS), prevendo segregação, acondicionamento, coleta, tratamento e disposição final.

10.5.1 Resíduos de construção civil

O crescimento e as transformações na estrutura urbana das cidades estão, na maioria das vezes, vinculados à realização de obras de construção e/ou demolição. Estima-se que estes resíduos representam cerca de 30 a 50 % dos resíduos sólidos urbanos gerados no país, aproximadamente 45 milhões de toneladas em 2014. A disposição incontrolada destes resíduos ainda é um desafio para os centros urbanos. Por este motivo, foi instituída a Resolução Conama nº 307, de 2002 (com alterações publicadas em 2004, 2011, 2012 e 2015), para estabelecer diretrizes, critérios e procedimentos para a gestão dos resíduos da construção civil (RCC), também denominados resíduos de construção e demolição (RCD) ou entulhos.

A resolução estabeleceu uma classificação que está apresentada na Tabela 10.3.

A classificação instituída pela Resolução dá a dimensão da diversidade dos resíduos gerados e, com isso, da problemática do seu gerenciamento. A Resolução preconiza que o sistema de gestão implantado deve visar reduzir, reutilizar ou reciclar resíduos.

Os RCC de pequenas obras devem ser coletados de forma adequada, com acondicionamento em caçambas; nos grandes centros urbanos, muitas vezes existem legislações locais obrigando a coleta por empresas credenciadas pela prefeitura, sendo então levadas para usinas de reciclagem ou aterro apropriado. Dependendo do município, o responsável pelos serviços de limpeza urbana pode realizar coleta gratuita dos RCC gerados em pequenas reformas, desde que

Tabela 10.3 Classificação de resíduos da construção civil

Classe	Definição
Classe A	Resíduos reutilizáveis ou recicláveis como agregados, tais como: a. de construção, demolição, reformas e reparos de pavimentação e de obras de infraestrutura, inclusive solos de terraplanagem; b. de construção, demolição, reformas e reparos de edificações: componentes cerâmicos (tijolos, telhas, placas de revestimento etc.), argamassa e concreto; c. de processo de fabricação e/ou demolição de peças pré-moldadas em concreto (blocos, tubos, meios-fios etc.).
Classe B	Resíduos recicláveis para outras destinações, tais como plásticos, papel, papelão, metais, vidros, madeiras, embalagens vazias de tintas e gesso.
Classe C	Resíduos para os quais não foram desenvolvidas tecnologias ou aplicações economicamente viáveis que permitam a sua reciclagem ou recuperação.
Classe D	Resíduos perigosos oriundos do processo de construção, tais como tintas, solventes, óleos e outros ou aqueles contaminados ou prejudiciais à saúde oriundos de demolições, reformas e reparos de clínicas radiológicas, instalações industriais e outros, bem como telhas e demais objetos e materiais que contenham amianto ou outros produtos nocivos à saúde.

o morador cumpra exigências de acondicionar em sacos de volume predefinido. As usinas de reciclagem de entulho têm como objetivo transformar os RCC em agregados reciclados, podendo substituir a brita e a areia em elementos de construção civil, que não tenham função estrutural, e em ruas e estradas.

Na prática, os planos de gerenciamento das obras de grande porte devem prever que os RCC gerados sejam segregados de forma adequada pelas construtoras, por tipo de resíduo, de modo que possam ser processados e reutilizados na produção de concreto, argamassas e material de aterro na própria obra ou encaminhados para usinas de reciclagem ou destinação ou disposição final.

A Resolução Conama nº 307/2002 proíbe a disposição de RCC em aterros de resíduos sólidos urbanos, em áreas de bota-fora, em encostas, corpos d'água, lotes vagos e em áreas protegidas por lei. Para isto, foi instituído o aterro de resíduos classe A (Tabela 10.3), definido como uma área tecnicamente adequada onde serão empregadas técnicas de destinação desse tipo de RCC no solo, visando ao aproveitamento desses materiais no futuro, ou a utilização da área. Os resíduos classe B devem ser encaminhados para reciclagem, e os de classe D, para aterros de resíduos perigosos ou para tratamentos térmicos. O destino dos resíduos classe C dependerá de uma avaliação técnica.

10.5.2 Resíduos de serviço de saúde

Os resíduos de serviços de saúde (RSS), em geral, representam até 1 % dos resíduos sólidos urbanos. Em 2016, foram geradas cerca de 250 mil toneladas no país, o que corresponde a 0,3 % dos resíduos sólidos urbanos gerados nesse ano (ABRELPE, 2016). O correto gerenciamento dos RSS tem como objetivo evitar impactos para a saúde pública e o ambiente, além de garantir a segurança ocupacional de quem o manuseia.

De acordo com a Resolução da Diretoria Colegiada RDC nº 306/2004 da Agência Nacional de Vigilância Sanitária (Anvisa) e a Resolução Conama nº 358/2005, são definidos como geradores de RSS todos os serviços relacionados com o atendimento à saúde humana ou animal, inclusive os serviços de assistência domiciliar e de trabalhos de campo; laboratórios analíticos de produtos para a saúde; necrotérios e funerárias, serviços de medicina legal, drogarias e farmácias, inclusive as de manipulação; estabelecimentos de ensino e pesquisa na área da saúde, distribuidores de produtos farmacêuticos, importadores, distribuidores produtores de materiais e controles para diagnóstico *in vitro*, unidades móveis de atendimento à saúde; serviços de acupuntura, serviços de tatuagem, dentre outros similares.

A Tabela 10.4 apresenta a classificação de acordo com as resoluções vigentes.

Tabela 10.4 Classificação dos resíduos de serviços de saúde (RSS)

Item	Definição
Grupo A	Contém os componentes com possível presença de agentes biológicos que podem apresentar risco de infecção. Exemplo: placas e lâminas de laboratório, carcaças, peças anatômicas (membros), tecidos, bolsas transfusionais contendo sangue. Divide-se em cinco subgrupos (A1, A2, A3, A4 e A5), com base nas diferenças entre os tipos de RSS que possuem tais agentes.
Grupo B	Contém substâncias químicas que podem apresentar risco à saúde pública ou ao meio ambiente, dependendo de suas características de periculosidade. Exemplo: medicamentos apreendidos, reagentes de laboratório, resíduos contendo metais pesados.
Grupo C	Materiais resultantes de atividades humanas que contenham radionuclídeos em quantidades acima dos limites aceitáveis especificados nas normas da Comissão Nacional de Energia Nuclear (CNEN). Exemplo: radioterapia.
Grupo D	Resíduos que não apresentam risco biológico, químico ou radiológico à saúde ou ao meio ambiente, e são comparados aos resíduos domiciliares. Exemplo: sobras de alimentos e do preparo de alimentos, resíduos das áreas administrativas.
Grupo E	Materiais perfurocortantes ou escarificantes. Exemplo: agulhas, ampolas de vidro, lâminas de bisturi.

O tratamento dos resíduos de serviços de saúde refere-se aos processos que, de alguma forma, modificam os resíduos antes de sua disposição final, como, por exemplo, desinfecção química, autoclavagem, micro-ondas, plasma e incineração. Uma descrição completa de todos os tratamentos disponíveis pode ser encontrada em Cussiol *et al.* (2017). A disposição final em aterros sanitários é permitida pela legislação para alguns resíduos do grupo A (subgrupo A4). O aterro industrial (Classe I) é o apropriado para disposição dos resíduos químicos (grupo B). Uma alternativa ainda permitida pelos órgãos de controle ambiental para disposição de RSS infectantes, em casos específicos, é a vala séptica, onde tais resíduos são dispostos em célula exclusiva, construída em local isolado no aterro e com todos os dispositivos de controle de poluição necessários. Dados do Panorama dos Resíduos Sólidos no Brasil (ABRELPE, 2016) mostram que a destinação dos RSS coletados foi: 50 % incineração, 22 % em autoclaves, 2 % em micro-ondas e 26 % em outros (aterros sanitários, valas sépticas).

10.6 Política Nacional de Resíduos Sólidos

A Política Nacional de Resíduos Sólidos, Lei nº 12.305, foi promulgada em 2 de agosto de 2010, depois de duas décadas de discussões no Congresso Nacional e após alguns estados e municípios terem estabelecido suas respectivas políticas de resíduos sólidos. A PNRS traz aspectos relevantes e inovadores, perfilando-se entre as modernas políticas de resíduos de países desenvolvidos.

A política reúne um conjunto de princípios, objetivos, diretrizes e instrumentos de comando e controle para a gestão e gerenciamento dos resíduos sólidos.

Um dos princípios que representam grande inovação e avanço é o princípio da responsabilidade compartilhada pelo ciclo de vida dos produtos. Este princípio implica a divisão de responsabilidades pela gestão dos resíduos desde a sua geração até o fim da sua vida útil, envolvendo toda a cadeia produtiva, fabricantes, importadores, distribuidores, comerciantes, poder público, consumidor e os titulares dos serviços públicos de limpeza urbana e manejo dos resíduos sólidos. Outros princípios da PNRS que merecem destaque são os do poluidor-pagador, que obriga o poluidor,

independentemente de culpa, a indenizar ou reparar os danos causados ao meio ambiente e a terceiros afetados por sua atividade; do protetor-recebedor, que incentiva economicamente o não uso de uma área com vistas à sua preservação; e da ecoeficiência, conceito que considera a minimização do impacto ambiental na produção de bens e serviços, com a utilização de menos recursos e produção de menor quantidade de resíduos e poluição (BCSD PORTUGAL, 2013).

Entre os objetivos da PNRS, podem-se destacar: proteção à saúde pública e ao meio ambiente; promoção de ações para a não geração, redução, reutilização, reciclagem dos resíduos, tratamento e disposição final ambientalmente adequados; estímulo à adoção de padrões sustentáveis de produção e consumo de bens e serviços; emprego de tecnologias limpas; redução do volume e da periculosidade dos resíduos perigosos; incentivo à reciclagem industrial; gestão integrada dos resíduos sólidos; articulação entre as diferentes esferas do poder público e destas com o setor empresarial, com vistas à cooperação técnica e financeira para a gestão integrada de resíduos sólidos; capacitação técnica continuada; universalização da prestação dos serviços públicos de limpeza urbana e de manejo de resíduos sólidos.

Os principais instrumentos nos quais se apoia a política de resíduos são os planos de gestão integrada de resíduos sólidos; os inventários de resíduos; a coleta seletiva; os sistemas de logística reversa; o monitoramento e a fiscalização ambiental; o controle social; os incentivos fiscais, financeiros e creditícios; os acordos setoriais; os termos de compromisso e os termos de ajustamento de conduta; o incentivo à adoção de consórcios entre os entes federados.

A logística reversa é um instrumento para pôr em prática a responsabilidade compartilhada. Ela abrange um conjunto de ações, meios e procedimentos para que os resíduos retornem ao setor empresarial, para reaproveitamento, em seu ciclo ou em outros ciclos produtivos, ou outra disposição final ambientalmente adequada. A logística reversa e a responsabilidade compartilhada têm pontos em comum quando envolvem pessoas físicas, empresas privadas e o poder público. No ciclo da logística reversa, devem ser retornados os seguintes resíduos: pilhas e baterias; óleos lubrificantes (seus resíduos e embalagens); pneus; embalagens de agrotóxicos;

lâmpadas fluorescentes, de vapor de sódio e mercúrio e de luz mista; produtos eletroeletrônicos e seus componentes. Adicionalmente, foram identificados também como prioritários os medicamentos e as embalagens, em geral. A promoção da logística reversa deve ser realizada pelo governo por meio de acordos setoriais.

Dentre os instrumentos, cabe destacar também os planos de gestão integrada de resíduos sólidos, que devem ser elaborados em nível nacional, estadual e municipal. Os planos podem ser feitos separadamente ou atrelados ao Plano Municipal de Saneamento Básico, exigido pela Lei nº 11.445, de 2007, que estabelece diretrizes nacionais para o saneamento básico no país. Também são exigidos planos de gerenciamento para resíduos perigosos e resíduos que, por sua composição e volume, não se enquadram na categoria de resíduos sólidos urbanos, a exemplo dos resíduos de construção civil (RCC), agrossilvipastoril, portos e aeroportos.

Outros instrumentos que reforçam os aspectos de modernidade e de abrangência da política de resíduos são os incentivos fiscais, financeiros e creditícios e o controle social. Exemplos de ações podem ser: a desoneração fiscal para indústrias recicladoras e de reaproveitamento, a fim de reduzir impostos na cadeia produtiva de resíduos, uma vez que são pagos impostos duas vezes pelos produtos, durante sua fabricação e depois de reciclado; a adoção de ICMS ecológico para municípios que fazem a gestão adequada dos resíduos. O ICMS ecológico é a distribuição diferenciada do Imposto Sobre Circulação de Mercadorias e Serviços, por parte dos estados, de modo a premiar algumas atividades ambientalmente desejáveis, como, por exemplo, dispondo os resíduos adequadamente e executando a coleta seletiva.

O controle social é o conjunto de mecanismos e procedimentos que garantam à sociedade informações e participação nos processos de formulação, implementação e avaliação das políticas públicas relacionadas aos resíduos sólidos.

Para além do já disposto, a PNRS abrange novos aspectos atinentes à gestão de resíduos sólidos ao estabelecer uma ordem de prioridade com força legal na gestão e gerenciamento dos resíduos. Em uma sociedade orientada para a preservação ambiental, a primeira preocupação de qualquer setor, seja público ou privado, deve ser a de não gerar resíduos, observando a seguinte ordem de hierarquização: não geração – redução – reutilização – reciclagem – disposição final dos rejeitos.

A PNRS é um marco regulatório importante para a gestão de resíduos sólidos no Brasil e espera-se que este instrumento propicie um avanço significativo em todos os aspectos da gestão integrada de resíduos sólidos. Porém, há dificuldades de colocá-la em prática, haja vista os prazos estipulados para encerramento de lixões e elaboração dos planos de gestão, que não foram cumpridos.

Outros aspectos críticos consoantes à PNRS são a postergação da definição da obrigação dos fabricantes e comerciantes quanto à implantação da logística reversa, com a morosidade do estabelecimento dos acordos setoriais; a não efetivação da redução de impostos para empresas que exerçam a atividade de reciclagem; a omissão sobre a reciclagem de carros. Sabe-se que implementar as diretrizes e metas ensejadas pela política de resíduos é bastante desafiador e complexo. No entanto, espera-se que a gestão de resíduos evolua da situação atual para a realidade antevista pela lei.

10.7 Gestão integrada de resíduos

Gestão integrada de resíduos sólidos, conforme explicitado pela Política Nacional de Resíduos Sólidos brasileira, abrange um conjunto de ações voltadas para a busca de soluções para os resíduos sólidos, de forma a considerar as dimensões política, econômica, ambiental, cultural e social, com controle social e sob a premissa do desenvolvimento sustentável.

Para a implantação e operacionalização da gestão integrada, ações de gerenciamento devem ser executadas em diferentes níveis governamentais, de acordo com os planos municipais, estaduais e nacional de gestão integrada de resíduos sólidos. Tais planos devem priorizar o planejamento da gestão de resíduos, a fim de que as ações sejam executadas com base no diagnóstico da situação dos resíduos e com a proposição de cenários, metas, programas, projetos, ações, normas técnicas, instrumentos de controle e fiscalização, entre outros planos.

A gestão integrada de resíduos sólidos deve ser uma busca constante por aqueles que atuam nesse setor. Essa forma de gestão pressupõe que diferentes dimensões precisam ser avaliadas para que se possam obter menores impactos ambientais causados pelos resíduos, com maior eficiência e menores custos dos processos utilizados.

Quando não se consegue pôr em prática esse enfoque integrado, é comum se observar desperdício de recursos e de tempo em projetos que não são executados, implantação de tecnologias incompatíveis com a realidade de determinado local, ausência de políticas públicas que incentivem o setor, processos dispendiosos que agregam poucos resultados práticos, entre outras deficiências de gestão. A gestão integrada deve envolver ações normativas, operacionais, financeiras e de planejamento, as quais precisam estar articuladas e interligadas entre si.

- Ações normativas podem ser exemplificadas como a elaboração e aprovação de normas, regulamentos e leis que orientem a coleta de resíduos, a coleta seletiva, os procedimentos para licenciamento de áreas para disposição final de resíduos, a cobrança de taxas para os serviços de manejo de resíduos, os limites de poluentes permitidos para determinados tratamentos, entre outras.
- Ações operacionais envolvem a definição de quem são os prestadores de serviços de limpeza urbana, os serviços a serem terceirizados ou objetos de concessão, a aquisição de veículos e equipamentos para a limpeza urbana, a construção de instalações de tratamento e disposição final etc.
- Ações financeiras referem-se à captação de recursos para a execução dos serviços de limpeza urbana, como a existência ou não de cobrança de taxas para esses serviços, a forma de cobrança dessas taxas, a fonte de receitas dentro do orçamento municipal, a existência de linhas de financiamento para o setor etc.
- Ações de planejamento são importantes para permitir a melhoria contínua do sistema de gerenciamento dos resíduos sólidos. Incluem-se nessas ações aquelas relativas à identificação de deficiências no sistema, à definição de metas para melhoria na prestação dos serviços de limpeza urbana, ao desenvolvimento de programas para sensibilização da população quanto à sua participação no gerenciamento de resíduos, entre outras.

É preciso considerar, ainda, que todas essas ações são executadas em cenários sociais, culturais, econômicos, políticos e ambientais específicos de cada localidade, região e mesmo país, que favorecem ou limitam a sua efetividade.

Diante da grande variedade de ações que devem fazer parte de um sistema de gestão integrada de resíduos sólidos, quais devem ser as prioridades? Não existe uma resposta única a essa pergunta. Entretanto, a resposta deve levar em consideração quais processos serão utilizados, com qual prioridade serão implantados, quais as relações custo/benefício e as reduções dos impactos ao meio ambiente e à saúde.

Cabe avaliar o que já existe implantado nos municípios e a eficiência com que esses processos operam. Em seguida, deve-se identificar o que pode ser melhorado nos processos existentes, e quais novos processos a serem implantados agregam menores custos e tempo para implantação e operação com maiores ganhos ambientais e à sociedade.

É importante destacar o aspecto referente à ampliação da cobertura dos serviços relacionados com os resíduos. Uma das prioridades da gestão integrada de resíduos sólidos deve ser estender a prestação dos serviços a toda população e não apenas às áreas centrais de uma localidade.

Cumpre considerar, ainda, que o planejamento da gestão de resíduos sólidos deve estar alinhado com o planejamento urbano. Além de integradas entre si, todas as etapas do sistema de gestão de resíduos precisam estar integradas com a estrutura urbana onde estão inseridas.

Mesmo após a promulgação da Política Nacional de Resíduos Sólidos, a gestão integrada de resíduos sólidos ainda não é observada como uma das prioridades em grande parte dos municípios brasileiros. Percebe-se, muitas vezes, a existência apenas de ações de gerenciamento ligadas à coleta de resíduos, para evitar que se acumulem junto à população, e à sua disposição diretamente em um aterro.

Além das dificuldades já citadas, falta sensibilização por parte da população em relação às suas responsabilidades para com a gestão de resíduos: não descartar resíduos em espaços públicos, reduzir a geração de resíduos, reaproveitar materiais, optar por materiais recicláveis etc. Trata-se do princípio da causalidade, já adotado em alguns países, que atribui responsabilidades ao gerador pelos resíduos por ele gerados.

E você, o que faz para contribuir para a gestão integrada de resíduos sólidos?

EXERCÍCIOS DE FIXAÇÃO

1. A geração *per capita* de RSU é uma característica importante a ser conhecida no planejamento de um sistema de gestão de resíduos. Ela relaciona a quantidade de resíduos sólidos urbanos gerada diariamente e o número de habitantes de determinada localidade. Explique de que forma essa relação varia de acordo com PIB *per capita* do município.

2. A composição gravimétrica serve como base para muitas etapas de gestão de resíduos em uma localidade. Você acredita que haverá mudanças significativas na composição dos resíduos sólidos urbanos nos próximos dez, 25 ou 50 anos?

3. Quais são os elementos funcionais de um sistema de gestão de resíduos sólidos urbanos?

4. Obtenha informações sobre a infraestrutura para coleta seletiva, processamento e comercialização de sua região. O que pode ser feito para melhorar a infraestrutura existente?

5. O acúmulo de lixiviado e biogás na massa de resíduos pode levar a problemas na operação de um aterro sanitário. Indique dois componentes previstos em projetos de aterros sanitários utilizados com o objetivo de reduzir e/ou controlar a presença de cada um desses subprodutos.

6. Quais são os impactos ambientais decorrentes da má gestão dos resíduos de construção civil e dos resíduos de serviços de saúde?

DESAFIO

Identifique como são realizadas as etapas de coleta de resíduos, limpeza de logradouros públicos e disposição final de resíduos sólidos urbanos na sua cidade e avalie se elas atendem às exigências da Política Nacional de Resíduos Sólidos.

BIBLIOGRAFIA

AGÊNCIA NACIONAL DE VIGILÂNCIA SANITÁRIA. **Resolução RDC nº 306**, de 7 de dezembro de 2004. Dispõe sobre o Regulamento Técnico para o gerenciamento de resíduos de serviços de saúde. Brasília, DF: Anvisa, 2004.

AGOSTINHO, F. *et al*. Urban solid waste plant treatment in Brazil: Is there a net energy yield on the recovery materials? **Resources, Conservation and Recycling**, 73, 143-145, 2013.

ASSOCIAÇÃO BRASILEIRA DE NORMAS TÉCNICAS. **NBR 10004** - Resíduos Sólidos – Classificação. Rio de Janeiro, ABNT, 2004.

_____. **NBR 10005** - Procedimento para obtenção de extrato lixiviado de resíduos sólidos. Rio de Janeiro, ABNT, 2004.

_____. **NBR 10006** - Procedimento para obtenção de extrato solubilizado de resíduos sólidos. Rio de Janeiro, ABNT, 2004.

_____. **NBR 10007** - Amostragem de resíduos sólidos. Rio de Janeiro, ABNT, 2004.

_____. **NBR 11175** - Incineração de resíduos sólidos perigosos – Padrões de desempenho. Rio de Janeiro: ABNT, 1990.

ASSOCIAÇÃO BRASILEIRA DE EMPRESAS DE LIMPEZA PÚBLICA E RESÍDUOS ESPECIAIS. **Panorama dos resíduos sólidos no Brasil 2016**. São Paulo: ABRELPE, 2016.

BANCO NACIONAL DE DESENVOLVIMENTO ECONÔMICO E SOCIAL. **Análise das diversas tecnologias de tratamento e disposição final de resíduos sólidos urbanos no Brasil, Europa, Estados Unidos e Japão**. Pesquisa científica. BNDES, dez. 2013.

BRASIL. **Lei nº 12.305**, de 2 de agosto de 2010. Institui a Política Nacional de Resíduos Sólidos; altera a Lei nº 9.605, de 12 de fevereiro de 1998; e dá outras providências. **Diário Oficial [da] República Federativa do Brasil**, Seção I, 3 de ago. 2010.

BUSINESS COUNCIL FOR SUSTAINABLE DEVELOPMENT PORTUGAL. **Manual de ecoeficiência na vida das empresas**. BCSD Portugal, 2013.

CHIRICO, V. D. **Municipal waste treatment plants Zurich**. Zurich: Swiss Reinsurance Company, 1996.

COMPANHIA AMBIENTAL DO ESTADO DE SÃO PAULO. **Gestão de resíduos sólidos da cidade de São Paulo**. 2007. Disponível em: http://www.cetesb. sp.gov.br. Acesso em: 15 jul. 2017.

COMPANHIA MUNICIPAL DE LIMPEZA URBANA. **Caracterização gravimétrica e bacteriológica dos resíduos sólidos domiciliares recolhidos pela Comlurb no município do Rio de Janeiro**. Rio de Janeiro: Comlurb, 2014.

COMPROMISSO EMPRESARIAL PARA EMBALAGEM. **Pesquisa Ciclosoft 2016**. São Paulo: Cempre, 2016.

CONSELHO NACIONAL DO MEIO AMBIENTE. **Resolução nº 358**, de 29 de abril de 2005. Dispõe sobre o tratamento e a disposição final dos resíduos dos serviços de saúde e dá outras providências. Brasília, DF: Conama, 2005.

_____. **Resolução nº 316**, de 20 de novembro de 2002. Dispõe sobre procedimentos e critérios para o funcionamento de sistemas de tratamento térmico de resíduos. Brasília, DF: Conama, 2002.

_____. **Resolução nº 481**, de 3 de outubro de 2017. Estabelece critérios e procedimentos para garantir o controle e a qualidade ambiental do processo de compostagem de resíduos orgânicos.

CUSSIOL, N. A. M.; LANGE, L. C.; FERREIRA, J. A. Gerenciamento de resíduos de serviços de saúde. *In*: COUTO, R. C.; PEDROSA, T. M. G.; AMARAL,

D. B. do. (org.). **Segurança do paciente** – Infecção relacionada à assistência e outros eventos adversos não infecciosos: prevenção, controle e tratamento. Rio de Janeiro: Medbook, 2017, p. 513-578. v. 1.

D'ALMEIDA, M. L.; VILHENA, A. **Manual de gerenciamento integrado**. 2. ed. São Paulo: IPT/CEMPRE, 2000.

EIGENHEER, E. M.; FERREIRA, J. A.; ADLER, R. R. **Reciclagem**: mito e realidade. Rio de Janeiro: In Folio, 2005.

LANGE, L. C.; AMARAL, M. C. S. Geração e características de lixiviado. *In*: GOMES, L. P. (coord.). **Resíduos sólidos**. Estudos de caracterização e tratabilidade de lixiviados de aterros sanitários para as condições brasileiras. PROSAB 5 Programa de Pesquisa em Saneamento Básico. Rio de Janeiro: ABES, 2009.

MINISTÉRIO DA AGRICULTURA, PECUÁRIA E ABASTECIMENTO. **Instrução Normativa SDA nº 25**, de 23 de julho de 2009. Aprova as normas sobre as especificações e as garantias, as tolerâncias, o registro, a embalagem e a rotulagem dos fertilizantes orgânicos simples, mistos, compostos, organominerais e biofertilizantes destinados à agricultura. **Diário Oficial [da] República Federativa do Brasil**, Brasília, DF, Seção I, n. 173, 28 jul. 2009.

PLANO NACIONAL DE RESÍDUOS SÓLIDOS. **Versão preliminar para consulta pública**. Brasília, DF: MMA, 2011.

RUBERG, C.; SERRA, G. G. Destinação de resíduos sólidos domiciliares em megas cidades: Uma Análise de Município de São Paulo. **Revista Brasileira de Ciências Ambientais**, n. 8, 2007.

TCHOBANOGLOUS, G.; THEISEN, H.; VIGIL, S. **Integrated solid waste management** – Engineering principles and management issues. New York: McGraw-Hill, 1993.

UNIÃO EUROPEIA. **Directiva 1999/31/CE do Conselho**, 26 de abril de 1999. Relativa à deposição de resíduos em aterros. UE, 1999.

UNITED NATIONS. **Agenda 21** – Rio Declaration. New York: UN, 1992.

VERGARA, S.; TCHOBANOGLOUS, G. Municipal solid waste and the environment: a global perspective. **Annual Review of Environment and Resources**, 37, 277-309, 2012.

11

Geotecnia Ambiental

Maria Claudia Barbosa
Elisabeth Ritter
Michelle Matos de Souza

Este capítulo tem o objetivo de revelar os aspectos mais fundamentais da Geotecnia Ambiental. De forma sequencial, são apresentados o conceito de solo, suas partes constituintes e seus principais índices físicos, correspondendo a relações entre pesos e/ou volumes para representar o estado no qual determinado solo se encontra.

Aspectos de compactação do solo são comentados de forma a introduzir o solo como material de construção. O movimento da água no solo e as principais propriedades relacionadas com esse fluxo são apresentados, assim como as alterações provocadas nesse movimento quando da presença de contaminantes no solo.

Os principais mecanismos e processos de interação que ocorrem entre o solo e o contaminante são descritos, citando as causas e efeitos mais relevantes. Por fim, são apresentados de forma bem resumida alguns exemplos de aplicação da Geotecnia Ambiental, isto é, a disposição de resíduos e a remediação de áreas contaminadas.

11.1 Introdução

A Geotecnia é uma área tecnológica que combina a Engenharia Civil com a Geologia. Trata do entendimento e resolução de problemas de fundações de estruturas (prédios, pontes etc.), de movimentos de massa como erosão e deslizamentos de encostas, de construção e escavação em diferentes tipos de solo, inclusive em condições adversas (solos moles, colapsíveis e outros), e do uso do solo como material de construção, como em estradas e obras de terra. Como trabalha com interferências no ambiente geológico, precisa interagir com várias outras áreas do conhecimento para que as obras tenham êxito na sua finalidade e não causem danos.

A Geotecnia Ambiental aprofunda essa interação, ao se envolver mais diretamente com aplicações em obras que envolvem risco potencial para o ambiente e para a saúde humana, como a disposição de resíduos em terra, o controle do avanço da contaminação pelo subsolo (Fig. 11.1) e soluções para recuperação de áreas que já sofreram algum impacto, seja pela degradação do meio, seja por contaminação prévia. Para entender a contribuição da Geotecnia Ambiental na solução desses problemas, que são muito complexos, é preciso compreender que material é esse, o solo, a importância da água no seu comportamento, as mudanças que podem ocorrer quando há contaminação do meio e as implicações desse conhecimento sobre as aplicações práticas mencionadas, como na disposição de resíduos e na remediação de áreas contaminadas.

11.2 Conceito de solos

Os solos são resultantes da ação do intemperismo físico (desintegração) e químico (decomposição) sobre as rochas. A desintegração física pode ocorrer pela ação da água, dos ventos, das plantas e da temperatura. A decomposição química ocorre em razão da presença da água que se infiltra no solo (proveniente da chuva, neve, orvalho etc.) e que permite a ação química sobre os minerais presentes na rocha. Vários processos podem ocorrer: hidratação, hidrólise, troca de cátions, lixiviação, oxidação, carbonatação etc. potencializados pela presença da fauna e da flora. Normalmente, estes processos atuam de maneira simultânea e, conforme as condições locais e do clima, um poderá atuar mais fortemente do que o outro. Em climas quentes e úmidos, esta ação é mais intensa, produzindo camadas mais espessas de solo sobre a rocha de base, e com maior presença de óxidos e hidróxidos de ferro, alumínio e manganês.

Quanto ao processo de formação, os solos podem ser diferenciados em (Fig. 11.2):

- **solos residuais:** são os solos cujo processo de decomposição se deu no próprio local da rocha origi-

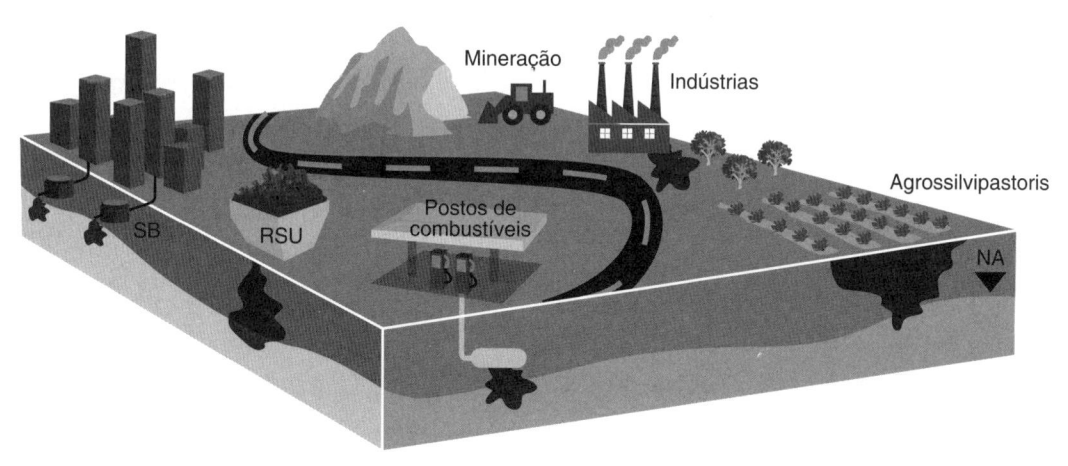

NA – nível d'água subterrânea; RSU – resíduos sólidos urbanos; SB – saneamento básico (representa contaminação provocada por vazamentos de esgotos domésticos); Indústrias – representa a contaminação provocada por uma atividade industrial.

FIGURA 11.1 Representação esquemática de algumas fontes de contaminação e do avanço pelo solo e água subterrânea. Fonte: Adaptada de BARBOSA *et al.* (2015), sobre desenho de Marafigo M.F.

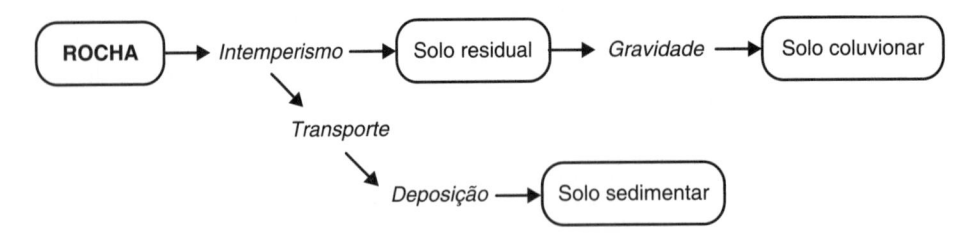

FIGURA 11.2 Representação esquemática dos processos de formação dos solos.

nal; forma-se um perfil de alteração com a profundidade, e o solo guarda uma relação direta com o material de origem.

- **solos coluvionares:** são aqueles transportados pela gravidade em deslizamentos de encostas; podem ocorrer como blocos de rocha de diversos tamanhos imersos em uma matriz de material particulado.
- **solos sedimentares:** são aqueles removidos e transportados pela água de chuva ou dos rios (aluvionares), ou pelo vento (eólicos), e depositados em outro local.

No Brasil, existe uma diversidade de solos em virtude da dimensão continental do país, com diferentes condições climáticas regionais e diferentes formações rochosas. Em razão de seu clima tropical úmido dominante, predominam os solos lateríticos ou latossolos, resultantes de um processo de intemperismo e lixiviação intenso, ricos em óxidos e hidróxidos de ferro e alumínio (chamados de *oxisoils*, na classificação internacional). Quando apresentam grande quantidade de matéria orgânica, formada pela decomposição de restos vegetais e animais, são chamados de solos orgânicos. Podem receber algumas denominações indicativas de um comportamento específico em resposta à entrada de água e à aplicação de cargas, que atendem ao campo da Engenharia Civil. Do ponto de vista agronômico, usa-se o sistema de classificação de solos da Empresa Brasileira de Pesquisa Agropecuária – Embrapa (EMBRAPA, 2006). Por essa classificação, os latossolos e os argissolos ocupam cerca de 60 % do território brasileiro.

Como o solo é constituído de partículas sólidas, estas deixam entre si os vazios que poderão estar parcial ou totalmente preenchidos por água. Portanto, pode-se dizer que se trata de um sistema particulado e poroso, formado por três fases: sólida, líquida e gasosa. A parte sólida é composta de sólidos minerais e/ou sólidos orgânicos, mais um fluido intersticial (água mais

ar), e também com a presença de microrganismos nas profundidades mais rasas.

A caracterização do solo compreende uma caracterização física, com descrição táctil-visual do solo, índices físicos e, para a Engenharia Ambiental, a composição mineralógica e a composição química da solução intersticial.

Uma característica importante dos solos refere-se ao tamanho dos grãos que compõem a parte sólida, também denominada granulometria. Os pedregulhos e areias são partículas de maior tamanho (fração granular), enquanto os siltes e argilas são partículas muito pequenas (fração fina), sendo usual a presença de vários tamanhos de partículas. A determinação da curva granulométrica (curva de distribuição dos tamanhos de grãos) de um solo é realizada mediante ensaios de peneiramento e sedimentação, já normalizados pela Associação Brasileira de Normas Técnicas (ABNT). A Tabela 11.1 apresenta a classificação e denominação

Tabela 11.1 Classificação para a granulometria dos solos

Fração	Limites definidos pela ABNT NBR 6502:1995
Matacão	de 200 mm a 1 m
Pedra de mão	de 60 mm a 200 mm
Pedregulho grosso	de 20 mm a 60 mm
Pedregulho médio	de 6,0 mm a 20 mm
Pedregulho fino	de 2,0 mm a 6,0 mm
Areia grossa	de 0,6 mm a 2,0 mm
Areia média	de 0,2 mm a 0,6 mm
Areia fina	de 0,06 mm a 0,2 mm
Silte	de 0,002 mm a 0,06 mm
Argila	Inferior a 0,002 mm

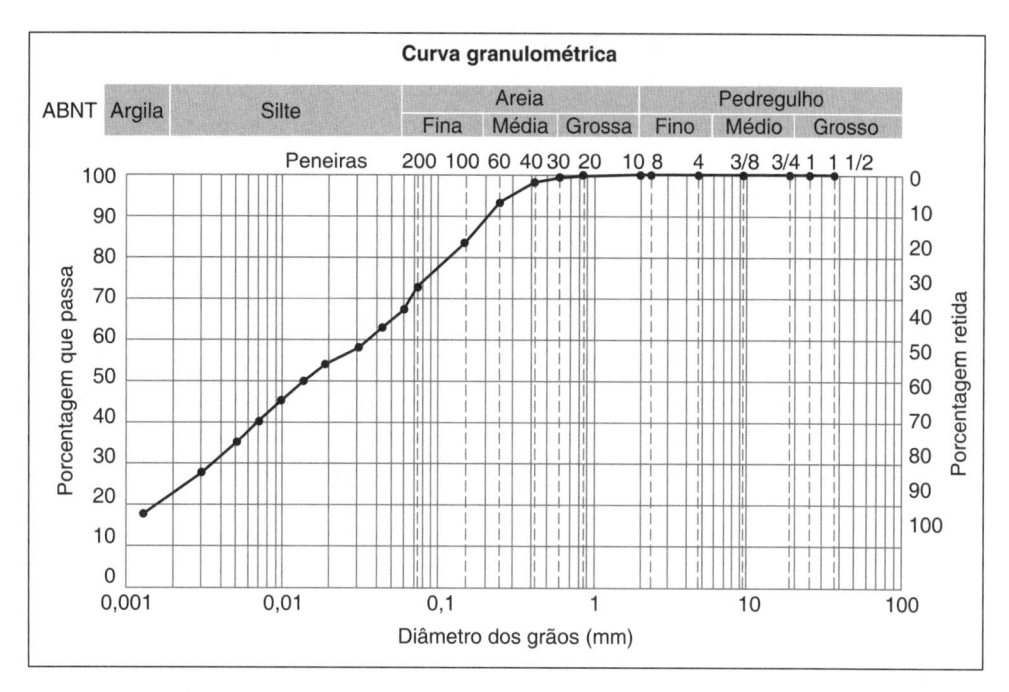

FIGURA 11.3 Exemplo de curva granulométrica: 22,6 % de argila, 44,4 % de silte, 21,8 % de areia fina, 10,4 % de areia média e 0,8 % de areia grossa (silte argiloso com areia fina e média).

adotadas pela ABNT NBR 6502:1995 para as várias faixas de tamanho. A Fig. 11.3 mostra a forma de apresentação de uma curva granulométrica.

Por ser um material trifásico, o comportamento do solo depende da quantidade relativa das fases sólida, líquida e gasosa, em termos de volume ou de peso, ou seja, o estado em que o solo se encontra. Os volumes estão representados na Fig. 11.4 e se referem ao volume de sólidos (V_s), volume de líquido (V_w) e volume de ar (V_a); em geral, os vazios (V_v) estão preenchidos por água e ar (solos não saturados) ou totalmente preenchidos por água (solos saturados). As partículas sólidas permanecem constantes (V_s), mas as quantidades de água e ar podem variar pela drenagem ou evaporação da água (V_w diminui e V_a aumenta) ou pela inundação (V_w aumenta e V_a diminui). O volume total (V_t) também pode variar pela compressão do solo (diminui) ou quando há expansão (aumenta).

A identificação do estado no qual o solo se encontra é usualmente realizada por meio do emprego de índices físicos, isto é, parâmetros definidos a partir de relações volume/volume; peso/peso; volume/peso.

Massa específica é a relação entre massa e volume, e geralmente expressa em t/m³, kg/dm³ ou g/cm³. A massa específica da água é considerada igual a 1 g/cm³.

O peso específico é o produto da massa específica pela aceleração da gravidade, que vale 9,81 m/s²

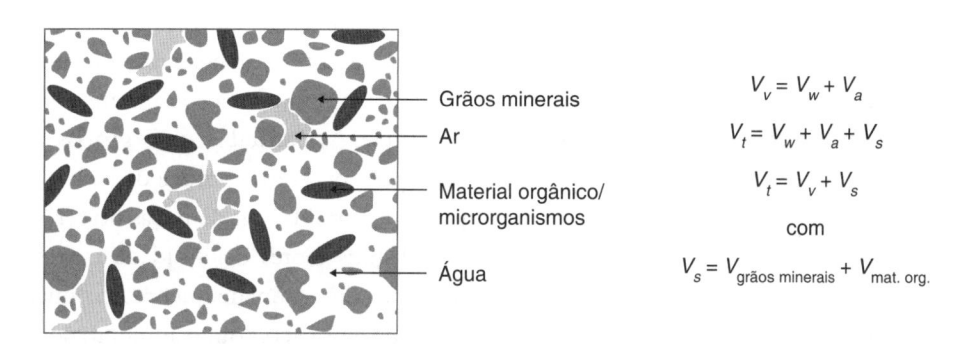

Grãos minerais
Ar
Material orgânico/microrganismos
Água

$$V_v = V_w + V_a$$
$$V_t = V_w + V_a + V_s$$
$$V_t = V_v + V_s$$
com
$$V_s = V_{\text{grãos minerais}} + V_{\text{mat. org.}}$$

FIGURA 11.4 Representação esquemática do solo.

(adotando-se, na prática, 10 m/s²). O peso específico da água, portanto, é adotado igual a 10 kN/m³.

A expressão densidade se refere à massa específica, e densidade relativa é a relação entre a densidade do material e a densidade da água a 4 °C, que é 1 g/cm³. Assim a densidade relativa tem o mesmo valor da massa específica, mas é adimensional.

Umidade (*w*) é a relação entre o peso de água e o peso seco dos sólidos. É determinada em laboratório, pesando o solo no estado natural e deixando secar em estufa (a 105 °C) por 24 horas, quando novamente é pesado. Os teores de umidade variam em função do tipo de solo, estando, em geral, entre 10 e 40 %; para argilas orgânicas, este valor pode chegar a 150 % ou ainda maior.

$$w = \frac{P_w}{P_s} \qquad (11.1)$$

A densidade relativa dos grãos (ou dos sólidos) (G_s) é uma característica dos sólidos, relação entre peso e volume. É medida em laboratório, indiretamente pelo princípio de Arquimedes, para cada solo. No entanto, ela varia pouco de solo para solo; os valores situam-se em torno de 2,65.

O peso específico natural (γ_n) é o peso total dividido pelo volume total. Quando não é conhecido, estima-se em 20 kN/m³. A variação se dá entre 17 e 21 kN/m³; para argilas orgânicas, o valor é mais baixo, em torno de 14 kN/m³.

$$\gamma_n = \frac{P_t}{V_t} \qquad (11.2)$$

O peso específico seco é a relação entre o peso de sólidos e o volume total.

$$\gamma_d = \frac{P_s}{V_t} \qquad (11.3)$$

Porosidade (*n*) é a relação entre o volume de vazios e o volume total; não se determina em laboratório; é calculada a partir da relação com outros índices; valores usuais entre 30 e 80 %.

$$n = \frac{V_v}{V_t} \qquad (11.4)$$

Está assim relacionado com o índice de vazios: $n = e / (1 + e)$.

Índice de vazios (*e*) é a relação entre o volume de vazios e o volume de sólidos; pode estar entre 0,5 e 1,5; para argilas orgânicas, pode chegar a 3 (o volume de vazios preenchido com água pode chegar a três vezes o volume de sólidos).

$$e = \frac{V_v}{V_s} \qquad (11.5)$$

Grau de saturação (*S*) é a relação entre o volume de água e o volume de vazios; o solo totalmente saturado tem valor de $S = 100$ %.

$$S = \left(\frac{V_w}{V_v}\right) \times 100 \qquad (11.6)$$

Algumas correlações entre esses índices podem ser obtidas muito facilmente e são muito úteis:

$$\gamma_d = \frac{\gamma_n}{(1+w)} \qquad (11.7)$$

$$\gamma_d = \frac{\gamma_s}{(1+e)} \qquad (11.8)$$

$$\gamma_t = \left(\frac{1+w}{1+e}\right) \times G_s \times \gamma_w \qquad (11.9)$$

$$G_s \times w = S \times e \qquad (11.10)$$

Portanto, como os solos geralmente apresentam uma combinação de fração grossa e fração fina, só a distribuição granulométrica não caracteriza bem o comportamento do solo. A forma das partículas também pode variar. Os grãos da fração granular podem ter partículas angulosas ou arredondadas. A fração fina é, em geral, constituída por partículas lamelares (em que a espessura é muito menor do que a largura). A presença ou adição de água confere aos solos propriedades especiais. A fração fina geralmente apresenta plasticidade, que será maior ou menor, dependendo do teor de umidade e de sua composição química e mineralógica. Essa propriedade está relacionada com a ligação entre a água e as partículas, por forças de natureza físico-química de superfície. As partículas mais grossas (fração granular) não apresentam essa propriedade. É a plasticidade que permite a moldagem de peças de cerâmica com argila.

Alguns teores de umidade correspondem a uma mudança de estado: de quebradiço, quando muito seco, passando a plástico, com o aumento do teor de umidade, até passar a se comportar como um fluido viscoso (estado líquido). O cientista sueco Albert Atterberg (1846-1916), com especialidades em química e agricultura, definiu os limites de Atterberg: limites de liquidez (LL) e limite de plasticidade (LP). Posteriormente, o engenheiro civil norte-americano Arthur Casagrande (1902-1981) adaptou para a Mecânica dos Solos a determinação desses limites. Estes índices são determinados por meio de ensaios (ABNT NBR 6459:2016 e 7180:2016). Eles identificam as umidades limites entre o estado quebradiço para plástico (LP) e entre plástico e líquido (LL). O índice de plasticidade (IP) é a diferença entre LL e LP. Os solos são misturas de fração grossa e fração fina em diferentes proporções, e a plasticidade do solo será determinada pela fração fina (quantidade e mineralogia). Solos granulares (com porcentagem muito pequena ou ausência de finos) são não plásticos, como as areias.

O comportamento do solo depende também de sua estrutura, isto é, do arranjo ou disposição dos grãos e/ou partículas, e de como as partículas mais finas estão distribuídas. A estrutura dos solos naturais é consequência de todos os processos a que o solo já foi submetido até o momento, é como o produto de sua história.

Em razão da grande diversidade dos solos, é necessário que haja uma designação que seja entendida por todos. Para isto, existem alguns tipos de classificação. Em Engenharia, é muito utilizado o Sistema Unificado de Classificação dos Solos (SUCS). Este sistema é adotado internacionalmente e encontra-se normalizado em uma norma da *American Society for Testing and Materials* (*ASTM*) (D2487/1983), tendo sido desenvolvido a partir de uma proposta do engenheiro Arthur Casagrande, em 1948. Ele conjuga a curva granulométrica com a determinação dos limites de Atterberg. Existe também um sistema brasileiro de classificação MCT (Miniatura, Compactado, Tropical), desenvolvido pelos engenheiros Job Shuji Nogami (1925-2010) e Douglas Fadul Villibor, de São Paulo, na década de 1970, para contemplar particularidades dos solos lateríticos que não são bem representadas no sistema internacional. Para melhor entendimento, consultar Souza Pinto (2006).

11.3 Solo como material de construção

Os solos são usados como material de construção em aterros construídos para diversas finalidades: em barragens de terra, em preenchimento de muros de arrimo, em pavimentos rodoviários e ferroviários e em barreiras de proteção da fundação de aterros para disposição de resíduos. Em todas estas obras são utilizados nos aterros e pavimentos solos com fração fina significativa. Solos granulares (areias, pedregulhos), isentos de finos, são usados em sistemas de drenagem nestas mesmas obras.

A utilização dos solos como material de construção requer um procedimento prévio de estabilização da estrutura, que, em geral, ocorre por meio de um processo de densificação. No caso dos solos com teor de finos relevante, esse procedimento é realizado no campo por meio de um rolo compactador (Fig. 11.5a) ou, dependendo do tamanho do local, pode ser mediante um soquete manual (Fig. 11.5b). O termo densificação é utilizado para materiais exclusivamente granulares, em geral adotando um procedimento vibratório, enquanto o termo compactação é usado para solos com maior presença de finos (como mostrado na Fig. 11.5).

A compactação visa aumentar o contato entre grãos, tornando o solo mais resistente e menos compressível. Ocorre, portanto, uma redução do índice de vazios, o que reduz a possibilidade de recalques no futuro. A compactação também acarreta uma diminuição da permeabilidade do solo, propriedade importante nas obras de barragens e barreiras de proteção. Estas obras estarão sujeitas à passagem de água ou líquidos contaminados através dos maciços ou barreiras executadas.

Esta metodologia foi desenvolvida pelo engenheiro norte-americano Ralph Proctor (1894-1962), em 1933, na execução de aterros. Ele verificou que, tendo sido aplicada determinada energia de compactação,[1] a massa específica resultante é produto da umidade em que o solo estiver. Quando o solo está muito seco, ocorre muito atrito entre as partículas e não se reduzem os vazios. Quando o solo está mais úmido, a água lubrifica o contato, permitindo um deslizamento das partículas e formando um conjunto mais compacto, mas existe um limite. Foi verificado que, para cada energia aplica-

---

[1] No campo, definida pelo número de passadas do equipamento, e no laboratório, pelo número de golpes de um soquete no solo dentro de um molde com dimensões definidas.

FIGURA 11.5 Exemplos de compactação de solos argilosos no campo: (A) compactação com rolo compactador, após espalhamento e umedecimento; (B) compactação com compactador tipo sapo mecânico.

da, existe determinado teor de umidade onde a massa específica é máxima; este é o teor de umidade ótima, que varia de solo para solo. Este ensaio é conhecido como ensaio de Proctor (ABNT NBR 7182:1988), cuja curva típica de resultado está apresentada na Fig. 11.6, mostrando os resultados obtidos por Ritter, em 1988. É usual chamar o ramo esquerdo da umidade ótima (ponto máximo de curvatura) de ramo seco e o

outro, de úmido. Verifica-se que, aumentando o teor de umidade acima da umidade ótima, a massa específica não aumenta mais do que a massa específica máxima, e que o grau de saturação também não alcança 100 %, ou seja, o solo compactado é não saturado. O ensaio de Proctor tem curvas típicas em função da composição do solo. A Fig. 11.7 apresenta as curvas de três solos brasileiros, um arenoso e dois argilosos.

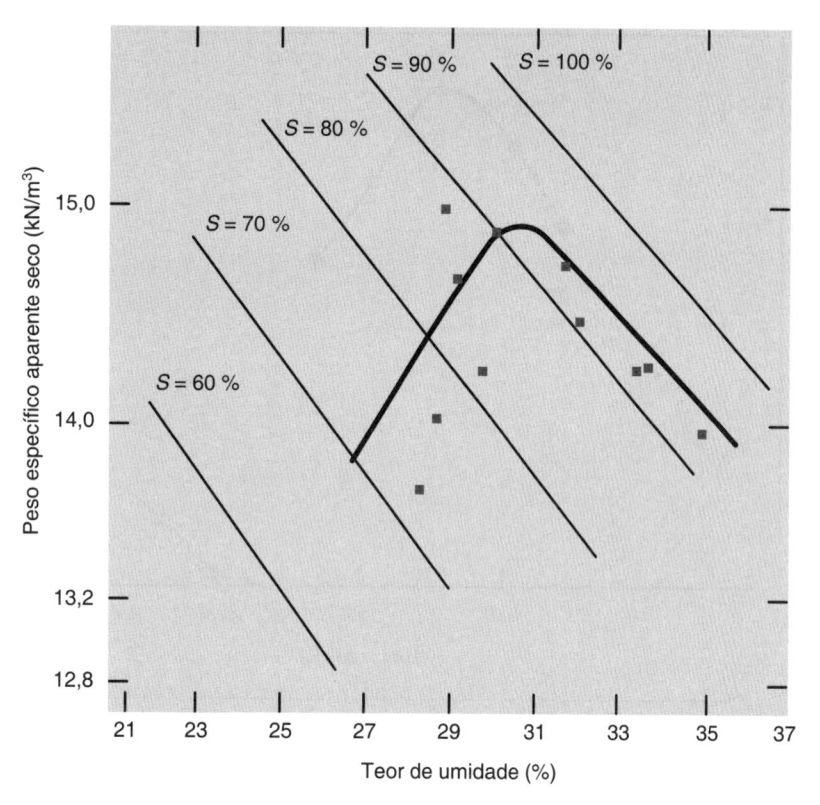

FIGURA 11.6 Exemplo de curva de compactação obtida em laboratório.

Os resultados obtidos no laboratório são usados para definir a condição de projeto e de construção no campo. Para a fiscalização da qualidade da construção, é aplicado um limite de tolerância aceitável, por exemplo, que o peso específico seco fique no intervalo $\gamma_{dm\acute{a}x}$ $\pm$ 5 % e a umidade final, no intervalo $\omega_{ot} \pm 2$ %. Este controle é feito por medições com instrumentos no local ou por coleta de pequenas amostras e medição em laboratório móvel.

11.4 Fluxo e permeabilidade

Como já apresentado na Seção 11.2, a água ocupa parte do volume dos poros do solo. Na existência de um diferencial de potencial, essa água pode migrar ou se deslocar no interior da massa de solo de pontos de alta energia para pontos de baixa energia. O movimento ou fluxo da água em subsuperfície é de interesse de várias áreas da Engenharia, como, por exemplo, para a Engenharia Agronômica, em estimar a quantidade de água que se infiltra no solo a partir de dados de precipitação para calcular volumes de irrigação; para a Engenharia Civil, em estimar os recalques que ocor-

rem no solo após ser carregado e após a expulsão da água dos poros do solo; para o Engenheiro Geotécnico, nos estudos de estabilidade de taludes; para o Geólogo, em problemas envolvendo o bombeamento de águas subterrâneas. Assim, é muito importante compreender e estimar o movimento da água nos poros interligados existentes entre as partículas sólidas do solo.

A pressão da água nos poros do solo é medida em relação à pressão atmosférica. Assume-se que o nível no qual a pressão da água é atmosférica (ou seja, pressão relativa nula) corresponde à superfície freática, também denominada superfície do lençol d'água subterrâneo. Abaixo do nível d'água admite-se que o solo esteja completamente saturado de água (grau de saturação = 100 %). A porção do solo localizada abaixo da superfície freática é denominada zona saturada do solo. Já a porção do solo situada acima da superfície freática e abaixo do nível do terreno é denominada zona não saturada do solo ou zona vadosa (Fig. 11.8). A água presente nos poros do solo acima da superfície freática pode estar sujeita a pressões negativas, isto é, abaixo da pressão atmosférica, normalmente associadas à capilaridade. Os vazios do solo quando muito pequenos assemelham-se a tubos capilares.

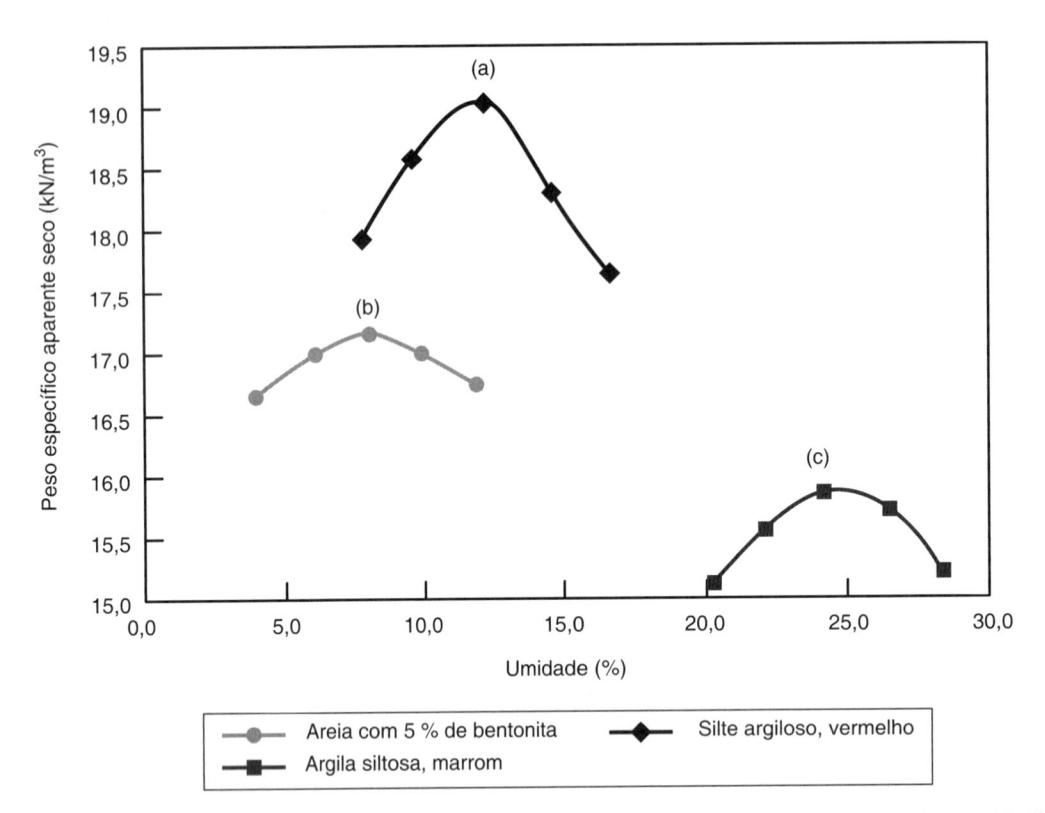

FIGURA 11.7 Exemplos de curva de compactação de solos com diferentes granulometrias e mineralogias: (a) silte argiloso, vermelho ($\gamma_{dmáx}$ = 19,08 kN/m³; ω_{ot} = 12,2 %); (b) areia com 5% de bentonita ($\gamma_{dmáx}$ = 17,18 kN/m³; ω_{ot} = 8,0 %); (c) argila siltosa, marrom ($\gamma_{dmáx}$ = 15,82 kN/m³; ω_{ot} = 24,2 %).

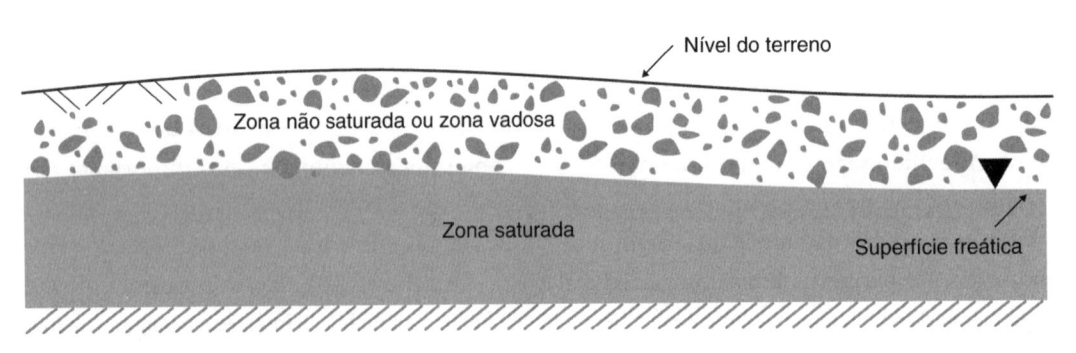

FIGURA 11.8 Zonas não saturada e saturada de um solo.

Quanto menor o tamanho dos poros, mais altos serão os tubos capilares e maior será a altura de ascensão da água acima da superfície freática. A ascensão capilar tende a ser irregular por causa da variação aleatória do tamanho dos poros interconectados de um solo.

Na zona saturada, ou seja, abaixo da superfície freática, a água presente nos poros pode encontrar-se estática (a pressão hidrostática dependerá da coluna d'água acima da profundidade considerada) ou estar percolando entre os vazios interconectados do solo em razão de um gradiente hidráulico, que é a situação usu-

al de fluxo da água subterrânea. Experimentalmente, o engenheiro francês Henry Darcy (1803-1858) verificou, em 1856, que a vazão da água através de um solo completamente saturado poderia ser calculada, em uma dimensão (1D), de acordo com a equação linear que ficou conhecida pelo seu nome (lei de Darcy):

$$Q = k \times i \times A \qquad (11.11)$$

em que Q = volume de água que flui por unidade de tempo (m³/s); i = gradiente hidráulico, que corresponde à razão da carga hidráulica que se dissipa na percolação pela distância ao longo da qual essa carga se dissipa (m/m); A = área da seção transversal de solo por onde ocorre o fluxo (m²); k = uma constante para cada solo, que recebe o nome de coeficiente de permeabilidade (m/s), também conhecida como condutividade hidráulica.

A equação é válida para condições de fluxo laminar, isto é, para fluxo não turbulento, usual em solos.

A partir da lei de Darcy (Eq. 11.11) é também possível determinar a velocidade de descarga ou velocidade de Darcy (v), correspondente à velocidade macroscópica média aparente definida como a quantidade de água que flui em uma unidade de tempo por meio de uma seção unitária do solo perpendicular à direção do fluxo (Eq. 11.12).

$$v = \frac{Q}{A} = ki \qquad (11.12)$$

Em escala microscópica, a água que percola no solo segue um caminho tortuoso entre as partículas sólidas, ou seja, apenas através dos poros. Essa velocidade real média de percolação da água (v') pode ser obtida a partir da velocidade de Darcy (v), conforme a Eq. 11.13.

$$v' = \frac{v}{n} \qquad (11.13)$$

com n sendo a porosidade do solo definida na Seção 11.2 deste capítulo. Caputo (2000) apresenta os detalhes para a obtenção dessa relação.

A condutividade hidráulica (ou coeficiente de permeabilidade) que aparece na Eq. 11.11 indica a velocidade média aparente da água no solo quando o gradiente hidráulico é unitário. O valor da condutividade hidráulica dos solos depende de vários fatores, tais como: a viscosidade do fluido e a distribuição do tamanho dos poros, que, por sua vez, está relacionada com a distribuição do tamanho das partículas, com a forma das partículas e com a estrutura do solo. Em geral, quanto menor o tamanho das partículas, menor o tamanho médio dos poros e a condutividade hidráulica. Portanto, o valor da condutividade hidráulica (k) varia muito entre diferentes solos. Na Tabela 11.2, são apresentados alguns valores típicos para solos saturados.

É importante destacar que o valor da condutividade hidráulica irá depender da estrutura em que o solo se

Tabela 11.2 Valores típicos de condutividade hidráulica de solos saturados

Tipo de solo	k (m/s)
Areias grossas	10^{-3}
Areias médias	10^{-4}
Areias finas	10^{-5}
Areias argilosas	10^{-7}
Siltes	$10^{-6} - 10^{-9}$
Argilas	$< 10^{-9}$

Fonte: Sousa Pinto (2006).

encontra. Solos residuais em seu estado natural podem ter macroporos e apresentar $k = 10^{-5}$ m/s. Se este solo for retirado mecanicamente, e tiver a sua estrutura original desfeita, quando for recolocado com o mesmo índice de vazios, a condutividade hidráulica terá valor menor, da ordem de 10^{-7} m/s. E se este mesmo solo for compactado na condição da umidade ótima, com massa específica máxima, o valor da condutividade hidráulica pode ficar entre $k = 10^{-8}$ m/s e $k = 10^{-9}$ m/s.

Outro fator determinante da condutividade hidráulica refere-se às propriedades do fluido que permeia o solo. Para obras ambientais, por exemplo, a presença de contaminantes na água ou outros fluidos preenchendo os poros do solo pode interferir nos valores da condutividade hidráulica. Os processos de interação do solo e contaminante é assunto que será discutido na próxima seção deste capítulo. De acordo com a Eq. 11.14 apresentada a seguir, a condutividade hidráulica (k) pode ser obtida por meio da permeabilidade absoluta, também denominada permeabilidade intrínseca (K), conhecendo-se o peso específico (γ) e a viscosidade dinâmica (μ) do fluido que percola nos poros do solo. A permeabilidade intrínseca (K) é expressa em unidades de área (m²).

$$k = \frac{\gamma_{\text{fluido}}}{\mu_{\text{fluido}}} K \qquad (11.14)$$

A condutividade hidráulica de solos saturados pode ser determinada experimentalmente em laboratório ou em campo. Em laboratório, são, em geral, empregados permeâmetros e os ensaios podem ser realizados à carga constante (utilizando o mesmo valor de gradiente hidráulico durante todo o ensaio) ou à carga variável (método adotado para solos com maior teor de finos e menores valores esperados de permeabilidade). Em campo, a condutividade hidráulica saturada pode ser determinada a partir de ensaios de bombeamento e recuperação em poços. Sousa Pinto (2006) e Caputo (2000) são algumas das referências em que pode ser encontrada uma descrição mais completa dos ensaios e métodos para determinação da condutividade hidráulica saturada.

É importante saber que a condutividade hidráulica varia com o grau de saturação do solo. O grau de saturação reflete a fração de volume dos poros ocupados por um dado fluido. A condutividade hidráulica de solos não saturados é sempre menor do que a de solos saturados, e aumenta com o grau de saturação. A determinação da condutividade hidráulica de solos não saturados pode ser de grande interesse para estudos ambientais, como, por exemplo, no estudo da percolação/ infiltração de contaminantes na zona vadosa do solo; para estudos de agronomia, como, por exemplo, para determinar as taxas de irrigação e volumes de água disponíveis para as plantas; para projetos de drenagem etc. No contexto de solos não saturados, costuma-se utilizar outro parâmetro denominado permeabilidade relativa. A permeabilidade relativa é uma função da saturação e uma propriedade extremamente importante no estudo de fluxo(s) multifásico(s), ou seja, quando o escoamento ocorre com a presença de vários fluidos não miscíveis, incluindo o ar. Maiores informações a respeito da condutividade hidráulica em solos não saturados podem ser encontradas em Barbosa *et al.* (2015).

11.5 Interação solo-contaminante. Causas e efeitos

Em Engenharia Ambiental, a principal preocupação consiste em prever, com razoável precisão, o avanço com o tempo do contaminante ao longo do solo. As espécies químicas se movem pelos poros interligados ou por caminhos preferenciais de percolação, como trincas e fissuras, tanto transportadas pela água em movimento sob gradiente hidráulico (advecção) quanto por meio da água sob gradiente de concentração química (difusão),

neste último caso independentemente do movimento da água. Os dois mecanismos podem ocorrer de forma simultânea.

Nesta trajetória pelos poros do solo, as espécies químicas introduzidas na água entram em contato com outras espécies químicas presentes na solução original, e também, com as partículas sólidas minerais e/ ou de matéria orgânica. A água dos poros dos solos é, na verdade, uma solução eletrolítica (contém íons em solução), cuja composição original é resultante de uma condição de equilíbrio com as partículas sólidas. Tanto os minerais quanto a matéria orgânica apresentam atividade físico-química, ou seja, interagem com o fluido circundante, seja água ou ar. Quando novas espécies químicas se introduzem no meio, causam um desequilíbrio químico que irá desencadear uma série de reações entre as três fases do solo, para alcançar uma nova condição de equilíbrio. Este conjunto de reações constitui o processo de interação solo-contaminante. Neste processo, ocorrem alterações tanto na forma de ocorrência química das espécies presentes (originais e introduzidas) quanto nos sólidos minerais e orgânicos. As alterações podem acarretar mudanças no arranjo das partículas, e, em alguns casos, até mesmo mudanças na composição química e mineralógica. Além disso, algumas reações implicam transferência da espécie química entre as fases líquida e sólida do solo, como é o caso nas reações de precipitação: a espécie sai da solução (fase líquida) e passa a fazer parte da fase sólida. Do ponto de vista do contaminante, o processo de interação com o solo pode significar a sua transferência de uma fase do solo para outro (fase líquida ↔ fase sólida); a alteração da forma química de ocorrência da espécie (reações ácido-base, reações de oxirredução); a redução da concentração de moléculas livres da espécie na solução intersticial (formando complexos ou compostos solúveis); ou, simplesmente, a variação da velocidade de avanço da espécie através do solo.

Os dois efeitos, no solo e no contaminante, podem mudar as propriedades do solo, como, por exemplo, o coeficiente de permeabilidade e, consequentemente, alterar a taxa de avanço da contaminação. O diagrama da Fig. 11.9 ilustra este conceito.

Consequentemente, na Geotecnia Ambiental, além dos parâmetros do solo citados na Seção 11.2, é necessário conhecer a composição mineralógica,

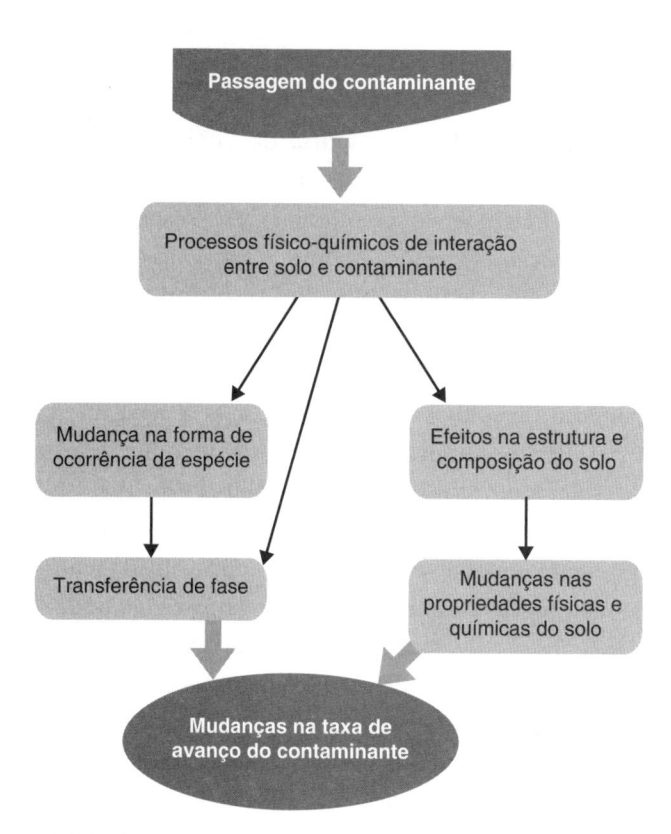

FIGURA 11.9 Diagrama do processo de interação solo-contaminante e seus efeitos.

as características físico-químicas e a composição química da solução intersticial original, pois todos esses constituintes do solo podem reagir com os contaminantes. É importante conhecer também a concentração eletrolítica, o pH e o potencial redox (E_h) da solução intersticial.

As características físico-químicas do solo são determinadas pela composição mineralógica, mas também são influenciadas pela distribuição granulométrica, grau de saturação e estrutura (arranjo das partículas). Os parâmetros físico-químicos da fase sólida do solo mais relevantes são o pH, a capacidade de troca catiônica (CTC), o ponto de carga zero (PCZ) para solos tropicais e a composição do complexo trocável. Todos estes parâmetros podem ser determinados por métodos apresentados no *Manual de Métodos de Análise de Solo* da Embrapa (1997), além de outros que podem se mostrar indispensáveis em alguns casos práticos. Para entender o que significam, é preciso ter pelo menos uma ideia da mineralogia dos solos.

O solo tem sua parte sólida composta de sólidos minerais e sólidos orgânicos. Os sólidos minerais são compostos por *minerais primários* e por *argilominerais*, e os sólidos orgânicos pela matéria orgânica.

Os *minerais primários* mais frequentes nos solos brasileiros são os silicatos, como o quartzo (estrutura cristalina muito estável), as micas e os feldspatos (minerais silicatados, facilmente intemperizados), e os óxidos, sobretudo os de ferro como a hematita e a goethita, e de alumínio como a gibsita. Também podem ser encontrados carbonatos, como a calcita, e sulfatos, como a gipsita, que podem apresentar solubilização significativa em água, sulfetos como a pirita (FeS_2), conhecida como "ouro dos tolos" pela coloração dourada, e outros menos frequentes. Para conhecer melhor o assunto, é interessante consultar o livro organizado por Teixeira *et al.* (2009).

No entanto, os *argilominerais* são os mais importantes para a Geotecnia Ambiental. Os minerais argílicos são um subproduto do intemperismo, ou seja, resultam da alteração de minerais primários durante o processo. Eles pertencem ao grupo dos filossilicatos (ao qual também pertencem as micas e os feldspatos), que se caracterizam por uma estrutura cristalina lamelar, resultante da combinação de blocos ou unidades cristalinas. As unidades cristalinas são tetraedros de sílica e octaedros de alumina, que se combinam de diferentes formas, dando origem aos diferentes argilominerais.

A particularidade de interesse dos argilominerais reside na ocorrência do fenômeno da substituição isomórfica, que consiste na substituição parcial dos cátions originais das unidades cristalinas por outros que não aqueles da estrutura ideal, durante a sua formação. Esta substituição gera um desequilíbrio de cargas elétricas na partícula, que, em geral, se torna eletricamente negativa, e para neutralizar essa carga, outros cátions são adsorvidos nas superfícies das partículas ou nos espaços interlamelares em alguns minerais. O conjunto dos cátions adsorvidos para neutralizar a carga é designado como *complexo trocável do solo*, já mencionado anteriormente. Como estes cátions estão ligados às partículas por forças de atração eletrostática, que são muito fracas, eles são facilmente trocados por outros cátions que sejam introduzidos na água dos poros. Este mecanismo é designado *troca catiônica*, e a quantidade total de carga que pode ser trocada pelas partículas é expressa pelo parâmetro *capacidade de troca catiônica* (CTC), expresso em centimol de carga por massa seca de solo ($cmol_c/kg$).

Este comportamento torna os argilominerais particularmente interessantes, pois metais pesados, por exemplo, podem ter seu avanço significativamente retardado ou mesmo interrompido ao serem adsorvidos pelas partículas da argila, liberando em seu lugar íons menos perigosos como sódio, potássio, cálcio e magnésio.

A Tabela 11.3 resume os argilominerais de maior interesse por serem mais frequentes nos solos brasileiros, com algumas propriedades com base na literatura. Apesar de não constar na tabela, a bentonita é o nome comercial de um material composto basicamente de montmorilonita, que pertence ao grupo das esmectitas. Possui uma característica física muito particular: expande várias vezes o seu volume quando em contato com a água. Essa propriedade a torna muito útil como fluido de perfuração de poços, por exemplo. Como os solos são uma combinação de diferentes minerais, os parâmetros do solo diferem dos valores para os minerais puros. Os três primeiros minerais na Tabela 11.3 (ilita, caulinita e esmectitas) são os mais frequentes em solos brasileiros, sobretudo a caulinita. O parâmetro PCZ existe apenas para aqueles minerais que têm a carga de superfície variável com o pH do solo. Assim, quando o pH < PCZ, o mineral tem maior capacidade de adsorção de ânions do que de cátions, e vice-versa, quando pH > PCZ, a capacidade de adsorção de cátions aumenta (CTC aumenta). Como mostrado na Tabela 11.3, esse parâmetro é significativo na prática somente para a caulinita, já que os solos no Brasil apresentam em geral pH entre 4 e 8. Cabe observar, no entanto, que os óxidos (hematita, goethita etc.) também têm esta propriedade e os valores de PCZ são bem mais altos (entre 7 e 8).

Para entender a relação entre a troca iônica e os efeitos sobre a estrutura e as propriedades do solo, é interessante conhecer a teoria da dupla camada de Gouy-Chapman, proposta, em 1910-1913, para um sistema heterogêneo de coloides em suspensão em uma solução eletrolítica. Como as partículas de argila são partículas de dimensão coloidal e com característica semelhante aos coloides do modelo teórico, essa teoria tem sido aplicada para interpretar o comportamento de solos argilosos em relação à água intersticial. Para a compreensão da teoria, recomenda-se a consulta a um dos livros de Mitchell (1976, 1993) ou Mitchell e Soga (2005). Souza Pinto (2006) também apresenta uma breve descrição. A dupla camada representa a região vizinha à superfície da partícula onde a concentração de cátions é maior do que a de ânions em razão das forças de atração eletrostática, e onde a água não é móvel como na porção central dos poros, que é chamada de "água livre" (MITCHELL, 1976, 1993). Assim, a "partícula" de argila em relação ao fluxo é, na verdade, o conjunto partícula sólida + dupla camada, que é chamado de *micela* (Fig. 11.10).

Em síntese, por esta teoria, a maior ou menor aproximação das partículas coloidais entre si é uma função do equilíbrio entre as forças de atração e de repulsão atuantes entre as partículas. Quando as forças de repulsão diminuem, as partículas se aproximam (diminuição da "espessura" da dupla camada), formando aglomerados e aumentando os poros de água livre (floculação). Quando as forças de repulsão crescem, as partículas se afastam e o inverso ocorre: dispersão e diminuição dos poros de água livre. Na estrutura floculada, a permeabilidade aumenta em relação à estrutura dispersa.

Tabela 11.3 Principais argilominerais e algumas propriedades de interesse

Argilomineral	Fração do solo	CTC (cmolc/kg)	PCZ
Ilita	Argila	10 – 40	–
Caulinita	Silte e argila	3 – 15	4,0 – 5,0
Esmectitas	Argila	80 – 150	2,5
Vermiculita	Argila	100 – 210	–

Fonte: Adaptada de CARVALHO *et al.* (2015) e MITCHELL (1993).

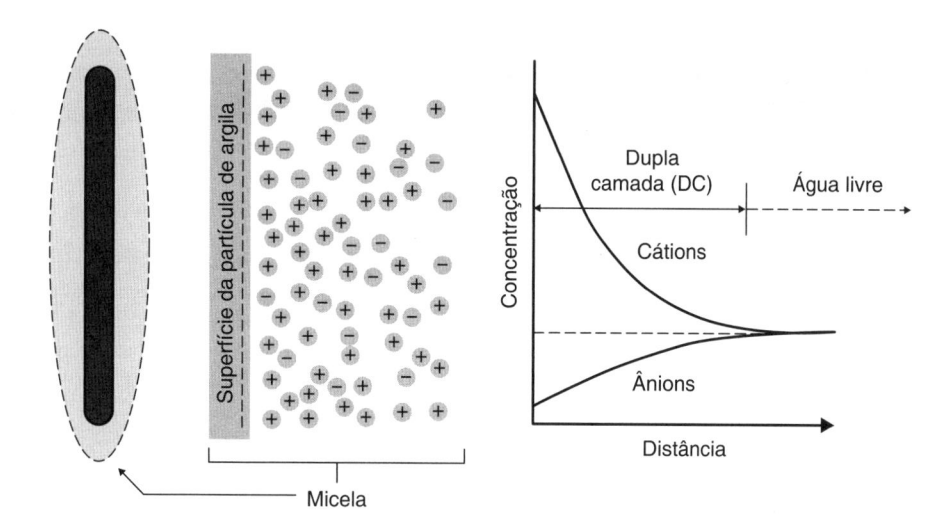

FIGURA 11.10 Representação esquemática da dupla camada e da micela, segundo a teoria de Gouy-Chapman.

Os efeitos de maior interesse para entender os mecanismos de interação solo-contaminante são:

- O aumento da concentração eletrolítica (salinidade) da solução intersticial do solo acarreta a floculação, e vice-versa. Por exemplo, em ambientes marinhos, as argilas floculam, e, em água doce, dispersam. A permeabilidade do solo com água salgada é maior do que com água doce.
- A troca de cátions monovalentes por di ou trivalentes causa a contração da DC, e vice-versa. Por exemplo, a troca de íons sódio por íons cálcio causa floculação, e o contrário causa dispersão.
- A diminuição da constante dielétrica da solução intersticial acarreta a contração da DC e, portanto, a floculação. A água é o líquido com a maior constante dielétrica ($\varepsilon = 80$). Os líquidos orgânicos têm constante dielétrica bem inferior, como o etanol ($\varepsilon = 25$) e o benzeno ($\varepsilon = 2,3$). Assim, quando ocorre a contaminação por líquidos orgânicos, como gasolina ou óleo diesel, por exemplo, há uma floculação significativa das partículas de argila, e a permeabilidade aumenta em algumas ordens de grandeza (pode chegar a cinco em alguns casos, ou seja, até 100.000 vezes).
- Embora não contemplada na teoria de Gouy-Chapman, o pH também tem grande influência no arranjo das partículas. Em geral, pH ácido favorece a floculação e pH alcalino favorece a dispersão.

Além desses efeitos sobre a estrutura e a permeabilidade do solo, vários outros mecanismos de interação solo-contaminante ocorrem frequentemente na prática: reações de precipitação-dissolução (ou solubilização); reações de oxidação-redução; reações ácido-base; reações de complexação/quelação; sorção-dessorção (troca iônica); e a biodegradação.

A sorção é o termo usado para designar todos os mecanismos que envolvem a transferência generalizada do soluto da fase líquida para a superfície das partículas sólidas. Dessorção é o processo inverso. A biodegradação requer a ação de microrganismos no solo, sobretudo bactérias, e é mais relevante para a contaminação por compostos orgânicos, que são utilizados pelos microrganismos para obter energia. Os demais são reações químicas de equilíbrio, já conhecidas.

Os mecanismos que provocam a transferência de espécie química da fase fluida para a fase sólida podem ser chamados de processos acumulativos, ocorrendo um acúmulo do contaminante dentro do solo; assim, passa a funcionar como um "filtro", retardando o avanço do elemento no solo. Também podem ocorrer processos de atenuação do contaminante, quando a espécie química se altera, reduzindo ou perdendo a sua toxicidade em potencial em face das reações no interior do solo. Isso ocorre, por exemplo, no processo de biodegradação, sendo, no entanto, importante ressaltar que ele compreende vários estágios de degradação da molécula do composto orgânico, que pode assu-

Tabela 11.4 Relação entre alguns contaminantes e os mecanismos de interação mais prováveis

Tipo de poluente	Mecanismos	Observações
Íons inorgânicos e orgânicos	Efeitos sobre a DC Sorção/Dessorção Complexação Processos microbiológicos	- Íons orgânicos geralmente se associam à matéria orgânica - Íons inorgânicos se associam aos minerais e à matéria orgânica
Metais pesados	Mesmos acima + Reações redox e Precipitação/solubilização	- Tendem a ser retidos nas camadas mais superficiais pela alta reatividade - Podem ser remobilizados (em função da condição $pH \times E_h$ do meio)
Ácidos	Reações ácido-base Efeitos sobre a estrutura Adsorção preferencial Dissolução de alguns minerais	- Ácidos inorgânicos são mais fortes do que os orgânicos - Solo pode ter capacidade de atenuação - Tendem a causar floculação
Bases	Reações ácido-base Efeitos sobre a estrutura Dissolução de alguns minerais	- Bases orgânicas são muito fracas - Solo pode ter capacidade de atenuação - Tendem a causar dispersão
Compostos orgânicos solúveis em água (Exemplos: etanol, metanol)	Solubilização Volatilização Efeitos sobre a DC Processos microbiológicos Podem solubilizar alguns compostos da matéria orgânica	- Efeitos dependem da solubilidade (concentração) - Migração pelas duas fases (líquida e gasosa) (voláteis) - Efeitos físicos adicionais por densidade e/ou viscosidade
Compostos orgânicos insolúveis em água (NAPL) (Exemplos: BTEX, ascarel, organoclorados)	Volatilização Efeitos sobre a DC Processos microbiológicos Oxidação ou redução química	- Fluxo multifásico - Efeitos físicos adicionais por densidade e/ou viscosidade LNAPL: - Tende a flutuar sobre a superfície freática DNAPL: - Tende a migrar verticalmente por gravidade

Notas: NAPL – *Non-Aqueous Phase Liquids*; LNAPL – menos denso do que a água; DNAPL - mais denso do que a água; BTEX – Benzeno/Tolueno/Etilbenzeno/Xilenos (grupo indicador de contaminação por hidrocarbonetos de petróleo).

mir formas ainda mais tóxicas durante o processo. Mas reações adversas também podem ocorrer, ou tornando o solo mais favorável ao avanço da contaminação, ou liberando formas mais tóxicas de contaminantes para o ambiente. A Tabela 11.4 apresenta alguns tipos de contaminantes e os mecanismos envolvidos com maior frequência. Para aprofundar o assunto, recomenda-se a consulta a livros como Fetter (1999), Yong (2001), e outros similares, que descrevem os processos e modelagem do transporte e os mecanismos de interação. Para a condição de solo não saturado e fluxo multifásico, pode ser consultado Barbosa *et al.* (2015).

A análise do avanço do contaminante requer um modelo numérico considerando-se a complexidade dos cálculos, e nem todos os mecanismos de interação po-

dem ser representados ainda. Os parâmetros de transporte são determinados experimentalmente em laboratório, incluindo a condutividade hidráulica, utilizando-se, em geral, um ensaio de percolação em coluna.

11.6 Aplicações

11.6.1 Disposição de resíduos sólidos

Segundo a definição da ABNT NBR 10004:2004, **resíduos sólidos** incluem todos os resíduos gerados nos estados sólido ou semissólido de atividades industriais, urbanas, agrícolas e hospitalar. Essa definição prevê a inclusão de líquidos que não possam ser lançados na rede pública de esgotos, mas não menciona explicitamente os resíduos de mineração. No entanto, conforme apresentado no Cap. 10, a Política Nacional de Resíduos Sólidos (PNRS), na classificação de resíduos quanto à origem, inclui os resíduos de mineração. Em todas estas atividades, mesmo após etapas de tratamento, alguma forma de resíduo termina por ser destinada à disposição, quase sempre em terra. Essa disposição requer o uso de técnicas de geotecnia para garantir a estabilidade física dos depósitos e proteger o ambiente e a vizinhança dos riscos potenciais envolvidos. No Cap. 10, foi visto como se dá a disposição de resíduos sólidos urbanos, e, portanto, não serão descritos aqui. Várias atividades também produzem emissões atmosféricas, que devem ser controladas na saída. Nos sítios de disposição, técnicas de geotecnia também podem ser aplicadas para controlar ou impedir essas emissões. Existe ainda a alternativa de aproveitamento dos resí-

duos para a geração de outros produtos ou para aplicação em obras civis, técnica bastante incentivada, mas que dificilmente consegue absorver a totalidade dos resíduos gerados continuamente na atividade.

O modo de disposição depende do estado físico do resíduo (sólidos secos, sólidos úmidos, lamas e lodos, líquidos) e, também, do grau de periculosidade (classe 1 e classe 2), que determina o nível de controle necessário. As formas usuais de disposição são: bacias de rejeitos para líquidos, decantação de lamas e resíduos sólidos (Fig. 11.11a); lagos e barragens de rejeitos para lamas industriais ou de mineração (Fig. 11.11b); pilhas e aterros para resíduos sólidos.

Boscov (2008) descreve as principais características dessas diferentes estruturas de disposição de resíduos, sendo recomendada a consulta desse texto para complementar as informações. Todos os sistemas de

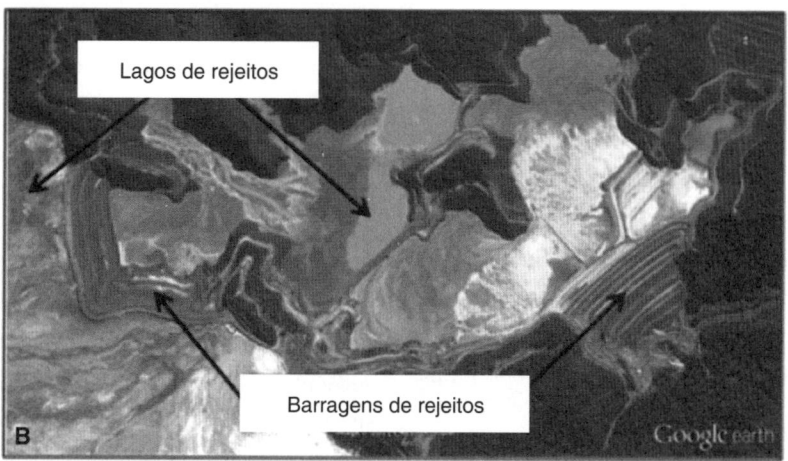

FIGURA 11.11 Exemplos de sistemas de disposição de resíduos: (A) bacia; (B) lagos e barragens de rejeitos de mineração.

disposição têm em comum a implantação de um revestimento em toda a superfície de contato com o solo (fundo e laterais), composto de um sistema de impermeabilização e um sistema de drenagem combinados. E, no caso de disposição de resíduos sólidos, como em pilhas e aterros, e em bacias, como a mostrada na Fig. 11.11a, ao final de cada etapa prevista em projeto é implantado um sistema de cobertura. Esta cobertura também é composta da combinação de impermeabilização e drenagem. A diferença é que, na cobertura, a função é barrar a entrada de água, coletá-la e direcioná-la para fora do sistema de disposição, minimizando a entrada de água de chuva e sua percolação através da massa de resíduos. No revestimento de fundo, a função consiste em barrar a passagem para o subsolo do líquido percolado através do resíduo, coletá-lo e direcioná-lo para um sistema de tratamento de efluentes, por se tratar de um líquido contaminado.

Para a construção dos sistemas de impermeabilização, utiliza-se uma camada de solo argiloso compactado, já descrito anteriormente, frequentemente associado a uma geomembrana, que é um material fabricado (geossintético) para impermeabilização, com pequena espessura (< 1 a 2 mm), de baixíssima condutividade hidráulica, da ordem de 10^{-12} m/s, e bastante resistente ao ataque químico por diferentes contaminantes. A camada de solo compactado deve ter condutividade hidráulica saturada menor ou igual a 10^{-9} m/s, e a espessura construtiva mínima é de $0,20$ m, mas pode ser necessário superpor várias camadas dependendo da periculosidade do resíduo, sobretudo no revestimento de fundo e das laterais. As duas grandes vantagens da presença da camada mineral são: (i) tem vida útil ilimitada, a menos que ocorra algum efeito adverso na interação com os contaminantes; e (ii) por se tratar de argila, é um material reativo, que pode ajudar a reter os contaminantes e, assim, retardar ou evitar o seu avanço. Os materiais sintéticos, com expectativa de vida útil de 100-150 anos, não têm essa propriedade.

Para a construção dos sistemas de drenagem, são utilizados solos granulares, como areias médias a grossas e britas.[2] Também estão disponíveis no mercado materiais geossintéticos para drenagem, de pequena espessura e alta capacidade de escoamento. Em face de sua vida útil, não são utilizados sozinhos nos principais sistemas de drenagem de fundo. Na cobertura, podem ser bastante vantajosos em relação aos materiais minerais, porque ajudam a diminuir a espessura total da cobertura e, consequentemente, a carga sobre os resíduos.

Em todas estas camadas, os efeitos dos processos de interação solo-contaminante podem afetar o desempenho final do sistema, com consequências desfavoráveis, inclusive para a estabilidade física do sistema de disposição como um todo. O acidente ocorrido em novembro de 2015 com uma barragem de rejeitos de mineração em Mariana (MG) mostrou claramente que a ruptura de um depósito como esse pode ser uma tragédia para a população vizinha e mais além. Neste caso atingiu pelo menos dois estados, MG e ES. Nos debates técnicos sobre o acidente houve menção, por exemplo, ao mau funcionamento do sistema de drenagem, entre outros fatores (MORGENSTERN *et al.*, 2016; NEXO, 2016).

Quando um sistema de drenagem para de funcionar porque sofreu colmatação – entupimento dos poros pela precipitação de substâncias químicas ou por partículas sólidas –, o líquido que fica retido no interior do depósito aumenta gradualmente a pressão interna na fase líquida e diminui a resistência efetiva disponível para a fase sólida. Reações adversas podem também causar a degradação das camadas de solo compactado, que passam a apresentar menor capacidade de retenção dos contaminantes, ou maior permeabilidade, por exemplo, pela abertura de trincas e fissuras, ou por mudanças na estrutura. Estes riscos podem ser avaliados na fase de projeto pela boa caracterização dos materiais que serão usados e a partir de ensaios de coluna e outros complementares.

11.6.2 Remediação de áreas contaminadas

Área contaminada é definida como "uma área, local ou terreno onde há comprovadamente poluição ou contaminação, causada pela introdução de quaisquer substâncias ou resíduos que nela tenham sido depositados, acumulados, armazenados, enterrados ou infiltrados de forma planejada, acidental ou até mesmo natural" (CETESB, 2001). Esses contaminantes podem

---

[2] Materiais granulares produzidos em pedreiras, com tamanhos de grãos em faixas que vão até pedregulho grosso.

ficar armazenados nos diversos compartimentos do ambiente em subsuperfície, tais como no solo, na água subterrânea e nas rochas, e podem ser transportados entre esses meios causando impactos negativos e/ou riscos aos bens a proteger localizados no local e nas suas imediações. No compêndio da ABNT NBR 15515:2007, área contaminada é definida como "áreas onde as concentrações de substâncias químicas de interesse estão acima de valores de referência estabelecidos para a região ou em instâncias maiores indicando a existência de um risco potencial à saúde humana, à segurança e ao meio ambiente". Portanto, a contaminação está associada à presença de anomalias de concentrações de compostos/substâncias químicas.

Para definir se uma área está ou não contaminada, é necessário, portanto, comparar os valores de concentração medidos no ar, na água e/ou no solo a valores limites estabelecidos pelos órgãos ambientais. Na ausência de valores para o Brasil, utilizavam-se os padrões vigentes em outros países, como Estados Unidos e países europeus. Em 2009, o Conselho Nacional de Meio Ambiente (Conama) publicou os valores orientadores para solos e para águas subterrâneas (CONAMA, 2009).

Ao se determinar a existência de um sítio contaminado, pelos efeitos da ocorrência, por denúncia ao órgão ambiental ou por constatação local, muitas vezes pelo próprio dono da área, desencadeia-se um processo envolvendo a população atingida, os governos municipal e estadual (em alguns casos, inclusive o federal), os proprietários e empresas envolvidos, o Ministério Público e, eventualmente, a mídia e outras entidades públicas, privadas e não governamentais. A partir deste momento tem início o processo de gerenciamento do sítio contaminado, tanto por parte do proprietário do terreno (que pode ou não ser o responsável pela contaminação), quanto por parte do órgão ambiental estadual e seus correspondentes municipais, quando houver. Este gerenciamento envolve uma série de etapas e ações, sendo a **remediação** a etapa final do processo.

No Brasil, o termo remediação é utilizado com mais frequência para designar apenas a estratégia específica de descontaminação. Na ABNT NBR 15515:2007, remediação de áreas contaminadas é definida como a "aplicação de técnica ou conjunto de técnicas em uma área comprovadamente contaminada, visando à remoção, contenção ou redução das concentrações dos contaminantes presentes, de modo a assegurar a reabilitação da área, com limites aceitáveis de riscos à saúde humana e ao meio ambiente para o uso declarado".

Em linhas gerais, as diversas etapas de decisão em um projeto de remediação estão representadas na Fig. 11.12 (SHACKELFORD, 1999). As etapas de análise e tomadas de decisão do processo de gerenciamento podem ser separadas em:

- Caracterização do problema: etapa de investigação ambiental em variados níveis.
- Estudo das regulamentações e normas técnicas pertinentes ao problema: padrões de aceitação do nível de contaminação, condição de uso atual e plano de uso futuro da área, situações ambientais especiais etc.
- Definição de responsabilidades: punições legais (multas, sanções, medidas reparadoras, prisão etc.); quem pagará a remediação?
- Análise de risco: define a gravidade do problema em termos de efeitos potenciais a partir dos dados da contaminação, das propriedades do meio poroso e do uso do solo local; estuda diferentes cenários de impactos conforme a estratégia adotada.
- Escolha da melhor estratégia de ação: contenção, remoção (para disposição adequada) ou tratamento?
- Projeto de remediação, incluindo plano de monitoramento.
- Decisão sobre o uso futuro do sítio (condiciona e ao mesmo tempo depende da estratégia de ação escolhida).

A caracterização do sítio e a definição da natureza, grau e extensão da contaminação constituem os objetivos da etapa de investigação ambiental. A caracterização do meio físico e da contaminação corresponde à obtenção de dados hidrológicos, geológico-geotécnicos, hidrogeológicos, climáticos, físico-químicos etc. a partir de visitas de campo, consulta a fontes de pesquisa, coleta de amostras e ensaios laboratoriais e de campo. Essa caracterização do meio físico e da contaminação é realizada em etapas, classificadas como avaliação preliminar, investigação confirmatória e investigação detalhada (ABNT NBR 15515:2007). Uma investi-

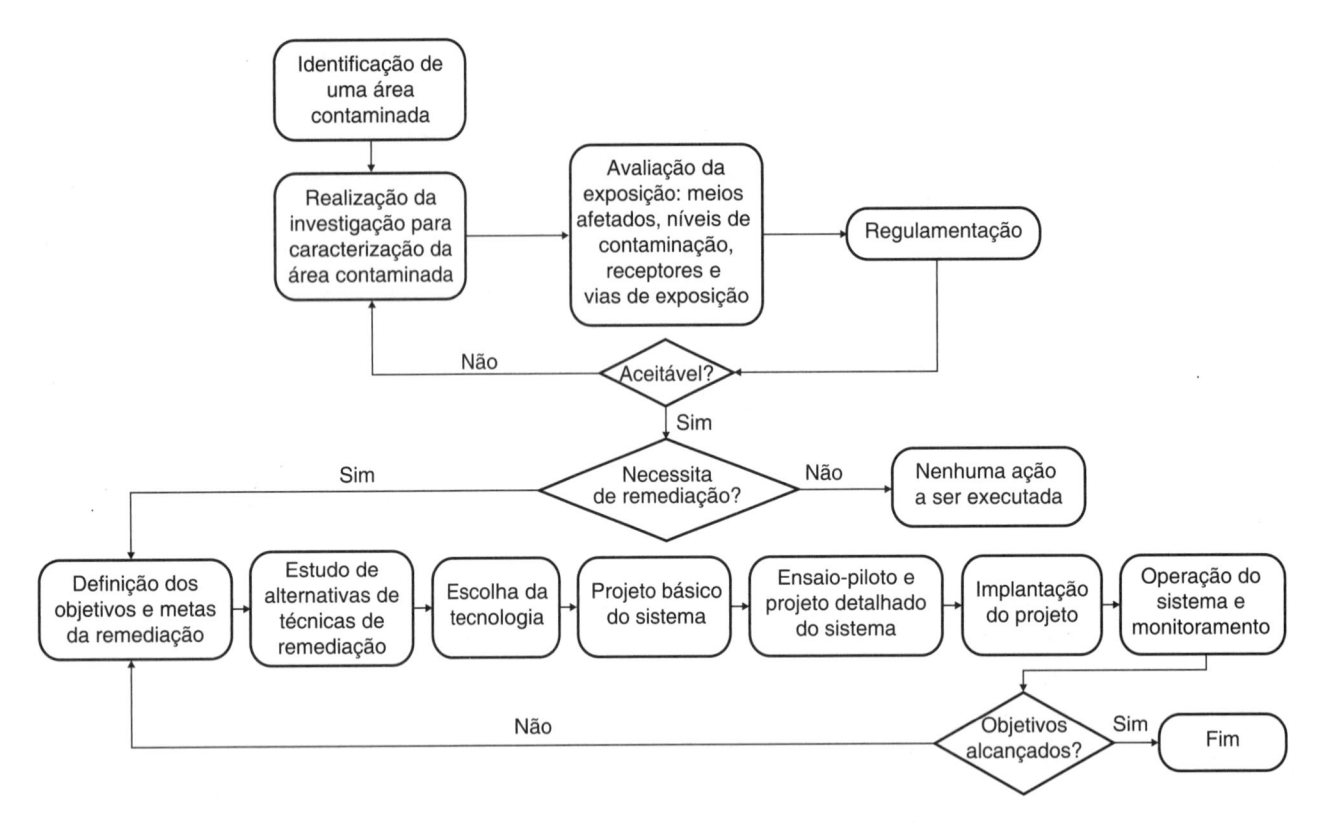

FIGURA 11.12 Fluxograma de um projeto de remediação.

gação ambiental bem conduzida propicia um melhor diagnóstico da área contaminada, subsidiando a escolha da tecnologia de remediação e aumentando a probabilidade de sucesso dessa escolha.

Após a realização das etapas de investigação ambiental, portanto, devem ser estudadas as alternativas de ação, que podem ser agrupadas em três opções:

1. Nenhuma ação: quando o risco ambiental for considerado tolerável pelo órgão ambiental e o processo é terminado.
2. Contenção ou isolamento: quando a região do subsolo e/ou água subterrânea é isolada de seu entorno, para impedir a continuidade do avanço da contaminação para fora dos limites da zona já atingida.
3. Tratamento ou remoção: quando são utilizadas técnicas para remoção e/ou tratamento da água subterrânea e/ou do solo contaminado. As duas últimas opções podem ser aplicadas separadamente ou em combinação para a remediação de um sítio natural atingido por acidentes ou despejos inadequados.

O planejamento, a implantação e o acompanhamento de estratégias de remediação são muito complexos e necessitam de conhecimentos amplos e específicos de várias ciências (multidisciplinar).

Uma forma muito comum de classificar as técnicas de remediação é como *in situ* ou *ex situ*. Remediação *in situ* é quando o tratamento e/ou extração do contaminante ocorre sem remoção de solo. Por outro lado, no tratamento *ex situ*, deve, obrigatoriamente, haver remoção de solo para tratamento.

As técnicas de remediação também costumam ser classificadas de acordo com o tipo de processo envolvido, quais sejam:

*   Físicos: quando envolvem extração ou injeção de líquidos ou gases por fluxo, processos de separação física, processos eletromagnéticos, implantação de barreiras físicas à passagem dos contaminantes, ou ainda baseados no comportamento geotécnico dos solos.
*   Químicos: quando utilizam reações químicas para extrair, transformar, neutralizar ou eliminar os contaminantes.

- Térmicos: quando envolvem processos associados ao aumento ou redução substancial da temperatura.
- Biológicos: quando envolvem a ação de microrganismos ou de vegetação na extração, transformação ou eliminação dos contaminantes.

Em geral, a complexidade dos problemas práticos ambientais requer a aplicação de mais de um processo.

A Tabela 11.5, reproduzida de Shackelford (1999) e atualizada, apresenta um resumo das técnicas mais conhecidas, divididas de acordo com esses processos e classificadas entre *in situ* e *ex situ*.

Quando se utiliza o termo "técnicas mais conhecidas" há uma referência às técnicas já consagradas e disponíveis comercialmente, e também às técnicas cujas pesquisas científicas já se encontram em um estágio muito avançado (ou seja, aquelas que já possuem várias pesquisas desenvolvidas, mesmo que ainda não sejam plenamente disponíveis comercialmente). No Brasil, para remediação de solos e água subterrânea contaminados com compostos orgânicos, por exemplo, as técnicas mais utilizadas comercialmente são aquelas à base de fluxo, ou seja, que envolvem injeção ou extração de fluidos (líquidos e/ou gases) do subsolo, sem retirada do solo contaminado. A fitorremediação, técnica de tratamento biológico, é um exemplo de técnica que já compreende uma diversidade de pesquisas científicas, mas, comercialmente, ainda poucas empresas do ramo possuem essa tecnologia em seu portfólio.

Para maiores informações a respeito de técnicas de remediação, sugere-se uma consulta à página na internet da US-EPA (agência ambiental norte-ameri-

Tabela 11.5 Classificação das tecnologias de remediação

Remoção do solo?	Categoria	Técnica ou Processo	Exemplos
Sim *Ex situ*	Contenção	Disposição	Aterros de resíduos
	Tratamento	Químico	Neutralização; Extração por solventes; Oxidação ou redução
		Físico	Lavagem do solo; Estabilização/solidificação; Vitrificação
		Biológico	Biopilhas; Biorreatores; Fitorremediação
		Térmico	Dessorção térmica; Incineração; Coprocessamento; Vitrificação
Não *In situ*	Contenção	*Pump&Treat*★	Poços verticais ou horizontais
		Recobrimento	Coberturas tradicionais, alternativas ou geoquímicas
		Barreiras verticais	Paredes-diafragma; Cortinas de injeção; Estacas-prancha; Biobarreiras; Barreiras reativas
		Barreiras horizontais	Injeção de cimento
	Tratamento	Químico	Oxidação; Redução química
		Físico	*Soil Flushing*;★ Estabilização/solidificação; Vitrificação; *Air sparging*;★ Extração de vapor (SVE);★ Extração multifásica (MPE);★ Eletrocinética (EK)★
		Biológico	Atenuação Natural Monitorada (MNA); Bioventilação; *Bioslurping*;★ *Biosparging*;★
		Térmico	Injeção de Vapor;★ Dessorção Térmica;★ Aquecimento por Radiofrequência (RF);★ Vitrificação

(★) Técnicas que requerem remoção de gás e/ou líquido para tratamento *ex situ*.
Fonte: US-EPA (2008).

cana) para informações mais atuais (https://www.epa.gov/science-and-technology/land-waste-and-cleanup-science).

Uma tendência atual é a aplicação de técnicas que adotem o conceito de remediação verde ou *green remediation*. A US-EPA foi pioneira na apresentação de orientações para o desenvolvimento de "Projeto Verde". Trata-se da evolução de como abordar e gerenciar todas as etapas executivas de um projeto de remediação, incorporando o conceito de "sustentabilidade". A US-EPA define "Remediação Verde" como "a prática de considerar todos os efeitos ambientais da implantação da remediação e de incorporar opções que maximizem o benefício ambiental final das ações de descontaminação do sítio". O projeto de remediação deve resultar em benefícios não só ambientais, mas também econômicos e sociais.

A Fig. 11.13 mostra, esquematicamente, os passos de um projeto de remediação até o seu resultado final de uso posterior da área (US-EPA, 2008).

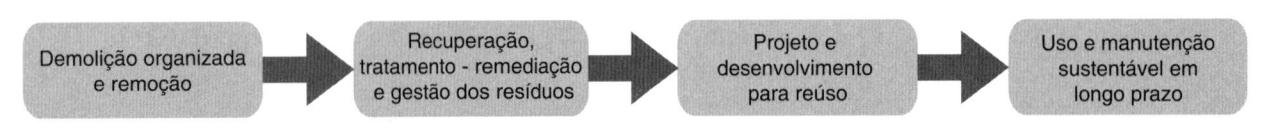

FIGURA 11.13 Esquema das etapas da revitalização da área em direção ao uso sustentável.

EXERCÍCIOS DE FIXAÇÃO

1. Uma amostra indeformada de um solo argiloso foi retirada de campo e enviada para o laboratório para caracterização. A partir dessa amostra, foi moldado um corpo de prova cilíndrico, com altura de 5 cm e um diâmetro de 12 cm. A massa desse cilindro era de 432,5 g, que, após secagem em estufa, passou a ser 381,42 g. Sabendo que a densidade relativa dos grãos (G_s) era de 2,65, determine: (a) o peso específico natural; (b) o teor de umidade; (c) a porosidade; (d) o índice de vazios; (e) o peso específico seco; (f) o grau de saturação.

2. As curvas a seguir representam os resultados de ensaios de granulometria para caracterização de três tipos de solo. (a) Identifique os percentuais de cada fração do solo e classifique esses solos de acordo com os resultados.

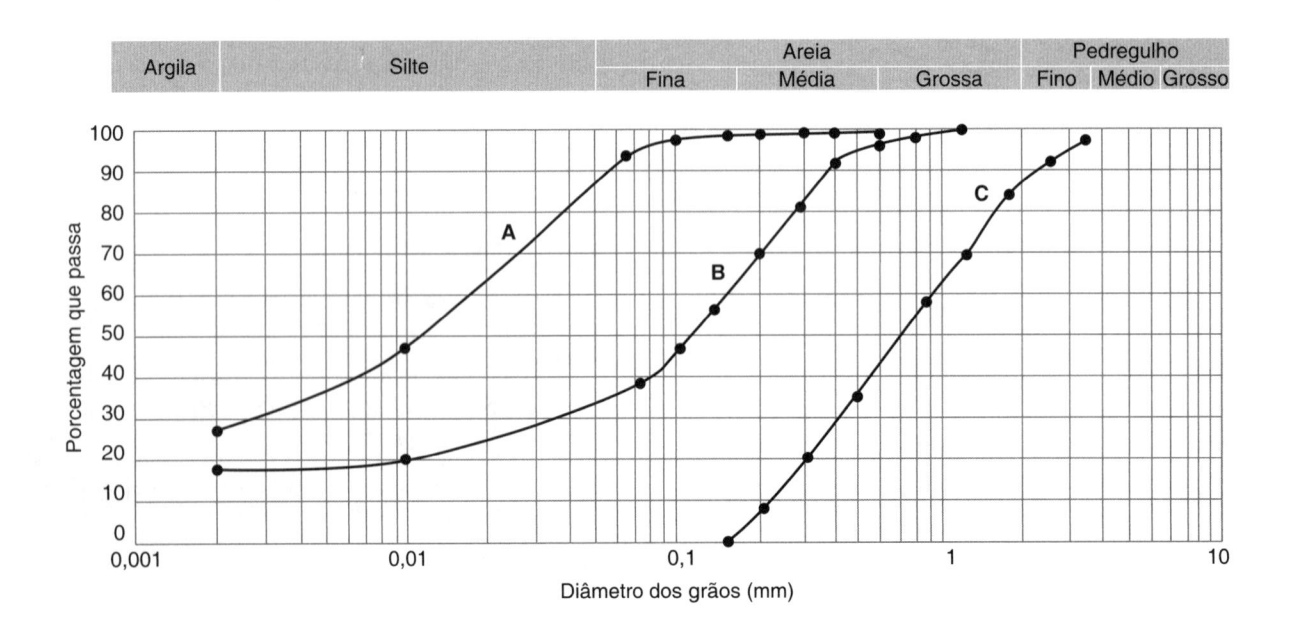

Com base nas curvas de compactação apresentadas na Fig. 11.7, (b) qual solo deverá apresentar maior peso específico aparente seco ($\gamma_{dmáx}$) e (c) menor umidade ótima (ω_{ot}), quando compactado na energia Proctor? Por quê?

3. Defina o coeficiente de condutividade hidráulica dos solos, citando valores típicos para diferentes tipos de solos. Dos solos cujas curvas granulométricas estão representadas no Exercício 2 (solos A, B e C), qual deve apresentar a maior condutividade hidráulica saturada e qual a menor?

4. É necessário construir uma barreira de proteção da fundação de uma vala para receber lixiviados contendo altas concentrações de metais pesados. O solo local é uma areia siltosa. Existem duas jazidas próximas: uma contém argila com predominância de caulinita e a outra tem argila com presença de esmectita. Qual das argilas deve ser escolhida para ser misturada com o solo local para compor a barreira? Por quê?

5. Nos exemplos listados a seguir, indique em cada caso se a medida adotada é de "contenção" ou "tratamento", e se é *in situ* ou *ex situ*.

(a) Uma antiga área de deposição de borra oleosa em uma refinaria.

Solução adotada:

Atividade	Classificação
Remoção da borra depositada para coprocessamento em uma indústria de fabricação de cimento.	
Uma camada de solo altamente contaminada até 80 cm de profundidade é removida para tratamento químico em um reator instalado no próprio sítio, e depois de tratada é retornada sob a forma de aterro.	
Implantação de um sistema de bombeamento e tratamento (*pump&treat*) no local para tratamento da água subterrânea contaminada.	

(b) Uma área contaminada por Cromo VI dentro de uma planta industrial.

Solução adotada:

Atividade	Classificação
Uma série de poços de bombeamento é implantada em toda a fronteira a jusante da área afetada para impedir o avanço da contaminação através do fluxo da água subterrânea para fora dos limites da área já impactada (barreira hidráulica).	
Outra série de poços é implantada na fronteira a montante para injetar uma solução química que reage com o metal e promove a sua retenção na matriz sólida, tornando-o indisponível para transporte.	
Ao final desta etapa conjunta, a área impactada é totalmente recoberta com geomembrana, uma camada de drenagem da água de chuva e camadas de argila compactada e solo vegetal acima. Sobre esta cobertura é feito um paisagismo com espécies de pequeno e médio porte.	

6. Faça um pequeno resumo (em torno de 20 linhas) para cada seção estudada neste capítulo, destacando as conclusões mais importantes de cada uma. Avalie os conhecimentos adquiridos.

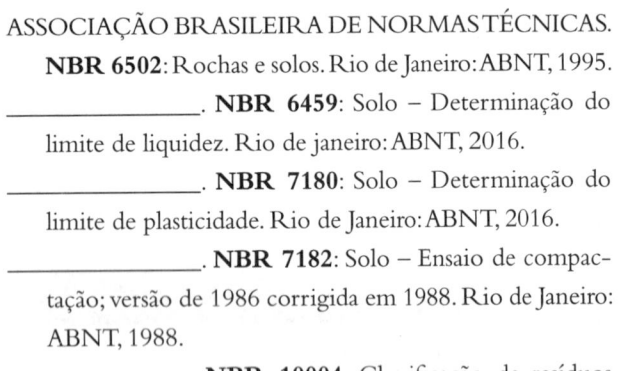

DESAFIO

Dois acidentes distintos ocorreram em diferentes estradas com caminhões levando combustível. O produto e os volumes derramados foram os mesmos: gasolina e derramamento da ordem de 20.000 litros. Os acidentes ocorreram em regiões distintas, em um deles com predominância de areia no solo local e no outro com predominância de uma argila siltosa. O nível d'água local está a aproximadamente dois metros de profundidade a partir da superfície do terreno nas duas regiões. O que você espera do avanço da contaminação no subsolo e do comportamento deste solo ao ser contaminado em cada acidente? Quais as opções de remediação que poderiam ser utilizadas nos dois casos para reparar o meio poroso local?

BIBLIOGRAFIA

ASSOCIAÇÃO BRASILEIRA DE NORMAS TÉCNICAS. **NBR 6502**: Rochas e solos. Rio de Janeiro: ABNT, 1995.

_____. **NBR 6459**: Solo – Determinação do limite de liquidez. Rio de janeiro: ABNT, 2016.

_____. **NBR 7180**: Solo – Determinação do limite de plasticidade. Rio de Janeiro: ABNT, 2016.

_____. **NBR 7182**: Solo – Ensaio de compactação; versão de 1986 corrigida em 1988. Rio de Janeiro: ABNT, 1988.

_____. **NBR 10004**: Classificação de resíduos sólidos. Rio de Janeiro: ABNT, 2004.

_____. **NBR 15515-1**: Passivo ambiental em solo e água subterrânea. Parte 1: Avaliação preliminar. Rio de Janeiro: ABNT, 2008.

_____. **NBR 15515-2**. Passivo ambiental em solo e água subterrânea. Parte 2: Investigação confirmatória. Rio de Janeiro: ABNT, 2011.

_____. **NBR 15515-3**. Passivo ambiental em solo e água subterrânea. Parte 3: Investigação detalhada. Rio de Janeiro: ABNT, 2013.

BARBOSA, M. C. *et al.* Transporte de contaminantes e fluxo de gases em solos não saturados. *In*: CARVALHO *et al.* (org.). **Solos não saturados no contexto geotécnico**. São Paulo: ABMS, 2015. cap. 14, p. 367-413.

BOSCOV, M. E. G. **Geotecnia ambiental**. São Paulo: Oficina de Textos, 2008.

CONSELHO NACIONAL DO MEIO AMBIENTE (Brasil). **Resolução nº 420**, de 28 de dezembro de 2009. Dispõe sobre critérios e valores orientadores de qualidade do solo quanto à presença de substâncias químicas e estabelece diretrizes para o gerenciamento ambiental de áreas contaminadas por essas substâncias em decorrência de atividades antrópicas. Alterada pela Resolução nº 460/2013 (altera o prazo do art. 8º, e acrescenta novo parágrafo). Brasília, DF: Conama, 2009.

CAPUTO, H. P. **Mecânica dos solos e suas aplicações**. 6. ed. Rio de Janeiro: LTC, 2000. v. 1.

CARVALHO, J. C. *et al.* Propriedades químicas, mineralógicas e estruturais de solos naturais e compactados. *In*: Carvalho *et al.* (org.). **Solos não saturados no contexto geotécnico**. São Paulo: ABMS, 2015. cap. 3, p. 39-78.

COMPANHIA AMBIENTAL DO ESTADO DE SÃO PAULO. **Manual de Gerenciamento de Áreas Contaminadas**. Projeto CETESB/GTZ Cooperação Técnica Brasil-Alemanha. São Paulo: Cetesb, 2001.

EMPRESA BRASILEIRA DE PESQUISA AGROPECUÁRIA. **Manual de Métodos de Análise de Solo**. 2. ed. Rio de Janeiro: Embrapa-CNPS, 1997.

_____. **Sistema Brasileiro de Classificação de Solos**. 2. ed. Brasília, DF: Embrapa-CNPS, 2006.

FETTER, C. W. **Contaminant hydrogeology**. 2. ed. New Jersey: Prentice-Hall, 1999.

MITCHELL, J. K. **Fundamentals of soil behavior**. New Jersey: Wiley, 1976.

_____. _____. 2. ed. New Jersey: Wiley, 1993.

MITCHELL, J. K.; SOGA, K. **Fundamentals of soil behavior**. 3. ed. New Jersey: Wiley, 2005.

MORGENSTERN, N. R. *et al.* **Fundão tailings dam review panel**. Report on the Immediate Causes of the Failure of the Fundão Dam. Final Report. 25 ago. 2016. Disponível em: http://fundaoinvestigation.com/wp-content/uploads/general/PR/en/FinalReport.pdf. Acesso em: 23 jun. 2019.

NEXO JORNAL VIRTUAL. Reportagem especial sobre Mariana, 1 ano após o evento. 2016. Disponível em: https://www.nexojornal.com.br/especial/2016/11/04/Mariana-a-genese-da-tragedia.

RITTER, E. **Influência do teor de pedregulhos lateríticos nas características de resistência ao cisalhamento de misturas compactadas da UHE Porteira**. 1988. Dissertação (Mestrado em Engenharia Civil), Pontifícia Universidade Católica do Rio de Janeiro, Rio de Janeiro, 1988.

SHACKELFORD, C. D. Remediation of contaminated land: an overview. State-of-the-art report. *In*: XI PANAMERICAN CONFERENCE ON SOIL MECHANICS AND GEOTECHNICAL ENGINEERING (ISSMGE), Foz do Iguaçu, Brasil. **Anais** [...], Foz do Iguaçu, Brasil, 8-12 ago. 1999.

SOUZA PINTO, C. **Curso básico de mecânica dos solos**. 3. ed. São Paulo: Oficina de Textos, 2006.

TEIXEIRA, W. *et al.* (org.). **Decifrando a terra**. 2. ed. São Paulo: Companhia Editora Nacional, 2009.

UNITED STATES ENVIRONMENTAL PROTECTION AGENCY. **Green remediation**: incorporating sustainable environmental practices into remediation of contaminated sites. Technology Primer Report EPA 542-R-08-002; Office of Solid Waste and Emergency Response. US-EPA, 2008.

YONG, R. N. **Geoenvironmental engineering**: contaminated soils, pollutant fate and mitigation. Boca Raton: CRC Press, 2001.

12

Poluição Atmosférica

Eduardo Monteiro Martins
Sergio Machado Corrêa

O ato de respirar passa despercebido pelos seres humanos, na maior parte de nossas vidas. A importância da atmosfera pode ser mensurada pelo fato de o ser humano necessitar diariamente de cerca de 1,5 kg de alimento, 2,0 kg de água e 15 kg de ar. Em média, podemos viver cinco semanas sem alimento, cinco dias sem água, mas não conseguimos ficar poucos minutos sem ar. Neste capítulo, é descrita a atmosfera, com enfoque na fina camada de ar em que vivemos, denominada troposfera. É nesta camada que ocorrem os fenômenos meteorológicos e onde as atividades antropogênicas influenciam. Uma breve descrição do histórico de eventos de poluição atmosférica e da legislação pertinente é apresentada, assim como os principais poluentes atmosféricos, suas origens, efeitos no meio ambiente, métodos de monitoramento, estudos de dispersão, prevenção e controle.

12.1 Atmosfera terrestre

A atmosfera terrestre é dinâmica e está continuamente em movimento, pela ação do Sol, que aquece as superfícies (água, gelo, desertos, florestas, entre outras) de forma diferenciada, provocando a expansão e contração das massas de ar. A sua composição não é fixa, sendo formada por uma majoritária quantidade de gases, partículas e vapor de água, conforme apresentado na Tabela 12.1.

Em virtude da força da gravidade, 75 % de toda a massa atmosférica está concentrada próximo à superfície e, com o aumento da altitude, a pressão e a densidade de gases diminuem progressivamente. Desta forma, a atmosfera terrestre pode ser dividida em regiões distintas, caracterizadas pelas relações da altitude com a temperatura e pressão.

Na troposfera, o Sol aquece a superfície terrestre e a superfície da Terra aquece o ar. O ar quente menos denso sobe e a temperatura diminui com o aumento da altitude até aproximadamente 15 km; esse é o comportamento da "troposfera normal". Em determinada altitude, a temperatura não mais diminui com o au-

mento da altitude e ocorre uma situação de isotermia, que caracteriza o início da tropopausa. A troposfera é a camada da atmosfera onde ocorrem os fenômenos meteorológicos, como ventos, chuvas, formação de nuvens, que irão contribuir para os processos de dispersão dos poluentes na atmosfera.

> A inversão térmica não é causada pela poluição atmosférica, mas quando ocorre em baixas altitudes ela age como um agravante. O comportamento da troposfera normal é que a temperatura diminua com o aumento da altitude. A inversão térmica é quando ocorre um desvio deste comportamento normal, ou seja, quando uma massa de ar quente fica por cima de uma massa de ar mais fria. Quando isso ocorre, a massa de ar quente funciona como uma tampa e impede o fluxo ascendente "normal da massa de ar", e a consequência é o aumento da concentração dos poluentes na atmosfera, aumentando os danos à saúde da população, principalmente em crianças, idosos e pessoas com doenças preexistentes. A inversão térmica é um processo natural que ocorre diariamente no início da manhã, e normalmente é desfeita ao longo do dia com o aquecimento das massas de ar.

Após a troposfera, a estratosfera é a camada seguinte, onde ocorre uma série de reações fotoquímicas que envolvem o oxigênio atômico e molecular. O ozônio (O_3) absorve fortemente a radiação solar na faixa entre 210 e 290 nm (1 nanômetro = 10^{-9}m) e o oxigênio absorve comprimentos de onda menores que 200 nm. A absorção de luz pelo O_3 é o principal fator do aumento da temperatura com o aumento da altitude, uma vez que essas reações são exotérmicas, ou seja, liberam calor e, também, em razão da existência de um gradiente positivo nas concentrações de O_3 com o aumento da altitude. A diminuição na concentração de O_3 na estratosfera faz com que ocorra um aumento das radiações com comprimento de onda menores que 290 nm, alcançando a superfície do planeta com efeitos adversos na saúde humana, como o aumento de câncer de pele e, ainda, efeitos nas plantas, agricultura e no clima. Nesta região, ocorrem poucas misturas verticais e poucas variações meteorológicas. Na camada seguinte (mesosfera), entre

Tabela 12.1 Composição aproximada da atmosfera da Terra.

Gás	Fórmula	Composição
Nitrogênio	N_2	78,08 %
Oxigênio	O_2	20,95 %
Água	H_2O	variável em 1 %
Argônio	Ar	9340 ppm
Dióxido de carbono	CO_2	400 ppm
Neônio	Ne	18,18 ppm
Hélio	He	5,24 ppm
Metano	CH_4	1,7 ppm
Criptônio	Kr	1,14 ppm
Xenônio	Xe	0,99 ppm
Hidrogênio	H_2	0,55 ppm
Monóxido de carbono	CO	0,18 ppm
Óxido nitroso	N_2O	0,330 ppm

Fonte: NASA (http://nssdc.gsfc.nasa.gov/planetary/factsheet/earthfact.html).

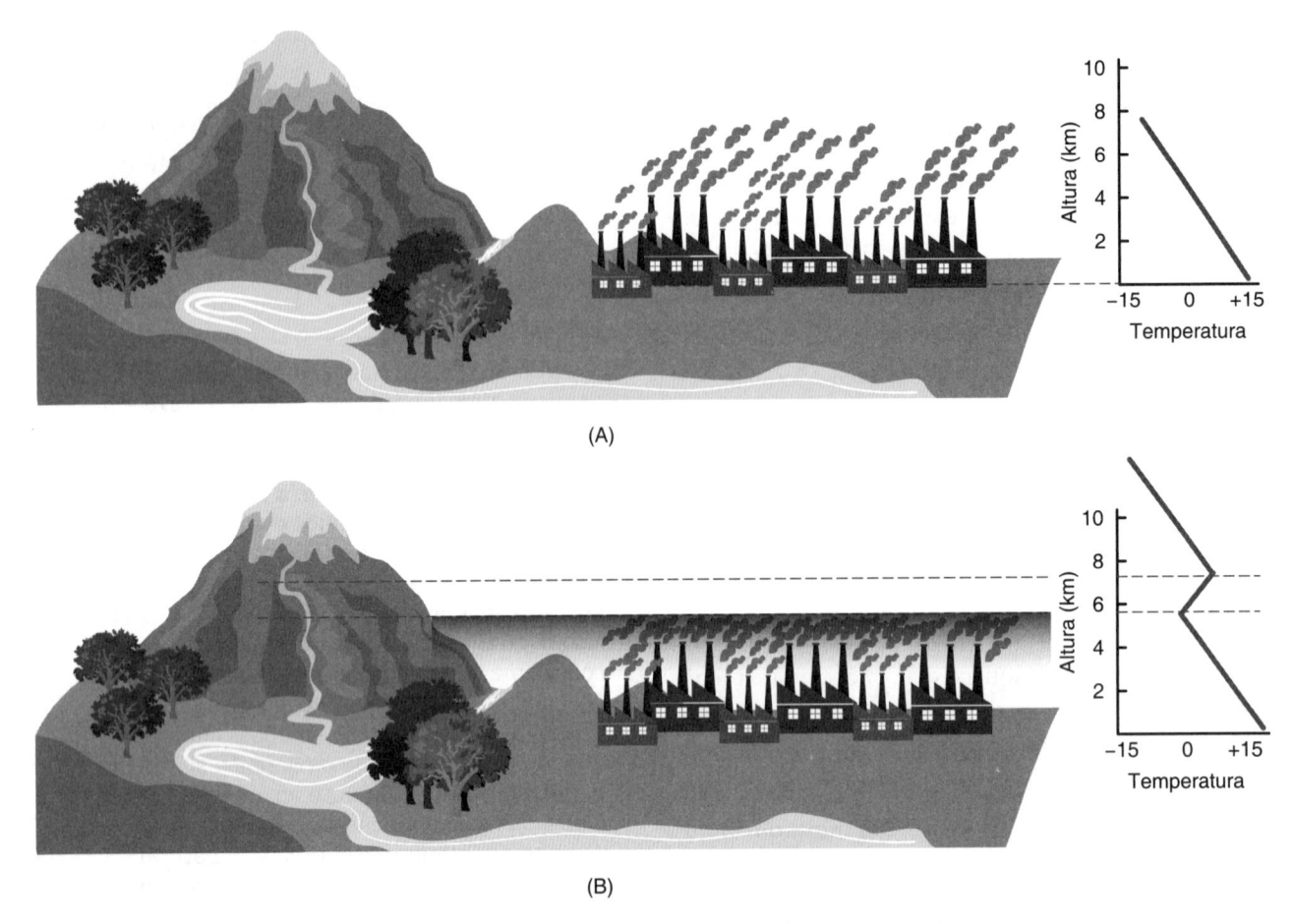

(A)

(B)

FIGURA 12.1 Troposfera normal e troposfera com inversão.

50 e 85 km, a temperatura volta a diminuir com o aumento da altitude e misturas de ar voltam a ocorrer. A diminuição das concentrações de O_3 com o aumento da altitude é responsável por essa queda na temperatura.

Em altitudes acima de 85 km (termosfera), a temperatura volta a aumentar com a altitude em razão do aumento da absorção de radiação solar em comprimentos de onda menores que 200 nm pelo O_2 e N_2 e, também, por suas espécies atômicas.

As zonas de transição entre as várias regiões da atmosfera são conhecidas como tropopausa, estratopausa e mesopausa. Essas regiões são caracterizadas pela isotermia, como visualizado na Fig. 12.2.

12.2 Histórico da poluição atmosférica

Os problemas relacionados com a poluição atmosférica não são uma preocupação recente ou pós–Revolução Industrial. Em épocas pré-históricas, as fontes naturais

como as erupções vulcânicas, queimadas em florestas e tempestades de poeira causavam alterações na atmosfera. No século XII, com a redução da lenha no entorno das cidades europeias, passou-se a usar carvão mineral para aquecimento doméstico. Existem registros de que o uso do carvão betuminoso na Inglaterra no século XIII causou incômodos na população e, em 1303, um decreto proibiu o seu uso.

Após a Revolução Industrial, com o desenvolvimento das cidades e os avanços tecnológicos, ocorreu um aumento na utilização de combustíveis fósseis para a geração de energia, em especial geração de vapor. Como consequência do incremento deste consumo, ocorreu o aumento na emissão de poluentes atmosféricos, e os episódios de poluição do ar se intensificaram.

Em 1930, na Bélgica, na região industrial do Vale do Meuse, em decorrência de condições meteorológicas desfavoráveis à dispersão dos poluentes e com acentuadas inversões térmicas durante cinco dias, foi

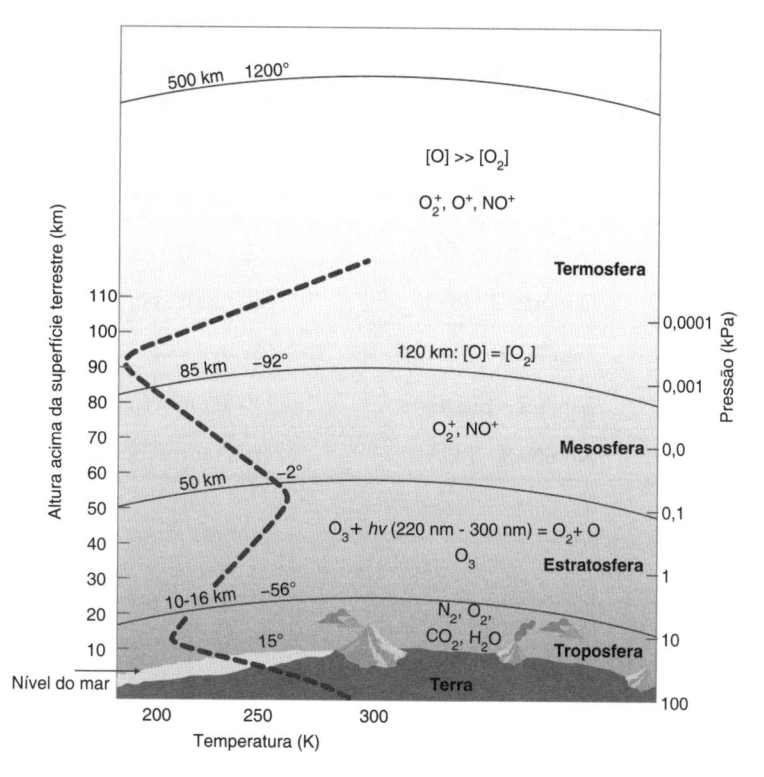

FIGURA 12.2 Camadas da atmosfera da Terra.

registrado um incremento no número de pessoas adoecidas com dores no peito, irritação nasal e nos olhos e tosse. Essas condições desfavoráveis permaneceram por três dias, tendo sido registradas 63 mortes no final de semana, principalmente em pessoas idosas e com histórico de doenças cardiorrespiratórias. Os efeitos adversos à saúde foram relacionados com as altas concentrações de dióxido de enxofre (SO_2).

Outro conhecido episódio de poluição atmosférica ocorreu em uma região com inúmeras metalúrgicas, em Donora, Pensilvânia, em 1948. Mais uma vez, condições desfavoráveis à dispersão dos poluentes atmosféricos ocasionaram uma deterioração na qualidade do ar e a consequência deste evento foi a morte de 20 pessoas, quando para a época o normal de óbitos esperado era de apenas dois. Irritação no trato respiratório e olhos foram relatados por 43 % da população. Em Donora, este fato foi relacionado com as altas concentrações de material particulado (MP) e dióxido e enxofre (SO_2).

Entretanto, o episódio de poluição atmosférica mais conhecido e com as maiores consequências ocorreu em Londres, no inverno de 1952. Esse episódio ocorreu entre os dias 5 e 9 de dezembro e ficou conhecido como *Big Smoke*. O inverno rigoroso e a che-

gada de uma nova frente fria em Londres fizeram com que aumentasse o uso de carvão para aquecimento residencial. A Europa estava em um momento de reconstrução econômica após a Segunda Guerra Mundial, e o carvão de melhor qualidade havia sido exportado. O carvão utilizado para o aquecimento das residências era de baixa qualidade e com altos teores de enxofre, o que agravou ainda mais o problema. Condições desfavoráveis à dispersão dos poluentes, com fortes inversões térmicas (45 m de altura), resultaram no aumento da concentração dos poluentes, com a visibilidade reduzida a 20 m. Estima-se que aproximadamente 4000 pessoas morreram em decorrência de problemas cardiorrespiratórios.

Em um evento de poluição do ar, a maioria das vítimas não morre durante o episódio crítico, mas o óbito ocorre em função de doenças respiratórias ou sintomas associados, sendo comum mortes associadas à pneumonia, ataques cardíacos, desenvolvimento de cânceres, ou falência de órgãos. Em geral, os mais atingidos são os idosos, pela baixa atividade do sistema imunológico, e as crianças, por sua alta taxa de respiração e batimentos cardíacos. Um breve resumo dos eventos está apresentado na Tabela 12.2.

Tabela 12.2 Alguns eventos de poluição atmosférica

Período	Local	Descrição
Século XII	Europa	Substituição da lenha pelo carvão mineral
1930	Vale do Meuse – Bélgica	63 mortes por SO_2
1944	Los Angeles – EUA	Destruição de plantações por O_3
1948	Donora – EUA	20 mortes por SO_2 e MP
1950	Poza Rica – México	22 mortes por H_2S
1952	Londres – Inglaterra	4000 mortes por SO_2 e MP
1966	Nova York– EUA	168 mortes por SO_2 e MP

Nota: MP – Material particulado.

12.3 Classificação dos poluentes atmosféricos

Os poluentes emitidos diretamente pelas fontes, chamados de poluentes primários, podem ter origem em fontes naturais ou ser emitidos como consequência das atividades humanas (antropogênicas). Exemplos de poluentes emitidos por fontes naturais são os aerossóis marinhos, os poluentes emitidos em uma erupção vulcânica, ressuspensão de material particulado pelos ventos ou queimada espontânea de uma floresta. Já os poluentes emitidos pelas fontes antrópicas podem advir, basicamente, de dois tipos de fontes: as fontes *móveis*, que são fontes difusas de emissão e não são emitidas sempre no mesmo ponto, como, por exemplo, os veículos automotores, e as fontes *estacionárias* ou fixas, constituídas pelas grandes indústrias com suas chaminés, flares, caldeiras, tanques, aterros sanitários, entre outras.

Os poluentes primários, emitidos pelas fontes naturais ou antrópicas, móveis ou estacionárias, passam por processos físicos de dispersão e sofrem reações químicas e fotoquímicas. Os poluentes formados na atmosfera a partir de reações químicas e fotoquímicas que ocorrem a partir dos poluentes primários dão origem aos poluentes secundários. Os poluentes secundários não são emitidos pelas fontes, e sim formados na atmosfera.

12.3.1 Principais poluentes atmosféricos

Monóxido de carbono (CO): é um gás incolor e tóxico, podendo ser letal acima de 0,5 % (equivale a 5000 ppm – partes por milhão), provoca dores de cabeça e tontura acima de 50 ppm. É um poluente primário e pouco reativo na atmosfera, sendo emitido, basicamente, por processos de combustão incompleta de combustíveis à base de carbono, como gasolina, diesel, carvão vegetal e outros. Nos grandes centros urbanos, a quase totalidade (aproximadamente 95 %) do CO emitido tem origem nas emissões veiculares, em especial de veículos leves com motores de ciclo Otto, que queima o combustível com uma razão ar/combustível próxima da estequiométrica. A razão estequiométrica é a razão que o combustível queima e reage com o ar. Para um motor a gasolina com aproximadamente 22 % de etanol, essa razão estequiométrica é de 13,3:1, isto é, 13 partes de ar para uma parte de gasolina. Por ser um poluente emitido principalmente pela frota veicular, este composto apresenta um perfil de comportamento que pode ser relacionado com a dinâmica da frota veicular do local, apresentando o máximo de concentração em horário próximo ao do máximo do fluxo veicular.

A intoxicação pelo CO ocorre pela alta afinidade da hemoglobina com o CO para formar a carboxi-hemoglobina. A hemoglobina tem aproximadamente 210 vezes mais afinidade com o CO do que com o O_2, então preferencialmente em atmosfera com altas concentrações de CO é formada a carboxi-hemoglobina do que a oxi-hemoglobina e, dessa forma, o O_2 não é transportado para tecidos e órgãos. Como sintomas dessa ausência de O_2 tem-se dor de cabeça, náusea, confusão mental e sonolência. Como é um incolor e inodoro, a intoxicação ocorre de maneira silenciosa, podendo levar à morte.

Óxidos de nitrogênio (NO_X): os dois óxidos de nitrogênio mais importantes são o monóxido de nitrogênio (NO) e dióxido de nitrogênio (NO_2), e a soma deles é denominada NO_X.

O NO é um poluente primário e secundário, ou seja, aproximadamente 90 % têm origem em emissões diretas como poluentes primários. São emitidos pelos veículos ou por fontes fixas, sendo formado na combustão em altas temperaturas pela oxidação do N_2 presente na atmosfera (2500 K), denominado NO térmico. Outra parte do NO é poluente secundário, sendo formado na atmosfera pela reação de consumo de O_3 pelo NO_2. Segundo dados do último relatório da Cetesb de 2015, 67 % dos NO_X são emitidos por veículos pesados, 18 % por indústrias, 14 % por veículos leves e 1 % por motos.

O NO_2 é um gás vermelho-amarronzado, irritante e responsável pela "névoa marrom" na atmosfera. A sua fotólise é responsável pelo início do processo de formação de O_3. Sua emissão tem origem em atividades de combustão, transporte e geração de energia elétrica. Na atmosfera, tem importância ao reagir com o radical hidroxila (•OH), formando o ácido nítrico (HNO_3), que tem participação importante na deposição ácida e na formação de aerossóis secundários, como os nitratos. Pode causar uma série de danos à saúde humana, como agravamento da asma, da bronquite crônica e irritação nos pulmões. Altera ainda as propriedades atmosféricas, podendo ser responsável pela redução da visibilidade, acidifica solos e lagos e pode causar destruição de materiais, como a corrosão de metais, e destruição de tecidos. Os teores médios encontrados no ar ambiente das grandes cidades brasileiras situam-se entre 20 e 90 $\mu g\ m^{-3}$, com picos em 400 $\mu g\ m^{-3}$, superando valores de 1000 $\mu g\ m^{-3}$ em paradas de ônibus e garagens fechadas. A fumaça do cigarro pode atingir valores de 100 a 200 $mg\ m^{-3}$.

Os NO_X são compostos-chave no processo de formação e consumo de ozônio na troposfera, como apresentado nas Reações 12.1 a 12.3.

$$NO_2 + h\nu \rightarrow NO + O(^3P) \qquad (12.1)$$

$$O(^3P) + O_2 \rightarrow O_3 \qquad (12.2)$$

$$O_3 + NO \rightarrow NO_2 + O_2 \qquad (12.3)$$

Dióxido de enxofre (SO_2): também é um gás incolor, altamente tóxico e causa irritação quando inalado. A principal fonte de emissão é natural, como as erupções vulcânicas, entretanto atividades humanas, como queima de combustíveis fósseis com elevados teores de enxofre, também emitem SO_2 para a atmosfera. Entre as atividades humanas, podem-se destacar a queima de carvão para geração de energia e o uso de óleo diesel pelos veículos pesados, principalmente por ônibus e caminhões.

Na troposfera, o SO_2 reage nas fases aquosa e gasosa, sendo removido principalmente pelos processos de deposição seca e úmida. Sua remoção química ocorre, basicamente, pela oxidação com o radical •OH, que irá formar o ácido sulfúrico (H_2SO_4). Também possui participação ativa na formação de aerossóis secundários, como os sulfatos.

As reações de formação do H_2SO_4 a partir do SO_2 são mostradas nas Reações 12.4 a 12.6.

$$SO_2 + OH\bullet + M \rightarrow HOSO_2\bullet \qquad (12.4)$$

$$HOSO_2\bullet + O_2 \rightarrow HO_2\bullet + SO_3 \qquad (12.5)$$

$$SO_3 + H_2O + M \rightarrow H_2SO_4 \qquad (12.6)$$

O sistema respiratório e os olhos são os principais "alvos" do SO_2. Entre os principais danos à saúde humana, estão os problemas respiratórios observados em pessoas saudáveis, sendo que a exposição crônica pode causar uma condição permanente semelhante à bronquite, e nos olhos, a deformação da íris e endurecimento da córnea. No meio ambiente, causa prejuízos em função da deposição ácida com formação de H_2SO_4, acidificando lagos, solos, causando a corrosão de artefatos metálicos e danos nos materiais estruturais de edificações.

Material particulado (MP): a fumaça preta emitida por caminhões e ônibus em mau estado de conservação dos motores é, possivelmente, a forma mais fácil de visualizar a poluição atmosférica. O MP é, por definição, formado por finas partículas sólidas ou líquidas que se encontram suspensas na atmosfera, tão pequenas que são invisíveis a olho nu. O material particulado afeta a saúde humana, onde o tamanho da partícula é a principal característica. O MP participa do processo de formação de nuvens e altera o balanço radiativo da Terra.

As partículas presentes na atmosfera podem ter tamanhos de poucos nanômetros, até 100 μm. Quanto menor o tamanho da partícula, mais tempo ela permanece suspensa na atmosfera e, quando inalada, mais profundamente atinge o aparelho respiratório. As partículas maiores são mais facilmente depositadas pela ação da gravidade e, quando inaladas, são filtradas nos primeiros níveis do aparelho respiratório. Segundo a lei de Stokes, a velocidade com que uma partícula se sedimenta aumenta com o quadrado de seu diâmetro. Ou seja, uma partícula com metade do diâmetro de outra se deposita em uma superfície em uma velocidade quatro vezes menor. Assim, o diâmetro da partícula é a principal característica qualitativa. As principais formas de remoção das partículas suspensas são a deposição seca ou úmida. Na deposição seca, as partículas são removidas da atmosfera por ação da gravidade; uma vez depositadas em alguma superfície ou no solo, essas partículas podem ser ressuspensas por ação do vento. Já deposição úmida é a retirada das partículas da atmosfera pela chuva ou sereno, que realiza uma espécie de "lavagem" da atmosfera.

As partículas mais grossas ($>$ 2,5 μm) são emitidas para atmosfera por processos mecânicos ou por ressuspensão da poeira do solo. Normalmente, apresentam características relacionadas com os solos e rochas, com altas concentrações de alumínio, ferro, cálcio e silício. Já as partículas mais finas ($<$ 2,5 μm) são emitidas para a atmosfera por processos de combustão, ou são formadas na atmosfera por reações químicas formando as partículas secundárias por processos de nucleação e condensação de compostos gasosos. Em geral, são uma mistura de compostos inorgânicos e orgânicos. Podem ainda ser classificadas como finas ($<$ 400 nm), ultrafinas ($<$ 150 nm) e nanométricas ($<$ 50 nm).

Segundo dados do último relatório da Cetesb de 2015, 39 % do MP são oriundos de veículos pesados,

1 % de veículos leves, 25 % de ressuspensão, 10 % de indústrias, 25 % aerossol secundário e 1% emissões evaporativas.

Ozônio (O_3): é um dos principais poluentes atmosféricos dos grandes centros urbanos. O O_3 é um forte oxidante na atmosfera e altamente reativo, sendo irritante e um dos principais compostos da atmosfera urbana. Não possui fontes significativas de emissão, sendo formado na atmosfera a partir das reações químicas entre os NO_X e os compostos orgânicos voláteis em presença de luz solar.

Para reduzir as concentrações de O_3 na atmosfera de uma grande cidade, é necessário controlar as emissões de seus compostos precursores, entender os mecanismos das reações químicas e as velocidades das reações que vão formar o ozônio.

O O_3 provoca diversos problemas à saúde, como irritação e ardência dos olhos, agravamento de doenças como a asma, bronquite e enfisema. É um poluente fitotóxico, que destrói os cloroplastos das plantas, diminuindo a fotossíntese vegetal, e como consequência pode causar perda de produtividade agrícola aliada a prejuízos econômicos.

O processo de formação de O_3 inicia-se com a fotólise do NO_2 com a formação da espécie atômica do oxigênio e rápida reação com o O_2 presente na atmosfera em grandes quantidades. Ao mesmo tempo ocorre a reação de consumo do O_3 pelo NO regenerando o NO_2 (Reações 12.1 a 12.3).

Essas três reações mostram o equilíbrio das espécies NO, NO_2 e O_3 com baixa produção de O_3. Entretanto, em atmosferas com a presença de compostos orgânicos voláteis (COV), o equilíbrio destas espécies é alterado a partir de uma série de reações radicalares iniciadas com o radical •OH (Reações 12.7 a 12.11)

$$RH + \bullet OH \rightarrow \bullet R + H_2O \qquad (12.7)$$

$$\bullet R + O_2 \rightarrow \bullet RO_2 \qquad (12.8)$$

$$\bullet RO_2 + NO \rightarrow RO + NO_2 \qquad (12.9)$$

$$\bullet RO + O_2 \rightarrow R'CHO + \bullet HO_2 \qquad (12.10)$$

$$\bullet HO_2 + NO \rightarrow \bullet OH + NO_2 \qquad (12.11)$$

$$NO_2 + h\nu \rightarrow O(^3P) + NO \qquad (12.12)$$

$$O\,(^3P) + O_2 \rightarrow O_3 \qquad (12.13)$$

O resultado final é:

$$RH + 4O_2 + 2\,h\nu \rightarrow R\,CHO$$
$$+ 2O_3 + H_2O \qquad (12.14)$$

Os radicais •HO_2 e •RO_2 reagem com o NO e formam o NO_2 sem o consumo de O_3. Em face do grande número de conversões NO a NO_2, o O_3 passa a se acumular na atmosfera.

Existe muita confusão com o O_3 presente na troposfera e na estratosfera. Enquanto o que foi relatado até agora foi o O_3 troposférico como um poluente, na estratosfera o O_3 é benéfico para a vida na Terra. Juntamente com o O_2, que absorve a radiação ultravioleta que incide na Terra em comprimentos de onda abaixo de 185 nm, o O_3 estratosférico absorve a radiação UV entre 210 e 300 nm. Entretanto, existe uma lacuna entre 185 e 210 nm, que é uma radiação benéfica à vida na Terra, que incide nos clorofluorcarbonos (CFC), os quais foram emitidos em larga escala nos últimos 50 anos, liberando cloro atômico que consome o O_3. Felizmente, com o Protocolo de Montreal estabelecido em 1987, após a descoberta do Buraco da Camada de Ozônio, e suas emendas em 1990 (Londres), 1992 (Copenhagen), 1995 (Viena) e reuniões subsequentes, a produção dos CFCs foi reduzida e seus substitutos não mais agridem a camada de O_3 estratosférico, tão tênue que poderia ter apenas 3 mm se considerada na pressão atmosférica no nível do mar.

Compostos orgânicos voláteis (COVs): estima-se que existam na atmosfera um número entre 10 e 100 mil COV na atmosfera. Eles participam do processo de formação de O_3, reciclam o radical •OH e transformam o NO em NO_2 sem consumo de O_3. Como são inúmeros compostos e com estruturas química diferentes, a reatividade com o radical •OH não é a mesma, assim como a toxicidade em seres humanos ou os danos ao meio ambiente, de maneira geral. Entre as fontes naturais de emissão, destacam-se as florestas, oceanos e erupções vulcânicas. Já as fontes de emissão antropogênicas estão associadas à queima incompleta de combustíveis fósseis, utilização de solventes, evaporação e estocagem de combustíveis. Como principais classes de compostos, podem ser destacados os hidrocarbonetos alifáticos e aromáticos, aldeídos, cetonas, álcoois, ácidos carboxílicos, terpenos, ésteres, entre outros.

12.4 Legislação referente à qualidade do ar e emissões de fontes fixas e móveis

Histórico

- Primeira Lei do Mundo: Clean Air Act, Inglaterra, 1950.
- Os países europeus e os Estados Unidos possuem uma legislação bem dimensionada, com destaque para a legislação alemã para o ar (TA Luft).
- O conceito de Prevenção de Deterioração Significativa, adotado pela US-EPA para qualidade do ar dentro de bacias aéreas, é eficiente e serviu como base para a Resolução Conama nº 3/1990, revogada e atualizada pela Resolução CONAMA 491/2018.

Principais leis federais

- Resolução Conama nº 491/2018: define os padrões nacionais de qualidade do ar, padrões intermediários e finais, e métodos de medidas para partículas totais em suspensão, MP_{10}, $MP_{2.5}$, dióxido de enxofre, monóxido de carbono, ozônio e dióxido de nitrogênio.
- Resolução Conama nº 382/2006: estabelece os limites máximos de emissão de poluentes atmosféricos para fontes fixas, por tipo de atividade industrial, para fontes fixas instaladas ou com pedido de licença de instalação após a 2 de janeiro de 2007.
- Resolução Conama nº 436/2011: estabelece os limites máximos de emissão de poluentes atmosféricos para fontes fixas instaladas ou com pedido de licença de instalação anteriores a 2 de janeiro de 2007. A Resolução Conama nº 436/2011 complementa a Resolução Conama nº 382/2006.
- Resolução Conama nº 18/1986: cria o Programa de Controle da Poluição do Ar por Veículos Automotores (Proconve). O objetivo deste programa é controlar as emissões atmosféricas por fontes móveis, fixando prazos e limites máximos de emissão e estabelecendo melhorias tecnológicas para a frota de veículos nacional.
- Resolução Conama nº 297/2002: estabelece os limites para emissão de gases poluentes por ciclomotores, motociclos e veículos similares novos, integrando o Programa de Controle da Poluição do

Ar por Motociclos e Veículos Similares (Promot). Com o aumento da frota de motocicletas no país, foi desenvolvido, seguindo o mesmo conceito do Proconveo Promot.

- Resolução Conama nº 264/1999: dispõe sobre o licenciamento de fornos rotativos de produção de clínquer para atividades de coprocessamento.
- Resolução Conama nº 316/2002: dispõe sobre procedimentos e critérios para o funcionamento de sistemas de tratamento térmico de resíduos.

12.5 Monitoramento de poluentes

O processo de poluição atmosférica apresenta duas etapas: a primeira, a emissão dos poluentes, seja pelas fontes fixas ou móveis; e a segunda, a concentração dos poluentes na troposfera, capaz de provocar danos ao meio ambiente. O monitoramento das emissões e das concentrações dos poluentes atmosféricos é fundamental para entender a poluição atmosférica.

Pode-se definir o monitoramento de poluentes atmosféricos como o conjunto de ações para amostrar e determinar os contaminantes presentes no ar, podendo ser de forma contínua ou não. Monitorar os poluentes atmosféricos é importante, entre outras razões, para ajudar a fixar os padrões de qualidade do ar, realizar estudos epidemiológicos e correlacionar as concentrações dos poluentes com os danos à saúde, obter uma base histórica de dados para conhecer tendências e propor políticas de controle ambiental.

12.5.1 Monitoramento do ar ambiente

De maneira geral, o monitoramento da concentração dos poluentes atmosféricos regulamentados pela Resolução Conama nº 491/2018 é realizada por analisadores automáticos. As estações automáticas de monitoramento dos poluentes atmosféricos possuem um conjunto de equipamentos que efetua essa medição continuamente por meios óticos, e os resultados obtidos são enviados por telemetria para um banco de dados. Em geral, são equipamentos de custo elevado, de 10 a 20 mil dólares cada. Em conjunto com os analisadores, também é utilizada uma estação meteorológica que coleta dados de temperatura, pressão atmosférica, umidade relativa, pluviosidade e radiação solar.

A localização de uma estação de monitoramento é importante para garantir a qualidade dos dados a serem gerados, assegurando-se que essa estação esteja em local de fácil acesso, com vigilância para evitar problemas de roubo e vandalismo, infraestrutura de energia elétrica e transmissão dos dados gerados. Não deve estar próxima a obstáculos ou fontes significativas de emissão dos poluentes, como, por exemplo, estar próxima de vias de alto tráfego de veículos ou paradas de ônibus.

O princípio de funcionamento dos principais analisadores automáticos de poluentes atmosféricos está a seguir resumido.

Dióxido de enxofre (SO_2): é um espectrofotômetro de quimiluminescência que promove a excitação eletrônica do SO_2 com a luz ultravioleta. O SO_2 excitado, ao retornar ao seu estado fundamental, emite luz, que tem o sinal ampliado pelo tubo fotomultiplicador; a luz detectada então é convertida em corrente elétrica, que produz um sinal digital no equipamento.

Monóxido de carbono (CO): as medidas são realizadas por absorção no infravermelho. É utilizada uma roda de correlação para obter o sinal de referência. O detector converte as medidas indiretas em corrente, que produz um sinal proporcional à concentração do gás analisado. Possuem limites de detecção de 0,05 ppm.

Óxidos de nitrogênio (NO_X): esses monitores medem os NO_X por quimiluminescência, o NO é determinado diretamente e o NO_2 é medido de forma indireta. Todo o NO_2 é convertido por reação com ozônio para NO e, então, é determinada a concentração de NO_X. A diferença entre o NO_X e o NO corresponde à concentração de NO_2. Possuem limites de detecção de 0,5 ppb.

Ozônio (O_3): a determinação de O_3 é realizada por absorção da luz ultravioleta em 254 nm, com uma lâmpada de vapor de mercúrio. No monitor de ozônio, são obtidas medidas alternadas em uma célula com "ar zero (sem ozônio)" e o ar ambiente, com a concentração do ozônio determinada pela diferença destas medidas. Apresentam limites de detecção na ordem de 0,5 ppb.

Material particulado (MP): o tamanho do material particulado medido é separado pelo sistema de captação, que permite apenas a passagem de partículas do tamanho desejado. A concentração do material

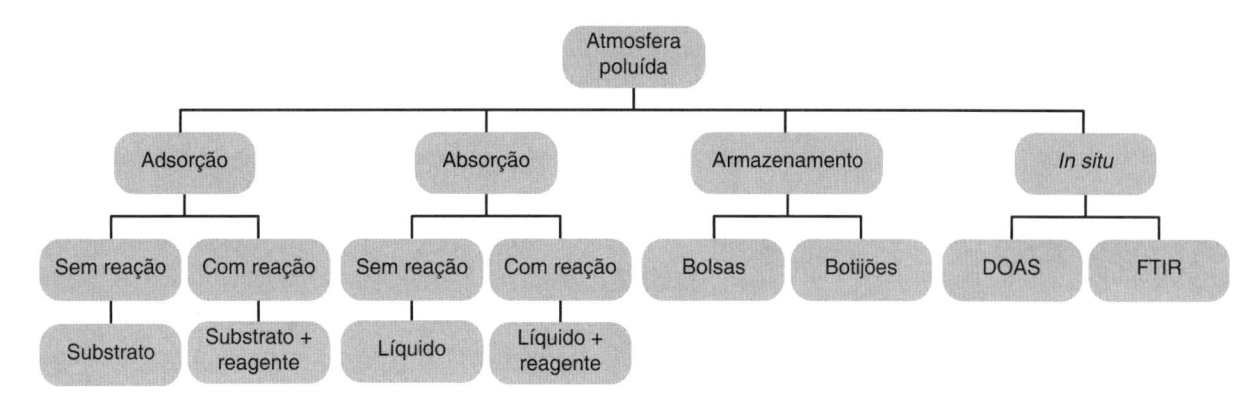

FIGURA 12.3 Esquema de monitoramento de poluentes atmosféricos não legislados.

particulado utiliza o princípio da atenuação de radiação beta (elétrons com alta energia). O material particulado se deposita em uma fita e recebe um fluxo de radiação proveniente de uma fonte constante de carbono-14 (^{14}C).

Os poluentes listados aqui são os denominados poluentes legislados, especificados na Resolução Conama nº 3491/2018. Diversos outros poluentes necessitam de monitoramento estipulado em legislações específicas detalhadas anteriormente, em especial no monitoramento das fontes fixas, como as chaminés e os ambientes ocupacionais. Como não existem monitores automáticos para estes poluentes é preciso se valer de métodos *off-line*. Na Fig. 12.3, é apresentado um fluxograma simplificado para a determinação de poluentes não legislados. Em geral, envolvem o preparo do meio de coleta, a amostragem, o transporte ao laboratório e subsequente tratamento e análise química.

Os meios que envolvem o processo de adsorção empregam um substrato sólido para aderir ao poluente gasoso. Este substrato sólido pode ser um filtro para a coleta de material particulado, um material polimérico, como XAD-2 para reter hidrocarbonetos policíclicos aromáticos, ou substrato inorgânico, como carvão ativo para amostragem de hidrocarbonetos policíclicos aromáticos, ou sílica para amostragem de álcoois. Este substrato pode conter um reagente para reter o poluente, com o uso da 2,4 dinitrofenil-hidrazina sobre uma partícula de sílica revestida de octadecil (C_{18}) para amostragem de aldeídos e cetonas. Nos meios que envolvem o uso de absorção, o meio líquido é usado para reter um poluente gasoso, seja ele puro, como no caso da água para reter ácido clorídrico, ou mesmo água com ácido fosfórico para reter amônia. A amostragem integral pode ser coletada por meio de bolsas de material inerte como teflon, botijões de vidro ou de aço inox (*canisters*). Em todos os casos, as amostras coletadas necessitam de posteriores análises químicas por técnicas diversas, tais como a gravimetria, espectrofotometria, cromatografia, eletroanalítica, entre outras. Já as técnicas *in situ* utilizam meios espectroscópicos para determinar os poluentes *in situ*, sendo as mais utilizadas a DOAS (Espectroscopia Atômica Ótica Diferencial) e a FTIR (Espectroscopia no Infravermelho com Transformada de Fourier), que possuem, apesar dos custos elevados, baixos limites de detecção (sub ppb) e tempos de leitura na casa de poucos segundos.

12.5.2 Monitoramento de fontes fixas

As fontes fixas são comumente denominadas chaminés. Em geral, efluente gasoso gerado em um processo sofre um tratamento físico e/ou químico antes de ser lançado na atmosfera por meio de uma chaminé, que apresenta características básicas, como o material estrutural, o diâmetro, a altura, a vazão e a temperatura do efluente.

As finalidades do monitoramento de uma chaminé são:

- Fiscalização: atender aos padrões de emissões nacionais, estaduais ou municipais especificados na Licença de Operação.
- Seleção dos sistemas de controle: para selecionar, projetar e operar um sistema de controle de poluentes atmosféricos é preciso conhecer as características físicas do equipamento, os poluentes emitidos e suas concentrações.

- Acompanhamento do desempenho do sistema de controle: uma vez em operação, o equipamento de controle necessita, além de ajustes quando necessário, de um conhecimento contínuo das emissões para avaliar a eficiência do processo de remoção de poluentes.
- Determinação de padrões e fatores de emissão: os processos que geram poluentes atmosféricos estão em contínua alteração, e cada dia são desenvolvidos novos processos que produzem novos poluentes. Em razão disso, o órgão ambiental competente precisa conhecer as emissões das fontes fixas para que possa realizar estudos e estabelecer, ou mesmo atualizar, os fatores de emissão.
- Apectos econômicos: uma empresa precisa conhecer suas emissões, pois esta informação pode ser utilizada para avaliar a eficiência de seu processo. Emissões elevadas podem ser um indicativo da ineficiência de seu processo. Por exemplo, o aumento das emissões de NO_X pode indicar elevação de temperatura de um processo de combustão e o aumento do CO também pode apontar um processo de combustão com pouco ar.

Na etapa inicial de planejar o monitoramento de uma fonte fixa, devem ser considerados:

- Local da amostragem: uma visita preliminar ao local é essencial para verificar a existência de pontos de amostragem, a altura do local de amostragem de modo a preparar escadas ou andaimes, a temperatura da chaminé para se providenciar utensílios adequados, a existência de fontes de energia elétrica para operar equipamentos, entre outros aspectos.
- Condições operacionais da fonte: realizar um processo de amostragem requer que o processo gerador depoluentes esteja funcionando na sua plena rotina, assim como os equipamentos de controle.
- Ausência de fluxo ciclônico: a presença de vórtex na chaminé precisa ser evitado, pois faz com que a amostragem deixe de ser representativa. Em geral, ajustes na vazão de emissão ou mesmo na geometria de chaminé são necessários.
- Velocidade do fluxo gasoso: é um parâmetro essencial, pois determina a vazão de amostragem. Uma vez determinada a concentração do poluente, é possível calcular a taxa de emissão.

- Metodologia adequada ao poluente: cada poluente tem especificado na legislação a metodologia adequada para sua determinação, a fim de que medidas subsequentes adotadas por empresas diferentes sejam comparáveis e rastreáveis.
- Determinação do número de pontos de amostragem: em função da heterogeneidade das emissões em uma chaminé, em especial aquelas com grande diâmetro, é necessário um número de amostras especificado pela legislação para que seja possível obter uma média da emissão estatisticamente confiável.

Na coleta de compostos na fase gasosa, o processo de amostragem é mais simples do que para material particulado. Em geral, os gases são amostrados em cartuchos absorvedores e/ou adsorvedores comerciais e por uma bomba de vácuo, para, em seguida, serem analisados. Um equipamento comercial denominado *Volatile Organic Samplig Train* (*VOST*) é comumente utilizado para este fim.

Para a amostragem do material particulado, é necessário que a velocidade de amostragem seja a mesma que a velocidade do efluente dentro da chaminé, processo denominado amostragem isocinética. Caso a velocidade de amostragem seja maior que a velocidade do efluente, partículas que atravessam ao lado do bocal de amostragem alteram sua trajetória de sucção, gerando resultados superdimensionados. Caso contrário, se a velocidade de amostragem for menor que a velocidade do efluente, uma região de maior pressão ocorre no bocal de amostragem e partículas são desviadas para fora do bocal de amostragem, tornando o processo subdimensionado. Para a amostargem isocinética é comumente empregado um equipamento comercial denominado Coletor Isocinético de Partículas Atmosféricas (CIPA).

Para que o processo de monitoramento seja representativo e os resultados aprovados pelos órgões ambientais, são utilizadas legislações, como, por exemplo, no caso do estado do Rio de Janeiro:

INEA MF-511: Determinação dos pontos para a amostragem em chaminés e dutos de fontes estacionárias.

INEA MF-512: Determinação da velocidade média de gás em chaminés.

INEA MF-513: Determinação da concentração de CO_2, do excesso de ar e do peso de gás seco em chaminés.

INEA MF-514: Determinação da umidade de gás em chaminés.

INEA MF-519: Determinação da concentração de dióxido de nitrogênio no gás, em chaminés.

Method US-EPA 17: Determinação das emissões de particulados de fontes estacionárias.

Method US-EPA 29: Determinação da emissão de metais de fontes estacionárias.

Method US-EPA: Conjunto de amsotragem para compostos orgânicos voláteis.

Method US-EPA 40: Amostragem dos principais compostos orgânicos perigosos de fontes de combustão usando bolsas de Tedlar®.

12.6 Prevenção da poluição atmosférica

Uma vez conhecida a composição do efluente gasoso de uma fonte de poluição atmosférica e de posse dos limites estabelecidos pela legislação, pode-se optar por duas vias para minimizar o problema da emissão de um poluente atmosférico: reduzir a emissão no processo (prevenção) ou reduzir a emissão após o processo (controle).

Antes de instalar um sistema de controle para minimizar a emissão, deve-se optar por minimizar a emissão na fonte, por um processo que pode ter muitos nomes-diferentes, de acordo com as áreas de conhecimento, como: Química Verde (QV), Produção Mais Limpa (P+L) ou Prevenção da Poluição (PP). O objetivo central é obter os mesmos produtos ou realizar os mesmos processos, de modo a economizar matéria-prima ou energia e gerar menos resíduos. Em geral, existem diversas aborgadens, como as relacionadas na Tabela 12.3.

Até a década de 1990, o controle da poluição atmosférica sempre esteve focado na instalação de um equipamento ao final da chaminé cujo custo era incorporado ao processo produtivo e repassado ao consumidor. Com a internacionalização dos preços, escassez de matéria-prima, aumento do custo da energia e restrições ambientais, tem surgido uma mudança conceitual no sentido de se usar as definições de prevenção da poluição.

Como exemplo, pode-se citar a substituição do carvão pelo gás natural na geração de energia elétrica ou de geração de vapor em caldeiras. O uso do carvão gera emissões de COV, MP, SO_2 e NO_X, acarretando o uso de ciclones, filtros, lavadores de gases, precipitador eletrostático, entre outros sistemas de controle, com o consumo de espaço, energia e geração de efluentes líquidos e sólidos. O uso do gás natural reduz as emissões apenas do NO_X, que pode ser minimizado com lavadores de gases, apresentando menor geração de efluentes líquidos, menor espaço ocupado pelos equipamentos e armazenamento de carvão, e custos com transporte do material. Outros custos menos mensuráveis são a imagem da empresa, satisfação e saúde de funcionários.

Um processo de prevenção da poluição pode ser efetuado por uma empresa tercerizada ou mesmo pela própria empresa, conduzido por equipe multidisciplinar em múltiplas etapas:

FASE I: Preparação da auditoria

* Focagem da auditoria e preparação
* Listar todos os processos (operações unitárias e reatores)
* Montar os fluxogramas de processo
* Avaliação preliminar de oportunidades, *brainstorm* da equipe e relatório prévio

Tabela 12.3 Tipos de abordagem para a prevenção da poluição atmosférica

Pré-tratamento	processo → pré-tratamento → resíduo
Reciclagem	processo → tratamento → resíduo → resíduo reciclado
Prevenção	processo modificado → tratamento → menor resíduo
Reprojetar	novo processo → ~~tratamento~~ → ~~resíduo~~

FASE II: Avaliação da planta

- Identificação das entradas: balanço de massa e energia, histórico e inventário
- Inventário do uso da água
- Medição dos níveis de reúso e reciclo
- Quantificar as saídas dos processos
- Identificar as correntes residuárias
- Identificar as emissões gasosas
- Balanços de massa
- Resíduos extraplanta
- Avaliação e refinamento dos balanços

FASE III: Síntese, classificação e ações propostas

- Identificação e interpretação dos dados
- Proposta de Grupo 1: medidas óbvias, manejo, *housekeeping* e de baixo investimento
- Proposta de Grupo 2: medidas de médio elongo prazo, modificar processos, novos equipamentos, novas matérias-primas e estimativas de custos.
- Caracterizar rejeitos
- Segregar rejeitos
- Desenvolvimento de opções de longo tempo: processo contínuo × batelada; atualização de instrumentação e equipamentos; controle de processo, pré-tratamento de matéria-prima; substituição de solventes; troca de condições operacionais (agitação, temperatura, pressão e catalisador)
- Avaliação ambiental, social e econômicas das opções
- Desenvolvimento e implementação de um plano de ação

12.7 Controle de emissões atmosféricas

Uma vez não sendo possível realizar uma prevenção das emissões atmosféricas a partir de uma fonte fixa, faz-se necessário, então, um sistema para minimizar as emissões. Para o sucesso da escolha do equipamento adequado, cabe conhecer quatro características essenciais do processo, como: a **composição** da emissão caracterizada no monitoramento, a **vazão** da fonte emissora, que, juntamente com a concentração, possibilita o cálculo da quantidade emitida por unidade de tempo, a **temperatura** e a **pressão** da fonte emissora, duas características essenciais para a escolha do equipamento e de seu material estrutural. Um exemplo é

a seleção de um ciclone em PVC para fluxo gasoso acima de 200 °C, de modo a ocasionar o derretimento do material.

Para o sucesso na definição do equipamento de controle da poluição de uma fonte fixa, outras características são desejáveis, como: a fórmula molecular do poluente, seu ponto de ebulição e de fusão, a solubilidade em diversos solventes, as propriedades de adsorção e absorção, a reatividade química, o calor de condensação e dissolução, os limites de odores, os efeitos fisiológicos, o pH, a pressão de vapor e a distribuição de tamanho para as partículas. Nem sempre todas estas informações estão disponíveis, mas quanto mais informações forem obtidas, maior será o sucesso neste processo de decisão.

Existem muitos dispositivos para o controle da poluição atmosférica (PA). Ao todo, nove têm sido considerados os principais tipos, descritos a seguir. Cada um possui características singulares, como eficiência, tamanho, custo de instalação e custo de manutenção. Deve-se observar que o controle da PA de uma fonte fixa não elimina o poluente. Em geral, é um processo no qual o poluente presente na fase gasosa é transportado para outra fase, líquida ou sólida, visando à disposição controlada, ou sua conversão em outro composto menos tóxico na forma gasosa.

Câmara de deposição

É o dispositivo mais antigo para controle da poluição atmosférica na remoção do material particulado de um fluxo gasoso. Seu princípio de funcionamento baseia-se na redução da velocidade do fluxo gasoso e consequente deposição das partículas de maior tamanho na base do equipamento, que pode ter vários compartimentos para segregação bruta por tamanho. Em geral, é usado como um tratamento primário, para remoção de partículas grossas e abrasivas e, dessa forma, melhorar o desempenho de outros equipamentos, como, por exemplo, filtros. É um equipamento de baixo custo que pode ser confeccionado na própria planta, em geral de chapas de aço ou materiais poliméricos. Não existem partes móveis e apresenta pouca manutenção. As desvantagens são a baixa eficiência para partículas abaixo de 10 μm, não apropriado para fluxos contendo umidade e, em geral, ocupa muito espaço físico, de modo que está sendo preterido em função do uso de ciclones. Utilizando um fluxo gasoso de 3,5 m · s⁻¹, é possível obter eficiências de 95 % para partículas de 100 μm e 40 % para partículas de 40 μm. O projeto e o desempenho de uma câmara de deposição podem ser estimados pela lei de Stokes, segundo a Eq. 12.15.

$$d_p = \sqrt{\frac{18 \cdot \mu_g \cdot \mu \cdot h}{\rho_p \cdot g \cdot L}} \qquad (12.15)$$

em que d_p = diâmetro da partícula (m); μ_g = viscosidade do gás (kg · m⁻¹ · s⁻¹); μ = velocidade do gás na câmara (m · s⁻¹); h = altura da câmara (m); g = gravidade (m · s⁻²); L = comprimento da câmara (m); e ρ_p = densidade da partícula (kg · m⁻³).

O desenho esquemático de uma câmara de deposição pode ser visualizado na Fig. 12.4.

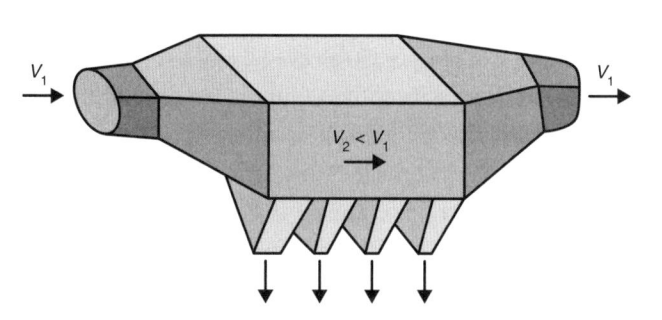

FIGURA 12.4 Desenho esquemático de uma câmara de deposição, em que a velocidade de entrada do fluxo gasoso V_1 é reduzida dentro da câmara $V_2 < V_1$ pelo aumento da área da seção.

Câmara de condensação

Baseia-se na remoção de calor de um fluxo gasoso por um sistema de arrefecimento, condensando o vapor presente na fase gasosa e sua separação na forma líquida. O dimensionamento do sistema de arrefecimento, que pode utilizar ar ou água, obedece à Eq. 12.16. É um equipamento que possibilita a recuperação de solventes orgânicos presentes na forma de vapor no fluxo efluente gasoso. Tem uso muito específico e depende da ausência de material particulado no fluxo gasoso, conforme ilustrado na Fig. 12.16.

$$Q = U \cdot A \cdot \Delta T \qquad (12.16)$$

sendo Q = calor transferido (kW); U = coeficiente de transferência térmica (kW · m⁻²°C⁻¹); A = área de troca térmica (m²); e ΔT = diferença de temperatura entre o líquido e o vapor (°C).

Ciclone

É um equipamento de uso muito difundido na remoção de material particulado acima de 10 μm e vem sendo usado como substituto das câmaras de deposição. Seu princípio baseia-se na passagem do fluxo gasoso por um sistema de paredes cônicas e, dessa forma, o MP é friccionado nas paredes internas do ciclone, ocasionando a perda de velocidade e sua deposição pelo fundo, ao passo que o fluxo gasoso segue pela parte superior (Fig. 12.6). O ciclone também pode ser usado na recuperação de MP de valor agregado. Não

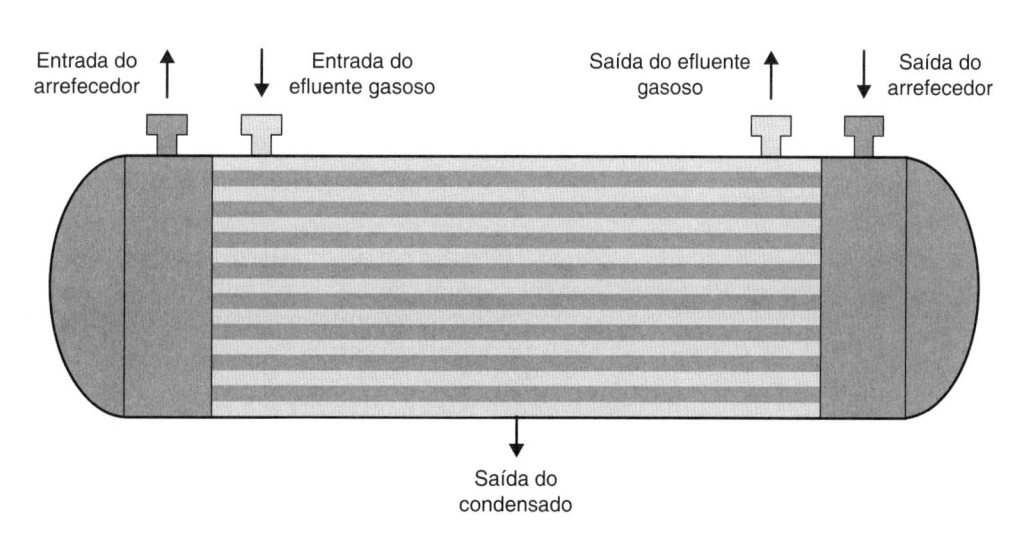

FIGURA 12.5 Desenho esquemático de uma câmara de condensação.

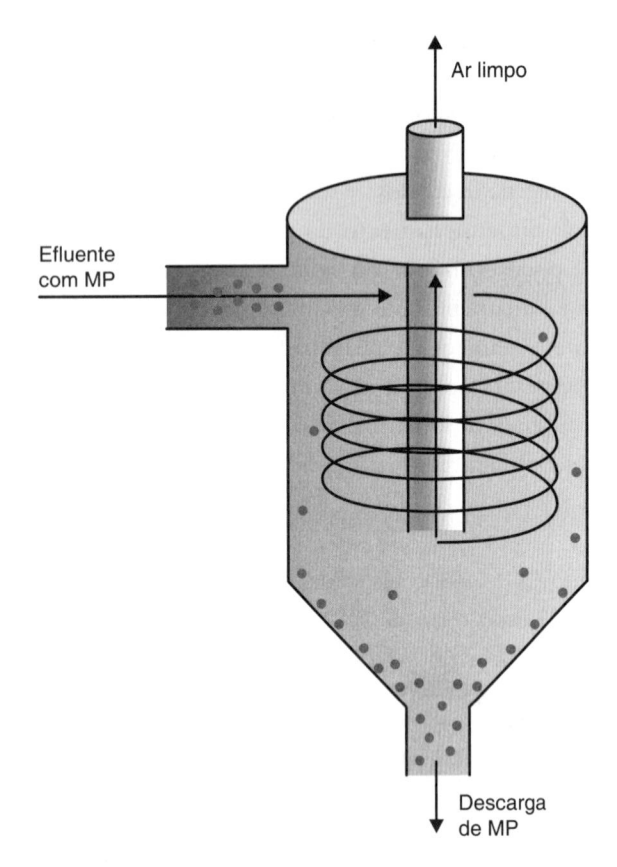

Efluente com MP

Ar limpo

Descarga de MP

FIGURA 12.6 Desenho esquemático de um ciclone.

provoca perda de carga no sistema, possui baixo custo, ausência de partes móveis, ocupa pouco espaço e apresenta baixa manutenção. Deve ser evitada a presença de umidade a não ser no uso de hidrociclones, onde se emprega um fino fluxo de água adicionado pelas paredes do equipamento para ajudar na remoção do MP e gases solúveis. São equipamentos utilizados como tratamento primário para evitar a rápida saturação de equipamentos posteriores, como os filtros. Sua eficiência varia com o tamanho da partícula e as características construtivas do equipamento. Para se calcular o tamanho de partícula que apresenta 50 % de eficiência na remoção, pode-se usar a Eq. 12.17.

$$d_{50} = \sqrt{\frac{19 \cdot \mu_g \cdot h}{2 \cdot \pi \cdot N_e \cdot V_i \, (\rho_p - \rho_g)}} \quad (12.17)$$

em que d_{50} = diâmetro da partícula com 50 % de remoção (μm); μ_g = viscosidade do gás (Pa · s); h = largura da entrada do ciclone (m); N_e = número de voltas efetivas no ciclone; V_i = velocidade de entrada do gás (m · s⁻¹); ρ_p = densidade da partícula (μ_g · cm⁻³); e ρ_g = densidade do gás (μ_g · cm⁻³).

Filtro

Também conhecidos no meio industrial por filtros de manga, em função dos formatos dos filtros, que costumam ser sacos, tubos ou cartuchos. São equipamentos muito empregados na remoção do material particulado de um fluxo gasoso. Apresentam alta eficiência na remoção de MP fino, com eficiências de 99 % para MP com 10 μm. Para fluxos com MP de maior tamanho, deve-se empregar um pré-tratamento com câmara de deposição ou ciclone para evitar o rápido entupimento dos filtros. A sua eficiência depende do tamanho e velocidade da partícula, das características do filtro e do processo de limpeza dos filtros.

Os filtros podem ser de algodão, tecidos poliméricos como poliéster e fibra de vidro. É comum o uso de dois filtros operando de forma alternada, em que um opera no processo de filtração e outro em processo de limpeza, que pode ser realizada mecanicamente por vibração e por jatos de ar em fluxo reverso. A frequência da limpeza pode ser observada e automatizada pela diferença de pressão entre a entrada e a saída do fluxo gasoso. Os filtros podem operar com vazões na ordem de 50 m³ · s⁻¹, e a temperatura dependente do tipo de filtro empregado pode chegar a 400 °C para filtros de fibra de vidro, 250 °C para filtros de teflon, 140 °C para filtros de poliéster e 120 °C para filtros de acrílico. Devem-se evitar fluxos de ar contendo umidade para impedir a formação de lama nos filtros e, em casos especiais, pode-se empregar reagentes dentro dos filtros para reter poluentes gasosos, como o uso de cal para remoção de baixos teores de SO_2. Em função do elevado custo de alguns filtros, como os de fibra de vidro, deve-se avaliar economicamente a opção de se resfriar o fluxo de entrada de modo permitir o uso de filtros mais econômicos, como os filtros de poliéster ou algodão. Uma figura esquematizada de um filtro está na Fig. 12.7.

Precipitador eletrostático

Equipamento para remoção de material particulado do fluxo gasoso pela aplicação de um campo elétrico de corrente contínua que provoca a ionização e a transferência de carga para o MP. Dessa forma, ocorre a atração eletrostática do MP e consequente aumento do tamanho agregado das partículas, provocando sua sedimentação. Apresenta eficiência entre 99,0 e 99,9 % para partículas

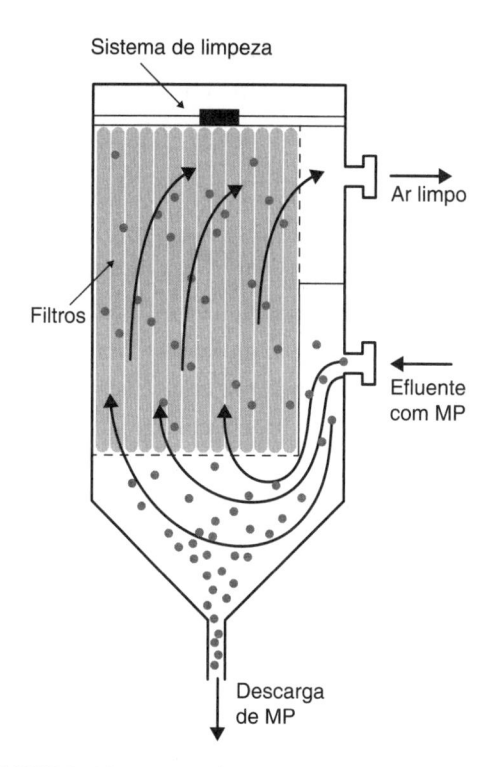

FIGURA 12.7 Desenho esquemático de um filtro.

finas, e a eficiência é função do tamanho de partícula, da magnitude do campo elétrico, da resistividade do MP, da temperatura, da composição do MP e da distribuição de tamanho. Sua eficiência pode ser estimada pela equação de Anderson-Deutsch (Eq. 12.18).

$$\text{Eficiência} = 1 - e^{\frac{A \cdot W}{Q}} \qquad (12.18)$$

sendo A = área dos eletrodos (m²); W = velocidade de sedimentação no campo elétrico (m · s⁻¹); e Q = vazão do gás (m³ · h⁻¹).

O precipitador eletrostático pode trabalhar em altas vazões de até 50 m³ · s⁻¹ e temperaturas de até 700 °C, porém necessita de um pré-tratamento para remoção de partículas grossas e deve-se evitar umidade e a presença COVs que possam formar misturas explosivas. É indicado para material particulado (MP) com resistividade na faixa de 10³ a 10¹⁰ Ω · cm⁻¹. O equipamento possui elevado custo de instalação e de operação tendo em vista o consumo de energia elétrica nos retificadores de corrente contínua. É um equipamento projetado para fluxos determinados de MP, como, por exemplo, em unidades de sinterização, na área siderúrgica. Os precipitadores eletrostáticos não respondem bem às variações do fluxo de entrada, apresentam baixa perda de carga, porém elevado risco de acidentes e explosões, além de gerarem ozônio, dependendo das condições operacionais. Esses equipamentos necessitam de mão de obra especializada. Um desenho esquemático pode ser visualizado na Fig. 12.8.

Unidades de absorção

Estes equipamentos possuem várias configurações, mas sempre com o intuito de promover o contato de um efluente gasoso, que pode conter gases e partículas, com um meio líquido, que promove a retenção dos poluentes. Um dos principais tipos é o *venturi*, que se baseia

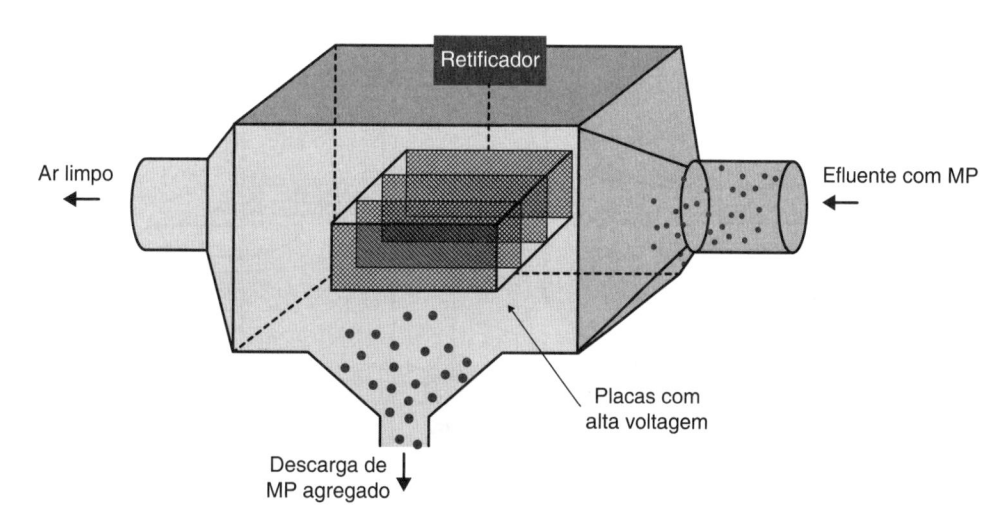

FIGURA 12.8 Desenho esquemático de um precipitador eletrostático.

na aceleração do fluxo gasoso pela diminuição da área coma atomização do meio líquido e aumento da superfície de contato (Fig. 12.9a). É indicado tanto para poluentes gasosos solúveis no líquido (em geral a água) como para particulados. Pode operar na retenção de materiais explosivos e inflamáveis, sendo capaz de arrefecer o fluxo gasoso. É relativamente fácil de ser construído na própria planta e pode utilizar meios líquidos alcalinos ou ácidos para reter gases ácidos ou alcalinos, respectivamente. Possui o inconveniente de gerar muito efluente líquido, com problemas de corrosão, em baixas temperaturas, e pode produzir lodo na presença de elevadas concentrações de material particulado.

O lavador do tipo orifício é outro equipamento de absorção conhecido como *scrubber* (Fig. 12.9b). Baseia-se na passagem ascendente de um fluxo gasoso por placas perfuradas, nas quais um fluxo contracorrente descendente com o líquido de lavagem promove o contato gás-líquido. Pode ter sua eficiência aumentada pelo uso de anéis de contato do tipo *rasching*, ou o uso de atomizadores para aumento da superfície de contato. Sua eficiência para a remoção de partículas situa-se na faixa de 90 a 99 % para MP entre 2 e 10 μm.

Possui as mesmas características do *venturi* para neutralização de gases e geração de efluente líquido e lodo, corrosão e problemas com baixa temperatura.

Para a retenção de poluentes gasosos, deve-se escolher um líquido que possibilite a sua solubilização ou mesmo a retenção por reação química. Um exemplo é a água para reter NH_3, Cl_2 e SO_2, água com H_3PO_4 para retenção de álcalis ou água com $NaOH$, $Ca(OH)_2$ ou Na_2CO_3 para retenção de ácidos. Para a retenção de moléculas orgânicas apolares, como, por exemplo, hidrocarbonetos, pode-se optar por água com adição de tensoativos específicos e copolímeros, a baixa pressão de vapor, baixa viscosidade e baixo custo. A quantidade absorvida pode ser estimada pela Eq. 12.19.

$$P_g = K_H \cdot C_{eq} \tag{12.19}$$

com P_g = pressão parcial (Pa); K_H = constante de Henry (mol·atm^{-1}); e C_{eq} = concentração de equilíbrio (mol·m^{-3}).

Unidade de adsorção

Baseia-se na retenção de um poluente na fase gasosa (adsorbato) para uma fase sólida (adsorvente). É uma técnica empregada em correntes efluentes mais diluídas

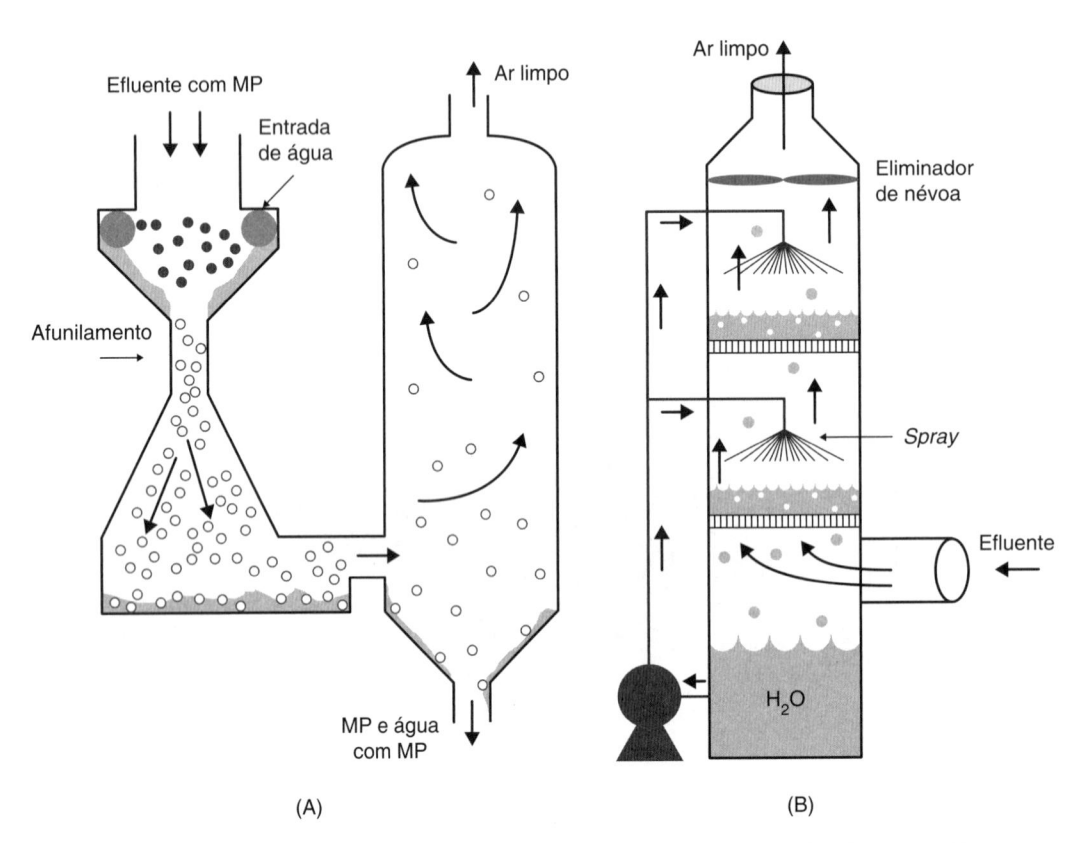

(A) (B)

FIGURA 12.9 Desenho esquemático (A) de um *venturi* e (B) de um *scrubber*.

em que o principal problema a ser resolvido é o odor. A passagem do poluente se dá por dentro de um leito fixo contendo o adsorvente, usualmente o carvão ativo. A eficiência do processo pode ser calculada pela Eq. 12.20.

$$W = \frac{a \cdot C_g}{1 + b \cdot C_g} \qquad (12.20)$$

na qual W = quantidade de gás por adsorvente (kg · kg⁻¹); e a, b = constantes empíricas (isoterma de Langmuir).

O grande desafio no projeto de uma unidade de adsorção consiste em promover uma eficiente transferência de massa do efluente gasoso para o interior da superfície do adsorvente. Em seguida, a atividade passa a ser recuperar/eliminar o adsorbato e o adsorvente, que normalmente apresenta custo elevado. Existem as unidades de adsorção em duas configurações: (i) quando o leito de adsorvente é fixo e trocado após a sua saturação; e (ii) quando o leito é contínuo, com uma adição de novo adsorvente pela parte superior e retirada do adsorvente saturado pela parte inferior.

O processo de adsorção é, na maioria das vezes, exotérmico e a retirada de calor é essencial, pois a eficiência do processo de adsorção é inversamente proporcional à temperatura. Devem-se evitar correntes de efluentes contendo material particulado e umidade, pois podem obstruir os poros do adsorvente.

A regeneração do adsorvente é uma escolha que deve ser realizada com critérios ambientais e econômicos. Pode ser efetuada a regeneração na própria planta ou por terceiros. A regeneração pode ser realizada a partir da remoção do adsorbato pelo aumento da temperatura, redução da pressão ou por um reagente específico (quimisorção). Ou pode-se optar pela queima do adsorvente junto com o adsorbato.

O carvão ativo é o adsorvente mais empregado, com características típicas de área específica de 3 a 7 m² · cm⁻³, porém apresenta baixa eficiência para moléculas polares e com ponto de ebulição abaixo de 40 °C, sendo que a eficiência aumenta com o peso molecular. Para efluentes gasosos polares, os adsorventes mais indicados são a base de silício, como a sílica gel, peneiras moleculares e zeolitas sintéticas. Também podem-se empregar óxidos metálicos, como Al_2O_3, para retenção de ácidos e umidade, CaO para remoção de SO_2,

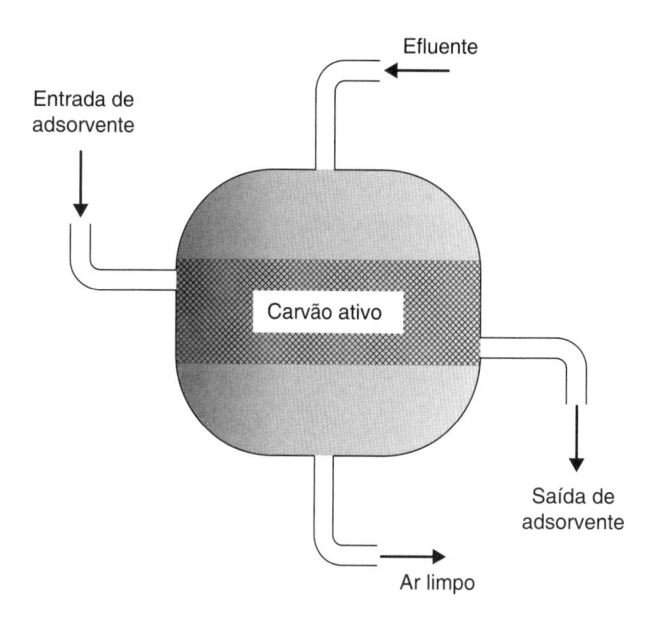

FIGURA 12.10 Desenho esquemático de uma unidade de adsorção.

Cu_2O para remoção de O_2, óxidos que possuem baixo custo e regeneração menos trabalhosa. Um esquema de uma unidade de adsorção pode ser visualizado na Fig. 12.10.

Destruição térmica

Estes equipamentos são conhecidos comumente por queimadores ou incineradores. O princípio é a queima de moléculas contendo, principalmente, carbono, hidrogênio, oxigênio e nitrogênio em abundância de oxigênio, com consequente geração de CO_2, H_2O e NO_X. Um desenho esquemático está apresentado na Fig. 12.11. Existe uma série de equipamentos comerciais disponíveis no mercado com custo elevado e, em geral, não são customizados para determinada aplicação. É importante que a corrente de efluente de entrada seja bem caracterizada e tenha pouca variação para que sua operação seja otimizada, com controle das variáveis entrada de ar, combustível, temperatura e tempo de residência na chama. Moléculas contendo metais, halogênios e calcogênios são transformadas nos respectivos óxidos e saem na chaminé, exigindo o uso de outros sistemas de controle.

Os incineradores são considerados equipamentos de custo elevado, cuja eficiência é afetada pela presença de diversos poluentes gasosos e com variações na

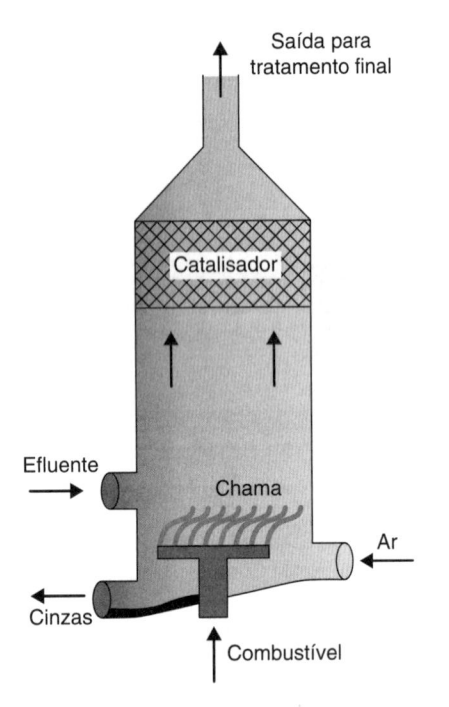

FIGURA 12.11 Desenho esquemático de um incinerador.

entrada, logo as condições operacionais não satisfazem à eliminação de todos os poluentes. O tempo de residência na chama e a temperatura são duas variáveis fundamentais no processo de destruição dos poluentes, como observado na Tabela 12.4. O uso de incineradores com leitos catalíticos permite uma redução na temperatura do processo. Como exemplo, um incinerador convencional opera a cerca de 1400 °C para remover 99 % de benzeno de um efluente gasoso e a 440 °C em um incinerador catalítico.

A seleção do equipamento deve considerar as características operacionais do efluente gasoso a ser tratado, as propriedades físico-químicas das moléculas envolvidas e a legislação vigente. Além disso, devem ser analisados os aspectos econômicos, como os apresentados na Fig. 12.12, cujos custos por tonelada minimizada são um somatório dos custos de instalação, manutenção e operação.

Tabela 12.4 Comparação do tempo de residência e temperatura na eficiência de um incinerador

Tempo de residência	0,5 s	1,0 s	0,5 s	1,0 s
Eficiência	95 %		99 %	
Tolueno	1351 °C	1317 °C	1372 °C	1338 °C
Benzeno	1489 °C	1415 °C	1640 °C	1640 °C
Estireno	1445 °C	1391 °C	1480 °C	1424 °C

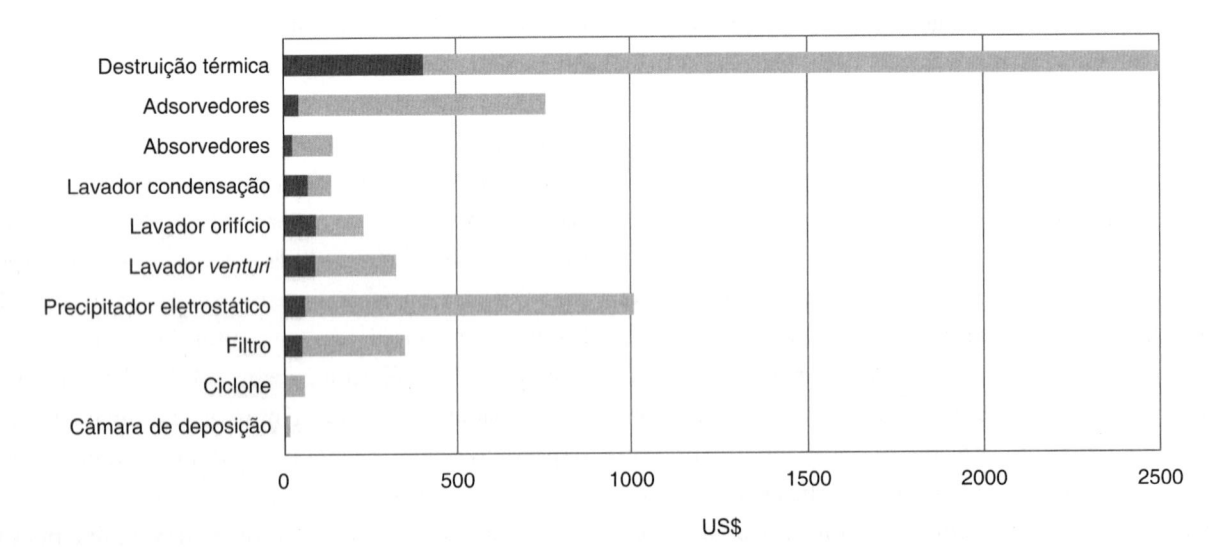

FIGURA 12.12 Custos mínimos (cinza-escuro) e máximos (cinza-claro) por tonelada de efluente removida do efluente gasoso.

12.8 Estudos de simulação

Os estudos de simulação da poluição atmosférica possuem duas abordagens principais: a simulação da qualidade do ar de uma cidade e a simulação da dispersão de plumas oriundas de fontes fixas.

A simulação da qualidade do ar é um tema complexo não tratado em detalhes neste capítulo, pois envolve o estudo das emissões de fontes fixas e móveis em uma cidade, a influência da meteorologia e da topografia, além das transformações físicas e químicas na atmosfera dos poluentes primários em poluentes secundários por reações térmicas e fotoquímicas. O estudo pode ser conduzido na atmosfera da cidade ou região homogênea, logo um estudo unidimensional ou tridimensional, no qual a qualidade do ar é diferente a cada localidade e em função da altitude. Para o estudo unidimensional, recomenda-se o estudo de modelo OZIPR (*Ozone Isopleth Plotting for Research*) e para estudos tridimensionais, o modelo CMAQ (*Community Multi-Scale Air Quality*), ambos de livre distribuição.

Para o caso de fontes fixas, existem também diversos modelos em diferentes níveis de detalhamento. Atualmente, os estudos que envolvem a dispersão de poluentes atmosféricos por fontes fixas são incluídos nos processos de licenciamento ambiental de novos empreendimentos ou mesmo na renovação de licenças de empreendimentos em operação.

O caso mais simples para o cálculo de dispersão de uma fonte fixa é o cálculo de uma pluma gaussiana. Os principais efeitos que atuam em uma pluma recém-emitida por uma chaminé é o transporte, a diluição e a dispersão. Os fatores que exercem mais influência nos resultados são a natureza do poluente, a taxa de emissão, as condições meteorológicas e os efeitos do terreno e das edificações. As etapas principais, após uma pluma emitida por uma chaminé, são:

1. **Movimento vertical:** tem-se o acoplamento entre o efeito da massa emitida, a velocidade do lançamento e a temperatura da fonte.
2. **Mistura com o ar ambiente:** após lançado, o poluente mistura-se com o ar ambiente até determinada altura, sendo arrastado pelo vento lateral, e assim, sofre um processo de diluição até atingir determinada concentração na localidade em que se deseja estimar o impacto da chaminé.
3. **Arraste da pluma pelo movimento do ar:** a pluma é arrastada lateralmente pelo vento local e, também, pelo movimento vertical da atmosfera, que depende da estabilidade da atmosfera do local.
4. **Chegada ao solo:** após a pluma ser transportada na atmosfera, os poluentes são diluídos e chegam ao destino para interagir com a superfície do local e os receptores (seres vivos).

Uma descrição simplificada pode ser observada na Fig. 12.13.

No cálculo da dispersão da pluma, algumas informações são essenciais no cálculo da concentração que um poluente atinge determinada localidade afastada da fonte, como:

- taxa de emissão do poluente;
- velocidade de lançamento do gás;
- temperatura de lançamento do gás;
- temperatura ambiente;
- diâmetro da chaminé;
- altura da chaminé;
- direção do vento;
- velocidade do vento;
- estabilidade da atmosfera;
- taxa de aquecimento (*lapse rate*);
- altura da camada de mistura.

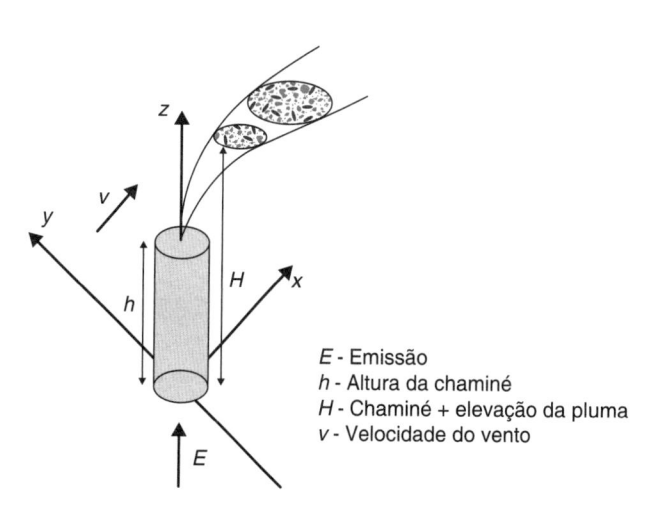

E - Emissão
h - Altura da chaminé
H - Chaminé + elevação da pluma
v - Velocidade do vento

FIGURA 12.13 Esquema simplificado da dispersão de pluma atmosférica de uma chaminé.

O modelo gaussiano apresenta algumas premissas como:

- a estabilidade da atmosfera é uniforme na região de estudo;
- a diluição vertical e horizontal pode ser descrita por uma curva gaussiana;
- a liberação dos poluentes ocorre a uma altura equivalente à altura da chaminé mais a elevação da pluma;
- o grau de diluição do poluente é inversamente proporcional à velocidade do vento;
- o poluente ao atingir o solo é refletido de volta para a atmosfera, não sofrendo interação.

As etapas de cálculo consistem em:

Cálculo da elevação da pluma

$$\Delta H = \frac{V_s \cdot d}{u} \cdot \left\{ 1,5 + \left[2,68x10^{-2} \cdot P \cdot \left(\frac{T_s - T_a}{T_s} \right) \cdot d \right] \right\}$$

(12.21)

V_s = velocidade do gás na chaminé (m · s⁻¹); d = diâmetro da chaminé (m); u = velocidade do vento (m · s⁻¹); P = pressão (kPa); T_s = temperatura de lançamento do gás (K); e T_a = temperatura ambiente (K).

Cálculo da estabilidade da atmosfera, segundo os critérios de Pasquill

Velocidade do vento (m/s)	Radiação solar			Cobertura de nuvens (noite)	
	Forte > 700 W/m²	Média 350-700 W/m²	Fraca < 350 W/m²	≥ 4/8	≤ 3/8
< 2	A	A - B	B		
2-3	A - B	B	C	E	F
3-5	B	B - C	C	D	E
5-6	C	C - D	D	D	D
> 6	C	D	D	D	D

A - Extremamente instável   B - Moderadamente instável
C - Levemente instável   D - Neutra
E - Levemente estável   F - Moderadamente estável

Cálculo da dispersão horizontal da pluma (paralelo ao solo)

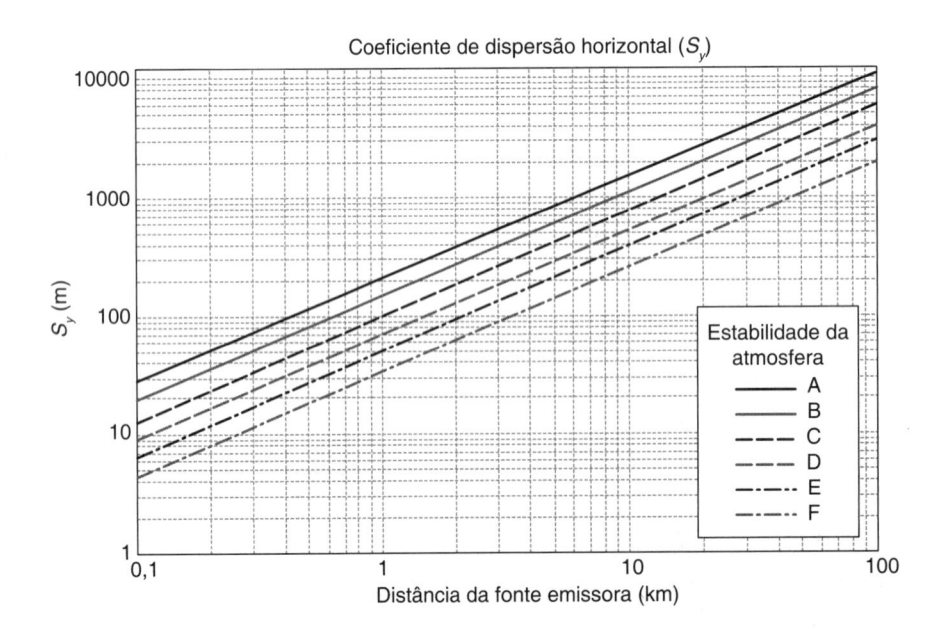

Coeficiente de dispersão horizontal (S_y)

Cálculo da dispersão vertical da pluma (perpendicular ao solo)

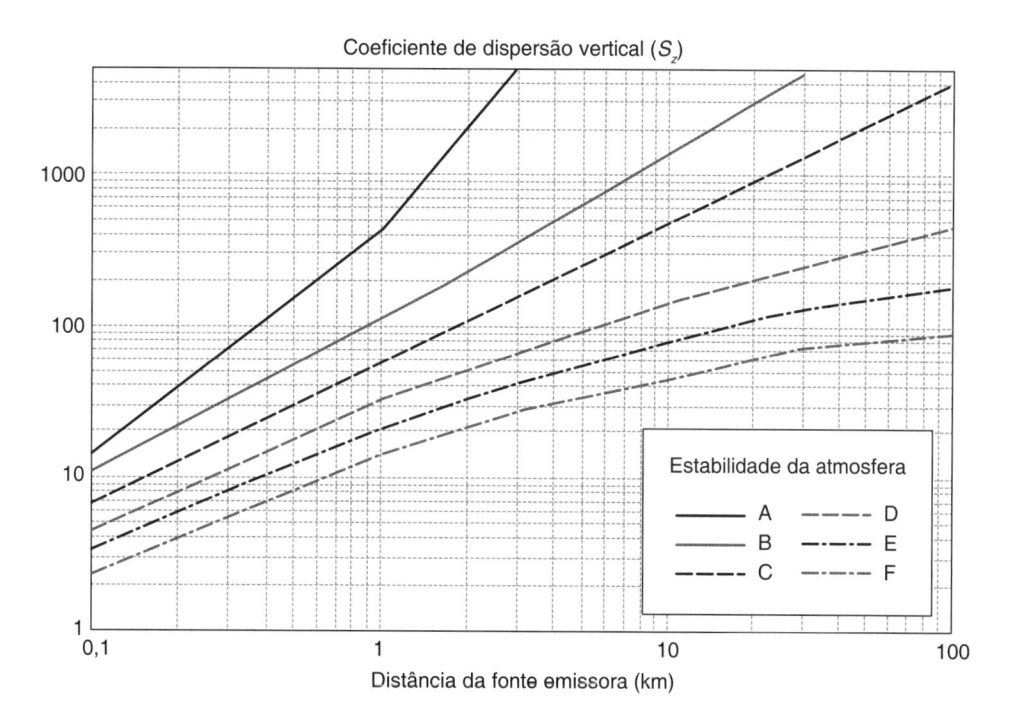

Coeficiente de dispersão vertical (S_z)

Distância da fonte emissora (km)

Estabilidade da atmosfera

A — D
B — E
C — F

Cálculo da concentração do poluente

$$C = \frac{E}{\pi \cdot S_\gamma \cdot S_z \cdot u} \cdot \exp\left[-\frac{1}{2} \cdot \left(\frac{\gamma}{S_\gamma}\right)^2\right] \cdot \exp\left[2\frac{1}{2} \cdot \left(\frac{H}{S_z}\right)^2\right]$$

$$(12.22)$$

com C = concentração do poluente (g · m⁻³); E = taxa de emissão do poluente(g · s⁻¹); S_γ = desvio horizontal da pluma (m); S_z = desvio vertical da pluma (m);

u = velocidade do vento (m · s⁻¹); x, y, z = distâncias (m); h = altura da chaminé (m); ΔH = elevação da pluma (m); e H = altura da chaminé + elevação da pluma (m).

As etapas de cálculo aqui descritas podem ser realizadas para apenas um poluente por vez e não preveem o efeito das edificações e do terreno. O uso de modelos mais complexos é recomendado, como o ISCST3 (*Industrial Source Complex Short Term Model*) ou versões comerciais, como o AERMOD.

EXERCÍCIOS DE FIXAÇÃO

1. Em um *boiler* alimentado a carvão com 3 % de enxofre, queima-se uma tonelada por dia. Se a velocidade do gás que sai da chaminé for de 10 m × s⁻¹ e a área da boca for de 30 cm, calcule a concentração de SO_2 liberada.

2. Dê a definição para Produção Mais Limpa.

3. Na impossibilidade de se reduzir ou eliminar a fonte de poluição para a atmosfera, é preciso usar um sistema de controle. Para que a eficiência do processo de remoção do poluente da fase gasosa seja maximizada, quatro informações sobre a fonte (por exemplo, a chaminé) são essenciais. Quais são essas informações?

4. Dentre os parâmetros citados, apresente como cada um influencia a dispersão dos poluentes na atmosfera: velocidade do vento, temperatura da chaminé, altura da chaminé e radiação solar.

5. Qual o meio mais econômico de se remover material particulado de um fluxo gasoso?

6. Quais os principais sintomas em seres humanos da poluição do ar?

7. Por que é relativamente fácil acabar com o problema do buraco da camada de ozônio na estratosfera e tão difícil solucionar o problema do aquecimento global?

DESAFIO

Descreva o estágio atual das metodologias existentes para o sequestro de carbono na atmosfera.

Apresente as etapas posteriores do Protocolo de Montreal e a dinâmica da recomposição do ozônio estratosférico.

Apresente os resultados obtidos na redução das emissões de poluentes pelas etapas do Proconve.

Faça um trabalho detalhado do processo de monitoramento de poluentes em uma chaminé.

Uma usina termelétrica a carvão emite 1,66 g de SO_2 por segundo. Calcule a concentração de SO_2 em uma vila de moradores localizada a 3km da distância da chaminé e situada exatamente na direção do vento predominante, na hora mais fria do dia.

Dados:

- velocidade do vento   4,50 m · s⁻¹
- altura da chaminé   120 m
- diâmetro da chaminé   1,20 m
- velocidade do gás   10,0 m · s⁻¹
- temperatura de lançamento   315 °C
- pressão   95,0 kPa
- temperatura ambiente   25 °C

BIBLIOGRAFIA

BAIRD, C. **Química ambiental**. 4.ed. Porto Alegre: Bookman, 2011.

BRASSEUR, G. P.; ORLANDO, J. J.; TYNDALL, G. S. **Atmospheric chemistry and global change**. Oxford University Press, 1999.

CHEREMISINOFF, N. P. **Handbook of air pollution prevention and control**. UK: Butterworth-Heinemann, 2002.

COMPANHIA AMBIENTAL DO ESTADO DE SÃO PAULO. **Qualidade do ar no Estado de São Paulo**, 2015. São Paulo: Cetesb, 2016. (Série Relatórios)

FINLAYSON-PITTS, B. J.; PITTS Jr., J. **Chemistry of the upper and lower atmosphere**: theory, experiments, and applications. San Diego: Academic Press, 1999.

SEINFELD, J. H.; PANDIS, S. N. **Atmospheric chemistry and physics**: from air pollution to climate change. 3. ed. New York: Wiley, 2006.

13

Impactos Globais da Poluição Atmosférica

Aline Sarmento Procópio
Edmilson Dias de Freitas

A constituição da atmosfera é fundamental para diversos processos que ocorrem próximo à superfície da Terra e para as condições de vida no planeta. Em uma primeira análise, é responsável por filtrar a radiação solar nociva à vida humana e por manter a temperatura média do planeta dentro de limites adequados para a sobrevivência dos seres vivos. Neste capítulo, verifica-se como a ação humana, por meio da emissão de poluentes por um grande número de fontes diversificadas, pode afetar a constituição da atmosfera e modificar o balanço energético da Terra, tendo como resultado uma atmosfera relativamente mais quente e uma intensificação de diversos fenômenos meteorológicos, os chamados eventos extremos. Aspectos como o efeito estufa natural e antrópico, mudanças climáticas, políticas de mitigação, redução na camada de ozônio e impactos à saúde são abordados com a apresentação de diversos exemplos.

13.1 Introdução

Na avaliação dos impactos globais dos poluentes atmosféricos, consideram-se as escalas temporal e espacial de cada um destes constituintes, cujo tempo de residência corresponde ao tempo médio em que permanece na atmosfera antes de ser removido por reações químicas, deposição seca ou deposição úmida (SEINFELD; PANDIS, 2006). Poluentes atmosféricos comumente encontrados, desde uma escala urbana até a regional, como os óxidos de nitrogênio (NO_X), dióxido de enxofre (SO_2), monóxido de carbono (CO), ozônio troposférico (O_3) e material particulado, permanecem na atmosfera em uma escala temporal que varia de horas a semanas. Observa-se que existe uma associação entre o tempo de permanência do constituinte atmosférico e a escala espacial em que ele é transportado. Poluentes de longo tempo de permanência na atmosfera, como o dióxido de carbono (CO_2), metano (CH_4), óxido nitroso (N_2O), hexafluoreto de enxofre (SF_6), clorofluorcarbonetos (CFCs), hidroclorofluorcarbonetos (HCFCs), hidrofluorcarbononetos (HFCs), e perfluorcarbonetos (PFCs), são moléculas mais estáveis e podem permanecer por décadas a séculos na atmosfera, com potencial de afetar o clima em escala global.

Dois notáveis exemplos das alterações da composição atmosférica em escala global, alvos de diversas discussões científicas e de importantes tratados internacionais, são as **mudanças climáticas** e a **redução na camada de ozônio**. O termo "mudanças climáticas" refere-se a várias alterações observadas nas propriedades da atmosfera, dos oceanos, da criosfera e da superfície terrestre, induzidas por fatores naturais e antrópicos. O termo "redução na camada de ozônio" está relacionado com um fenômeno observado em uma camada mais alta da atmosfera, a estratosfera, em algumas partes do planeta, em virtude da reação entre alguns poluentes emitidos na superfície terrestre com o ozônio que se encontra nessa camada da atmosfera. Esses impactos globais causados pelos poluentes atmosféricos são vistos em detalhes a seguir.

13.2 Mudanças climáticas

Para afirmar-se que estamos diante de uma mudança no estado do clima, é necessário que mudanças nos valores médios e/ou variabilidade de suas propriedades sejam identificadas estatisticamente, e que persistam por um período extenso (décadas ou mais). A origem dessas alterações é atribuída a causas naturais e antrópicas. Porém, a escala de tempo na qual esses fatores afetam o clima na Terra é bastante diferente. Modelos matemáticos indicam que as recentes alterações na temperatura e nos padrões de precipitação observados em diversas partes do planeta, por exemplo, não conseguem ser explicadas por fatores naturais apenas (IPCC, 2014). Identificar e atribuir causas e consequências das mudanças climáticas não são tarefas simples e não podem ser explicadas por relações lineares entre os diversos atores envolvidos nessa questão.

13.2.1 Radiação e balanço de energia

A temperatura do planeta depende do balanço de energia que entra e que sai do sistema terrestre. Para o clima se manter estável é necessário um balanço entre as radiações absorvida, refletida e emitida pelo sistema (SEINFELD; PANDIS, 2006). A fonte fundamental de energia que rege o sistema climático terrestre é o Sol. A energia radiante instantânea incidente perpendicularmente a uma unidade de área localizada a uma distância média entre o Sol e a Terra é denominada constante solar (S_0). Existe uma pequena variação nos valores de S_0 adotados por diferentes pesquisadores, avaliados entre $1350\,W \cdot m^{-2}$ e $1370\,W \cdot m^{-2}$ (LIOU, 2002; THOMAS; STAMNES, 1999; SEINFELD; PANDIS, 2006). A fração média de irradiância solar recebida pela superfície terrestre no topo da atmosfera ao longo do ano a cada 24 horas é de ¼ de S_0[1], ou seja, aproximadamente $343\,W \cdot m^{-2}$. Em torno de 31 % da radiação solar incidente é refletida de volta para o espaço (SEINFELD; PANDIS, 2006; BARRY; CHORLEY, 2013). Esta fração é denominada albedo planetário, e contribuem para ela os efeitos das nuvens (~19 %), da superfície terrestre (~9 %) e das moléculas e partículas naturalmente presentes na atmosfera (~3 %). Outros 23 %, aproximadamente, são absorvidos na atmosfera pelas moléculas e partículas (~20 %) e pelas nuvens (~3 %). Os ~46 % restantes são absorvidos pela superfície terrestre, aquecendo-a. Por sua vez, a superfície terrestre retorna essa

---

[1] A projeção da Terra em um plano perpendicular ao feixe de radiação solar incidente corresponde à área de um disco que é quatro vezes menor que a área da superfície terrestre.

energia para a atmosfera, parte em forma de radiação infravermelha (~114 %), parte em forma de calor sensível (~22 %) e parte em forma de calor latente (~6 %). A atmosfera absorve quase a totalidade da radiação infravermelha emitida pela superfície (~106 %); este fenômeno, denominado efeito estufa, ocorre em razão das propriedades físico-químicas de alguns gases presentes na atmosfera, tais como vapor d'água, dióxido de carbono e metano. A Fig. 13.1 apresenta uma ilustração esquemática destas interações entre as radiações solar e terrestre com as nuvens, a atmosfera e a superfície.

O desequilíbrio neste balanço tem o potencial de alterar outros parâmetros climáticos e, consequentemente, resultar em um novo estado de equilíbrio do sistema climático terrestre, levando ao aquecimento ou resfriamento do planeta. Alterações nas concentrações de espécies atmosféricas radiativamente ativas, como algumas partículas e gases de efeito estufa (GEE), alterações no fluxo solar incidente no planeta, ou quaisquer outras alterações que afetem a energia radiativa absorvida pela superfície, como alterações do albedo da superfície, vão resultar em uma forçante radiativa, provocando um desequilíbrio. Assim, a "forçante radiativa", expressa em watt por metro quadrado (W · m⁻²), denota uma mudança líquida da irradiância no topo da atmosfera imposta por perturbações externas (IPCC, 2014). Forçantes radiativas positivas resultam no aquecimento do planeta e forçantes radiativas negativas, no resfriamento.

Os diversos GEE diferem na forma como influenciam o sistema climático global, devido a diferentes propriedades radiativas e tempo de residência na atmosfera. Para comparar-se as emissões desses gases, adota-se internacionalmente uma unidade comum, o equivalente de dióxido de carbono (CO_2eq), que considera a métrica do potencial de aquecimento de todos os GEE presentes na atmosfera (IPCC, 2014). Assim, uma dada emissão equivalente de dióxido de carbono representa a quantidade de emissão de CO_2 que causa a mesma forçante radiativa de uma mistura de GEE, em um dado horizonte de tempo.

13.2.2 Causas das mudanças climáticas

Fatores naturais

As variações na intensidade do fluxo de radiação solar que atinge o planeta apresentam fatores de curta duração (variações na atividade solar e erupções vulcânicas)

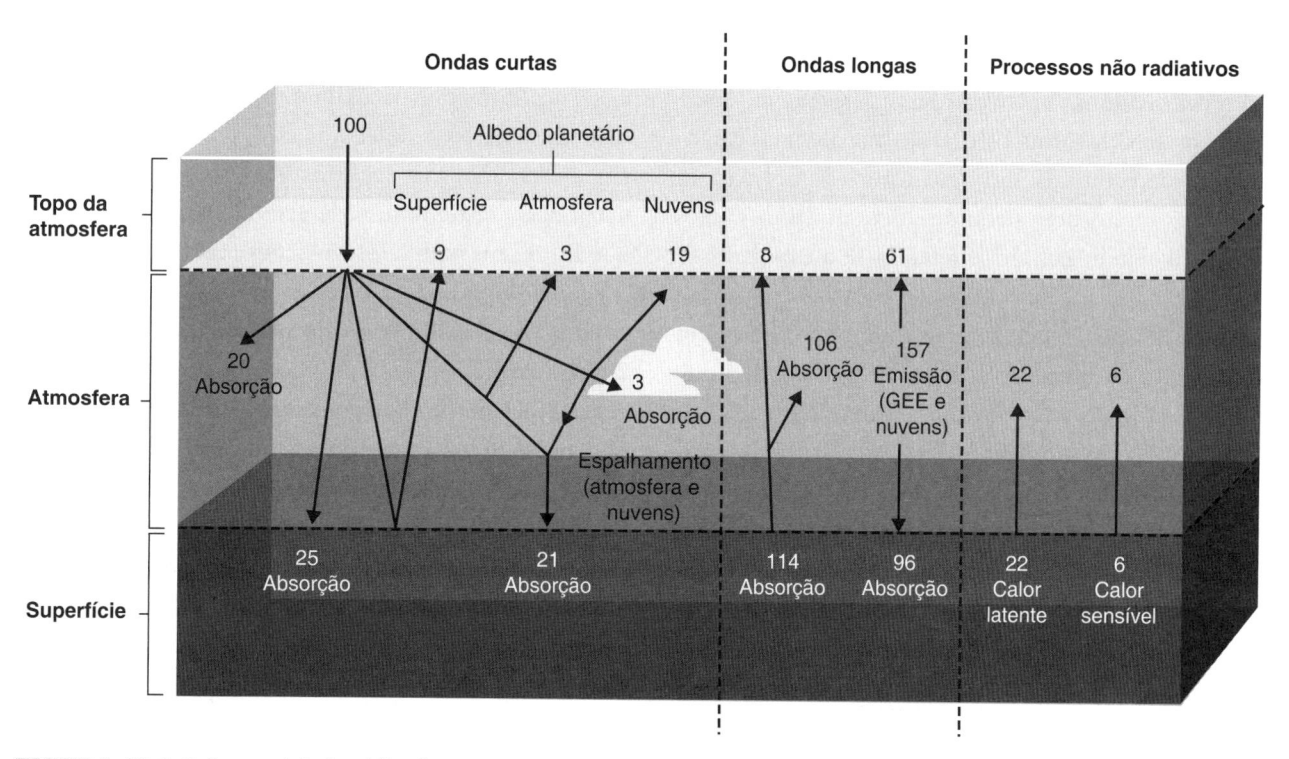

FIGURA 13.1 Balanço global médio de energia (%) no sistema terra-atmosfera. Fonte: Adaptada de VIANELLO; ALVES (2000).

e longa duração (variabilidades astronômicas), e fizeram com que a Terra tivesse seu clima alterado diversas vezes. Medidas diretas de componentes climáticas tiveram início há apenas um ou dois séculos. O monitoramento sistemático do Sol possibilitou a caracterização da amplitude média do ciclo solar, de duração de 11 anos, representado pela variabilidade no número de manchas solares (LASSEN; FRIIS-CHRISTENSEN, 1995). Há evidências da influência da atividade solar no clima da Terra na era pré-industrial e na primeira metade do século passado, porém, o rápido aumento da temperatura após 1985 não pode ser explicado sem considerarem-se outros fatores (LOCKWOOD; FRÖHLICH, 2007; STAUNING, 2011). Grandes erupções vulcânicas são ocasionais, mas podem contribuir para a diminuição da temperatura do planeta por um ou dois anos, dependendo da magnitude e da localização do evento (KELLY; JONES; PENGQUN, 1996). Isso ocorre por causa da grande concentração de aerossóis lançados na atmosfera que espalham a radiação solar, reduzindo a radiação incidente na superfície.

Existe uma série de oscilações naturais de ordem planetária responsáveis pela variação nas características climáticas de longo prazo em nosso planeta, sendo fatores determinantes nas alterações dos padrões de incidência de radiação solar na Terra. Tais alterações foram, primeiramente, identificadas pelo geofísico e astrônomo sérvio Milutin Milankovitch, na década de 1920. Milankovitch elaborou a teoria de que algumas características da órbita da Terra em torno do Sol passam por ciclos muito bem definidos, denominados Ciclos de Milankovitch. Tais ciclos referem-se a três padrões: (i) variação na excentricidade da órbita terrestre em torno do Sol, de circular a mais elíptica, que ocorre em um período de aproximadamente 100.000 a 413.000 anos; (ii) variação na inclinação do eixo de rotação da Terra em relação ao plano da eclíptica, a obliquidade, que varia de 22,1 a 24,5° em um período aproximado de 41.000 anos; (iii) e a precessão, que descreve o movimento do eixo da Terra durante a rotação, que não aponta para a mesma direção o tempo todo, mas percorre um movimento de giro no espaço, com periodicidade de 19.000 a 23.000 anos (CAMPISANO, 2012). A variação na excentricidade no movimento de translação da Terra em torno do Sol ocorre em função da presença de outros planetas, principalmente Júpiter

e Saturno. A variação dessa excentricidade varia de um valor mínimo de 0,000055 até um valor máximo de 0,068 (LASKAR *et al.*, 2011). Atualmente, a excentricidade da órbita está diminuindo, apresentando um valor de 0,017. A inclinação do eixo da Terra nos dias de hoje é de 23,44° e define as regiões do planeta conhecidas como Trópico de Capricórnio e Trópico de Câncer, regiões cujas latitudes indicam o limite máximo em que a incidência dos raios solares ocorre em um ângulo de 90° ao meio-dia (Sol no zênite). Em latitudes maiores, a incidência de raios solares ao meio-dia sempre ocorrerá em ângulos menores que 90°. Finalmente, a precessão do eixo da órbita da Terra define o período do ano em que os raios solares atingem a região tropical em ângulos de 90°. Hoje, sabe-se que, no Hemisfério Norte, isso acontece no mês de junho (nos dias 21 ou 22), caracterizando o verão naquele hemisfério, enquanto, no Hemisfério Sul, tem-se o período de inverno. A situação se inverte no mês de dezembro (nos dias 21 ou 22), caracterizando o inverno no Hemisfério Norte e o verão no Hemisfério Sul. Meio ciclo na precessão do eixo de rotação da terra inverteria essas condições, fazendo com que o verão do Hemisfério Norte fosse observado em dezembro, e o inverno durante o mês de junho.

A reconstrução do clima nessa escala de tempo maior só é possível a partir da análise de indicadores nos quais, indiretamente, são medidas componentes climáticas sensíveis a determinados parâmetros ambientais preservados em registros geológicos. Sedimentos marinhos e testemunhos de gelo são arquivos naturais que fornecem muitas informações para a compreensão do clima do passado, possibilitando a reconstrução das condições paleoclimáticas do planeta (CAMPISANO, 2012). Análises dos testemunhos de gelo extraídos em perfurações profundas sobre o Lago Vostok, na Antártida, permitiram a reconstrução de parâmetros climáticos e da composição da atmosfera durante os últimos 420.000 anos, identificando um comportamento periódico, caracterizado por quatro ciclos glaciais (PETIT *et al.*, 1999). Observou-se nos dados de Vostok que as concentrações de GEE aumentaram de 180 a 300 partes por milhão (ppm) para o CO_2, e de 320 a 770 partes por bilhão (ppb) para o CH_4, nas transições das eras glaciais para as interglaciais (PETIT *et al.*, 1999). Verificou-se, ainda, que as variações na temperatura da atmosfera correlacionaram-se bem com as concentrações atmosféricas de CO_2 e CH_4, sugerindo que os GEE são importantes amplificadores nas alterações causadas pelos Ciclos de Milankovitch, além de contribuir nas alterações climáticas entre as eras glaciais e interglaciais (PETIT *et al.*, 1999). Ressalte-se que, nos últimos 400.000 anos, não foram observados valores tão altos na concentração de GEE quanto às concentrações observadas em agosto de 2016, de 404 ppm para o CO_2, conforme apresentado na Fig. 13.2 (NASA, 2016a).

Fatores antrópicos

A Revolução Industrial teve início na Inglaterra em meados do século XVIII, com forte impacto para a humanidade, em função, principalmente, do domínio da energia a vapor e da consequente mecanização da produção. Porém, as contribuições antrópicas para as alterações climáticas passaram a ser observadas somente a partir do século XX, após o rápido crescimento populacional e o intenso crescimento econômico global. A população mundial atingiu 7,3 bilhões de pessoas, em meados de 2015 (UNITED NATIONS, 2015), representando um aumento de aproximadamente 4,8 bilhões de pessoas no planeta desde 1950. Associada a este aumento populacional surge a crescente demanda por alimentos, moradia, transporte, energia, dentre outros produtos e serviços. Dessa forma, o homem vem continuamente alterando a composição da atmosfera a partir da emissão de poluentes por diversas atividades, principalmente pela queima de combustíveis fósseis. Adicionalmente, vem causando alterações na cobertura do solo, tanto pela expansão das áreas urbanas quanto pela conversão de florestas em pastagens e campos agrícolas, ocasionando variações na refletância da superfície.

Estima-se que as emissões globais de GEE pelas atividades humanas tenham atingido a marca de 46,049 $GtCO_2eq$, em 2012 (WRI/CAIT, 2015). Na Fig. 13.3, percebe-se que a energia é o setor que mais contribuiu para essas emissões, com 72 % de participação, seguida das atividades agropecuárias, mudança no uso de solo e florestas, processos industriais, tratamento de resíduos e queima de óleo combustível para transporte marítimo de cargas (WRI/CAIT, 2015). Em 2010, o dióxido de carbono representava 76 % do total de GEE emitidos pelas atividades antrópicas no mundo, seguido do metano, óxido nitroso e gases fluorados, com 16 %, 6 % e 2 % de participação, respectivamente (IPCC, 2014).

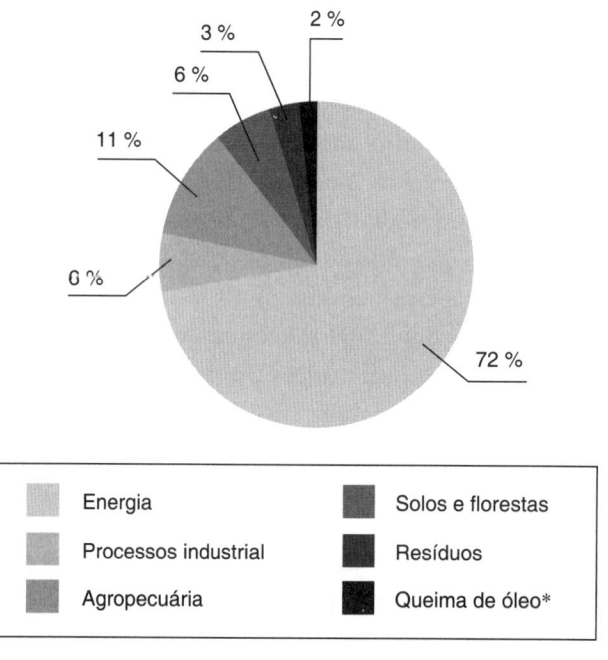

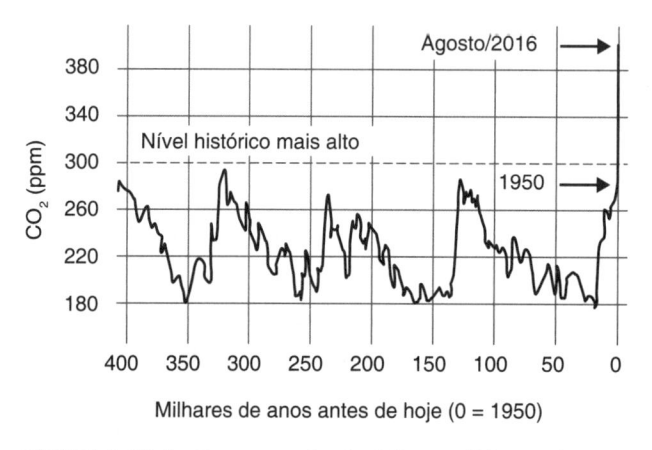

FIGURA 13.2 Concentração de CO_2 nos últimos 400.000 anos. A série temporal foi construída a partir da análise de indicadores de testemunhos de gelo e por medidas diretas. Fonte: Adaptada de http://climate.nasa.gov/vital-signs/carbon-dioxide/.

FIGURA 13.3 Distribuição percentual das emissões globais de gases de efeito estufa por diferentes setores no ano de 2012.
*Emissões resultantes da combustão de óleo utilizado para atividades de transporte marítimo internacional de cargas.
Fonte: Adaptada de WRI/CAIT (2015).

13.2.3 Evidências das mudanças climáticas

As medidas diretas e por satélites, que tiveram início em meados do século XX, e as reconstruções paleoclimáticas fornecem um conjunto de observações sobre o sistema terrestre que proporciona meios para a avaliação das alterações climáticas no planeta. A temperatura média global próxima à superfície, para o período compreendido entre 1951 e 1980, esteve em torno de 14 °C (HANSEN *et al.*, 2010), porém, até o final do século XX, houve um aumento em relação a esta média de 0,6 a 0,7 °C, conforme divulgado no Quinto Relatório (AR5) do Painel Intergovernamental das Mudanças Climáticas (*Intergovernmental Panel on Climate Change – IPCC*) (IPCC, 2014). Adicionalmente, as três últimas décadas foram sucessivamente mais quentes do que qualquer outra década desde 1850 (IPCC, 2014).

Os GEE sempre fizeram parte do sistema terra-atmosfera, absorvendo radiação infravermelha e aquecendo a troposfera. Em concentrações naturais, o efeito dos GEE no balanço de energia do sistema terrestre é influenciado, principalmente, pelo vapor d'água, e em menor escala, pelo CO_2. Porém, o rápido aumento observado nas concentrações atmosféricas dos principais GEE de origem antrópica (CO_2, CH_4 e N_2O) acarreta a intensificação do efeito estufa, elevando em curto prazo a temperatura média da superfície terrestre. A concentração média global de CO_2 aumentou 40 % desde a era pré-industrial até 2011, sendo que aproximadamente metade das emissões de CO_2 desse período ocorreu apenas nos últimos 40 anos (IPCC, 2014).

Observações da radiação atmosférica, em conjunto com modelos matemáticos, possibilitam cálculos das forçantes radiativas climáticas globais em função das perturbações naturais e antrópicas. Os valores médios globais das forçantes estimados para 2011, 1980 e 1950, em relação ao ano de 1750, corresponderam a, respectivamente, $2,29 \pm 1,16\,W \cdot m^{-2}$, $1,25 \pm 0,61\,W \cdot m^{-2}$, $0,57 \pm 0,28\,W \cdot m^{-2}$ (IPCC, 2014). Destaca-se que, além do rápido aumento da forçante nas últimas décadas, a forçante natural corresponde a uma pequena fração do total, apenas $0,05 \pm 0,05\,W \cdot m^{-2}$ em 2011, indicando a forte influência das atividades antrópicas nas mudanças climáticas. As forçantes positivas, conforme mencionado anteriormente, resultam no aquecimento atmosférico,

que, por sua vez, pode: alterar os fluxos de calor sensível e latente nas camadas mais baixas da atmosfera; modificar o perfil vertical de temperatura da atmosfera; afetar a estabilidade atmosférica, a altura da camada limite, a circulação regional e as taxas de evaporação, de formação de nuvens e de precipitação, e outros.

No AR5, divulgado pelo IPCC (IPCC, 2014), constam resultados de observações de diversos trabalhos científicos oriundos de várias regiões distintas do planeta, mostrando várias evidências das mudanças climáticas globais, compiladas no Quadro 13.1. Assim como os GEE não estão distribuídos uniformemente no planeta, seus efeitos no clima também não o estão. As observações relatadas neste quadro correspondem a valores médios globais, seguidos de suas respectivas incertezas.

Em uma escala continental ou regional, os impactos das mudanças climáticas podem ser notados de forma mais intensa. O Primeiro Relatório de Avaliação Nacional, divulgado pelo Painel Brasileiro de Mudanças Climáticas – PBMC (PBMC, 2014a), apresenta resultados de vários trabalhos científicos que enfatizam essa questão no país. A análise das variáveis na América do Sul é limitada, em função da baixa disponibilidade de dados e da distribuição espacial não homogênea das estações meteorológicas, o que diminui a acurácia das avaliações. A maioria das observações limita-se ao período entre 1960 e 2000; o Quadro 13.2 apresenta algumas tendências climáticas apontadas pelo PBMC.

Um grande problema recorrente e sazonal identificado no Brasil são as queimadas na Região Amazônica, notadamente durante a estação seca, entre os meses de agosto e outubro. As queimadas são as principais causas das alterações na composição atmosférica na região, sendo responsáveis por um aumento considerável na concentração de partículas. A quantificação da forçante radiativa dos aerossóis na Amazônia resultou em uma média negativa de $-8,0 \pm 0,5\,W \cdot m^{-2}$, o que contribui para um efeito de resfriamento do planeta (PBMC, 2014a). Seria presumível, então, que estes aerossóis pudessem reduzir o efeito de aquecimento global causado pelos GEE. No entanto, tal fato não é verificado, principalmente pelo fato de que, enquanto os GEE têm elevado tempo de residência na atmosfera, os aerossóis têm vida média de apenas alguns dias a semanas, sendo seu efeito de curta duração e perceptível em uma menor escala espacial.

Quadro 13.1 Variabilidade e mudanças observadas na atmosfera, nos oceanos, na criosfera e na superfície terrestre

Meio	Observação/fenômeno		Grau de certeza/probabilidade*
ATMOSFERA	Aumento de 0,78 ± 0,06 °C na temperatura, referente à diferença entre médias dos períodos de 1850-1900 e 2003-2012.		Praticamente certo
	Alterações nas taxas de precipitação em áreas continentais.		Médio
	Alterações em eventos extremos	Diminuição no número de dias e noites frias e aumento no número de dias e noites quentes.	Muito provável
		Aumento da frequência das ondas de calor, em grande parte da Europa, Ásia e Austrália.	Provável
		Maior número de regiões continentais nas quais os eventos de precipitação intensa aumentaram em frequência e/ou intensidade.	Provável
		Alterações na intensidade e duração dos períodos de seca (aumento em algumas regiões e diminuição em outras).	Provável
		Aumento na frequência de ocorrência e/ou intensidade dos furacões na América do Norte.	Praticamente certo
OCEANOS	Aquecimento das águas de 0 a 700 m de profundidade, entre 1971 e 2010. Mais de 60 % do aumento líquido de energia no sistema terrestre está armazenado nessa camada do oceano.		Praticamente certo
	Regiões de alta salinidade, onde predomina a evaporação, tornaram-se mais salinas; regiões de baixa salinidade, onde predomina a precipitação, tornaram-se menos salinas. Estes padrões regionais na salinidade podem evidenciar alterações nas taxas de evaporação/precipitação sobre os oceanos.		Muito provável
	Aumento contínuo na taxa de elevação do nível do mar: entre 1901 e 2010 foi de 1,7 ± 0,2 mm/ano, entre 1971 e 2010 foi de 2,0 ± 0,3 mm/ano e entre 1993 e 2010 foi de 3,2 ± 0,4 mm/ano.		Muito provável
CRIOSFERA	A taxa de derretimento de gelo na Groenlândia aumentou de 34 ± 40 Gt/ano, entre 1992 e 2001, para 215 ± 59 Gt/ano, entre 2002 e 2011.		Muito provável
	A taxa de derretimento de gelo na Antártida aumentou de 30 ± 67 Gt/ano, entre 1992 e 2001, para 147 ± 74 Gt/ano, entre 2002 e 2011.		Provável
	A extensão da calota polar no Ártico diminuiu a uma taxa anual de 3,5 a 4,1 % (0,45 a 0,51 milhões de km^2) por década, entre 1979 e 2012. Durante o período do verão, para os mesmos anos, essa taxa aumenta para 9,4 a 13,6 (0,73 a 1,07 milhões de km^2) por década.		Muito provável

*Grau de certeza: relacionado com o nível atual do conhecimento científico acerca de determinada questão (de muito baixo a muito alto, por vezes acompanhado da probabilidade de ocorrência, de excepcionalmente improvável a praticamente certo). Expresso pela confiança em relação à consistência e qualidade da evidência, assim como no nível de concordância entre os pares sobre a questão.
Fonte: IPCC (2014).

Quadro 13.2 Variabilidade e mudanças médias observadas na atmosfera, nos oceanos e na superfície terrestre, na América do Sul e no Brasil

Meio	Observação/fenômeno
ATMOSFERA	Para o período de 1960 a 2000: aumento da temperatura em baixos níveis na atmosfera, mais acentuado em direção aos trópicos do que nos subtrópicos durante o verão; nos trópicos, a temperatura média anual da atmosfera próxima à superfície apresentou tendência de aumento.
	Aumento de noites quentes e diminuição de noites frias na maior parte da América do Sul, principalmente na primavera e no outono (1960-2000).
	Tendências de diminuição da precipitação no norte e oeste da Amazônia, de aumento no sul da Amazônia, no Centro-Oeste e Sul do Brasil e ausência de tendência no Nordeste, para o período de 1951 a 2000.
OCEANOS	Aumento da temperatura da superfície do mar no Atlântico nas últimas décadas.
	Aumento da salinidade do Oceano Atlântico Sul e do Atlântico tropical e equatorial, nas últimas décadas. Em altas latitudes (a partir de 45° N), diminuição da salinidade.
	Tendência de aumento do conteúdo de calor oceânico nos últimos seis anos, no Atlântico Sul.
	Estimativas de aumento do nível do mar: Recife (1946-1987): 5,4 cm/década; Belém (1948-1987): 3,5 cm/década; Cananeia-SP (1954-1990): 4,0 cm/década; Santos-SP (1944-1989): 1,1 cm/década.

Fonte: PBMC (2014a).

13.3 Cenário político das mudanças climáticas

13.3.1 Global

Alguns fatos foram marcantes no histórico do estabelecimento de ações internacionais sobre o clima. A Conferência de Estocolmo, em 1972, foi o primeiro passo das Organizações das Nações Unidas (ONU) nas discussões ambientais globais, mas ainda sem inserção das questões climáticas. Apenas em 1988 que o Painel Intergovernamental das Mudanças Climáticas (*Intergovernmental Panel on Climate Change – IPCC*) foi estabelecido no âmbito da ONU, com o objetivo de se coletar evidências sobre as alterações do clima. Na assembleia geral da ONU em 1990, foi instituído o Comitê de Negociação Intergovernamental, que se reuniu com mais de 150 representantes globais para o estabelecimento de metas, acordos e prazos para a Convenção-quadro das Nações Unidas sobre Mudanças Climáticas (*United Nations Framework Convention on Climate Change – UNFCCC*). Em 1992, na Cúpula da Terra, sediada no Rio de Janeiro, deu-se início à assinatura da UNFCCC, cujo principal objetivo era a estabilização das concentrações dos GEE em níveis que minimizassem as interferências antrópicas no sistema climático. Também conhecida como ECO-92, a conferência foi um marco nas discussões internacionais acerca da forma com que a humanidade utiliza os recursos naturais do planeta, levando à adoção da Agenda 21, um documento com ações para se alcançar o desenvolvimento sustentável no mundo. Como resultado das diversas discussões iniciadas no Brasil, o Protocolo de Kyoto foi estabelecido em 1997, sendo ratificado em 2005 como uma lei internacional para os países assinantes no acordo. O protocolo foi o primeiro tratado internacional para redução dos GEE, complementar à UNFCCC, com a meta de diminuição em 5,2 % das emissões de CO_2 entre 2008 e 2013, em relação aos níveis de 1990. Apesar da implementação de ações mitigadoras em várias partes do mundo (comércio de emissão, mecanismos de desenvolvimento limpo e implementação conjunta), a meta de Kyoto não foi cumprida. Em 2009, 192 governantes estabeleceram o Acordo de Copenhagen, sem metas de reduções de GEE, mas reconhecendo 2 °C como o limite máximo para o aumento da temperatura atmosférica, em relação ao período pré-industrial. Em 2014, o quinto Relatório das Mudanças Climáticas afirma com 95 % de certeza que, desde a década de 1950, as ações antrópicas são as causas dominantes do aquecimento global (IPCC, 2014). Recentemente, em 2016, o Acordo de Paris foi ratificado e, apesar de continuar sem metas de redução na emissão de GEE, seu objetivo principal é o de fortalecer a responsabilidade global em manter o aquecimento médio global bem abaixo de 2 °C, tentando limitá-lo a 1,5 °C. Para isso, cada país signatário do acordo, a partir do que considera viável em relação ao seu cenário local, precisa determinar seus próprios compromissos, a partir das Pretendidas Contribuições Nacionalmente Determinadas (*Intended Nationally Determined Contribution* − *INDC*). Adicionalmente, este acordo determina que os países desenvolvidos garantam financiamento aos países em desenvolvimento, para a implantação de ações de adaptação e combate às mudanças climáticas.

Conforme mencionado, em 2012, a emissão global total de GEE foi de aproximadamente 46 $GtCO_2eq$ (WRI/CAIT, 2015). Estas emissões não são igualmente distribuídas nas diferentes regiões do mundo, sendo mais altas no Hemisfério Norte. Os dez maiores emissores globais, com suas respectivas participações percentuais foram, em 2012: China (23,2 %), Estados Unidos (12,6 %), União Europeia (9,0 %), Índia (6,3 %), Federação Russa (4,9 %), Indonésia (4,3 %), Brasil (4,0 %), Japão (2,6 %), Canadá (1,9 %) e México (1,6 %) (WRI/CAIT, 2015). Isso significa que a contribuição conjunta de todos os outros países do mundo corresponde a 29,7 %, indicando que um acordo internacional do clima para ser bem-sucedido precisa de ações dos dez maiores emissores globais.

Desses dez países, até o final de junho de 2017, apenas a Federação Russa ainda não havia ratificado o Acordo de Paris (UNFCCC, 2017a). No início de junho de 2017, porém, os Estados Unidos anunciaram sua saída do Acordo. A UNFCCC declarou lamentar esta decisão e estar pronta para renegociar as modalidades para a permanência dos Estados Unidos no acordo (UNFCCC, 2017b). Destaca-se que o artigo 28 do Acordo de Paris determina que as partes só podem se

retirar após três anos da data em que este entrou em vigor, e que esta retirada só produzirá efeito um ano a contar da data de recebimento da notificação da parte (UNFCCC, 2017c). Assim, uma Parte só poderá deixar o acordo a partir de 4 de novembro de 2020.

13.3.2 Nacional

A Política Nacional sobre Mudança do Clima (PNMC), instituída pela Lei nº 12.187/2009 (BRASIL, 2009), tem como diretrizes a busca pelo desenvolvimento sustentável e pela manutenção do equilíbrio do sistema climático global, estimulando, nos âmbitos local, regional e nacional, estratégias integradas de mitigação e adaptação à mudança do clima. A PNMC oficializou o compromisso voluntário do Brasil junto à Convenção-Quadro das Nações Unidas sobre Mudança do Clima e propôs que se estabelecessem planos de ação buscando a redução das emissões de GEE entre 36,1 % (cenário pessimista) e 38,9 % (cenário otimista) sobre a projeção das emissões nacionais até 2020. O art. 18º do Decreto nº 9.578/2018 (BRASIL, 2018) estabeleceu a projeção das emissões nacionais de GEE de 3,236 $GtCO_2eq$ para 2020, composta por: mudança de uso da terra (1,404 GtCO2eq); energia (0,868 GtCO2eq); agropecuária (0,730 GtCO2eq); e processos industriais e tratamento de resíduos (0,234 GtCO2eq). Assim, para atingir a meta que o país se propôs no Acordo de Paris, as emissões totais de GEE no Brasil devem se limitar, até 2020, a valores entre 2,068 $GtCO_2eq$ (cenário pessimista) e 1,977 $GtCO_2eq$ (cenário otimista).

Para se atingir essa meta, o art. 17º do Decreto nº 9.578/2018 (BRASIL, 2018) considerou planos setoriais de mitigação e de adaptação às mudanças climáticas e planos de ação para a prevenção e controle do desmatamento nos biomas, como: Plano de Ação para Prevenção e Controle do Desmatamento na Amazônia Legal (PPCDAm); Plano de Ação para Prevenção e Controle do Desmatamento e das Queimadas no Cerrado (PPCerrado); Plano Decenal de Expansão de Energia (PDE); Plano Setorial de Mitigação e de Adaptação às Mudanças Climáticas para a Consolidação de uma Economia de Baixa Emissão de Carbono na Agricultura (Plano ABC); e Plano Setorial de Redução de Emissões da Siderurgia.

O parágrafo 1º do art. 19º do Decreto nº 9.578/2018 (BRASIL, 2018) considera ações contidas nos planos do art. 17º para se alcançar o compromisso nacional voluntário:

- redução de 80 % dos índices anuais de desmatamento na Amazônia Legal em relação à média dos anos de 1996 a 2005;
- redução de 40 % dos índices anuais de desmatamento no Bioma Cerrado em relação à média dos anos de 1999 a 2008;
- expansão da oferta hidroelétrica, da oferta de fontes alternativas renováveis, da oferta de biocombustíveis, e incremento da eficiência energética;
- recuperação de 15 milhões de hectares de pastagens degradadas;
- ampliação do sistema de integração lavoura-pecuária-floresta em 4 milhões de hectares;
- expansão da prática de plantio direto na palha em 8 milhões de hectares;
- expansão da fixação biológica de nitrogênio em 5,5 milhões de hectares em áreas de cultivo (substituindo o uso de fertilizantes nitrogenados);
- expansão do plantio de florestas em 3 milhões de hectares;
- ampliação do uso de tecnologias para tratamento de 4,4 milhões de metros cúbicos de dejetos de animais;
- incremento da utilização na siderurgia do carvão vegetal originário de florestas plantadas e melhoria na eficiência do processo de carbonização.

Essas ações devem ser implementadas pelos órgãos governamentais, podendo ser realizadas pelos Mecanismos de Desenvolvimento Limpo (MDL). A Lei nº 12.187/2009 (BRASIL, 2009) estabelece que o Mercado Brasileiro de Redução de Emissões (MBRE) seja operacionalizado em bolsas de mercadorias e futuros, bolsas de valores e entidades de balcão organizado, autorizadas pela Comissão de Valores Mobiliários (CVM), onde negociam-se emissões de gases de efeito estufa evitadas e certificadas.

Para acompanhar a evolução das reduções estabelecidas, inventários de emissões de GEE devem ser elaborados regularmente por grupos de trabalho coordenados pelo Ministério da Ciência, Tecnologia, Inovações e Comunicações (MCTIC). As metodologias de cálculo para elaboração desses inventários são aquelas estabelecidas pelo IPCC e que são adotadas internacionalmente por diversos segmentos (IPCC, 1997; IPCC, 2000; IPCC, 2003; IPCC, 2006). Usualmente, são consideradas as estimativas das emissões diretas (emissões das fontes pertencentes ou controladas por determinado empreendimento) e das emissões indiretas (emissões que são consequência das atividades deste empreendimento, porém ocorrem nas fontes de outros empreendimentos, como, por exemplo, aquelas provenientes da aquisição de serviços e produtos terceirizados).

As estimativas anuais mais recentes das emissões brasileiras, que seguem as metodologias do IPCC, consideraram apenas as emissões diretas de gases de efeito estufa (MCTIC, 2014). As emissões avaliadas por setor foram:

- **Energia:** emissões decorrentes da queima de combustíveis e emissões fugitivas da indústria de petróleo, gás e carvão mineral.
- **Processos industriais:** emissões resultantes dos processos produtivos e que não são oriundas da queima de combustíveis.
- **Agropecuária:** emissões produzidas pela fermentação entérica do gado, manejo de dejetos animais, solos agrícolas, cultivo de arroz e queima de resíduos agrícolas.
- **Mudança no uso de terra e florestas:** emissões e remoções resultantes das variações da quantidade de carbono na vegetação e no solo, emissões por queima de biomassa nos solos.
- **Tratamento de resíduos:** emissões pela disposição, tratamento e incineração de resíduos sólidos e de efluentes (doméstico/comercial e industrial).

A Tabela 13.1 apresenta as emissões em CO_2eq por setor nos anos de 1995, 2005 e 2012. A redução total das emissões nos períodos entre 1995-2005 e 2005-2012, representadas pelas variações percentuais negativas, tem como principal causa os planos de ação estabelecidos inicialmente no Decreto nº 7.390/2010 (BRASIL, 2010) focados no setor de mudança no uso de terra e florestas, mantidos no Decreto nº 9.578/2018 (BRASIL, 2018).

Tabela 13.1 Emissões diretas anuais de gases de efeito estufa no Brasil por diferentes setores

Setores	Emissões (GtCO$_2$eq)			Variação (%)	
	1995	2005	2012	1995-2005	2005-2012
Energia	0,228	0,328	0,446	44,3	35,9
Processos industriais	0,063	0,078	0,085	23,6	9,5
Agropecuária	0,336	0,416	0,446	23,8	7,4
Solos e Florestas	1,940	1,179	0,176	-39,2	-85,1
Resíduos	0,034	0,042	0,050	24,4	18,8
TOTAL	**2,601**	**2,043**	**1,203**	**-21,4**	**-41,1**

Fonte: Adaptada de MCTIC (2014).

Ainda, apesar dos outros setores seguirem com um aumento das emissões, observa-se que a variação percentual de 2005-2012 é menor que a de 1995-2005, fazendo com que as emissões totais em 2012 se mantivessem abaixo da meta prevista no Decreto nº 7.390/2010 (BRASIL, 2010), ratificando o papel crucial das ações mitigadoras adotadas no país. Em valores absolutos, destaca-se a participação majoritária dos setores de Energia e Agropecuária em relação aos demais, cada qual contribuindo com 37 % do total das emissões nacionais no ano de 2012. Assim, como passo futuro, é fundamental a ampliação de políticas de mitigação que atuem nesses setores, sobretudo porque o Brasil ratificou o Acordo de Paris, em setembro de 2016, assumindo novas metas de redução nas emissões de GEE em relação aos níveis de 2005 (37 % até 2025 e 43 % até 2030).

13.4 Mudanças climáticas e centros urbanos

Áreas urbanas são de especial interesse quando se trata de mudanças climáticas. São nessas regiões onde a maior parte da população se encontra e onde grande parte das atividades econômicas mundiais, exceto a agricultura, é realizada. Deste modo, mudanças nos padrões de circulação atmosférica em diferentes escalas de tempo e espaço podem resultar em impactos diretos à população que vive nas cidades. Pela estrutura existente na maior parte das cidades, efeitos extremos de tempo, uma das principais consequências das mudan-

ças climáticas, são cada vez mais sentidos. Como um bom exemplo, alguns trabalhos têm demonstrado que a ocorrência de eventos de precipitação mais intensos tem aumentado nas últimas décadas (SILVA DIAS *et al.*, 2013). Em grandes centros urbanos, como no caso de Rio de Janeiro, São Paulo, Porto Alegre, o resultado desses eventos intensos é facilmente verificado. Como a superfície das cidades é bastante impermeável (pavimentação por asfalto ou concreto), altas taxas de precipitação fatalmente resultam em grandes alagamentos e inundações, uma vez que redes de drenagem pluvial antigas não são capazes de suportar o escoamento da água resultante de chuvas intensas, havendo acumulação ao longo das ruas, principalmente nas partes mais baixas ou próximas ao leito de rios que atravessam a cidade. Os prejuízos são incontáveis, tanto em termos financeiros quanto em relação às vidas humanas. Por exemplo, Haddad e Teixeira (2015) realizaram um estudo para verificar o impacto das inundações no município de São Paulo (SP) e verificaram que, em termos nacionais, o prejuízo pode chegar a 762 milhões de reais por ano (PESQUISA FAPESP, 2013). A situação pode se tornar ainda pior se consideradas as tendências encontradas para os eventos extremos em São Paulo. Segundo trabalho realizado por Silva Dias *et al.* (2013), o número de evento extremos tem aumentado desde a década de 1970. Como causas para esse aumento aparecem efeitos de grande escala, como variações na Temperatura da Superfície do Mar (TSM) no Oceano Atlântico e a Oscilação Decadal do Pacífico (ODP), mas também efeitos locais, com destaque para a expansão observada na Região Metropolitana de São Paulo e a poluição do ar na região. Grandes áreas urbanas desenvolvem circulações de mesoescala, em função do fenômeno conhecido por "ilha de calor" (OKE, 1988). Ilhas de calor urbanas são regiões de aquecimento anômalo que favorecem o movimento do ar da superfície para níveis mais altos da atmosfera, contribuindo para a intensificação de sistemas de tempo. Quanto maior a cidade, maior é este efeito e suas consequências. Isso indica que, além das mudanças climáticas de ordem global, existem impactos gerados localmente, o que exige de todos os setores providências para a redução dos efeitos negativos ou adaptação aos novos padrões climáticos.

Desta forma, o grande desafio nas grandes cidades é encontrar formas de adaptação e resiliência às mudanças climáticas. Conforme destacado no Relatório AR5 do IPCC (REVI *et al.*, 2014), a adaptação às mudanças climáticas em áreas urbanas depende da competência e capacidade dos governos locais em entender melhor os riscos e oportunidades, identificar e avaliar as opções e tomadas de decisão e, ainda, revisar as estratégias de colaboração entre um grande número de atores. Na maior parte do mundo, como uma consequência do aumento populacional e maior demanda por moradias e serviços, verifica-se que há uma expansão das áreas urbanas e, em geral, maior captação de recursos. Tais recursos são, algumas vezes, aplicados em ações de adaptação, mas isso nem sempre acontece, em particular nas cidades dos países de renda mais baixa. Nesses países, grande parte das pessoas vive em condições impróprias, inadequadas aos desafios que as mudanças climáticas impõem, incluindo questões ligadas à moradia, saúde, alimentação, entre outras. Caso não sejam tomadas providências adequadas, embora exista maior impacto sobre a população de mais baixa renda, toda a população, em diversos setores da sociedade, sofrerá as consequências em virtude de eventos extremos mais intensos e mais frequentes, decorrentes de mudanças climáticas.

No Brasil, em 2014, foi observada uma pequena amostra do que uma gestão inadequada pode causar no futuro. A grande seca ocorrida no Sudeste do país, atingindo grandes áreas metropolitanas como São Paulo e Rio de Janeiro, resultou na escassez de água em grande parte dos reservatórios disponíveis para o abastecimento dessas cidades. Os resultados foram diversos, mas incluíram o desabastecimento e o racionamento de água, tarifas mais altas com a aplicação de multas em razão do consumo, prejuízos para diversos setores da cadeia produtiva, desde pequenos comércios até grandes indústrias, áreas agrícolas, e outros. Na ocasião, diversas empresas tiveram que fechar suas portas, pois não tinham condições de manter suas atividades em função da escassez hídrica. A outra condição extrema relacionada com os índices pluviométricos é o aumento do volume de chuvas que, na Região Sudeste do Brasil, ocorre, principalmente, nos meses de verão. Os efeitos desses eventos extremos podem ser ainda mais devastadores, pois, em geral, colocam em risco vidas humanas com prejuízos irrecuperáveis, sobretudo para aqueles localizados nas áreas afetadas. Cita-se o exemplo dos eventos de chuvas intensas ocorridos na região serrana do Rio de Janeiro em 11 e 12 de janeiro de 2011, em que mais de 900 pessoas morreram e mais de 15.000 ficaram desabrigadas (BANCO MUNDIAL, 2012). Além das perdas irreparáveis de vidas humanas, os custos com perdas e danos totais em infraestrutura, meio ambiente, setores sociais e produtivos foram estimados em torno de 2,8 bilhões de dólares, de acordo com o Banco Mundial (2012).

13.4.1 Adaptação e mitigação das mudanças climáticas

Os cenários futuros para as mudanças climáticas predizem que o aumento contínuo dos gases de efeito estufa pode causar mais mudanças climáticas no século XXI do que as já observadas no século XX (IPCC, 2014). Fica clara, assim, a necessidade de identificação das vulnerabilidades locais e possíveis ações para adaptação dos sistemas ambientais e dos seres humanos diante das adversidades oriundas das alterações climáticas. O estabelecimento de ações mitigadoras para estabilizar as concentrações dos GEE atmosféricos deve ser imediato, com o objetivo de minimizar os sérios impactos nos centros urbanos e nas áreas rurais e florestais.

O regime hidrológico das regiões hidrográficas brasileiras pode ser afetado pelas mudanças climáticas (PBMC, 2014b). Tornam-se necessárias avaliações locais quanto ao risco de desastres naturais e ocorrência de eventos extremos como enchentes e secas, por exemplo, para que planos de ação sejam desenvolvidos. Outro ponto a ser considerado é a vulnerabilidade do setor energético a essa questão, o que se dá principalmente pelo fato de a energia hidrelétrica ser a componente majoritária na matriz energética brasileira.

O Brasil possui grande extensão de áreas costeiras, vulneráveis à elevação do nível do mar, erosão costeira, danos estruturais e/ou operacionais a portos, danos a obras, e outros (IPCC, 2014). O mapeamento das cidades litorâneas vulneráveis é fundamental para o estabelecimento de planos de ação futuros.

Um ponto destacado pelo PBMC (PBMC, 2014b) diz respeito às vulnerabilidades relacionadas com o setor alimentício, que podem ameaçar a oferta de alimentos no país. Estima-se que, até 2030, o Brasil possa perder em torno de 11 milhões de hectares de terras agriculturáveis. Diversas medidas de adaptação são indicadas (PBMC, 2014b), como: descentralização da produção agropecuária, diversificação da oferta interna de alimentos, transição da monocultura para sistemas integrados de produção, utilização de irrigação eficiente e de novas práticas de manejo agrícola.

Diversas ações de mitigação são apontadas no PBMC (PBMC, 2014c) de forma a minimizar a emissão de GEE em vários setores de atividades do Brasil, dentre as quais se destacam:

- **Energia:** adoção de medidas de eficiência energética; preferência de instalação de pequenas centrais hidrelétricas; aumento de usinas térmicas a bagaço de cana-de-açúcar; aumento na produção de energia renovável; e outros.
- **Indústrias:** adoção de medidas de conservação e eficiência energética; mudança gradual da matriz energética, eliminando-se os combustíveis fósseis como fonte de energia; uso de combustíveis com baixo teor de carbono; implantação efetiva da coleta seletiva e reciclagem de materiais; desenvolvimento de novas tecnologias para controle de emissões atmosféricas; aproveitamento de metano e outros hidrocarbonetos eliminados em processos industriais para geração de energia; e estabelecimento de gerências ambientais em unidades operativas.
- **Transportes:** incentivo ao uso de transporte coletivo; promoção de campanhas de conscientização dos impactos do transporte individual; investimento em melhorias dos sistemas de circulação e fiscalização do tráfego urbano; desenvolvimento de motores mais eficientes, com redução das emissões de poluentes; emprego de combustíveis de maior eficiência; emprego de combustíveis de queima mais limpa; e realização de inspeções de emissões veiculares.
- **Agropecuária:** eliminação da queima da cana-de-açúcar para colheita; uso de aditivos na dieta de bovinos; tratamento de dejetos de suínos e redução da fertilização nitrogenada (inoculação microbiana); e outros.

O cidadão comum também pode, e deve, se juntar a essa campanha, a fim de contribuir com pequenas alterações em seus hábitos e estilos de vida, e cobranças de medidas que levem ao consumo sustentável.

13.5 Redução da camada de ozônio

Muito se fala sobre os efeitos da ação humana na constituição da atmosfera, o que pode levar a alterações no balanço radiativo do planeta, como discutido anteriormente. Dentre os constituintes de maior importância, sujeitos a esta ação, destaca-se o Ozônio (O_3). O ozônio é um gás classificado entre os chamados constituintes secundários, uma vez que não é diretamente emitido por fontes antrópicas ou naturais, mas formado a partir de um conjunto complexo de reações químicas na atmosfera, na presença de luz solar. Na atmosfera, o ozônio desempenha papéis bastante distintos, dependendo de sua concentração e localização. Em muitas discussões é tido como elemento fundamental para a garantia de vida no planeta, pois interage com os raios ultravioleta emitidos pelo Sol, extremamente prejudiciais à saúde humana, e associados à ocorrência de determinados tipos de câncer, como o de pele. Em outras situações, é tido como um dos principais vilões para a saúde humana, pois altas concentrações de ozônio na troposfera estão associadas a diversos problemas de saúde. Desta forma, é preciso entender como se apresentam as concentrações de ozônio na atmosfera, para que fique claro sobre quais efeitos e situações se referem.

A Fig. 13.4 mostra um perfil vertical da pressão parcial do ozônio, obtido de sondagens realizadas em 16 de maio de 2006, no município de São Paulo (SP), lançadas durante as atividades do Projeto FAPESP de

Políticas Públicas[2] "Modelos de Qualidade do Ar Fotoquímicos: Implementação para Simulação e Avaliação das Concentrações de Ozônio Troposférico em Regiões Urbanas", e, para fins de comparação, o perfil vertical de temperatura, conforme padrão estabelecido pelo Comitê de Extensão à Atmosfera Padrão dos Estados Unidos (*US Committee on Extension to the Standard Atmosphere – COESA*). Nesta figura, verifica-se a ocorrência de dois máximos, sendo o mais intenso localizado em altos níveis da atmosfera, em torno de 25 km de altitude, e o segundo, mais próximo à superfície, aproximadamente 2 km de altitude. Também, observa-se que as concentrações mais próximas à superfície apresentam maiores variações, dependendo da hora do dia, sendo observados maiores valores às 14:00 HL (Hora Local) do que às 18:00 HL. As concentrações

observadas em níveis mais altos dão origem ao ozônio estratosférico, uma vez que o gás está localizado nesta camada da atmosfera, a estratosfera, uma camada entre 10 e 50 km de altitude. Concentrações observadas em altitudes mais baixas dão origem ao ozônio troposférico, uma vez que o gás ocupa a camada mais baixa da atmosfera, a troposfera, que se estende desde a superfície até cerca de 10 km de altitude.

Além dos diferentes aspectos relacionados com o ozônio nas diferentes camadas da atmosfera mencionados anteriormente, o processo de formação do ozônio é diferente nessas duas regiões, como discutido adiante.

13.5.1 Processo de formação de ozônio na troposfera

Na troposfera, o ozônio é formado por reações químicas que envolvem uma série bastante complexa de reações, a partir de elementos emitidos naturalmente ou por processos artificiais, como a emissão de poluentes

---

[2] Projeto desenvolvido no Instituto de Astronomia, Geofísica e Ciências Atmosféricas da Universidade de São Paulo, coordenado pela Profa. Dra. Maria de Fatima Andrade.

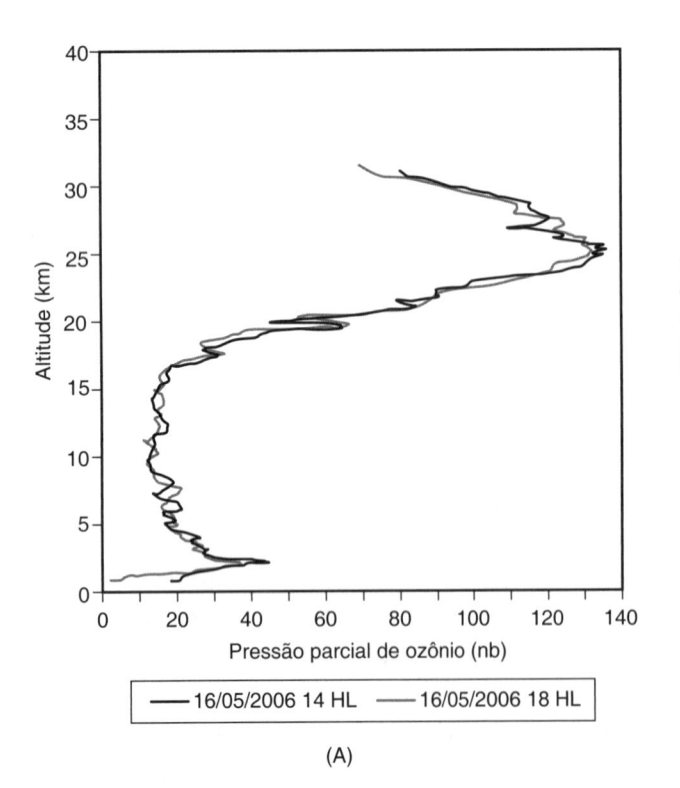

(A)

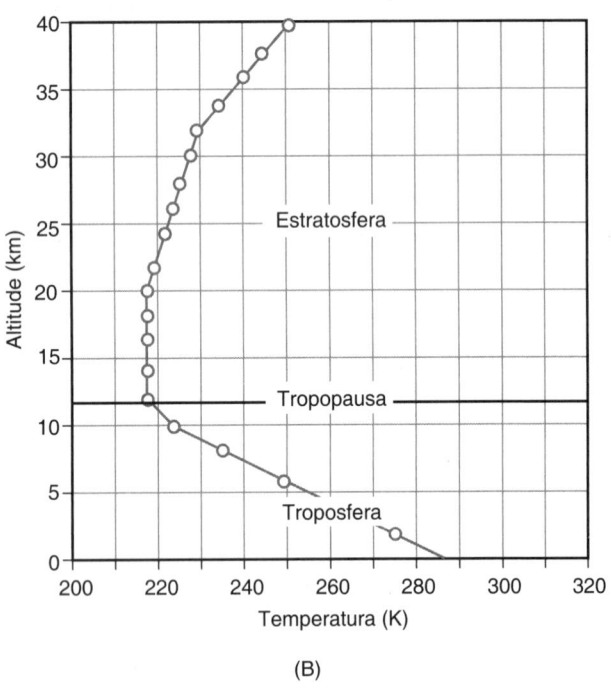

(B)

FIGURA 13.4 À esquerda: perfis da pressão parcial de ozônio obtidos às 14:00 LT e 18:00 LT do dia 16 de maio de 2006 sobre o município de São Paulo (SP). À direita: perfil vertical de temperatura (K), segundo o US Standard, ilustrando as diferentes camadas da atmosfera até uma altitude de 40 km. Fonte: Sondagens de ozônio obtidas do Projeto de Políticas Públicas "Modelos de Qualidade do Ar Fotoquímicos: Implementação para Simulação e Avaliação das Concentrações de Ozônio Troposférico em Regiões Urbanas". Perfil de Temperatura conforme padrão estabelecido pelo Comitê de Extensão à Atmosfera Padrão dos Estados Unidos (COESA).

pela queima de combustíveis fósseis, nos motores dos veículos ou em processos industriais, ou pela queima de biomassa, tanto em cidades quanto em áreas agrícolas ou florestais. Seifield e Pandis (2006) descrevem o processo em detalhes. A produção química do ozônio ocorre a partir da interação da radiação ultravioleta com os óxidos de nitrogênio ($NO_x = NO + NO_2$). Os óxidos de nitrogênio, por sua vez, são formados em processos antrópicos, tais como a combustão nos motores dos veículos. A reação apresentada na Reação 13.1 representa o início do ciclo da formação do ozônio troposférico. Esta reação é seguida pela oxidação do óxido de nitrogênio (NO) a dióxido de nitrogênio (NO_2), conforme Reação 13.2, em um processo fotoestacionário na ausência de compostos orgânicos voláteis (COV).

$$N_2 + O_2 = 2NO \qquad (13.1)$$

$$2NO + O_2 = 2NO_2 \qquad (13.2)$$

O NO_2, por sua vez, passa por um processo de fotólise, dando origem ao NO e a um átomo de oxigênio (O*), conforme mostrado no Cap. 12 (Reação 12.1). Em seguida, o átomo de oxigênio reage com uma molécula de oxigênio (O_2) formando o ozônio (Reação 12.2). Uma vez formado, o ozônio reage rapidamente com o NO, regenerando o NO_2, como mostra a Reação 12.3. Essas reações apresentadas no Cap. 12 representam o ciclo em que o saldo entre formação e destruição do ozônio é nulo. Este ciclo é denominado estado fotoestacionário (SEINFELD; PANDIS, 2006) e resulta no fato de que todo o ozônio formado é destruído, na ausência de outros processos. Entretanto, os mecanismos descritos anteriormente não consideram a presença dos COV, os quais desequilibram o ciclo estacionário, resultando em aumento ou diminuição das concentrações de ozônio na troposfera. O termo COV é utilizado para representar o conjunto dos compostos orgânicos presentes na atmosfera na fase gasosa (SEINFELD; PANDIS, 2006). Estes compostos são emitidos tanto por fontes antrópicas como biogênicas (vegetação), sendo esta última em função da incidência de radiação fotossinteticamente ativa – RFA (*photossintetically active radiation – PAR*), e a sua emissão intensificada com o aumento da temperatura. Em grandes cidades, tais como as Regiões Metropolitanas de São Paulo (RMSP) e do Rio de Janeiro (RMRJ), a emissão dos COV ocorre majoritariamente

pela emissão antrópica, a partir da queima incompleta dos combustíveis ou evaporação. Um dos compostos mais importantes é o metano (CH_4), por ser o mais abundante na atmosfera e possuir um tempo de residência de várias décadas. Além disso, é um gás que pode ser emitido por ambas as fontes, antrópica ou biogênica (ATKINSON, 2000).

Em situações em que há uma grande quantidade de COV, um dos principais constituintes atmosféricos que participa da química de formação do ozônio é o radical hidroxila (OH•). Este radical é encontrado em grandes quantidades na atmosfera e reage, principalmente, com os gases traço, através do processo de oxidação. O processo leva ao aparecimento de radicais intermediários (como o alcóxi-RO_2• e o hidroperóxi-HO_2•) que reagem com os óxidos de nitrogênio presentes na atmosfera, dando origem ao NO_2 (JACOB, 1999). Nesta situação, havendo a incidência de radiação ultravioleta, haverá então a formação de O_3.

A formação do radical hidroxila na atmosfera tem início na fotólise do ozônio, a qual dá origem a uma molécula de oxigênio e a um átomo de oxigênio em estado mais excitado [O(^{1}D)].

$$O_3 + h\nu \rightarrow O_2 + O\,(^1D) \qquad (13.3)$$

Este átomo, por sua vez, reage com o vapor d'água presente no ar, formando dois radicais hidroxila.

$$O\,(^1D) + H_2O \rightarrow 2OH\bullet \qquad (13.4)$$

Em seguida, ocorrem diversas reações associadas à oxidação dos COV, conforme mostrado no Cap. 12 (Reações 12.7 a 12.11).

Como os radicais intermediários atuam no sentido de converter NO em NO_2, conforme Reações 12.9 e 12.11, o resultado é uma alta produção de ozônio. Entretanto, o ozônio formado também é destruído, conforme descrito na Reação 12.3, o que resulta em um estado próximo ao estacionário. Porém, em decorrência da grande quantidade de dióxido de nitrogênio produzido pela conversão NO–NO_2, não há destruição suficiente das moléculas de ozônio formadas, o que leva efetivamente a uma alta taxa de formação do ozônio (ATKINSON, 2000).

No Brasil, e em diversas outras partes do mundo, em algumas grandes cidades como São Paulo e Curitiba, a principal fonte de poluentes é de origem veicular, conforme mostram os diversos relatórios apresentados pela Companhia de Tecnologia de Saneamento Ambiental do Estado de São Paulo (CETESB, 2016), embora também exista uma contribuição significativa de fontes fixas, como indústrias e refinarias. A partir da década de 1980, na busca por diminuir os altos níveis de poluição existentes na época, várias ações conjuntas entre o governo federal e os estados foram adotadas. Inicialmente, para o controle das emissões veiculares essas ações resultaram no estabelecimento do Programa de Controle da Poluição do Ar por Veículos Automotores (Proconve), criado pela Resolução Conama nº 18, de 6 de maio de 1986. Mais tarde, visando a um controle mais amplo das emissões provenientes tanto de fontes industriais como veiculares, foi criado o Programa Nacional de Controle da Qualidade do Ar (Pronar), pela Resolução Conama nº 5, de 15 de junho de 1989. Esses programas resultaram no estabelecimento de Padrões Nacionais de Qualidade do Ar (PNQA) e se mostraram altamente efetivos na redução dos principais poluentes monitorados, como se observa continuamente, por exemplo, nas redes de monitoramento da Cetesb, em São Paulo, e do Instituto Estadual do Ambiente (INEA) no Rio de Janeiro.

Assim, em um primeiro momento, a questão da qualidade do ar poderia ser considerada controlada, não sendo uma grande preocupação ambiental nos dias atuais, o que não implica, contudo, a dispensabilidade de monitoramento e controle contínuos da poluição atmosférica. Embora exista redução nas concentrações da maioria dos poluentes regulamentados, isso não acontece em todos os casos. Carvalho *et al.* (2015), ao analisar a evolução das concentrações dos principais poluentes monitorados na Região Metropolitana de São Paulo, confirmaram tendência de redução nas concentrações de monóxido de carbono (CO), dióxido de enxofre (SO_2), óxidos de nitrogênio (NO_X) e material particulado (PM10), no entanto mostraram uma pequena tendência de aumento nas concentrações de ozônio.

13.5.2 Processo de formação de ozônio na estratosfera

Na estratosfera, o ozônio é formado naturalmente por uma cadeia de reações químicas, iniciadas a partir das moléculas de oxigênio (O_2), as quais representam 21 % dos constituintes da atmosfera, quebradas ao absorverem boa parte da radiação ultravioleta, principalmente aquela na faixa de comprimentos de onda entre 240 e 320 nm, emitida pelo Sol. O processo é observado na seguinte sequência: uma molécula de oxigênio é quebrada, dando origem a dois átomos de oxigênio altamente reativos e instáveis (Reação 13.5). Cada um desses átomos se combina com outras moléculas de oxigênio molecular, na presença de uma terceira molécula M (N_2 ou O_2), que serve como um catalisador para a reação, formando então uma molécula de ozônio (Reação 13.6). A reação pode ser, de maneira simplificada, escrita como:

$$O_2 + h\nu \rightarrow 2O^* \qquad (13.5)$$
$$O^* + O_2 + M \rightarrow O_3 + M \qquad (13.6)$$

Essa produção de ozônio está praticamente em equilíbrio com a quebra das moléculas de O_3 pela radiação ultravioleta ou por reações com diversos compostos químicos emitidos na superfície do planeta, mantendo a concentração praticamente constante, em média. Para cada molécula de ozônio destruída, uma nova substância é formada. Os principais compostos que atuam na destruição natural das moléculas de ozônio são os óxidos de nitrogênio (NO_X), hidrogênio (H), compostos de cloro (Cl) e bromo (Br). Por ser uma reação que depende da incidência de radiação solar, é de se esperar que as maiores taxas de produção de ozônio sejam observadas na estratosfera tropical. Entretanto, em virtude dos padrões de circulação atmosférica, as maiores concentrações são observadas em médias e altas latitudes, com tendência a concentrações cada vez menores em direção aos polos. Além disso, existe uma grande variação dessas concentrações com a altitude, sendo dependente de vários fatores, como a intensidade da radiação solar, temperatura e movimento das parcelas de ar.

Na estratosfera, o ozônio tem um alto tempo de vida, sendo fundamental para a absorção da radiação ultravioleta nociva a plantas e animais. A redução das concentrações de ozônio nesta camada pode levar ao aumento da radiação ultravioleta próximo à superfície, o que pode contribuir para um grande número de problemas, como o aumento de casos de câncer de pele nos indivíduos mais suscetíveis à doença. Uma vez que as concentrações de vapor d'água na estratosfera são muito baixas, esta camada é geralmente livre de nebulosidade, porém, em condições de baixíssimas temperaturas, como aquelas observadas nas regiões polares durante o inverno, nuvens de gelo são formadas, as chamadas PSCs (*polar stratospheric clouds*), as quais possuem potencial para converter compostos mais estáveis da estratosfera em grandes quantidades de compostos contendo cloro e bromo reativos e, assim, servem como regiões propícias à depleção das concentrações de ozônio, como visto a seguir.

13.5.3 Redução na camada de ozônio

Nas últimas décadas, a cada ano durante a estação de primavera do Hemisfério Sul, reações químicas envolvendo cloro e bromo causam a destruição rápida e intensa das moléculas de ozônio na região do Polo Sul. Esta região, onde há uma depleção significativa das concentrações de ozônio, é conhecida como o "buraco na camada de ozônio", tendo sido identificada apenas em 1985 por uma equipe de pesquisadores lide-

rados pelo cientista inglês Joseph Farman (FARMAN; GARDINER; SHANKLIN, 1985), durante a primavera polar antártica (setembro e outubro). Na prática, para a identificação do fenômeno, é estabelecido um valor mínimo equivalente a 220 Dobson, ou 220 DU, uma das unidades geralmente utilizadas para a medida do ozônio em toda a coluna atmosférica, desde a superfície até o topo da atmosfera. Esta unidade foi criada em homenagem ao cientista britânico G. M. B. Dobson, que, no início do século XX, construiu o primeiro espectrômetro de ozônio e realizou medidas de suas concentrações. Um DU equivale a $2,69 \cdot 10^{16}$ moléculas de O_3 por cm^2. O valor de 220 DU foi utilizado como referência, pois, anteriormente a 1979, período em que não havia emissão de compostos contendo cloro ou bromo, tal valor nunca havia sido observado na região da Antártida (NASA, 2016b). A Fig. 13.5 mostra a evolução das concentrações de ozônio sobre a região da Antártida para o mês de outubro, desde 1979 até 2014, a cada cinco anos. Nesta figura, observa-se a região onde ocorre a diminuição dos valores de concentração de ozônio.

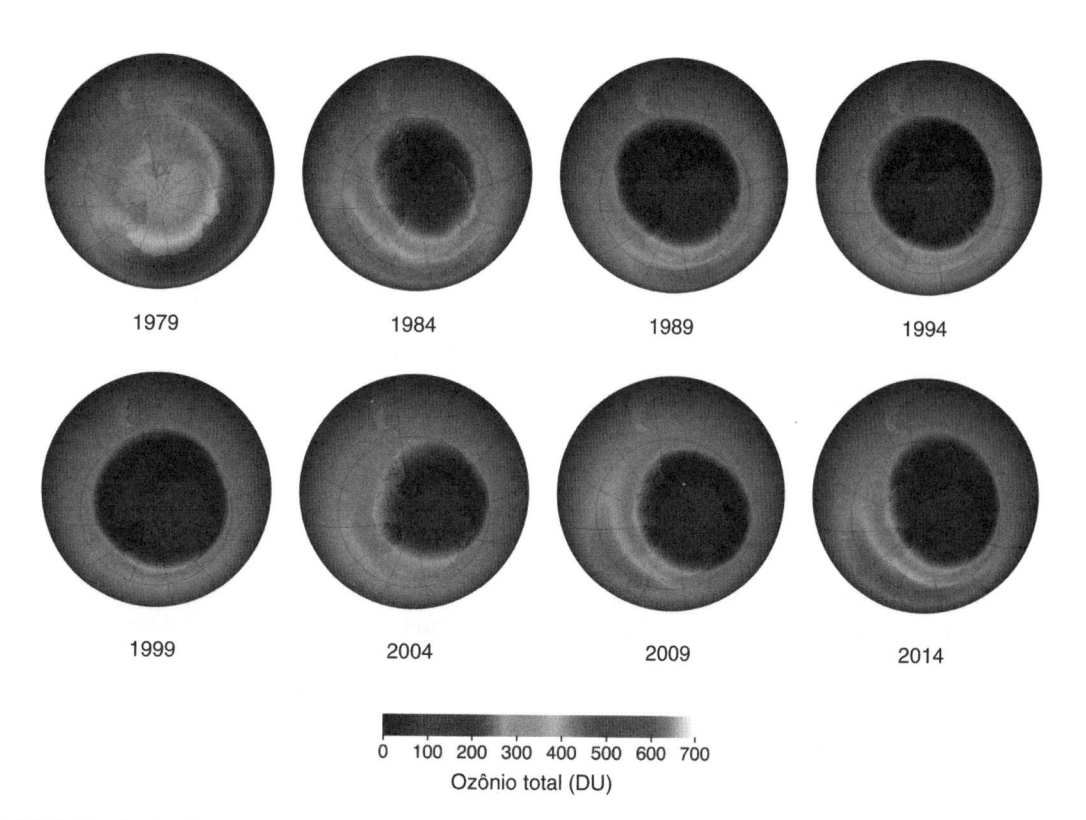

FIGURA 13.5 Evolução das concentrações de ozônio, em unidades Dobson (DU), sobre a região da Antártida para o mês de outubro, desde 1979 até 2014, a cada cinco anos. Fonte: NASA. Disponível em: http://ozonewatch.gsfc.nasa.gov.

Os compostos de cloro e bromo são emitidos na superfície da Terra por diversos processos, como propelentes, halocarbonos para refrigeração, solventes e outros. As maiores emissões são dos elementos chamados de CFC (clorofluorcarbonetos), HCFC (hidroclorofluorcarbonetos), Freon e derivados halogenados, enquanto compostos de bromo são emitidos em menores quantidades. Esses gases, que em conjunto são chamados de ODS (*ozone-depleting substances* ou, em português, substâncias de depleção ou redução do ozônio), são pouco reagentes com os constituintes existentes na troposfera e, sendo transportados pelo vento, podem atingir os níveis mais altos da atmosfera, chegando à estratosfera, onde, sob condições adequadas, sofrem reações de fotodissociação na presença de radiação solar. Uma dessas condições é observada logo no início da primavera na região polar antártica, quando as nuvens de gelo estratosféricas (PSC) formadas durante o inverno fornecem a superfície para que compostos halogenados existentes sejam convertidos em espécies cataliticamente ativas, como os compostos de cloro e bromo mencionados anteriormente. Para uma explicação detalhada de tal conversão, sugere-se a leitura de Seinfeld e Pandis (2006, cap. 5). Como exemplo, considera-se a Reação 13.7 com um CFC específico, o tricloromonofluormetano ($CFCl_3$):

$$CFCl_3 + h\nu \rightarrow Cl + CFCl_2 \qquad (13.7)$$

O átomo de cloro liberado na reação eventualmente encontra as moléculas de ozônio, resultando na Reação 13.8:

$$O_3 + Cl \rightarrow O_2 + ClO \qquad (13.8)$$

Em seguida, a molécula de ClO encontra outra molécula de ozônio, regenerando o átomo de cloro utilizado inicialmente, pela Reação 13.9:

$$O_3 + ClO \rightarrow 2\,O_2 + Cl \qquad (13.9)$$

O átomo de cloro encontra outra molécula de ozônio e todo o ciclo se repete. A estimativa é que cada átomo de cloro reaja com cerca de 100 mil moléculas de ozônio antes de ser transportado para a troposfera, após reagir com outros elementos, como o hidrogênio e o nitrogênio. O seu tempo médio de permanência na estratosfera é de mais ou menos dois anos (SEINFELD; PANDIS, 2006).

Visando reduzir o buraco na camada de ozônio, a comunidade científica e os governos de diversos países tomaram diversas providências para diminuir as emissões de ODS para a atmosfera. Uma das principais iniciativas é o chamado Protocolo de Montreal, assinado em 16 de setembro de 1987 e com início efetivo em 1989 (UNEP, 2016). O Protocolo, com adesão de 150 países, estabeleceu progressivamente a eliminação total dos 15 principais CFCs. Este Protocolo é considerado um dos mais efetivos em termos de redução de impactos ambientais até hoje.

13.6 Radiação ultravioleta e seus efeitos à saúde

A radiação emitida pelo Sol é transmitida na forma de ondas eletromagnéticas. Cerca de 10 % dessa radiação que chega ao topo da atmosfera terrestre está compreendida, na porção do espectro eletromagnético, entre os comprimentos de onda de 100 a 400 nm (1 nm = 1 nanômetro = 10^{-9} m), e constitui a chamada radiação ultravioleta (UV). Conforme descrito por Corrêa (2015), esta pequena fração do espectro é subdividida, de acordo com a recomendação da Comissão Internacional de Iluminação (*Commission Internationale de l'Éclairage –* CIE), em: radiação UVC, entre 100 e 280 nm; radiação UVB, entre 280 e 315 nm; e radiação UVA, entre 315 e 400 nm (SLINEY, 2007).

A exposição à radiação UV oferece benefícios psicológicos e físicos, principalmente relacionados com a síntese de vitamina D e a prevenção de algumas doenças, tais como osteoporose, diabetes tipo 1, alguns tipos de câncer e doenças autoimunes (HOLICK, 2004; PONSONBY *et al.*, 2005). Entretanto, a exposição excessiva a esse tipo de radiação pode resultar em diversos problemas de saúde, incluindo distúrbios oculares, como catarata e pterígio (formação carnosa que avança sobre a córnea, geralmente do lado nasal), bem como doenças de pele, como queimaduras, envelhecimento precoce e câncer de pele não melanoma. Segundo o Instituto Nacional de Câncer José de Alencar Gomes da Silva (INCA), este é o tipo de câncer mais frequente no Brasil e corresponde a 30 % de todos os tumores malignos registrados no país (INCA, 2016).

Visando proteger a população dos efeitos prejudiciais que a radiação ultravioleta (UV) pode causar, índices foram criados, calculados e divulgados. Um exemplo é o índice IUV ou Índice Ultravioleta. Este índice é uma medida da intensidade da radiação UV incidente sobre a superfície da Terra, que tenha efeitos sobre a pele humana, e representa o valor máximo diário da radiação UV, correspondente ao horário em que a radiação solar atinge seu máximo (meio-dia solar). As categorias de intensidade do IUV são representadas por números inteiros, conforme a recomendação da Organização Mundial da Saúde (OMS), sendo divididos em nível baixo (menor que 2), moderado (entre 3 e 5), alto (entre 6 e 7), muito alto (8 a 10) e extremo (maior que 11). No Brasil, essa informação está disponível na página da Divisão de Satélites e Sistemas Ambientais do Instituto Nacional de Pesquisas Espaciais (DSA-INPE). Um exemplo de tal informação é apresentado na Fig. 13.6.

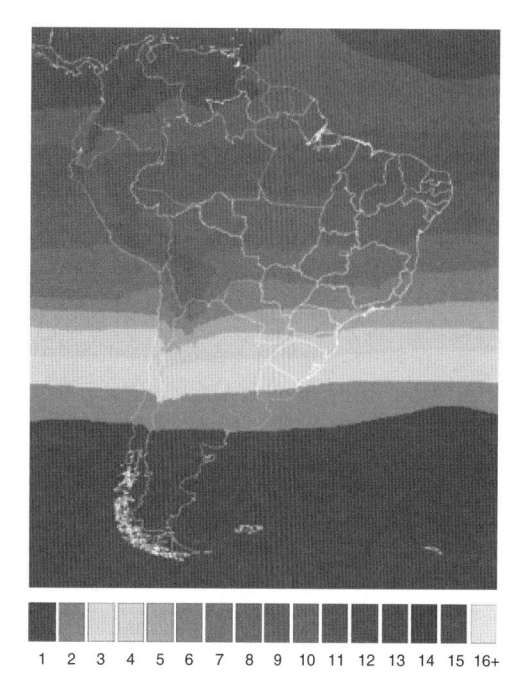

FIGURA 13.6 Índice UV para 29 de julho de 2016. Fonte: DSA-INPE. Disponível em: http://satelite.cptec.inpe.br/uv/.

EXERCÍCIOS DE FIXAÇÃO

1. Quais as diferenças dos impactos causados pelos fatores naturais e pelos fatores antrópicos na atmosfera terrestre?

2. De que forma as emissões de poluentes realizadas próximas à superfície da Terra podem alterar a constituição da atmosfera e, consequentemente, o clima do planeta?

3. Quais ações o Brasil e o mundo estão tomando em relação aos impactos globais da poluição atmosférica?

4. Apesar de as mudanças climáticas serem uma consequência do aquecimento em escala global, efeitos locais decorrentes de centros urbanos podem representar considerável contribuição. De que forma tal contribuição pode ocorrer?

DESAFIO

Diante das questões expostas em torno das mudanças climáticas, quais as vulnerabilidades, as ações de adaptação e de mitigação que podem/devem ser identificadas para sua região?

Embora existam diversas iniciativas para evitar danos à camada de ozônio, as reduções nas concentrações de ozônio estratosférico na região polar continuam sendo observadas. Quais estratégias poderiam ser adotadas para garantir uma diminuição cada vez maior desta redução?

BIBLIOGRAFIA

ATKINSON, R. Atmospheric chemistry of VOCs and NO_x. **Atmospheric Environment**, 34, 2063-2101, 2000.

BANCO MUNDIAL. **Avaliação de perdas e danos**: inundações e deslizamentos na região serrana do Rio de Janeiro. Janeiro de 2011. Brasília, DF: Banco Mundial, 2012.

BARRY, R. G.; CHORLEY, R. J. **Atmosfera, tempo e clima**. 9. ed. Porto Alegre: Bookman, 2013.

BRASIL. **Lei nº 12.187**, de 29 de dezembro de 2009. **Diário Oficial [da] República Federativa do Brasil**, Brasília, DF, Seção 1, p. 109, 29 dez. 2009.

_____. **Decreto nº 7.390**, de 09 de dezembro de 2010. **Diário Oficial [da] República Federativa do Brasil**, Brasília, DF, Seção 1, p. 4, 10 dez. 2010.

_____. **Decreto nº 9.578**, de 22 de novembro de 2018. **Diário Oficial [da] República Federativa do Brasil**, Brasília, DF, Seção 1, p. 47-49, 23 nov. 2018.

CAMPISANO, C. J. Milankovitch cycles, paleoclimatic change, and hominin evolution. **Nature Education Knowledge**, 4(3), 5, 2012.

CARVALHO, V. S. B. *et al*. Air quality status and trends over the Metropolitan Area of Sao Paulo, Brazil as a result of emission control policies. **Environmental Science & Policy**, 47, 68-79, 2015.

COMPANHIA AMBIENTAL DO ESTADO DE SÃO PAULO. **Qualidade do ar no Estado de São Paulo**, 2015. São Paulo: Cetesb, 2016. (Série Relatórios)

CORREA, M. P. Algoritmos para cálculos de transferência radiativa na região ultravioleta do espectro eletromagnético. *In*: XIII CONGRESSO BRASILEIRO DE METEOROLOGIA, 2004, Fortaleza. **Anais** […], Fortaleza, SBMET, 2004.

CORREA, M. P. Solar ultraviolet radiation: properties, characteristics and amounts observed in Brazil and South America. **Anais Brasileiros de Dermatologia**, 90(3), 297-313, 2015.

FARMAN, J. C.; GARDINER, B. G.; SHANKLIN, J. D. Large losses of total ozone in Antarctica reveal seasonal $ClOx/NO_x$ interaction. **Nature International Journal of Science**, 315, 207-210, 1985.

HADDAD, E. A.; TEIXEIRA, E. Economic impacts of natural disasters in megacities: The case of floods in São Paulo, Brazil. **Habitat International**, 45, Part 2, 106-113, 2015.

HANSEN, J. *et al*. Global surface temperature change. **Reviews of Geophysics**, 48, RG4004, 2010. Disponível em: http://onlinelibrary.wiley.com/doi/10.1029/2010RG000345/full. Acesso em: 24 jun. 2019.

HOLICK, M. F. Vitamin D: importance in the prevention of cancers, type 1 diabetes, heart disease, and osteoporosis. **American Journal of Clinical Nutrition**, 79, 362-371, 2004.

INSTITUTO NACIONAL DE CÂNCER JOSÉ ALENCAR GOMES DA SILVA. Estimativa 2014: Incidência de Câncer no Brasil. Rio de Janeiro: INCA, 2014. Disponível em: http://www.saude.sp.gov.br/resources/ses/perfil/gestor/homepage/outros-destaques/estimativa-de-incidencia-de-cancer-2014/estimativa_cancer_24042014.pdf. Acesso em: 24 jun. 2019.

INTERGOVERNMENTAL PANEL ON CLIMATE CHANGE. **Revised 1996 IPCC Guidelines for National Greenhouse Gas Inventories**. Geneva, Switzerland: IPCC, 1997. Disponível em: http://www.ipcc-nggip.iges.or.jp/public/gl/invs1.html. Acesso em: 24 jun. 2016.

INTERGOVERNMENTAL PANEL ON CLIMATE CHANGE. **Good practice guidance and uncertainty management in national greenhouse gas inventories**. Geneva, Switzerland: IPCC, 2000. Disponível em: http://www.ipcc-nggip.iges.or.jp/public/gp/english/. Acesso em: 24 jun. 2016.

INTERGOVERNMENTAL PANEL ON CLIMATE CHANGE. **Good practice guidance for land use, land-use change and forestry**. PENMAN, J. *et al*. (ed.). Japan: IPCC, 2003.

INTERGOVERNMENTAL PANEL ON CLIMATE CHANGE. **2006 IPCC Guidelines for national greenhouse gas inventories**. EGGLESTON, H. S. *et al*. (ed.). Japan: IPCC, 2006.

INTERGOVERNMENTAL PANEL ON CLIMATE CHANGE. **Climate change 2014**: Synthesis Report. Contribution of Working Groups I, II and III to the Fifth Assessment Report of the Intergovernmental Panel on Climate Change. PACHAURI, R. K.; MEYER, L. A. (ed.). Geneva, Switzerland: IPCC, 2014.

JACOB, D. J. **Introduction to atmospheric chemistry**. New Jersey: Princeton, 1999.

JESUS, H. **Validação do modelo de transferência radiativa ultravioleta**: adaptação da nebulosidade e do aerossol. 2015. Dissertação (Mestrado em Meteorologia) – Instituto Nacional de Pesquisas Espaciais, São José dos Campos, SP, 2010.

KELLY, P. M.; JONES, P. D.; PENGQUN, J. The spatial response of the climate system to explosive volcanic eruptions. **International Journal of Climatology**, v. 16, 537-550, 1996.

LASKAR, J. *et al*. A new orbital solution for the long-term motion of the Earth. **Astronomy & Astrophysics**. 532, A89, 2011.

LASSEN, K.; FRIIS-CHRISTENSEN, E. Variability of the solar cycle length during the past five centuries and the apparent association with terrestrial climate. **Journal of Atmospheric and Terrestrial Physics**, 57(8), 835-845, 1995.

LIOU, K. N. **An introduction to atmospheric radiation**. 2. ed. San Diego: Academic Press, 2002. v. 84. (International Geophysics Series)

LOCKWOOD, M.; FRÖHLICH, C. Recent oppositely directed trends in solar climate forcings and the global mean surface air temperature. **Proceedings of the Royal Society A**, 10 jul. 2007.

MINISTÉRIO DA CIÊNCIA, TECNOLOGIA, INOVAÇÕES E COMUNICAÇÕES. **Estimativas Anuais de Emissões de Gases de Efeito Estufa no Brasil**. 2. ed. Brasília, DF: MCTIC, 2014. Disponível em: http://sirene.mctic.gov.br/portal/export/sites/sirene/backend/galeria/arquivos/2018/10/11/Estimativas_2ed.pdf. Acesso em: 30 maio 2016.

NATIONAL AERONAUTICS AND SPACE ADMINISTRATION. **Global climate change**. Vital Signs of the planet. Disponível em: http://climate.nasa.gov/vital-signs/carbon-dioxide/. Acesso em: 30 set. 2016. 2016a.

NATIONAL AERONAUTICS AND SPACE ADMINISTRATION. **The ozone hole watch**. Disponível em: ozonewatch.gsfc.nasa.gov. Acesso em: 28 jul. 2016. 2016b.

OKE, T. R. **Boundary layer climates**. 2. ed. UK: Routledge, 1988.

PAINEL BRASILEIRO DE MUDANÇAS CLIMÁTICAS (PBMC). **Base científica das mudanças climáticas**. Contribuição do Grupo de Trabalho 1 do Painel Brasileiro de Mudanças Climáticas ao Primeiro Relatório da Avaliação Nacional sobre Mudanças Climáticas. AMBRIZZI, T.; ARAUJO, M. (ed.). Rio de Janeiro: Coppe/UFRJ, 2014a.

_____. **Impactos, vulnerabilidades e adaptação às mudanças climáticas**. Contribuição do Grupo de Trabalho 2 do Painel Brasileiro de Mudanças Climáticas ao Primeiro Relatório da Avaliação Nacional sobre Mudanças Climáticas. ASSAD, E. D.; MAGALHÃES, A. R. (ed.). Rio de Janeiro: Coppe/UFRJ, 2014b.

_____. **Mitigação das mudanças climáticas**. Contribuição do Grupo de Trabalho 3 do Painel Brasileiro de Mudanças Climáticas ao Primeiro Relatório da Avaliação Nacional sobre Mudanças Climáticas BUSTAMANTE, M. M. C.; ROVERE, E. L. L. (ed.). Rio de Janeiro: Coppe/UFRJ, 2014c.

PESQUISA FAPESP. **Enchentes em São Paulo dão prejuízo de R$ 762 mi por ano**. 2013. Disponível em: http://revistapesquisa.fapesp.br/2013/03/15/enchentes-em-sao-paulo-dao-prejuizo-de-r-762-mi-por-ano/. Acesso em: 24 jun. 2019.

PETIT, J. R. *et al*. Climate and atmospheric history of the past 420,000 years from the Vostok ice core, Antarctica. **Nature International Journal of Science**, 399, 1999.

PONSONBY A. L.; LUCAS, R. M.; VAN DER MEI, I. A. UVR, Vitamin D and three autoimmune diseases-multiple sclerosis, type 1 diabetes, rheumatoid arthritis. **Photochemistry Photobiology**, 81, 1267-1275, 2005.

REVI, A. *et al*. Urban areas. *In*: **Climate change 2014**: impacts, adaptation, and vulnerability. Part A: global and sectoral aspects. Contribution of working group II to the Fifth Assessment Report of the Intergovernmental Panel on Climate Change. FIELD, C. B. et al. (ed.). Cambridge: Cambridge University Press, p. 535-612, 2014.

SEINFELD, J. H.; PANDIS, S. N. **Atmospheric chemistry and physics**: from air pollution to climate change. 2. ed. New Jersey: Wiley, 2006.

SILVA DIAS, M. A. F. *et al*. Changes in extreme daily rainfall for São Paulo, Brazil. **Climatic Change**, 116(3-4), 705-722, 2013.

SLINEY, D. H. Radiometric quantities and units used in photobiology and photochemistry: recommendations of the Commission Internationale de l'Eclairage (International Commission on Illumination). **Photochemistry Photobiology**, 83, 425-432, 2007.

STAUNING, P. Solar activity – climate relations: a different approach. **Journal of Atmospheric and Solar-Terrestrial Physics**, 73(13), 1999-2012, 2011. Disponível em: http://dx.doi.org/10.1016/j.jastp.2011.06.011. Acesso em: 24 jun. 2019.

THOMAS, G. E.; STAMNES, K. **Radiative transfer in the atmosphere and oceans**. Cambridge: Cambridge University Press, 1999.

UNITED NATIONS ENVIRONMENT PROGRAMME. **The Montreal Protocol on substances that deplete the ozone layer**. UNEP, 2016. Disponível em: https://www.unenvironment.org/resources/report/montreal-protocol-substances-deplete-ozone-layer . Acesso em: 03 out. 2016.

UNITED NATIONS FRAMEWORK CONVENTION ON CLIMATE CHANGE. **Paris agreement** – Status of Ratification. UNFCCC, 2016. Disponível em: http://unfccc.int/paris_agreement/items/9444.php. Acesso em: 28 jun. 2017. 2017a.

UNITED NATIONS FRAMEWORK CONVENTION ON CLIMATE CHANGE. **UN Climate change** – Paris Agreement. UNFCCC, 2017. Disponível em: https://unfccc.int/news/unfccc-statement-on-the-us-decision-to-withdraw-from-paris-agreement .Acesso em: 28 jun. 2017. 2017b.

UNITED NATIONS FRAMEWORK CONVENTION ON CLIMATE CHANGE. **UN Climate change** – Paris Agreement. UNFCCC, 2017. Disponível em: https://unfccc.int/news/on-the-possibility-to-withdraw-from-the-paris-agreement-a-short-overview . Acesso em: 28 jun. 2017. 2017c.

UNITED NATIONS. **Department of Economic and Social Affairs, Population Division. World population prospects**:The 2015 revision, ST/ESA/SER.A/377. UN, 2015.

VIANELLO, R. L.; ALVES, A. R. **Meteorologia básica e aplicações**.Viçosa, MG: UFV, 2000.

WORLD RESOURCES INSTITUTE. **CAIT Climate data explorer**. Washington, DC: WRI/CAIT, 2015. Disponível em: https://www.wri.org/resources/websites/cait.Acesso em: 25 jun. 2019.

14

Epidemiologia Ambiental

André Luís de Sá Salomão
Marcia Marques

O presente capítulo é destinado a estudantes e profissionais que não são da área da saúde, mas que necessitam de conhecimentos básicos de Epidemiologia para exercício de suas profissões, tais como os engenheiros sanitaristas. O texto aborda questões da Epidemiologia clássica, com foco na Epidemiologia Ambiental, incluindo um breve histórico do surgimento, conceitos, tipos de desenho de estudos epidemiológicos, monitoramento da saúde ambiental, inferência causal, exposição ambiental, agentes, hospedeiros e parasitas responsáveis por agravos à saúde. Finalmente, o capítulo apresenta um breve texto sobre biossegurança.

14.1 Epidemiologia

A Epidemiologia é o ramo das ciências médicas que lida com a incidência, distribuição e controle das doenças em uma população, ou a soma de fatores que controlam a presença ou a ausência de uma doença ou patógeno. Em resumo, é o estudo da distribuição das doenças e seus determinantes.

Epidemiologia Ambiental

Epidemiologia Ambiental (EA) é o ramo da Epidemiologia relacionada com a descoberta de exposições involuntárias a fatores ambientais que contribuem para agravos à saúde, doenças, incapacidade e morte na população ou que protegem a saúde da população contra tais efeitos. Envolve também a identificação de ações e cuidados com a saúde pública para gerenciamento de riscos associados a exposições perigosas.

Exposição ambiental é involuntária

Deve-se ressaltar que exposição ambiental é involuntária por definição e, portanto, estariam excluídas desta categoria a exposição ocupacional e a exposição voluntária, como tabagismo ativo e consumo de medicamentos. Em termos estritos, exposição voluntária seria tema da Epidemiologia e exposição involuntária (por exemplo: pessoas expostas à fumaça produzida por fumantes) seria tema da Epidemiologia Ambiental. Na prática, esses exemplos são abordados tanto em textos de Epidemiologia quanto de Epidemiologia Ambiental.

A partir de estudos do padrão e frequência das doenças, a EA define quais fatores ambientais estão mais relacionados ou têm maior influência no surgimento de doenças (ou agravos na saúde) em uma população específica. Os estudos de EA têm como um dos seus objetivos responder à seguinte pergunta-chave: *por que e como fatores ambientais podem afetar a saúde das pessoas de uma população específica?*

Originalmente, estudos epidemiológicos englobavam somente os agentes biológicos (patogênicos) associados a fatores como abastecimento de água, lançamento de esgotos, ambientes domésticos e manipulação de alimentos. Entretanto, com o avanço tecnológico e econômico, houve uma expansão e, hoje, estudos epidemiológicos abrangem outros fatores, como: agentes físicos (radiações, material particulado, temperaturas extremas), agentes químicos (metais pesados, carbonos orgânicos voláteis [COV], pesticidas), agentes psicossociais (família, vizinhos, comunidade, sensação de insegurança, bem-estar, saúde mental, grau de educação, estabilidade financeira). Também é tema de estudo da EA moderna os padrões e a frequência das doenças em populações após eventos de guerras e desastres naturais (alagamento, enchentes, tsunamis, deslizamentos de terra, incêndios, terremoto e vulcões).

Breve Histórico da Epidemiologia

Alguns filósofos, médicos, pesquisadores e estudiosos foram de extrema importância no desenvolvimento do conhecimento e bases da pesquisa em EA. Os estudos e publicações de Hipócrates (460 a.C.) representam o primeiro registro da relação entre o ambiente e a saúde humana. Esses estudos abordavam questões de doenças, como a malária, e a relação com as condições de ambientes pantanosos.

Durante o século XVII, John Graunt ficou conhecido como o fundador da Bioestatística, por ser o primeiro a analisar os padrões de natalidade, mortalidade, ocorrência de doenças diferentes entre os sexos, a distribuição urbana-rural das doenças, e as variações sazonais das doenças. Ainda no século XVII, Bernardino Ramazzini descreveu a relação entre saúde ocupacional e higiene industrial. Em seus estudos, buscou relacionar doenças ocupacionais e o contato com produtos químicos, como chumbo (Pb), mercúrio (Hg), agentes abrasivos, poeira e fuligem, nas diferentes profissões, observando que raramente esses profissionais atingiam a senioridade.

No século XVIII, Percival Pott descreveu câncer escrotal em limpadores de chaminés, em decorrência da inalação de fuligem. No século XIX, William Farr, considerado o pai da estatística vital e da vigilância sanitária, conduziu seus estudos utilizando a estatística de mortalidade como ferramenta de análise dos dados coletados de forma sistemática em países como Inglaterra e País de Gales.

Um dos estudos mais emblemáticos e clássicos na Epidemiologia Ambiental ocorreu no século XIX, com o médico inglês John Snow (1813-1858). Em seu estudo, Snow descreveu, de forma detalhada, o cólera e as formas de transmissão da doença, conduzindo suas análises a partir da coleta e análise dos dados em dois grandes eventos epidêmicos na cidade de Londres (1849 e 1854). Três grandes descobertas relevantes foram produzidas por seu estudo. A primeira refere-se à descrição da forma de transmissão da doença (teoria do contágio). Ao contrário do que se pensava, o cólera não era transmitido pelo ar contaminado com produtos químicos, mas sim pela água de rios e poços de água contaminados por esgotos de pessoas doentes (bactéria *Vibrio cholerae*). A segunda foi o mapeamento das fontes de contaminação e a determinação da área de influência, o que permitiu comparar os resultados da área afetada com uma área não afetada. A terceira diz respeito à criação e aplicação dos conceitos de pessoa, lugar, tempo e risco, utilizados até hoje em estudos de Epidemiologia.

Henry Butlin, no século XIX, relacionou a exposição de trabalhadores da indústria aos agentes químicos carcinogênicos com algum tipo de câncer humano. Na França, final do século XIX e início do século XX, Louis Pasteur e Robert Koch, comprovaram e descreveram as teorias microbianas. Essa teoria possibilitou o desenvolvimento de vacinas e outros recursos terapêuticos, assim como de noções básicas de higiene para o controle das epidemias.

No início do século XX, Osvaldo Cruz aplicou no Brasil os conhecimentos adquiridos na França, fundando o Instituto de Manguinhos, no Rio de Janeiro. Em seu instituto, realizou pesquisas de doenças tropicais e promoveu ações de combate às epidemias do cólera, febre amarela, peste bubônica e varíola. Para tais ações, foram estabelecidas campanhas de vacinação para a população, assim como o controle de vetores como mosquitos e ratos.

Com o passar dos anos, o desenvolvimento e o crescimento das grandes cidades pelo mundo, o aumento demográfico, os transportes de massa das grandes cidades e a facilidade de deslocamento por distâncias maiores potencializaram ainda mais as preocupações com os riscos de uma epidemia ou pandemia. Faz-se necessário, então, a identificação dos sintomas precocemente, a tempo de serem tratados, controlados, ou prevenidos, de modo que afete o menor número de pessoas possível, bem como o estudo de outros fatores, como as práticas diárias do cotidiano, culturais e até religiosas de diferentes países e etnias.

Conceitos básicos em Epidemiologia

A partir do desenvolvimento e aplicação dos conceitos de **pessoa** (população específica), **lugar** (local, área ou região) e **tempo** (período de duração ou sazonalidade), por John Snow, em pesquisas de Epidemiologia Ambiental, uma segunda pergunta-chave pode ser aplicada no início, ou antes, da realização de um estudo epidemiológico ambiental: *como um hospedeiro suscetível (**pessoa**), um agente de doença e um ambiente permissível vão interagir no **tempo** e **espaço** para produzirem agravos à saúde?*

Os estudos epidemiológicos são de natureza investigativa, e por isso, algumas questões e respostas são fundamentais para o início do desenvolvimento de um procedimento ou planejamento de ações de saúde pública de controle ou prevenção das doenças. De acordo com Merrill (2008), as principais questões a serem respondidas durante um estudo de Epidemiologia Ambiental são:

- Quem são as pessoas ou grupos de maior risco? Homens ou mulheres, idosos ou jovens, ...?
- Por que algumas pessoas adoecem enquanto outras não?
- Qual o principal agente causador: físico, biológico, químico, genético, estilo de vida, dieta ou ocupação?
- Qual tipo de doença está sendo observado?
- Como que esta doença muda ou se comporta ao longo do tempo?
- O padrão desta doença muda de um lugar para outro?
- Esta doença tem alguma exposição em comum com outras?
- Qual a relação entre a exposição e a doença?
- Quais doenças podem ser evitadas pela eliminação desta exposição?
- Como estas respostas podem prevenir e controlar as futuras epidemias?

O planejamento das ações de saúde pública deve envolver programas de monitoramento constante das matrizes água, ar e solo e dos agentes físicos, químicos, biológicos e sociais, além de manter a população informada e conscientizada dos riscos e das formas de prevenção do contágio ou exposição. Isto se faz necessário, pois as principais formas de contaminação do organismo humano são pela ingestão de líquidos, sólidos ou inalação de gases. Todos estes três elementos são fundamentais para a existência do homem, embora possam representar grandes riscos à saúde.

A contaminação do organismo do homem pela inalação de ar contaminado ocorre a partir da presença de gases tóxicos; aerossol (microgotículas); materiais particulados de diferentes tamanhos e que podem carregar substâncias ou agentes adsorvidas em sua superfície, tais como: monóxido de carbono, ozônio, metais, vírus, bactérias, esporos de fungos, entre outros.

A contaminação pela água dá-se a partir do consumo de água contendo, entre outros contaminantes, os químicos (toxinas, metais, flúor, arsênico, fármacos, defensivos agrícolas, desreguladores endócrino) e biológicos (vírus, bactérias, helmintos, protozoários e fungos) (SILVA, 2016).

A contaminação pelo solo pode ocorrer de duas formas: direta (ingestão do solo, mais comum em crianças) ou indireta, com o consumo de alimentos expostos a solos contaminados por excesso de nutrientes, defensivos agrícolas, metais pesados, águas poluídas, chuvas ácidas, precipitação de poluentes atmosféricos, e outros (SILVA, 2016).

A contaminação alimentar ocorre com o consumo de alimentos crus, malcozidos, mal lavados, malconservados, fora da validade, contaminados por agentes biológicos (salmonela, protozoário *Toxoplasma gondii, E. coli*), ou agentes químicos (aditivos agrícolas, bio e fitoacumulação).

De acordo com dados da Organização Mundial da Saúde (OMS) (*World Health Organization – WHO*), 80 % das doenças estão relacionadas de alguma forma com o meio ambiente, sendo 36 % acometendo crianças entre zero a 14 anos. As mais associadas aos fatores ambientais são: diarreia (94 %); malária (42 %); infecção respiratória (20 a 42 %); contaminação em ambiente de trabalho (44 %); cigarro (40 % das mortes por câncer); e câncer por atividades ocupacionais (10 %) (MERRILL, 2008).

Pesquisas em Epidemiologia Ambiental

As pesquisas científicas em EA visam identificar problemas de saúde em determinada população relacionados com fatores ambientais (exposição involuntária), a fim de que os resultados possam auxiliar na prevenção ou controle de futuras doenças ou agravos à saúde de populações. Para isso, assim como na Epidemiologia clássica, é necessário estabelecer o problema científico, população específica de estudo, os métodos científicos, o desenho de estudo, incluindo a seleção das hipóteses e variáveis, os tipos de dados a serem coletados e as análises estatísticas para análise dos resultados.

O problema científico deve ser claro e específico, de outra forma o propósito e o método perdem a significância. Esse deve focar e direcionar esforços para atingir o objetivo específico proposto e prover bases fortes para a interpretação dos resultados.

A maneira ideal para a formulação de um **problema científico** consiste em começar pela forma mais simples – com uma exposição –, resultando em um efeito de saúde. Como exemplo, pode-se citar um estudo de exposição ambiental à radiação solar em região com destruição da camada de ozônio e o risco de um morador da região vir a desenvolver câncer de pele. Alguns fatores secundários devem ser considerados, como raciais (cor da pele), econômicos, sociais e culturais, pois eles podem ou não contribuir para o agravamento dos efeitos.

Pessoa, lugar e tempo: a aplicação dos conceitos de pessoa, lugar e tempo são fundamentais para a seleção de uma população específica de estudo. Podem ser considerados os seguintes fatores de seleção:

- pessoa: sexo, idade, profissão, etnia;
- lugar: delimitação ou reconhecimento de uma área de influência ou atuação, distribuição geográfica, distribuição urbano-rural;
- tempo: existência de um padrão de variação ou tendência sazonal, cíclica ou periódica, nos dados de efeito de saúde ou doenças, e os períodos de incubação ou latência e convalescença das doenças.

O **método científico** é usado para definir, classificar ou categorizar eventos de saúde e suas relações com as potenciais causas. As associações entre a exposição e os efeitos de saúde podem prover bases para predizer os efeitos futuros de tais exposições. Neste sentido, a formulação das **hipóteses** iniciais consiste em uma tentativa de predizer os resultados e de auxiliar no planejamento do desenho experimental inicial. Os resultados das observações e experimentações são peças fundamentais nas evidências usadas nas inferências causais, e são classificados como variáveis. As **variáveis** são definidas como características individuais, propriedades, fatores observáveis ou mensuráveis de um estudo científico, podendo ser classificadas em dependentes e independentes. Os dois tipos de variáveis devem ser considerados em estudos de Epidemiologia Ambiental para que possam ser realizados os testes estatísticos. A **variável independente** é definida como variável explicativa, ou seja, fator, condição ou causa determinante para que ocorra determinado resultado ou efeito. A **variável dependente** é definida como variável de resposta de algo que foi estimulado, ou seja, é o resultado, efeito ou consequência observada como resultante da manipulação de uma variável independente. Por exemplo: em um estudo científico que avalia o número de cigarros fumados por dia e a incidência de casos de câncer de pulmão em fumantes, a variável independente é o número de cigarros fumados por dia e a variável dependente é o número de novos casos de câncer de pulmão em fumantes.

Os **tipos de dados** de um estudo científico podem ser classificados em duas categorias: *dados qualitativos*, que descrevem uma qualidade com ou sem uma ordem de magnitude; *dados quantitativos*, dados numéricos com ordem de magnitude. Essas duas categorias são divididas em quatro subcategorias: (i) dados qualitativos nominais – descrevem uma qualidade e são representados por categorias sem ordem ou magnitude (sexo, raça, estado civil, nível de educação, sim ou não); (ii) dados qualitativos ordinais – representados por categorias com ordem de grandeza ou magnitude (níveis de tensão: 1 = baixo, 2 – médio, 3 = alto, 4 = muito alto); (iii) dados quantitativos discretos – são números inteiros que possuem ordem de grandeza e magnitude, e podem ser analisados pela estatística descritiva básica como média, mediana e a moda (números de casos da doença por cidade); e (iv) dados quantitativos contínuos – resultados de medições em números contínuos, podendo ser analisados por métodos avançados da estatística e por modelos matemáticos (temperatura ambiental 22,5 °C, altura do paciente 1,95 m, concentração de um composto em água 5,25 mg/L).

Os elementos aqui citados e os tipos de desenhos de estudos (a seguir) são fundamentais na transformação de ideias iniciais em operações concretas de pesquisa científicas.

Tipos de desenho de estudo de Epidemiologia

As pesquisas científicas são delineadas e planejadas a partir de métodos científicos e desenhos de estudo. Estes são definidos no início de cada pesquisa, logo após o estabelecimento do problema científico.

Duas metodologias científicas podem ser aplicadas aos estudos de Epidemiologia Ambiental, a **observacional** e a **experimental**. A metodologia observacional é aplicada em estudos em que pesquisadores somente observam eventos ou indivíduos, sem que haja uma intervenção de sua parte. A aplicação dessa metodologia envolve o planejamento de como as informações serão coletadas, descritas, analisadas e relatadas. A metodologia experimental é aplicada em estudos onde pesquisadores avaliam os efeitos das intervenções (a partir de testes, ensaios ou experimentos), nos resultados (por exemplo: mudança de comportamento, controle ou prevenção de doenças). A aplicação dessa metodologia envolve o planejamento experimental, respeitando as condutas éticas científicas de análise, para a obtenção de resultados confiáveis e com validade *interna* – resultados não passíveis de erro, tendências ou falha nos dados –, e *externa* – relevância, extensão e aplicabilidade dos resultados para comunidade científica.

Após a seleção da metodologia científica, o passo seguinte é a determinação do tipo de desenho de estudo que será aplicado, que podem ser **descritivos** ou **analíticos**.

O **desenho de estudo descritivo** é usado quando se quer verificar a ocorrência e a distribuição (frequência ou padrão) de um estado de saúde em um grupo específico de uma população (com certos atributos de interesse, como idade, gênero etc.). Trata-se do primeiro passo de uma investigação epidemiológica, por apresentar resultados que, frequentemente, são usados como fonte primária de consulta para novos estudos epidemiológicos. Esse tipo de desenho tem por objetivo responder questões como Quem? Quando? Onde? Ou seja, relativos à pessoa, lugar e tempo. Seus resultados podem ser baseados em dados primários ou secundários e apresentados em gráficos e/ou tabelas, com taxas e médias de distribuição dos atributos de interesse. *Vantagens*: baixo custo, curto tempo necessário para obtenção dos resultados, identificação da população de maior risco e determinação de doenças novas, raras ou recorrentes. *Desvantagens*: não possui grupo-controle, o que impossibilita a comparação dos resultados aos de outras populações, não estabelece associações ou inferências causais e não permite o estudo etiológico de doença ou eficácia de tratamento. Os delineamentos dos estudos epidemiológicos descritivos abrangem **estudos de caso**, **estudos transversais** e **estudos ecológicos** (MERRILL, 2008).

Estudo de caso: na Epidemiologia Ambiental, são usados quando se deseja obter rápido entendimento de um problema de saúde específico em uma população de interesse. Esse delineamento descreve de forma qualitativa e de forma cronológica os eventos ocorridos e o surgimento do efeito (agravo à saúde), assim como as circunstâncias que motivaram esse efeito, e as características e atributos da população de interesse (hábitos, costumes diários, cultura da região, práticas religiosas, ocupação). *Vantagens*: aprofundamento na descrição dos eventos e efeitos associados, principalmente em casos de novas doenças; rápida resposta do estudo; identificação das fontes de contaminação ou exposição; e identificação de novas áreas de pesquisa científica. *Desvantagens*: limitação das conclusões do estudo para um grupo específico e restrito de pessoas; e não estabelecimento de uma relação de causa e efeito das doenças. O estudo de caso também pode ser aplicado para investigar efeitos epidemiológicos de contaminação não comum ou não esperado em um grupo de pessoas em um local específico (casos de *cluster*). Um exemplo de estudo de caso *cluster* é o de intoxicação alimentar e diarreia em um grupo de pessoas que frequentaram, na hora do almoço, um mesmo restaurante, com comida contaminada por mau acondicionamento. Nesse caso, o *cluster* pode ser verificado com o número incomum de entrada no hospital, próximo ao restaurante, de pessoas apresentando o mesmo sintoma e declarando ter almoçado no mesmo restaurante.

Estudos transversais: caracterizados pela medição simultânea de exposição e fator de resposta. Essa medição é realizada com amostras representativas da população, e ocorre em um único e curto intervalo de tempo. O curto período de amostragem permite um maior controle da população de estudo e da medição dos efeitos. Os dados podem ser coletados por questionários ou análises clínicas e físicas. *Vantagens*: baixo custo; rápida execução; dados completos de exposição e efeito; coleta de dados (exposição e efeito) nos mesmos indivíduos; e permite que sejam realizadas associações entre algumas variáveis ao mesmo tempo. *Desvantagens*: não considera dados históricos e não produz incidência de risco relativo.

Estudos ecológicos: mais utilizados em estudos ambientais, pois envolvem comparação entre grupos ou populações, e raramente abordam comparações entre indivíduos. Esse estudo permite identificar efeitos nas populações, que não são facilmente percebidos em estudos de comparação de indivíduos. Por exemplo, o hábito de fumar e o efeito em adultos. O estudo ecológico pode ser observacional, sem experimentação e com dados secundários; ou experimental, a partir de experimentos realizados para coleta de dados primários. As medições dos efeitos podem ser de três tipos:

1. **agregada**, observação baseada nos indivíduos de um grupo (por exemplo: incidência de câncer em um grupo);
2. **ambiental**, observação baseada nas características físicas do lugar (nível de poluição do ar, média da temperatura local);
3. **global**, não existe analogia individual (avaliação da densidade populacional ou número de clínicas privadas de um Estado).

A análise dos dados de um estudo ecológico pode ser: completa, quando todas variáveis são provenientes de medições ecológicas; parcial, quando ocorre uma combinação de dados individuais e em grupo; ou múltiplo nível, quando se faz uso de técnicas de modelagem nos dados coletados em diferentes grupos de população. *Vantagens*: podem analisar dados de séries históricas; estimam efeitos em grandes populações de forma rápida e com baixo custo. *Desvantagens*: por comparar diferentes idades, gêneros, etnias etc., está sujeito à interferência de dados de confusão; por comparar dados de efeitos e exposição em pessoas diferentes, está sujeito à interferência.

Desenhos de estudo analítico: abordam, com maior profundidade, as relações entre estado de saúde de pessoas expostas e não expostas (grupo-controle). Nesse tipo de estudo são relacionados o fator exposição (ou não) com outras variáveis, a fim de que se possa estabelecer inferências a respeito de associações entre exposição e efeito na saúde, ou seja, associações causais (mais bem explicado a seguir). O estudo analítico é usado para testar hipóteses elaboradas geralmente a partir de estudos descritivos prévios. Os delineamentos dos estudos epidemiológicos analíticos abrangem **estudos experimentais**, **estudos de coorte**, **estudos de caso-controle** e **estudos de caso transversal** (MERRILL, 2008).

Estudo experimental: o pesquisador tem maior controle das condições e variáveis do experimento ou ensaio de pesquisa científica. Esse estudo é conduzido de forma prospectiva, objetivando avaliação da eficácia de um instrumento de intervenção, em um tempo determinado. Nesse estudo, dois grupos homogêneos (equilíbrio dos atributos pessoais de idade, gênero) são selecionados de forma aleatória, sendo um submetido à exposição, e outro não exposto (grupo-controle, podendo ser usado um placebo). Ao final, comparam-se os efeitos e as variáveis envolvidas entre os dois grupos. Cabe ressaltar que o projeto e a condução dos experimentos devem estar em conformidade com as normas de ética científica. *Vantagem*: resultado com fortes evidências de associação causal. *Desvantagem*: não aplicável em estudo de doenças raras.

Estudo de coorte[1] avalia, em um grupo selecionado de pessoas sadias, o surgimento de novos casos de doença (aguda ou crônica) conforme a presença ou não de exposição (aguda ou crônica). Esse grupo selecionado de pessoas sadias (livres de doenças) deve ser composto de indivíduos com características ou atributos pessoais em comum (por exemplo: trabalhadores de uma indústria, ou moradores de uma região que sofreu um desastre natural). O acompanhamento do grupo deve ocorrer em um período de tempo suficiente para que haja o aparecimento da doença, incluindo seu período de latência ou de incubação. Estes estudos podem ocorrer de forma prospectiva, monitoramento e comparação da incidência da doença antes do evento de exposição de grupos; ou retrospectiva, monitora-

mento da contaminação e dos efeitos de doenças, após evento de exposição de um grupo de pessoas. *Vantagem*: possibilita avaliar simultaneamente mais de uma doença ou efeito na saúde a partir de um evento de exposição. *Desvantagens*: alto custo, longos períodos de monitoramento e grande número de amostras ou análises clínicas.

Estudo de caso-controle: ocorre de forma retrospectiva, isto é, parte do efeito de saúde ou doença para chegar às causas. Esse estudo compara pessoas comprovadamente doentes com um grupo-controle de pessoas não afetadas pela doença (estudo de pares). Quando é determinada a causa do efeito de doença, esta é comparada entre os casos e os controles, em busca de respostas do porquê de algumas pessoas serem mais suscetíveis que outras. O grupo de pessoas doentes (casos) e o grupo de pessoas sadias (controle) são selecionados com base no tipo de doença, e não no nível ou grau de exposição. Recomenda-se esse tipo de estudo nos casos de doenças raras, crônicas (com longos períodos de latência) ou ocupacionais. *Vantagem*: menor tempo de monitoramento, custo e número de amostras se comparado ao estudo de coorte. *Desvantagem*: limitado a um efeito por vez.

Estudo de caso transversal: indicado para avaliar o estado de saúde de pessoas imediatamente antes de um evento de exposição iminente ou em exposições intermitentes, e em um período posterior a exposição. No caso de exposições intermitentes, possibilita comparar estágios semelhantes de doença no presente e no passado. O desenho desse estudo possibilita que os mesmos pacientes possam ser considerados grupo-controle e grupo exposto. *Vantagem*: efetivo na avaliação de doenças agudas ou com curtos períodos de incubação. *Desvantagem*: não considera possíveis efeitos acumulativos em exposições intermitentes.

Monitoramento da saúde ambiental

Investigações científicas do estudo de Epidemiologia Ambiental são, em geral, focadas em questões associadas ao aumento de risco à saúde humana. Essas investigações visam compreender as vias de contágio, os tipos de doenças associadas às exposições e as formas de prevenção, tratamento e controle dos efeitos. Com a finalidade de dar suporte e influenciar as decisões políticas e de saúde pública, são estabelecidos programas de

---

[1] Definição: originalmente, as coortes (em latim, *cohors*) eram subdivisões de uma legião romana. Em Epidemiologia, refere-se a um grupo de pessoas que compartilham algum atributo.

monitoramento ambiental, objetivando o bem-estar e a saúde da população em geral, bem como a proteção do meio ambiente.

Os programas de monitoramento ambiental são concebidos com a finalidade de identificar, medir e estimar as condições físicas, químicas, biológicas e psicossociais potencialmente danosas à saúde humana. É também função dos programas de monitoramento ambiental fiscalizar e avaliar a eficácia dos programas de prevenção e controle de contaminação e saúde do meio ambiente, assim como do ecossistema na área de influência.

De acordo com Merrill (2008), os programas de monitoramento podem ser classificados em cinco tipos, baseados: **na natureza do estresse**; **no objetivo**; **na cobertura geográfica**; **nas condições temporais**; e **nas exigências legais**.

Os programas baseados na **natureza do estresse** realizam o monitoramento das matrizes ambientais (ar, água, solo e sedimento) como formas primárias de contaminação ambiental. A flora e a fauna expostas são consideradas formas secundárias de contaminação. Neste caso, são avaliadas a cadeia alimentar do ecossistema local, assim como a produção de leite em particular e de alimentos, em geral. Em ambas as formas de contaminação, avaliam-se agentes físico, químico, biológico e psicossocial, em tempo real e no local de estudo. Nesses programas, é comum o uso de biomonitores (organismos locais ou de laboratório) e bioindicadores específicos (alterações anatômicas, fisiológicas, ou moleculares em alguns organismos) em testes ecotoxicológicos para avaliar as condições de contaminação nas diferentes matrizes ambientais e/ou na biota.

Os programas baseados no **objetivo** visam identificar a fonte de contaminação (simples ou múltipla). Utilizando metodologia científica adequada, esses programas pretendem determinar: indicadores ecológicos, grupos de risco, transferência de contaminação entre as matrizes e impactos das fontes poluidoras no ecossistema local.

Os programas baseados na **cobertura geográfica** trilham e localizam espacial e geograficamente a contaminação. Esse tipo de monitoramento se propõe a promover ações de fiscalização, determinação de responsabilidades aos danos causados a certo local ou população exposta. Além disso, são utilizados nos casos em que são necessários o cálculo dos prejuízos e a aplicação de multas ambientais.

Os programas baseados nas **condições temporais** fazem uso dos levantamentos de dados ou de séries históricas das condições de saúde de uma população específica, assim como do monitoramento das condições e características locais de uma região, antes da construção de algum empreendimento, para que possa ser comparado e avaliado com monitoramentos futuros. Esse programa de monitoramento pode ainda antecipar futuras necessidades de segurança, ou medidas de proteção ambiental contra acidentes.

Os programas baseados nas **exigências legais** fiscalizam e garantem o cumprimento das leis e normas vigentes. Nesse tipo de programa é necessária a instituição de dois órgãos independentes. Um órgão de fiscalização do cumprimento das normas e legislações vigentes, e outro para o estabelecimento das normas e leis ambientais com os limites toleráveis de cada substância e os aceitáveis de lançamento dessas substâncias nas matrizes ambientais.

Os dois principais desafios dos programas de monitoramento ambiental são: (i) estabelecer limites seguros de exposição (humana, e da fauna e flora), a partir do lançamento de efluentes, disposição de resíduos sólidos ou emissões atmosféricas, sem que haja nenhum risco ou prejuízo à saúde e ao meio ambiente; (ii) analisar os efeitos (agudos e crônicos; e sinérgicos, aditivos e antagônicos) das múltiplas contaminações nos ecossistemas e nas pessoas expostas de diferentes formas (moradia, trabalho, alimentação etc.).

Inferência causal

Uma das importantes áreas de estudo dentro da Epidemiologia Ambiental é o da inferência causal, ou seja, estudo das relações de causa e efeito. O estudo da inferência causal investiga a origem ou as principais causas das doenças em uma população específica e serve de base para programas de prevenção e controle de doenças (BONITA; BEAGLEHOLE; KJELLSTRÖM, 2010).

No dia a dia, é comum fazer inferências baseadas em experiências vividas, conhecimentos acumulados e em expectativas (por exemplo: quando ouvimos "coloque um casaco, pois lá fora está frio e você vai se resfriar"; ou "cuidado com essa escada, que não está muito firme e você pode cair"; ou "não saia com a camisa suada, pois lá fora está chovendo e você vai pegar uma pneumonia"). A maneira de agir ou de se comportar em determinadas situações é baseada nos conceitos da inferência causal, porém de forma nada científica, pois nem sempre podemos associar um efeito a determinada causa.

Nos estudos científicos, as inferências causais são determinadas a partir da aplicação de métodos científicos e avaliação estatística de dados, seguidos de alguns critérios de julgamento e lógica científica, para poder afirmar as causas reais de uma doença. A conclusão a respeito de uma doença e as razões para ela existir (causa-efeito) deve ser baseada nas conexões entre fatores físicos, químicos, biológicos e/ou psicossociais no meio ambiente (causa) e os efeitos na saúde de determinada população. Esses estudos irão prover as bases para cientistas e pesquisadores promoverem ações médicas e de saúde pública (prevenção e controle).

O número de critérios para determinação das relações de inferência causal descritos na literatura científica varia, no entanto este livro adotará os critérios propostos no relatório de referência do serviço de saúde pública dos Estados Unidos, o *US Surgeon General* (US DEPARTMENT OF HEALTH EDUCATION AND WELFARE, 1964). A partir da publicação deste relatório, um grupo de cinco critérios de inferência causal, descritos adiante, começou a ser adotado de forma sistemática para avaliar os estudos laboratoriais e epidemiológicos.

- **Consistência:** quando as associações entre causa e efeito são verificadas por diferentes investigadores, em diferentes configurações e populações usando métodos diferentes sem perder significância de causa e efeito (por exemplo: *hábito de fumar, comprovado por centenas de estudos, é uma das principais causas de câncer de pulmão*).
- **Força de associação:** aplicada nos casos de associação direta entre a exposição e o efeito de doença (relação de dose-resposta) (por exemplo: risco de morte por câncer de pulmão em fumantes é 22 vezes maior em homens e 12 vezes em mulheres, se comparado aos não fumantes). Entretanto, esta associação não pode sofrer influência: de tendência (evitada com bom desenho de estudo), do acaso (evitado por um maior número de amostras coletadas), ou por dados de confusão (influenciados por um terceiro fator).
- **Temporalidade:** considera-se como causa uma exposição que preceda o efeito de doença em um período razoável ou plausível. Para isso, devem ser

considerados os períodos de incubação (exposição e doença aguda) e de latência (exposição e doença crônica) das doenças. Neste caso, o melhor desenho de estudo epidemiológico para estabelecer uma sequência de cronológica é o estudo de coorte.

- **Coerência biológica:** associação entre exposição e efeito de doença, respaldados nos conceitos clássicos de biologia (por exemplo: lista com mais de 150 agentes químicos e biológicos potencialmente carcinogênicos baseados em ensaios laboratoriais da Agência de Pesquisa do Câncer dos EUA).
- **Especificidade:** quando uma exposição é associada a uma única doença ou uma doença é associada a uma única exposição (por exemplo: exposição a determinado vírus ou bactéria irá causar uma doença específica).

Merrill (2008) propõe quatro tipos de fatores causais para o desenvolvimento de uma doença ou efeito de saúde, a partir da aplicação das combinações dos termos **necessários** e **suficientes**: (1) **Necessário e suficiente**, quando comprovado que uma doença só se desenvolve na presença de determinado fator ou agente específico (vírus da Hepatite B ou do HIV); (2) **Necessário e não suficiente**, quando um fator ou agente principal é necessário, mas não suficiente para causar a doença (HIV é necessário, mas não é suficiente para produzir a AIDS); (3) **Não necessário e suficiente**, quando o fator ou agente tem potencial de causar determinada doença, mas não é necessário, ou seja, pode ser causado por outros fatores ou agentes (fumaça de cigarro e o amianto são suficientes para causar câncer de pulmão, mas não são necessários na presença de outros fatores ou agentes); (4) **Não necessário e não suficiente**, modelos etiológicos complexos, onde múltiplos tipos de exposições ou comportamentos podem contribuir para determinada doença (causa contribuinte) (asma e a maioria das doenças crônicas).

Em alguns casos de inferência causal, uma simples exposição pode causar determinada doença, e, ao remover a exposição, pode-se eliminar ou reduzir o risco da doença, assumindo-se que danos irreversíveis não tenham ocorrido. No entanto, existem casos em que se observa uma teia de causalidade (Fig. 14.1), com múltiplos tipos de exposições resultando em uma doença. Nesses casos, por vezes, é observado que, ao remover um tipo de exposição, o risco de doença pode ser reduzido, porém não eliminará o risco do efeito de

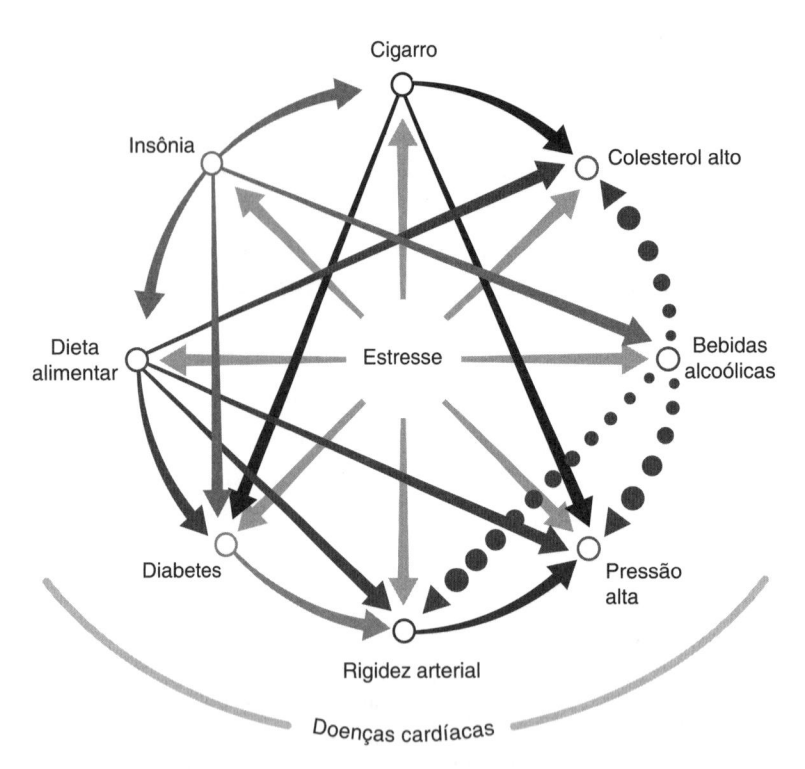

FIGURA 14.1 Exemplo de teia de causalidade. Fonte: Modificada a partir de https://tmhome.com/benefits/stress-heart-disease-factors-prevention/.

doença. A teia de causalidade é formada por interações complexas de multifatores que explicam uma doença (BONITA; BEAGLEHOLE; KJELLSTRÖM, 2010; MERRILL, 2008). Esse arranjo de fatores conectados a um núcleo comum pode ocorrer em cadeias sequenciais, ou em cadeias ramificadas com várias fontes de exposição (física, química, biológica, psicossocial, política, econômica). O estudo das teias de causalidade é importante para o desenvolvimento de programas de prevenção e controle de doenças crônicas e efeito de doenças em populações específicas, por agentes de saúde pública. No estudo das teias de causalidade, não é necessário a compreensão total dos mecanismos para o controle dos efeitos de saúde. Esse controle pode ocorrer por ações específicas em pontos estratégicos da cadeia, ou teia de causalidade de uma dada doença.

14.2 Saúde *versus* doença

Exposição ambiental

Baseado no conceito de Epidemiologia Ambiental, alguns ambientes podem contribuir para o bem-estar e a qualidade de vida de uma população e, ao mesmo

tempo, comprometer a saúde ou até causar a morte (locais de disseminação de doenças ou que causem estresse). Os fatores determinantes para tais efeitos são: as condições de poluição por agentes biológicos (vírus, bactérias, helmintos, protozoários e fungos), químicos (contaminantes ambientais, toxinas, armazenamentos inadequados de alimentos) e físicos (baixa umidade do ar, poeira, material particulado, aerossol, pólen), e os agentes psicossociais preponderantes (brigas, discussões, disputas, violência, assalto, terrorismo, guerras, armas). Alguns exemplos de espaços de convivência, recreação, lazer e exercícios que podem, ao mesmo tempo, trazer benefícios ou malefícios a saúde de seus frequentadores são: corpos hídricos em geral; parques e jardins; fazendas; espaços urbanos ao ar livre; restaurantes e lanchonetes; e transporte público de massa.

As exposições humanas (agudas e crônicas) aos agentes ambientais podem ocorrer de duas formas: **ativa** (voluntária) ou **passiva** (involuntária). As exposições ativas estão relacionadas às nossas escolhas, dietas, hábitos (fumar, consumo de álcool e drogas) e comportamentos. Esse tipo de exposição tem grande influência ou está mais associado às doenças crônicas. As exposições passivas não estão relacionadas às nossas escolhas ou hábitos, sendo geralmente exposições características das atividades e hábitos da vida urbana (veicular, industrial, aditivos alimentares) ou exposições a fatores ambientais (radiação solar, temperaturas extremas, material particulado, baixa umidade do ar).

Escolhas, hábitos, atividades e comportamentos de uma pessoa saudável podem aumentar o risco de desenvolver doença ou efeito negativo à sua saúde. O **fator de risco** é o termo usado para descrever um fator, agente ou comportamento, que está associado a uma crescente probabilidade de desenvolver um problema de saúde. Todavia, nem todos que estão expostos a um fator de risco ou apresentam um **comportamento de risco** irão desenvolver uma doença. Portanto, o fator e o comportamento de risco não podem ser considerados inferência causal.

Exposição à radiação solar e câncer de pele

No Brasil, o câncer mais frequente é o de pele e corresponde a cerca de 25 % de todos os tumores diagnosticados. A radiação ultravioleta (UV) natural, proveniente do Sol, é o agente de maior responsabilidade.

As pessoas que se expõem ao sol de forma prolongada e frequente, por atividades profissionais e de lazer, constituem o grupo de maior risco de contrair câncer de pele, principalmente aquelas de pele clara. Para a prevenção, não só do câncer de pele como também das outras lesões provocadas pelos raios UV, é necessário evitar a exposição prolongada ao sol sem proteção.

É preciso incentivar o uso de chapéus, guarda-sóis, óculos escuros e filtros solares durante qualquer atividade ao ar livre. É necessário evitar a exposição em horários em que os raios UV são mais intensos, ou seja, das 10 às 16 horas. Os filtros solares devem ser aplicados antes da exposição ao sol e reaplicados após nadar, suar e se secar com toalhas. É importante observar na compra que nem todos os filtros solares oferecem proteção completa para os raios UV-B e UV-A. Além disso, os filtros solares suprimem os sinais de excesso de exposição ao sol, como as queimaduras. Isso leva as pessoas a se exporem excessivamente às radiações que eles não bloqueiam, como a infravermelha. Criam, portanto, uma falsa sensação de segurança e encorajam a uma maior exposição ao sol.

Considerando-se que os danos provocados pelo abuso de exposição solar são cumulativos, é importante que cuidados especiais sejam tomados desde a infância mais precoce.
Fonte: http://cccancer.net/o-cancer/os-fatores-de-risco-ambientais/

O fator de risco pode ser classificado em: **fator de predisposição** – fatores de idade, gênero, etnia, doenças prévias, que podem acarretar maior suscetibilidade a novas doenças; **fator facilitador** – agentes psicossociais, como baixa renda, desnutrição, más condições sanitárias, cuidados médicos inadequados, que favorecem o desenvolvimento de novas doenças; **fator precipitante** – fatores essenciais para desenvolvimento de problema de saúde (por exemplo: exposição contínua e prolongada aos raios ultravioletas, principalmente UVB, sem a devida proteção. Este comportamento prejudica ou causa danos à regeneração das células, aumentando as chances do aparecimento de células defeituosas ou malformadas); **fator de reforço** – *positivo*, quando alguma ação repetida auxilia na prevenção de doenças (por exemplo: campanhas educacionais ou de prevenção de doenças), ou *negativo*, quando exposições repetidas ou padrão de comportamento inadequado podem agravar ou desenvolver doenças (por exemplo: bronzeamento do corpo como forma de *status* social).

O meio ambiente reflete um conjunto de condições externas, que podem influenciar os hábitos e costumes ou afetar o desenvolvimento de um organismo (fotoperíodo, estações do ano, temperatura, umidade, intensidade ou regime de ventos). O corpo humano (meio interno) está protegido por barreiras contra a contaminação do meio ambiente (meio externo). Estas barreiras são formadas, principalmente, pela pele, trato gastrointestinal, vias respiratórias e pulmões. Caso essas barreiras sejam ultrapassadas, outros mecanismos secundários podem ser utilizados pelo corpo humano, como estratégia de defesa: vômito, diarreia, detoxificação no fígado, eliminação por urina, fezes, espirros ou tosse (muco).

A Toxicocinética é a área da ciência que estuda as vias de contaminação do corpo humano e as rotas metabólicas internas. Os processos da Toxocinética são divididos, basicamente, em quatro etapas: absorção, distribuição, biotransformação e excreção. Estas etapas envolvem a relação entre a disponibilidade química ambiental; a concentração do agente tóxico que foi absorvido ou ingerido; o alcance nos diferentes compartimentos do organismo (desde o mais central até os periféricos); e os processos de detoxificação e transformação dos compostos, para serem excretados por diferentes vias (urina, fezes, suor e respiração).

Métodos de avaliação de exposição ambiental

Três métodos de medição dos efeitos de exposição aos contaminantes ambientais são aplicados em estudos de Epidemiologia Ambiental: **direta, indireta** e **modelagem**.

As **diretas** envolvem medições quantitativas de exposição a ambientes estressados, química e fisicamente, por agentes biológicos, ou por fatores psicossociais. Bioindicadores e biomarcadores específicos podem ser usados para avaliar os efeitos de exposição em organismos ou culturas de células e tecidos humanos. Outra forma de aplicação da medição direta é a partir do monitoramento de pessoas em suas rotinas normais, como no ambiente de trabalho, escritórios, indústrias e fábricas, por exemplo.

As **medições indiretas** são baseadas em dados secundários como: estatísticas oficiais, dados oficiais de saúde pública, estações de monitoramento, literatura científica, dados já coletados ou até de prontuários médicos. A medição indireta pode ser realizada por meio de questionários: entrevista presencial, por telefone, *e-mail* ou internet. Cada uma dessas formas de questionário tem suas peculiaridades, vantagens e desvantagens. Em geral, a medição indireta é usada em casos de impossibilidade de coleta de amostras ou geração de dados primários; distância física do local de coleta; por questões financeiras ou de tempo.

A **modelagem** é aplicada em casos de poluição em matrizes ambientais com fontes difusas, tais como águas superficiais e subterrâneas, solos em geral, sedimentos de rios, lagos e marítimos e ar atmosférico. Aplicada também quando se deseja estimar, estatisticamente, o destino e o transporte dos contaminantes; a velocidade de transporte nas matrizes ambientais; ou as possíveis interações dos contaminantes (efeito sinergético, aditivo, antagônico, de meia-vida e degradação)

com os fatores bióticos e abióticos ambientais. Os modelos criados a partir desse método de medição auxiliam no planejamento e gerenciamento dos riscos ambientais e de exposição humana em casos de acidentes.

Indicadores de saúde

Os indicadores de saúde, em Epidemiologia Ambiental, são medidas-síntese, desenvolvidas a partir do estudo contínuo e do registro sistemático dos dados. Esses indicadores visam predizer associações entre a saúde humana e o meio ambiente (no tempo e espaço), assim como avaliar o desempenho do sistema de saúde pública. Para detecção de possíveis mudanças ou atualização dos dados a partir de novas tecnologias de medições, recomenda-se o estudo contínuo e sistemático dos principais indicadores de saúde. Esses devem ser desenvolvidos de forma simples e objetiva, a fim de facilitar sua aplicação e avaliação dos resultados por gestores e agentes sociais do sistema de saúde. A avaliação dos resultados faz-se necessária para que possa ser avaliada a situação de saúde e as condições sanitárias da população ou da região. As avaliações dos índices de saúde devem ser seguidas por tomadores decisão, programas de desenvolvimento, prevenção e controle de doenças e elaboração de políticas públicas na área da saúde.

O desenvolvimento de um indicador envolve simples contagem direta de casos de doença, assim como cálculos de proporções, razões, taxas e índices (natalidade, mortalidade, morbidade, nutrição, índices demográficos, indicadores de contaminação ambiental, taxas de internação, qualidade do ar, radiação ultravioleta etc.). Os indicadores de saúde pública só são aceitos e aplicados, caso estejam em conformidade com os seguintes atributos (REDE INTERAGENCIAL DE INFORMAÇÃO PARA A SAÚDE, 2008): **consistência**, obter resultados semelhantes em diferentes condições e regiões; **especificidade**, associada a uma única doença ou exposição; **validade interna**, capacidade de medir os efeitos não passíveis de erro ou tendências; **relevância**, aplicabilidade dos resultados, segundo as prioridades de saúde; **sensibilidade**, capacidade de detecção do fenômeno em estágios iniciais; **custo-benefício**, boa relação entre investimento financeiro e tempo de análise na obtenção dos resultados; e **disponibilidade de informação**, disponibilidade de dados ou fontes oficiais de dados para comparação dos resultados.

Séries temporais

Pode-se definir série temporal, ou série histórica, como uma sequência de dados sucessivos, obtidos em intervalos regulares de tempo, durante um período específico ou por longos períodos. Em Epidemiologia Ambiental, a análise de uma série temporal tem o objetivo de identificar possíveis relações de associação (causal) entre a natureza dos eventos e os efeitos de saúde em uma população específica, ao longo de um período.

A análise dos dados de uma série temporal permite, ainda, realizar modelagem dos fenômenos estudados, para avaliação do comportamento dos dados e comparação com outros estudos semelhantes. A modelagem permite estimar ou prever futuros cenários, identificar períodos de latência ou incubação de doenças e, ainda, avaliar fatores ou agentes ambientais que mais influenciam o comportamento da série.

A coleta de dados pode ser realizada de forma **simples**, em intervalos regulares por ações repetidas; **temporal**, quando se avalia um padrão de doença em grupo, ou seja, conjunto de casos individuais da mesma doença, e ao mesmo tempo; ou **longitudinal**, de forma contínua por longos períodos (anos, décadas ou até séculos) para avaliar possíveis padrões de variações.

Três padrões de variação de dado são verificados nas séries históricas: **tendência temporal**, indica o comportamento (crescimento, estabilização ou redução) e a velocidade das variações dos dados de longo prazo (por exemplo: aplicada no planejamento das campanhas de vacinação); **tendência sazonal**, verificada nos casos com repetição de padrão da série por um período de até um ano (por exemplo: epidemias da dengue no Brasil); e **tendência secular ou cíclica**, verificada em séries de dados nas quais os padrões se repetem em períodos superiores a um ano, ideal para estudos meteorológicos.

Curvas epidêmicas são formas de representação gráfica de estudos epidemiológicos envolvendo séries temporais. Essas são representadas por histogramas de frequência de distribuição de casos, durante o período avaliado (eventos epidêmicos). O período de avaliação para a curva deve estar de acordo com o tipo de doença aguda ou crônica. Esse período deve ainda cobrir o período de incubação, no caso de doenças agudas, ou período de latência, nos casos de doenças crônicas. O formato da curva epidemiológica pode ser influenciado de acordo com a fonte epidemiológica de exposição (pontual ou contínua). A fonte pontual (Fig. 14.2a) caracteriza-se pela exposição aguda (altas doses em curtos períodos de tempo) e aumento acentuado do número de casos (gráfico em pico), seguido de redução gradual (período de convalescença). Os casos de exposição aguda são avaliados em estudos descritivos de caso, por apresentarem tendência de doenças de grupo (*cluster*). Os de fonte contínua (Fig. 14.2b) caracterizam-se pela exposição crônica (baixas doses em longos

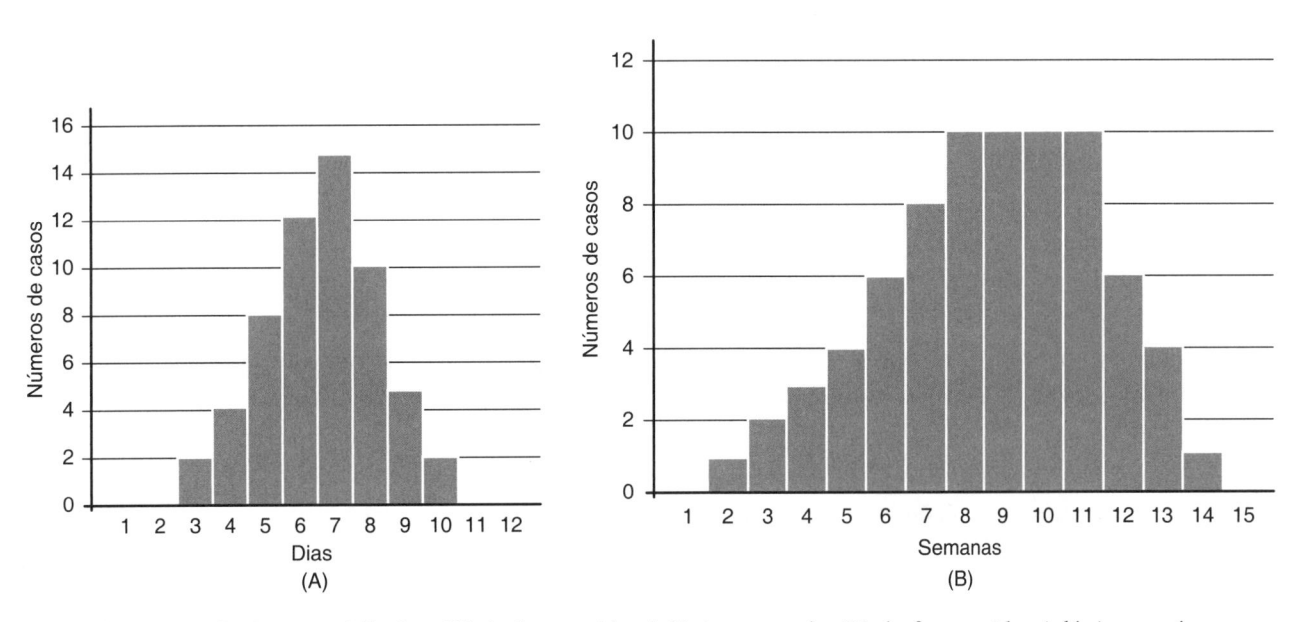

FIGURA 14.2 Curvas epidêmicas (A) de fonte epidemiológica pontual e (B) de fonte epidemiológica contínua.

períodos de tempo), aumento repentino de casos (após períodos mínimos de incubação), período de estabilização no número de casos (gráfico em platô), seguido de redução gradual (período de convalescença).

Consideram-se três efeitos potenciais na avaliação dos padrões das séries temporais (MERRILL, 2008): de **era**, longos períodos para que ocorram mudanças no padrão dos dados, sendo causado por influência global (por exemplo: aquecimento global); de **coorte**, mudança nos padrões dos dados em função do ano de nascimento (geração), ou eventos epidêmicos com influência na saúde dos indivíduos nascidos em determinado momento (vírus da zika em mulheres grávidas e bebês com microcefalia); e de **período**, mudanças nos padrões dos dados com efeito em uma população inteira em um período específico (introdução de um novo antibiótico, vacina ou programa de prevenção às doenças).

Os dados de uma série temporal podem ser (MERRILL, 2008): *dependentes*, correlação dos dados de um período com outro anterior, possibilitando prever valores ou dados futuros da série; e *estacionários*, estabilidade dos dados e não apresentando tendências; ou sofrerem processos de *diferenciação*, aplicado para controlar possíveis tendências nos dados, a fim de atingir o estágio estacionário; ou *especificação*, testes de dependência linear $\times$ não linear, seguidos de um modelo estatístico, tais como modelos auto regressivos.

14.3 Agentes, hospedeiros e parasitas

As doenças infecciosas e as grandes epidemias sempre fizeram parte da evolução e da história das civilizações humanas. O avanço nos estudos e o conhecimento gerado durante todo esse período têm contribuído na construção e na evolução das práticas médicas, tratamentos médicos, hábitos e mentalidades da população, assim como de novos valores sociais. Somado a isso, tem-se a evolução dos equipamentos de tratamento e prevenção de doenças.

Ao longo dos anos, mitos e crendices religiosas, como castigos divinos e maldições, vêm sendo desmistificados pela ciência. Com isso, ela passou a ter mais valor e credibilidade, pois, a partir dos estudos científicos, conseguiu explicar, controlar e prevenir doenças,

surtos e epidemias. No entanto, ainda é possível encontrar quem diga o contrário.

Melhores condições e maiores expectativas de vida foram alcançadas com o avanço da medicina, das indústrias farmacêuticas e da agricultura. O aumento na expectativa e na qualidade de vida possibilitou o aumento da população mundial, assim como o aumento proporcional nos efeitos ambientais e dos riscos para saúde humana. O aumento dos riscos à saúde humana pode ser verificado com o aparecimento de novas doenças e organismos mais resistentes aos medicamentos e tipos de tratamentos das doenças (agentes etiológicos em constante processo de adaptação, seleção natural, mutação e resistência adquirida aos medicamentos).

No mundo atual, alguns fatores podem ser considerados combustíveis para a emergência ou reemergência de doenças infecciosas e o surgimento de epidemias: crescimento e adensamento urbano; ocupação desordenada de zonas periféricas dos grandes centros, sem saneamento ambiental, infraestrutura e condições básicas de higiene; transporte coletivo de massa (pouco ventilados e superlotados, com pessoas vindas de diferentes partes da cidade); taxas de imigração e emigração (nacionais e internacionais); facilidade de deslocamento de pessoas por longas distâncias em voos intercontinentais; catástrofes ambientais; secas prolongadas; guerras; problemas políticos, sociais e religiosos; e uso indiscriminado de antibióticos e fármacos.

O corpo humano é capaz de combater infecções e agentes etiológicos, porém, por fatores adversos de baixa imunidade, pode ficar suscetível e contrair doenças. Neste sentido, a Epidemiologia Ambiental vem se desenvolvendo e buscando melhorar a compreensão da relação entre a qualidade ambiental e os efeitos à saúde das populações (Fig. 14.3), além de respostas para perguntas como: por que algumas pessoas adoecem e outras não? Por que as doenças ocorrem em determinado lugar? Por que as doenças apresentam variações em sua ocorrência? Como um hospedeiro suscetível (pessoa), um agente de doença e um ambiente permissível vão interagir no tempo e espaço para produzir agravos à saúde?

Etiologia é a ciência que busca determinar as causas, efeitos, agentes e origens das doenças. Uma das vertentes deste estudo é a relação entre **agente etiológico**, **vetor** e **doença**.

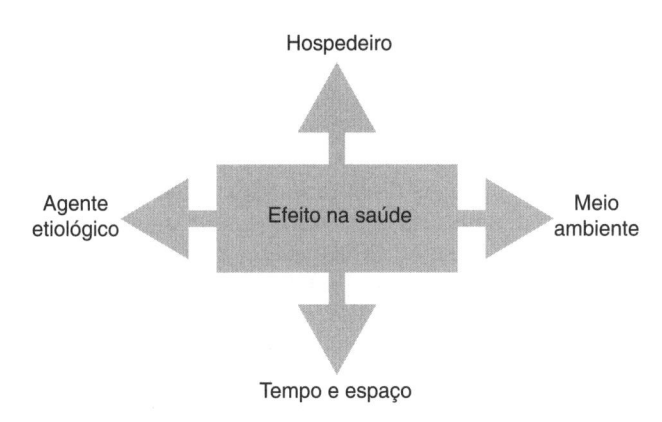

FIGURA 14.3 Diagrama de interação das variáveis epidemiológicas que explicam os efeitos de doenças em pessoas suscetíveis.

Agente etiológico, ou patógeno, é o organismo causador de determinada doença (vírus, bactérias, fungos, protozoários e helmintos), ou seja, aquele que desencadeia os primeiros sinais e sintomas típicos de um problema de saúde. Se não tratado correta ou adequadamente, esses agentes podem levar o infectado (hospedeiro) à morte (por exemplo: o agente etiológico da dengue é o arbovírus, da família *Flaviviridae*; o da malária é o protozoário do gênero *Plasmodium*; o da tuberculose é *Mycobacterium tuberculosis*; o da teníase é *Taenia solium*; e o da doença de Chagas é o protozoário *Tripanosoma cruzi*).

Vetores são portadores ou veículos de transmissão dos agentes etiológicos, como morcegos, insetos e moluscos. De acordo com a Sociedade Brasileira de Parasitologia, os vetores podem ser classificados em **mecânicos** ou passivos, isto é, apenas veículo de transporte (por exemplo: o mosquito transmissor da febre amarela, *Aedes aegypti*) e **biológicos** ou ativos, isto é, quando o agente etiológico se multiplica e desenvolve em seu interior (por exemplo: caramujo portador do platelminto *Schistosoma mansoni* causador da esquistossomose). Doença que necessita de um vetor para transmissão do agente etiológico não pode ser transmitida de pessoa para pessoa, como, por exemplo, dengue, zika e febre amarela, transmitidas pela fêmea infectada do mosquito *Aedes aegypti*.).

Saxitoxina produzida por cianobactérias em reservatórios eutrofizados exacerbaria a morte de células neurais e malformações cerebrais induzidas pelo vírus Zika

A saxitoxina ($C_{10}H_{17}N_7O_4$), ou STX, produzida por dinoflagelados marinhos e cianobactérias é uma neurotoxina com potencial de uso como poderoso anestésico local para pós-operatórios cirúrgicos com ação prolongada de até uma semana. Em 03/09/2019, o jornal *O Globo* e, em 04/09/2019, uma publicação científica (PEDROSA *et al.*, 2019, versão *preprint*) trouxeram a público o resultado da investigação conduzida por um grupo de pesquisadores brasileiros indicando que a saxitoxina liberada por cianobactérias do tipo *Raphidiopsis raciborskii* em reservatórios de água eutrofizados no Brasil aumentaria a velocidade de destruição de células neurais pelo vírus Zika. Isso ajudaria a explicar o fato de a Região Nordeste do Brasil, durante o período de 2015-2018, ter apresentado a maioria dos casos de microcefalia severa em crianças nascidas de gestantes infectadas com o vírus Zika. Do total de casos de síndrome congênita do Zika (microcefalia) registrados no país de 2015 a 2018, 63 % ocorreram no Nordeste, apesar de o Sudeste e o Centro-Oeste terem registrado mais casos de infecção pelo vírus. Com base nos dados do Sistema de Informação de Vigilância da Qualidade da Água para Consumo Humano (SISAGUA) do Ministério da Saúde (2014-2018), os pesquisadores verificaram que aproximadamente 50 % dos municípios do Nordeste continham STX em seus reservatórios entre 2014 e 2016, enquanto no Sudeste o índice era de 25 % e, nas demais regiões, menor do que 5 %. É sabido que os períodos de seca – comuns na Região Nordeste do país – favorecem a proliferação de cianobactérias que, por sua vez, produzem diferentes toxinas (dentre as quais STX) com implicações para a saúde humana e animal. Um período muito severo de seca ocorreu entre 2012 e 2016 (PEDROSA *et al.*, 2019) e, coincidentemente, nesses mesmos anos a maior incidência de microcefalia associada ao surto do vírus Zika (ZIKV) foi registrada na Região Nordeste do Brasil. A presença de saxitoxina em alta frequência nos reservatórios de água

continua

do Nordeste pode, portanto, ter atuado como causa associada (*co-insult*) à infecção pelo ZIKV para a ocorrência de microcefalia. Os autores também demonstraram experimentalmente que a presença da STX dobrou a taxa de morte celular neural induzida por ZIKV em células de cérebro humano, enquanto a ingestão de água contaminada com STX antes e durante a gestação causou anormalidades cerebrais na prole de roedoras infectadas. Um dos autores ressaltou em entrevista que padrões internacionais sobre concentração de cianotoxinas poderão sofrer revisão, caso tal correlação entre STX e microcefalia seja confirmada. Tal achado eleva, e muito, a importância do desenvolvimento de tecnologias sustentáveis de tratamento de água capazes de remover da água não apenas a STX, mas também outras toxinas de origem biológica. Considerando ainda ser muito improvável que as múltiplas causas de natureza institucional, econômica, sanitária, ambiental e educacional responsáveis pela eutrofização dos reservatórios de água no Brasil sejam removidas nas próximas décadas (assim como o controle efetivo do vetor transmissor e do vírus Zika), o desenvolvimento de tecnologias sustentáveis para a remoção e, se possível, a destruição de toxinas presentes na água de abastecimento revestem-se de grande relevância, particularmente para as regiões com prevalência do fenômeno.

Fonte: PEDROSA, C. da S. G. *et al.* The cyanobacterial saxitoxin exacerbates neural cell death and brain malformations induced by Zika virus. bioRxiv, **Preprint**, 2019. Disponível em: https://doi.org/10.1101/755066.

14.4 Doença

Doença é o conjunto de sinais e sintomas específicos que afetam a saúde de um ser vivo (BONITA; BEAGLEHOLE; KJELLSTRÖM, 2010). Ocorre em função de fatores adversos, como os de baixa imunidade, movendo a pessoa ou organismo de seu estado de homeostase normal de saúde para um estado de enfermidade. As doenças podem ser causadas por fatores exógenos (externos, do ambiente) ou endógenos (internos, do próprio organismo).

Outra questão relevante sobre as doenças é a relação ou interação interespecífica desarmônica entre o hospedeiro e o parasita (ou agente etiológico) causador da doença. Conforme descrito no Cap. 2, parasitismo é a associação entre espécies diferentes, onde o parasita sobrevive e se reproduz no interior ou sobre outro organismo hospedeiro, causando prejuízo ou sua morte. O parasitismo ocorre em espécies de animais e vegetais (por exemplo: piolhos, pulgas, carrapatos, lombrigas, erva de passarinho e cipó-chumbo). De acordo com a Sociedade Brasileira de Parasitologia (http://www.parasitologia.org.br/estudos_glossario_P.php), os parasitas podem ser obrigatórios, isto é, incapazes de viver fora do hospedeiro (*Plasmodium*, protozoário causador da malária) ou facultativos, isto é, podem ter hábitos de vida livre ou parasitária (larvas de moscas *Sarcophagidae*). Os facultativos podem ser classificados em: ectoparasito, quando parasitam a parte externa do corpo de um hospedeiro; endoparasito, quando parasitam a parte interna de um hospedeiro; ou hiperparasito, quando parasitam outro parasita.

Formas de transmissão de doenças

Ao longo dos séculos, os avanços em pesquisas de doenças transmissíveis e as mudanças significativas nos hábitos e práticas médicas, hospitalares e da população mundial geraram mudanças significativas nos padrões mundiais de morbidade e mortalidade (VITAL; CARDOSO; NAVARRO, 2012). Um exemplo disso é o estudo clássico de Epidemiologia Ambiental realizado por John Snow (Inglaterra, século XIX), já mencionado neste capítulo. Snow contrariou o pensamento da época de que a transmissão do cólera era pelo ar contaminado com produtos químicos, e provou ser transmitido pela água e esgotos contaminados pelo agente etiológico do cólera (bactéria *Vibrio cholerae*). Esse estudo promoveu avanços nas questões relacionadas com o tratamento de esgoto e água potável nas grandes cidades.

A transmissão de doenças pode ser definida como dinâmica de transferência direta ou indireta de um agente etiológico de um reservatório (hospedeiro ou vetor) ou fonte de infecção para um novo hospedeiro suscetível.

Transmissão direta ocorre de forma rápida e sem a interferência de vetores ou veículos de transmissão. Essa transmissão se dá quando há contato físico entre as partes infectada-não infectada (por exemplo: doenças sexualmente transmissíveis). A transmissão também pode ocorrer pelo contato com secreções oronasais ou microgotas, oriundas de espirros e tosses, que podem ser transportadas pelo ar e conter agentes etiológicos (gripes e resfriados).

Transmissão indireta ocorre com a participação ativa ou passiva de vetores (moluscos e artrópodes) ou veículos transmissores inanimados (água, alimentos, solo, ar). Para que essa transmissão, os agentes etiológicos devem ser capazes de sobreviver fora do organismo hospedeiro durante certo período, além de estarem presentes no mesmo ambiente que seus veículos de transmissão (doenças de Chagas e esquistossomose).

As vacinas e os programas de prevenção às doenças cumprem um papel de destaque no controle da propagação das doenças, pois a proporção de hospedeiros suscetíveis (pessoas ou animais), ou não imunes, influenciará a propagação da doença. Além das vacinas, alimentação saudável, prática de atividades físicas regulares e os cuidados com a higiene pessoal tornam o organismo mais resistente às invasões.

Período de transmissibilidade de uma doença pode ser definido como o intervalo de tempo em que uma pessoa infectada é capaz de eliminar o agente etiológico ao meio externo, tornando possível a sua transmissão a outro hospedeiro. Esse intervalo inclui o tempo de incubação (doença aguda) ou latência (doença crônica), o período clínico da doença e o período de convalescença.

As principais vias de contaminação (vias de penetração) do nosso organismo são: vias respiratórias; trato digestivo; trato urinário; pele; e mucosas (principalmente, ocular, oral, nasal, do ouvido e genital).

De acordo com Vital *et al.* (2012), as doenças transmissíveis no Brasil seguem três tendências: (i) descendente, possuem instrumentos eficazes de previsão e controle (vacinas), são doenças que encontram em declínio e com altas reduções de incidência na população (varíola, poliomielite, sarampo); (ii) de persistên-

cia, apresentam número estável de casos de doença ou redução ainda recente do número de casos, exigindo maior eficácia e perseverança nas estratégias de controle e prevenção, como o tratamento de pessoas doentes para a interrupção da cadeia de transmissão (febre amarela silvestre, malária, tuberculose, meningite, leishmaniose, hepatites virais, esquistossomose, e leptospirose); e (iii) emergente e reemergente, doenças introduzidas ou que ressurgiram no País nas últimas décadas, por falhas no controle dos vetores, ou no monitoramento das barreiras sanitárias das fronteiras, portos e aeroportos (cólera, dengue, hantavirose, e riquetsioses).

Quatro fatores que favorecem as doenças emergentes e reemergentes no Brasil são: (i) extensão territorial; (ii) grande número de países que fazem fronteira; (iii) desigualdades regionais, como diversidade climática, de biomas, culturais e socioeconômicas; e (iv) necessidades antigas de infraestrutura básica igualitária a toda população brasileira (acesso aos serviços básicos de água potável, luz, esgoto, coleta de lixo e educação).

Dez fatores que contribuem para o delineamento do atual perfil epidemiológico das doenças transmissíveis em todo o mundo são:

1. crescimento da população mundial e adensamento nos centros urbanos;

2. ocupação de zonas periféricas de centros urbanos, sem infraestrutura e acesso aos serviços básicos de tratamento de esgoto, água potável e coleta de lixo;

3. pessoas que vivem nas faixas da pobreza e miséria, população de rua, usuários de drogas ou por refugiados de guerra;

4. facilidade de deslocamento intercontinental da população mundial;

5. mutação, seleção, adaptação e resistência adquirida dos agentes etiológicos aos fármacos e tipos de tratamento;

6. falta de integração entre políticas de saúde públicas e de animais;

7. ecoturismos sem controle em locais com histórico de transmissão de doença por animais silvestres;

8. contrabando e domesticação de animais silvestres sem o devido controle de zoonoses, aumentando o risco de transmissão de doenças silvestres nos centros urbanos;

9. intervenções e modificações ambientais, e desmatamento de florestas para criação de novas áreas de moradia ou expansão das fronteiras agrícolas, acarretando a migração da fauna silvestre para áreas urbanas;

10. doenças negligenciadas, prevalentes em países pobres ou em desenvolvimento, responsáveis por altas taxas de mortalidade e morbidade, e que não contam com tratamentos adequados e fármacos específicos ou suficientes para atender a população (malária, tuberculose, ebola, doença de Chagas, e leishmaniose).

14.5 Biosseguranca

Biossegurança (*biosafety*) é definida como o conjunto de leis, normas, ações e procedimentos voltados para monitorar, prevenir, eliminar ou minimizar os riscos, inerentes a determinada atividade, buscando proteger a saúde dos profissionais envolvidos. Outra definição para biossegurança é a segurança da própria vida e do meio ambiente, envolvendo as interações entre tecnologia × risco ambiental × homem. Essas definições são aplicadas nas áreas de pesquisa, produção, ensino, desenvolvimento tecnológico, saúde, assim como para a população e o meio ambiente. Questões de biossegurança podem ser abordadas em ambientes com ou sem biotecnologia, como: indústrias, hospitais, laboratórios de análises clínicas, universidades, ou em escritórios, lanchonetes, restaurantes, ambientes domésticos.

A biossegurança articula-se com a vigilância sanitária em saúde pública, fazendo uso da Epidemiologia Ambiental como ferramenta auxiliar e norteadora no planejamento das ações de prevenção e controle dos riscos epidêmicos. A atuação dos agentes de saúde pública em comunidades carentes ou agrícolas é fundamental para informar e conscientizar a população sobre questões de higiene pessoal, sanitárias, preservação ambiental, manipulação e descarte de resíduos (orgânicos, químicos, tóxicos e potencialmente infectantes).

Para monitoramento dos riscos de surtos e epidemias, é necessário o constante trabalho dos agentes de saúde, assim como as pesquisas científicas investigativas para avaliar o surgimento ou introdução de novos agentes etiológicos. Esses novos agentes podem ser oriundos de processos naturais (seleção, adaptação e modificação dos agentes etiológicos), ou introduzidos por imigrantes, turistas e viajantes, ou até por bioterrorismo (risco biológico e bioquímico). Para tais monitoramentos, devem ser investidos recursos nas seguintes áreas:

- competência laboratorial e clínica, com formas seguras de trabalho e infraestrutura adequada (equipamentos que atendam as demandas e necessidades);
- capacitação profissional, isto é, conhecimento e disciplina para execução de rotinas, procedimentos e métodos de análise e manipulação de organismos, ética na pesquisa e rigidez no cumprimento das normas e legislação em vigor;
- sistemas cooperativos de vigilância e notificação dos casos de doença entre órgãos nacionais e internacionais;
- competência nos estudos epidemiológicos e ambientais;
- centros de controle e prevenção;
- desenvolvimento de estratégias e planos de combate aos surtos e epidemias e desastres naturais.

Os riscos das biotecnologias (risco biológico) são medidos e avaliados pela biossegurança. Esses riscos estão presentes nas diversas áreas de pesquisas relacionadas com a saúde humana e com o meio ambiente. Os riscos para saúde humana compreendem: manipulação de microrganismos e agentes etiológicos; pesquisas científicas com células-tronco embrionárias; descobertas de tecnologias envolvendo DNA recombinante (engenharia genética); novos antibióticos, fármacos, cosméticos e produtos de higiene pessoal e domiciliar, entre outros. Já os ambientais compreendem, entre outras áreas, a engenharia genética de alimentos, com a manipulação e o melhoramento genético de plantas e animais (organismos geneticamente modificados – OGM –, ou transgênicos). Ambos os casos visam à obtenção de processos e produtos para melhorar a qualidade de vida humana e o aumento da segurança alimentar global. Pouco se sabe sobre os efeitos adversos desses produtos e seus derivados, podendo ser potencialmente causadores de biorrisco ou bioperigo (*biohazard*) à saúde humana, animal e do meio ambiente.

No Brasil, o órgão regulador da biossegurança é a Comissão Técnica Nacional de Biossegurança, integrada por profissionais de alguns ministérios governamentais, de indústrias biotecnológicas, de órgãos de pesquisas e universidades.

A biossegurança pode ser aplicada para prevenir riscos de acidentes ocupacionais gerados pelos agentes químicos (produtos químicos que possam penetrar no organismo), físicos (ruídos, ultrassom, vibrações, pressões anormais, temperaturas extremas, radiações ionizantes e não ionizantes) e ergonômicos (fator que cause desconforto, interferência psicofisiológicas, ou que afete a saúde do trabalhador, como, por exemplo, distâncias e altura de mesas ou bancadas etc.).

Risco de acidente aplica-se a qualquer fator que exponha o trabalhador ou aluno à situação de perigo e possa afetar sua integridade e bem-estar físico (por exemplo: uso de equipamentos sem a devida proteção pessoal e coletiva, probabilidade de incêndio e explosão, armazenamento inadequado de produtos). Os programas de prevenção de riscos visam garantir a manutenção de um ambiente de trabalho com o menor risco possível de exposição aos agentes biológicos (potencialmente nocivos), físicos, químicos e ergonômicos para trabalhadores, pacientes e o meio ambiente.

Gerenciamento dos riscos em biossegurança envolve: (i) reconhecimento e cálculo dos riscos, com a identificação dos efeitos, probabilidade e magnificação; (ii) avaliação e percepção dos riscos; (iii) avaliação da relação custo × benefício para saúde humana e o meio ambiente; (iv) estudo do dimensionamento dos riscos tecnológicos, por exemplo: engenharia genética × segurança alimentar; (v) desenvolvimento de uma estratégia de gestão dos riscos, que integre as leis de responsabilidade, a intervenção governamental e a comunicação ao público sobre os riscos; e (vi) administração dos riscos e suas fontes.

Biossegurança laboratorial alavancou a partir das práticas realizadas por Louis Pasteur (1822-1895). Pasteur era conhecido por apresentar maior preocupação com os métodos de pesquisa e práticas individuais de higiene, e limpeza do ambiente, vidraria e equipamento. Entretanto, o primeiro manual de conduta laboratorial só foi publicado em 1980 pela OMS. Atualmente, os laboratórios são tratados como ambientes com alta carga de agentes etiológicos (biológicos e químicos), onde profissionais estão constantemente expostos. Assim, esses apresentam maiores riscos de contaminação por falhas nos procedimentos; na limpeza adequada do ambiente (esterilização dos equipamentos, bancadas, capelas de fluxo, e vidrarias); na circulação e filtração do ar; na esterilização de calçados, roupas e EPI; nos descartes de material contaminados (responsável por quase 80 % das contaminações laboratoriais); e por acidentes de laboratório (responsável por quase 20 %) (VITAL; CARDOSO; NAVARRO, 2012).

Biossegurança hospitalar preocupa-se com as instalações hospitalares, as boas práticas, os agentes biológicos, químicos e físicos aos quais os profissionais estão expostos e até mesmo a qualificação da equipe de trabalho. Isso porque, nesses locais, os profissionais de saúde (e indiretamente seus familiares), pacientes (pessoas com baixa imunidade), seus familiares e visitantes estão frequentemente expostos aos agentes etiológicos. Três das principais normas de biossegurança em hospitais são: (i) higienização das mãos, antes e após o manuseio do paciente e a ministração de medicamentos; (ii) equipamentos de proteção individuais (EPI), tais como jalecos, máscaras e luvas, que devem ser usados e descartados, apenas no local de trabalho e nunca em áreas públicas, e sempre que necessário devem ser trocados (luvas e máscaras) ou descontaminados (jalecos); e (iii) vacinação completa dos profissionais de saúde. Um ponto relevante na biossegurança hospitalar é a propagação de bactérias resistentes (em face da banalização do uso de antibióticos) em ambientes hospitalares. Essas podem ser facilmente levadas até a população em virtude da falta de conhecimento das normas de biossegurança.

Avaliaçao de risco laboratorial e clínico hospitalar envolve: (i) agente de risco – agentes biológicos que serão manipulados, como vírus, bactérias, organismo modificado, transmissão e potencial etiológico; (ii) tipo de atividade – geração de aerossol, utilização de animais, volume de amostra, modificação dos organismos; (iii) próprio trabalhador – característica do trabalhador, como imunidade, estresse, pressa nos protocolos, conhecimento, uso de EPI (equipamento de proteção individual) e EPC (equipamento de proteção coletiva), higiene pessoal (higienização das mãos e jalecos) e manutenção de limpeza e organização do ambiente de trabalho. O monitoramento constante desses três fatores é determinante para o aumento ou redução dos riscos.

Segundo o Ministério da Saúde do Brasil, os agentes etiológicos são classificados em quatro classes, sendo a classe 1 a mais branda, com chances mínimas de propagação de doenças para o operador e a população, e a classe 4, com chances altíssimas de contaminação do operador e propagação para população. Essa classificação é orientadora dos pré-requisitos de segurança laboratorial para que o local esteja apto a realizar suas atividades de pesquisa, medicina ou ensino. Os pré-requisitos incluem: cumprimento de práticas e procedimentos de manuseio, análises e rotinas de trabalho; uso de EPI específicos; infraestrutura adequada para os ensaios e manipulação de agentes etiológicos; segurança laboratorial e predial, com acesso restrito e monitoramento por câmeras; formas adequadas de descarte dos resíduos sólidos e líquidos; práticas de descontaminação (resíduos, roupas, EPI, vidraria, equipamento, e ambiente do laboratório), entre outros.

A expressão "mundo globalizado" também deve ser aplicada na avaliação da complexidade dos riscos de biossegurança. A biossegurança global aborda e avalia questões referentes ao aumento da circulação mundial de pessoas e produtos (organismos vivos, produtos alimentícios industrializados ou não, produtos químicos).

Um dos grandes desafios do século XXI na área da biossegurança internacional é prevenir, controlar e identificar precocemente o aparecimento de surtos de doenças (emergentes ou introduzidas) em determinados locais ou regiões do mundo que possam se tornar grandes epidemias ou pandemias (VITAL; CARDOSO; NAVARRO, 2012).

Biosseguridade tem o objetivo de impedir a introdução deliberada de novos agentes biológicos ou químicos no ambiente (como armas biológicas ou atentados terroristas de alta letalidade), a fim de prejudicar ou comprometer a saúde pública, o meio ambiente ou a segurança nacional (VITAL; CARDOSO; NAVARRO, 2012). Biosseguridade se difere da biossegurança, por abordar com maior intensidade questões de defesa nacional; efeitos epidêmicos em massa; monitoramento das fronteiras e barreiras sanitárias em portos e aeroportos; e produção de alimento (exportação e importação).

EXERCÍCIOS DE FIXAÇÃO

1. Qual o conceito atual de Epidemiologia Ambiental?
2. Em uma investigação epidemiológica, realizada a partir do estudo de casos notificados e da investigação das fontes e formas de transmissão, os objetivos são:
   I. Identificar o agente etiológico causador da doença.
   II. Observar dados de frequência dos casos da doença, e relacionar a pessoas, lugar e tempo, para verificar a possiblidade de um surto ou epidemia.
   III. Estudar sobre o modo de transmissão, incluindo veículos e vetores envolvidos.
   IV. Identificar a população suscetível ou de maior risco de exposição ao agente e realizar procedimentos específicos de controle da doença.

   Assinale a alternativa correta.
   (a) Apenas a opção I.
   (b) São verdadeiras as opções I e II.
   (c) São verdadeiras as opções I e III.
   (d) São verdadeiras as opções I, III e IV.
   (e) Todas as opções são verdadeiras.
3. Marque a opção correta sobre a classificação de um estudo de coorte:
   (a) Estudo observacional, onde o grupo-controle é formado de uma amostra da população.
   (b) Estudo experimental, onde o estudo avalia a presente situação, não sendo ideal para investigações onde se pretende conhecer a causa.
   (c) Estudo observacional, onde um grupo de pessoas sem a doença é acompanhado e são verificados novos casos da doença em cada grupo.
   (d) Estudo experimental, onde um grupo de pessoas sem a doença é acompanhado e são verificados novos casos da doença em cada grupo.
4. Em um estudo epidemiológico, foram selecionados dois grupos: (1) com pessoas que tiveram câncer de pele; (2) com pessoas que não tiveram

câncer de pele. O grupo 1 foi investigado para saber se foram expostos a algum fator de risco (por exemplo: exposição excessiva à luz solar) e se esse fator estava relacionado com o aumento do risco de câncer de pele. Nesse caso, esse estudo pode ser considerado uma investigação do tipo caso-controle? Justifique.

5. Quais das seguintes afirmativas é uma vantagem referente ao delineamento de caso-controle?

   (a) Avaliação da exposição ao fator de interesse é minimizada.
   (b) Ideal para avaliação de múltiplas doenças e múltiplas fontes de contaminação.
   (c) Durante o estudo, os participantes podem desistir e sair sem comprometer o resultado.
   (d) É possível determinar a real incidência da doença.
   (e) Pode ser utilizado para estudar a etiologia de uma doença rara.

6. Qual dos exemplos a seguir pode ser associado à inferência causal?

   (a) Fumaça de cigarro e bronquite crônica.
   (b) Consumo de café e câncer de pulmão.
   (c) Cabelos grisalhos e mortalidade.
   (d) Manchas nos dedos de um fumante × bronquite crônica.

7. Considerando as evidências científicas e os critérios de causalidade (consistência, força de associação, temporalidade, coerência biológica e especificidade), o tabagismo e o câncer de pulmão podem ser associados à inferência causal? Justifique.

8. Qual dos quatro tipos de fatores causais está relacionado com a contaminação pelo vírus do HIV (vírus da imunodeficiência humana) e o desenvolvimento da AIDS (síndrome de imunodeficiência adquirida)?

   (a) Necessário e suficiente.
   (b) Necessário e não suficiente.
   (c) Não necessário e suficiente.
   (d) Não necessário e não suficiente.

9. Qual dos fatores de risco a seguir pode estar relacionado com a idade, o gênero, ou doenças prévias, podendo acarretar uma maior suscetibilidade de um indivíduo a certa condição de saúde ou doença?

   (a) Predisposição.
   (b) Facilitador.
   (c) Precipitante.
   (d) De reforço.

10. Ao longo dos séculos, os avanços em pesquisas de doenças transmissíveis e as mudanças significativas nos hábitos e comportamento da população mundial geraram mudanças significativas nos padrões mundiais de transmissão de doenças. Cite alguns dos principais fatores que podem contribuir ou facilitar a transmissão de doenças no mundo.

11. Etiologia é a ciência que busca determinar as causas, efeitos, agentes e origens das doenças. Uma das vertentes deste estudo é a relação entre agente etiológico, vetor e doença. Defina estes três termos.

12. De que forma a biossegurança pode influenciar no nosso dia a dia e no ambiente de trabalho?

Estudo de Caso

DESAFIO

Adaptado de MARCOPITO *et al.* (1992).

Em princípios de setembro de 1959, na cidade de Meknès, Marrocos, um fabricante de tapetes observou, ao despertar pela manhã, que não podia mexer os braços nem as pernas. Nos dias anteriores, ele e sua esposa haviam sentido dores musculares no dorso, braços, pernas, porém, essas dores haviam desaparecido. O indivíduo despertou sua esposa, que também apresentava dificuldades semelhantes em mover as extremidades. A paralisia aumentou durante o dia e, à noite, tanto a mulher como o marido estavam incapacitados.

DESAFIO

Nessa mesma semana, em uma dezena de outras famílias de Meknès, maridos, mulheres, filhos, muitas vezes famílias inteiras, foram igualmente afetadas. Em 18 de setembro, estavam sendo notificados cerca de 200 casos por dia. Em dezembro, o número de vítimas ultrapassava 9000 e continuava aumentando.

Para se conhecer melhor o problema, foi realizado um estudo de um bairro inteiro, com um total de 10.000 pessoas. O bairro era representativo da cidade de Meknès, pois nele se encontravam muçulmanos, cristãos, judeus e todo o tipo de classe social. Nesse bairro, 50 % da população era do sexo masculino. Ali, foram identificados 3000 casos.

Casos segundo sexo e idade:

Faixas de Idade	Homens	Mulheres
0 – 9	80	70
10 – 19	110	120
20 – 29	360	540
30 – 39	210	410
40 – 49	140	380
50 – 59	70	320
60 e +	30	160
Total	1000	2000

Casos segundo classe econômica:

Classe Social	Nº de casos	Nº de habitantes
Alta	10	2000
Media	1100	3000
Pobre	1880	3000
Muito pobre	10	2000
Total	3000	10.000

Casos segundo religião:

Religião	Casos	Pessoas
Muçulmanos	2800	4000
Cristão	200	4000
Judeus	0	2000
Total	3000	10.000

Observações:

Na área estudada, havia um quartel com 100 soldados, dos quais dois adoeceram. Observou-se evidência da doença em vários cães. A doença atacava mais muçulmanos que cristãos, porém nenhum judeu adoeceu. Não se pode pensar em um vírus que respeita crenças religiosas.

Outro fato curioso é que a doença não acometia pessoas ricas. Atacava os pobres, porém os mais pobres entre eles também escapavam. A investigação junto ao grupo de soldados esclareceu que os dois que adoeceram haviam estado fora do quartel nos dias anteriores. Suspeitou-se

DESAFIO

de contaminação alimentar, uma vez que a única diferença entre soldados foi o fato de que esses dois haviam comido fora do quartel.

Uma dona de casa chamou a atenção dos médicos para o azeite da marca "Le Cerf", que ela havia comprado e que apresentava uma coloração escura. Desconfiada, ela atirou ao seu cão as frituras que tinham sido preparadas com o azeite. Observando que nada aconteceu ao cão, a senhora decidiu comer o restante das frituras e seguir utilizando o azeite "Le Cerf". Duas semanas depois, a dona de casa, seu marido, filhos e o cão estavam paralisados.

A análise química do azeite "Le Cerf" comprado no comércio de Meknès revelou que continha tri-orto-cresil-fosfato (TOCP). TOCP entra na composição do óleo para limpeza de armamento, sendo extremamente tóxico para o sistema nervoso. Descobriu-se que alguns comerciantes haviam comprado o azeite do material excedente da base aérea de Nouasseur, da Força Aérea dos Estados Unidos, próximo a Casablanca, no mês de março de 1959. Havia uma grande quantidade de azeite e parte dele continha TOCP como aditivo.

Com a descoberta do agente causal e do mecanismo de ação, os achados epidemiológicos passavam a ser explicados: por ser mais barato, somente os marroquinos pobres utilizavam o azeite "Le Cerf". Os mais pobres escaparam porque não tinham recursos para comprar qualquer tipo de azeite, nem mesmo os mais baratos. Os judeus, por costumes dietéticos diferentes, somente faziam uso de azeites vegetais. As mulheres de 20 a 50 anos adoeceram mais que os homens adultos porque eles faziam pelo menos uma refeição fora de casa.

O mais chocante aconteceu depois que o povo de Meknès e Rabat havia sido alertado contra o uso do azeite contaminado. Alguns comerciantes inescrupulosos, tendo observado que as suas vendas diminuíram nessas cidades, passaram a enviar os seus estoques de azeite a outros povoados mais afastados, onde os avisos ainda não tinham chegado.

O Rei Mohamed V e a Assembleia marroquina decretaram pena de morte para as pessoas que vendessem azeite conscientemente.

A polícia interditou 800 toneladas de azeite e prendeu 27 negociantes, após o que a epidemia terminou.

Os nervos destruídos pelo TOCP jamais se recuperariam. Por muitos anos, Meknès e outras cidades tiveram que arcar com o peso de milhares de paralíticos.

Das 10.000 vítimas, 600 permaneceram permanentemente recolhidas ao leito e cerca de 800 necessitaram reabilitação intensiva por longo tempo.

É fácil imaginar as dificuldades que um país pobre como Marrocos teve para enfrentar essa situação, a qual veio a se somar aos problemas correntes de saúde pública do país.

DESAFIO

Assinale a resposta mais correta:

1. De acordo com as informações anteriores, você considera que houve uma epidemia em Meknès?
   (a) Sim, porque afetou homens e animais.
   (b) Não, porque não se propagou entre os soldados e o quartel.
   (c) Sim, porque a incidência da doença excedia sua frequência usual na mesma população.
   (d) Sim, pela única razão de número de casos. Uma doença que normalmente apresenta muitos casos é considerada epidemia, qualquer que seja o período de tempo.
   (e) Não. Embora importante pela quantidade, essa não era uma doença conhecida e, portanto, não se caracteriza uma epidemia.

2. Por que, na sua opinião, o estudo foi realizado em um bairro?
   (a) Falta de capacidade das autoridades sanitárias, pois provavelmente estavam cuidando dos inúmeros enfermos.
   (b) Para conhecer com mais segurança as características epidemiológicas da doença e, assim, poder ajudar a esclarecer o agente causal.
   (c) Porque o sistema de registro de dados e de informação epidemiológica do país estava mal estruturado.
   (d) Porque sempre se fazem estudos desse tipo quando aumenta a frequência de qualquer doença para que se saiba como a população pode aceitar a solução do problema.

3. Os resultados do estudo indicam que:
   (a) A enfermidade ocorreu mais entre os homens de classe social muito pobre e de qualquer tipo de crença religiosa.
   (b) A doença ocorreu igualmente entre homens e mulheres até 20 anos, porém mais entre as mulheres adultas e, especialmente, entre os cristãos.
   (c) A doença ocorreu mais entre muçulmanos pobres, e mais entre homens que mulheres.
   (d) A doença ocorreu mais entre muçulmanos, mais entre mulheres e homens e, mais frequentemente, entre pessoas de 20 a 40 anos.

BIBLIOGRAFIA

BONITA, R.; BEAGLEHOLE, R.; KJELLSTRÖM, T. **Epidemiologia básica.** 2. ed. São Paulo: Santos, 2010.

MARCOPITO, L. F.; GONÇALVES-SANTOS, F. R.; YUNIS, C. **Epidemiologia geral**: exercícios para discussões. São Paulo: Atheneu, 1992. v. 1.

MERRILL, R. M. **Environmental epidemology**: principles and methods. Utah: Jones and Bartlett, 2008.

REDE INTERAGENCIAL DE INFORMAÇÃO PARA A SAÚDE. **Indicadores básicos para a saúde no Brasil**: conceitos e aplicações. 2. ed. Brasília, DF: Organização Pan-Americana da Saúde, 2008.

SILVA, L. F. **Epidemiologia ambiental**: fundamentos para engenharia. Rio de Janeiro: Elsevier, 2016.

US DEPARTMENT OF HEALTH EDUCATION AND WELFARE. **Smoking and health**: Report of the Advisory Committee to the Surgeon General of the Public Health Service. Publication nº 1103. Washington, D.C.: HEW, 1964.

VITAL, N. C.; CARDOSO, T. A. DE O.; NAVARRO, M. B. M. DE A. **Biossegurança**: estratégias de gestão de riscos, doenças emergentes e reemergentes − impactos na saúde pública. São Paulo: Santos, 2012.

Índice Alfabético

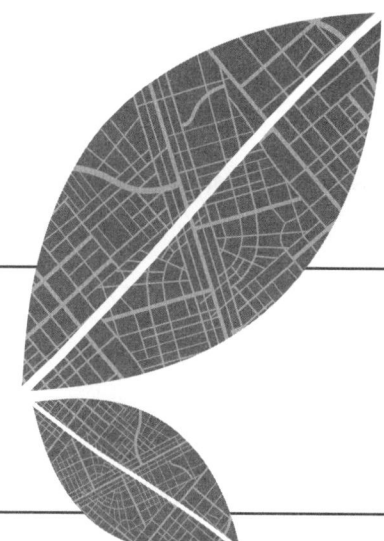